现代有色金属提取冶金技术丛书

稀散金属提取冶金

周令治　陈少纯　编著

北　京
冶金工业出版社
2008

内容提要

本书以实用为目的,介绍了国内外稀散金属的工业生产工艺和科研成果。全书共分14章,主要内容包括镓、铟、锗、铊、硒、碲、铼等7种稀散金属的性质、用途、高纯金属的制备以及它们在环境中的作用,其中重点介绍了各种稀散金属的综合回收技术。本书特点是内容全面系统,实用性强。

本书可供从事有色金属科研、生产的工程技术人员参考,也适于高等院校本科生和研究生阅读。

图书在版编目(CIP)数据

稀散金属提取冶金/周令治,陈少纯编著. —北京:冶金工业出版社,2008.11

(现代有色金属提取冶金技术丛书)

ISBN 978-7-5024-4639-0

Ⅰ.稀… Ⅱ.①周… ②陈… Ⅲ.稀散金属—有色金属冶金 Ⅳ.TF843

中国版本图书馆CIP数据核字(2008)第140981号

出版人 曹胜利

地　址 北京北河沿大街嵩祝院北巷39号,邮编100009

电　话 (010)64027926 电子信箱 postmaster@cnmip.com.cn

责任编辑 张熙莹 美术编辑 李 心 版式设计 张 青

责任校对 侯 瑂 责任印制 牛晓波

ISBN 978-7-5024-4639-0

北京兴华印刷厂印刷;冶金工业出版社发行;各地新华书店经销

2008年11月第1版;2008年11月第1次印刷

787mm×1092mm 1/16;27印张;654千字;415页;1－3000册

79.00元

冶金工业出版社发行部 电话:(010)64044283 传真:(010)64027893

冶金书店 地址:北京东四西大街46号(100711) 电话:(010)65289081

(本书如有印装质量问题,本社发行部负责退换)

前　言

1985 年应冶金工业出版社之邀，加上我也想为稀散金属的发展呐喊一声，应命而写出了《稀散金属冶金》，并于 1988 年出版了。由于该书以稀散金属的综合回收技术为重点，内容较为丰富，具有较好的实用性与参考性，所以很快售罄。

19 年过去了，科技的飞速发展，该书的内容有待补充或删改，个别错误需要更正，加上常有人向我索取该书，或向院内同事索取该书个别章节的复印件，因此有人动员我再版该书或重写。1992 年我到期退休后仍参加了稀散金属的一些学术活动，关心与收集着稀散金属有关信息，也觉得最好能完善该书。但是，由于多种缘故而没能动手。后来出版社也向我约稿，我也多次建议由其他学者、专家动笔，而自己只想做点稀散金属信息工作以自娱，闲暇时在电脑上敲敲打打，跟踪与探索着稀散金属的点点滴滴罢了。今因广州有色金属研究院答应冶金工业出版社编写该书，只好否定前我而参与写书了。

今《稀散金属提取冶金》较原《稀散金属冶金》有些新进展，在努力添新、甄伪、纠错、补漏、删冗与扩大信息量的编写过程中，有再做学生之感，每当读着专家、学者及从事稀散金属的人们辛勤耕耘的文章时，为增获新知而喜悦，也为我国稀散金属工业的迅速发展而欢欣与自豪，更情不自禁地向为我国稀散金属工业的发展而作出贡献的人们肃然起敬，期望稀散金属工业再造辉煌。

本书力求点出理论，着眼实用，开拓思路，仍以稀散金属的综合回收技术为重点。本书较《稀散金属冶金》新增了稀散金属再生、稀散金属精炼、环境中稀散金属的行为与稀散金属标准等。我们试图着重对近半个世纪以来国内外稀散金属的工业生产工艺、有成效的科研成就做出尽可能全的总结，其中也涵盖了个人涉足稀散金属几十年实践经验的总结。

本书第 12 章与第 13 章由陈少纯编写，其余为周令治编写；大部分插图由周凡整理或重新绘制；部分打字及图表整理由周蓉完成；频繁的电脑维护，得力于邹勇与周凡的支援，他们保障了写书能顺利地进行。

衷心感谢宋玉林、褚乃林、仇振琢、康君笃诸位教授及其他专家的专业的咨询、赐教与鼓励；深谢全国历届稀散金属学术会议同行专家的论文给予的丰富给养；谢谢众多人们的帮助与关心，使本书更加充实与倍增光彩。

期望此书能陪伴着从事稀散金属的科研、生产、应用、教学与管理工作中的人们，如能从旁给您一点有益的论点、想法与实用信息的支援，我们就欣慰了。更衷心地期望早见到您的创新在发展与繁荣稀散金属学科与工业中的重大贡献！

原《稀散金属冶金》的若干文献，由于个别原因未列入本书中，读者欲深入研究，可查《稀散金属冶金》文献。

热忱地感谢您的一阅，敬请批评和指正。

周令治
2007 年 6 月于广州

目　录

1 稀散金属概论

1.1 稀散金属

稀散金属(scattered metals,SM)通常是指镓(Ga)、铟(In)、铊(Tl)、锗(Ge)、硒(Se)、碲(Te)及铼(Re)等7个元素组成的一组化学元素[1~12]。有人将钪(Sc)、铷(Rb)、铪(Hf)、钒(V)或镉(Cd) 等也包含在SM内,如此,则有12个SM元素见表1-1。

表1-1 SM在元素周期表中的位置

族 / 周期	$\mathrm{I_A}$																	0
1	H	$\mathrm{II_A}$											$\mathrm{III_A}$	$\mathrm{IV_A}$	$\mathrm{V_A}$	$\mathrm{VI_A}$	$\mathrm{VII_A}$	He
2	Li	Be											B	C	N	O	F	Ne
3	Na	Mg	$\mathrm{III_B}$	$\mathrm{IV_B}$	$\mathrm{V_B}$	$\mathrm{VI_B}$	$\mathrm{VII_B}$	Ⅷ			$\mathrm{I_B}$	$\mathrm{II_B}$	Al	S	P	S	Cl	Ar
4	K	Ca	***Sc***	Ti	***V***	Cr	Mn	Fe	Co	Ni	Cu	Zn	*Ga*	*Ge*	As	*Se*	Br	Kr
5	***Rb***	Sr	Y	Zr	Nb	Mo	Tc	Ru	Rh	Pd	Ag	***Cd***	*In*	Sn	Sb	*Te*	I	Xe
6	Cs	Ba	La	***Hf***	Ta	W	*Re*	Os	Ir	Pt	Au	Hg	*Tl*	Pb	Bi	Po	At	Rn
7	Fr	Ra	Ac	Rf	Ha	106	107	108	109	110	111	112	113	114	115	116	117	118
	119	120	121	154	155	156	157	158	159	160	161	162	163	164	165	166	167	168
镧系				La	Ce	Pr	Nd	Pm	Sm	Eu	Gd	Tb	Dy	Ho	Er	Tm	Yb	Lu
锕系				Ac	Th	Pa	U	Np	Pu	Am	Cm	Bk	Cf	Es	Fm	Md	No	Lr
超锕元素					122	123	124	125	126	127	128	==		149	150	151	152	153

注:SM元素用斜体表示,其中钪、铷、铪、钒,镉用粗斜体表示。

从1782年发现碲,直到1925年发现铼为止,SM才全部被发现,SM的发现史见表1-2[1~20]。

表1-2 SM的发现史

项 目	Ga	In	Tl	Ge	Se	Te	Re
发现年	1875	1863	1861	1886	1817	1782	1925
发现者	P. E. Lecoq de Boisbaudran	F. Reich 和 H. I. Richter	W. Crookes 和 C. A. Lamy	C. A. Winkler	J. J. Berzelius 和 J. G. Gahn	F. M. Von Reichenstein	V. E. Noddack et. al
发现介质	闪锌矿	闪锌矿	酸泥	硫银锗矿	黄铁矿	金矿	铌铁矿
命 名	Gallia	Indigo	Thallus	Germania	δελημη	Tellus	Rhine
命名意义	法国	蓝靛	开放的绿枝	德国	月亮	地球	莱茵河
世界始产年	1915	1924	1925	1930	1912	1942	1930

续表 1-2

项 目	Ga	In	Tl	Ge	Se	Te	Re
中国始产年	1957	1955	1958	1958	1955	1957	1960
美国始产年	1943	1941	1965	1941	约 1910	1964	1942
克拉克值（质量分数）/%	1.7×10^{-3}	2.3×10^{-5}	7×10^{-5}	1.3×10^{-4}	5×10^{-6}	1×10^{-7}	7×10^{-8}

这一组化学元素之所以被命名为 SM，归纳起来主要原因有三：(1) 它们的物理化学性质较为相似[1~19,21~34]；(2) 迄今发现 298 种 SM 矿物，但由于 SM 与某些造岩元素的地球化学性质近似，导致前者以类质同象进入后者的晶格，故在自然界中极少遇见单一的、具有工业开采价值的 SM 独立矿床[1~3,16~25,35~50]；(3) SM 的克拉克值较低，多伴生在其他矿物中，量微且分散，只能在生产有色、黑色主体金属或处理含 SM 的煤、磷灰石、锰结核等有用矿物的副产物中综合回收[1~18]。

1.2 国内外 SM 的产销态势

SM 主要是从冶金，其次是化工、火力发电、电子及机械工业等部门生产、加工过程中的副产物、边角料和废品中综合回收与再生的。

1.2.1 世界的 SM 生产量与生产能力

1.2.1.1 SM 的生产

SM 的生产历史较短，始于第二次世界大战期间。历年来世界 SM 产量的不完全统计归纳于表 1-3（有的国家及公司出于保密，没公布其 SM 的年产量，故实际产量应大于统计数）[1~7,16~18,51~80]。

表 1-3 历年来世界的 SM 生产量 (t/a)

年份	Ga	In	Tl	Ge	Se	Te	Re
1912					4.50		
1930							0.06~0.08
1942	0.14	2.06					(0.4)
1946		0.46		0.10		25	(0.04)
1950		4.6		0.90	450	53	0.35
1955	0.25	7.0	20			65	0.70
1958				约 100	812	100	1.50
1964	0.35	48.21	12.07		1167.7	171.6	0.95
1968	1.30	62.20	11.36	54.5~100	913~1400	168	1.38~1.90
1969	1.70	68.73	13.44	82.63	1266~1481	246	2.54~3.75
1970	1.50	70.60	12.64	84.44	1301.7	207	3.63~4.20
1971	4.0	69.98	14.79	68.10	1428.3	193.6	5.18
1972	10~15	68.42	15.60	72.64	1421.9	253.3	5.04

续表1-3

年份	Ga	In	Tl	Ge	Se	Te	Re
1973	16	66.24	14.30	74.91	1363.4	246.5	4.50~6.54
1974	10~15	55.98~62.20	13.62	76~110	1184.9	217	6.49~7.13
1975	11.0~30.7	46.7~67.8	12.26	70	953	199	4.27~5.58
1976	14	48.1~65.3	12.71	79	1043	210	4.72~5.90
1977	12.42	44.69~65.31	13.17	90	1385	237~280	5.72
1978	12.21	55.99~62.20	12.71	99	1635.3	249	7.13
1979	10~20	46.65~59.10	13.17	90~109	1588	249	7.26
1980	20~25	50	12.70	94~116	1333~1430	239	7.95~9.53
1981	20~31	40~45	12.70	125	1430	250	12.49
1982	20~28	47.8~49.8	12.71	>124	1316~1340	236	13.39
1983	26~30	49.8~55.0	13.19	>118	1430~1517	220	13.12
1984	35~39	60	12.71	90~140	1621~1715	250~290	8.8~(17.5)
1985	35~40	65	14.5	>80	1645~1748	215	18.39
1986	40~45	80.9~85.0	14.5	114.2	1660	215	19.03
1987	61~65	81.5~90.0	14.5	>110	1760	224	18.34
1988	67~73	85~120	15.5	>104	1700	215	15.35~26.78
1989	69~73	112~140	15.5	>102	1912	230	29.28~35.08
1990	82~180	120~133	15.5	>105	2017	(215)	33.55
1991		120~136	16.0	>100	1898		29.6
1992		>140	15.5	(65)	1880		29.0
1993		(145)	14.5	(50)	(1700)		
1994		(145)	15.0	(50)	(1880)		
1995	129	197	15	80	2070	343	28.3
1996	139	173	15	70	2050	327	27.2
1997	164	197	15	85	1720	109~243	18.6~26.7
1998	162	200	15	85	1470	123	28.5
1999	166	240,245	15	(58)	1410~2375	118	28.0~35.3
2000	187	345,450	15	70	1450~2215	138	28.2~35.9
2001	212	349,408	15	110	1580~2247[79]	141~291[79]	33.1
2002	81	341,366	15	80	1510~2207	114~326	31.6
2003	80	356~370	15	80	1433~2317	140~336	32.2~36.2
2004	69	405~406	12	87	1502~2433	95~335	33~42.3
2005	154~167	455~500	10	90~121	2507~2700	160~340	43.2~45.9
2006	169	480	10	100	约2500	128	44.6

注：1. 世界年产硒量从1998年的1470t/a到2004年的1502t/a的低值数未包含美国、中国及亚洲其他个别国家及地区年产硒量。一般估计，世界年产硒量应不小于2000t/a；

2. 世界年产碲量未计入中国等国家的产碲量，而文献［79］就统计了中国等产碲量；

3. 世界年产铟量未包括再生铟的产量；

4. （　）内数字为不确定值。

1.2.1.2　各国 SM 的生产能力

各国 SM 的生产能力远高于其实际年产 SM 量，据不完全统计，将世界各主要生产 SM 国家 1990 年与 2001 ~ 2005 年的生产能力列于表 1-4[1~7,13,14,16~18,51~85]。

表 1-4　各国 SM 的生产能力　　(t/a)

地区	Ga		In		Tl		Ge		Se		Te		Re	
	1990 年	2001 ~ 2005 年	1990 年	2001 ~ 2005 年	1990 年	2001 ~ 2005 年	1990 年	2001 ~ 2005 年	1990 年	2001 ~ 2005 年	1990 年	2001 ~ 2005 年	1990 年	2001 ~ 2005 年
北美洲	8.0		43.54		7.72		60		1200		180		9.1	
美　国	3.0		21.77		1.36		60		450		110		9.1	
加拿大	5.0	50	21.77		4.99				650		70			
墨西哥					1.14				100					
其　他					0.23									
欧　洲	12.2		93.30				160		453		90		8.76	
德　国	5.0	35	18.66				35						3.63	
法　国	5.0	50	12.44				35							
意大利			12.44											
匈牙利	1.0	8												
比利时			24.88				50		150				0.32	
英　国			6.22						120					
俄罗斯		19	15.55								70		3.63	
乌克兰		3												
荷　兰									(22.7)					
芬　兰									20					
前南斯拉夫									50					
斯洛伐克		8												
瑞　典			3.11						90				0.91	
其　他	1.2						40				20		0.27	
亚　洲	21.0		43.46		2.72		66		685		121			
中　国	8	80	11	310	0.3	0.5	31	60	60	320	21	100	0.2	5.5
朝　鲜			1.36											
菲律宾									75					
日　本	13.0	100	31.10	510			35		550	770	100	55		
哈萨克斯坦		20												
非　洲					1.36				50				(0.1)	
扎伊尔													(0.1)	
赞比亚									50					
其　他														
大洋洲					1.59						5			

续表 1-4

地区	Ga		In		Tl		Ge		Se		Te		Re	
	1990 年	2001 ~ 2005 年	1990 年	2001 ~ 2005 年	1990 年	2001 ~ 2005 年	1990 年	2001 ~ 2005 年	1990 年	2001 ~ 2005 年	1990 年	2001 ~ 2005 年	1990 年	2001 ~ 2005 年
澳大利亚		50			1.59						5			
其他														
南美洲	4.5		6.22		1.82				80		50		5.45	
秘鲁			6.22						30		40			
智利									50				5.45	
其他	4.5										10			
全世界估计值	45.7	(423)	186.52	(820)	22	22	286	(320)	2468	(2900)	446	(650)	24	(60)

注:( )内数字为不确定值。

1.2.2 世界消耗 SM 的态势与展望

1.2.2.1 世界的年耗 SM 量

20 世纪 90 年代以来全世界对 SM 的需求量逐年增长。当前,除我国耗硒量大,约占全世界的 50% 外,美国与日本也是应用 SM 的大户,近年两国年消耗 SM 中,铟占全球的 90% 以上、镓及铼各占 80% 以上、锗及碲各占 70% 左右[1~7,51~80],见表 1-5。这种态势与两国高新技术产业规模位居世界前列及其 SM 在军用和民用领域应用持续扩大紧密相关。

表 1-5 世界的近十年年耗 SM 量 (t/a)

年份	Ga			In			Tl		Ge			Se			Te			Re	
	W	A	J	W	A	J	W	A	W	A	J	W	A	J	W	A	J	W	A
1985	49	7.4	35	70	18.5	22	12.5	1.04	120	38	18.6	1800	420	338	240	80	43.8	10	5.9
1995	151	16.9	115	144	43	94	15	0.7	80	27	34.9	1942	517	223	411		62	28.2	16.2
1996	145	21.9	92	154	45	104	15	0.3	87	25	40	1890	564	228	229		34	27.2	24.1
1997	164	23.6	113	195	50	110	15	0.3	90	28	40	2043	615	179	294		45	21	17.9
1998	156	26.9	101	215	50	210	15	0.3	95	28	42.6	2043		134			47.8	35	28.6
1999	175	29.8	116	215	52	274	15	0.4	90	28	40	2256	326	149		38	32.8	46	32.5
2000	212	39.9	140	345/(435)	55	337	15	0.3	90	28	47	2104	476	162		52.3	55.0	28.4	23.5 25.4
2001	201	27.7	143	349/(433)	65	325	15	0.8		28	32.7	2360	483	170		28	49.6	(26)	30.3
2002	176	18.6	129.7	341/(489)	85	355	15	0.5		28	35	2318	422	195	340	28.1	43.9	31	22.1
2003	184.3	20.1 ~ 13.4	142.5	370/(566)	90 ~ 112	401.6	15	0.2		20	30.1	2434	367	186	220 ~ 367	48.9	103	32	19.0

续表 1-5

年份	Ga			In			Tl		Ge			Se			Te			Re	
	W	A	J	W	A	J	W	A	W	A	J	W	A	J	W	A	J	W	A
2004	173.9	21.5 ~ 7.7	141.0	405/(712)	100 ~ 123	542.8	12	0.9	65 ~ 88	25	34	2482 ~ 2700	390	150	220 ~ 385		56.5	33	29.8
2005	173.2	18.7 ~ 7.9	130.7	500/(817)	115	633.7	10	0.3	90	27	37	2532 ~ 3000		112	340 ~ 396		40	63.3	35.8
2006	186.0	8.6	140.0	480/(984)	125	760.5	10		100	38									47.7

注：1. W 表示全世界，A 表示美国[51~67]，J 表示日本[68~75]；2. 全世界年耗铟量统计不够全面和准确，2000~2006 年世界耗铟量可按下式估算：世界年耗铟量 =（美 + 日）年耗铟量/90%；3.（　）中数字为估算值。

1.2.2.2　SM 的消耗态势与展望

A　镓

全球镓消耗量的 80%~88% 是 99.999% 纯度的镓，99.99% 纯度的镓极少应用。日、美分别有 99% 与 95% 以上的镓用于制备 GaAs，主要用于手机电子器件与发光二极管 LEDs。多年前美战略分析公司曾预测：2005 年世界用手机达 8.2 亿部[68~75]，2006 年将达 10 亿部[64~67]，加上投机、市场泡沫等因素，造成在 2001 年间镓价涨到 2250 美元/kg 的历史高位。日本住友公司和美国 AXT 公司分别与我国长城铝业、山西铝业达成合作供镓的协议，且美国还在北京近郊建立了 GaAs 基片厂，我国各铝厂增产镓达到 50~80t/a。随后镓价因供过于求而跌落低谷，到 2002 年 7 月我国不得不大幅减产，继而 2004 年哈萨克斯坦停产镓，德国与澳大利亚也大幅减产，直到 2005 年 4 月后才稍有好转。同时美、日、英、德也开展再生镓的工作，我国对镓废料回收也有新的发展，南京金美镓公司从废砷化镓晶片回收 99.999%~99.9999% 镓达到 15~20t/a 的规模[79,80]。

镓除主要用于手机外，也用于新兴的固态发光源，其较现今照明具有节电 80%、节省安装费约 20%、照明区扩大 30%、可适应防震耐温与各种气候且寿命长等优点[64~67]。当今能源宝贵，各国纷纷开发固态照明工程，美国纳入 3 年规划，其能源局拨专款用于民居与商品楼的照明；日本也有类似的规划付诸实施；我国于 2003 年 6 月启动了“国家半导体照明工程”，初定上海、大连、厦门与南昌为首批开发城市，2006 年厦门已有初步成效。能源持续紧张的局面将加快以 GaN 为代表的半导体照明光源的应用步伐，这是镓发展的重要前景。

GaInP/GaAs/Ge 的镓基太阳能电池，其吸收太阳光的波段为 300~1700 nm，性能衰减小，设计寿命长达 15 年[64~67]；在 GaAs 与 GaN 技术上发展的新型 LEDs 发光器件及 GaN 基的蓝色 LED 具有高亮特性，大量用于各种电子设备的显示、照明及户外显像。欧洲 Sharp 实验室研制出世界第一件 InGaN 多量子阱激光器；美国阿拉莫斯国家实验室（Los Alamos Nat. Lab.）研制出世界第一件被密封在 GaN 半导体中的胶态量子点材料为基的 LEDs。全无机的、彩色的 LEDs 低维半导体材料正处于发展中，镓基的微电子与光电子器件正进入产业化，尤其在军工中应用进展迅速[64~67]。

B 铟

全球1995~1996年再次出现铟价高峰达540美元/kg，源于ITO的崛起，如日本用于ITO的铟量，由1985年的28.6t/a增加到1999年的221t/a，到2004年骤增至470t/a，而2005年更突破500t/a的大关[68~75]。估计全世界耗铟量(含再生铟)从2003年的500t增加到2006年的900t/a[68~75]，其中日本2001~2006年间消耗铟分别达325t/a、355t/a、419t/a、541t/a、674t/a、760t/a，成为铟最大消费国。铟的价格也从2003年初的85~95美元/kg逐年上涨，到2005年2月竟涨到1021~1063美元/kg。我国从2000年起也先后建成了株冶、华锡和宁夏等几个ITO靶材厂，产能为10~30t/a不等[79,80]。虽然，液晶面板/显示器、等离子显示器、超大、薄型电视、笔记本电脑及手提电脑监视器需求持续旺盛，但日、韩与我国台湾省等的竞相投入，继而过剩，加上氧化锌系透明电导膜ZAO($ZnO-Ga_2O_3$，ZnO-MgO，ZnO-Al等)替代品发展快速(日本高知工大与住友重机合作，以及东索等开发出对角1m、膜厚100nm、电阻率$10^{-4}\Omega\cdot cm$的ZAO，并可望2~3年后投入使用于液晶显示的薄膜三极管TFT的像素电极、超/螺状向列的STN/TN的液晶显示器)[68~75]，将使ITO不得不重新加以调整。尽管如此，ITO的地位在一段长时期内仍将维持。

美国于1989年6月将铟纳入战略储备，原定储备41.99t[1,2]，到1993年修正为7.74t，后DLA实际购储1.7t铟。至1999财政年度宣告储备铟为零[51~60]，但据(生产+进口)-(消耗+出口)=储备铟的统计，若加上自产铟(未公布)，则累计余铟的数量将更大，参见表1-6。由此推测，到2006年美国战略(包括民间)储备铟360余吨。

表1-6 美国储备铟的状况 (t/a)

年份	生产铟	进口铟	消耗铟	出口铟	当年余铟	累计余铟	战略储备铟
1991		36.3	30		6.3	6.3	1.70
1992		36.6	30		6.6	12.9	1.70
1993		73.4	35		38.4	51.3	1.70
1994		70.2	40		30.2	81.5	1.70
1995		85.2	43		42.2	123.7	1.56
1996		33.2	45		-11.8	111.9	1.56
1997		85.5	50		35.5	147.4	0.44
1998		75.0	50		25	172.4	0.44
1999		77.0	52		25	197.4	0
2000		69.0	55		14	211.4	0
2001		79.0	65	10	4	215.4	0
2002		112.0	85	10	17	232.4	0
2003		123.0	90		33	265.4	0
2004		143.0	100		43	308.4	0
2005		142.0	115		27	335.4	0
2006		150.0	125		25	360.4	0

C 铊

美国是世界上唯一公告用铊状况的国家，美国用铊主要消耗于超导，1991~2006年美国使用铊的信息[51~60]见表1-7。

表1-7　美国使用铊的信息

年份	进口铊 /kg·a⁻¹	消耗铊+出口铊 /kg·a⁻¹	当年理应存铊 /kg·a⁻¹	累计存铊/kg	99.99%铊价 /美元·kg⁻¹	99.999%铊价 /美元·kg⁻¹
1991	1013	850+NA	163	163	190	
1992	838	800+NA	38	201	230	750
1993	273	300+NA	−27	174	230	800
1994	630	630+NA	0	174	285	950
1995	1180	700+NA	480	654	300	1100
1996	166	300+NA	−134	520	310①	1200
1997	168	300+NA	−132	388	320①	1280
1998	104	300+NA	−196	192	320①	1280
1999	380	380+NA	0	192	325①	1295
2000	100	300+NA	−200	−8	325①	1295
2001	2110	800+NA	1310	1302	325①	1295
2002	307	500+651	−844	458	315①	1250
2003	81	NA+2090	−2009	−1551	325①	1300
2004	325	900+1190	−1765	−3316	400①	1600
2005	235	300+252	−210	−3526	475①	1900
2006	309	NA+1290	−981	−4507		5170

注：表中“NA”表示无可用值。

①折算为99.99%铊的价格。

由表1-7可以看出，从2002年起美国每年的出口铊量远大于进口铊量，2003年后逐年累计存铊量为负值，然而美国从1981年起就停止生产铊了，那么美国每年的出口铊量远大于进口铊量是怎么实现的？有两种可能：1991年前储有大量铊，或是其后统计有误。

对美供铊商多年来主要为比利时与加拿大，但从2006年突然转为俄罗斯。日本于1985年消耗铊1.3t/a，1996年消耗铊约3t/a，其后无消耗铊报告。

D　锗

20世纪80~90年代中东及海湾战争中高科技对军事胜负的巨大影响显而易见，由于锗在热成像仪、夜视仪、红外与光纤通讯等方面的重大作用，1987年美国国家安全委员会给军方的报告：“储备146t锗仅意味着可够支持3年常规战争之用”[1,2,51~60]，美联邦应急管理局（FEMA）提请国会将战略储备锗由原来1984年的30t提高到146t[64~67]，并于1987年7月经国会确立。随即，美国国防后勤局（DLA）开展购储锗工作[51~78]，见表1-8。

从表1-8可见，进入21世纪后，美国储备的锗量每年均保持在20~40t的水平。

2004年锗仍然随国际冲突，军备使用而增加[51~60,68~75]；2006年美国光纤市场回升[51~60]，用作DVD−RAM记忆介质的TeGeSb靶材、代替GaAs的SiGe、民居与办公建筑物的红外光敏元件用的窗口材料、豪华轿车车载夜视仪[51~60]以及太阳能电池基片等均一直增长，都使锗的用量持续增加。而在日本，大部分锗用于生产PET的催化剂，其次用于制备保

表1-8　美国战略储备锗　(t/a)

年份	生产锗	进口锗+政府库存过剩	出口锗	消耗锗	余　锗	累计余锗	政府库存锗([51~60]/[64~67])
1991	15	27.0		33	9	9	
1992	13	13.0		33	-7	2	
1993	10	15.0		29	-4	-2	68.913
1994	10	14.7		25	-0.3	-2.3	68.207
1995	10	16.2		27	-0.8	-3.1	68.207
1996	18	27.5		25	20.5	17.4	68.207
1997	20	23.7		28	15.7	33.1	63.641
1998	22	14.6		28	8.6	41.7	55.631
1999	20	12.4		28	4.4	46.1	50.777
2000	23	8.22		28	3.22	49.32	48.76
2001	20/5.4①	15.2+5.7	31.4	28	-18.5	30.82	42.523/42.802
2002	15/4.9①	19.9+0.7	20.1	28	-12.5	18.32	42.186
2003	12/4.7①	15.5+1.8	6.2	20	3.1	21.42	40.263/38.320
2004	15/4.4①	24.4+7.2	13.8	25	-6.9	14.52	34.198/32.776
2005	/4.5①	28.5+4.5	10.1	27	0.1	14.53	30.036/28.851
2006	/4.6①	38.0+4.0	7.1	38	15	29.53①	23.728

注：关于美国的战略储锗量，据其DLA宣称：2004年3月31日美国国防储锗量为38.320t。

①文献[51~60,64~67]与[51~60]前公布的美国年产锗量不一致，相差3~4倍。

健品[68~75]，其用量有所萎缩。

E　硒

世界硒的传统消耗是玻璃添加料、硒鼓与感光板、冶金与化肥添加剂等，新兴的应用是建筑材料如马赛克瓷砖与生产电解锰中用SeO_2[61~63]，以及在高速易切削黄铜管中取代铅的用硒量仍持续增长。

我国用硒量急剧增长，已成为世界最大的硒消耗国，从1984年起每年进口的硒量见表1-9[3~7,51~60,64~80]。

表1-9　我国进口硒的态势

年份	外报我国消耗硒 /t·a^{-1}	我国进口硒量 /t·a^{-1}	国际硒价 /美元·kg^{-1}	我国硒价 /元·kg^{-1}	我国产硒 /t·a^{-1}	我国电解锰用硒 /t·a^{-1}
1984		15~25	21.9	22~50	60.3	
1985		25~55	16.4	22~50	58.6	
1986	90	90~100	12.6	50~150	61.4	
1987	185	>200	14.3	100~150	59.9	
1988	180	25.8~180	21.7	约150	61.9	
1989	180	150~200	17.1	约150	39.6	
1990	300	150~300	12.8	120~160	53.2	

续表 1-9

年份	外报我国消耗硒 /t·a^{-1}	我国进口硒量 /t·a^{-1}	国际硒价 /美元·kg^{-1}	我国硒价 /元·kg^{-1}	我国产硒 /t·a^{-1}	我国电解锰用硒 /t·a^{-1}
1991	350	>350	11.9	120~160	53.3	
1992	>400	400				
1995			7.2~8.4			
1996			5.5~8.4			
1997			4.0~5.5			
1998			2.6~4.0			
1999	657	571	4.0~5.0		86	
2000	826	705	5.2~7.0	40~50	121	183
2001	1503	1381	8.4~7.8	55~65	185	226
2002	1321	1146	9.4~8.3	60~70	223	316
2003	1344	1130	12.5~11.1	90~120	296	591
2004	1452	1238	19.8~45.2	150~400	315	657
2005	1097	883	114.5	800~1200	316	679

文献[64~67]中说我国从2003年开始大量进口硒，导致国际硒价猛涨，有两种原因：一是钢铁产量增加带动用锰量增加，据查1992年世界产电解锰150000 t、我国40000 t[3~7]，而2003年我国已增产到400000 t，生产电解锰需耗硒约为2 kg(Se)/t(Mn)，则我国生产电解锰耗硒达800 t/a[77,78]（如按文献[86]中指出为3~3.2 kg(Se)/t(Mn)，则耗硒量更大）；二是房地产业的兴旺发展，对示意吉庆色彩的红色马赛克等瓷砖产生大量的需求，导致此类红色马赛克的着色用硒也大量增加。

据文献[64~67]报道，生产锰的主要国家为南非与我国，生产电解锰有两种方法：南非用SO_2，而我国均采用SeO_2以提高电效，但随着美国查出了Se、Mn的废气、烟尘等进入环境空间的程度增大，据此于2003年7月21日发布金属锰控制法令，授权美环保局研究进口电解锰对环境与人体有害影响并禁止进口高硒锰。据文献[51~60]报道：2005年初我国政府强制执行环境保护政策，将一些电解锰厂关闭（还有电价上涨的原因）。这些因素促使我国从2004年末开始用硒量减少，并从玻璃等生产中开始再生硒。同时我国及其他一些国家也将不得不在电解锰生产中改用SO_2取代SeO_2，这样必将减少硒的用量，导致硒产量及其价格下滑。

F 碲

多年来世界耗碲量数据不够准确，一直是产销持平。近3年碲的需求主要有两个方面：一是国外的Cu-Te合金和太阳能电池[51~75]；二是Te-Bi系半导体制冷器件及热电材料。我国近年碲的净耗为86~115t/a，占世界碲需求的30%[77~79]，其中绝大部分碲用于制备Te-Bi系的半导体制冷器件。全球碲的供需矛盾将日趋加剧，充分显示出碲在Cd-Te太阳能电池、小型电冰箱热电材料与用于DVD的TeGeSb靶材等领域的活力。

G 铼

铼主要用于镍基超耐热合金与石油重整的催化剂，二者约分别占全球铼消耗量的70%

与20%。而近年美国年消耗铼占全球的58% ~83%,其用于超耐热合金与石油重整分别占其耗铼量的60%与40%。今天发展到含铼3% ~6%、低铬、高钴与含钌的第四代单晶超耐热合金,在新一代的战机、客机及航天器中将有大量的应用[51~60,64~67]。铼在石油重整与汽车尾气净化等催化的应用也仍然看好。另一新应用是天然气液化(GTL)技术在全球范围内兴起,其洁气、重整、合成与氢化裂解的技术都需要1% Re-Co/Al_2O_3 的催化剂,会使铼在未来10年内在这方面的消费从当前的1 t/a 增加到约2.5 t/a[64~67]。

1.2.3 历年来国外的 SM 价格

历年来国外的 SM 价格见表1-10[1~7,13,14,16~18,51~78]。

表1-10 国外的 SM 价格 (美元/kg)

年份	99.999% Ga	99.96% In	99.999% Tl	50Ω·cm Ge	99.5% Se	99.95% ~99.99% Te	99.99% Re
1954	3000	72.4	27.5	647.8	10.7	3.9	
1955	3000	72.4	27.5	647.8	17.3	3.9	
1956	3000	72.4	27.5	495.6	15.9	3.6	1993.4
1957	3000	72.4	27.5	438.1	15.4	3.6	2180.6
1958	3000	72.4	16.5	414	15.4	3.6	2154.5
1959	3000	72.4	16.5	364	14.1	3.6	1431.7
1960	2600	72.4	16.5	300	11.5	6.6	1508.8
1961	2250	72.4	16.5	300	12.7	8.8	1486.8
1962	1750	72.4	16.5	300	13.0	13.2	1464.8
1963	1200	72.4	16.5	237	9.9	13.2	1453.7
1964	1200	77.2	16.5	269	9.9	13.2	1431.7
1965	1200	88.4	16.5	269	9.9	13.2	1398.7
1966	1200	88.4	16.5	203	9.9	13.2	1354.6
1967	1200	80.4	16.5	174	9.9	13.2	1332.6
1968	1200	80.4	16.5	174	9.9	13.2	1277.5
1969	1200	80.4	16.5	185	15.4	13.2	1464.8
1970	700	80.4	16.5	280	19.8	13.2	2202.6
1971	700	80.4	16.5	291	19.8	13.2	2643.2
1972	700	80.4	16.5	293	19.8	13.2	1982.4
1973	700	56.9	16.5	293	20.4	13.3	1762.1
1974	700	142.1	16.5	293	36.4	14.0	1541.9
1975	750~850	182.3	16.5	293	29.7	20.4	1266.3
1976	750~850	258.2	16.5	293	29.7	22.8	1101.3
1977	500~600	314~339	16.5	316	37.7	37.8	991.2
1978	500~600	275.2	16.5	348	33.0	44.1	600~1050
1979	510~750	433~650	16.5	522	30.1	44.1	2037~4400
1980	510~610	466~620	16.5	784	24.2	43.6	3304

续表 1-10

年份	99.999% Ga	99.96% In	99.999% Tl	50Ω·cm Ge	99.5% Se	99.95% ~99.99% Te	99.99% Re
1981	610 ~ 630	233	16.5	925 ~ 1060	9.9	33	1300 ~ 1487
1982	630	135.1	77.1 ~ 99.1	1060	8.4	26.4	991 ~ 1096
1983	525 ~ 630	78 ~ 135	48.1 ~ 99.1	1060	8.4 ~ 9.1	26.4	771 ~ 991
1984	525 ~ 630	82 ~ 135	77.2 ~ 99.1	1060	22.0 ~ 24.8	24.0 ~ 26.4	573 ~ 771
1985	525 ~ 630	70 ~ 135	44.1 ~ 77.1	650	16.0 ~ 27.5	24.0 ~ 26.4	661
1986	400 ~ 525	70 ~ 135	44.1	620 ~ 650	12.3	22.3 ~ 33.6	550 ~ 771
1987	435 ~ 600	90 ~ 354	24.2 ~ 66.1	731 ~ 850	12.1 ~ 20.4	24 ~ 36	771 ~ 1321
1988	435 ~ 600	300 ~ 338	44.1 ~ 121.0	746 ~ 925	23.9 ~ 80.6	33 ~ 125	1870 ~ 2640
1989	275 ~ 650	245 ~ 289	110 ~ 170	480 ~ 608	17.1	74.9 ~ 77.1	1652 ~ 1872
1990	200 ~ 435	215 ~ 235	170 ~ 180	375 ~ 550	12.1 ~ 14.1	74.9 ~ 77.1	1542 ~ 1652
1991	150 ~ 435	225 ~ 240	190	240 ~ 410	12.6	52.9 ~ 61.7	1607 ~ 1652
1995	120 ~ 310	286 ~ 567	1000	1050 ~ 1150	7.2 ~ 8.4	50.7 ~ 66.0	1100 ~ 1375
1996	345 ~ 380	210 ~ 522	1200	1630 ~ 1952	5.5 ~ 8.4	46.3 ~ 57.0	1100 ~ 1375
1997	380 ~ 400	220 ~ 325	1280	900 ~ 1630	4.0 ~ 5.5	18.0 ~ 41.9	1100 ~ 1375
1998	310 ~ 420	200 ~ 300	1280	900 ~ 1250	2.6 ~ 4.0	15.0 ~ 39.7	1232 ~ 1540
1999	420 ~ 500	(290 ~ 330)	1295	(1330)	4.0 ~ 5.0	33.0	
2000	500 ~ 1300	110 ~ 188	1295	1250 ~ (1300)	5.2 ~ 7.0	11.0 ~ 30.1	940
2001	640 ~ 2250	65 ~ 120	1295	890	8.4 ~ 7.8	15.4 ~ 33.0	910
2002	530 ~ 180	97 ~ 130	1250	620	9.4 ~ 8.3	15.4 ~ 35.2	1030
2003	411 ~ 220	170 ~ 1189	1300	380	12.5 ~ 11.1	22.0 ~ 37.4	1090
2004	494 ~ 240	600 ~ 660	1300 ~ 1600	600 ~ 640	19.8 ~ 54.8	26.4 ~ 28.6	985 ~ 1090
2005	512 ~ 350	827 ~ 1063	1900	610 ~ 660	66 ~ 114.5	115 ~ 211.5	1070
2006	300 ~ 500	855 ~ 1000	5170	约 880	66 ~ 29.7	220.3	1170

注:( )内数字为不确定值。

由表 1-10 可看出:

(1)镓价。20 世纪末 99.999% 的镓价格在 250 ~ 450 美元/kg 之间波动,可是在 2000 年到 2001 年间从 500 美元/kg 疯涨到 2250 美元/kg,到 2002 年价格跌至 180 美元/kg,直到 2005 年后才稍有好转,价格回升到 300 ~ 350 美元/kg,但还低于 20 世纪末。

(2)铟价。铟价从 2003 年初的 85 ~ 95 美元/kg 持续上涨到 2005 年的 827 ~ 1063 美元/kg。可看出铟价在剧变,而 2006 年仍处于徘徊状态并有所回落。

(3)铊价。由于产家少,铊售价一直走高,2002 年为 1250 美元/kg ,2004 年涨至 1600 美元/kg ,2005 年为 1900 美元/kg,到 2006 年更高涨到 5170 美元/kg[51~60]。

(4)锗价。近几年锗的售价比 20 世纪末的高价有所回落,原因是供锗量有所增加。2004 ~ 2006 年间锗价分别为 600 美元/kg、605 ~ 676 美元/kg 和 880 美元/kg,有回升的趋势。

(5)硒价。2004 年虽然世界铜的增产给了硒增产的预期,但远未能满足市场对硒的需求,所以硒价由 2004 年初的 19.8 ~23.1 美元/kg 到当年第四季度大涨至 61.7 ~66.1 美元/kg,2005 年更翻倍涨至 114.5 美元/kg[58],2006 年硒价才回落到 66 ~29.7 美元/kg。

(6)碲价。碲价在 2004 年始涨至 28.6 美元/kg,2005 年猛涨至 211.5 美元/kg[57,58],此后虽然碲价曾短时回落到 66.1 美元/kg[79],但到 2006 年美国碲售价又回升到 220 美元/kg,现仍坚挺。

(7)铼价。铼价格近 10 年来变动不大,约 1000 美元/kg,随着镍基超耐热合金在军事、太空及民航中的应用发展,铼价将会上涨。

1.3 国内外主要 SM 厂家

据不完全统计,国内外从事 SM 的主要厂家约有 500 多家,国内约有 50 多家。现选取主要厂家列入表 1-11[1~7,13~18,51~83,87]。

表 1-11 国内外从事 SM 的主要厂家

国家与地区	SM 的厂家名	SM 产品
中 国	山东铝业、长城铝业、山西铝业、贵州铝业、南锗、金美镓、北京有色金属研究院、台湾 Green Mountain Co., Ltd.	Ga
	华锡集团、株冶集团、南锗、金美镓、柳州锌铟、柳州铟泰、葫芦岛锌业、中金岭南韶冶、云南锡业、宣威金沙工贸、上海隆泰铜业、云南铜业、温州冶厂、台湾 Green Mountain Co., Ltd.	In
	株冶集团、中金岭南韶冶、葫芦岛锌业、白银冶厂、会泽铅锌矿(云南驰宏)、临沧冶厂、内蒙通力、南锗、中金岭南韶冶、上海隆泰铜业、上海鑫冶铜业、北京有色金属研究院、台湾 Green Mountain Co., Ltd.	Tl、Ge
	江西铜业、云南铜业、株冶集团、洛铜集团、上海隆泰铜业、白银有色、广州有色院、大冶有色、重冶、金川镍集团、铜陵有色,芜湖恒鑫铜业、葫芦岛锌业、台湾 Green Mountain Co., Ltd.	Se
	江西铜业、株冶集团、广州有色院、贵溪三元冶化、四川鑫炬矿业、葫芦岛锌业、云南铜业、台湾 Green Mountain Co., Ltd.	Te
	江西铜业、吉林铁合金厂、株洲硬质合金厂、贵州 276 厂	Re
朝 鲜	文坪冶炼厂	In、Ge
韩 国	Korea Minerals & Metals Co.	Se
	Korea Zinc Co.	In
日 本	Nippon Light Metals Co., Ltd.	Ga
	Sumitomo Metal Min. Co., Dowa Min. Co., Toho Zn Co., Marno Sangyo Kaisha Co.	Ga、In、Se、Te
	Mitisui Min. & Smelting Co., Nippon Min & Met. Co. ,Ltd., Nisso Smelting Co., Ltd.	In、Se、Te
	Furukawa Min. Co., Ltd., Sumitomo Metal Min. Co., Sumiko ISP Co., Ltd., Toho Zn Co.	Tl
	Sumitomo Metal Min. Co., Electric Metal Co., Marno Sangyo Kaisha Ltd.	Ge
	Mitsubishi materials Co., Sumitomo Met. Min. Co., Ltd., Nippon Min. & Met. Co., Ltd., Shinko Kagaku Co., Ltd.	Se、Te
	Sumitomo Metal Min. Co., Dowa Min. Co.	Re

续表 1-11

国家与地区	SM 的厂家名	SM 产品
菲律宾	Phlippine Associated Smelting & Refering Co.	Se、Te
印　度	Gallium Refined Co.	Ga
	India Se Factory, The British Metal Co. PVT Ltd.	Se、Te
法　国	Rhone－Poulenc Co., Al Pechiney Co., San Ci prian (in Spain), Alcan Co.	Ga
	Penarroya	In、Ge
	Metaleurop of France	In
	Sogemet－Ste generale des metaux	Ga、In、Ge、Se、Te
	J. Bacuse Co.	Re
意大利	Monteponi e Montevchio SPA, Turino Metallurgical Centre	Ga、In、Ge
	Pertusola SPA, Minerali & Metalli SPA, Melcor Srl	In、Ge
	Minerali & Metalli SPA, Melcor Srl	Se、Te
比利时	Metallurgique Hoboken－Overpelt SA/NV (MHO)	Ga、In、Ge、Se、Te、Re
	Ste An. Des Mines et Fonderies de Zn de la Vieille－Montaque SA	In、Tl、Ge
	Vieille Montague	Tl
	Union Miniere	In、Ge
	n. v. Umicore S. A.	Te、Ge
	Sadaci N. V.	Re
瑞　士	Swiss Al Ltd.	Ge
	Non－Ferro AG	In、Ge、Se
瑞　典	Boliden Metall AB	Se
	Sandivic Re Alloy Co., Climax	Re
俄罗斯	Электроцинк	In、Tl、Ge、Re
	Челябинский Zn Завод	In
	Каменск－Уральский Al Комбинат	Ga
	Московский Завод Лампы	Re
	Комбинат Североникеь, Верх. Пышминский Cu Электролитический Завод	Se、Te
阿塞拜疆	Кировабад Al_2O_3 Завод	Ga
爱沙尼亚	NILS International	GeO_2
哈萨克斯坦	Усть－Каменогорск Pb－Zn Комбинат	Ga、In、Tl、Ge
	Чимкент Pb Завод	In、Tl
	Лениноторский Pe－Zn Комбинат	In、Tl、Ge、Se、Te
	Балхащский И Джезказ－ганский Медеплавилый Комбинат	Se、Te、NH_4ReO_4
乌克兰	Запорожье Al Комбинт	Ga
	Укрцинк	Ge

续表 1-11

国家与地区	SM 的厂家名	SM 产品
乌兹别克斯坦	Almalyk Min. & Met. Plant	Re、In
匈牙利	Ajka, Chemolimpex	Ga
荷 兰	NV Hollandse Metalurgische Ind. Bolliton	Ga、In、Ge、Se、Te
	NV Kaweck – Billiton Metalindustrie	In
	Granaria Holdings NV	Ge
捷 克	Metaliplex	Ga
前南斯拉夫	Rudarsko Topionicarski Basen Ber	Se
保加利亚	Damyanoy Associated Co.	Se
波 兰	Polska Miedz S. A. (KGHM)	NH_4ReO_4
亚美尼亚	Yerevan	Re
罗马尼亚	Baja Cu Co.	Se
德 国	Preussag AG Metall	Ga、In、Tl、Ge
	International Ga GmbH(Ingal), Schwanderf	Ga
	MetalEurop	Ge、In
	Otave Mine & Auzehboh, Montangesellschaft GmbH	Ge
	Duisburger Kupferhutte	In、Tl、Re
	Rothenhach, Norddeutsche Affinerie	Se、Te
	Harmman C. Starck Berlin, Mansfelder Cu Co.	Re
芬 兰	Outokumpu OY	Se、Te、Re
英 国	Johnson – Matthey Chem. Ltd. (JMC)	Ga、In、Tl、Ge
	Powell Metals & Chem. Ltd.	Ga、In、Ge
	Mining & Chemical Products, Capper Pass	In
	InCo Europ Ltd., IMI Refiners	Se、Te
扎伊尔	Geco Mines	Ge
赞比亚	Roan Consolidated Cu Mines Ltd., Zambia Consolidated Cu Mines Ltd.	Se、Te
南 非	The British Metal Co. (SF) Pty Ltd., Palabora	Se
加拿大	Alcan Electronic Materials Co.	Ga
	The consolidated min. & smelt. of Canada Ltd. (Cominco), Kidd Creek refinery	Ga、In、Ge
	Hudson Bay Min. & Smelting Co.	Tl
	Noranda Min. Ltd., Canada Cu Refining Co., Kidd Creek Co., InCo Ltd.	Se、Te
美 国	Eagle – Picher Industrial Inc. Musto Co., Blanding Recapture Metals Inc.	Ga、Ge
	Powell Metals & Chem. Inc., Metal Specialties Inc.	Ga、In、Ge、Se、Te
	InCo of American(NY), Umicore In Products	In、Ge
	Anaconda Cu Min. Co.	In、Ge
	Jersey Miniere Zn Co.	Ge

续表 1-11

国家与地区	SM 的厂家名	SM 产品
美　国	Kawecki Berylco & Inc.	Ge、Se、Te
	ASARCO Inc. ,Phelps Dodge,	Se、Te
	Cyprus Amax Minerals,Kennecott Cu Co,Mo Co. of American,University of Tennesses	Re
秘　鲁	Centromin Peru SA(Cerro de Pasco Co.)	In、Tl、Se、Te
	Minnero Peru Comercial	In、Te
墨西哥	Cobre de Mixico SA	Se、Te
	Molymex S. A. de C. V. (Molymex)	Re
智　利	Empresa Nacional de Mineria	Se
智　利	Molibdenos y Metals S. A. (Molymet), Corporacion Nacional del Cobre (Codelco),Carburo y Metalurgia SA	Re
巴　西	Caraiba Metals, Sussel Industria e Comerio SA	Se、Te
澳大利亚	Bisley & Co. Pry Ltd. ,Cominco	In、Se、Te
	Lower Co. , Pty Ltd. ,Broken Hill south,Cu Refineries Pty, Mount Isa Mines Ltd.	Se、Te
斐　济	FiJi Emperor Au Min. Co.	Te

1.4　世界的 SM 储量

据不完全统计(至少未涵盖我国),全世界的 SM 储量列于表1-12[1~7,13~19,24,51~75,79,80,88]。

表 1-12　世界的 SM 储量　　(万 t)

地　区	Ga	In	Tl	Ge	Se	Te	Re
北美洲	1.68	0.133	0.03	0.48	18.46	3.76	0.608
美　国	0.45	0.062	0.015	0.39	8.26	2.45	0.454
加拿大		0.059	0.014	0.09	9.03	0.95	0.154
墨西哥		0.006	0.001				
其　他	1.23	0.006			1.23	0.36	
南美洲	1.14	0.025	0.006		8.85	2.67	0.308
智　利					5.81	1.77	0.254
秘　鲁					1.45	0.45	0.054
其　他					1.59	0.45	
非　洲	5.39	0.022	0.006	0.24	3.86	1.18	
刚果(金)					1.14	0.36	
赞比亚					2.04	0.64	
其　他					0.68	0.18	
欧　洲	1.95	0.065	0.015	0.14	1.23	0.26	0.077

续表 1-12

地　区	Ga	In	Tl	Ge	Se	Te	Re
俄罗斯				(0.15)			0.077～(0.186)
亚　洲	1.41	0.031	0.008		1.95	0.59	
澳大利亚	4.95	0.034	0.009		1.68	0.50	
其他国家					4.99	1.54	0.036
世界共计	16.52～22.6	0.60	0.073	0.86	41.1～62.9	10.62～14.85	1.029～0.725
世界远景共计	>100(200)①		65.29～71.57		1001.1	16.12	1.317

注:(　)内数字为不确定值。

①文献[64～67]报道我国内蒙古一煤矿 Ga 储量达 87.5 万 t,如此仅我国 Ga 储量将超过 100 万 t,世界 Ga 储量也将上升到 200 万 t 以上。

表 1-12 中铟与锗的储量仅是现已查明的锌矿资源中的储量,如果将煤、铜、铅、锌等硫化矿中的储量统计在内,则世界的铟与锗储量将增加,其中锗储量将达数百万吨[51～60]。

2 稀散金属的地球化学与资源

自然界中 SM 单一独立的矿床稀少,SM 多以类质同象、少数以微量杂质状态存在于其他矿物之中,故其资源随其他矿物的储量增长而扩大。

2.1 SM 的地球化学

自然界中的元素按一定规律组合共生,这些组合共生是各元素在自然界中不断运动迁移的结果,由此造成了自然界中元素的分散与集中,各种矿产资源就是元素经历了各种迁移运动而达到相对富集的结果。SM 的迁移运动与各种地质作用的温度、压力、组分浓度及 pH 值等相关,但揭示 SM 在自然界中分布、共生关系与存在形态的标志是它们的地球化学参数(见表 2-1)[1~7,19,33,35~49]。

表 2-1 SM 及共生元素的地球化学参数

分组	元素	电价	离子半径/nm	电离势/eV	电负性	配位数	能量系数 *Er*	克拉克值/%
镓、铟、锗组	Ga	+3	0.062	5.98	1.6	4, 6	5.41	1.7×10^{-3}
	In	+3	0.081	5.70	1.7	4, 6	4.35	2.5×10^{-5}
	Ge	+2	0.065	7.89	1.9	4, 6		1.3×10^{-4}
		+4	0.053	7.88	1.8	4, 6	10.53	
	Fe	+2	0.083		1.8	4, 6	2.12	
		+3	0.060	7.90	1.9	4, 6	5.15	
	Zn	+2	0.083	9.39	1.6	4, 6	2.20	
	Sn	+4	0.071	7.33	1.8	6	7.90	
	Al	+3	0.055	5.98	1.5	4, 6	4.95	
	Si	+4	0.040	8.15	1.9		8.60	
	Ti	+3	0.069		1.3		4.65	
		+4	0.064	6.83	1.5	6	8.40	
	Cr	+3	0.064	6.76	1.6	3	4.75	
铊组	Tl	+1	0.149	6.11	1.8	12	0.42	7×10^{-5}
		+3	0.095				3.45	
	K	+1	0.133	4.34	0.8	12	0.36	
	Rb	+1	0.149	4.18	0.8	12	0.33	
	Cs	+1	0.170	3.89			0.30	
铼组	Re	+4	0.072	7.87	1.9	6	8.90	7×10^{-8}
		+7	0.056				28.10	
	Mo	+4	0.068	7.31	1.8	6	8.50	

续表 2-1

分组	元素	电价	离子半径/nm	电离势/eV	电负性	配位数	能量系数 *Er*	克拉克值/%
铼组	W	+4	0.068	7.98	1.7			
	Cu	+2	0.072	7.72	2.0	4，6		
硒、碲组	Se	−2	0.193	9.75	2.45	4，6	1.10	5×10^{-6}
		+4	0.050					
		+6	0.042					
	Te	−2	0.212	9.01	2.1	4，6	0.95	1×10^{-7}
		+4	0.089					
		+6	0.056					
	S	−2	0.182	10.36	2.6	4，6	1.15	
		+6	0.030					

2.1.1 镓、铟、锗组

镓、铟、锗均属亲铜元素，亲铜性可用元素原子状态转到离子状态的转换能 *K* 值大小表示，元素亲铜性次序的转换能 *K* 值[46]列入表 2-2。

表 2-2 元素亲铜性次序的转换能 *K* 值

离子	Ge^{4+}	Sn^{4+}	Ge^{2+}	Zn^{2+}	Fe^{3+}	In^{3+}	Cd^{2+}	Tl^{3+}	Ga^{3+}	Fe^{2+}	Pb^{2+}	Cu^{2+}	Tl^{+}
K 值	7.3	6.8	6.0	5.1	4.8	4.0	3.9	3.6	3.6	3.2	3.1	2.3	1.3

从表 2-2 可见，Ga^{3+}、In^{3+} 及 Tl^{3+} 的亲铜性介于 Fe^{3+} 与 Fe^{2+} 间，而 Ge^{4+} 与 Tl^{+} 有形成单体的特性，靠近 In^{3+} 而具有较小 *K* 值的离子是 Cd^{2+} 与 Tl^{3+}。

镓、铟与锗具有高的电离势与电负性，有较强的极化能力、易于形成共价键，故与硫有较强的亲和力[46]。从元素周期表中位置看，它们是亲铜元素中最强的亲氧元素。亲铜元素的亲氧性增强的方向如图 2-1 所示。

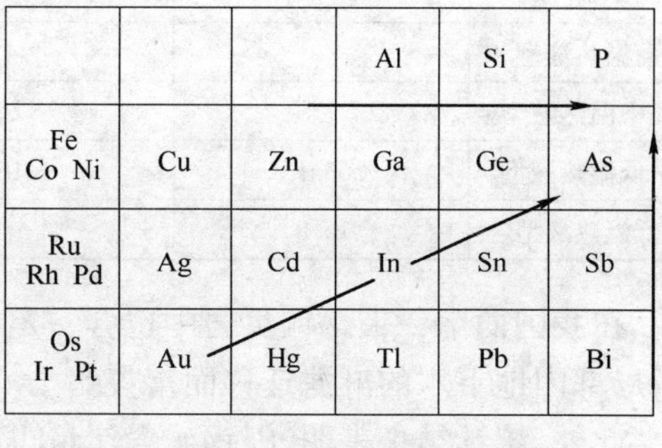

图 2-1 亲铜元素的亲氧性增强的方向

图 2-1 中斜箭头方向表示亲氧性增强，参考表 2-1 可知，镓、铟与锗可与同组元素形成一个沿水平方向的异价类质同象，及沿垂直方向的等价类质同象替换的元素组，从而在自然界中因类质同象而形成共生。从地球化学的角度看，随着元素亲氧性增强，趋向富集于酸性岩浆与氧结合而形成氧化物。而 SM 的酸碱性是由其电离势所决定，其酸性增长方向如下：K→Na→Mg→Li→Tl^{+}→Ca→Al→Fe^{2+}→Zn^{2+}→Tl^{3+}→Ge^{2+}→In^{3+}→Ga^{3+}→Fe^{3+}→Sn^{4+}→Ge^{4+}→Si

————酸性增大————→

镓、铟与 Ge^{2+} 为两性而介于 Fe^{2+} 与 Fe^{3+} 之间；铊为碱性，接近于锂；Ge^{4+} 为酸性而靠近硅。因而镓与锗绝大部分分散于造岩矿物中，只有少量形成热液的硫化物。

在岩浆的早期结晶作用中，Ga^{3+} 与 In^{3+} 主要代替 Al^{3+}，部分代替 Fe^{3+}，而 Ge^{4+} 主要代

替 Si^{4+}，也能形成 $[GeO_4]^{4-}$ 配合阴离子去置换 $[SiO_4]^{4-}$ 以类质同象进入各种岩浆岩，特别是酸性岩的硅酸盐矿物，如云母、长石、辉石、闪石、电气石、石榴石及绿帘石等。

在岩浆外生作用中后期的热液阶段，镓、铟、锗的成矿作用主要有几种类型：(1)在晚期岩浆矿床中，Ga^{3+} 可代替 Ti^{3+}、Fe^{3+} 与 Cr^{3+} 而进钛磁铁矿。(2)在伟晶作用中镓与锗可进入硅酸盐和硅铝酸盐，如霞石、锂辉石、铯榴石、电气石、锂云母与黄玉等中；如加拿大 Bernic 湖的共生的锂辉石和锂云母中的镓。当开采这类碱性伟晶岩或富含氟的云英岩时，可能获得有工业价值的镓与锗矿物[11,47]。(3)大量硅酸盐、硅铝酸盐已经结晶析出后，残余熔浆中缺乏硅与铝，却相对富含硫，此时镓、铟与还原成二价的锗就具有明显的亲硫性，当介质的 pH 值小于 7 而溶液中镓、铟与锗的富集度又足够高时，它们便可形成独立矿物，如 $CuGaS_2$、$Cu_3(Ge、Fe、Zn、Ga)(SAs)_4$ 与 $FeInS_4$ 等。除极个别的，如楚梅布(Tsumeb)的锗石外，其他的均难形成具有单独开采价值的工业矿床。(4)大部分的镓、铟、锗均以类质同象形式进入含有 Fe^{2+} 和 Zn^{2+} 的、在强还原介质里形成的硫化矿物(如闪锌矿、黄铜矿、斑铜矿或黄锡矿等)中，由于其结晶构造与共价键的近似性，比较容易进入闪锌矿晶格，导致某些闪锌矿富含镓达 0.001% ~0.1%、含铟 0.005%。低温热液形成的闪锌矿具有含镓更富的特征，含锗也高达 0.005%、个别高达 0.3%[16~18,47]。高温热液矿床中含锗通常只有 0.0005%，很少可达 0.005%。矽卡岩矿床一般含微量锗，甚至不含锗[47]，锗含量与成矿温度成反比的特征见表 2-3。(5)在岩浆后期气化热液矿床的氧化物中，镓、铟与锗可以类质同象进入锡石晶格，其中 Ge^{4+} 由于与 Sn^{4+} 的地球化学参数极为吻合，会以类质同象代替，故在低温锡石中一般含有不大于 0.005% 的锗，而在高温气化热液锡石中含锗则更少[47]。

表 2-3　闪锌矿的成矿温度与锗含量的关系

成矿温度	锗含量(质量分数)/%			
	Ge > 0.01%	Ge 0.01% ~0.001%	Ge 0.001% ~0.0001%	Ge < 0.0001%
矽卡岩型			4.6	95.4
高温热液型		4.8	4.8	90.4
高中温热液型		25.0		75.0
中低温热液型	63.1	16.9	4.6	15.0
低温热液型	76.8		23.2	

在我国西南一带含铜页岩中也含一定量的锗，这与黑色页岩沉积时的有机质的活动相关，局部因地下水的淋滤迁移而富集锗。

此外，统计结果表明，闪锌矿含锗量也与该矿含铁密切相关，一般含铁低的闪锌矿含锗较高。闪锌矿含铟可达 0.004% ~0.01%，高者可达 0.05% ~1%[45]，有与闪锌矿中铁、锰含量成正比的规律。

在伟晶化作用中镓与锗可进入硅酸盐和硅铝酸盐，如霞石、锂辉石、铯榴石、电气石、锂云母与黄玉等，如加拿大 Bernic 湖的共生的锂辉石和锂云母中的镓。当开采这类碱性伟晶岩或富含氟的云英岩时，可能获得有工业价值的镓与锗矿物[11,47]。

沉积铁矿或沉积—变质铁矿中的镓与锗的含量较高，其置换方式为：

$$Ge^{4+} + Fe^{2+} \rightarrow 2Fe^{3+} \qquad (2\text{-}1)$$

进入磁铁矿晶格，致使磁铁矿富含锗。在氧化铁矿中平均含锗 0.00055%，最高达

0.0035%[50]，一般是磁铁矿较赤铁矿富含锗，如在磁铁矿－菱铁矿中含锗高达0.0056%，而在磁铁矿－赤铁矿中含锗较少，镜铁矿－菱铁矿一般含锗小于0.0003%[49]。这可能是岩石风化过程中，在碱性介质里所形成的锗酸盐被氢氧化铁吸附所致，也可能是锗置换铁矿中Fe^{3+}的结果[50]。镓在铁矿中富集，主要原因为二者含水氧化物的阳离子半径相近似（GaO(OH) 0.062 nm，而FeO(OH) 0.064 nm），导致镓在铁矿中类质同象，其次Ga^{3+}与Fe^{3+}的水解pH值相近，也对此类成矿作用产生重要影响。

当有生物参与而且具有强还原条件的有机质泥炭和煤沉积地区，镓与锗会发生一定程度的富集，镓、锗及硒在煤中的典型含量列于表2-4。其中尤以生成年代新、灰分少、含大量亮煤和镜煤的煤层中的含锗较高，并具有重大实际意义；而生成年代老、已经变质的暗煤及丝炭等含锗量较低，甚至不含锗[47,48]。上述表明煤中的镓和锗主要与其中的有机物相关，特别在煤的有机质的凝胶化部分，在较弱泥炭化的煤中发现锗有异常富集，说明了镓与锗的含量随煤中灰分的增多而减少。镓和锗具有明显的两性性质，可与煤中的羧基、酚及羟基等发生化学作用而形成相应的有机物，即形成镓或锗的腐殖酸盐等，此盐在褐煤中高达97.3%，在石炭中也占到87.2%[1~7,89,90]。小部分锗可与煤中的矿物组分形成相应的锗酸盐或锗硅酸盐。锗在煤中的富集渠道主要有：在煤的泥炭化过程中，某些聚集的含锗植物发生分解，由腐殖酸吸收而氧化再经水的迁移而转入煤中；或当植物在形成煤的过程中从土壤中吸附了锗；或当锗的氧化物溶于水，被地下水带入煤中；或煤层上部的锗由于溶出等作用使在某煤层中发生次生富集；以及由于含锗的硫化物（如闪锌矿）在煤的形成过程中被带入等。我国的临沧、锡林浩特与准格尔旗等均是富含有工业应用价值的锗与镓的煤矿。

表2-4 镓、锗及硒在煤中的典型含量

SM	大于克拉克值的倍数			在煤灰分中的含量/%		较岩石圈中含量高出的倍数	
	黑色沥青质页岩	煤 灰	煤焦油与石油渣	最高	平均	最高	平均
Ga	5~12	7~370	2~7	0.04	0.01	30~40	7~10
Ge		7~1400	<30	1.1	0.05	1600~2800	70~120
Se				0.04	0.006	70~130	10~20

在表生氧化条件下Ga^{3+}与Al^{3+}、Fe^{3+}紧密伴生，因此铝土矿中镓含量可大于其克拉克值的5~150倍。这是由于含镓与锗的岩石经长期风化后，其可溶性的物质被地下水带走，导致它们与铝和铁等形成难溶的氢氧化物，从而以机械悬浮状态或胶体溶液状态被搬走，在适当的条件下，由于胶体吸附与脱水而与铝、铁共生于同一晶格中。如我国华东与华南地区的石炭二叠纪的铝土矿普遍含镓就与此相关，且这些铝土矿含镓量已具工业意义。含镓、铟、锗的硫化矿在表生氧化条件下，它与铁、锰、铝等一起形成氢氧化物而聚积于氧化带铁帽中，它也具一定工业价值。

镓和锗也会富集于土壤中，特别是富集于淤积层的腐殖酸土中，且类似煤中状况，镓含量明显地高于锗含量，在富含氢氧化铝的红土中镓含量可高出其克拉克值的5~30倍[47]。

在现代风化沉积的铁锰结核中也发现富集镓与锗，这可能与腐殖质及硅、铝或铁等的胶体质点的吸附相关。对太平洋现代沉积物中的锰结核的研究查明，其含镓量波动于0.0002%~0.003%之间[91]。

海水中含镓达0.02 μg/L[92]，含锗达0.06~0.07 μg/L，它可能以$[GeO_2]^{2-}$形态存在于

海水中[44]。

铟的亲硫性、离子半径和结晶构造等与 Zn^{2+}、Fe^{2+}、Mn^{2+}、Cu^{2+} 及 Pb^{2+} 相近似，故铟能以类质同象进入上述元素的硫化矿物中，特别在 ZnS、$CuFeS_2$ 及 $(Pb_5Sn_3Sb_2)S_{14}$ 等中最为富集，含铟高的可达 0.05% ~1%。闪锌矿中含铟量与矿物中的铁和锰量成正比，一般含铟 0.004% ~0.01%。在铁闪锌矿及纤锡矿中的含铟量可达 0.01% ~1%，例如大厂锡铅锌矿含铟高的达 0.242%，在木锡石中含铟可高达 1.35%[49]，而在伟晶岩与闪石中的含铟量可分别达 2.8% 与 0.1% ~1%。

2.1.2 铊组

因为铊的电价低，离子半径大，所以铊的极化力较弱。铊的地球化学参数与钾、铷相近似（见表 2-1），故铊常与它们共生。当原始熔浆中铊的含量较高时，铊就能在熔浆结晶晚期的分异产物中得到一定的富集，从而形成矿床。

在自然界中铊多以一价离子形态存在，绝大部分一价铊离子在岩浆作用中表现为亲岩性，花岗岩及碱性岩类岩石中的钾长石与黑云母便成为富集铊的主要矿物。由于黑云母中的钾结合得不那么紧密，且配位数与铊均为 12，故铊可优先置换黑云母中的钾；在岩浆作用的早期正长石中因结晶构造不同于黑云母，故铊置换正长石中钾的作用有限，这也是促使铊能进一步富集到晚期的黑云母中的一个原因，我国云浮硫铁矿中的铊主要存在于白云母及绢云母等单矿物中。由于岩浆岩中钾长石的含量远多于黑云母，故岩石中 60% ~90% 的铊均分布于钾长石中。岩石中的铊则主要存在于黑云母里。角闪石中常含少量钾，故铊也可存在其中，而石英与斜长石等不含这些矿物，故没有发现铊。

伟晶作用晚期的钾阶段，铊能以类质同象分散于含铷矿物的云母和长石中而与锂、铷、铯等共生，在铯榴石、铁锂云母里含铊有时可达 0.01% ~0.02%[49]。

由于铊也是亲铜元素，在热液作用中铊由于其亲铜性而进入铅、锌及铁等硫化物中，仅在少数情况下能形成自己的独立矿物。当方铅矿和闪锌矿从热液作用的真溶液中析出时，由于铅与铊的离子半径和化学性质相近，故铊能优先进入铅的晶格而在方铅矿中富集，然而当铊进入方铅矿的晶格时，需要电价补偿，为此常带入砷、锑、银等，从而发生类质同象置换[46,47]：

$$Tl^{+} + As^{3+}/Sb^{3+} \rightarrow 2Pb^{2+} \tag{2-2}$$

$$2Tl^{+} + 2Ag^{2+} \rightarrow 3Pb^{2+} \tag{2-3}$$

这促使热液作用晚期阶段中的铊常与雄黄、雌黄、白铁矿和自然硫等伴生，如低温沉积改造的南华砷铊矿床。在闪锌矿中含铊量很少，甚至不含铊，仅在有胶态的闪锌矿矿床中由于成矿时铊被胶态 ZnS 所吸附，致使这部分闪锌矿含铊量转高。有人认为铊可能与砷形成化合物进入闪锌矿，也可能以类质同象进入呈 $Zn^{2+}ATl$ 形态（A 为 Ag^{+} 或 Cu^{+}）的锌矿中[46]，在闪锌矿中的锗与砷也有类似情况。铊、锗与砷在闪锌矿中含量的相关关系如图 2-2 所示。

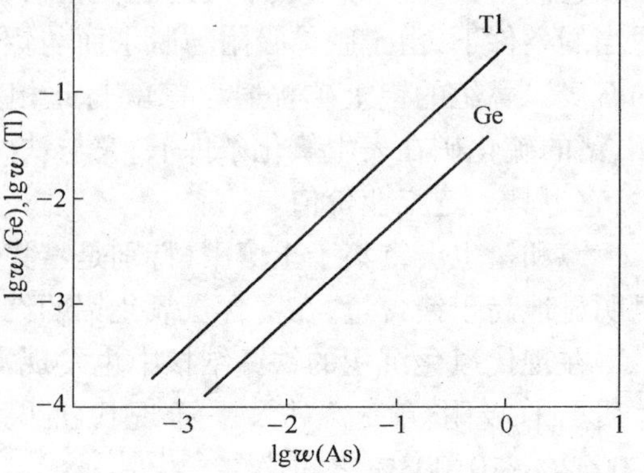

图 2-2 铊、锗与砷在闪锌矿中含量的相关关系

由于在黄铁矿中也存在类似的作用，故

有时某些黄铁矿甚至白铁矿中含铊很高,有的高达0.03%~0.75%[93]。

在某些汞矿中,由于层控型沉积改造,而形成大型铊矿,如滥木厂汞铊矿床。

由于表生作用而常使铊出现在锰的高价氧化物中,如在硬锰矿、软锰矿、褐锰矿、水锰矿及锰土中,特别是较多地出现在硬锰矿中。一般沉积锰矿含铊可达0.001%~0.01%或更高,原因是水化的 MnO_2 或高锰酸复盐吸附铊,并与其中阳离子进行置换[47]。在不含水的 MnO_2 及盐类中,吸附铊的作用极其微弱,因而在锰的碳酸盐、硅酸盐及锰的低价氧化物中难以发现铊。

在风化条件下铊很容易从原生岩石中被淋滤出来,因而在风化壳及硫化矿床的铁帽中通常不含铊。可溶解的铊可与碱金属盐类一起在水中进行长期的搬运,最终在成盐条件下与钾或铷等共生[47]。

2.1.3 硒、碲组

硒、碲与硫的化学性质最相近,均属典型的亲铜元素,在自然界中大多数情况下以 Me^{2-} 离子状态出现,少数呈 Me^{6+} 而与氧形成配合离子。S^{2-}、Se^{2-} 及 Te^{2-} 的离子半径大,变形能力强,可与其他金属形成极性键,乃至共价键,故属于典型的类金属元素组,其金属特性与逆磁性均如下向右方向增强:

$$O \rightarrow S \rightarrow Se \rightarrow Te$$

碲的金属性更强,易与亲铜的金属、特别是原子序数高的金、银、汞、铅、铋及铜等形成碲化物,但不与轻金属形成碲化物。

硒与碲相比较,硒的物理化学性质与硫更为接近,故硒较多地以类质同象进入硫化物中[1,2,93]。碲多出现在含有铜、铋、铅等的金或银的多金属矿床中,其中绝大部分形成金或银的碲化物,如斐济的含碲金矿。但是硒却基本不具备碲的这种地球化学性质,而只能与银等形成硒化物。

硫与硒、碲的能量系数 *Er*(表2-1)按1.15、1.10、0.95依次下降,说明它们的析出能及结晶温度也依次下降,故在地质作用的岩浆阶段,硒与碲很难结晶析出。事实上在岩浆岩及伟晶岩矿床中,可以看到含有大量的硫化物,而较少见到含硒和碲的矿物,只有少量的硒在晚期岩浆作用中开始以类质同象出现在硫化物中。矽卡岩阶段中硒与碲也只能以类质同象方式进入硫化物晶格,且在绝大多数情况下硒含量均高于碲。如江西城门山矽卡岩铜及铜镍矿含硒0.0009%~0.01%,却仅含碲0.0001%~0.003%。

热液作用阶段,是硒、碲析出的主要时期。除大量以类质同象方式替代硫而进入黄铜矿、黄铁矿、辉铜矿、硫砷铜矿、方铅矿及闪锌矿等外,在高温热液阶段开始出现硒化物,而在中温热液阶段大部分硒才可能形成硒化物析出;碲主要在低温热液阶段结晶析出。因此,硒与碲主要富集于中低温热液的细脉浸染型铜/钼矿床中。

与地下水活动有关的沉积层状铜矿床,如含铜油页岩、砾岩等,以及与海底火山喷发有关的黄铁矿型铜矿和黄铁矿型多金属矿的硫化物,均常含硒与碲,硒有可能在火山喷发的自然硫矿中富集,含硒可高达5%。由于这类矿床往往规模巨大,硫化物含量丰富,故成为硒与碲的主要工业矿源。此外,低温热液汞锑矿床与金银矿床也富含硒与碲,它们主要形成各种富含硒与碲的铜、银、铅及汞的硒或碲化物,其次形成镍、钴、铋及砷的硒或碲化物以及硒硫化物等,但是这些矿床规模有限,故不会成为巨大的富硒与碲的工业矿源。

在有机质参与的生物化学作用下,硒可在煤中达到一定的富集。如含硒岩矿中含硒量按含碳质硅质岩型→含硅质碳质页岩型→半暗腐泥煤型递增,其赋存状态有:进入有机炭的硒达65.8%,进入硒铁铜矿和含硒黄铁矿的占33.9%,剩余不到0.3%的分布在脉石等中[3~7]。

在表生风化作用中,硒与碲极易转变为四价氧化物的黄硒矿或黄碲矿以及含水或不含水的硒盐与碲盐矿物,它们或存在铁帽中,或以机械夹带存在于胶结带中,既不被搬迁,也不会发生富集。

2.1.4 铼组

铼是自然界高度分散的元素之一,主要呈 Re^{4+},少数以 Re^{7+} 形态存在。铼的地球化学性质与钼、钨极其相近似(表2-1),铼与钼的卤化物有近似的溶解度与化学性质,故在地质作用中常在同一的物理化学条件下迁移、沉淀和进入某矿物同一晶格。铼与钼一样也具有相当的亲硫性,且 ReS_2 与 MoS_2 的结晶均呈片状结构,故铼最容易以类质同象进入辉钼矿的晶格。

在岩浆作用过程中,Re^{4+} 与 Re^{7+} 都具有易挥发的特性,与钼一起形成气态而逸出,当大量岩浆岩结晶后,铼在残存的熔融熔体中得到富集,开始出现在伟晶岩的硅酸盐及其他矿物中,如硅铍钇矿、钠长石、钪钇铍或锆英石等[1,94],故某些伟晶岩的钽铌矿床及钼矿床均可能含有铼。在伟晶岩作用后期的气化高温矽卡岩阶段,铼最易与钼一起在气成硫化物中结晶析出,如我国杨家杖子的辉钼矿中含铼高达0.115%(而一般的含铼仅为0.0021% ~ 0.0051%),其原因也在于此。

在热液作用中,铼大量赋存于中温浅成的细脉浸染型钼矿床或铜钼矿床中,主要的寄生矿物是平均含铼0.0354%的辉钼矿,这种矿床规模巨大,是铼的主要工业矿床。此外,铼也富集于火山气液的斑岩铜矿中,且多伴生有贵重的铂族金属[49,95]。

Re 与 Cu^{2+} 半径和其他化学性质极为近似,常以类质同象进入辉铜矿晶格,出现在铜、铅、锌多金属矿床中,但含铼量明显地较钼矿床或铜钼矿床的低,如凡口中低温热液交代铅锌矿床含有铼,但仅含铼0.0007%。有人认为铼在铜矿中存在的形态为水溶性占5% ~ 30%(主要在矿表),碱溶性占40% ~60%(主要在矿内),而不溶性占30% ~40%[26]。

铼的矿床较多,其间分支不少,今归纳于表2-5[1,26,27,94,96]。

表2-5　铼的矿床

矿　床	矿　物	含铼量(质量分数)/%	
		波动范围	平均值
伟晶岩钼矿		0.0004 ~ 0.0064	0.003
矽卡岩钼矿	硫化物矿	0.001 ~ 0.091	0.017
	辉钼矿、白钨矿	0.00001 ~ 0.0085	0.0036
石英脉钼矿	石英 – 辉钼矿	0.00006 ~ 0.012	0.004
	石英 – 辉钼矿 – 黑钨矿脉矿	0.00001 ~ 0.007	0.0018
	石英 – 辉钼矿 – 黑钨矿网状矿	0.0002 ~ 0.001	0.003
	石英 – 辉钼矿 – 绢云母	0.0015 ~ 0.0069	0.0121
次生石英脉钼矿	铜钼矿	0.008 ~ 0.161	0.0478
	铜　矿	0.028 ~ 0.693	0.094

续表2-5

矿　床	矿　物	含铼量(质量分数)/%	
		波动范围	平均值
次生石英脉钼矿	钼　矿	0.0018~0.05	0.032
沉积矿	铀铜砂岩	0.005~0.1	0.07
	含铜砂岩	0.00005~0.01	0.0002
	含铜页岩	0.0023~0.00235	0.0075
	油页岩	0.00000037~0.0000095	
	褐　煤	0.00001~0.001	
	矿泉水		0.04 g/L
其他	铀　矿	0.005~0.10	
	曲晶石	0.06~0.2	

由上述可知,铼在铜矿中的特征为:(1)铜钼矿、含铜页岩及辉钼矿的含铼量均较高;(2)铼在浸染型矿而不在脉矿中富集;(3)铼与硫化铜、甚至与硫化铅及硫化锌等相关较密切,而铼与铜矿中的铜含量成正比例增长,同样也与铜矿中的钼含量成类似的正比例增长,其关系如图2-3所示。

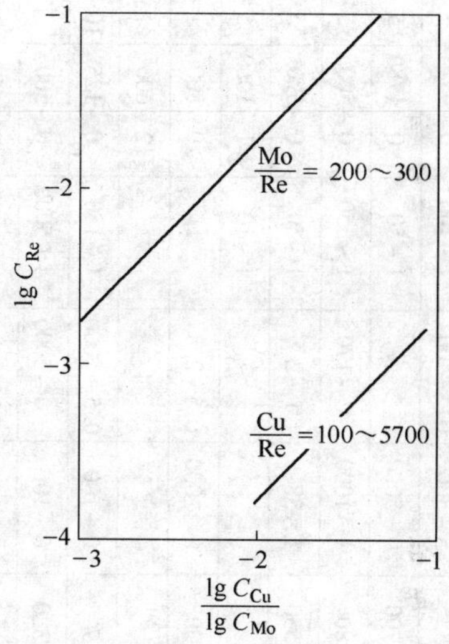

图2-3　铜矿中Re与Cu或Mo含量的相关关系

与地下水循环作用密切相关的层状铜矿床(如含铜砂岩、页岩及砾岩)、铀钒矿床(如含铀钒砂岩)、汞矿床(如含汞砂岩、碳酸岩)中均含一定量的铼,特别是含铜砂岩,由于分布广,常形成巨大的成矿带,成为铼的重要工业矿产资源之一。

在表生环境下,铼以Re^{7+}状态与氧形成$[ReO_4]^-$配合阴离子,它具强酸性,在表生带碱性环境中,其溶解度极大,将随地下水搬运迁移,在适宜条件下由于生物参与化学作用,而能在生物化学沉积型的铀钒矿床、铜矿床、镍钼矿床或煤层中富集,也具有回收价值。由于铼主要以金属有机物、其次以循环水、或微粒嵌布的硫化物等形态进入煤中,故某些煤矿也富含铼[1,25]。

2.2　SM的矿产资源

世界的SM储量见表1-12。

2.2.1　含SM的主要矿物

SM在自然界中主要以分散状态存在,多与有用金属矿物及煤等伴生,并随这些有用金属矿物等在成矿作用中的富集而得以富集成矿。此外,往往由于SM与某些有色金属的地球化学性质近似,故常共生于同一矿床中,出现共同的矿床类型。现将主要的含SM的矿物归纳于表2-6[1~7,13,14,19,30~33,35~39,41,92]。

表 2-6　主要的含 SM 矿物的 SM 含量

(g/t)

元　素	Ga		In		Tl		Ge		Se		Te		Re	
参考文献	[41]	[36]	[41]	[36]	[41]	[36]	[41]	[36]	[41]	[36]	[41]	[36]	[41]	[36]
黄铜矿	0.2~73	1~100	0.04~1500	5~600	0~33	5~300	0.5~400	1~100	0~951	5~1500	0~450	5~500	1.5~6	
方铅矿		1~300	2~5	2~100	0~700	20~3000		1~50	0~1780	5~20000	0~2200	5~5000	0.03~0.15	
闪锌矿	70~100	5~1000	0~6100	5~10000	1~80	1~1000	2~170	1~350	0~500	5~150	0~240	5~100		
黄铁矿		1~100	0~50	1~100	0~530	1~3800	1~2	1~50	0~576	5~3000	1~540	5~1000	0~3.6	
辉钼矿								1~10	1~1060	5~1000	0~160	5~400	1~3100	20~3000
磁黄铁矿	0.1~3.1	5~100	0.5~90	0~200	0.7~20	0~1000	0.5~2.8		0~800	1~150	0~245	5~50	0.1	
镍黄铁矿	1		1				1		12~600	1~100	0~62	1~15		
斑铜矿	1~2.8	5~200	2~22		2~7	0~100	0.5~9000	1~150	0~125	10~200	0~100	1~50	0.1~45	
黝铜矿	0~50	5~300	2~72	5~200	0~320	0~100	0~5000	4~5000	0~500		0~9000	0~1500		
辉锑矿	0~16	1~10	0~8.8		0~43	10~100	0~20		0~150	1~100		1~50		
辰　砂	0~14		0~4	0~10	0~16	10~100	0~6		0~8500	10~40				
锡　石	4~100	1~50	2~76	10~100			1	1~10		5~10		5~1400		
黑钨矿	1~3	1~200	0.7~16	10~100	0~46									
橄榄石	2~71													
霞　石	8~110													
长　石	16~115	5~1000			2~610	1~100								
白云母	29~500	5~1000	0~3.4		4~23	10~500	0~50	1~20						
硫砷铜矿		0~200				0~1000		500~1000		10~75		5~500		
铝土矿		10~1100												
煤　矿		10~100						10~1800						
石　油	4.0						0.7							
海　水	0.03 μg/L	0.03~0.007 μg/L	0.004 μg/L	0.604 μg/L			0.06 μg/L	0.07 μg/L	0.09 μg/L	4~6 μg/L		0.01 μg/L	0.008 μg/L	
锰结核	10				2		1		52		2~216			

从表2-6可见,闪锌矿一般都富含锗、镓、铟,个别还富含铊、硒、碲;黄铜矿、黝铜矿和硫砷铜矿通常富含铊、硒、碲,个别还富含锗与铟;方铅矿多数富含铟、铊、硒、碲;辉钼矿和斑铜矿一般都富含铼,个别还富含硒;黄铁矿与白云母均富含铊、镓,而黄铁矿更常常富含硒、碲。

1988年笔者曾不完全归纳统计了SM矿物数,列出了195种SM矿物[1],2004年文献[19]统计的SM矿物数已扩大到326种(可惜缺少某些SM矿物的完整资料),2006年综合统计有名称、有分子式或有晶系与含SM量等数据的SM矿物数总计达298种,汇总于表2-7。

表2-7 SM矿物数

项目		Ga	In	Tl	Ge	Se	Te	Re	合计
1988年文献[1]统计		3	5	19	11	64	91	2	195
2004年文献[19]统计		3	10	44	21	104	142	2	326
2006年统计		4	8	58	16	122	82	8	298
2006年实际统计中的SM矿物分类	自然元素	0	1	0	0	2	2	0	5
	硫化物及含硫盐	3	6	42	7	35	15	8	116
	硒/碲化物	0	0	6	0	59	40	0	105
	氧化物及含氧盐	1	1	10	9	26	25	0	72

将查明的298种SM矿物,分别按自然元素、硫化物及含硫盐、硒/碲化物与氧化物及含氧盐列于表2-8[1~7,19,30~33,35~48]。

2.2.2 含SM的主要矿床

SM很少能形成具有工业开采价值的独立矿床。迄今只在纳米比亚的楚梅布(Tsumeb)的铜铅锌多金属矿中发现了独立锗矿——锗石,以及后在扎伊尔的沙巴省基普矢(Kipushi)的铜锌矿中发现的独立锗矿——硫锗铁铜矿[1~7,90,97],作为锗矿进行工业开采、选矿与锗生产。

据报道[90],楚梅布的锗石$Cu_3(Fe,Ge,Zn,Ga)(SAs)_4$含锗高达10.19%,并伴生有含量为1.85%的镓,锗石和硫锗铁铜矿的主要性质与成分见表2-9。

表 2-8　SM 矿物

序号	稀散元素	矿物类														矿物总计
		自然元素		硫化物及含硫盐				硒/碲化物				氧化物及含氧盐				
		矿物名	化学式	矿物名	化学式	晶系	SM 含量/%	矿物名	化学式	晶系	SM 含量/%	矿物名	化学式	晶系	SM 含量/%	
1	铼			铜铼矿	$CuReS_4$		40 ~ 50									8
				辉铼矿	ReS_3											
				(Dzhezk)	$Cu(Re,Mo)S_4$											
				(Njug)	$Cu(Re_3,Mo)S_8$											
				(Stillw.)	Re_2S_3											
				(Stillw.)	$(Cu,Fe)(Re,Mo)_4S_8$											
				(Coldw.)	$(Re,Mo,Fe,Cu)S_3$ /$Re(Mo,Cu,Fe)_2S_3$											
				(V. Rm.)	$(Pb_{0.87}Sr_{0.83}Y_{0.43})(Ti_{14.4}Fe_{6.05}Re_{0.23}Mn_{0.23})O_{38}$											
2	镓			硫镓铜矿	$CuGaS_2$	四方	29.2 ~ 35.4					羟镓石	$Ga(OH)_3$	等轴		4
				硫铜镓矿	$(Cu,Fe,Zn)_3GaS_4$		20.9									
				锗　石	$Cu_3(Fe,Ge,Zn,Ga)(SAs)$	等轴	1.8									
3	铟	自然铟	In	硫铟铁矿	$FeIn_2S_4$	等轴	59.30					羟铟石	$In(OH)_3$	等轴	69.2/60	8
				硫铟铜矿	$CuInS_2$	四方	47.8/47.4									
				硫铜铟锌矿	$(Cu,Zn,Fe)_2(In,Sn)S_4$ /$(Cu,Fe)_2Zn(In,Sn)S_4$	四方										

续表2-8

序号	稀散元素	矿物类														矿物总计
		自然元素		硫化物及含硫盐				硒/碲化物				氧化物及含氧盐				
		矿物名	化学式	矿物名	化学式	晶系	SM含量/%	矿物名	化学式	晶系	SM含量/%	矿物名	化学式	晶系	SM含量/%	
3	铟	自然铟	In	硫铟银矿	$AgInS$	(四方)	40.22									8
				大庙矿(冀)①	$PtIn_2$	等轴	53.5									
				伊逊矿(冀)①	Pt_3In	等轴	16.4									
4	锗			锗石	$Cu_3(Fe,Ge,Zn,Ga)(SAs)_4$	等轴	6~10.9					纳米比亚锗矿/弗莱石	$(Pb,Ge,Ga)_2(SO_4)(OH)_2 \cdot 2H_2O$	六方	6.72~7.8	16
				扎伊尔锗矿(硫锗铁铜矿)	$(Cu,Fe)_3(Fe,Ge,Ga,Zn)(SAs)_4$	四方	6.38~7.8					钙锗矾	$Ca_3Ge^{4+}(SO_4)_2(OH)_6 \cdot 3H_2O$	六方	14.9	
				硫银锗矿	Ag_8GeS_6	等轴/斜方	3.65~6.93					羟锗铅矾/伊藤石	$Pb_3GeO_2(OH)_2(SO_4)_2$	斜方	7.3	
				超基性矿	$Pb_{28}Ag_{22}Sb_4Ge_3S_{51}$	斜方	2.2~4					Argutite	GeO_2			
				黑硫银锡矿	$4Ag_2S(Sn,Ge)S_2$	等轴	1.8~1.82					锗铁矿	$GeFe^{2+}(OH)_6/Fe^{2+}Ge(OH)_6$	四方	29	
				灰锗矿	$Cu_2FeGeS_4/Cu_2(Fe,Zn)GeS_4$	四方						锗磁铁矿	$GeFeO_4/GeFe_2O_4$	等轴	5.7	
				未定名	GeS_2							铅铁锗矿	$PbFe^{2+}Ge_3O_8$			
												Mn-stottit	$Mn^{2+}Ge(OH)_6$			
												Otjisumetite	$PbGe_4O_9$			
5	铊			红铊矿	$TlAsS_2$	单斜	48~59.6	硒铊银铜矿	$Cu_{15}Tl_2AgSe_9$	单斜	16.29~19	褐铊矿①	Tl_2O_3	等轴		58
				辉铊铅矿	$Tl_2PbAs_4S_8$	斜方		砷硒铊铜矿	$(Cu,As,Tl)_2Se$		29	副铊矿	TlO_2			
				铜红铊铅矿	$TlPb(Cu,Ag)As_2S_5$	三斜	18~35	硒铊铜矿	$Cu_3TlFeSe_4$	四方		铊铁矿	$7Tl_2O_3 \cdot Fe_2O_3$		79.52	

续表 2-8

序号	稀散元素	矿物类														矿物总计
		自然元素		硫化物及含硫盐				硒/碲化物				氧化物及含氧盐				
		矿物名	化学式	矿物名	化学式	晶系	SM 含量/%	矿物名	化学式	晶系	SM 含量/%	矿物名	化学式	晶系	SM 含量/%	
5	铊			银红铊铅矿（硫砷铅铊矿）	$(Pb,Tl)_2AgAs_2S_3$	三斜	18～25	锑铊铜矿	$Cu_2(Sb,Tl)$			（矾钾铊矿）	$Tl_2O_3 \cdot K_2O \cdot 8SO_3 \cdot 15H_2O$	斜方		58
				硫铊铜矿	Cu_3TlS			硒铊铁铜矿	$Tl(Cu,Fe)_2Se_2$			铊明矾①	$TlAl(SO_4)_2 \cdot 12H_2O$			
				辉铊锑矿	$TlAs_2SbS_5$	斜方	29.6～32.1	硒铊铜矿	Cu_6TlSe_4			硫酸铊矿	Tl_2SO_4			
				皮罗矿	$Tl_2(Sb,As)_{10}S_{17}$	斜方						硫代硫酸铊矿	$Tl_2S_2O_3$			
				硫砷锑铊矿	$Tl(As,Sb)_3S_5$	斜方	32.0					铁钾铊矾	$(Tl,K)Fe_3(SO_4)_2 \cdot (OH)_6$			
				依姆霍夫矿	$Tl_6CuAs_{16}S_{40}$	单斜	37.51					硅铝铊石	$K_8Tl_4Al_{12}Si_{24}O_{72} \cdot 20H_2O$			
				辉/铁铊矿①	$TlFe_2S_3$	斜方	49.6					水钾铊矾	$H_8K_2Tl_2^{3+}(SO_4)_8 \cdot H_2O$			
				硫铁铊矿①	$TlFeS_2$	斜方										
				辉铊矿	Tl_2S_t											
				硫锑铊铁铜矿	$(Cu,Fe)_6Tl_2SbS_4$											
				硫铊铁铜矿	$TlCu_3FeS_4$											
				贝硫砷铊矿	$Tl(As,Sb)_5S_8$											
				斜硫锑铊矿	$Tl(Sb,As)_5S_8$											

续表2-8

序号	稀散元素	矿物类														矿物总计
		自然元素		硫化物及含硫盐				硒/碲化物				氧化物及含氧盐				
		矿物名	化学式	矿物名	化学式	晶系	SM含量/%	矿物名	化学式	晶系	SM含量/%	矿物名	化学式	晶系	SM含量/%	
5	铊			硫砷铊矿	Tl_3AsS_3											58
				硫砷锑铅铊矿	$(Tl,Pb)_5(Sb,As)_{21}S_{34}$											
				硫锑金银矿	$TlAg_2Au_3Sb_{10}S_{10}$											
				硫砷铊银铅矿	$(Pb,Tl)_2AgAs_2S_5$											
				硫砷铊铅矿	$(Pb,Tl)_2Ag_5S_9$											
				硫砷铜铊矿	$Tl_6CuAs_{16}S_{40}$											
				硫砷铊汞矿	$(Hg,Cu,Zn)_{12}TlAs_8S_{34}$											
				辉砷银铅矿	$TlPbAs_2AgS_6$											
				斜硫锑砷银铊矿	$TlAg_2(As,Sb)_3S_6$											
				硫锑铊银铅矿	$Pb_8(Ag,Tl)_2Sb_8S_{21}$											
				硫锑铜铊矿	$TlCu_5SbS_2$											
				硫锑铊铜矿	$Cu_6Tl_2SbS_4$											
				维硫锑铊矿	$TlSbS_2$											

续表2-8

序号	稀散元素	矿物类														矿物总计
		自然元素		硫化物及含硫盐				硒/碲化物				氧化物及含氧盐				
		矿物名	化学式	矿物名	化学式	晶系	SM 含量/%	矿物名	化学式	晶系	SM 含量/%	矿物名	化学式	晶系	SM 含量/%	
5	铊			硫镍铁铊矿	$Tl_6(Fe,Ni,Cu)_{25}S_{26}Cl$											58
				铊黄铁矿①	$(Fe,Tl)(S,As)_2$											
				皮科保尔矿	$(Tl,Pb)Fe_2S_3$	斜方										
				硫砷汞铊矿	$TlHgAsS_3$											
				硫砷锑汞铊矿	$Tl_4Hg_3Sb_2As_8S_{20}$											
				硫锑汞铊矿	$TlHgSb_4S_7$											
				硫砷锡铊矿	$Tl_2SnAs_2S_6$											
				斜硫砷铊汞矿	$TlHgAs_3S_4$											
				斜硫砷铜铊矿	$(Tl,Cu)(Zn,Fe,Hg)AsS_3$											
				拉硫砷铊铅矿	$(Pb,Tl)_3As_5S_{10}$											
				斜硫砷铊汞矿①	$TlHgAsS_3$											
				硫砷铊铅矿①	$PbTlAs_5S_9$											
				硫砷铊矿①	$(Tl,Pb)_3AsS_3$											

续表 2-8

序号	稀散元素	矿物类														矿物总计
		自然元素		硫化物及含硫盐				硒/碲化物				氧化物及含氧盐				
		矿物名	化学式	矿物名	化学式	晶系	SM 含量/%	矿物名	化学式	晶系	SM 含量/%	矿物名	化学式	晶系	SM 含量/%	
6	硒	自然硒①	Se	副硒铋矿	$Bi_2(Se,S)_3$	六方	26	硒化氢	H_2Se	等轴		黄硒铅矿	$PbSeO_4 \cdot 2H_2O$	单斜		122
		硒碲矿	(Se, Te)	碲铋矿	$Bi_3Te(S,Se)$			硒银矿	Ag_2Se	斜方		白硒铅矿	$PbSeO_3 \cdot nH_2O$	单斜		
				硫硒铋矿	Bi_4Se_2S	六方		硒金银矿	Ag_3AuSe_2	等轴		(硒铅石)	$Pb_2(SO_4) \cdot (SeO_4)$	斜方		
				硒化铋矿	Bi_2SeS			硒铜银矿	$AgCuSe$	斜方		硒铀铜铅矿	$Pb_2Cu_5(UO_2)_2(SeO_3)_6(OH)_6 \cdot 2H_2O$			
				(胶硒雄黄)	$As(S,Se)_2$			硒铊银铜矿	$(Cu,Tl,Ag)_2Se$	(四方)	33.27	(铅铜硒矿)	$(Pb,Cu)_2SeO_4(OH)_2$			
				辉硒铅铋矿	$Bi_6Pb_4S_9Se_4$	六方	11.5 ~ 11.8	(硒银铅矿)	$(Ag,Pb)Se/(Ag_2Pb)Se$			蓝硒铜矿①	$CuSeO_3 \cdot 2H_2O$	单斜		
				辉硒银矿	Ag_4SeS/Ag_4SeS_4	斜方/等轴		硒铋银矿	$AgBiSe_2$		32.1	德里克石	$Cu_4(UO_2)(SeO_3)_2(OH)_6 \cdot H_2O$	斜方		
				辉砷矿	$As(Se,S)_2$			硒铜钯矿	$(Pd,Cu)_7Se_5/(Pd,Cu)_7Se_3$	斜方		马托兹石	$Cu(UO_2)_3(SeO_3)_3(OH)_{26} \cdot 7H_2O$	斜方		
				辉汞矿	$Hg(Se,S)$	等轴		硒钯矿	$PdSe/PdSe_2$	—/单斜		水硒镍矿	$NiSeO_3 \cdot 2H_2O$	单斜		
				班布金石	$Pb_2Bi_2(S,Se)_3$	三方		灰硒汞矿	$HgSe$	等轴		水硒钴矿	$CoSeO_3 \cdot 2H_2O$	单斜		
				硒碲铋铅矿	$PbBi_2Se_2(Te,S)_2$	三方		硒汞铅矿	$(Pb,Hg)Se$		24 ~ 27	黄硒矿	SeO_2	四方		
				皮硫铋铜铅矿	$PbCuBi_{11}(S,Se)_{18}$	斜方		硒铅矿	$PbSe$	(等轴)	27.7	(硒铀钡矿)	$Ba(UO_2)_3(SeO_3)_2(OH)_4 \cdot 3H_2O$	斜方		
				莫兹戈娃石	$PbBi_4(S,Se)_7$	斜方		硒铜矿①	$CuSe$	六方	38.4	水硒钼矿	$MoSeO_3 \cdot nH_2O$			
				硒硫铋铜铅矿	$Pb_3CuBi_7(S_{10}Se_4)$	单斜		均质硒铜矿	$Cu_{2-x}Se$	等轴		彭斯石①	$KCdCu_7O_{23}(SeO_3)_2Cl_9$	六方		
				朱诺石	$Pb_3Cu_2Bi_8(S,Se)_{16}$	单斜		硒碲铜矿	$Cu(Te,Se)_2$	四方		卡罗斯石	$K_6(Na,K)_4Na_6Mg_{10}(SeO_4)_{12}(IO_3)_{12} \cdot 12H_2O$	三方		

续表 2-8

序号	稀散元素	矿物类														矿物总计
		自然元素		硫化物及含硫盐				硒/碲化物				氧化物及含氧盐				
		矿物名	化学式	矿物名	化学式	晶系	SM 含量/%	矿物名	化学式	晶系	SM 含量/%	矿物名	化学式	晶系	SM 含量/%	
6	硒			脆硫铋矿	$Bi_4(Se,S)_3$	三方		红硒铜矿	$Cu_{4-x}Se$	六方		绿月石	$Cu_9O_2(SeO_3)_4Cl_6$	单斜		122
				硒雌黄	$As_2(Se,S)_3$	单斜		铜硒铁矿	$CuFeSe_2$	六方		多硒铜铀矿	$Cu_4(UO_2)(SeO_3)_2(OH)_6$	(三斜)		
				硒钼矿	$Mo(Se,S)_2$	六方		硒铜铅矿	$(Pb,Cu)_2Se$			弗朗西丝石	$Cu_3Bi(SeO_3)_2O_2Cl$	斜方		
				三方硒铋矿	$Bi(Se,S)_3$	三方		斜方硒铜矿	Cu_5Se_4	斜方		乔波吉石	$Cu_5O_2(SeO_3)_2Cl_2$	单斜		
				硒硫金银矿	$AuAg(S,Se)$	单斜		(硒铜铁矿)	Fe_3CuSe_4			哈伊内斯石	$(UO_2)_3(SeO_3)_2(OH)_2·5H_2O$	斜方		
				硒硫金银铜矿	$(Ag,Cu)_4Au(S,Se)_4$	六方		狄瑞尔矿	$(Co,Ni,Cu)_3Se_4$	等轴		伊尔宁斯基石	$NaCu_5O_2(SeO_3)_2Cl$	斜方		
				砷硒铜矿	$(Cu,Fe)_4As(Se,S)_4$	等轴		哈克矿	$(Cu,Hg)_3SbSe_3$	等轴		水硒铁石	$Fe_2Se_3O_9·6H_2O$	单斜		
				克里纳石	$(Pt,Pb)Bi_3(S,Se)_{4-x}$	等轴		硒铜镍矿	$(Ni,Cu,Co)Se_2$	等轴		莫铬里石	Cu_3AsSe_3	等轴		
				硫硒铜矿	$(Ag,Cu,Fe)_9(Se,S)_8$	等轴		硒铊铜矿	$Cu_3Tl_2FeSe_4$	四方		奥兰地石	$Pb_3(Cl,OH)_4(SeO_3)·H_2O$	三斜		
				砷黝铜矿	$(Cu,Zn,Ag)_{12}(As,Sb)_4(Se,S)_{13}$	等轴		珀明介矿	$Cu_3(Sb,As)Se_4$	四方		含水硒钙铀矿	$Ca(UO_2)_{33}(SeO_3)_2(OH)_4·4H_2O$	斜方		
				硒铀铜矿	$(Cu,Hg)_3(Sb,As)(Se,S)_3$	等轴		硒镍矿	$NiSe$	六方		氯硒锌石	$Zn_2(SeO_3)Cl_2$	斜方		
				硒碲铋矿	$Bi_2(Te,Se,S)_3$	三方		白硒钴矿	$CoSe$	斜方						
				碲硒铋矿	$Bi_2Se_2(Te,S)$	三方		软硒钴矿	$CoSe$	六方						
				硒硫铋铅矿	$(Pb,Cu)_8Bi_{9\sim10}(S,Se)_{22}$	单斜		硬硒钴矿	$CoSe_2$	立方						

续表 2-8

序号	稀散元素	矿物类														矿物总计
		自然元素		硫化物及含硫盐				硒/碲化物				氧化物及含氧盐				
		矿物名	化学式	矿物名	化学式	晶系	SM 含量/%	矿物名	化学式	晶系	SM 含量/%	矿物名	化学式	晶系	SM 含量/%	
6	硒			硒脆银矿	$Ag_5Sb(Se,S)_4$	斜方		方硒钴矿	Co_3Se_4	立方						122
				铋车轮矿	$PbCuBi(S,Se)_3$	斜方		等轴硒镍矿	Ni_3Se_4	等轴						
				硒硫碲铅银矿	$Ag_9SbTe_3(S,Se)_3$	单斜		单斜硒镍矿	Ni_3Se_4	单斜						
				硒铋铜铅矿	$PbCu_2Bi_4(Se,S)_6$	单斜		硒碲镍矿	NiTeSe	六方						
				灰硒铋铅矿	$Ag_{0.3}Pb_{5.3}Cu_2Bi_{8.3}S_6Se_{12}/Ag_{0.3}Pb_{5.3}B_{8.3}Se_6S_{12}$	斜方		硒铁矿	FeSe	六方						
				威硒硫铋铅矿	$Pb_3Bi_4(S,Se)_9$	单斜		白硒铁矿	$FeSe_2$	斜方/(等轴)						
								硒镉矿	CdSe	六方						
								方硒锌矿	ZnSe	等轴						
								方硒洞矿①	$CuSe_2$	等轴						
								硒铋矿	Bi_2Se_3	斜方	24 ~ 36.2					
								硒锑矿①	Sb_2Se_3	斜方						
								硒铜矿	Cu_2Se	等轴						
								布若德矿	Cu_2HgSe_2	单斜						
								克里斯石	$Ag_2Pd_3Se_4$	单斜						
								立方硒铁矿	$FeSe_2$	等轴						

续表 2-8

序号	稀散元素	矿物类														矿物总计
		自然元素		硫化物及含硫盐				硒/碲化物				氧化物及含氧盐				
		矿物名	化学式	矿物名	化学式	晶系	SM 含量/%	矿物名	化学式	晶系	SM 含量/%	矿物名	化学式	晶系	SM 含量/%	
6	硒							硒砷镍矿	(Ni,Co)AsSe	等轴						122
								六方硒镍矿	NiSe	六方						
								三方硒镍矿	NiSe	三方						
								单斜硒镍矿	Ni_3Se_4	等轴						
								斜方硒镍矿	$NiSe_2$	斜方						
								斜硒镍矿	Ni_3Se_4	单斜						
								硒铂矿	Pt_5Se_4	单斜						
								硒铋钯矿	PdBiSe	等轴						
								等轴硒钯矿	$Pd_{17}Se_{15}$	等轴						
								硒锑铜矿	Cu_3SbSe_4	四方						
								硒铋铅汞铜矿	$PbHgCu_3BiSe_2$	斜方						
								硒铊铜矿	Cu_4TlSe_3	四方						
								肖德威石	$PtSe_2$	三方						
								硒碲铋矿	Bi_3TeSe_2	三方						
								硒汞钯矿	$Pd_8Hg_3Se_9$	斜方						

续表 2-8

序号	稀散元素	矿物类															矿物总计
		自然元素		硫化物及含硫盐				硒/碲化物				氧化物及含氧盐				
		矿物名	化学式	矿物名	化学式	晶系	SM 含量/%	矿物名	化学式	晶系	SM 含量/%	矿物名	化学式	晶系	SM 含量/%	
7	碲	自然碲	Te	硫碲铋矿	Bi_4TeS_2	六方		碲化氢	H_2Te			铁碲矿	$Fe_2(TeO_3)_3$			82
		碲硒矿	(Te,Se)	正碲铋矿	$Bi_{4-x}Te_{1-x}S_2$			碲金矿	AuTe	单斜		高铁碲矿	$FeTeO_4$			
				亚碲铋矿	$Bi_{4-x}Te_{2-x}S_2$			碲银矿①	Ag_2Te	立方	37～44	羟碲铁矿	$FeTe_2O_5(OH)$	四方		
				辉碲铋矿	Bi_2Te_2S	六方	33.6～36	六方碲银矿①	$Ag_{5-x}Te_3$	六方		波尖石	$Fe(SO_4)(TeO_3)_2 \cdot 3H_2O$	斜方		
				叶碲铋矿	$Bi_{2-x}Te_{3-x}S$	六方		金银碲矿	$(Ag,Au)_2Te$	六方	33～35	水碲铁矿	$Fe^{3+}TeO_3(OH) \cdot H_2O$			
				碲硫铋矿	$Bi_6Te_3S_6/BiTe_2S$	六方		碲金银矿	Ag_3AuTe_2	立方与斜方		（锌铁碲矿）	$(Zn,Fe)_2(TeO_3)_3Na_xH_{2-x} \cdot yH_2O$	单斜		
				碲化铋矿	$Bi_2(Te,S)_3$	六方	33～36	粒碲银矿	$(Ag,Au)Te$	斜方		铅碲矿	$PbTeO_3$		38	
				砷碲矿	$Te_2As_2S_7$			二碲金矿	$AuTe_2$	单斜	55.92	（碲铅铀矿）	$Pb(UO_2)(TeO_3)_2$	单斜		
				金田矿	$Cu_6Sb_2(S,Se)_3$			三碲金矿	$AuTe_3$			（铀碲矿）	UTe_3O_8	等轴		
				碲黝铜矿	$Cu_3(Te,Sb)S_4$	等轴		叶碲金矿	$(Au,Ag)Te$			（碲铀矿）	$(UO_2)(TeO_3)$	斜方		
				叶碲矿	$Au(Pb,Sb,Fe)_8(Te,S)_{11}$	斜方/四方		斜方碲金矿	$(Au,Ag)Te_2/AuTe_2$	斜方	60～62	黄碲矿/碲土石	TeO_2	斜方	37	
				楚碲铋矿①	$(Bi_{0.980}Fe_{0.011}Cu_{0.006})(Te_{0.988}S_{0.011}Se_{0.001})$/$Bi(Te,S)$		36.48～37.78	针碲金银矿	$AuAgTe_4$			登宁石	$(Mn,Ca,Zn)Te_2O_5$	四方		
				辉碲铅矿	$TePb_3S_2$	斜方		亮碲金矿	Au_2Te_3	三斜		（锌锰碲矿）	$(Mn,Zn)_2Te_3O_8$	单斜		
				硫碲铅矿	$Pb[(Te,S)O_4]$			沃伦斯基矿	$AgBi_{1,6}Te_2$	斜方		碲铋华	$Bi_2TeO_4(OH)_4$	单斜		
				斜硫砷铊汞矿①	$TlHgAsS_3$			碲铜金矿	$CuAuTe_4$	（单斜）		碲铜矾	$Cu(Te,S)O_3 \cdot 3H_2O$	斜方		

续表 2-8

序号	稀散元素	矿物类															矿物总计
		自然元素		硫化物及含硫盐				硒/碲化物				氧化物及含氧盐				
		矿物名	化学式	矿物名	化学式	晶系	SM 含量/%	矿物名	化学式	晶系	SM 含量/%	矿物名	化学式	晶系	SM 含量/%	
7	碲							波罗斯基矿	Pd_3SbTe_4	等轴		水碲铜矿	$Cu_5(TeO_3)_2(OH)_6\cdot 2H_2O$	斜方		82
								无名矿	$Pd_2Bi_2Te_3$			神铊石	$CuZn_8(TeO_3)_3(OH)_{18}$	六方		
								无名矿	Pd(Pb,Te,Bi)			（正碲铜矾）	$Cu(Te,S)O_4\cdot 2H_2O$		34	
								铋碲钯铂矿	$(Pt,Pd)(Te,Bi)_2$			汞碲矿	Hg_3TeO_4			
												水硫碲铅石	$Pb(Te,S)O_4\cdot 2H_2O$			
								铋碲铂钯矿	$(Pd,Pt)(Te,Bi)_2$	六方		绿铁碲矿	$Fe_2(TeO_3)_3\cdot 2H_2O$	单斜		
								等轴铋碲铂钯矿	(Pd,Pt)BiTe	等轴		（东坪石）①	$AuTeO_3$			
								黄铋碲钯矿	$Pd(Te,Bi)_{1\sim 2}$	六方		（碲酸铅金矿）	$Au(PbO)_3(TeO_4)_2$			
								碲铜金矿	$CuAuTe_4$	（单斜）	38	（中山石）/碲锌（铁）石①	$(Zn,Fe)_2(Te_3O_8)$			
								（碲银金矿）	$(Au,Ag)_2Te_5$			水硫碲铅石①	$(Pb[Te,S]O_4\cdot H_2O)$			
								碲汞矿	HgTe	等轴	39					
								碲镍矿	$NiTe_2$	六方	81					
								硒碲镍矿	NiTeSe	六方						
								碲铁矿	$FeTe_2$	斜方						

续表 2-8

序号	稀散元素	矿物类														矿物总计
		自然元素		硫化物及含硫盐				硒/碲化物				氧化物及含氧盐				
		矿物名	化学式	矿物名	化学式	晶系	SM 含量/%	矿物名	化学式	晶系	SM 含量/%	矿物名	化学式	晶系	SM 含量/%	
7	碲							碲铅矿	PbTe		35.79					
								斜方碲铜矿	CuTe	斜方						
								碲铜矿	Cu_4Te_3	斜方	60					
								四方碲铜矿	Cu_7Te_8	四方						82
								硒碲铜矿	$Cu(Se,Te)_3$	四方	31.0					
								韦氏碲铜矿	$Cu_{2-x}Te/Cu_5Te_3$	六方	54					
								叶碲铋矿	BiTe	六方						
								马塔干姆矿	$(Co,Fe)(Te,Sb)_2$	斜方						
								碲锑矿	Sb_2Te_3	六方						
								碲铋矿	Bi_2Te_3	六方	48					以上总计:
								硒碲铋矿	Bi_2Te_2Se	斜方						298
								赫碲铋矿	Bi_7Te_3	六方						

①表示的矿物是我国发现的。

表 2-9　锗石的主要性质与成分

矿　名		Tsumeb 锗石	Tsumeb 硫锗铜铁矿	Kipushi 硫锗铜铁矿
物理性质	表面色彩	深　红	青　铜	青　铜
	断面色彩	玫瑰/灰	橘　棕	橘　棕
	晶体结构	假等轴	假等轴	假等轴
	密度/$g \cdot cm^{-3}$	4.46	4.5	4.3
	粉碎性	易	易	易
	莫氏硬度	4	4.5	4.5
化学成分（质量分数）/%	Ga	1.85	0.52	
	Ge	10.19	5.46	(0.022)
	Cu	42.12	41.18	
	Fe	7.80	12.80	
	Zn	3.93	3.74	
	Pb	0.96	2.15	
	Sn	-	0.16	
	As	1.37	4.95	
	S	31.27	30.48	
	SiO_2	1.65	1.96	

在自然界中 SM 绝大部分都伴生在有色金属矿、铁矿与煤矿等中，有关 SM 矿产工业的要求，如 1987 年全国矿产储量委员会办公室主编的《矿产工业要求参考手册》中提出了相应的要求和指标[98]。随着矿业开发、矿区经济交通等条件的改善，特别是 SM 的市场需求变化和冶金提取技术的进步，对 SM 矿产工业的要求势必也将适时予以调整修订。现将伴生的、具有工业开采价值的 SM 的主要工业矿床列入表 2-10[1~7,13,14,44~50,64~67,76~78,90~92,99]。

表 2-10 具有工业开采价值的 SM 的主要工业矿床

主元素	矿床类型	矿床成因	主要矿石矿物	主要有价组分	伴生 SM	规模	实　例
铁	钒钛磁铁矿	晚期岩浆	钛磁铁矿,钛铁矿,磁铁矿,赤铁矿,硫化物	Ti,Fe	Ga,Se,Te	中、大	中国攀枝花(Ga)
	矽卡岩型磁铁矿	接触交代	磁铁矿,赤铁矿,铜铅锌硫化物	Fe,Cu	Ga,Ge	中	中国大冶,前苏联阿达斯(Ge)
	含锗赤铁矿	低温热液裂隙充填	赤铁矿,针铁矿,褐铁矿	Fe	Ge	小	中国溧水
	磁铁矿-磷灰石	次火山汽液	磁铁矿,赤铁矿,黄铁矿,磷灰石,菱铁矿,硬石膏	Fe,P	Ge,Se,Te	中	
	赤铁矿	浅海沉积	赤铁矿,针铁矿,菱铁矿,氧化锰	Fe	Ga,Se,Te	大	
	黄铁矿	沉积变质	黄铁矿,白云母,绢云母	Fe	Tl	大	中国云浮
铜	铜镍硫化物	岩浆熔离	磁黄铁矿,黄铜矿,镍黄铁矿,铬铁矿,砷铂矿,钯铂矿	Cu,Ni,Pt	Se,Te	小、中	中国金川,加拿大 Sudburg
	矽卡岩铜矿或钼矿	接触交代	磁黄铁矿,黄铜矿,辉钼矿,辉铜矿,方铅矿,黄铁矿,闪锌矿	Cu,Mo	Ga, In, Ge, Se,Te,Re	小、中	中国九江城门山(Se,Te)
	细脉浸染型铜钼矿	中温热液,次火山	黄铁矿,黄铜矿,辉钼矿,辉铜矿,斑铜矿	Cu,Mo	Ga, In, Ge, Se,Te,Re	大	中国德兴
	黄铁砂型铜矿	火山沉积	黄铁矿,黄铜矿,辉铜矿,孔雀石,蓝铜矿,白云母,绢云母	Cu,S	Ga,In,Tl,Se, Te,	大	中国白银小铁山(Se),哈萨克斯坦 Джезказган,加拿大 Noranda(Se,Te)
	层状铜矿(含铜砂页岩)	生物化学沉积,侧分泌	黄铁矿,黄铜矿,辉铜矿,辉钼矿,斑铜矿	Cu,Mo	Ge,Re,Se,Te	中、大	刚果(金),赞比亚,哈萨克斯坦(Se,Te)
铅锌	矽卡岩多金属矿	接触交代(热卤水)	黄/白铁矿,黄铜矿,辉钼矿,方铅矿,闪锌矿,赤铁矿,磁黄铁矿	Cu,Pb,Zn	Ga,In,Ge,Tl	小、大	中国兰坪(Ge,Tl)
	多金属矿	高中温热液交代	黄铁矿,磁黄铁矿,黄铜矿,辉铜矿,辉钼矿,方铅矿,闪锌矿,斑铜矿	Cu,Pb,Zn	Ga,In,Tl,Ge, Se,Te	小、中	中国都龙(Ge)
		中低温热液交代	黄铁矿,磁黄铁矿,黄铜矿,方铅矿,闪锌矿,金/银碲化物	Cu, Pb, Zn, Au/Ag	In,Tl,Ge,Se, Te	小、中	中国凡口(Ge),中国会泽(Ge)

续表 2-10

主元素	矿床类型	矿床成因	主要矿石矿物	主要有价组分	伴生 SM	规模	实例
铅锌	脉状多金属矿	低温裂隙充填	方铅矿,闪锌矿,重晶石,萤石	Pb,Zn	Ge,In	小、中	中国锡铁山(In)
	黄铁矿型多金属矿	火山热液	黄铁矿,黄铜矿,方铅矿,闪锌矿,金/银碲化物,自然金	Cu,Pb,Zn	Se, Te, In, Ge,Ga	中、大	
	碳酸岩中层状多金属矿	沉积—侧分泌	黄铁矿,黄铜矿,方铅矿,闪锌矿,重晶石	Cu,Pb,Zn	Ge,Se,Te	小、大	
	氧化矿	风化残坡积		Pb,Zn	Ge	小	中国赫章
铝	铝土矿	浅海相胶体化学沉积	一水型铝土矿,针铁矿	Al_2O_3	Ga,Ge	大	中国淄博(Ga)
		风化残余	三水铝土矿,红土	Al_2O_3	Ga	中、大	中国海口
		陆相沉积	三水型铝土矿,一水型铝土矿	Al_2O_3	Ga	小、中	中国巩县
煤	煤矿	生物沉积		C	Ge,Ga	中、特大	中国临沧,乌兰图嘎(Ge);中国广灵,准格尔旗(Ga)
盐类	钾盐,光卤石	泻湖相,陆相沉积 沉积变质黄铁矿	钾盐,光卤石,岩盐,硬石膏	NaCl,KCl	Tl	大	中国察尔汗盐湖
锡	伟晶岩型锡矿	伟晶作用	锡石,铌钽铁矿,钠长石,白云母,黄玉,锂辉石,电气石	Sn	Tl	小	前苏联,玻利维亚
	矽卡岩型锡矿	接触交代	黄铁矿,磁黄铁矿,锡石,毒砂,铜铅锌硫化物	Sn	In,Ge,Ga	中、大	
	石英脉钨锡矿	高温热液	辉钼矿,锡石,铌钽铁矿,辉铋矿,黑钨矿	Sn,W	In, Ge, Ga, Se,Te	小、中	
	锡石-硫化物矿	中温热液	黄铁矿,磁黄铁矿,锡石,铜铅锌硫化物,盐矿	Sn,Pb,Zn	In,Ge,Se,Te	中、大	中国大厂(In)
	砂锡矿	残坡积	针铁矿,褐铁矿,锡石	Sn	In,Ge,Ga	小、中	中国个旧(Ga,In)

续表 2-10

主元素	矿床类型	矿床成因	主要矿石矿物	主要有价组分	伴生 SM	规模	实　例
钼	矽卡岩型辉铜矿	接触交代	铜铅锌硫化物，磁黄铁矿，黄铜矿，辉钼矿，毒砂	Mo	Re，Se，Te，Ga，Ge	小、大	中国锦西（Re）
	石英脉型钼钨矿	高温热液	铜铅锌硫化物，辉钼矿，锡石，辉铋矿，黑钨矿	Mo，W	Re，Se，Te	小、大	中国滦川、洛南（Re），智利 Chuquicamata（Re，Se，Te），美国 Climax（Re）
	细脉浸染型钼或铜钼矿	中温热液	黄铁矿，黄铜矿，辉钼矿，铜铅锌硫化物	Mo，Cu	Re，Ga，Se，Te，Tl	中、大	中国永吉（Re，Ga），哈萨克斯坦 Джезказган（Se，Te，Re）
	层状镍钼矿	生物化学沉积	铜铅锌硫化物，黄铁矿，胶状硫化钼矿，硫化镍矿	Mo，Ni	Re，Se，Te	中、大	
金银	银-金多金属矿	中低温热液	铜铅锌硫化物，金/银碲化物，铜铅锌含硫盐	Au，Ag	Se，Te	小、中	斐济
	金银矿	火山汽液	铜铅锌硫化物，金/银碲化物，金/银硒化物，自然金，辉银矿，银的硫盐矿	Au，Ag	Se，Te，Ga，In，Ge，Tl	中、大	中国台湾
铀	矽卡岩铀矿	接触交代	铀矿，铜铅锌硫化物，磷灰石	U	Ge，Se，Te	小	澳大利亚 Olympicdam（Te）
	铜-铀矿	中温热液	晶质/沥青铀矿，黄铜矿，辉铜矿，自然铜，自然银	U，Cu	Se，Te，Tl，Re	小、中	刚果（金），赞比亚，中国广西701（Re）
	铀-多金属矿	中温热液	沥青铀矿，铜铅锌硫化物，锡石，毒砂，钼银硫化物	U	Re，Se，Te	小、中	
汞	层状汞-砷矿，汞-锑矿	低温热液，侧分泌	辰砂，雄黄，雌黄，辉锑矿，重晶石，萤石	Hg，As，Sb	Se，Te，Tl	小、中	中国兴仁汞矿，南华砷铊（Tl）
锰	沉积锰矿	浅海相、湖相沉积	硬锰矿，软锰矿	Mn	Tl	中	

2.3　SM——中国的优势产业

新中国建立前,我国仅有28家大小有色金属企业,无一家回收SM。新中国建立后,因航空工业需要而研究与开发了铟,“两弹一星”需要半导体材料而研制与生产了锗,继而是镓、硒、碲及铊,到1960年包含铼在内的7个稀散金属实现工业规模生产。多年来SM为我国经济和国防建设现代化做出了历史性贡献[3~7,13~15]。

2.3.1　中国的SM优势

我国SM的优势:

(1)我国有色金属及煤是优势产业,而与它们紧密伴生的SM也异常丰富。经勘探查明,同级资源与外国相比,我国的SM储量[3~7,13~15,80]中镓、铟、铊及锗的储量都居世界首位,碲居第三。1990年国家有关部门与专家评估,得出结论:我国SM资源对我国经济建设保证程度极高,确立SM是我国的优势产业的地位。

(2)我国有近50家从事SM生产,大多数的SM产量、产能居世界前列。

(3)我国SM的应用正在兴起,有广阔的应用市场支持。

2.3.2　中国优势的SM矿藏

自然界中的SM多以类质同象、少数以微量杂质状态存在于其他矿物之中,特别是较多地伴生在铜、铅、锌、锡和铝等有色金属矿物、黄铁矿与煤矿之中,由此就有以有色金属储量来推算SM储量的估计方法。国内外有色金属与煤资源的储量(储量基础)列于表2-11[1,2,15~18,100,101]。

表2-11　国内外有色金属与煤资源的储量基础　　(亿t)

项　目	铜	铅	锌	铝	煤
全世界	23.16~9.37	2.88~1.40	3.43~4.60	350~330	143111①~9844.53
美　国	3.82~0.70	0.74~0.20	0.65~0.90		38999①~2499.94
中　国	0.8~0.63	0.361~0.36	0.838~0.92	13.6~23	15000①~1145.00
中国在世界的排名	第3	第1	第1	第5	第3

注:表中各列末项的数字来自文献[101]。
①来自文献[100]。

表2-11表明我国SM潜在的新增储量颇为丰富。如国内的SM与Pb-Zn的比值数据:Ge/(Pb-Zn)=1/29858,In/(Pb-Zn)=1/7362(即Pb-Zn矿量新增3万t,则约可新增1t的锗和4t的铟);另据(Se,Te)/Cu比的数据:西方国家每产1万t铜,即可回收硒2.6~5.8t与碲0.6t[15~18],而我国相应为2.15t硒与0.6t碲。依此推算SM储量,可见铅锌矿源的扩大对铟和锗的储量、铜矿源的扩大对硒和碲储量有着巨大的增量关系。

截至1988年,我国特大或特富含SM的矿床与SM保有储量在各类矿中的分布率分别列于表2-12[1~7,13,14]。

表2-12中第1项与第10项进行过回收镓与铼的科研,而第2、3、4、6、7、8项与第11项组织了相关的SM的工业生产。随着我国地质勘探与SM冶金技术的进展,有不少新近探明而未上报的特大或特富含SM的矿床,如乌兰图嘎煤矿的锗(Ge 0.0244%);都龙铅锌矿的

表 2-12 我国特大或特富含 SM 的矿床中 SM 品位与占全国储量的比例 (%)

序号	矿名	Ga		In		Tl		Ge		Se		Te		Re	
		品位	占有率	品位	占有率	品位	占有率	品位	占有率	品位	占有率	品位	占有率	品位	占有率
1	攀枝花钒钛磁铁矿	0.0026	57.5											有	有
2	德兴铜矿	0.003	15.0	0.0018	14.4										
3	城门山铜矿	有	有			0.0009	6.5			0.0014	7.6	0.0028	23.6		
4	大厂锡铅锌矿	0.0035	0.1	0.112	32.0										
5	云浮硫铁矿					0.0042	51.3								
6	凡口铅锌矿	0.0035	0.7	有	有			0.0035	9.35						
7	临沧煤矿	有	有					0.0176	9.43						
8	蔚县煤矿	有	有					0.005	4.93						
9	马坑铁矿	有	4.2			0.0015		0.0022	43.22						
10	金堆城钼矿									有	有	有	有	0.002	69.7
11	宝山铜矿									有	有			0.07	14.3
12	兰坪铅锌矿					0.0058	38.0								

铟(In 0.0052%);云浮硫铁矿的铊(Tl 0.0042%)和兰坪铅锌矿的铊(Tl 0.0058%),以及外刊报道的我国内蒙古含镓煤矿,其镓储量高达 87.5 万 t[64~67,77,78] 等这些矿藏并未计入表 2-12 与表 2-13。

我国 SM 保有储量在各类矿中的分布状况见表 2-13[1,3~7,13~15]。

表 2-13 我国 SM 保有储量在各类矿中的分布率 (%)

矿种	Ga	In	Tl	Ge	Se	Te	Re
铝土矿	47.52(22.94)						
钼矿	19.21(9.27)	0.37(0.32)			3	0.96	84
煤矿	18.13(8.75)	4.82(4.17)		16.48(37.31)			
铜矿	5.73(2.77)		0.40(0.13)	11.00(3.57)	57	98.00	15
铅锌矿	4.38(2.11)	53.62(59.90)	91.38(58.15)	67.25(21.85)		0.76	
多金属矿		33.39(28.88)	6.37(2.03)		29		
铁矿	1.29(52.36)	4.34(3.76)	0(39.10)	3.04(36.55)			
其他	3.74(1.84)	3.42(3.30)	1.85(0.59)	2.23(0.72)	11	0.28	1

注:( )内数字表示把已探明未上报的 SM 储量合并统计的结果。可见煤、铅、锌与铁矿中 SM 储量的新增量较大;硒、碲和铼的已探明未上报的储量与对应的矿源量状况未全掌握,故未给出合并统计分布率的数值。

2.3.3 我国新发现的 SM 矿物与矿床

我国 SM 资源丰富,在我国古陆边缘及西南地区新发现的一些独立矿床,见表 2-14[19]。

表 2-14　中国 SM 独立矿床

矿床名	规模	规模划分标准/t			富集系数	主要共生元素	成　矿			地理位置
		大型	中型	小型			类型	温度/℃	地质代	
大厂铟锡多金属铟	超大型 6000 t	2000			4370	Sn, Zn, Pb Sb, Ag	后期热液叠加改造			广西南丹
孟恩陶勒盖富多金属铟	中型				600 ~ 1470	Cu, Pb, Zn Ag, Ga, Sn	热液充填交代			内蒙古科右中旗
云锡铟锡多金属	中型 2000t					Sn	后期热液叠加改造			云南个旧
南华砷铊	中型	500	100 ~ 500	100	3334 ~ 4223	As	低温沉积改造	100 ~ 200	燕山晚期	云南南华
滥木厂汞铊	大型				4445 ~ 6223	Hg	层控型沉积改造	107 ~ 194	燕山期	贵州兴仁
临沧锗	超大型	200	50 ~ 200	50	519	褐煤, U	热水沉积	73 ~ 88	喜马拉雅期	云南临沧
拉尔玛硒金	中型	500	100 ~ 500	100	1716	Au, Hg, Ba	热水沉积后期改造	158 ~ 242	热水沉积 - 喜马拉雅期	西秦岭川甘交界处
渔塘坝硒	不确定①				25160 ~ 100740		层控型沉积改造	120 ~ 240		湖北恩施
大水沟碲	中型	500	100 ~ 500	100	(1.5 ~ 8.5) $\times 10^6$	Bi, Au, Ag Cu, Pb	深成中高温热液充填	304 ~ 319		四川石棉—九龙
东坪碲金	小型				6710	Au		230 ~ 350		河北崇礼

注：富集系数 = SM 在矿石中的含量/SM 的地壳丰度。

①对专著[19]的有关渔塘坝硒独立矿床之说，可能有待商榷。我国富硒地带，是由陕南大巴山东段—巫山北段的三峡巴东两岸—武陵山的恩施地区到湘黔边界—直至云贵高原东沿一带[3~7]，由于1988年发现恩施地区硒中毒，才引起对富硒区的注视，渔塘坝就在硒中毒区恩施的双河乡之内。1992年5月中国有色金属总公司稀散金属协作组会同湖北省科协、湖北省金属学会等召开了"鄂西硒资源开发利用会"[3~7]，会中湖北省地质局专题报告指出：1966 ~ 1990年对该地区的红土、沙地、竹山、杉坨等矿点进行检查，对108个矿样分析查定平均含 Se 0.0078% ~ 0.0423%（内双河的为0.0097%，但在其茅口组黑色岩系取样，查得其含 Se 0.001% ~ 0.5625%）、两极值含 Se 0.0042% ~ 0.1150%（双河的为0.0042% ~ 0.0180%），同时对双河渔塘坝进行硒矿6.2 km × 1.5 km 范围普查，计算出仅有硒储量：D级39 t，E级8 t，共47 t，扩大到连同钼伴生硒31 t，总计78 t，储量过小。湖北省地质局专题报告对此建议：加强地质勘察工作，做好开发前的储量准备。对重点的高硒区段，获取工业储量数据。是不是硒独立矿床，待地质勘探获取工业储量后定。因此渔塘坝硒独立矿床之说，目前还没有新的、重大的工业储量发现来支持。

3 稀散金属的用途

进入21世纪全世界年消耗SM的镓、铟、铊、锗、硒、碲及铼量约达3200~4000 t/a,特别是近十年来SM的应用有了新的发展,这与当代的通讯、电子计算机、宇航开发、能源、军工及环境卫生等发展需求SM材料密切相关。

当代SM的年消耗,除我国耗硒、碲量分别占世界的50%以上和30%以上外,美国与日本是应用SM的大户,近年来两国年消耗SM中的铟占世界的90%以上、镓及铼各占世界的80%以上、锗及碲各占70%左右,所以美国与日本的SM应用结构具有SM实际应用的代表性。

3.1 当代高新技术的支撑材料

由SM与有色金属制备成一系列化合物半导体材料、电子光学材料、新型功能材料、特殊合金及有机金属化合物等,是支撑当代电子计算机、通讯、宇航、能源、医药卫生、工农业及军工中高新技术的重要基础材料之一,其应用广泛,性能独特,有些SM材料是无可替代的。当代高新技术中应用的SM材料择要列于表3-1[1~7,11,16~18,51~78,102~121]。

表3-1 当代高新技术中应用的SM材料

应　用	元器件或装置	所用SM材料
Ⅰ.前视装置与夜视仪	红外光学部件	Ge、GaAs、GeAsSe、GeTeSe、InSb、含Ge硒碲玻璃、TlI、TlBr、(Zn,Sn)Se 、含Tl硫属玻璃、InGaAs①
	发光二极管(LED)	GaAs、GaP、InP、GaAsP、GaAlInP、InGaAs、InGaAs - InP、GaAlInN、GaN、GaSb、GaAs/GaP、GaAlAs、GaInSb、InGaN、InN、InGaP ZnSe、ZnSSe、ITO导电聚合物
	红外探测器	Ge、InSb、InAsSb、HgCdTe、PbSnTe、Si_{1-x} - Ge_x/Si
	微光管、光纤熔融面板	$GeCl_4$ 、ZnSe
Ⅱ.卫星、侦察、预警与制导	激光器	GaAlAs/GaAs、GaInAsSb/InP、InP/Si、ZnSe、GaAs/Si、GaInAsP/ InP、GaN、GeAsSeTe
	光电子探测器	Ge、InSb、InGaAs、InAsP、InAsSb、Si - Ge、PbSeGaInP/InP、GaInAsSb/GaSb、PbSnSe、HgCdTe、PbSnTe、PbTe、αSe
	光电电池	CuInSe、GaInP/GaAs/Ge、GaInP/GaSb、GaAs/Ge、InP、Zn(S:Se:Te)、CdTe
	各种二极管与晶体管	Ge、GaAs、InP、Ge - Si、$GaAs_xP_{1-x}$、$InAs_xP_{1-x}$Ge、$GaAl_{1-x}As_x$
	光纤传感器与耦合器件	$GeCl_4$ 、$Ga_{0.47}In_{0.53}As$、GeAsSeTe
	射电探测器	$Bi_4Ge_2O_{12}$(即BGO)
	LED、红外光学部件	同Ⅰ
	微波与红外雷达	Ge、GaAs、InSb、ZnSe 、HgCdTe
	非线性光学部件	CdSe

续表 3-1

应　用	元器件或装置	所用 SM 材料
Ⅱ. 卫星、侦察、预警与制导	微波管/二极管与微波集成电路	Ge、GaAs、InP
	透明电极	$In_2O_3-SnO_2$（即 ITO）
	各种光敏、磁敏、压敏、气敏器件②	Ge、In、InP、InSb、InAs、GaAs、GaP、ITO、InAsBi、InAsTe、HgCdTe、CdTe、In_2O_3、GaP、$Ba_2Ge_2TiO_8$、$Bi_{12}GeO_{20}$、Li_2GeO_3、$LiGaO_2$、S_2Se_3
Ⅲ. 电子干扰与反干扰	微波管/二极管与微波集成电路	同Ⅰ、Ⅱ
	宽频带微波管	GaAs、InP③
	延迟线	BGO、$GeCl_4$、TeO_2
Ⅳ. 通讯	光纤缆	$GeCl_4$、GeAsSbTe
	各种二极管与晶体管	同Ⅰ
	集成电路（IC）	GaAs、InP、SiGe
	光电子集成器件	GaInAsP/InP、GaAs/Si、GaAlAs、GaAsP、$Si_{1-x}-Ge_x$/Si
	光电子探测器、激光器	同Ⅰ、Ⅱ
	分布与反馈激光器	InP、GaAs、InGaAs
	中微子测定	$GaCl_3$
	移动电话	GaAs、InP、GaP、SiGe
	微波与毫米波	GaAs、GaP
Ⅴ. 电子计算机	LED、IC、ITO	同Ⅰ
	荧光体	$Y_3(Al,Ga)_5O_{12}$: Tb、$Y_2(Si,Ge)O_5$: Tb、$InBO_3$: Tb^{3+}、$InBO_3$: Eu^{3+}、TeGeSb
	光纤链路	$GeCl_4$
	光电电池	同Ⅰ
	存储器	$Ga_5Gd_3O_{12}$、$(Y,Sm)_3(Fe,Ga)_5O_{13}$
Ⅵ. 宇航、战机与导弹	光纤制导、光纤陀螺	$GeCl_4$
	光电子探测器、激光器、前视装置	同Ⅰ
	高温超耐热合金	Ni－Re－Me、Re－W、Re－Mo、Re－Pt
	特殊合金、轴承、焊剂、新金属/复合材料	Ga(In、Tl、Ge、Se、Te、Re)－Me(Me 表示有色金属)，Ga/Ge－Yb④
Ⅶ. 能源	太阳能电池	GaAs、Ge、ITO/InP、GaAs/Ge、GaAlAs、CdTe $CuInS_2$、$CuInSe_2$、ITO ITO/SiO_2/P－Si、GaSb/GaAs、MgTeZn
	温差发电	GeSi/PbTe、GeTe/PbTe
	制冷	PbTe、Bi_2Te_3、Sb_2Te_3、Bi_2Se_3、TeSbBiSe
	辐射探测与核屏蔽	Ge、GaAs、In－Ga－Sn、CdTe、Re－Me HCOOTl、In－Ag－Cd、PbTe
	反应堆控制棒与冷却回路	In－Ag－Cd、In－Ga－Sn、In－Bi－Cd
Ⅷ. 重大民用	微波与激光通信、全球定位系统、导航、遥感遥测与自动化、气象与灾害预报、环境监测、广播、电视、电话、出版及音像	同Ⅰ～Ⅵ

续表 3-1

应　用	元器件或装置	所用 SM 材料
Ⅷ. 重大民用	特殊合金、轴承、焊剂	Ga(In、Tl、Ge、Se、Te、Re) - Me(Me 表示有色金属),Ga/Ge - Ye④
	低熔点合金	Ga - Me、In - Me、Ga - In - Me
	低温计	$Tl-Hg_{91.5}$
	冶金添加剂	SM 及其化合物
	环境、农牧业与医疗诊断	Ga^{72}、Ge - 132、SK - 818、GeAsSbTe、Na_2SeO_3、牙科合金、铊化合物辐射检测仪、^{201}Tl⑤
	硒鼓、感光板	Se - Te、Se - Te - As、As_2Se_3
	高温超导(HTS)材料	V_3Ga、Nb_3Ga、InTl、Tl - Ba - Ca - Cu - O(T_C = 120 K)⑥
	半导体照明工程⑦	LEDs、GaN、InGaAlPO、SiC/GaN
	高精标准计量仪	Re - Mo、Re - Mo - W、In 涂层
	催化剂	GeO_2(生产聚酯纤维 PET)、Pt/Re - Al_2O_3、镓/锗/铼汽车尾气净化催化剂
	特种颜料	CdSSe⑧、SeO_2
	TFT、LCDs、除冰/雾器	ITO、Ag - SnO_2 - In_2O_3

①美国以 InGaAs 制备短波红外镜头,具有高清比率画面,而合成成像与扩大搜索等特优性能,为美空军使用,用以防撞与自动搜索系统;而由 InGaAs - InP 制备的单光子雪崩二极管,它用于制作光/量子密码机,用作安全保密通讯[64~67]。

②文献[115]将传感器细分为:

传感器	效　应	所用 SM	用　途
光传感器	光　电	Ge、GaAs、InP、InSb、InAs	光电电池
		InSnTe、HgCdTe	固体可见光图像
	光电导	Se - As - Te	紫外线摄像管
		S_2Se_3、CdTe	摄像管
		ZnS/CdTe、Si/ZnCdTe	红外线摄像管
		CdSe、Se	光电电池
磁传感器	霍　尔	GaAs、Ge、In、InSb	旋转检测无触点键开关
	磁　阻	InSb、InAsBi	
压力传感器	压　阻	Ge、GaP、InSb、InAsBi	
气体传感器	氧化物半导体吸附解吸气体引起电荷移动	In_2O_3	气体警报器
放射线检测器	光电导	Ge	

③美国制成的最高速晶体管,由 GaAs 与 InP 制得,它具有频率高达 509 GHz,较从前的要快 57 GHz[64~67]。这种新晶体管用于电子对抗系统、高速通讯设备。

④美国研制出由 Ga、Ge 和 Yb 组成的非复合(noncomposite)材料,在 100 ~ 400 K 既具有零膨胀特性,又能导电(而先前的却是绝缘体),可用作发动机与执行机构的部件,为航天等装备使用。

⑤同位素^{201}Tl 在医用中作心血管成像仪;掺 Tl(起活化作用)的碘化钠晶体用于 γ - 射线/辐射探测器(闪烁计数器)[51~60]。

⑥高温超导材料 Tl - Ba - Ca - Cu - O 的 T_C = 120 ~ 125 K,使超导材料的工作温度跨进液氮温区[120]。

⑦基于固态发光源具有巨大的节能潜力,各国纷纷开发固态照明工程:美国能源局拨款 2040 万美元于民居与商品楼的照明;而日本也有一规划付诸实施[64~67]。我国于 2003 年 6 月由中国科技部等启动了"国家半导体照明工程",定上海、大连、厦门与南昌为首批开发城市[77,78]。

⑧已发展用有机颜料取代性能特殊但有毒的 CdSSe[51~60]。

3.2 镓的用途

美国、日本两国应用镓结构见表3-2[51~78,102]。

表3-2 镓的应用结构 (%)

年份	国别	应用		
		光电元件	IC、半导体	其他
1985	A	90		10
	J	88		12
1996	A	87.1	11.8	1.1
	J	51.1	47.7	1.2
1997	A	59	40	1
	J	51.5	47.6	0.9
1998	A	44	51	5
	J	51.5	47.5	1.0
1999	A	44	51	5
	J	51.7	47.4	0.9
2000	A	44	54	2
	J	50.6	48.7	0.7
2001	A	32	66	2
	J	52.9	46.0	1.1
2002	A	34	65	1
	J	53.2	45.6	1.2
2003	A	40.6~42	40.5~49	9~18.9
	J	51.2	47.7	1.1
2004	A	36.0	46~46.3	17.7~18
	J	51.0	47.9	1.1
2005	A	21.8~36	46~63.9	15.3~18
	J	52.0	45.7	2.3
2006	A	22~23	61.9~63	5.8~15
	J	50.5	47.0	2.5

注:表中A为美国,J为日本。

3.2.1 电子工业

镓的化合物半导体GaAs、GaP、GaSb、GaN、GaAsP、GaAlP、GaAlIn、GaAlAs、GaInAsP、GaInAsSb等,广泛用于制备光电器件与光电集成电路。1972年由于用GaAs等制备的发光二极管(LED)用于微型电子计算机的数字显示器件,工作特性极好,导致镓的用量剧增,当即出现了供不应求的局面[16~18,51~78]。

GaAs与GaN等属直接带隙材料,其带隙大、电子饱和漂移速度快、发光效率高、抗干扰、抗辐射与抗恶劣环境等性能良好。用 GaAs 制造的红外二极振荡器,用作隐蔽光通讯设备的辐射源,传送讯号的保密性好。装配有用 GaAs 和 GaAlAs 制作的二极管激光器的微型激光雷达,用于遥控遥测、导航、水底观察及用作音频设备,这些二极管目前有用作可见光激光器的趋势。GaAs 制作的场效应晶体管已使通讯卫星收发机固态化。GaAs 制作的微波元件已用于微波通讯、卫星通讯、导航、监测及广播,如通讯卫星上的微波集成电路超短波变频器及用作微波电源的耿氏效应二极管等。高频元件以 GaAs 制作的为好,高输出功率为目前研制的方向。GaAs 制作的红外光发光二极管已用于激光器件、传感器及光电耦合器,它可取代固体继电器,也可与光纤组合用于光通讯。GaAlAs 用于制备的红外激光视盘(LD)等,而 GaAlInP 制备的红色的激光器已应用于 DVD[68~75]。

制备可见光 LEDs 是镓系列化合物半导体的重要用途,如用 GaAs 制作的红色或琥珀色、GaP 及 GaAlAs 制作的绿色、GaAsIn 制作的黄绿色发光二极管等。这些发光二极管用于电子计算机、录音机、电视机、钟表、电话、高保真度设备、交通指示工具等方面。GaN 可激发出蓝、绿或紫光,而蓝光 LED 的出现,造就了 LED 的全色谱的出现,且提高了亮度,在此 LEDs 管芯上涂上稀土发光材料,可形成白光光源用作照明[51~67,77,78]。GaN 全固态光源比白炽灯寿命高一数量级(理论上达 100000 多小时)、节能 67%、工作电压低,光输出几乎可达 100%、安全、无污染(无紫外光辐射,无汞化)、费用低[77,78]。如果全美国汽车,含小车、巴士、货车等的刹车与信号灯使用 LEDs 光源,则基于减低引擎的附加负荷计算,可使国家每年节省汽油 5.3 Mm^3 和节省柴油 4.16 Mm^3[64~67]。由于镓化合物发光二极管具有可使仪器小型化,耗能低,可靠性高,且美观等优点,其在各技术领域获得了广泛应用,特别是不能用锗或硅半导体制造的发光、激光及微波器件领域内,镓化合物半导体的上述用途的优越性就更为突出。用 GaAs 制作的霍尔元件较 InSb 制造的温度特性好,可直接用于制造驱动马达及张力控制器件等。

GaAs,GaAlAs 与 GaSb/GaAs 制备的太阳能电池,用作空间站、卫星、民用手表及某些军事控制仪表的可靠的驱动电源,且 GaAs 与 GaSb/GaAs 制备的太阳能电池是迄今在应用的光电转换率最高的电池(分别达 24% 与 28%[1~7,64~67],较硅太阳能电池高两倍)。然而据报道,GaN 为基体的太阳能电池的光电转换率更高达 50%[77,78],其中由 Ge - GaAs 构成的异质结,集光度较硅的高 4 倍。

用 GaAs 等制作的集成电路(IC),广泛用于超高速电子计算机、卫星通讯、微波通讯及现代工农业各式计量仪表上。

LEDs 激光二极管,光电探测器等用于航天、家用消费电器、工业与医药设备及无线电通讯。

由 GaAs 与 InP 制得的高速晶体管[64~67],其工作频率高达 509 GHz,此新晶体管用于电子对抗系统、电子高速通讯设备。

含镓的稀土铁石榴石($(Y、Sm)_3(Fe、Ga)_5O_{13}$)薄材,可作数字储存器。高纯 Ga_2O_3 制备的钆镓石榴石($Ga_5Gd_3O_{12}$)(即 GGG)单晶用作磁泡存储器[1,2,117]具有记忆容量大、可靠性好、易小型化等优点,而有可能广泛用于航天与智能机器人领域中[3~7,103]。

V_3Ga 超导材料[1~7,51~75,102]的临界磁极化强度为 22T,临界温度为 15.3 K,主要用来制作复合多芯线,用于超导储能及屏蔽高能辐射等装置中。

日本近年用镓量大增,主要是由于音响器材、彩色电视机以及激光器件和通讯、发光二极管等用量增加而引起的。

3.2.2　低熔点合金及合金添加剂

镓基低熔点合金用于制造某些低温控制与调节、自动灭火和信号报警系统的元件。某些镓基低熔点合金的组成与熔点见表 3-3[3~7,118,119,122]。

表 3-3　镓基低熔点合金的组成与熔点

组成	$Ga-In_{25}-Sn_{13}-Zn_1$	$Ga-In_{25}-Sn_{13}$	$Ga-Sn_{60}-In_{10}$	$Ga-In_{29}-Zn_4$	$Ga-In_{5\sim25}$
熔点/℃	3	5	12	13	15.7
组成	$Ga-In_{24}$	$Ga-Sn_{12}$	$Ga-Sn_{16}-In_{12}$	$Ga-Sn_{12}-Zn_6$	$Ga-Sn_8$
熔点/℃	16	17	17	17	20
组成	$Ga-In_5$	$Ga-Tl_{0.5}$	$Ga-In_{65}-Au_8$	Ga-Bi(Cd,Hg,Pb)	
熔点/℃	25	27.3	30	57~60	

由于有些镓基低熔点合金在常温下呈液态且无毒，因而可取代真空扩散泵及某些仪表通常使用的汞或汞封。这类低熔点合金还可用作金属涂料，如涂于反射镜面，在温度高于300℃下其反射率仍高达88%，且能正常运转。镓基合金如 Ga-Al、Ga-Sn、In-Ga-Sn 或 Ga-Zn 等可用作原子能工业中的载热元件，但因液态镓的腐蚀性，而未能用作核反应堆的冷却剂[3~7,117]。

镓可作合金添加剂，如向镁基合金或 Cd-Ti 合金中加入镓，则可增加这些合金的硬度。由于镓在冷凝时会增大体积 3.2%，故常利用于印刷业中。还可用作珠宝业加工夹具，或作薄壁异型管加工的内填料，用后可回收再用，以及用作古物的修补充填等。

3.2.3　冷焊剂

镓的特殊用途之一，用作金属与陶瓷等间的冷焊剂，特别适用于对温度、导热等敏感的薄壁金属管、板或片等与陶瓷器皿间的冷焊接。使用时只需将液态镓按一定量与欲焊接的金属粉末混合，在常温下涂于金属与陶瓷欲焊接之处，经一定时间凝固后即成。镓的冷焊剂的组成及性能见表 3-4[1~7,99]。

表 3-4　镓的冷焊剂的组成及性能

冷焊剂组成	$Ga-Cu_{66}$	$Ga-Cu_{50}-Sn_{18}$	$Ga-Cu_{40}-Sn_{24}$	$Ga-Au_{33}-Cu_{33}$	$Ga-Au_{66}$
25℃时焊接的凝固时间/h	4	24	24	8	8
焊件能承受的最高温度/℃	900	700	650	650	527
冷焊剂组成	$Ga-Au_{59}$	$Ga-In_{55}-Au_8$	$Ga-Au_{82}$	$Ga-Au_{49}-Ag_{21}$	$Ga-Ni_{65}$
25℃时焊接的凝固时间/h	8		5	2	48
焊件能承受的最高温度/℃	475	510	450	425	250

由于用镓冷焊剂的焊件能承受高温，甚至到900℃也不软化，故获得广泛使用，如北美航空技术中心已用 $Ga-In_{65}-Au_8$ 作低温焊接剂。

3.2.4　催化剂

镓的卤化物具有较高的催化活性[1~7,123]，常用在聚合与脱水等工艺中，其催化反应速

度和寿命均比 $AlCl_3$ 好。如 $GaCl_3$ 催化剂用于 HCl 与 C_2H_4 合成 C_2H_5Cl 的转换率大于85%，在35～40℃下能使甲苯及苯良好地烃化；在溴水中催化甲烷和环戊烷同分异构化为环已烷等。$GaBr_3$ 在低温时可作烃化芳香族化合物、或使甲基环戊烷同分异构化为环已烷的催化剂。镓的化合物 GaAs 与 Ga_2Se_3 等可用作异丙醇脱水及合成双氧水的催化剂。在异－C_3H_7OH 脱氢时使用 Ga_2Te_3 催化剂的脱氢效率大于50%。镓的卤化物、金属有机化合物或兼有二者的复合催化剂(代表式为 R_mMeGa_n，其中 $m+n$ 等于金属 Me 的价数)，能使聚合反应在低温下进行，是乙烯聚合产出 C_2～C_8 或 C_6～C_{10} 等碳氢化合物的特效催化剂。丙基镓酸盐在用金属作催化的各种缓冲溶液中的氧化过程中起抗氧化或过氧化的作用。氧化镓是乙醇、丁烯脱氢及合成双氧水，或使溶入 CCl_4 中的 NH_3 氧化的催化剂；加3% Ga_2O_3 到锌酸盐的催化剂中，可使氧的活化能降低三分之一而使氧氧化；高温下 Ga_2O_3 是使 NO 离解的催化剂；Ga_2O_3/SiO_2 无定形双组分催化剂有助于异丙酮脱水。Ga－Si 系列催化剂用于石油与废气净化，Ga－Si 作汽车尾气净化催化剂也颇有前途。

3.2.5 仪器工业

由于镓呈液态的温区大(29.28～2300℃)，故在仪器制造中得到广泛应用。如替代汞作液封；可利用镓在冷凝时体积会增大3.2%的特性来获得既密封又耐高压的操作系统；可作灵敏度高的高温计与压力计的填充物，如用镓制作的石英温度计可以测温至1500℃而不存在像水银温度计在高压下易爆裂那样的危险[1～7,103]，如今发展到使用 Ga－Sn_{60}－In_{10} 或 Ga－In_5 等代替镓作石英温度计。

由镓氧化物制作的玻璃能很容易地通过红外线，如鲜黄色玻璃是由 Ga_2O_3、GaO 及 SiO_2 在1400℃下共熔后，再在700℃煅烧而制得的，质优且稳定性好，厚4 mm 的这种玻璃可以透过70%波长为3.4～4.6 μm 的红外线。这种玻璃也可作特殊的玻璃电极。由于镓是磷的荧光激发剂，MgO－Al_2O_3－Ga_2O_3 系材料可作彩色电视的绿色发光体，用于光电管中，较 Zn－Se－Cu 的发光体亮度高两倍。

3.2.6 医学

$Ga_{0.5\sim1.3}$－$Bi_{80\sim40}$－$Sn_{20\sim60}$、Ga－$Bi_{61.5}$－$Sn_{37.2}$、Ga－Cu－Sn 或 Ga－$Co_{60\sim80}$ 及 Au_{34}－Ag_{10}－Pd_{50}－$Ga_{3.72}$－$In_{1.5}$－$Sn_{0.78}$ 等可代替汞合金用作牙科器件与牙科合金[1,2]。Ga^{72} 可用于诊断与治疗骨癌。镓盐具有可凝聚蛋白质的作用而用于治疗骨癌[124]。

3.2.7 其他

由镓、锗和镱组成的金属材料，在100～400 K 间既具有零膨胀特性，又能导电，可用作发动机与执行机构的部件，特别适合用于太空。

铜中加入小于17.5%的镓，可增加其强度、硬度和电阻，但加入过多则会使铜合金变脆。镉中加入镓，会使其蒸气压下降，有助于延长弧光灯的使用寿命。由于 Cr－V－Ga 合金在－60～200℃之间的电阻率变动很小，仅十万分之一，加上可塑性较好，器件体积小，故用作电子计算机的电阻器，能使电子计算机进一步轻便和小型化。一般合金涂覆镓可耐腐蚀。

3.3 铟的用途

美国、日本近年的铟应用量之和占全球90%以上，其应用结构见表3-5[1～7,51～78]

表 3-5 铟的应用结构 (%)

年份	国别	应用				
		ITO	低熔点合金	半导体+荧光体	轴承	其他
1985	A	25.0	31.7	5.8		37.5
	J	28.6	24.6	19.6	4.1	23.1
1996	A	45	35	15		5
	J	60.0	20.9	16.0	1.0	3.1
1997	A	45	35	15		5
	J	79.5	11.6	7.2	0.4	1.3
1998	A	50	33	12		5
	J	78.9	2.9	13.0	0.5	4.7
1999	A	50	33	12		5
	J	81.9	2.2	11.8	0.4	3.7
2000	A	49	33	14		4
	J	80.2	6.2	11.4		2.5
2001	A	49	33	15		3
	J	83.3	4.0	11.6		1.5
2002	A	45	30	15		10
	J	84.5	2.3	4.3		
2003	A	65	15	10		10
	J	85.9	2.4	3.7		
2004	A	70	12	12		6
	J	86.9	2.2	2.8		
2005	A	70	12	12		6
	J	87.5	2.2	2.2		
2006	A	70	12	12		6
	J	79.53				20.47

注:表中 A 为美国,J 为日本。

3.3.1 电子及能源工业

铟锡氧化物(ITO——indium tin oxide)是当今铟的最主要的用途,其用量已占世界年耗铟量的 70% 以上。ITO 是由纯度 99.99% 的 In_2O_3 与 SnO_2 按质量比 9:1 构成,分 ITO 靶材和 ITO 粉或浆料。用磁控溅射的方式将 ITO 靶材蒸镀到玻璃上形成 ITO 薄膜。ITO 薄膜同时具有透光和导电两个功能,称作透明导电薄膜,在电学和光学领域的应用十分广泛。在电学应用方面:作为透明电极,应用在液晶显示(LCD)、电子发光显示(ELD)、电子彩色显示(ECD)等平面显示器件,太阳能电池,液晶或电子彩色调整光器件等。当前液晶显示器的高速增长,使得透明电极用 ITO 的需要量迅速增加,成为铟最大的应用领域。液晶厂家认为,ITO 是所需特性得到满足的最好材料,目前还无其他替代品。在光学应用方面,ITO 膜的透光截止波长在 2 μm 附近，太阳光谱的大部分可以透过，而对室温状态下低温辐射的红外线波段具有高反射特性，因此用作薄膜涂、镀在玻璃或其他透明基体上，制成低辐射隔热幕墙建筑玻璃和温室窗户透明隔热膜，具有很好的保温节能效果而受到重视。ITO 还用于低压钠灯、炉门、食品冷冻显示器及飞机、火车、汽车玻璃窗镀膜，有很好的去雾和除霜作用。

铟的化合物半导体用于光纤通讯、红外探测器、发光二极管、高效光电池与高速晶体管等。LEDs 的多色与高亮度可开发为照明系统，如 T. Jefferson 纪念馆用 17000 只 LEDs 取代从前用汞的照明系统，使电子设备减少 80%，固定工程费用省去 20%，亮区扩大 30% 以上。新 LEDs 不断发展，如 InGaAlPO 制成的 LEDs 比普通的亮度高 4 倍，可取代传统的照明；另一新的 LEDs，由 InGaP/GaN 制成，用它取代白炽灯也颇有进展[64~67]。

铟的 $\mathrm{III}_A \sim \mathrm{V}_A$ 族半导体化合物广泛用于光通讯及红外仪器等，如 InGaAs 用于光通讯长波段（1.3~1.7 μm）激光器，GaInP 作发光元件，InAs 及 InAsP 作霍尔元件，InP 用于制作大功率激光器，InSb 用作红外探测器等。如红外寻的导弹、军用红外前视装置及一些民用火灾监测站都装备有 InSb 制作的红外探测器。

铟太阳能电池[3~7,9]，即 InP 太阳能电池及含铟非晶态硅电池，都很有发展前途。还有用铟硒氧化物涂在塑料薄膜上制成的以及用 Cu－In－Se 薄膜作成的太阳能电池，造价为硅太阳能电池的 1/7，且转换效率高[61~63]。

铟另外的用途是作二极管、晶体管和整流器中的合金结；在电器开关的触点或碳刷上涂铟，可减少电器触点的烧蚀；由 In_2O_3、Ag_2O 和 AgCl 组成的材料，以及液态 Ga－In－Sn 合金可作良好的电接点材料[1,2]；铟丝可制作温度低到 3.4 K 的电阻加热元件；将氯化铟喷涂到玻璃管中以制造铟的高级低压钠灯，用于户外照明[1,2]。

3.3.2 涂层及防腐合金

铟具有低熔点、高沸点及导电、导热性好的特性，故用作电子元件、电器接点和各种合金的涂层。铟及铟基合金具有耐磨、耐腐及力学性能良好的特性，故常用作控制仪表、地球物理仪、监测辐射仪及红外仪器的涂层，如 In－Zn－Al 在航空及汽车工业中作防腐涂层，纯度大于 99% 的铟即可作高速发动机的轴承以及作传统的装饰及纪念品的涂层。涂在反射镜上的铟，既能增大反射镜的反射性能，又具有不怕海水腐蚀、不会在空气中变暗的特性。铟基合金能抵抗润滑油中的有机酸腐蚀，能防止碱的腐蚀。用铟作铝导线接点，可保证铝导线有高的强度及高的电导率，是铟的一种发展中的用途。添加铟入仿金合金或银制的首饰与装饰纪念品中，可保持其光泽，且可获取欲需的多种色彩，如 $In_n - Pd_{1-n}$，可获得从柠檬黄—金黄—粉红—紫色的不同颜色；$In_5 - Ag_{20}$ － Au 可得翠绿色，人称为“绿色黄金”等[87]；向仿金 Cu－Al 中添加一定量的 In，能细化合金晶粒，削弱此合金的腐蚀择优取向，促使合金腐蚀趋向均匀化，在仿金 Cu－Al 合金铸造中能得到表面类金的、多年不失光泽的类非晶结构[3~7,125]。

In－Ag－Cu、In－Cu－Pb、In－Pb－Ag 及 In－Cu 等合金是制造高级高速发动机如汽车发动机、飞机发动机的轴承材料。铟基合金可作玻璃透镜的抛光材料。向润滑剂中添加少量铟的化合物可降低其腐蚀性[61~63]。$In - Te_{77\sim82}$ 可用作热电偶材料。

3.3.3 低熔点合金

已研制出不少铟基低熔点合金，它们的组成与熔点见表 3-6[1~7,118,119,122]。

表 3-6　铟基低熔点合金(组分余数为铟)

熔点/℃		14.5	18	33	44.5	46.5	54	57.5
组成/%	Sn	12.5	12.5	8	8.3	10.8	11.5	12
	Pb	25	25	21.1	22.6	22.4	17.9	18
	Bi	50	50	42.9	44.7	40.6	49.1	49
	Cd	12.5		5		8.2	0.5	
	其他							
熔点/℃		60	70	81	90.5	93	108	109.5
组成/%	Sn		1.0	16.3	18 ~ 16	42	46	48
	Pb		39.2		30 ~ 32			
	Bi	30.8	50.3	54.0	52			
	Cd	7.5	8.0			14		
	其他						Zn18	
熔点/℃		111.5	116	122.5	126	141.5	152	154
组成/%	Sn				37.5			
	Pb	44			37.5			
	Cd	55	24.25	27				
	其他		Zn 1.75			Zn 2	Ge 0.6	Ge 0.5

这些合金常用作热信号及热控制器件的材料。铟基低熔点合金还用于弱电器件中,有的如 In – Ga_{35}(熔点为 16℃),还可用作特殊电真空仪器运动部件的特殊润滑剂。光学工业是铟基低熔点合金应用的最主要部门。In – Pb 具有除垢与溶解贵金属的性能,如质量比为 50% 的 In – Pb 合金在 250℃ 能溶解镀金物,速度较 Pb – Sn 合金快 13 倍[3~7]。

近年低熔点合金(含涂层、焊接材与触点材等)因环保要求无铅化,导致用铟量增加[68~75]。

3.3.4　焊接剂

铟是软钎料,能渗透到另外金属的表层,作低压负荷的冷焊剂。含铟合金可浸润玻璃、陶瓷、石英及某些金属(如重金属 Cu、Pb、Zn、Cd、Sn、Bi、Co、Ni、Sb,轻金属 Al、Mg,贵金属 Pt、Pd、Au、Ag 及高熔点金属 W、Mo 以及钢与铁)[87]和金属氧化物等,可在危险与有害环境中作焊接金属与非金属的理想焊接剂。铟与银、铅和铋等金属形成一系列熔点间于 47 ~ 234℃ 的金属焊接剂,见表 3-7。

铟焊料具有低熔点与较好的润湿玻璃(及石英、云母、陶瓷、大理石、花岗岩、甚至砖瓦与混凝土)性能,且对某些贵金属基片的渗透较弱[61~63,87],故成为电子及低温器件的主要用户[1~7,102],如用于高真空系统中玻璃—玻璃、玻璃—金属的焊接以及电子器件之间的焊接。In – Cu_{32} – Zn_{15} – Cd_{20} – Ni_2 – $Ag_{30.5}$ 的合金既有良好的导电性,又有较优的力学性能和防腐能力,故在机械工业中用作焊接铁、钢及有色金属的焊料。一些铟基易熔合金如 In – $Sn_{37.5\sim25}$ – $Pb_{37.5\sim25}$、In – Sn_{75}、In – Sn_{50} 及 In – Pb_{50} 等具有抗碱腐蚀特性,故用作氯碱工业化工设备的焊接剂,且其操作中裂缝扩张速度远较普通 Pb – Sn 焊剂低。由于铅有毒,人们追

表 3-7 铟基焊接剂

熔点/℃		47	72	77.5	79	93
组成/%	Sn				17	42
	Pb					
	Bi	81.9	33.7	48.5	57	
	Cd			16		14
	Ag					
熔点/℃		109	116	118	123	144
组成/%	Sn			48		
	Pb		50			
	Bi	67				
	Cd				25	
	Ag					10
熔点/℃		147	151.5	153	158	234
组成/%	Sn					
	Pb	5		1.5	20.7	75
	Bi					
	Ag	5				
	Al		5			

注:组分余数为铟。

求的无铅钎料,In－Sn－Zn 系正可当首选(因为 Sn－Zn 的共晶温度为 198℃,接近 Pb－Sn 的 183℃,添加铟构成的 $In_7-Sn_{86.1}-Zn_{6.9}$ 合金共晶温度为 189℃),为防锌引起氧化,宜在钎料 $In_7-Sn_{86.1}-Zn_{6.9}$ 中加入少量磷[87]。铟焊料还可在珠宝焊接上取代 Au－Sn 焊料。

3.3.5 化工

以液态 N_2O_4 进行乙腈爆炸氧化反应,是一种唯一用金属铟作催化剂的工艺[123]。在 100～400℃下使氢和重氢作用而产生 HD_2 或使蚁酸分解都是用 In－Ge 作催化剂。In_2O_3 作催化剂可用于分解 N_2O、400℃下使酒精脱氢或脱水、以及在 25℃下的 CCl_4 中进行 NH_3 的氧化反应等。丙烯的氧化、在空气中于 375℃下使 2－3－二甲基萘产生萘等,都用 In_2O_3/Al_2O_3 催化剂。In_2O_3/C 是使溴和氢合成 HBr 的良好催化剂。$InCl_3$ 催化剂多用于取代反应中,如在 95℃下用 $InCl_3$ 作苯与正－苄基氯的取代反应的催化剂,只需 15 min 即可产出氯二苯基甲烷和 HCl,其产出率高达 85.7%[126]。铟的硼酸盐是一种在 250～325℃和 25.3～5.1 MPa 下使乙烯合成 C_2H_5OH(气相)的良好催化剂。In_2O_3 和 In_2S_3 是用 Li_2O/NiO 进行离解 N_2O_4 的助催化剂。日本研究用 In_2O_3 作催化剂,使煤、木炭及焦油在 300～600℃下发生氧化,以从水中制氢作为新能源[127]。

3.3.6 其他

$In-Ag_{80}-Cd_5$ 及 In－Bi－Cd 等可用作核反应堆中吸收中子的控制棒[2～7],铟具有在慢中子作用下易激发的特性,故用于测定反应堆中子流和其能量的指示剂中;在核反应堆冷却回路中也用到In-Ga-Sn合金。$In_2(CO_3)_3$或$Pb_3(PO_4)_2$与$InPO_4$组成的铟盐可用于制备特殊玻璃,也可作玻璃染色体。In-Tl与In-Cd系合金可作新一代记忆合金。碱性电池加入铟和使用含铟的锌粉以防止电池密封壳内氢气累积,从而使电池无汞化。此外,牙科合金等也用到铟。

3.4 铊的用途

全球消耗铊量估计仅有15 t左右,除美国公开报道铊的应用结构外,其他无报道。1965年前铊大部分用作灭鼠剂、杀虫剂、杀菌剂及子猪免疫剂等,因其有毒害,于1972年起控制使用而转用于电子工业[3~7,16~18,103]。从20世纪90年代初起铊的主要应用转向高温超导材料,如美国1985年用于超导的铊量为零,但1993年报道已超过50%,其后至今每年铊用于超导材料约占80%以上[51~60]。

3.4.1 超导材料

铊主要用作高温超导材料,用于磁能存储器、磁力推进系统及磁共振仪,以及用于高效电动机、发电机和输电设备及研究发展中的超高速电子计算机等[5~60]。高温超导材料是含Tl、Ba、Ca和Cu的氧化物陶瓷材料$TlBa_2CaCu_2O_{8-7}$,其T_C为106~125 K,使超导材料的工作温度从液氦温区大步跨进液氮温区[120,128],已用作无线电通讯的滤波器。日本住友研制成由Tl、Ba、Mg、Cu组成的超导薄膜(0.7 μm)在77.3 K时其临界电流密度达3.2 A/cm^2[122]。铊基低熔点合金Tl-Pb及Tl-Sn-In等也可用作超导材料。

3.4.2 医学

铊化合物和同位素^{201}Tl辐射检测仪诊断心血管疾病与肿瘤及双嘧啶氨醇-Tl成像仍然是外科手术前和过程中评估那些身患冠状动脉疾病、长期性心脏病或糖尿病病人,能否承受做外科动脉手术风险的有效手段[51~60]。TlAC治疗痢疾及结核病,铊盐治疗金钱癣和某些传染性皮肤病等仍有所发展。近年美国DHHSFDA出版一手册宣称,可用一经过核准的药品去处理体内受到放射性铊或其他铊的污染。

3.4.3 电子工业

经铊活化的掺铊碘化钠晶体制作光电倍增管,用于γ-探测器(闪烁计数器)[129];溴碘化铊与硫氧化铊晶体作光学仪器的透镜或窗口,具有机械性强、稳定性好及在较大范围内透过红外线的特性;碘化铊作光纤添加剂有利于长距离光通讯,也用于高效固体电池。$TlAsZ_2$(Z代表Se、Te或S)硫族玻璃作三极管,作光衍射用的Tl-As-Se晶体滤光器用在声光测量器中。掺铊的玻璃是用于半导体、电容器及某些电子设备的理想保护套[16~18]。给汞弧灯泡中充以碘化铊蒸气后,使原汞灯的蓝绿色变为黄白色[130],这就增强了输出光的绿色区,既提高了色彩表现力,还提高了光效[16~18]。

3.4.4 玻璃与仪表工业

作玻璃添加剂可增加其折射指数及密度。掺Tl_2CO_3玻璃具有高折射性能,而氟化铊玻璃不仅具有高折射性能，而且有低分散的光学特性，适宜用来制备特殊的光学玻璃，如显微透镜等。

甲酸铊作核屏蔽窗远较铅玻璃优越，甲酸铊可望用作放射性屏蔽窗和高能研究的全吸收型计数器材料，这是引人注目的铊的新用途[3~7]，它吸收射线能力较铅玻璃强100倍，并且还具有不脆和寿命长的优点，适用于核电站及存放放射性物资的场合。近年美国大量进口铊可能与此有关[103]。

3.4.5 化工

含铊的铅基或锡基合金，如 $Tl-Pb_{35\sim80}$、$Tl-Ag_{98}$、$Tl-Pb_{72}-Sn_{15\sim20}$ 及 $Tl-Pb_{72}-Sb_{15}-Sn_5$ 等合金除具有很好的抗酸腐蚀性外，还具有较好的耐磨性，用于化工及造船业，也可作轴承，甚至可作电解铜的电极。

铊及其化合物可作一些氧化反应的催化剂[2~7,123,131]，如向钒接触剂加入铊时，易使 SO_2 氧化为 SO_3。在350℃下用 Tl_2O_3/石棉作空气氧化苯胺到氮苯和吩嗪的催化剂。Tl^{3+} 盐是氧化脂肪高分子酸时的负催化剂。在37℃时可用 Tl_2O_3 催化双氧水的离解[2~7]。在562℃用 $Tl^{3+}_{6.5}-Fe^{3+}_{1.6}/SiO_2-Al_2O_3$ 催化丙烯和NO脱氢而产生丙烯腈（$CH_2=CHCH$），其产出率可达80%[131]，而如用 $(Tl_2O_3)_{0.4}-Ag_1-CS_{0.5}/SiO_2$ 催化，其产出率可高达90%。Tl_2O_3 在离解 O_3 或合成氨时具有显著的催化活性。铊汞齐是使乙烯基乙炔氢化的催化剂，于室温或更高温度、在压力不大以及有酒精参与下，可催化得到氢、丁烯炔和水的混合物，在 $Tl_{10}-Na-Hg$ 参与振荡下可获得59%丁二烯，如由电解获得的 $Tl_{10}-Na_{20}-Hg$ 汞齐作此过程的催化剂时，可获得产出率达42%的1,3-丁二烯和8%产出率的1,2-丁二烯等，同时并无石蜡形成。在250~265℃下可用 Tl_3Pb_{10} 将硝基苯催化还原得到偶氮苯；如铊过量，则将催化还原到苯胺。而用 Tl_3Bi 使硝基苯催化还原为苯胺过程中，则无偶氮苯的积累。某酸和该酸的酯或酐基在300~400℃、10100~20200 kPa下进行氢化时，用 Tl_2CrO_4/Fe 作催化剂，可获得产出率高达85%，而只含1.2%碳氢化物的酒精。在300℃和9100 kPa下用铊、$TlNO_3$ 或 $TlNO_3/CdO$（活性）作催化剂，可使复杂脂肪酸或棉油和固态NaOH裂解为脂肪酸。在室温下使乙烯加成为乙二醇，使用 $Tl_2(SO_4)_3$ 或 $TlCl_3$ 催化剂产出率可达45%~49%。铊的复合催化剂有助于 $C_2\sim C_8$ 的烯的聚合。$Tl(OH)_3$ 是醛聚合反应的最好催化剂[103,123]。在 $Ca(ClO_3)_2$ 或 O_3 的离解中，$Tl(OH)_3$ 的催化作用也较突出。铊化合物与铝、锌及镉等氧化物所构成的催化剂，常用于从 C_2H_2 和水蒸气中生产丙酮的过程。

3.4.6 其他

Tl基合金（如 $Tl-Pb_{35\sim80}$，$Tl-Cu_{98}$ 与 $Tl-Pb-Sn$ 等）因具耐磨、抗腐蚀及机械强度大的特性而用于氯碱、造船与焊料工业。$Tl-Cu_{98}$ 及 $Tl-Pb_{1\sim34}-Cu_{65}$ 等广泛用于制造轴承。$Tl-Hg_{91.5}$ 用于制造-60~20℃的低温温度计，这种低温温度计适宜用来测定南北极、同温层及液态金属的温度[122]。硝酸亚铊银和甲酸亚铊的水溶液，用于重介质浮选以分离矿物。用铊活化了的碱土金属的硅酸盐与磷酸盐，用以制备使人晒黑的辐射灯。铊在空气中不稳定，一般不用作涂层。铊也可用作纺织与皮革、机械机油的添加剂[132]。含铊低熔点玻璃是荧光显像管的封焊剂，或作黏结玻璃、陶瓷与金属，或作电传导涂层，而含铊的Pb或Sn基焊料具有高的伸长率、高的机械与疲劳强度及高的导电性[118,119]。

3.5　锗的用途

全球锗的用途，已由主要用于制造电子工业的半导体器件转到主要用于红外、光纤与化工催化剂方面。美国与日本的锗的应用结构见表3-8[51~78]。

表3-8　锗的应用结构　　（%）

年份	地区	应用				
		光纤	红外	半导体	催化剂	其他
1985	A	65	15	10		10
	J	17.2		9.1	35.5	38.2
1996	A	40	15	15	25	5
	J	10.7		10.7	71.4	7.2
1997	A	40	10	20	20	10
	J	13.3		13.4	66.7	6.6
1998	A	44	11	17	22	6
	J				72.4	
1999	A	50	15	10	20	5
	J				91.1	
2000	A	50	15	10	20	5
	J				84.0	
2001	W	50	15	5	25	5
	A	50	15	10	20	5
	J				主要	
2002	A	60	15	5	15	5
	J				主要	
2003	W	20	25	12	35	8
	A	20	25	12	35	8
	J				主要	
2004	W	24	23	12	31	10
	A	20~40	25~30	12~20	35	8~10
	J				主要	
2005	W	24	23	12	31	10
	A	40	30	20	0	10
	J				主要	
2006	W	24	23	12	31	10
	A	40	30	20	10	
	J					

注：表中A为美国，J为日本，W为世界。

3.5.1 光学仪器

锗可制作锗窗、锗透镜、锗棱镜及锗滤光片等红外器件，用于装配独特用途的光学仪器[1~7,111~113,118,119]。锗在2~14 μm波段（这正是人类通常遇到的温度范围内的红外辐射波段，即-80~2600℃所相应的红外辐射波长为1~15 μm）内，具有高而均匀的红外线透过率，吸收系数小，折射指数高，低色散，且易加工成各种尺寸与形状、耐腐蚀和不受振动与轰击闪光的影响等，特别适于作军工及重大民用中的热成像仪、夜视仪、红外雷达、监控系统、技术监查及其他红外光学装置的窗口、透镜、棱镜与滤光片的材料，如制造热成像仪，每台用锗窗、透镜及棱镜共达3~8块，需锗量可达到数千克到数十千克。这种热成像仪具有全天候及不受黑夜、烟雾和轰击闪光等干扰的特点，比可见光成像仪的探测距离高出3~6倍，且清晰明亮。红外雷达仪在远焦距望远镜中就用4块锗器件，可用于海陆空警戒，特别在用于低空（小于15 m）飞行与活动目标的识别与跟踪，且较米波及微波雷达优越。$Si-Ge_{10}$与掺汞、镉、铜与镓的锗单晶用于红外探测器。其中红外夜视仪在2001年的“911”事件中，被消防员在烟火中成功用于找人与找着火点后，现也扩展用到雾中或夜间行车上（扩大视程4倍），以及在低能见度环境中作探测器。

掺锗（以GeO_2型）玻璃具有高折射率而用作广角镜及显微镜的物镜等。以GeO_2为基掺入PbO、Bi_2O_3、MgO、TiO_2或P_2O_5[129]等制成的材料，可制成从紫外到远红外的光学玻璃而用来制作滤光片或窗口。在反射望远镜中涂上金属锗薄膜，具有强反射与高抗腐蚀的性能。ZnGeP是一种非线性光学材料，用于CO_2激光器中可提高转换效率和改善热成像效果。

由于晶体对γ-射线的灵敏度与元素的原子序数的五次方成正比，而锗的原子序数大，故可用高纯锗或锗（锂）来制作诸如用于天文学上的γ-谱仪、核反应带电粒子能谱仪及等离子物理X-射线谱仪等探测器。$Si-Ge_{10}$单晶是制造核辐射与荷电离子探测器的材料。锗基或硅锗基材料掺杂汞、镉、铜及镓等单晶的响应波长在8~14 μm、2.5~25 μm、2~30 μm及30~120 μm，响应时间为10^{-8} s，能覆盖整个红外波段，是制造红外探测器的重要材料。

3.5.2 超导体

$GeNb_3Al_{0.2}$、$GeNb_{12}Al_3$及Nb_3Ge等超导材料的临界温度T_C分别为20.05 K、20.5 K及22.3 K，Ge-Nb-Al在液氦温度4.2 K时，其临界磁极化强度高达41 T，远比同温度下的Nb-Al（约30 T）和Nb-Sb（约25 T）的高，利用它们制超导陀螺仪，具有体积小、重量轻及精确度高等优点。

3.5.3 电子工业

锗用于制备半导体器件，如制造各种二极管、晶体三极管及复合晶体管、锗半导体光电器件，作光电、霍耳及压阻效应的传感器，光电导效应的放射线检测器，整流及提升电压的二极管，混频、功率放大及直流交换等的三极管，以及光电池及热电效应元件等。由于这些元件的体积小、机械强度大、寿命长、几乎没有热辐射、耗功率小、启动快，故广泛用于收音机、电视、电子计算机、控制仪器、音像、电话、高频（直流到几千兆赫）、大功率（由微瓦到数百瓦）的设备中。如锗隧道二极管，因其较硅管结构简单、泄漏损耗低、线性好及稳定等优点，而用于通讯卫星作为微波放大器。锗的霍耳器件用于测定磁场强度的仪器中。使用锗的非晶态玻璃半导体 $Te_{81}-Ge_{15}-As$、$Se_{50}-Ge_{30}-As$ 及 $Te_{85}-Ge$ 等制造的高速开关、记忆元件及固体显示器，有可能取代电视机的显像管。

由于锗的电子迁移率与空穴迁移率分别比硅的大 3 倍和 4 倍，整流频率在同等电压下也比硅的高 3 倍，故在高频大功率的器件中使用锗管比硅管好，且锗管在强辐射或低温（-40℃）下工作仍能正常，而硅管却会失灵。美国一仪器公司也已造出能在 125～150℃（高于一般的 85℃）的空气介质中正常运转的锗晶体管。

锗整流器能在 1000 MHz（而硅整流器只有 300 MHz）及大电流密度（较硒整流器高出 1000 倍）下正常工作，特别适用于高频、大功率的场合。

将锗涂在玻璃、石英或致密陶瓷上制作的锗片或薄膜，可用于制作测定任一位置温度变化的仪器。用镓补偿掺砷的锗单晶制作的电阻温度计，可测温度低到 10～100 K，这种温度计具有简单、分度精确及抗震等优点。由锗甲烷裂解附于玻璃上形成的薄膜热（光）敏电阻，其电阻值从 1000 Ω 到数兆欧，温度系数为 0.0001$℃^{-1}$，可用于制造测温仪表。

用锗光电转换器件制造的光电探测器，在 0.8～1.6 μm 波长区内的量子效率高达 60%，且它的倍增数值达 300，特别适用于光通讯的接收系统。

锗硅、锗碲及碲铋等热电元件，可用于制作温差电池，如 $Ge-Si_{70}$ 发电器。这些元件在温度小于 1200℃[3～7,133]下不分解、无腐蚀、化学稳定性好、转换率高及寿命长，用它们制造的温差电池发电功率达 500 W，可作同步卫星、空间站及军事设备的启动电源。

3.5.4　光纤通讯

掺锗石英光纤具有传输容量大、光损耗小、色散低、传输距离长、保密性好，不受高压电、强磁、腐蚀等恶劣环境等干扰，且可大大减少中继站数目，是目前唯一在工程化应用的光纤。我国建成光纤光缆 2002 年达 2.07×10^6 km 到 2006 年达 4×10^6 km（平均光缆芯数为 36 芯），我国需求光纤（按单芯计）达 15×10^6 km/a，而其产能高达 40×10^6 km/a。据 KIM 预测 2003 年全球光纤量生产能力可达 1.45×10^8 km（见表 3-9）[104,114,134～137]。

表 3-9　全球消耗光纤量　（km/a）

年份	1990	1991	1992	1993	1994	1995	1996	1997
耗光纤量	5.10×10^6	7.80×10^6	11.00×10^6	12.00×10^6	14.40×10^6	18.69×10^6	$(22.52\sim30.50)\times10^6$	$(26.77\sim37.70)\times10^6$
年份	1998	1999	2000	2001	2002	2003	2004	2005
耗光纤量	$(32.60\sim45.90)\times10^6$	$(38.82\sim63.30)\times10^6$	$(47.20\sim78.80)\times10^6$	110.00×10^6	130.00×10^6	63.50×10^6	18.14×10^6	22.67×10^6

1×10^4 km 光纤需 $GeCl_4$ 量，单模为 6.8～25 kg，而多模为 34～100 kg，并且 15 年需更换一次[1,2,102,110,114]，光纤通讯将是今后用锗的增长点。

3.5.5　化工

金属锗兼有金属与半导体型的催化活性[1～7,123]。1969 年起因用 GeO_2 作为生产聚对苯二甲酸乙二醇酯（PET）的催化剂，制出的 PET 具有长纤维，且由其制备的饮料与食用液体的各式容器,无毒、透明且气密性好,使锗的消耗量剧增。后来 GeO_2 的这种用途被氧化锑所取代,但 Sb_2O_3 会使 PET 染色,且有毒,故 GeO_2 仍不失为一种优良的缩聚催化剂[2~7,68~75,106~108]。用含 Ti 催化剂取代 GeO_2 生产 PET,虽然可行又价廉,但使 PET 发黄;而用 Al 基催化剂取代,则便宜且不着色,它可能在亚洲将引起用锗量下降[64~67]。但是在日本用 GeO_2 催化剂仍在发展,其消耗量逐年增加[1,2,68~75]。

在多孔载体上的锗与铂族催化剂主要用于烃类转化,特别适用于汽油馏分的重整[123],此类催化剂有 $Ge-Pt(Pd)_{0.1\sim10}/Al_2O_3$、$Ge_{0.25\sim0.5}-Pt_{0.5\sim1}/Al_2O_3(SiO_2)$ 及 $Ge_{0.16}-Pt_{0.35}/Al_2O_3$ 等。$(GeO_2)_{10}(Cr_2O_3)_{10}/Al_2O_3$ 可作重整石油的催化剂,在475℃与530℃的重整时可相应地分别得到78%与53%的重整率。在85~180℃下要使正-庚烷芳香异构化,最好采用 $Ge_{0.4}-Pt_{4.5}-Cl_{1.2}/\gamma-Al_2O_3$ 催化剂[1,2]。金属锗用作一系列脱氢或分解反应中的催化剂,如用在低压(1.3 Pa)及200℃下的 C_6H_{12} 脱氢,300℃下的甲醇脱氢,170℃下的异丙醇脱氢以及200~270℃下乙醇在真空中脱氢等。以锗催化 N_2H_4 的分解,具有在室温下就开始分解、并在40~100℃时分解迅速的优点,而用其他催化剂时却需200~500℃的高温。锗也可作氨、甲醇或 N_2O 等分解的催化剂。使联氨离解为氨和氮,可用粒状锗作催化剂。在300~500℃间锗也可催化蚁酸离解为氢与二氧化碳。掺铟或砷的锗单晶具有高的催化活性,除用在蚁酸脱氢及乙烯的氢化外,P 型锗都远较 n 型锗的催化性强。在300~550℃和5333~25331 Pa 下所进行 H_2-O_2 的交换时,用 n 型锗催化较用铁作催化剂好。在温度高于140℃下氧化 CO 为 CO_2 可用 p 型锗催化。掺锑的 n 型锗和掺镓的 p 型锗在同位素置换中,其催化活性远较纯的锗好。纺织工业的漂白工艺中常用 GeO_2 催化。非芳香族烃 $C_5\sim C_7$ 在低于354.6 kPa 和 450~480℃ 下脱氢和脱水异构化,常用含 K_2O 的 $(GeO_2)_{0.1\sim5}-(Cr_2O_3)_{5\sim25}/Al_2O_3$ 作催化剂。从月桂酸制备月桂酮时,用 GeO_2 催化剂可获得44%的产出率。从已酸制取19烷酮时,用 GeO_2 作催化剂能得到34%的产出率。$GeCl_2-CuCl_2$ 可作在25℃的水溶液中分解双氧水的催化剂。由氯化锗、磷有机化合物及金属卤化有机化合物构成的复合催化剂,在 $C_2\sim C_8$ 聚合的较大温区(-120~200℃)内都起催化作用。$GeCl_4-H_2PtCl_6/Al_2O_3$ 是环石蜡脱氢的良好催化剂。在紫外线照射下 $GeCl_4$ 可使甲基丙烯酸甲酯与苯乙烯均匀聚合。当铝在四乙基锗的存在下可被活化而产出烷基铝[3~7]。

3.5.6 医学

锗的有争议用途之一是锗及其有机化合物用于医学[1~7]。锗的这种应用早年在日本得到较大发展,如1983年药用 GeO_2 达4.8 t[2~7,16~18,51~60]。

Ge-132(β-羧乙基锗倍半氧化物——$(GeCH_2CH_2COOH)_2O_3$)临床应用于防治癌症。认为锗是四价元素能代替氧,作人体营养品时可增长体内纯氧。从植物带入的锗(如蒜与高丽参等分别含锗高达0.075%与0.03%)有助于防癌,螺锗及其衍生物也具有此医学作用。0.01%纯的丹宁酸锗酿的酒可用作提高人体素质的饮料。锗的有机化合物用于治疗癌症、白血病,也可防治由于病毒、细菌或某些原生质引起的各种动物疾病,并能增进人体的免疫力。含 GeO_2 的牙膏可用于防治牙龈炎。含锗药物对于脑血栓、肾脏病、癫痫及地中海的贝西特(Behcet)综合征都有疗效[2~7]。用含0.01%的锗化合物与蒜素和纤维素霉等配制的杀菌药物,可以控制果树的门巴病[2~7]等。利用锗在常温下(如人体温度36℃左右)迁移率高,具有活泼的电子振荡作用,使患处生理电位与锗发生电位交换，逐渐调整并趋于平衡的作用，配制消炎止痛药膏，如用0.074 mm(200 目)的锗粉加入软膏中(把纯度达 99.99%、粒度 0.041 ~ 0.074 mm (350 ~ 200 目)的金属锗粉掺入消炎软膏基体中)制成的高效消炎止痛膏[2~7]，其含锗量波动于 9% ~ 9.5% 的软膏，具有高效消炎止痛和健体的作用，日本报道每剂需锗约4.5 g。把约 1.04 g GeO_2 与 1.45 g KOH(或 NaOH)熔融后，溶于 2.2 g 酒石酸中所得的 pH 值为 4 的 72 mL 水剂是一种消炎止痛药剂，对治疗各种神经痛效果特好，甚至对晚期胃癌也有疗效[2~7]。$Ge-In_{0.01}$、$Ge-Au_{88}$ 或 $Ge_2-Ag_{68}-Sn_{17}-Cu_{13}$ 可作牙科合金。用锗制造的医药器件，如由锗半导体制作的红外探测器，低温温度计，BGO 制造的 X 射线计算控制断层扫描分析仪(X 射线 CT 仪)和正电子断层扫描仪(PCT 仪)等就用于诊断各种肿瘤、骨骼结构、凝血与组织坏死等[1~7,51~60]。

3.5.7 其他

$Ge-Ag_{88\sim92}$ 用于钟表器件。$Ge-In_{0.01}$ 用来制造液氮温度下的温度计。$Ge-Cu_{75}$ 可用来制备系列抗腐蚀流体的压力计。BGO($Bi_4Ge_2O_{12}$)晶体是新一代闪烁体，用于制造高能离子探测器，也可制作延迟性元件应用于相控阵雷达和航天飞行的存储器等。

GeO_2 和 $GeCl_4$ 可作金属涂层材料。添加锗可以提高铜、铝及镁合金的硬度，往铝合金中加入 0.008% $GeCl_4$，可降低铝合金的毒性。$Ge_5-Ga_{20\sim30}-Si_{80\sim70}$ 可用作铝或铝合金的焊料。少量锗可与金制成精密合金铸件，还可用作珠宝中的金焊条。$Ge_{10\sim20}-Ti_{55\sim75}-Zn_{15\sim35}$ 可用作焊接石墨及难熔金属合金。在蓄电池中的氧化铅糊或硫酸介质中添加少量锗能降低内阻并延长电池的使用寿命。可利用锗晶体的压阻效应特性，来制造高灵敏度的应变仪的转换元件。锗转换元件的应变仪较一般金属应变仪的灵敏度高两个数量级。往 Fe－Ni 系磁性材料中加入少量锗可提高它的磁感应强度，因锗加入 Fe－Ni 致使 $Fe_{30}-Ni_{65}-Ge_5$ 的磁感应强度由原 50 T 提高到 100 T。

较坚硬的 Ag－Me 在添加 1.2% Ge 后，在加热时不会产生氧化锈皮，不惧化学氧化伤害，为防锈的 Ag－Me 拓宽了应用范围。

3.6 硒的用途

从 1986 年起我国成为世界用硒大户，耗硒量约占全球用量的 50% 或以上，2003 ~ 2005 年我国的硒应用结构为玻璃 20%，冶金 62%(主要用于电解锰)，化学制品 4.5%，电子 10%，农业等 3.5%[77,78]。历年来美国与日本用硒状况见表 3-10[51~79]。

表 3-10 硒的应用结构 (%)

年份	地区	应用				
		电子	化学制品	玻璃	冶金＋农业	其他
1985	A	35	20	27	7	11
	J	66.3	13.5	12.1		8.6
1996	W	12.1	14.8	16.5	11.2	45.5
	A	25	20	25	20	10
	J	11.9	8.1	4.6		75.3

续表 3-10

年 份	地 区	应 用				
		电 子	化学制品	玻 璃	冶金+农业	其 他
1997	W	9.3	13.6	19.3	9.4	48.4
	A	20	20	35	25	
	J	6.8	2.2	3.9		87.1
1998	A	15	20	35	30	
	J	23.3	3.8	25.6	47.4	
1999	A	14	20	35	31	
	J	23.7	5.4	25.0	45.9	
2000	A	13	20	35	32	
	J	9.4	10.0	34.4	46.2	
2001	A	12	20	35	33	
	J	12.5	10.7	18.5	58.3	
2002	W	10	16	29	15	30
	A	12	20	35	33	
	J	8.8	7.7	23.2	60.3	
2003	W	12(9)	20(27)	35(27)	33(17)	(20)
	A	12	20	35	33	
	J	10.8	14.6	11.4	63.2	
2004	W	11.2(8)	19.8(35)	35.0(24)	34(16)	(17)
	A	10	20	37	33	
	J	13.3	26.7	15.3	44.7	
2005	W	9.9(8)	20.0(38)	35.0(22)	35.1(15)	(17)
	A	10	20	40	30	
2006	W				(小于50)	
	A	10	20	40	30	

注：1. 表中A为美国，J为日本，W为世界；
2. （ ）内数据来自文献[79]。

3.6.1 静电复印

20世纪80年代硒复印机大发展，因为硒在室温下受光照时较在暗处的电导率大1000倍，且电导率随温度增高而增大，实践表明，使用 As_2Se_3 或 Se－Te 比纯无定形硒好，这些膜具有宽广的光谱效应、不会发生晶化、耐磨性好及使用寿命长等优点。复印机用硒的纯度在99.999%。硒用作测乳腺癌仪的感光板，其感光板比溴化银感光胶片好，前者印影快、不需暗室，可上千次重复使用，故而成本低廉，为工业及医学拍片所器重。原主作复印机硒鼓现已被既环保又价廉的OPC有机感光材料所取代。

3.6.2　电子工业

在铝板沉积硒，经热处理后得到晶体硒膜层，再在硒层上置一层易熔合金所形成的反电极的硒元件，这种硒元件与氧化亚铜元件组装成硒堆所制成的硒整流器，虽然在高、中压整流方面正为硅整流器所取代[51~60]，但低压和小型的硒整流器，却因其寿命较长、可靠性较好、短时内容许过载2倍电流而不被击穿（即使部分片对被击穿了，仍可继续使用）、加上容易制造及经济实用等优点而仍有应用[3~7,16~18]，甚至在高、中整流器中的应用也有所增加。

用硒制作的光电池，用于信号与自动化装置上以及电视机光电摄像管。ZnSe－Pt与ZnSe－SiO_2－Au可用来制作发光器件。CdSe是一种光敏元件的材料。PbSe或(PbSn)Se等用于制造红外探测器、夜视仪或资源勘探仪。硒的一新用途是用于α－Se平板探测器系统，它能使雷达瞬间成像与转化为数字信息[51~60,64~67]。

3.6.3　玻璃工业

玻璃工业是硒最早的、也是目前主要的用户之一。向玻璃原料中添加少量纯度为99.5%的硒（如Na_2SeO_4、Na_2SeO_3或$BaSeO_3$等）可提高玻璃的光学性能。如向含杂质铁、铜或镍等显绿色或蓝色的玻璃原料中加入0.0018%～0.007%的硒后，即可消除玻璃中的绿色或蓝色，是制造玻璃器皿，特别是制造饮料容器要求透明与密度高所必用的添加剂。向玻璃料中加入0.25%～3%的硒，可烧制得玫瑰红、红、红棕、以至红宝石等色彩的玻璃；将微量硒与硫化镉加入玻璃原料中，制得的具有在红外线谱中在较窄的波段内转变成其他色彩的特殊玻璃，可用作铁道及海事信号装置的专用透镜，也可用作工艺美术品或纪念饰件的材料。加硒量0.6%时制得的黑色玻璃，具有削弱闪光及隔热特性，可用作节能材料。添加少量硒制备的茶色玻璃既不会闪光，又能消除令人不适的太阳光照感，可用作大厦、办公楼或宾馆等建筑物中的大型窗玻璃。向塑料、陶瓷、艺术或交通用玻璃中加入CdSe而显红宝石红色；用硒生产的红色马赛克砖或瓦，颇具喜庆色彩，被中国房地产广为使用，成为硒应用的新增长点[51~67]。

3.6.4　医学与环境

硒是与人类生存环境攸关的元素。若某地土壤中缺少硒，该地农作物与植物含硒就不足，这将导致人与动物缺硒而引起新陈代谢的紊乱，人就会患克山病、大骨节病、肌肉萎缩及婴儿猝死等症；若地区土壤或植物含硒过高，又会使人硒中毒。今将我国科学家查明我国的硒正常与中毒的界限列入表3-11[3~7,138]。

表3-11　硒正常与中毒的界限

项　目	土壤中 Se/μg·g^{-1}	粮食中 Se/μg·g^{-1}	头发中 Se/μg·g^{-1}	血中 Se/μg·mL^{-1}	尿中 Se/μg·mL^{-1}
硒正常区	0.152	0.014～0.059	0.125～0.381	0.095±0.091	0.026±0.012
缺硒病区	0.093～0.086	0.012～0.009	0.080～0.050	0.021±0.010	0.007±0.001
高硒中毒区	12.113～8.802	6.537～3.725	16.248～9.708	1.3～7.5	0.88～6.63

同时也查明硒在环境中具有生物化学作用，是预防饮食性肝坏死的“第三因子”组成部分，是机体还原系统中谷胱甘肽过氧化物酶的活性中心元素，硒与维生素E、抗坏血酸及含硫氨基酸等形成体内强力对抗过氧化与重金属中毒的作用体系。含硫化硒的洗发剂，能去头皮，能治皮炎，制成的药皂可治疗秃顶症。硒有削弱与解除金属汞、镉、铅及砷等的中毒的作用[3~7,61~63]。

血中缺硒的人较含硒正常的人患癌的可能性高出6倍，故要求每人每天摄入400μg硒（今知谷类含硒0.00002%~0.00226%，肉与奶含硒0.000005%~0.00005%，鱼，尤以金枪鱼含硒0.00051%~0.00062%）可预防致癌物对人的危害。

通过向稻子、小麦与玉米喷洒硒（每亩加 Na_2SeO_3 0.6~1 g）产得的硒粮，让人通过饮食链补硒以防治克山病与大骨节病，是我国稀散金属在农业科研的重要成就之一，不过要注意硒粮在保存时硒会散失，见表3-12[3~7,138]。

表3-12 实测我国硒粮保存中Se的散失 (μg/g)

年份	黄陵	武功	眉县
1976	1.204	1.597	2.193
1980	0.203	0.244	0.802
1984	0.007	0.010	0.034

动物界缺硒就会流行白肌病、消瘦症、胸水肿及发育不全等病。硒是鸡、猪、羊及菜牛等饲料的添加剂[1~7,16~18,138]，硒对治疗鸡禽常患的胸水肿、皮下出血、胰腺萎缩及羽毛发育不好等也有疗效，并能起免疫与助长的作用；且业已查明，往猪、羊及菜牛等的饲料中添加微量的硒，能起免疫与助长的作用。

动物缺硒会生白肌病，动物白肌病流行于美国、澳大利亚、新西兰、芬兰、加拿大及土耳其。新西兰采取向牧场撒 Na_2SeO_3（最佳是用有机硒，让土壤含硒达0.000006%），或拌入饲料（使含硒达0.000015%）；美国允许饲料含硒达0.00003%；芬兰与加拿大采用含硒的化肥与硒片等进行防治[3~7,16~18,51~63]。芬兰近来宣称，硒作为肥料添加剂而用于农业是它一个潜在的应用领域[1,2]。

硒酸钠可用来制造农业的杀虫剂。用硒酸制造的药可用于消灭田鼠。硒的化合物可用来制备麻醉剂和去臭剂等。

值得注意的事实是：瑞典多个湖泊遭汞污染，湖中鱼含Hg达1 mg/kg，1984年瑞典仿加拿大进行湖水加 Na_2SeO_3 治理，使湖水含硒由0.4 μg/L提高到2~4 μg/L，到1986年后湖中白斑鱼含汞由1.51 mg/kg降到0.70 mg/kg；鲈鱼含汞由0.50 mg/kg降到0.16 mg/kg。此项湖水脱汞工程远较通用的石灰法费用低与方便，且对除铅也颇有效[2,139]。硒也可作防治酸雨后遗症的牛羊饲料的添加剂。

近年深入研究人类健康一系列问题与硒相关，硒作为饮食添加剂，可对获得性免疫缺陷综合征（AIDS）、痴呆症、癌、心血管、Ⅱ型糖尿病与皮肤癌等起正面作用[64~67]。

3.6.5 化工

硒可用作颜料的配料，如含铬和锌的硒颜料[85]，既起涂饰色彩的作用，又起抗腐蚀作用。硫代硒化镉（CdSSe，理论含硒35.3%）颜料，其色彩随着添硒量的变化可由橘红变到紫红,或由黄变到深褐色,并具有耐热防潮、防紫外线或化学辐射、耐腐蚀、稳定性高与易干等特殊性能,用作汽车、塑料及搪瓷和陶瓷等上色优于有机颜料,其上色易干性能更为汽车工业等乐用,但其有毒与价贵,故渐受限制。硒的氯氧化物是油漆和彩釉的去脱剂。

可用硒代替橡胶生产的硫化剂,橡胶添加硒后便具有高的抗温及抗张性能,且能防止橡胶软化。向橡胶中加入0.1%～2%的硒,就会提高橡胶抗氧化性及抗腐蚀性,并增强它的弹性。这种含硒橡胶可用来制作飞机、汽车的轮胎,矿山机械的帐篷和高温稳定的绝缘橡胶制品等。

各种矿物和植物生产中,常添硒化物作抗氧化剂。可用硒粉配制使搪瓷与(铁)坯体牢固结合的黏结剂,也可作彩釉的添加剂。

作催化剂可增强选择氧化,硒的卤化物在聚丙烯的生产中作催化剂。硒也用作生产氢的催化剂,还可作生产地塞米松和肤轻松的脱氢剂。

3.6.6 冶金

向镍铬不锈钢与合金钢等中加入含硒为0.15%～0.35%的硒铁,可改善其高速切削性能,降低气孔率及消除钢的缩孔;向钢中加入0.2%～0.3%Se以制备微粒结构的、有良好延展性的无损伤钢;向铸铁中加少量硒,可消除铸件气孔,改善加工性能。

向Ni－Fe、Co－Fe中加硒也可改善其切削加工性能;向铜中加入硒,使硒在铜中形成弥散第二相Cu_2Se,从而改善其切削性能。向Cu－Mg或Cu－Mn合金中添加0.25%～1%的硒(以Cu_2Se形态加入),就可改善其加工性能。向Co－Fe－Ni加入0.4%～0.5%的硒能提高其矫顽磁力。

在Mg－Mn合金中加入0.5%～3%的硒,就能提高它的抗腐蚀能力。镁基合金涂加有磷酸的亚硒酸(或硒酸钠)溶液涂层,就能抗海水的腐蚀。汽车等零件在添有硒酸钠的镀铬溶液中镀铬,能大大提高它的抗腐蚀性能。20世纪80年代发展起来的免维护汽车蓄电池中,在$Pb-Sb_{25\sim35}$制成的蓄电池格栅中加入0.015%～0.02%的粒状硒细化剂,可减少50%锑用量,并减小受腐蚀的程度[1～7,61～67],或直接向低Pb－Sb加入0.02%的硒可改进该合金的铸造与力学性能,有利于提高铅酸蓄电池格栅的强度[64～67]。

硒取代高速切削黄铜管中Pb(原含铅少于7%)的用硒(以Se－Bi形态取代,实际是Bi取代Pb,硒的作用是减少用铋量[51～60])量仍持续增长,这由于美国严厉限制黄铜管用铅的1996年安全饮水法的贯彻,该法令要求于1998年8月后提供人们饮水的设施、管道、焊料、甚至修理工具等都不能含铅[68～75]。

电解锰工业生产中电流效率不高、外观与质量待改善,须向电解液中加入抗氧化的添加剂SO_2或SeO_2,以用SeO_2为佳,其抗氧化作用为[140,141]:

$$MnO_2 + SeO_3^{2-} + 2H^+ \xlongequal{} Mn^{2+} + SeO_4^{2-} + H_2O \tag{3-1}$$

$$Mn_2O_3 + SeO_3^{2-} + 4H^+ \xlongequal{} 2Mn^{2+} + SeO_4^{2-} + 2H_2O \tag{3-2}$$

宜控制pH值为6.6～7.2为好。加入SeO_2可以提高氢超电压、防止$MnSO_4$水解,使电流效率由65%提高到70%以上[61～67,86,142]。锰电解过程中,锰先以γ－Mn析出,但不增产[64～67];用纯度大于97%的硒添入电解锰溶液中,使溶液中含硒达0.03～0.06 g/L能纯化电解液外,还促使γ－Mn向α－Mn晶型转变,使锰电解能持久地在高电流效率下进行[40]。为防止电解锰液氧化,需向电解锰液送入SO_2 0.1 g/L,而新发展用SeO_2或甲酸HCOOH取代SO_2的效果更佳[141]。

3.6.7 其他

利用硒的低熔点,可由硒配制起爆时间为1/1000 ~ 1/40 s 的引爆雷管。$Bi_2(Te_{1-x}Se_x)_3$ 制冷材料已广泛用于家用和车载制冷电器及军工、交通、医疗等部门。PbTe 及(Sn,Zn)Se 等是制造红外探测器的材料。

3.7 碲的用途

冶金及电子工业是碲的主要用户,国外约85%的碲消耗于冶金工业,在美国甚至达到90%,而在中国约90%的碲用于以半导体制冷器件的电子工业。近年国外及中国碲的应用结构见表3-13[1~7,51~78]。

表 3-13 碲的应用结构 (%)

年份	国别	应用			
		冶金	化学制品	电子	其他
1985	W	42	28	16	14
	A	77	15		8
1996	W	36.2	14.0	3.0	46.8
	A	60	25	10	5
1997	W	41.8	1.7	1.7	54.8
	A	60	25	10	5
1998	W				
	A	60	25	8	7
1999	W				
	A	60	25	8	7
2000	W				
	A	60	25	8	7
2001	W				
	A	60	25	8	7
2002	W	(46)	(25)	(28)	(1)
	CHN	(4)		(86)	(10)
	A	60	25	8	7
2003	W	55(44)	25(25)	13(32)	7
	CHN	5		89	6
	A	60	25	8	7
2004	W	(42)	(26)	(32)	
	CHN	5		90	5
	A	60	25	8	7
2005	W	(35)	(25)	(40)	
	A	56	25	12	7

注:1. 表中 W 为世界,A 为美国,CHN 为中国;

2. ( )中数据来自文献[79]。

3.7.1　冶金

向低碳高速切削钢和高强度合金钢中加入 0.04% 左右的碲，就能改善其切削性能，其切削速度可达 195 m/min，较钢的切削速度约大 3 倍，且不影响它的机械强度。添加 0.1% ~0.01% 的金属碲到可锻铸铁，用作晶粒细化剂。向铜中加入 0.07% ~0.6% 的碲，则会使碲在铜中形成弥散第二相 Cu_2Te，使其切屑易断，改善了铜的切削性能；向碲铜合金中添加 0.5% 的碲，既能显著增强铜合金的易切削性能，又能提高它的导电、导热、抗震与抗疲劳性能，这种铜合金特别适用于制作要求高而复杂的电子仪器、微型电脑、晶体管散热片、焊接点部件和电器中的螺母等。将 0.01% ~0.5% 的碲加到铅（锡或铝）基合金中，可提高其抗腐蚀性、硬度与弹性，这些合金特别适于作海底电缆（或作挤压成很薄的海底电缆衬套）、汽车轴承、焊料与硫酸工业的设备和管道，其使用寿命较通常的铅制品高两倍；向巴氏合金中加入碲，能提高合金的硬度与耐磨性，适用于制造轴承与轴瓦等。

3.7.2　电子工业

虽然 CdTe 用作太阳能电池的转换率只有 7%，但由于 CdTe 能制成多晶薄膜，此薄膜对日光、红外辐射的吸收率为 30%，远比其他材料要高，加上它价廉及轻便，故仍多用在宇航及卫星上。高纯碲制造 CdTe 太阳能电池的增长，将可能是影响碲消耗的主要因素。用 CdTe 制作的核辐射探测器较锂漂移锗探测器有更大的禁带宽度、调整范围大（0.4 ~50 μm）[116]，能在室温下操作，且更有效地吸收 γ－射线。PbTe、GeTeSe、(HgCd)Te 和 (PbSn)Te 等红外材料，可用来制作前视装置、夜视仪与找矿、农业及林业灾害监视和军用红外探测器。

碲的化合物半导体如 GeSi/PbTe、GeTe/PbTe、GeTe、PbTe、AgSbTe 及 (PbSn)Te 等广泛用于热电转换方面；碲化物温差发电系统已达实用阶段，而 GeSi/ PbTe 限于在小于 593℃ 的低温区串联使用[3~7,16~18]。碲化物在半导体制冷方面已广为应用，是目前碲最大的应用方面，如 PbTe、Bi_2Te_3、TeSbBiSe 与 $(Bi_{1-x}Sb_x)Te_3$ 除用来制作各种家用、车载和便携式制冷器外，还用于仪表及电子元件等的冷却器和潜艇的空调装置。

TeGeBi 合金用于 DVDs 可擦写的光盘记录材料上[61~79]，此应用将是世界碲消耗量的一个增长点[51~60,68~75]。

3.7.3　化工

在橡胶工业中碲的用途几乎同硒一样。碲及碲盐（如二乙基二硫代氨基甲酸碲）用作橡胶的硫化剂与促凝剂，能改善橡胶的老化性质，并提高橡胶的耐热、耐腐蚀性与机械强度，这种碲橡胶用于制造轮胎及运输机皮带等。

碲盐可用来制作消除润滑油中油泥的抗氧化剂。碲以 CdTeS 或 CdTe 形态用作金属涂层的颜料添加剂[11]。用 Na_2TeO_4 加上 Cu^{2+} 溶液能在钢铁、有色金属或其合金上形成涂层，或让轻金属电积而得到富有光泽的黑金表层。用含 50 g/L H_2TeO_4 的 HBF_4 电解液可使铝电化着色。碲可用来制造定时引爆雷管。碲可作控制铸件冷却速度和气孔率用的铸模涂敷料。碲还可作固体润滑剂。

碲的氧化物在合成纤维及某些化工合成反应中作催化剂，如 $TeO_2 + Bi_2(MoO_4)_3/SiO_2$

用作丙烯氨氧化法制取合成腈纶的主要原料——丙烯腈的催化剂，转换率可达 70%，选择性可达 80% ~85%。用 $TeO_2 + MoO_3$ 作催化剂几乎可使丙烯完全转化，选择性高达 86.4%[142]。石油的裂化和煤的氢化常用碲化物作催化剂。碲常用作一些有机化合物的氧化、干醇生产以及氯化与脱氯的催化剂。

3.7.4 玻璃工业

在玻璃工业中碲的作用同硒一样。掺碲（TeO_2）玻璃呈蓝色到棕色，具有高的折射率，能透过较大范围的红外光，可作光学玻璃及制造红外窗口等。加少量碲可以制造出熔点低且透明的绝热玻璃。碲也可用作玻璃的脱色剂。掺碲陶瓷呈玫瑰色，如 Te－Bi 或 Te－Pb 都是玻璃、陶瓷的着色剂。

3.7.5 其他

TeO_2 用作摄影、印刷的调色剂。碲及其化合物可用来制作消毒剂、杀虫剂及杀真菌剂，也可用于制造治疗皮炎等[16~18]药物。$[(C_6H_5)_2Te]_2Pd(SCN)_2$ 及 $[(C_6H_5)_2Te]_2PdC_2O_4$ 等配合物是制造光敏成像设备的材料。含碲 2% ~50% 的 Se－Te 外层覆一层 Se－As 而构成电子照相底板光敏层，具有全色性能。

碲的有机化合物可作杀虫剂及灭菌剂。

3.8 铼的用途

虽然迟至 1925 年才发现铼，但是它现已广泛用于现代工业重要部门，且日显重要作用。它的应用因产量少、价格昂贵而受到限制。2003 年全世界用铼于石油重整催化的占 20%，用于高温超耐热合金达 70%，其余占 10%[64~67]。美国是世界用铼大户，近几年占世界铼用量 70% 以上。美、日的铼应用结构（1998 年及以后缺日本的数据）见表 3-14[1~7,51~78]。

表 3-14 铼的应用结构 （%）

年 份	国 别	应 用		
		催化剂	高温超耐热合金	其 他
1985	A	90		10
	J	62	35	3
1996	A	30	60	10
	J	75	25	
1997	A	20	60	20
	J	40	10	50
1998	A	20	60	20
1999	A	35	55	10
2000	A	40	50	10
2001	A	40	50	10
2002	A	40	50	10
2003	A	40	50	10

续表 3-14

年 份	国 别	应 用		
		催化剂	高温超耐热合金	其 他
2004	A	40	50	10
2005	A	40	50	10
2006	A	20	60	20

注:表中 A 为美国,J 为日本。

3.8.1 催化剂

由于铼的未饱和的 4*d* 层易放出 5 个电子,而 6*s* 层的 2 个电子又易参与作用而形成共价键,加上晶格参数较大等特性,使铼及其化合物具有优异的催化活性[1~7,103,123,143]。常用 $Re-Pt/Al_2O_3$ 作石油重整催化剂,一般采用 0.1% ~0.5% Re -0.1% ~0.5% Pt/Al_2O_3。用它生产高辛烷值无铅汽油,如在 500 ~510℃、506.7 kPa 下能使低级汽油的辛烷值由 47.8% 提高到 71% ~87.2%。今多采用含铼较含铂高的 0.1% ~0.7% Re -0.1% ~0.3% Pt/Al_2O_3 催化剂,石油重整中原用铂单金属催化剂,存在价高、铂晶粒变大从而减低催化活性面的缺陷,而掺入铼,不仅阻止铂晶粒变大、提高再生能力、容许在生产汽油工艺中有较大量 C 的形成、并可在较低压力与较高温度下进行、提高产率与催化剂抗硫与磷中毒的能力、还能降低成本[64~67]。少量 0.1% ~0.7% Re -0.1% ~0.3% Pt/Al_2O_3 用于生产苯、甲苯与二甲苯的催化剂。而取代 Re - Pt 催化剂中 Re 仍待评估,有人用 Ir 与 Sn 取代 Re - Pt 中 Re,并已于工业中应用[51~60]。

$Pt-Re/Al_2O_3$ 用作生产 CH_3Cl_2 的催化剂,活性大、寿命长[1~7,68~75]。0.1% ~0.5% Pt /0.1% ~1.5% Re 是生产芳烃的催化剂。而 0.05% ~1% Pt -0.05% ~1% Re -0.01% ~0.1% Ag/Al_2O_3 是石蜡脱氢的催化剂。Pt/Re 催化剂用于 HNO_3 生产,平时以此生产氮肥,战时可转产炸药。NH_4ReO_4/C 用作环烷脱氢及乙醇脱氢的催化剂。当用铼作异 - C_3H_7OH 脱氢催化剂时,产乙醛率高达 85%。铼的硫化物可用作甲酚及木素等的氢化催化剂。加铼的 $Bi_2(MoO_4)_3-TeO_2/SiO_2$ 及 $P-Mo-Bi-TeO_2/HReO_4$ 催化剂,用于丙烯氨氧化的催化,丙烯腈的单收率大于 81.2%,选择性大于 80%,且极少产出氰氢酸。众所周知,丙烯氨氧化法几乎是生产丙烯腈(腈纶的重要原料)的唯一方法。Re/Al_2O_3 及 $Re/Al_2O_3-SiO_2$ 用作中或高压下褐煤焦油等氢化的催化剂,高辛烷值燃料的产出率也高。Re_2S_7 或 Re_2Se_7 能加快衍生的芳香碳氢化合物支链中的不饱和烃氢化,它的催化能力比 Mo_2S_3 及 Co_2S_3 等强。在环已烷脱氢与甲基环戊烷脱氢异构化为苯等过程中,最好的催化剂是 $Re_{5\sim20}/Al_2O_3$ 可使苯的产出率分别高达 76% 和 52.5%,而 $Re-H_2S-Pd/Al_2O_3$ 的催化活性更强。在 100℃下用 Re/Cu 作下述反应的催化剂,可得到甲烷:

$$CO_2 + 4H_2 = 2H_2O + CH_4 \quad (3\text{-}3)$$

产出率为 31.8%[94]。Re_2S_7 是 SO_2 转化成 SO_3 及使 HNO_2 转变为 HNO_3 的较好的催化剂。国内近期研制了含铼的 STR/r - Al_2O_3 催化剂,400℃时对汽车尾气中 CH_4 氧化率几乎达到 100%[77,78]。天然气的液化(GTL)及净气、重整、合成与氢化裂解均需要 1% Re - Co/Al_2O_3 作催化剂。

3.8.2 特殊合金

Re－W、Re－Mo、Re－Pt或Re－Ni－Me等合金具有耐高温、抗腐蚀及耐磨损等特性，铼能改善某些Ni基超耐热合金高温（1000℃）时的强度性能，作为高温超耐热合金，主要用于制造涡轮机的叶片，成为航空、航天与军工的热门材料。空中巴士A380s装有4台Rolls Royce Trent 500型发动机，每台机有2件含铼的单晶叶片部件，其中一件含Re 3%，另一件含Re 6%，它大大提高了其抗蠕变能力[64~67]；美国国家航空航天局与通用电子飞机发动机公司等研发了第四代含铼3%～6%、低铬、高钴与含钌的单晶超耐热合金，既改善显微结构稳定性，也提高了高温抗蠕变强度，广泛用于欧美各类喷气战机、客机及航天器中[51~60,64~67]。

含铼50%的Re－Mo具有较高的延展性，易于热、冷加工，在196℃以上可焊接。含铼24%的Re－W也具有良好延展性，它较纯钨有较低的脆向延展性转变温度[64~67]。

Re_{25}－W合金曾是空间站核反应堆用材料，后来使用Re_{30}－W－Mo_{30}合金。Re－Pt用作原子能反应堆的结构材料，可抗载热体（1000℃高温下）的腐蚀，也可作辐射防护罩；含碳化铪的Re－W虽然密度大、难加工，但它在1700～2100℃时是强度较高的材料。Re－Mo合金在3000℃时仍具有高的机械强度，可用来制造超声速飞机及导弹的高温、高强度部件和隔热屏。

铼合金用作坩埚、电触点材料、电磁铁、电子管、电子靶、加热元件、热电偶、电离计、质谱仪、金属涂层、半导体及真空管等。用Re_3－W及Re_{25}－W制作的热电偶，可准确测温到2485℃，它的热电动势达1012 mV，远比Pt－Re/Pt（1900℃时仅有30 mV）的高，在真空或惰性气体介质中可测得的温度超过2700℃。W/W－Re_{26}热电偶可测温至2760℃[144,145]。W－Re或Mo－Re热电偶可测温到3000℃[146]。

用铼基合金制作的加热元件，比钨或钼的寿命长5～10倍。高温下$Re_{8\sim12}$－Ni－Cr比Ni－Cr合金加热元件的工作寿命长9倍，在高温又有压力的情况下工作的优点尤为突出。掺铼的Rh－Ir合金较Rh－Ir的强度大且力学性能好，可用来制造用于宇航、导弹的强度高、超薄的箔材和管子。加铼的Ta－Cr或Ta－Al合金的硬度随温度变化的程度远比不加铼的小。铼基合金（Re－Me）可用来制造高温下既灵敏又不变形的高温弹簧，它是高温测量仪、测尘器等的必用部件。Re－Pt等合金用作人造纤维的坩埚、喷丝网模及高级笔尖材料。Re－Ta－Os及Re－Mo－Zr等合金特别适用于制造不变形的基准件，如制作罗盘指针、标准尺和标准秤等。

3.8.3 涂层

由于铼的高熔点、优良的耐腐蚀和耐磨特性而被广泛用作涂层材料。如涂铼的金属丝、片或管等具有抗酸、碱、海水或硫化物的侵蚀性能，为化工及航海部门所喜用。Re－Ni、Re－Mo或Re－W可用作仪器元件、火箭弹头及其发动机与传统装饰品及纪念品等的涂层，也可用作要求可靠性高的航天、航空器的控制仪表的涂层。把$KReO_4$涂在钨丝阴极上，既保证了它的热稳定性，又延长了它的工作寿命。NH_4ReO_4也常用作高反射性能镜面的涂层。

3.8.4 电子工业

铼与钨、钼或铂族金属等金属组成的合金或涂层材料，因具有熔点高、电阻大、磁性强和对环境的稳定性良好的特点，而广泛用于电子工业。由于铼的电阻温度系数随温度增高而降低(0℃时为 5.3×10^{-2}，100℃时为 3.95×10^{-3}，而到2300℃时为 2.04×10^{-3})，加上它的耐热、可靠、寿命长、且不和玻璃黏结等优点，因此铼丝被广泛用于电子仪器中。涂敷有掺铼(约5%～20%)或 $KReO_4$ 涂层的钨丝，既改善了钨丝的易脆性，又增大它的电阻，为真空技术所常用。Re－Pt、Re－Ag 或 Re－Cu－Zr 等已取代价高的铂族金属作电器开关、电弧放电等电接点材料、以及用于制作 X 射线管靶和闪光灯泡等[16～18]。用 Re－Pt 制成的电接触器，具有效率高和抗烧蚀的特性，可在高温腐蚀性介质中工作。钨的接触器在高温与潮湿环境下会形成不导电的 WO_3 薄膜层，且在700℃下就完全破坏了电接触器的导电性能，而 Re－Pt 的电接触器即使在1000℃下仍能正常工作[27]。

3.8.5　其他

在钨或钼合金中添加少量铼后，可增加其高温机械强度及改善成形性能，可用作焊接钨或钼器件的焊条。$KReO_4$ 是用来制造彩色照相胶片的敏化剂。含微量的 $KReO_4$ 的溶液可用作莴苣的促长剂[94]，但会使其他蔬菜水果落叶。Re－Mo 在10K 时具有超导性。

4 稀散金属的物理化学性质

镓、铟、铊、锗、硒、碲及铼的基本的物理、化学性质数据众多，经甄选、归纳于表 4-1 和表 4-2[1~12,29,104,106~108,128,147~151]。

表 4-1 SM 的物理与化学性质 I

性 质	Ga	In	Tl	Ge	Se	Te	Re
原子序数	31	49	81	32	34	52	75
相对原子质量	69.723	114.82	204.383	72.61	78.96	127.61	186.207
原子体积 /$cm^3 \cdot mol^{-1}$	11.81	15.71	17.24	13.64	17.72（单斜硒） 18.85（α-Se）	20.4	8.9
原子半径 /nm	0.1221	0.1626	0.1704（α-Tl） 0.168（β-Tl）	0.1225	1.6	1.70	1.371
离子半径 /nm	0.113（+1） 0.063（+3）	0.132（+1） 0.092（+3）	0.149（+1） 0.105（+3）	0.272（-4） 0.053（+4） 0.090（+2）	0.66（+1） 0.69（+4） 0.66（+6） 2.32（-1） 1.98（-2）	0.89（+4） 0.61（+6） 2.22（-2）	0.72（+4） 0.61（+6） 0.60（+7）
密 度 /$g \cdot cm^{-3}$	5.907 6.114(l)	7.310 7.032(l)	11.85（α-Tl） 11.87（β-Tl） 11.29(l)	5.323 4.75 （非晶质膜） 5.490(l)	4.50（红 Se） 4.79（灰 Se） 3.987(l) 4.28（α-Se）	6.24(s) 5.797(l) 6.15（α-Te）	21.02(s) 18.9~ 21.04(l)
莫氏硬度	1.5	0.9	1.2	6.3	2	2.5	
表面张力 /$N \cdot m^{-1}$	0.718	0.560±0.005	0.467	0.632±0.005	0.1055(220℃) 0.0952(310℃)	0.178 0.182	2.610 2.700
黏度/Pa·s	2.04×10^{-3} (29.8℃) 1.74×10^{-3} (50℃) 0.592×10^{-3} (1000℃)	1.07×10^{-3} (200℃) 0.85×10^{-3} (500℃)	2.68×10^{-3} (304℃) 1.05×10^{-3} (727℃)	0.70×10^{-3} (976℃) 0.50×10^{-3} (1210℃)	221×10^{-3} (220℃) 70×10^{-3} (360℃)	1.8×10^{-3}~ 1.95×10^{-3} (450℃)	
熔点/℃	29.78±0.005	156.17±0.05	304.0	937.4±5 约958±5	220.5（灰 Se） 180（红 Se）	449.8~452	3180±20
沸点/℃	2403	2080	1457	2830	684.9	1390	5885

续表 4-1

性　质		Ga	In	Tl	Ge	Se	Te	Re
蒸气压/Pa	133.32	1349℃	1200℃	825℃	800℃	356℃	520℃	2726℃ (0.7 Pa)
	666.61	1495℃	1300℃	931℃	1870℃	413℃	605℃	3227℃ (6.1 Pa)
	2666.46	1608℃	1530℃	1040℃	2190℃	473℃	697℃	3727℃ (109.4 Pa)
	7999.34	1725℃	1684℃	1143℃	2350℃	527℃	1040℃	4227℃ (7539 Pa)
	26664.48	1874℃	1960℃	1274℃	2572℃	594℃	910℃	5227℃ (35356 Pa)
	101325.02	2403℃	2080℃	1457℃	2830℃	684.9℃	1390℃	5885℃
比热容/J·(mol·K)$^{-1}$		25.86(s) 25.35(g)	26.74(s) 20.84(g)	26.32(s) 20.786(g)	23.347(s) 30.731(g)	0.19 0.58(红 Se) 0.11(α-Se)		
熔化潜热/kJ·mol^{-1}		5.59	3.27	4.31	34.7	5.1	13.5	33.1
挥发潜热/kJ·mol^{-1}		270.3	231.8	166.1	327.6	90	104.6	740.25
导热系数(28℃)/W·(m·K)$^{-1}$		$c//a$ 40.8 $c//b$ 88.3 $c//c$ 15.9 28.1(l)	81.8 (s)	46.1(s)	59.9(s)	248.1	2.35	47.9
凝固时体积膨胀率/%		3.2	2.5		5.5±0.5		5~7	
线膨胀系数/K^{-1}		$11.5\times10^{-6}(a)$ $31.5\times10^{-6}(b)$ $16.5\times10^{-6}(c)$	33×10^{-6}	28×10^{-6}	5.57×10^{-6}	36.9×10^{-6}	16.75×10^{-6}	6.63×10^{-6}
压缩系数/cm^2·kg^{-1}		2×10^{-6}	2.7×10^{-6}	2.3×10^{-6}	1.4×10^{-6}	1.18×10^{-6}	1.50×10^{-6}	
拉伸强度极限/kg·mm^{-2}		2.0~3.8	0.23~0.30	0.9	脆弱		1.15	50
相对拉伸率/%		2~40	22~41	35				24
电阻温度系数(0~100℃)/℃$^{-1}$		3.96	4.9	4.8	5.3		3.79	3.9
电阻率/Ω·cm		27×10^{-6}	8.37×10^{-6}	18×10^{-6}	47	1	0.436	19.3×10^{-6}
电导率/S·cm^{-1}		58×10^{-6}	11.1×10^{-6}	5.5×10^{-6}	2.2×10^{-6}	8×10^{-6}	1.1×10^{-6}	5.1×10^{-6}

续表 4-1

性质		Ga	In	Tl	Ge	Se	Te	Re
超导体[2,128]	临界温度 T_c/K	(1.1~1.083) ±0.001	(3.416~ 3.408) ±0.001	(2.39~2.38) ±0.02				1.7
	临界磁场 H_c /A·m^{-1}	(4696.4~ 4640.68) ±15.92	(23322.8~ 22407.4) ±159.2	(13611.6~ 14168.8) ±159.2				15362.8
电子排列		[Ar] $3d^{10}4s^24p$	[Kr] $4d^{10}5s^25p$	[Xe] $4f^{14}5d^{10}6s^26p$	[Ar] $3d^{10}4s^24p^2$	[Ar] $3d^{10}4s^24p^4$	[Kr] $4d^{10}5s^25p^4$	[Xe] $4f^{14}5d^56s^2$
晶体结构		斜方(α-Ga) a=0.45186 nm b=0.76570 nm c=0.45258 nm *cmca* 三方(β-Ga) a=0.290 nm b=0.813 nm c=0.317 nm *cmcm* 三方(γ-Ga) a=1.060 nm b=1.356 nm c=0.519 nm $cmc2_1$	四方 a=0.32530 nm c=0.49455 nm *I4/mmm*	六方(α-Tl) a=0.3456 nm c=0.5525 nm $P6_3/mmc$ 正方(β-Tl) a=0.3882 nm *Im3m* 正方面心 (γ-Tl) a=0.4851 nm *Fm3m* T(α→β) =503K	四方 a=0.565754 nm *Fd3m*	灰六边 a=0.43656 nm c=0.49590 nm $P3_121$ α-Se 单斜 a=0.9064 nm b=0.9072 nm c=0.1156 nm β=90°52′ $P2_1$/a, Se_8 β-Se 单斜 a=1.285 nm b=0.807 nm c=0.931 nm β=93°8′ α′-Se 正方 a=0.297 nm *Pm3m* β′-Se 正方 a=604 *Fd3m*	六边 a=0.44565 nm c=0.59268 nm $P3_121$ 或 $P3_221$	六边紧密堆集 a=0.27609 nm c=0.44576 nm $P6_3/mmc$
负电性 Allred-Rochow		1.82	1.49	1.44	2.02	2.48	2.01	1.46
有效核子电荷 Froese-Fischer		6.72	9.66	13.5	7.92	9.96	13.51	14.62
原子的电子亲和能 /kJ·mol^{-1}		0.37	0.35	0.5	1.20	2.02	1.97	0.15

续表 4-1

性质		Ga	In	Tl	Ge	Se	Te	Re
电离势 /eV	（第一电离势）	5.999	5.786	6.101	7.880	9.75	9.01	7.88
	（第二电离势）	20.50	18.860	20.400	15.931	21.19	18.6	13.6
	（第三电离势）	30.70	28.00	29.80	34.21	30.82	27.96	26.0
	（第四电离势）	64.0	54	50.0	45.70	42.9	37.41	37.7
离子势（电荷数/离子半径）		4.9（Ga^{3+}）	3.3（In^{3+}）	2.8（Tl^{3+}） 0.6（Tl^{+}）	7.5（Ge^{4+}） 2.0（Ge^{2+}）			
磁化率（CGS）		-24.4×10^{-6}（s） 2.5×10^{-6}（l）	-64×10^{-6}（s）	-50.9×10^{-6}（α－Tl） -32×10^{-6}（β－Tl） -26.8×10^{-6}（l）	-76.84×10^{-6}（s）	-25.0×10^{-6}（s） -24.0×10^{-6}（l）	-39.5×10^{-6}（s）	$+69.7\times10^{-6}$（s）
离子磁化率		9.5×10^{-6}（Ga^{3+}）	32×10^{-6}（In^{3+}）	48×10^{-6}（Tl^{3+}）	8.5×10^{-6}（Ge^{4+}） 140×10^{-6}（Ge^{4-}）	6.5×10^{-6}（Se^{6+}） 70×10^{-6}（Se^{2-}）	20×10^{-6}（Te^{6+}） 105×10^{-6}（Te^{2-}）	
SM离子浓度与水解pH值关系	离子	Ga^{3+}	In^{3+}	Tl^{3+}	Ge^{4+}			
	离子浓度 /g·L^{-1}	6.00～0.07	6.20～0.06	5.90～0.05				
	始末水解pH值	1.90～3.45	1.72～3.00	0.93～3.40	2.72～3.36			
易溶于		碱液，浓HCl，HF，王水，NH_3，一些金属	H_2SO_4，HCl，HNO_3，$H_2C_2O_4$	HNO_3，浓H_2SO_4	热酸，热碱液（加氧化剂），王水，稀H_2O_2	浓HNO_3，HNO_3+HCl，碱液	HNO_3，浓H_2SO_4，HNO_3+HCl，热碱液	HNO_3，H_2SO_4
难溶于		冷HNO_3，H_2O	碱，HAC，冷HNO_3，H_2O	碱，HCl，H_2O	稀H_2SO_4，冷碱，稀HCl，H_2O	稀H_2SO_4，HCl	稀HCl，碱（无氧化剂）	HCl，HF，H_2SO_4
同位素区域		$^{63}Ga\to^{76}Ga$	$^{106}In\to^{124}In$	$^{191}Tl\to^{210}Tl$	$^{65}Ge\to^{78}Ge$	$^{70}Se\to^{85}Se$	$^{115}Te\to^{135}Te$	$^{177}Re\to^{192}Re$
热核俘获截面 /barns		3.1±0.3	194±2	3.4±0.5	2.3±0.3	12.2±0.6	4.7±0.1	85±5
核素		^{69}Ga；^{71}Ga	^{113}In；^{115}In	^{203}Tl；^{205}Tl	^{73}Ge	^{77}Se	^{123}Te；^{125}Te	^{185}Re；^{187}Re
相对灵敏度（^{1}H=1.00）		6.91×10^{-2}；0.14	0.34；0.34	0.18；0.19	1.4×10^{-3}	6.93×10^{-3}	1.80×10^{-2}；3.15×10^{-2}	0.13；0.13

续表 4-1

性 质	Ga		In		Tl		Ge	Se	Te		Re	
绝对灵敏度（$^1H=1.00$）	4.17×10^{-2}	5.62×10^{-2}	1.47×10^{-2}	0.33	5.51×10^{-2}	0.13	1.08×10^{-4}	5.25×10^{-4}	1.56×10^{-4}	2.20×10^{-3}	4.93×10^{-2}	8.62×10^{-2}
磁强比/rad · T^{-1} · S^{-1}	6.420×10^7	8.158×10^7	5.8493×10^7	5.8618×10^7	15.3078×10^7	15.4584×10^7	-0.9331×10^7	5.1018×10^7	-7.0006×10^7	-8.439×10^7	6.0255×10^7	6.0862×10^7
吸收率（$^{13}C=1.00$）	237	319	83.8	1890	289	769	0.617	2.98	0.89	12.5	280	490
四极矩/m^2	0.178×10^{-28}	$(0.112\sim0.12)\times10^{-28}$	$(1.14\sim0.82)\times10^{-28}$	$(1.16\sim0.83)\times10^{-28}$			$(-0.2\sim-0.18)\times10^{-28}$				$(2.8\sim2.3)\times10^{-28}$	$(2.6\sim2.2)\times10^{-28}$
频率（$^1H=100$ Hz, 2.3488T）/Hz	24.003	30.495	21.866	21.914	57.149	57.708	3.488	19.092	26.207	31.596	22.513	22.744
磁矩/μN		2.5597	5.5299	5.5348	1.6115	1.6274	−0.879	0.534	−0.736	−0.887	3.172	3.204
自旋 I		3/2	9/2	9/2	1/2	1/2	9/2	1/2	1/2	1/2	5/2	5/2
参考标准	$Ga(H_2O)_6^{3+}$		$In(H_2O)_6^{3+}$		$TlNO_3(aq)$		$Ge(CH_3)_4$	$Se(CH_3)_2$	$Te(CH_3)_2$		$NaReO_4(aq)$	

4.1 镓及其化合物的物理与化学性质

4.1.1 金属镓

金属镓的熔点仅为(29.78 ±0.005)℃(在人的手中即可熔化)，且随压力增大而降低，如0.608 GPa 时为17.0℃，1.22 GPa 时其熔点仅为2.52℃[152]，这与在2.6 GPa 高压下镓的熔点会升高到48.7℃，且其结晶构造会转为四边形的说法[11]有所矛盾。固态镓显淡蓝色，液态镓呈银白色，直到2200℃才会汽化，故镓的液态区相当长，这与镓的晶体结构相关：固态镓存在原子对，其原子对内部结合力强，原子对间结合力弱[120]，镓熔化要克服原子对内部强大的结合力需较高能量，所以其沸点高。镓为菱形结晶构造，其晶格不像通常那样由单个原子组成，而是由双原子分子(d为0.244 nm)所构成[22,25]，这种情况很少见。分子 Ga 既可存在于熔融镓，也可存在于气态镓中，但有人认为气态中的多为单原子镓[22]。双原子镓的密度随温度升高而降低，如由25℃时的5.990 g/cm^3 降到1100℃时的5.445 g/cm^3，电阻率也相应由44.9×10^{-6} Ω · cm 降到25.7×10^{-6} Ω · cm。液态镓为六边形结晶构造，镓的状态图如图 4-1 所示。

液态镓即使冷至0℃也不固化，当激烈过冷到 −17℃时可结晶出 α − Ga(见图 4-1 中的 GaⅠ区)，且形成介稳的 β − Ga，其原子键为 Z 键。此外，还可形成 γ − Ga，δ − Ga 及 ε − Ga[11,22,129]。在高压的状态区中还会出现 GaⅡ、GaⅢ区，形成 δ − Ga 与 γ − Ga；在 GaⅠ区 α − Ga在凝固时会膨胀3.2%。有关各种形态镓的参数见表 4-3。

表 4-2　SM 的物理与化学性质 Ⅱ

标准氧化—还原电位 E/V	
酸液中	碱液中
镓	
Ga^{3+} …… −0.65 …… Ga^{2+} …… −0.45 …… Ga |…………………… −0.53 ……………… |	H_2GaO^{3-} …… −1.22 …… Ga
铟	
In^{3+} …… −0.45 …… In^{3+} …… −0.35 …… In^{+} …… −0.126 …… In |…………………… −0.338 ………………………… |	$In(OH)_3$ …… −0.10 …… In
铊	
Tl^{3+} …… 1.25 …… Tl^{+} …… −0.34 …… Tl |…………………… 0.72 ……………… |	$Tl(OH)_3$ …… −0.05 …… $Tl(OH)$
锗	
GeO_2 …… −0.37 …… GeO …… 0.255 …… Ge …… −0.29 …… GeH_4 |………… −0.15 ……………… | Ge^{4+} … 0.00 …… Ge^{2+} …… −0.247 …… |	碱液中存在较多不同形态
硒	
SeO_4^{2-} … 1.15 …… H_2SeO_3 …… 0.74 …… Se …… −0.40 …… H_2Se	SeO_4^{2-} … 0.03 …… SeO_3^{2-} …… −0.36 …… Se …… −0.67 …… Se^{2-}
碲	
H_2TeO_4 … 0.93 …… Te^{4+} … 0.57 …… Te … −0.74 …… Te_2^{2-} … −0.64 …… H_2Te |……… 1.00 ……… TeO_2 ……… 0.53 ……… |	TeO_4^{2-} … 0.07 …… TeO_3^{2-} … −0.42 …… Te …… −1.14 …… Te^{2-}
铼	
ReO_4^- … −0.83 … ReO_3 … 0.45 … ReO_2 … 1.25 … Re_2O_3 … 0.33 … Re … 0.10 … Re^- |………… 0.51 ………… | |…………………… 0.76 ……………… | |…………………………… 0.58 ……………………… | |………… 0.12 …… $ReCl_6^{2-}$ ……………… 0.51 ……………… |	ReO_4^- … −0.89 … ReO_3 … −0.446 … $ReO_2·2H_2O$ … −1.25 … Re_2O_3 … 0.333 … Re |………… −0.594 ………… ||………… −0.564 ………… | |…………………………… −0.604 ……………………… |

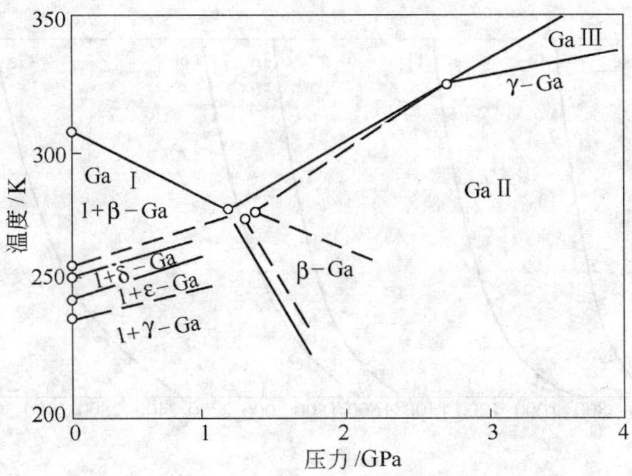

图 4-1　镓的状态图

表 4-3　常压下各种形态镓的参数

镓的形态	晶胞参数/nm			单位晶胞中的原子数 *Z*	熔点/℃
	a	*b*	*c*		
α-Ga	0.4524	0.7661	0.4523	8	29.78
β-Ga	0.317	0.290	0.813	4	16.3
γ-Ga	1.010	1.356	0.519	4	35.6
δ-Ga					19.4
ε-Ga					28.6

镓能润湿非金属表面。镓在空气中于室温下较稳定，不会或很少被氧化[11,40]，但在高于1000℃氧或空气中会氧化，且杂质越多越易氧化，氧化到低价呈黑色、到高价显灰色。镓在约1000℃的空气中燃烧成为 Ga_2O_3[153]，当表面形成低价氧化物 GaO 或 Ga_2O 的薄膜后，就会保护镓免受继续氧化。镓在室温下可与氯气、溴水剧烈作用，镓在氯气中燃烧生成 $GaCl_2$[153]。在加热的硫蒸气中生成 Ga_2S_3。在氨中加热到997℃时形成 GaN。镓在200℃经水化压煮可形成 $Ga_2O_3 \cdot H_2O$[3~7]。液态镓可被 HNO_3 分散成细小颗粒，而 HCl 可使其汇聚在一起[11]。镓溶于硫酸形成 $Ga_2(SO_4)_3 \cdot 16H_2O$[153]。镓属可塑金属，较软，其莫氏硬度为1.5～2。在520℃时可着火燃烧。

镓及其他 SM 金属的蒸气压与温度的关系曲线如图 4-2 所示。

镓不与水作用，在100～200℃时 Ga 与 H_2O 可形成 $Ga(OH)_3$[106~108]，而文献[11]指出镓在水中当水温高于200℃时会完全氧化。镓在室温下与浓的无机酸作用缓慢，但在加热时能溶于王水、盐酸、硫酸中。镓在硝酸中最初形成 MeO，然后才缓慢溶解。镓易溶于碱及氨中，但也容易钝化[40]。加热时卤素极易与镓作用形成相应的卤化物。

镓不仅互溶于同周期的锌、硒、钛等中，而且还溶于如铝、铟、镉、锡，以及有一定互溶区的铋、锗、铊及汞等其他金属中。镓溶入某些金属后，会改变该金属的物理性能并使其受到腐蚀。如飞机铝板在35℃下与液态镓接触0.5～2 h后，其莫氏硬度将相对降低30%～50%，而高于500～1000℃时更加速降低，随即碎裂，这就是为什么国际上要固态装运镓的缘故[3~7,11,51~60]。表4-4 列出了镓在各金属中的溶解度。

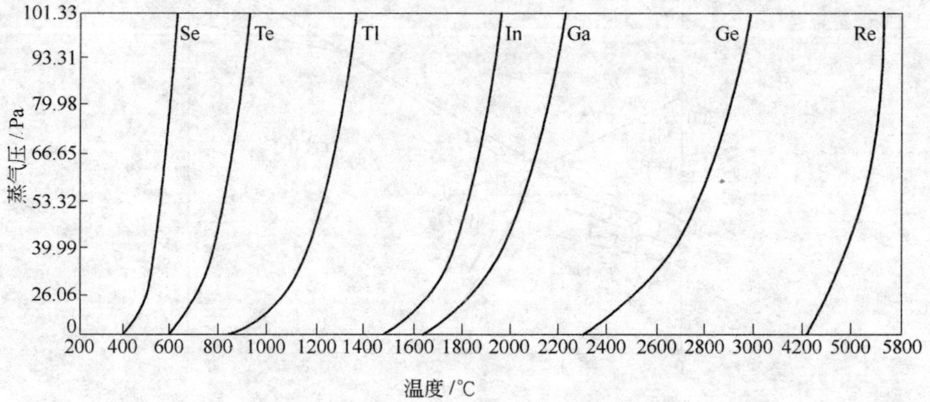

图 4-2　SM 蒸气压与温度的关系曲线

表 4-4　镓在各金属中的溶解度

金属	金	银	铜	锗	钯	钾	锰	铁	砷	钒
溶解度/%	80	57	28	18	18	6.9	5.8	0.12	0.02	0.01

4.1.2　镓的硫化物

镓的硫化物（以 MeS 表示）有 Ga_2S、GaS、Ga_4S_5、Ga_2S_3 及 GaS_2 等。它们的基本物理与化学性质见表 4-5[9,23,29]。Ga-S 系的状态图如图 4-3 所示。

表 4-5　镓的硫化物的物理与化学性质

硫化物	色　彩	晶　型	熔点/℃	沸点/℃	密度/$g \cdot cm^{-3}$
Ga_2S_3	黄　白	立　方	1090 ~ 1255		3.46 ~ 3.65
$\alpha-Ga_2S_3$		单　斜	1255		3.74
GaS	黄	六　方	905 ~ 970	离　解	3.75 ~ 3.86
Ga_2S_5	深褐色	六　边	960	1530	4.18 ~ 4.22
Ga_4S_5			960		3.82 ± 0.03
GaS_2		菱　形	约 800		2.942

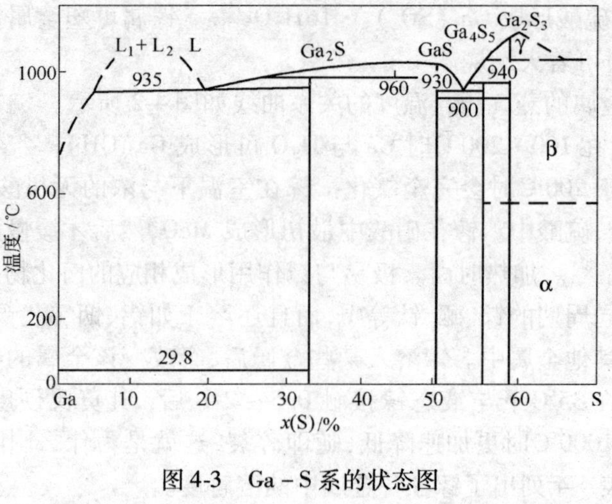

图 4-3　Ga－S 系的状态图

4.1.2.1 Ga_2S_3

Ga_2S_3 具有 α、β 及 γ 三个变态。较稳定的是 $\alpha-Ga_2S_3$[25]，但在温度高于 550℃ 时它会转变为高温稳定的 $\beta-Ga_2S_3$[3~7,10]，而在 1000℃ 时将 $\beta-Ga_2S_3$ 退火可得到 $\alpha-Ga_2S_3$。当温度高于 1200℃ 时 $\beta-Ga_2S_3$ 便发生离解：

$$3Ga_2S_3 = Ga_2S + Ga_4S_5 + 3S \quad (4\text{-}1)$$

Ga_2S_3 在冷水中溶解很慢，但易溶于浓碱而形成 $NaGaO_2$，也易溶于盐酸而产出 H_2S，其次易溶于稀硝酸。Ga_2S_3 可与 ZnS 反应生成具有纤锌矿型、闪锌矿型及正方晶系的固溶体。

4.1.2.2 GaS（或 Ga_2S_2）

GaS（或 Ga_2S_2）在温度高于 900℃ 时开始升华，其蒸气压可按下式计算得：

$$\lg(p/\text{mmHg}^{❶}) = -23190/T + 19.39 \quad (<970℃) \quad (4\text{-}2)$$

$$\lg(p/\text{mmHg}) = -6390/T + 5.74 \quad (>970℃) \quad (4\text{-}3)$$

Ga_2S_3 在温度高于 1100℃ 时离解（在真空中于 740℃ 离解）：

$$3Ga_2S_2 = Ga_2S + Ga_4S_5 \quad (4\text{-}4)$$

而在温度高于 1200℃ 时，则发生如下离解反应：

$$3\ Ga_2S_2 = 2Ga_2S + Ga_2S_3 + S \quad (4\text{-}5)$$

GaS 不溶于冷水，在热水中会分解，可溶于碱[1,149]。

4.1.2.3 Ga_2S

Ga_2S 在温度低于 800℃ 下稳定。在 800℃ 的真空中或在温度高于 800℃ 的空气中会相应发生如下离解反应：

$$3\ Ga_2S = Ga_2S_3 + 4Ga \quad (4\text{-}6)$$

$$2\ Ga_2S = Ga_2S_2 + 2Ga \quad (4\text{-}7)$$

Ga_2S 易挥发，其 960 ~ 1210℃ 时的蒸气压可按下式计算：

$$\lg(p/\text{mmHg}) = -9098/T + 7.93 \quad (4\text{-}8)$$

Ga_2S 易被水与稀酸所分解，但在室温下分解缓慢。

4.1.2.4 Ga_4S_5

Ga_4S_5 为 Ga_2S_2 或 Ga_2S_3 离解的中间介稳产物。

4.1.3 镓的氧化物

镓的氧化物（以 MeO 表示）有 Ga_2O、GaO 和 Ga_2O_3 等。在高温下仅 Ga_2O_3 是稳定的。镓氧化物的还原与离解由易到难的顺序为：$Ga_2O_3 \rightarrow GaO \rightarrow Ga_2O \rightarrow Ga$[1~9]。

4.1.3.1 Ga_2O_3

Ga_2O_3 有 α、β、γ、δ 和 ε 五个变态，其中以 $\beta-Ga_2O_3$ 最稳定，当温度高于 800℃ 时只存在 $\beta-Ga_2O_3$。它们的物理化学性质见表 4-6[1~9,22,23,29,95,151,154,155]。

---

❶ 1 mmHg = 133.3 Pa。

表 4-6　Ga_2O_3 的 5 中变态的物化性质

名　称	色彩	结晶构造					稳定温度/℃	熔点/℃	沸点/℃	密度/g · cm^{-3}
		晶　系	*a*	*b*	*c*	*θ*				
$\alpha-Ga_2O_3$	白	四　方	0.528 nm	0.528 nm	1.335 nm	55°43′	约 300	1725 ±45		6.41 ~ 6.44
		六　方（$\alpha-Al_2O_3$ 型）	0.498 nm	0.498 nm	1.343 nm		600	(1740 ±20) ~1900		6.46
$\beta-Ga_2O_3$	白	单　斜	0.508 nm	0.304 nm	1.233 nm	103°42′	高于 650	1740 ~ 1795	2800	5.88 ~ 5.98
$\gamma-Ga_2O_3$		立　方（尖晶石型）	0.835 nm	0.835 nm	0.835 nm		400 ~ 500			
$\delta-Ga_2O_3$		体心立方（稀土氧化物型）				10°	200 ~ 500			4.98 ~ 5.18
$\varepsilon-Ga_2O_3$		斜　方					525			

Ga_2O_3 的 5 个变态以及水合物间的转变关系与温度的关系如图 4-4 所示。

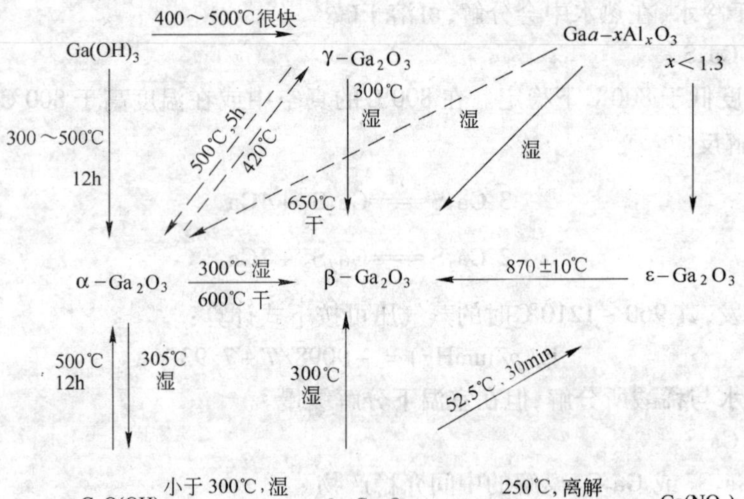

图 4-4　镓的氧化物和其水合物间的转变关系

Ga_2O_3 在低温下的变异与 Al_2O_3 相似：

$$Ga(OH)_3 \longrightarrow Ga(OH)_2 \xrightarrow{300 \sim 350℃} \alpha\text{-}Ga_2O_3 \xrightarrow{>600℃} \beta\text{-}Ga_2O_3 \tag{4-9}$$

$$Al(OH)_3 \xrightarrow{250℃} Al(OH)_2 \xrightarrow{500 \sim 550℃} \gamma\text{-}Al_2O_3 \xrightarrow{>950℃} \alpha\text{-}Al_2O_3$$

图 4-5 为 $Ga_2O_3-Al_2O_3$ 系图。

从图4-5可以看出，Ga_2O_3 及 Al_2O_3 可在较大温区内形成固溶体；温度高于1800℃则穿过晶液界面转入液态；在较高温度下的固溶体有 $\beta-Ga_2O_3$ 与 $\alpha-Ga_2O_3$；温度低于810℃时是由小晶体组成的 $Ga_2O_3\cdot Al_2O_3$；$\alpha-Ga_2O_3$ 在650℃（潮湿的只需300℃）时可转变为 $\beta-Ga_2O_3$。Ga_2O_3 在高温下与镓作用，可形成深棕色的 Ga_2O 而挥发：

$$Ga_2O_3+4Ga=\!=\!=3Ga_2O\uparrow \qquad (4\text{-}10)$$

Ga_2O_3 在真空中于500℃下就会转变为 Ga_2O，后者在600～830℃下可被 H_2 或 CO 还原成金属镓。Ga_2O_3 于250℃下在水溶液和碱中的溶解度见表4-7。

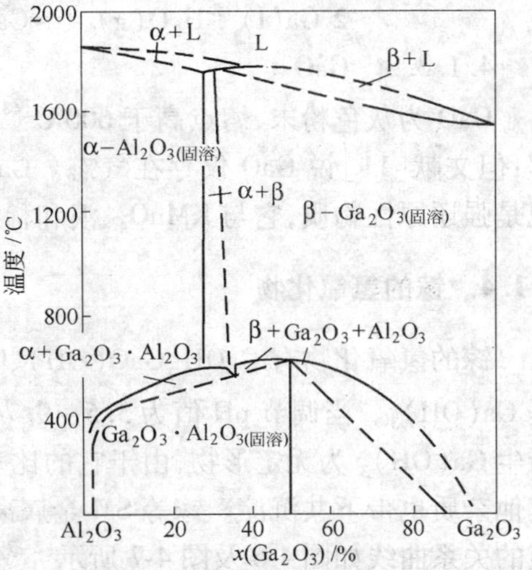

图4-5　Ga_2O_3-Al_2O_3 系图

表4-7　Ga_2O_3 在水溶液和碱中的溶解度

氨水/mol·L^{-1}	0.85	1.36	3.4	5.1					
Ga_2O_3（质量分数）/%	0.6	1	2	3.7					
NaOH/mol·L^{-1}	0.742	2.49	4.85	6.95	8.62	9.78	10.8	14.64	18.52
Ga_2O_3/mol·L^{-1}	0.446	1.106	1.475	2.579	3.759	3.101	4.042	1.761	0.193
KOH/mol·L^{-1}	0.051	2.54	5.82	7.41	8.12	8.56	10.83	14.42	15.89
Ga_2O_3/mol·L^{-1}	0.098	0.615	1.508	3.325	4.168	2.862	1.337	0.416	0.382

$\alpha-Ga_2O_3$ 在250℃的NaOH液中的溶解度有两个最大值，而在KOH液中仅有一个最大值[25,156]，$\alpha-Ga_2O_3$ 不溶于水，经中度加热后可溶于无机酸稀溶液中，Ga_2O_3 可溶于氨水中[156]。含水的 $Ga_2O_3\cdot H_2O$ 也是白色斜方晶体，密度为4.2 g/cm^3，在400℃下就发生离解[29]。

$\beta-Ga_2O_3$ 在高温下的蒸气压可按下式计算：

$$\lg(p/\text{mmHg})=-27098/T+13.339 \qquad (4\text{-}11)$$

4.1.3.2　Ga_2O

Ga_2O 为暗棕色到黑色粒状或无定形化合物。它的密度为4.72～4.77 g/cm^3。在冷而干燥的空气中稳定，当温度高于600℃时就剧烈挥发（而在真空中500℃下即挥发），Ga_2O 的熔点高于660℃，当温度高于700～750℃时就发生歧化而析出金属镓[157]：

$$3Ga_2O=\!=\!=Ga_2O_3+4Ga \qquad (4\text{-}12)$$

Ga_2O 具有强还原性质，与 $KMnO_4$ 作用可形成 Ga_2O_3。与溴作用也很强烈。与稀硫酸作用生成 $Ga_2(SO_4)_3$ 并放出 H_2S：

$$2\,Ga_2O+7H_2SO_4=\!=\!=2\,Ga_2(SO_4)_3+6H_2O+H_2S\uparrow \qquad (4\text{-}13)$$

Ga_2O 可溶于浓硫酸及硝酸中。利用 Ga_2O 好的稳定性，用作半导体涂层时，可通过下述办法进行：

$$Ga_2O_3+2H_2=\!=\!=Ga_2O+2\,H_2O \qquad (730\sim830℃) \qquad (4\text{-}14)$$

或 $2\,Ga(l) + H_2O(g) = Ga_2O(s) + H_2(g)$ (950℃) (4-15)

4.1.3.3 GaO

GaO 为灰色粉末，熔点高于 600℃[68~75]。它极不稳定，易于挥发，在 110℃时就发生离解；但文献[11]说 GaO 仅存在气态。GaO 不溶于水[8]，可溶于酸。GaO 与 Ga_2O 几乎一样也是强还原性物质，它与 $KMnO_4$、溴和稀硫酸的作用与 Ga_2O 相似。

4.1.4 镓的氢氧化物

镓的氢氧化物有 GaOH、GaO(OH)、$Ga_2O(OH)_4$ 及 $Ga(OH)_3$ 等，其中具有实际意义的是 $Ga(OH)_3$。当调节 pH 值为 3.5~9.7 时，含镓溶液中的镓便以白色 $Ga(OH)_3$ 沉淀析出。新生 $Ga(OH)_3$ 为无定形物，由于它的比表面积特别大，吸附能力强，故在其沉出过程中能将其他杂质也带下共沉淀。镓等 SM 金属离子的水解 pH 值列于表 4-8，它们的浓度与水解 pH 值的关系曲线如图 4-6 及图 4-7 所示[2~7,158,159]。

表 4-8 SM 等金属离子的水解 pH 值

离子	离子浓度/g·L⁻¹	沉淀 pH 值	离子浓度/g·L⁻¹	沉淀始末 pH 值
Ga^{3+}	0.2	3~5	6.0~0.07	1.9~3.45
In^{3+}		2.9~3.5	6.2~0.06	1.72~3.0
Tl^{3+}			5.9~0.05	0.93~3.4
Fe^{3+}	2	1.7	19.9~痕量	0.68~4.11
Fe^{2+}	0.5	8.5	8.8~1.1	6.46~8.52
Al^{3+}	1	4	61.2~0	3.26~4.4
Cu^{2+}	2	4.4	82.8~0	3.8~6.02
Zn^{2+}	100~200	5.5~5.6	198~0	5.25~7.2
Cd^{2+}	0.3	7.5	368.6~0	5.65~8
Co^{2+}	0.05	8.5	120.1~0	6.6~8.5
Mn^{2+}	0.5	9	114.1~22.1	8.6~8.9

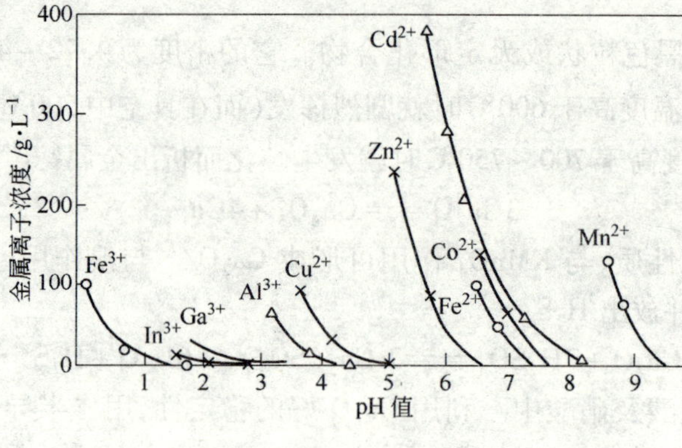

图 4-6 金属离子浓度与水解 pH 值的关系 I

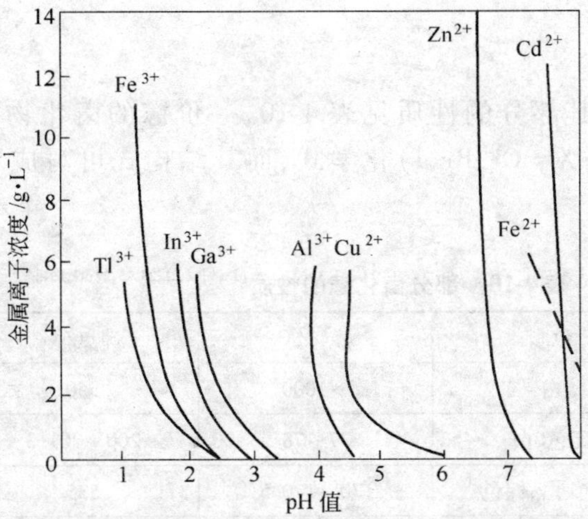

图 4-7　金属离子浓度与水解 pH 值的关系 Ⅱ

从表 4-8 及图 4-6、图 4-7 中得知，镓开始沉淀的 pH 值实际上比上述的低。$Ga(OH)_3$ 在 100℃时脱水，甚至在陈化时也易失去一个水分子而生成亚稳定化合物 GaO(OH)。$Ga(OH)_3$在 110～300℃间稳定，当温度高于 400℃时便会完全失水而变为 Ga_2O_3[21,29]。$Ga(OH)_3$的密度为 5.2 g/cm^3，不溶于水，$Ga(OH)_3$ 是两性的，但它的碱性比 $Al(OH)_3$ 弱，可溶于酸与强碱（见表 4-9）[21,22,156]。也可溶于 $(NH_4)_2CO_3$ 中，并转变成 $Ga(OH)_4^-$ 离子[40]。从此溶液中析出的镓酸盐，可能是 $MeGa(OH)_3$ 或者是 $MeGa(OH)_3 \cdot 5H_2O$（见图 4-8）。当加热这些镓盐时，便失去水分而转变成 $MeGaO_2$。$AsGaO_4 \cdot 2H_2O$ 在 pH = 3 时完全析出，但在中性溶液中则较难析出[21]。镓的水合物较多，其水合离子如 Ga^{3+}、$Ga(OH)^{2+}$与 $Ga(OH)^+$分别在 pH 值为 0～2.8、2.8～3.5 与 3.5～4.5 时占优势。

表 4-9　NaOH - $Ga(OH)_3$ - H_2O 溶解度（18～20℃）

NaOH/g · L^{-1}	$Ga(OH)_3$ 溶解度/g · L^{-1}
55.6	7.7
146	20.1
301.5	42.4
384	70.1
413.8	90.2
415	88.3
441	71.2
460	59.8
507	42.8
510	46.5
610	29.4
615	22.6

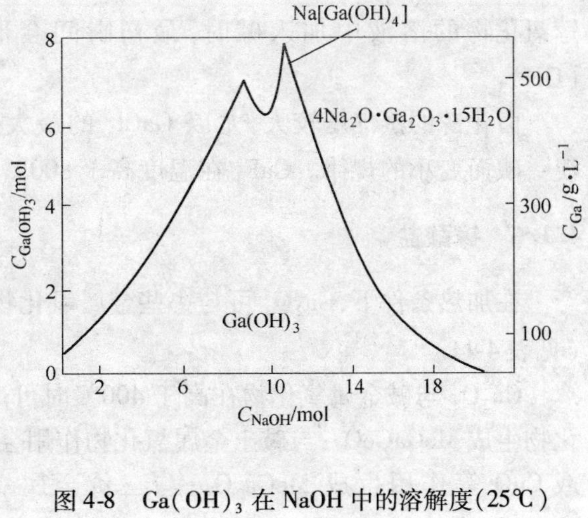

图 4-8　$Ga(OH)_3$ 在 NaOH 中的溶解度（25℃）

4.1.5 镓的卤化物

镓的卤化物较多，其部分的性质见表4-10，一价镓的卤化物仅有气态，而1～3价镓的卤化物具有 GaX_4（X = Cl、Br、I）化学式，而其结构式可写成 $Ga^+(Ga^{3+}X_4)$ 或 $Ga^+(Ga^{3+}X_7)$。

表4-10 部分卤化镓的性质[1～9,11,21,23,25,29,99,154]

卤化物	色彩	熔点/℃	沸点/℃	密度/g·cm^{-3}
GaF_3	白	>1000	950	4.47
$GaCl_3$	无色、白	77～78	200～201.3	2.47
$GaCl_2$	无色、白、棕色	170～170.5	535	
$GaBr_3$	无色	120～124	278～299	3.69
GaI_3	粉黄	211.5～212	345～356	4.15
Ga_2Cl_4		164	535	

图4-9给出了有关三卤化镓的蒸气压曲线。

4.1.5.1 $GaCl_3$

$GaCl_3$ 色白，吸湿性强，暴露于空气中会因水解而发烟：

$$2GaCl_3 + 3H_2O \longrightarrow Ga_2O_3 + 6HCl \quad (4\text{-}16)$$

易溶于水而变成 $HGaCl_4$，可溶于HCl、乙醇等。也易溶于有机溶剂，如 CCl_4、CS_2 等。$GaCl_3$ 难被氢所还原。$GaCl_3 \cdot H_2O$ 的熔点为44.4℃。

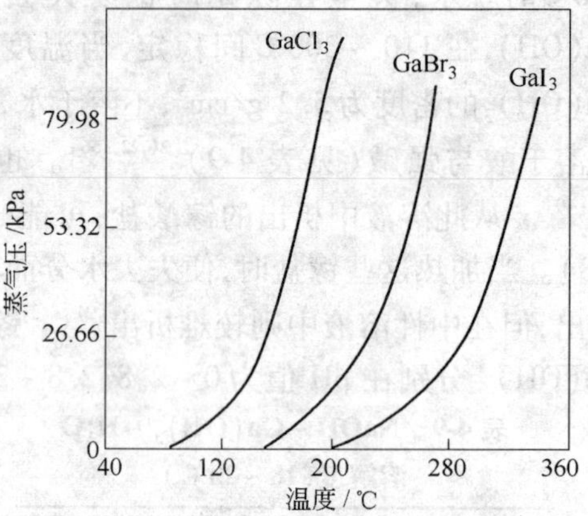

图4-9 镓的卤化物的蒸气压

4.1.5.2 $GaCl_2$

$GaCl_2$ 色白，在潮湿空气中烟化。在水溶液中，直至溶液的pH值在3.4以下均稳定。当向镓氯化物的溶液中加入碱时，最初瞬间会形成碱式盐 $Ga(OH)_{14}Cl$，随即就变为 $Ga(OH)_3$[124]。

卤化镓的蒸气压较大，尤以 $GaCl_3$ 的最大，除氟化镓外，卤化镓的蒸气压具有随氯→溴→碘而变小的规律。GaF_3 在温度高于800℃时才挥发[21]。

4.1.6 镓酸盐

在加热条件下，Ga_2O_3 可与一些金属氧化物MeO发生作用而形成镓酸盐 $MeO \cdot Ga_2O_3$（见表4-11）[1～7,23]。

Ga_2O_3 与碱金属氧化物在高于400℃时可形成 $MeGaO_2$；当有 GeO_2 时，它可与碱金属氧化物生成 $MeGaGeO_8$；与碱土金属氧化物作用会形成 $MeGa_2Ge_2O_8$；与 Al_2O_3、In_2O_3、ZnO、MgO或CuO等作用生成 $MeGa_2O_4$；与三价金属氧化物（Me_2O_3）可形成 $MeGaO_3$。其中，属 $MeGaO_2$ 型的Me有Cu、Ag、Na、K、Cs、Rb；属 $MeGaO_4$ 型的Me有Fe、Co、Cu、Zn，Ba、Sr；属

表 4-11 镓酸盐的物理及化学性质

化学式	参与烧结的氧化物	结晶构造				
		形成温度/℃	形成时间/h	晶系	参数 *a*	参数 *c*
$BaGa_2O_4$	$Ba(NO_3)_2$	850	12	六边		
$SrGa_2O_2$	$Sr(NO_3)_2 \cdot 4H_2O$	850	12			
$CdGa_2O_4$	CdO	900	20	尖晶石型	0.859 nm	
$CuGa_2O_4$	CuO	900	20 ~ 22	尖晶石型	0.831 nm	
$ZnGa_2O_4$	ZnO	900	22	尖晶石型	0.837 nm	
$CaGa_2O_4$	CaO	1000	10	正方	0.752 nm	0.891 nm
$Ca_3Ga_2O_6$	CaO	1000	10	立方	1.506 nm	
$MgGa_2O_4$	MgO	1250	5 ~ 12	尖晶石型	0.829 ± 0.005 nm	
$NaGaO_2$	Na_2O	850 ~ 1000				
$Na_2O \cdot Ga_2O_3 \cdot 2SiO_2$	$Na_2O \cdot SiO_2$					

$MeO \cdot nGa_2O_3$ 型中的 $n = 2 \sim 7$。

4.1.7 镓的硫酸盐

$Ga_2(SO_4)_3$ 为白色或无色粉末,吸湿性强。无水 $Ga_2(SO_4)_3$ 微溶于冷水,易溶于热水及醇,不溶于乙醚。从水中析出水合物时,该固相常有 18 ~ 20 个水分子[16~18,21~23],见表 4-12 与图 4-10。

表 4-12 $Ga_2(SO_4)_3$ 的溶解度

饱和溶液组分(质量分数)/%			固相
Ga_2O_3	SO_3	H_2O	
0.013	74.65	25.34	$Ga_2(SO_4)_3 \cdot 17H_2SO_4.6H_2O$
0.06	67.29	32.65	$Ga_2(SO_4)_3 \cdot 17H_2SO_4 \cdot 6H_2O$
0.23	60.26	39.51	$Ga_2(SO_4)_3 \cdot 17H_2SO_4 \cdot 6H_2O$
1.17	50.94	47.89	$Ga_2(SO_4)_3 \cdot H_2SO_4 \cdot 14H_2O$
1.62	45.84	52.54	$Ga_2(SO_4)_3 \cdot H_2SO_4 \cdot 14H_2O$
1.96	44.57	53.47	$Ga_2(SO_4)_3 \cdot H_2SO_4 \cdot 14H_2O$
2.72	38.11	59.17	$Ga_2(SO_4)_3 \cdot H_2SO_4 \cdot 14H_2O$
3.46	35.44	61.1	$Ga_2(SO_4)_3 \cdot H_2SO_4 \cdot 14H_2O$
4.52	33.87	61.61	$Ga_2(SO_4)_3 \cdot 20H_2O$
6.79	28.73	64.48	$Ga_2(SO_4)_3 \cdot 20H_2O$
10.59	23.86	65.66	$Ga_2(SO_4)_3 \cdot 20H_2O$
12.12	22.78	65.1	$Ga_2(SO_4)_3 \cdot 20H_2O$
12.88	22.61	64.51	$Ga_2(SO_4)_3 \cdot 20H_2O$

续表 4-12

饱和溶液组分(质量分数)/%			固　相
Ga_2O_3	SO_3	H_2O	
15.32	19.68	65	$Ga_2(SO_4)_3 \cdot 20H_2O$
19.1	16.1	64.8	$Ga_2(SO_4)_3 \cdot 20H_2O$
17.05	15.02	67.93	$Ga_2(OH)_{2x}(SO_4)_{3x} \cdot nH_2O$
17.06	14.63	68.31	
12.58	12.45	74.97	
10.71	10.24	97.05	$Ga_2(OH)_{2x}(SO_4)_{3x} \cdot nH_2O$
8.04	8.73	83.23	$2Ga_2O_2SO_3 \cdot 12H_2O$
6.68	6.42	86.9	$2Ga_2O_2SO_3 \cdot 12H_2O$
2.72	2.58	94.7	$2Ga_2O_2SO_3 \cdot 12H_2O$

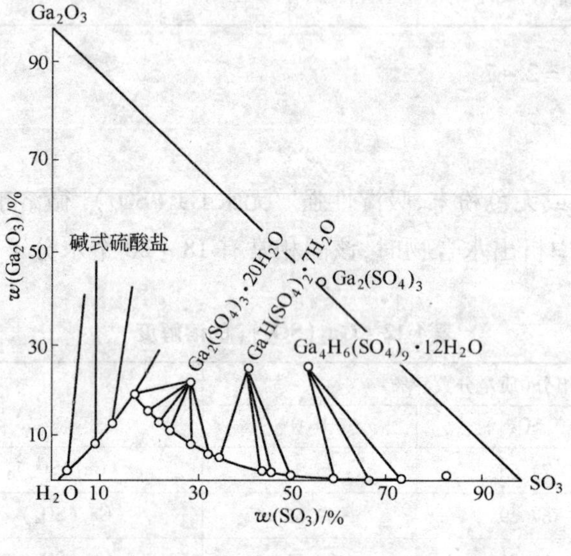

图 4-10　$Ga_2O_3-SO_3-H_2O$ 系图

$Ga_2(SO_4)_3$ 在加热脱水时可形成许多介稳水合物。当温度等于或高于 300℃时,可完全脱水。温度在 520～690℃之间发生离解:

$$Ga_2(SO_4)_3 = Ga_2O_3 + 3SO_3 \tag{4-17}$$

且 SO_3 的离解压 p_{SO_3} 随着温度的升高而增大。$Ga_2(SO_4)_3$ 可与碱金属等一价离子(如 NH_4^+、K^+、Tl^+ 等)的硫酸盐($MeSO_4$)作用而形成镓酸矾 $Me^+Ga(SO_4)_2 \cdot 12H_2O$[16～18,21～23]。镓酸矾可在水解、加热或长时间作用下形成白色沉淀的碱式硫酸镓矾盐 $Me(H_2O)[Ga(OH)_6(SO_4)_2]$,即 $Me_2SO_4 \cdot Ga_2(SO_4)_3 \cdot 2Ga_2O_3 \cdot 8H_2O$ 盐[23]。当加热时,即脱水成为 $Me \cdot Ga_2O_3(SO_4)_2$,当升温至高于 700℃时便离解为 Ga_2O_3 与 $MeSO_4$。

$Ga_2(SO_4)_3$ 的酸性溶液在 180℃下慢慢水解,可能生成 $H_3O^+[Ga(OH)_6(SO_4)_2]$。

4.1.8　镓的氢化物

GaH 为不稳定的氢化物，仅以气态出现。GaH_3 在低于 -15℃下比较稳定，它的结构式可视为：

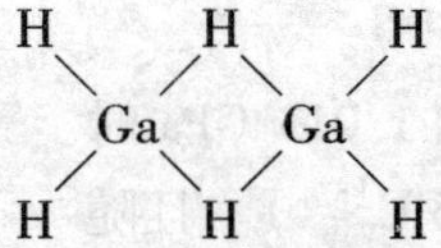

GaH_3 为无色液态，熔点为 -21.4℃，沸点为 139℃（其实温度高于 130℃就已离解了）。0℃时其蒸气压为 333.33Pa，到 54℃时达到 6546.16 Pa，挥发性强。

4.1.9　镓的氮化物

镓的氮化物有 GaN、$Ga(N_3)_3$ 等。纯 GaN 为无色，六方晶体，密度为 6.10 g/cm^3。在空气中低于 900℃时很稳定，而在 NH_4 中高于 1150℃时将升华[11]。

4.1.10　镓的有机化合物

本书述及 SM 有机化合物请参见文献[2,11,149,150]。镓具两性，可与烷基、卤代烷基形成镓的有机化合物。

4.1.10.1　三甲基镓

$Ga(CH_3)_3$ 为无色液体，熔点为 -15.8℃，沸点为 56℃，在空气中易燃，与空气剧烈作用时可能引发爆炸[11]，保存于氮中，遇水即分解。利用它进行热分解，易达到提纯镓的效果。易溶于有机溶剂。

4.1.10.2　二乙基氢化镓

$(C_2H_5)_2GaH$ 为无色液体，空气中会自燃，沸点为 40～42℃。遇水则分解。

4.1.10.3　四甲基乙镓烷

$Ga_2H_2(CH_3)_4$ 为无色液体，黏度大，凝固会形成玻璃状，受热会缓慢软化。熔点不定，沸点为 172℃，但过 130℃即分解，易与氧作用。

4.2　铟及其化合物的物理与化学性质

4.2.1　金属铟

金属铟是银白色有光泽的金属，四方晶系面心晶格[1～7,11,87,160～162]，但在高压下会转变为立方面心[160]，不过文献[87]说法缺乏确证，倒是在 -103℃处存在物相转变。铟软，可塑性好，甚至在低温（-100℃）下仍然保持良好的可塑性，易于加工，但拉伸极限低，故通常难拉成丝。其黏度大，故难以切削。容易冷焊，当弯曲铟条时会发出如弯折锡条那样的响声。铟在常温空气中不发黑，但在接近熔点时会氧化成 In_2O_3 而变暗；在潮湿空气中与 CO_2 作用而形成 In_2O_3[124]。而在高于 675℃时与 SO_2 作用也会生成 In_2O_3，并产出 In_2S_3 和少部分 $In_2(SO_4)_3$（参见图 4-11）。

$$4In + 6SO_2 = In_2S_3 + In_2(SO_4)_3 \quad (4\text{-}18)$$

但在温度高于 750℃时，$In_2(SO_4)_3$ 则不复存在[85,160]，此时主要发生式 4-19 的变化：

$$6In + 3SO_2 = In_2S_3 + 2In_2O_3 \quad (4\text{-}19)$$

铟与硫的蒸气作用可能生成 InS[160]。

铟的熔点随压力增大而增高（如 1.013 GPa 时铟的熔点为 200℃，7 GPa 时可达 405℃[87]）。且随其粒度变细而降低，当到铟粒径为 6 nm 时熔点为 77℃，而 3 nm 时则为 -3℃[87]（但文献[163]却说铟粒小于 3 nm 时其熔点仅稍高于 40℃）。

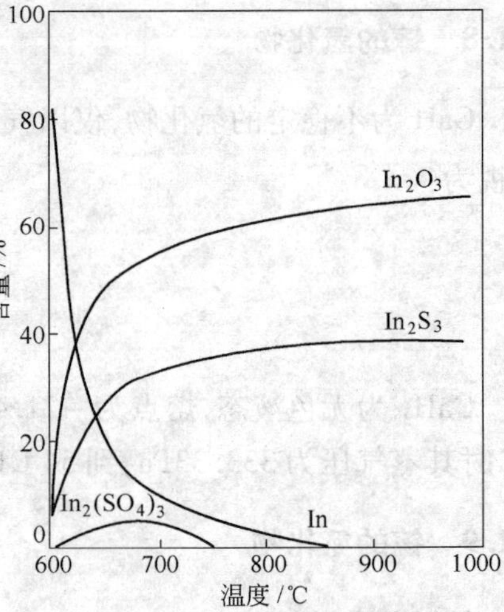

图 4-11　金属铟与 SO_2 作用生成的产物含量与温度的关系

铟的蒸气压较低（参见图 4-2），其蒸气压可按以下方程[83]求出：

$$\lg(p_{In(s)}/mmHg) = -26891.71/T + 470.89 - 179.48\lg T + 0.103T \quad (4\text{-}20)$$

$$\lg(p_{In(l)}/mmHg) = -12258.11/T + 10.82 - 0.82\lg T + 0.00007T \quad (4\text{-}21)$$

铟在常压与 3.38 ~ 3.405 K 时，以及在 0.175 GPa 时与 3.325 K 时均具有超导性。铟具有吸收慢中子的良好特性。

在水溶液中稳定存在的铟离子只有 In^{3+}。这是与其外电子层电离时放出一个 $5p^1$ 电子或 3 个 $5s^25p^1$ 电子有关，而要给出 4 个电子参与化学反应则较难[40,150,160]。即使存在低价铟离子，它也会被水氧化成 In^{3+}，在中性溶液中存在的是 $In(OH)^{2+}$ 与 $In(OH)_2^+$，而在碱性溶液中稳定存在的是 $H_2InO_3^-$ 与 InO_2^-。铟在冷而弱的无机酸中难溶，但当加热时就变得易溶了，特别易溶于稀硝酸与高氯酸中[161]，见表 4-13。

表 4-13　铟的溶解性能

溶　剂	溶剂浓度/%	铟减重/g·(m²·d)⁻¹
HNO_3	1	292
H_2SO_4	1	17.6
HAc	1	13
HCl	1	12.3
$H_2C_2O_4$	1	11.78
柠檬酸	1	2.18
HAc	5	17.29
柠檬酸	5	12.22
$H_2C_2O_4$	5	9.8
NaOH	5	0.25
Na_2CO_3	5	0.07

热水和碱对块铟不起作用，但对粉状或海绵状铟却能起缓慢作用[160]。在加热下铟可

直接与 Pb、Sb、Se(液态，高于 280℃)、Te(液态，高于 460℃)等金属及 S(气态，高于 620℃)、P(气态，加热)作用而生成相应的化合物或硒、碲化物[11,87]，高于 600℃会与 SO_2 作用形成高价氧/硫化物混合物。铟易与卤素起作用而生成卤化铟，其中铟多呈 In^{2+}。In^{2+} 的化学性质与 Zn^{2+} 近似，而 In^{3+} 与 Al^{3+}、Fe^{3+} 相近似[3~7,162]，当铟盐水解时，较少产出两性的氢氧化铟，较多生成碱式微溶的铟盐。铟在 HAc 中难溶，在稀 $HClO_4$ 中溶解而形成 $In(ClO_4)_2 \cdot 8H_2O$，而与 $H_2C_2O_4$ 作用可形成配合物 $H_3[In(C_2O_4)_3]$[150]，与 HF 作用需加热，与有机酸作用缓慢，可生成有机酸羟基盐 InOHL、$InOHL_2$(L 表示羟基)。铟与 Fe、Co、V、Al、K、Rb、Cs 等可在液态下发生一部分互溶，形成固溶体。铟与 N_2、NH_4 均不作用，H_2 也基本如此，仅在加热下与原子态氢作用形成铟的类盐氢化物[87]。

4.2.2 铟的硫化物

铟的硫化物有 In_2S、InS、In_4S_5 及 In_2S_3 等。还有人说还有 In_6S_7 及 In_3S_4(见图 4-12)[3~7,22]。常温下稳定的有 InS 及 In_2S_3，在 370℃左右可形成 In_3S_4。表 4-14 列出铟的硫化物的有关性质[1~9,10,22,29,149,162]。

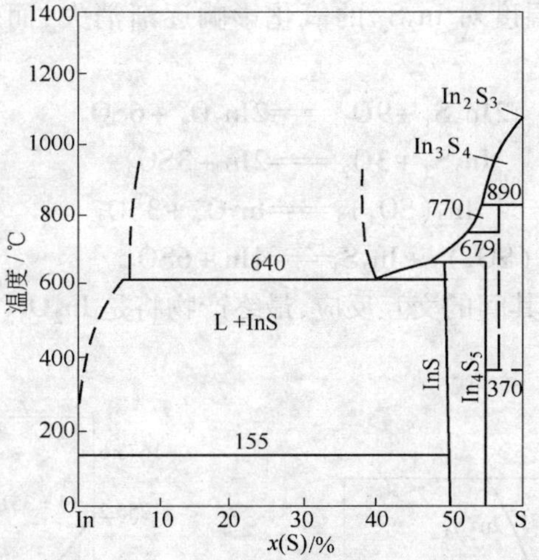

图 4-12 In－S 系图

表 4-14 铟的硫化物的物化性质

硫化物	色彩	晶 型	熔点/℃	沸点/℃	密度/g · cm⁻³
In_2S_3	黄 红(棕)	面心立方 $a = 0.536$ nm 尖晶石型 $a = 1.072$ nm	1050 ~ 1095	约 850 升华	4.613 ~ 4.90
In_2S	黑、黄	$a = 0.3944$ nm	653 ± 5		5.87 ~ 6.87
InS	红、黑	斜方 $b = 0.4447$ nm $c = 1.0648$ nm $a = 0.9090$ nm	692 ± 5	850 离解	5.18
In_6S_7	黑	单斜 $b = 0.3887$ nm $c = 1.7705$ nm	840		

4.2.2.1　In_2S_3

In_2S_3 有吸湿性强的黄色 α-In_2S_3，以及红棕色的 β-In_2S_3 两个变态，当温度高于300℃[23]或330℃[3~7,9]时就将转变为高温稳定的 β-In_2S_3，而文献[87]似仅同意了密度为4.40~4.65 g/cm³ 的 α-In_2S_3 变态是未充分结晶好的、密度为4.90 g/cm³ 的 β-In_2S_3 变态。

In_2S_3 在220~225℃开始氧化，但仅限于表面氧化：

$$In_2S_3 + O_2 = 2InS + SO_2 \tag{4-22}$$

当氧化产物 InS 在温度高于400℃后，其氧化速度将骤增（见图4-13）[1,2]

$$4InS + 7O_2 = 2In_2O_3 + 4SO_2 \tag{4-23}$$

在225~460℃之间的氧化产物为铟的氧化物与硫化物的混合物，到了380℃左右主要进行的是生成 $In_2(SO_4)_3$ 的氧化过程：

$$In_2S_3 + 6O_2 = In_2(SO_4)_3 \tag{4-24}$$

$$In_2S_3 + 6SO_2 = In_2(SO_4)_3 + 6S \tag{4-25}$$

$$4In_2O_3 + 12SO_2 = 3In_2(SO_4)_3 + In_2S_3 \tag{4-26}$$

当温度超过540℃时主要产物是 In_2O_3，同时发生 $In_2(SO_4)_3$ 的离解，以及其间的交互反应。当高于900℃后，温度对 In_2S_3 的氧化影响逐渐消失，而仅与气相中的含氧量成正比关系：

$$2In_2S_3 + 9O_2 = 2In_2O_3 + 6SO_2 \tag{4-27}$$

$$In_2S_3 + 3O_2 = 2In + 3SO_2 \tag{4-28}$$

$$In_2(SO_4)_3 = In_2O_3 + 3SO_3 \tag{4-29}$$

$$In_2(SO_4)_3 + In_2S_3 = 4In + 6SO_2 \tag{4-30}$$

随着发生铟的氧化及其间的交互反应，最终产物将是 In_2O_3（参见图4-14）：

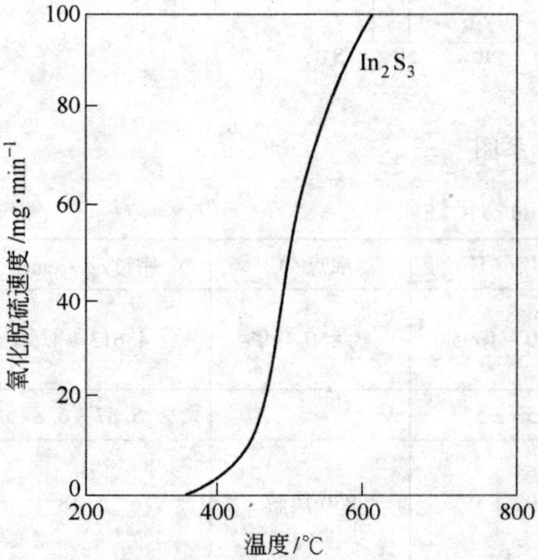

图4-13　温度对 In_2S_3 氧化速度影响的曲线

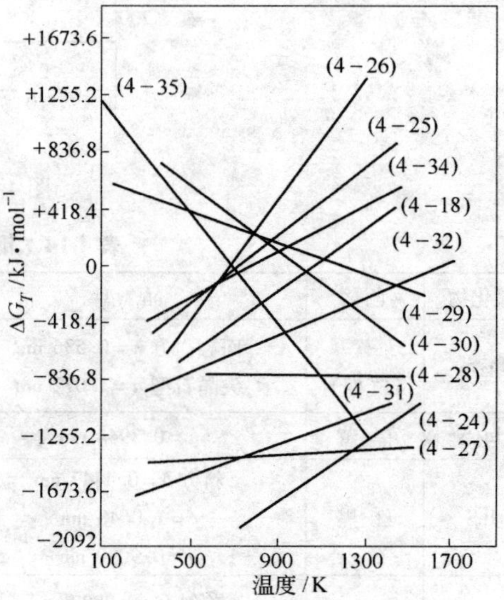

图4-14　铟的硫化物的氧化反应等压自由能 ΔG_T 与温度的关系曲线

$$4In + 3O_2 = 2In_2O_3 \qquad (4\text{-}31)$$

$$6In + 3SO_2 = In_2S_3 + 2In_2O_3 \qquad (4\text{-}32)$$

$$2In + In_2(SO_4)_3 = 2In_2O_3 + 3SO_2 \qquad (4\text{-}33)$$

$$2In_2S_3 + 3SO_2 = 2In_2O_3 + 9S \qquad (4\text{-}34)$$

$$In_2S_3 + 3In_2(SO_4)_3 = 4In_2O_3 + 12SO_2 \qquad (4\text{-}35)$$

在 In_2S_3 的氧化过程中，当温度在400～1000℃之间时，它被空气完全氧化约需30 min，而到1100℃左右，其氧化速度将下降到原来的30%。然而当温度高于1100℃时，氧化速度又增大，此时铟的挥发率随气相中含氧量的减少而增大，如图4-15所示。

但是实践表明，焙烧含铟的锌精矿时，控制气相中含氧量到3%，铟的挥发率大于75%，而锌精矿的氧化率可达100%[3~8]，如图4-16所示。

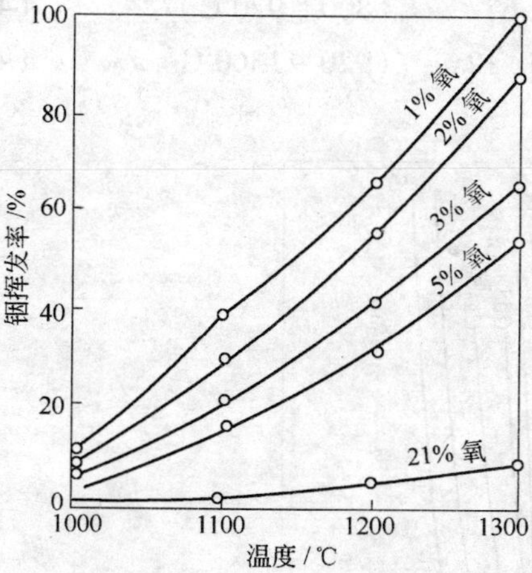

图4-15 氧化 In_2S_3 时混合气体中含氧量对铟挥发的影响曲线

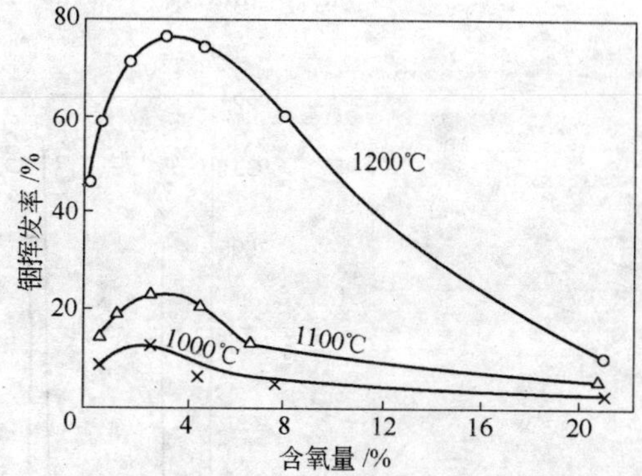

图4-16 氧化焙烧锌精矿时铟的挥发率与含氧量和温度的关系曲线

若氧化焙烧含铟锌精矿的气相中含氧量较3%过低或过高，都不会得到理想的挥发铟的效果（见表4-15）。

表4-15 焙烧锌精矿时铟的分布状况 （%）

锌精矿组分		气相中含氧	产物中含铟/铟分布			铟挥发率	锌精矿氧化率
Zn	In		ZnO 粉（氧充足时）	MeS 挥发物（氧不足时）	焙砂		
65.67	0.012	0.5		0.02/46.6	0.0091/53.4	46.6	
65.67	0.012	1		0.02/63.3	0.0071/36.7	63.3	12
65.67	0.012	2	0.012/17.5	0.039/55.8	0.0070/26.6	73.3	80
65.67	0.012	3	0.013/36.6	0.023/38.4	0.0078/25.0	75	100
65.67	0.012	21	0.021/45.8		0.0085/24.0	45.8	100

In_2S_3 在真空中于500～800℃会离解而形成介稳化合物 In_3S_4，其离解压按式4-39计算，当发生显著离解则要在大于1000℃以上：

$$6In_2S_3 \longlongequal 4In_3S_4 + S_2 \quad (4\text{-}36)$$

$$\lg(p_{S_2}/mmHg) = -16970/T + 9.76 \quad (4\text{-}37)$$

或

$$In_2S_3 \longlongequal 2InS + S \quad (4\text{-}38)$$

$$\lg(p_S/mmHg) = -11098/T + 2.865 \quad (4\text{-}39)$$

In_2S_3 在加热下可被氢气所还原为低价硫化物[147]：

$$In_2S_3 + 2H_2 \longlongequal In_2S + 2H_2S \quad (4\text{-}40)$$

In_2S_3 在675～1360℃间的蒸气压可按式4-41、式4-42和式4-43计算，并参见图4-17和图4-18[164]：

$$\lg(p/mmHg) = -11451/T + 8.5 \quad (675 \sim 800℃) \quad (4\text{-}41)$$

$$\lg(p/mmHg) = -13343/T + 10.67 \quad (800 \sim 920℃) \quad (4\text{-}42)$$

$$\lg(p/mmHg) = -2962.5/T + 10.12 \quad (920 \sim 1360℃) \quad (4\text{-}43)$$

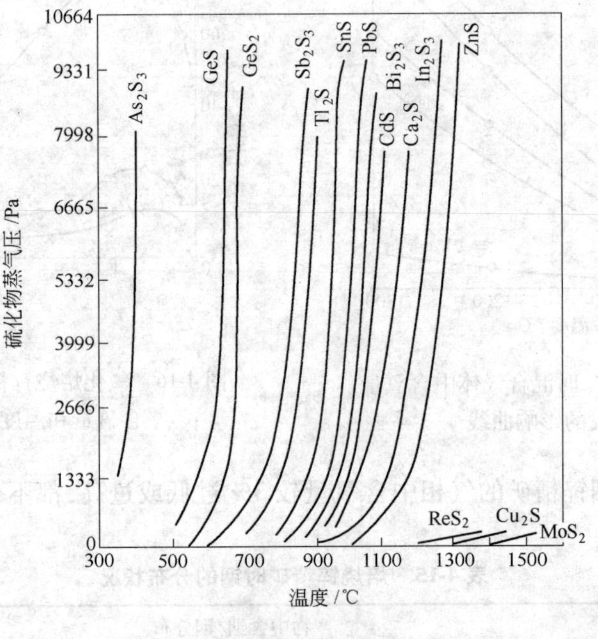

图4-17 硫化物的蒸气压图

当温度高于800℃时 In_2S_3 就明显挥发了[10,165]。In_2S_3 蒸气压（Pa）：920℃时26.6，1100℃时399，1250℃时5852，1295℃时10640，1330℃时达22743[21]，蒸气中存在 In_3S、S_2 与 InS，这表明挥发过程中伴随有 In_2S_3 的离解。

In_2S_3 不溶于水和稀酸，但可被浓酸分解。用硫酸溶解的较优条件为：加热到80℃，添加少许 $CuSO_4$[166]。In_2S_3 也可溶于碱金属硫化物（如 Na_2S）溶液中而形成 $MeIn_2S_4$。

4.2.2.2 In_2S

In_2S 为亚稳态硫化物，黄、黑的针状结晶，具有金属光泽，密度达5.87～5.92 g/cm³，对冷热水均稳定。在空气中会氧化为 In_2O_3。In_2S 的离解过程有人认为是：

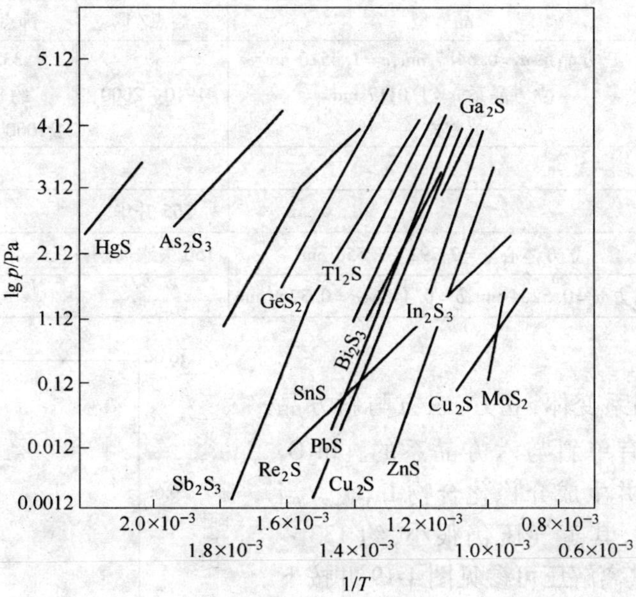

图4-18　硫化物的 lg*p* - *T* 图

$$In_2S(g) \longrightarrow In_2S(s) \longrightarrow InS(s) \longrightarrow In(L)$$

有人认为是 In_2S(740℃时)发生歧化而生成 InS 与 In[87],但实际离解产物为 In_2S:即是按 $In_2S_3 \longrightarrow InS \longrightarrow In_2S$ 过程离解的[93]。In_2S 的蒸气压计算方程如下:

$$\lg(p/\text{mmHg}) = -9320.3/T + 7.9212 \qquad (980 \sim 1200℃) \qquad (4\text{-}44)$$

In_2S 在 0.01 Pa 真空中、650 ~ 700℃下即升华(这可作为一种提纯 In_2S 的手段[87])。

In_2S 不与水作用,可被无机酸分解。

4.2.2.3　InS

InS 为红棕色,有 2 个变态:斜方 InS 会在室温及 7.5 GPa 下转变成四方 InS[87]。679 ~ 705℃间熔化。可溶于 HNO_3 与 HCl 中。InS 易被氢还原到液态铟,并放出 H_2S。在850℃及真空中易于挥发,且在挥发过程中明显地伴随着离解:

$$2InS = In_2S + S \qquad (4\text{-}45)$$

InS 的蒸气压可计算如下:

$$\lg(p/\text{mmHg}) = -11451/T + 8.5 \qquad (402 \sim 527℃) \qquad (4\text{-}46)$$

$$\lg(p/\text{mmHg}) = -9311/T + 9.6 \qquad (527 \sim 652℃) \qquad (4\text{-}47)$$

4.2.3　铟的氧化物

铟的氧化物计有 In_2O、InO 及 In_2O_3 等,另有介稳氧化物,如 In_3O_4、In_4O_5 及 In_7O_9 等,而 In_3O_4 仅是 InO 及 In_2O_3 的混合物,高温下稳定的是 In_2O_3,它们的基本性质列于表 4-16[1~7,23,29,87,150,167,168]。

表 4-16　铟的氧化物的物化性质

氧化物	色彩	晶　型	熔点/℃	沸点/℃	密度/g · cm^{-3}
In_2O_3	黄	三方晶系 $a = 0.5487$ nm, $c = 1.4510$ nm	1910 ~ 2000	3327	7.12 ~ 7.31
		立方晶系 $a = 1.0117$ nm		约 850	
	红棕	气态		1000 挥发	
InO	灰				
In_2O	黑		565 升华		6.99
$In(OH)_3$	白	立方体心 $a = 0.792 \sim 7.558$ nm	150 失水离解		4.345 ~ 4.45
InOOH	黑	斜方 $a = 0.5254$ nm, $b = 0.4456$, $c = 0.3268$ nm			7

4.2.3.1　In_2O_3

In_2O_3 有三种晶系变体：立方、三方与斜方晶系，文献[87]说还有单斜与六方晶系的。In_2O_3 在高于 850℃离解，并生成介稳化合物 In_3O_4。当温度高于 1000℃时，其蒸气压仍很小，约 133 ~ 339 Pa，再升温时，其离解压可参见图 4-19 并按下式近似计算[3~7,23]：

$$\lg(p/\text{mmHg}) = -1125/T + 2.27 \quad (650 \sim 950℃) \tag{4-48}$$

$$\lg(p/\text{mmHg}) = -6314/T + 6.37 \quad (1050 \sim 1300℃) \tag{4-49}$$

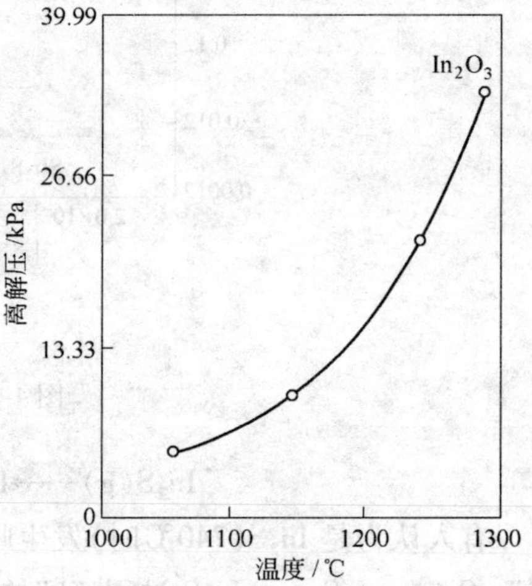

图 4-19　In_2O_3 的离解压与温度的关系曲线

In_2O_3 在中性气氛中离解压也很低，其离解过程如下：

$$In_2O_3 \xlongequal{\quad} In_2O + O_2(g) \tag{4-50}$$

$$In_2O_3 \xlongequal{\quad} 2InO + \frac{1}{2}O_2 \tag{4-51}$$

In 或 InO 都难以挥发，In_2O_3 也难以挥发，即使在 1290 ~ 1490℃温度时，其蒸气压也小，其蒸气压可按下述方程计算[3~7,23]：

$$\lg(p/\text{mmHg}) = -27791/T + 14.353 \tag{4-52}$$

在 700 ~ 800℃ In_2O_3 可被氢气（另说可在 400 ~ 500℃[11]）、CO、碳、铝、钠、镁等还原[21]，并生成金属铟及易挥发的 In_2O。In_2O_3 相遇液态铟在加热下可生成易挥发的 In_2O。在 300 ~ 500℃可与卤素作用形成相应的卤化物。在 600 ~ 630℃可与 N_2 作用形成 InN。

无定形的、黄色的 In_2O_3 均不溶于水或碱，但溶于酸。

4.2.3.2　In_2O

In_2O 性脆。在空气中当温度高于 780℃时会氧化成 In_2O_3，在更高温度下 In_2O 会离解：

$$In_2O \xlongequal{\quad} 2In + \frac{1}{2}O_2(g) \tag{4-53}$$

当温度高于 800℃后 In_2O 会显著挥发，在真空中（0.013 ~ 0.0013 Pa）时很容易挥发[9]。高温下 In_2O 可与石英、玻璃等发生作用。In_2O 与 Cl_2 作用形成 $InCl_3$。

In_2O 不溶于水，但易溶于盐酸而放出氢，当与水或酸作用时将发生歧化[150]：

$$3In_2O + 3H_2O \xlongequal{} 4In + 2In(OH)_3 \tag{4-54}$$

4.2.3.3 InO

InO 为灰色粉末。高温下也难以挥发，不溶于水，但易溶于酸。同 In_2O 一样，InO 与 H_2O 作用而发生歧化：

$$3InO + 3H_2O \xlongequal{} In + 2In(OH)_3 \tag{4-55}$$

4.2.4 铟的氢氧化物

4.2.4.1 $In(OH)_3$

$In(OH)_3$ 属立方晶系，$a = 0.7974$ nm，密度达 4.38 g/cm^3，是两性化合物，但其酸性比 $Ga(OH)_3$ 弱，不溶于氨水（而 $Ga(OH)_3$ 可溶于氨水）。$In(OH)_3$ 在浓度小于 10 mol/L 的 NaOH 溶液中的溶解度很小[21,22]，与溶液相平衡的是 $In(OH)_3$，它的最大溶解度是在共饱和点（含 In 7.8 g/L），而过此点，在更高的碱浓度下便趋于下降，此时与溶液相平衡的是含水的铟盐，如图4-20所示。

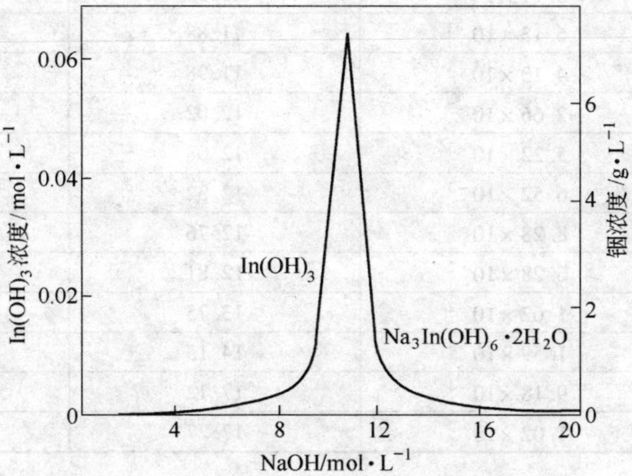

图 4-20 $In(OH)_3$ 在 NaOH 中的溶解度图

在 NaOH 过剩的溶液中会形成不稳定的铟酸钠 $Na_2O \cdot In(OH)_3$，但只要一经加热或陈化过久，就会分解转变为 $In(OH)_3$ 而析出。当加热到 100℃时 $In(OH)_3$ 还含少量结合水，高于 150～207℃开始分解。其实，在温度低于 245℃时 $In(OH)_3$ 是稳定的，到 411～434℃时它可脱水转化为 InOH[168]，高于 665℃（但文献[87]说在 200～350℃）时将完全脱水而形成红色 In_2O_3。

$In(OH)_3$ 不溶于水及氨水，但可溶于酸。新沉出的 $In(OH)_3$ 易溶于稀酸、醋酸及蚁酸，也可溶于 NaOH[156]（见表 4-17）。但非新沉出的 $In(OH)_3$ 溶解很慢且溶解度也很小，即使存在 NH_4Cl 时，其溶解度也不大[40]。从含铟的溶液中沉出 $In(OH)_3$，其最佳的沉淀 pH 值随溶液中铟的浓度不同而变化，见表 4-18（及参见前表 4-8、图 4-6 和图 4-7）。

当 $In_2O_2(SO_4)_3$ 溶液水解时，初呈 $In_2O_2(SO_4) \cdot nH_2O$ 形态沉出，然后转为 $In(OH)_3$；而当 $InCl_3$ 溶液水解时，则直接沉出 $In(OH)_3$。但当溶液中存在杂质时，将会影响沉出铟的 pH 值。如从纯的与存在杂质 As^{5+} 的 $In_2(SO_4)_3$ 溶液中沉出 $In(OH)_3$，其起始与终点 pH 值分别为 3.6 和 4.4 与 2.1 和 3.35（25℃），而后者沉出产物却是带砷的 $5In_2O_3 \cdot 3As_2O_3 \cdot nH_2O$。

表 4-17 $In(OH)_3$ 在碱中溶解度(25℃)

水溶液中浓度/mol·L^{-1}			
NaOH	$In(OH)_3$	NaOH	$In(OH)_3$
0.93	4.44×10^{-5}	9.98	1.13×10^{-2}
1.11	4.61×10^{-5}	10.08	1.72×10^{-2}
1.67	3.89×10^{-5}	10.12	2.06×10^{-2}
2.55	7.10×10^{-5}	10.16	1.49×10^{-2}
2.66	7.38×10^{-5}	10.21	1.52×10^{-2}
3.4	7.20×10^{-5}	10.22	2.41×10^{-2}
5.32	1.23×10^{-4}	10.31	2.28×10^{-2}
5.35	1.23×10^{-4}	10.48	3.14×10^{-2}
7.36	7.38×10^{-3}	10.52	2.30×10^{-2}
8.12	7.36×10^{-3}	10.94	4.81×10^{-2}
8.48	1.30×10^{-3}	11.11	3.48×10^{-2}
8.58	2.79×10^{-3}	11.33	6.65×10^{-2}
9.20	5.71×10^{-3}	11.38	5.30×10^{-2}
9.06	6.13×10^{-3}	11.88	3.50×10^{-2}
9.21	4.13×10^{-3}	11.98	1.63×10^{-3}
9.26	2.66×10^{-3}	12.02	1.38×10^{-2}
9.27	5.22×10^{-3}	12.08	1.87×10^{-2}
9.52	6.52×10^{-3}	12.32	1.37×10^{-2}
9.75	8.28×10^{-3}	12.76	3.75×10^{-2}
9.91	6.28×10^{-2}	12.81	1.31×10^{-2}
9.97	1.62×10^{-2}	13.25	1.82×10^{-3}
14.76	1.59×10^{-3}	14.13	1.49×10^{-3}
15.42	9.18×10^{-4}	17.12	2.93×10^{-2}
15.85	1.02×10^{-2}	17.27	5.74×10^{-2}

表 4-18 沉出 $In(OH)_3$ 的 pH 值与[In]浓度的关系数据

In 浓度/g·L^{-1}	0.06	0.22	0.45	1.20	3.10	6.20
沉出 $In(OH)_3$ 的 pH 值	3.00	2.74	2.55	2.31	2.00	1.72

4.2.4.2 InOOH

InOOH 为斜方晶系，$a=0.526$ nm，$b=0.456$ nm，$c=0.327$ nm，密度达 7.0 g/cm^3。它是 $In(OH)_3$ 加热温度高于411℃时的转变产物，InOOH 为不稳定的化合物，易受氧化。若加热到 157℃，它会分解为 In_2O_3。

4.2.5 铟的卤化物

铟的卤化物一般均溶于水、酸或醇中。铟能与卤化物形成一系列的卤化物，这些卤化物的基本物理性质见表 4-19[21,29,87]。

4.2.5.1 氯化铟

In－Cl 系[22]（见图 4-21）中存在 In_2Cl_3、In_4Cl_5 及 In_4Cl_7 等介稳氯化物，前三者均易离解为 $InCl_3$ 与 InCl。但文献[87]还叙述了另有立方晶系的 In_3Cl_4 及三方晶系的 In_5Cl_9 等。

表 4-19 铟的卤化物的物理性质

卤化铟	色 彩	熔点/℃	沸点/℃	密度(25℃)/g·cm^{-3}
InF_2	白/无色	717	1278	6.01
InF_3	白/无色	1170±10	1377	4.39~4.50
InCl	黄,红	223,225	608,653	4.18,4.19
$InCl_2$	无 色	235~240	555~560	3.655~3.82
$InCl_3$	黄/无色	(300~586)±3	离解 418,800 挥发	3.45~4.0
In_2Cl_3	浅 黄	323~328	641	3.87~3.95
In_4Cl_7	白/无色	260	710	3.8
InBr	红,红棕	220~280	662	4.96
$InBr_2$	无色/黄	198~235	632	4.22
$InBr_3$	红棕,白	436±2	421 升华	4.74~4.77
InI	红棕/紫	(365~351)±1	711~715	5.31~5.32
InI_2	黄	225	727	4.71~4.75
InI_3	黄/胭脂红	(198~210)±2	离 解	4.66~4.72

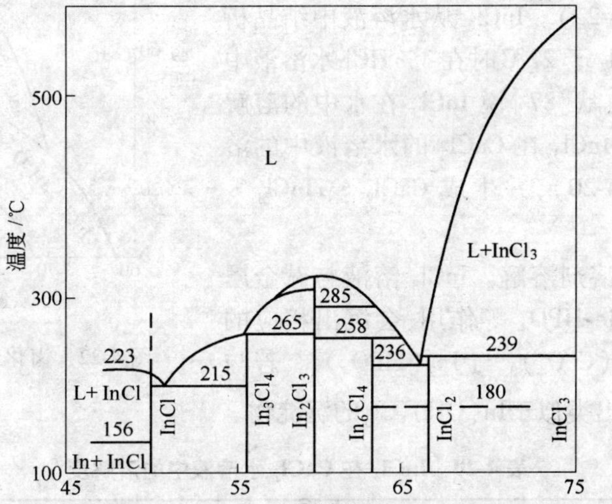

图 4-21 In-Cl 系图

A InCl

InCl 有两个变态,即高于 120℃才存在的斜方晶系的红色 α-InCl 晶体(a=0.4242 nm,b=1.2320 nm,c=0.4689 nm,密度为 4.07 g/cm^3),与只在低温下稳定的立方晶系的黄色 β-InCl 晶体(a=1.2373 nm,密度为 4.24 g/cm^3),二者均有吸湿性,暗处储存过 8 日且加热到 135℃,则全部由黄变为红色 α-InCl。

InCl 的蒸气压可按式 4-56 计算[3~7,158]:

$$\lg(p_{InCl}/mmHg) = -4629/T + 7.878 \quad (4\text{-}56)$$

B $InCl_2$

$InCl_2$ 有三个变态,即斜方、单斜与三方晶系的 $InCl_2$,三方 $InCl_2$ 中 a=0.7751 nm,斜方晶系 α-$InCl_2$ 中 a=0.685 nm,b=0.964 nm,c=1.054 nm,密度为 3.60 g/cm^3,单斜 β-$InCl_2$ 中 a=1.078 nm,b=1.747 nm,c=0.734 nm。$InCl_2$ 的性质与 $SnCl_2$ 相似。InCl 或

$InCl_2$ 在水中均会发生歧化,这两个反应也是化学生产 99.9999% 纯铟的方法之一[11]:

$$3InCl_2 = In + 2InCl_3 \tag{4-57}$$

$$3InCl = 2In + InCl_3 \tag{4-58}$$

$InCl_2$ 的蒸气压可按式 4-59 计算[3~7,158]:

$$\lg(p_{InCl_2}/mmHg) = -5123/T + 8.405 \tag{4-59}$$

C　$InCl_3$

$InCl_3$ 色白,片状。易潮解,也易挥发,约在 350/418 ~ 440℃ 开始升华。固态 In_2Cl_6 在加热时离解为气态 $InCl_3$,而 $InCl_3$ 在 56℃ 便发生熔化,在较高温度下会离解为气态 InCl 与 Cl_2。$InCl_3$ 具有高的蒸气压[3~7,11,158]:

$$\lg(p_{InCl_3}/mmHg) = -6944/T + 11.363 \tag{4-60}$$

$InCl_3$ 易被 H_2 在 600 ~ 700℃ 还原为低价氯化铟,也可被金属 Al、Mg 甚至 Zn 还原为金属铟。

$InCl_3$ 易溶于水而生成含一定结晶水的 $InCl_3 \cdot nH_2O$(其中 $n = 2 \sim 4$)。其溶解度一般随温度的升高而增大[22](见图 4-22)。$InCl_3$ 从水溶液中结晶析出无色的晶体。$InCl_3$ 于 22℃ 时在 3% HCl 水溶液中溶解度达 59.9%;文献[87]说 $InCl_3$ 在水中的溶解度已达 66.11%;而 $InCl_3$ 在 $CaCl_2$ 的水溶液中的溶解度也较大(见表 4-20),并生成 $CaCl_2 \cdot xInCl_3 \cdot nH_2O$[156]。

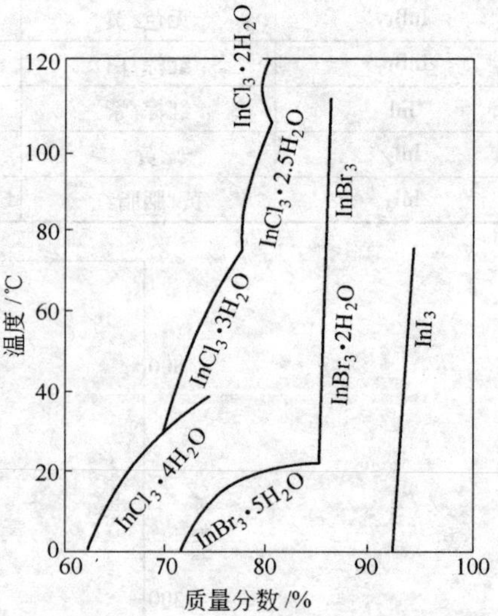

图 4-22　卤化铟在水中的溶解度

$InCl_3$ 能被有机溶剂溶解。$InCl_3$ 溶液与碱金属碳酸盐、草酸盐或 Me_2HPO_4 等作用,会沉出相应的白色 $In_2(CO_3)_3$、$In_2(C_2O_4)_3$ 与 $In_2(HPO_4)_3$。若与 NaOH 作用,则会沉出类似于 $In(OH)_3Cl_3$ 的沉淀物。

表 4-20　$InCl_3$ 在 $CaCl_2$ 水溶液中的溶解度

水溶液中浓度/g · L⁻¹		存在固相
$CaCl_2$	$InCl_3$	
84	1439	$InCl_3 \cdot 4H_2O$
108	1353	$CaCl_2 \cdot 2InCl_3 \cdot 12H_2O$
136	1276	$3CaCl_2 \cdot 4InCl_3 \cdot 30H_2O$
306	934	$CaCl_2 \cdot InCl_3 \cdot 8H_2O$
458	643	$CaCl_2 \cdot InCl_3 \cdot 8H_2O$
545	543	$CaCl_2 \cdot InCl_3 \cdot 8H_2O$
601	424	$CaCl_2 \cdot InCl_3 \cdot 8H_2O$
673	362	$CaCl_2 \cdot InCl_3 \cdot 8H_2O$

D　In_2Cl_3

In_2Cl_3 为白色多晶变体,其色泽会因含有少量 InCl 与 $InCl_3$ 而改变,难熔,熔体显淡棕色。与碱金属氯化物共熔时将发生交互反应,与铜、银、铋等氯化物共熔时可发生还原反应[87]。

4.2.5.2 氟化铟

有 InF_2 与 InF_3,而 InF_3 微溶于水,易溶于 HCl 与 HNO_3,难溶于 H_2SO_4。高于1300℃显出很高挥发特性。

4.2.6 铟酸盐

In_2O_3 与碱金属的氧化物作用生成 $MeO \cdot In_2O_3$ 类的铟酸盐,但与铜、钴、镍、锌、锰及铍等的氧化物却不生成此类的盐。5.5% ~8.9% 的 ZnO 与 In_2O_3 仅能生成固溶体。在高于1200℃时它可与 GeO_2 形成 $2GeO_2 \cdot In_2O_3$[23]。

4.2.7 铟的硫酸盐

铟的硫酸盐 $In_2(SO_4)_3 \cdot nH_2O$ 为白色或灰色单斜晶体。它吸湿性强,密度为 3.438 g/cm³,一般含 5、6 或 10 个结晶水。加热到120℃以上开始失去结晶水,高于500℃[23](有人说高于180℃)便失去全部结晶水而变成无水的 $In_2(SO_4)_3$。高于800℃时发生离解:

$$In_2(SO_4)_3 \longrightarrow In_2O_3 + 3SO_2 \tag{4-61}$$

其离解压参见表4-21。

表4-21 $In_2(SO_4)_3$ 的离解压

温度/℃	654	682	705	771	780	803	815	820
$In_2(SO_4)_3$ 离解压/kPa	1.33	5.33	8.93	33325	41.99	79.98	105.31	119.97

其离解率如图4-23所示。实验查明,当温度高于950℃时,只需要20 min,$In_2(SO_4)_3$ 就离解完全。

$In_2(SO_4)_3$ 易溶于水,20℃的溶解度为53.92%,温度升高,其溶解度增加很小[156]。表4-22列出了 $In_2(SO_4)_3$ 的溶解度。

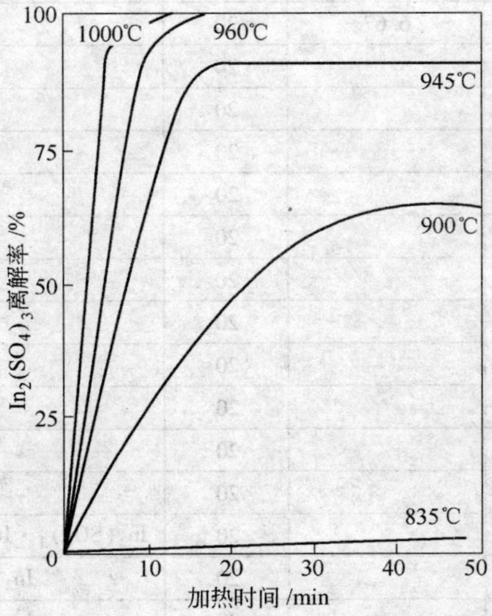

图4-23 $In_2(SO_4)_3$ 离解率图

表 4-22 $In_2(SO_4)_3$ 的溶解度

饱和溶液组分(质量分数)/%			t/℃	固相
$In_2(SO_4)_3$	H_2SO_4	H_2O		
53.92	0	46	20	$In_2(SO_4)_3 \cdot 10H_2O$
52.7	1.13	46.17	20	$In_2(SO_4)_3 \cdot 10H_2O$
52.33	1.32	46.35	20	$In_2(SO_4)_3 \cdot 10H_2O$
52.14	1.49	46.37	20	$In_2(SO_4)_3 \cdot 10H_2O$
51.65	2.13	46.22	20	$In_2(SO_4)_3 \cdot 10H_2O$
50.14	2.6	47.26	20	$In_2(SO_4)_3 \cdot 10H_2O$
49.02	3.3	47.68	20	$In_2(SO_4)_3 \cdot 10H_2O$
46.39	5.73	47.88	20	$In_2(SO_4)_3 \cdot 10H_2O$
39.11	11.48	49.41	20	$In_2(SO_4)_3 \cdot 10H_2O$
35.65	16.95	47.37	20	$In_2(SO_4)_3 \cdot 5H_2O$
31.68	20.6	47.72	20	$In_2(SO_4)_3 \cdot 5H_2O$
29.03	21.97	49	20	$In_2(SO_4)_3 \cdot 5H_2O$
25.65	29.9	48.45	20	$In_2(SO_4)_3 \cdot H_2SO_4 \cdot 7H_2O$
21.78	29.39	48.83	20	$In_2(SO_4)_3 \cdot H_2SO_4 \cdot 7H_2O$
16.02	34.53	49.45	20	$In_2(SO_4)_3 \cdot H_2SO_4 \cdot 7H_2O$
9.55	40.51	49.94	20	$In_2(SO_4)_3 \cdot H_2SO_4 \cdot 7H_2O$
1.1	52.5	46.4	20	$In_2(SO_4)_3 \cdot H_2SO_4 \cdot 7H_2O$
0.37	57.11	42.52	20	$In_2(SO_4)_3 \cdot H_2SO_4 \cdot 7H_2O$
0.16	69.15	30.69	20	$In_2(SO_4)_3 \cdot H_2SO_4 \cdot 7H_2O$
0.15	70.22	29.63	20	$In_2(SO_4)_3 \cdot H_2SO_4 \cdot 7H_2O$
8×10^{-7}	71.55	28.45	20	$In_2(SO_4)_3 \cdot H_2SO_4 \cdot 7H_2O$
	76.24	23.76	20	$In_2(SO_4)_3 \cdot 2H_2SO_4 \cdot 4H_2O$
	83.25	16.75	20	$In_2(SO_4)_3 \cdot 2H_2SO_4 \cdot 4H_2O$
	90.32	9.68	20	$In_2(SO_4)_3 \cdot 2H_2SO_4 \cdot 4H_2O$
	93.33	6.67	20	$In_2(SO_4)_3 \cdot 3H_2SO_4$
51.19	3.6		20	$In_2(SO_4)_3 \cdot 10H_2O$
45.05	6.6		20	$In_2(SO_4)_3 \cdot 10H_2O$
43.95	7.5		20	$In_2(SO_4)_3 \cdot 10H_2O$
41.88	9.4		20	$In_2(SO_4)_3 \cdot 10H_2O$
40.81	10.3		20	$In_2(SO_4)_3 \cdot 10H_2O$
36.53	13.7		20	$In_2(SO_4)_3 \cdot 10H_2O$
34.7	15.3		20	$In_2(SO_4)_3 \cdot 10H_2O$
30.44	20.2		20	$In_2(SO_4)_3 \cdot 10H_2O$
29.77	21		20	$In_2(SO_4)_3 \cdot 10H_2O$
26.38	24.3		20	$In_2(SO_4)_3 \cdot 10H_2O$
24.8	25.3		20	$In_2(SO_4)_3 \cdot 10H_2O$
21.92	27.8		20	$In_2(SO_4)_3 \cdot 10H_2O + In_2(SO_4)_3 \cdot H_2SO_4 \cdot 7H_2O$
21.58	28.2		20	$In_2(SO_4)_3 \cdot H_2SO_4 \cdot 7H_2O$
18.94	30.8		20	$In_2(SO_4)_3 \cdot H_2SO_4 \cdot 7H_2O$
15.47	33.2		20	$In_2(SO_4)_3 \cdot H_2SO_4 \cdot 7H_2O$

续表 4-22

饱和溶液组分(质量分数)/%			t/℃	固 相
$In_2(SO_4)_3$	H_2SO_4	H_2O		
11.39	37.8		20	$In_2(SO_4)_3 \cdot H_2SO_4 \cdot 7H_2O$
6.51	41.3		20	$In_2(SO_4)_3 \cdot H_2SO_4 \cdot 7H_2O$
3.52	46.6		20	$In_2(SO_4)_3 \cdot H_2SO_4 \cdot 7H_2O$
1.75	49.7		20	$In_2(SO_4)_3 \cdot H_2SO_4 \cdot 7H_2O$
0.85	51.7		20	$In_2(SO_4)_3 \cdot H_2SO_4 \cdot 7H_2O$

水溶液中质量分数/%		t/℃	固 相
$In_2(SO_4)_3$	H_2SO_4		
0.75	53.4	20	$In_2(SO_4)_3 \cdot H_2SO_4 \cdot 7H_2O$
0.55	54.9	20	$In_2(SO_4)_3 \cdot H_2SO_4 \cdot 7H_2O$
0.061	90.2	20	$In_2(SO_4)_3 \cdot H_2SO_4 \cdot 7H_2O$
53.44	4.15	40	$In_2(SO_4)_3 \cdot 10H_2O$
49.38	7.5	40	$In_2(SO_4)_3 \cdot 10H_2O$
46.27	9.6	40	$In_2(SO_4)_3 \cdot 6H_2O$
42.84	12.2	40	$In_2(SO_4)_3 \cdot 6H_2O$
39.24	15.1	40	$In_2(SO_4)_3 \cdot 6H_2O$
34.05	18.7	40	$In_2(SO_4)_3 \cdot 6H_2O$
30.67	21.3	40	$In_2(SO_4)_3 \cdot 6H_2O$
32.22	29.9	40	$In_2(SO_4)_3 \cdot 6H_2O$
18.24	32	40	$In_2(SO_4)_3 \cdot 6H_2O$
12.11	36.6	40	$In_2(SO_4)_3 \cdot 6H_2O$
7.46	42.6	40	$In_2(SO_4)_3 \cdot H_2SO_4 \cdot 7H_2O$
1.8	50.8	40	$In_2(SO_4)_3 \cdot H_2SO_4 \cdot 7H_2O$
0.74	53.7	40	$In_2(SO_4)_3 \cdot H_2SO_4 \cdot 7H_2O$
0.21	62.2	40	$In_2(SO_4)_3 \cdot H_2SO_4 \cdot 7H_2O$
54.8	2.9	60	$In_2(SO_4)_3 \cdot 6H_2O$
51.87	5.2	60	$In_2(SO_4)_3 \cdot 6H_2O$
44.56	10.6	60	$In_2(SO_4)_3 \cdot 6H_2O$
39.24	14.2	60	$In_2(SO_4)_3 \cdot 6H_2O$
34.05	18.4	60	$In_2(SO_4)_3 \cdot 6H_2O$
22.26	27.5	60	$In_2(SO_4)_3 \cdot 6H_2O$
16.32	33.8	60	$In_2(SO_4)_3 \cdot 6H_2O$
8.24	38.7	60	$In_2(SO_4)_3 \cdot 6H_2O$
2.86	50.6	60	$In_2(SO_4)_3 \cdot 6H_2O$
1.62	54.4	60	$In_2(SO_4)_3 \cdot H_2SO_4 \cdot 7H_2O$
0.37	68	60	$In_2(SO_4)_3 \cdot H_2SO_4 \cdot 7H_2O$
0.13	84.4	60	$In_2(SO_4)_3 \cdot H_2SO_4 \cdot 7H_2O$

$In_2(SO_4)_3$ 与酒精作用形成难溶于水的碱式铟盐 $In(OH)SO_4 \cdot 5H_2O$。它与$(NH_4)_2SO_4$ 作用先生成易溶于水的$(NH_4)SO_4 \cdot In_2(SO_4)_3 \cdot 24H_2O$（密度为 2.011 g/cm³，熔点为 36～38℃），在水中的溶解度极大，如温度由16℃升到30℃时，在100 g水中可溶解此盐由200 g增加到400 g，但易水解，有人认为它最终形成$(NH_4)_3In(SO_4)_3 \cdot In_2(SO_4)_3$，有类似于铝、镓或铊等的硫酸盐易形成矾盐的性质[169]，如当存在过剩的 SO_4^{2-} 时，与铟易形成配合阴离子$[In(SO_4)_3]^{3-}$和$[In(SO_4)_3]^-$，它们可与碱金属硫酸盐形成矾或复盐，如$(NH_4)_2In(SO_4)_3$ 或 $KIn(SO_4)_2 \cdot 2H_2O$。$In(SO_4)_3$，与硫酸作用可生成一系列 $In_2(SO_4)_3 \cdot H_2SO_4 \cdot nH_2O$ 复盐，还可形成碱式硫酸盐 $2In(OH)SO_4 \cdot 5H_2O$ 等[9,11,22,156]。

4.2.8　铟的有机化合物

4.2.8.1　三甲基铟

$(CH_3)_3In$ 为无色晶体，其固体具有四聚体结构，属斜方晶系。熔点为 88.4 ～89.0℃，易升华，室温下就开始升华了，其沸点随气压而变化 50℃（3173.016Pa）[149]、136℃[87,170]。在溶液中为单体，但易成双分子聚合体。在空气中易自燃。

4.2.8.2　三苯基铟

$(C_6H_5)_3In$ 为一价的铟离子形成的铟的有机衍生物，白色晶体，熔点为208℃。易氧化，也易被水分解。

4.2.8.3　三乙基铟

$(C_2H_5)_3In$ 为无色液态，-32℃时结晶，沸点为144℃，密度为 1.26 g/cm³[87]。

4.3　铊及其化合物的物理与化学性质

4.3.1　金属铊

金属铊呈银白、蓝白色。铊与铅、银相近似，其物理性质方面软过于铅，有延展性，可拉成丝，但受热经冷加工后比铅坚韧等；化学性质方面，铊的 Tl^+ 的化合物也可形成难溶的卤盐、碳酸盐与硫化物，不同点在于铊在潮湿空气中会氧化而在其表面形成氧化膜。铊与镓、铟同属 $Ⅲ_A$ 族，有些物理化学性质相近，但铊的挥发性、亲硫性与亲氧性都较铟、镓及铝的大，且易形成 Tl^+ 化合物。铊有三个变态[1～7,9,146,171,172]：六方晶系的 α－Tl，立方体心的 β－Tl 及立方面心的 γ－Tl，前者转变温度为 230～234℃，要在高温下才会形成 γ－Tl。

铊在空气中于室温下就会慢慢被氧化，在表面形成一层 Tl_2O，致使铊表面发暗[40]，其氧化速度随温度升高而变快，到100℃时很快被氧化。在潮湿空气中如与含氧的水作用可生成铊的氢氧化物[21]。铊在825℃时的蒸气压为 133 Pa、到893℃与1457℃时分别为13330 Pa与101325Pa。铊的蒸气压（参见图4-2）可按下式[9,93]计算：

$$\lg(p/\mathrm{mmHg}) = -9300/T + 0.892\lg T + 11.10 \quad (4\text{-}62)$$

$$\lg(p/\mathrm{mmHg}) = -9326/T + 8.713 \quad (523 \sim 566\ \mathrm{K}) \quad (4\text{-}63)$$

$$\lg(p/\mathrm{mmHg}) = -8925/T + 7.993 \quad (845 \sim 900\ \mathrm{K}) \quad (4\text{-}64)$$

$$\lg(p/\mathrm{mmHg}) = -6268/T + 6.124 \quad (1220 \sim 1473\ \mathrm{K}) \quad (4\text{-}65)$$

室温下铊易与卤素作用，而在升高温度后则可与硫、磷起反应，但它不与氢、氮、氨或干的二氧化碳等起化学反应[21]。

铊不溶于碱与氨中。铊在硫酸中溶解很慢，而在盐酸中则因表面生成氯化物 MeCl 而几乎不再溶解，在氢氟酸中也是如此。但铊却易溶于硝酸并形成易溶于水的 $TlNO_3$ 无色晶体，这种晶体也有 α、β 和 γ 三晶态（熔点为 75 ~ 206℃，300℃离解，沸点为 433 ~ 450℃）：

$$Tl + 2HNO_3 \xlongequal{} TlNO_3 + NO_2 + H_2O \qquad (4\text{-}66)$$

如 $TlNO_3$ 与浓 HNO_3 作用将形成复盐：

$$3TlNO_3 + 4HNO_3 \xlongequal{} (TlNO_3)_3 \cdot 2TlNO_3 + 2NO_2 + 2H_2O \qquad (4\text{-}67)$$

当冷冻被 $TlNO_3$ 饱和的 HNO_3 时会形成铊的二酸式盐 $TlNO_3 \cdot 2HNO_3$；如其加 $KMnO_4$ 氧化时只会有 $Tl(NO_3)_3$ 形成。

铊在水溶液中呈 Tl^+ 及 Tl^{3+}，几种铊的化合物的水溶性都比较高（见图 4-24）。

在铊、铟和镓的化合物中，In^{3+} 与 Ga^{3+} 的化合物较稳定，而铊与此相反，Tl^+ 比 Tl^{3+} 的化合物稳定，这是由于铊存在“惰性”的 $6s^2$ 电子层之故。Tl^+ 化合物的性质与碱金属、银及铅的化合物近似，铊像钾或钠一样可形成易溶的 TlCl、TlBr 或 Tl_2S 等。Tl^{3+} 化合物的性质与 Al^{3+}、Bi^{3+} 及 Fe^{3+} 等的近似，都是强氧化剂[171]。Tl^{3+} 化合物易被还原为 Tl^+，还原剂可选用金属铋或铜，也可用 Fe^{2+} 或 Sn^{2+} 的盐以及硫化物 MeS 等[37]。与此相反，可用 $HNO_3 + HCl$、Br_2 或 $(NH_4)_2S_2O_8$ 等强氧化剂把 Tl^+ 氧化为 Tl^{3+}。Tl^+ 盐是无色的，其结晶不带结晶水。铊与其派生的化合物之间的转化关系[153]如图 4-25 所示。

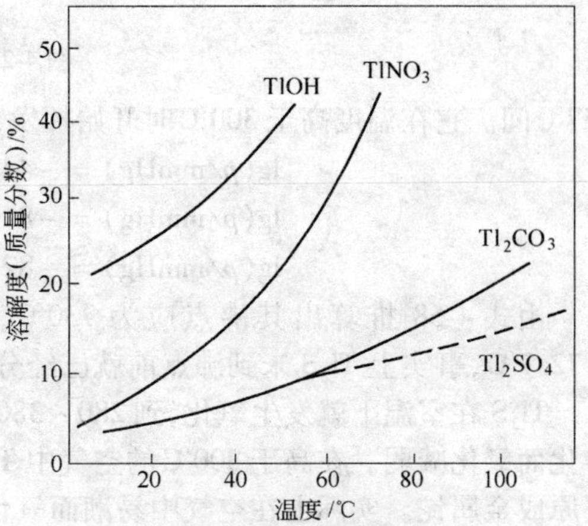

图 4-24 铊化合物的溶解度

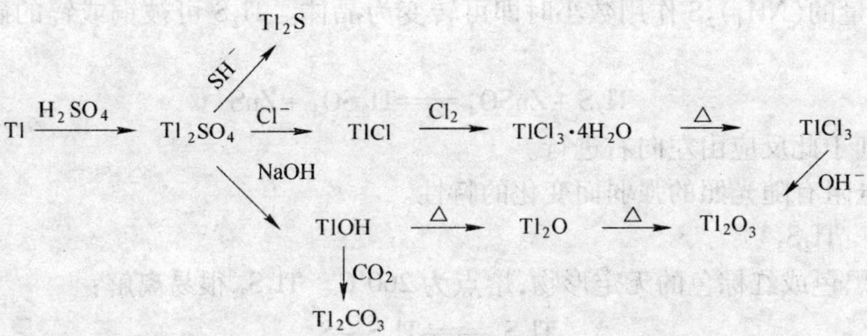

图 4-25 铊与其派生的化合物之间的转化关系

4.3.2 铊的硫化物

铊的硫化物有 Tl_2S、Tl_4S_3、TlS、TlS_2、Tl_2S_3、Tl_4S_3、Tl_2S_5、Tl_2S_9、Tl_8S_7 等报道（见图 4-26）[22,169,173]。

4.3.2.1 Tl_2S

Tl_2S 为黑色粉末[1~9,149,150]，属菱面体，三方晶系。密度为 8.0 ~ 8.46 g/cm³，熔点在 443 ~

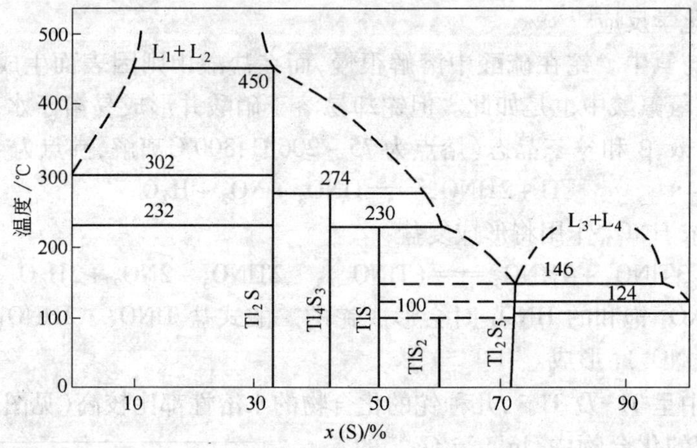

图 4-26　Tl－S 系

457℃间。它在温度高于 300℃时开始挥发，实验测得 Tl_2S 的蒸气压用下式[93]表示：

$$\lg(p/\mathrm{mmHg}) = -4480/T + 7.354 \quad (260 \sim 320℃) \tag{4-68}$$

$$\lg(p/\mathrm{mmHg}) = -8100/T + 7.28 \quad (800 \sim 1000℃) \tag{4-69}$$

$$\lg(p/\mathrm{mmHg}) = -8220/T + 8.51 \quad (700 \sim 1150℃) \tag{4-70}$$

由式 4-68 推算出其沸点应为 730℃，但德国人测得为 1367℃，而前苏联人测算为 1172.7℃，事实上 Tl_2S 未到沸点前就已经分解并挥发了。

Tl_2S 在室温下就发生氧化，到 280～380℃时氧化加速，当温度高于 445℃时随着 Tl_2S 的溶化而氧化减弱。在高于 300℃的空气中 Tl_2S 氧化时不放出 SO_2 而形成 Tl_2SO_4。Tl_2S 可被还原成金属铊。实际上在空气中易潮而氧化为 Tl_2SO_4。

Tl_2S 微溶于水，20℃时的溶解度仅为 0.215%[9,149]。它不溶于碱，但可溶于酸。从溶液中硫化沉淀铊，得到的是无定形 Tl_2S 沉淀，它可氧化为 Tl_2SO_4、TlOH 及 $Tl_2S_2O_8$ 等，从而能重新转入溶液。故沉出的 Tl_2S 宜快速过滤，且洗涤时宜用稀的 $(NH_4)_2S$ 液。无定形 Tl_2S 在 150℃时与过量的 $(NH_4)_2S$ 作用数小时即可转变为晶体。Tl_2S 可被铜或锌的硫酸盐溶解并形成 Tl_2SO_4：

$$Tl_2S + ZnSO_4 = Tl_2SO_4 + ZnS \tag{4-71}$$

升温有利于此反应由左向右进行。

Tl_2S 的电阻有随光照的强弱而变化的特性。

4.3.2.2　Tl_2S_3

Tl_2S_3 为黑色或红棕色的无定形物，熔点为 260℃。Tl_2S_3 很易离解：

$$Tl_2S_3 = Tl_2S + S_2 \tag{4-72}$$

不溶于水及稀酸，也不溶于 CS_2，但可溶于浓酸。

4.3.2.3　TlS

TlS 的结构可看成 $Tl_2S \cdot Tl_2S_3$，为正方晶系，铁灰色，密度为 7.61 g/cm³，熔点约为 230℃，在 247℃发生离解[2,29]。

4.3.3　铊的氧化物

铊与氧形成 Tl_2O、Tl_4O_3、Tl_2O_3 及 TlO_2 等，Tl_4O_3 只不过是 $3Tl_2O$ 与 Tl_2O_3 的混合物[23]。

4.3.3.1 Tl_2O_3

Tl_2O_3 为黑色或暗棕色化合物，呈 Mn_2O_3 型的立方晶格（a 为 1.0540 nm），密度为 10.19 ~10.038 g/cm³[12,150,158]（无定形的为 9.65 g/cm³）[1~9,23,29,149]。它的熔点为 716 ±2℃，沸点为 875 ~1169℃[21,29]。Tl_2O_3 在高温下不稳定，温度高于 100℃时就明显离解并形成 Tl_2O，到 700 ~750℃时便已完全离解。它在 400℃时的离解压为 960Pa，500℃达到1330Pa，650℃就达到 5025Pa。Tl_2O_3 的挥发性不如 Tl_2O。

Tl_2O_3 几乎不溶于水（仅 10^{-10} g/100 g 水），也难溶于碱中，但可溶于盐酸，其次是溶于硝酸及 $HClO_4$。Tl_2O_3 与硫酸相互作用生成 $Tl(OH)SO_4 \cdot 2H_2O$ 及 $HTl(SO_4)_2$。Tl_2O_3 在硫酸中的一些溶解度数据[156]列于表 4-23。

表 4-23 Tl_2O_3 在硫酸水溶液中的溶解度（25℃）

溶液组分（质量分数）/%					
	H_2SO_4	20	40	50	70
	H_2O	80	60	50	30
Tl_2O_3 的溶解度/g·L^{-1}		162	98	25.2	3

$Tl_2O_3 \cdot nH_2O$ 是呈微碱性的棕色晶体。

4.3.3.2 Tl_2O

Tl_2O 是黑色或黄色的具有吸湿性的粉末，为菱形晶格（$a = 1.273$ nm，$\theta = 15°45'$），在 354 ±2℃时发生晶型转变。它的密度为 9.50 ~10.36 g/cm³[9,23]，熔点为 300 ~303℃，沸点为（500 ~596）±3℃（但有人说高达 1080℃[23,29]或高于 1800℃[146,174]）。Tl_2O 易氧化成 Tl_2O_3，高于 1080℃便挥发，据实验数据推导的蒸气压计算式为：

$$\lg(p/\text{mmHg}) = -6612/T + 11.61 \qquad (190 \sim 330℃) \tag{4-73}$$

在高温下挥发时会部分离解成金属铊：

$$2Tl_2O = Tl_2O + 2Tl + \frac{1}{2}O_2 \tag{4-74}$$

Tl_2O 易与冷或热水作用而形成 TlOH、也易溶于酸、醇和碱中[173]，为生产铊工艺所应用。

4.3.3.3 TlO_2

TlO_2 为棕紫色物，能慢慢吸潮。它易溶于水，但文献[173]却指出它不溶于水与碱中。加热到高于 530℃时会离解为 Tl_2O_3 与 O_2：

$$4TlO_2 = 2Tl_2O_3 + O_2 \tag{4-75}$$

4.3.4 铊的氢氧化物

铊的氢氧化物有 TlOH、$Tl(OH)_3$ 与 TlOOH 等。

4.3.4.1 TlOH

初生的 TlOH 是一种白色强碱性物（可是同族的镓与铟的氢氧化物 $Ga(OH)_3$ 与 $In(OH)_3$ 却是两性的），可侵蚀玻璃，呈菱形针状晶体的则显黄色，密度为 7.44 g/cm³。加热过 100℃时易失水而分解为 Tl_2O。在 125℃时会“非整”熔化，高于 139℃时发生离解[29,146]。它与二氧化碳作用生成 Tl_2CO_3。TlOH 容易挥发，46℃时的蒸气压已达 1.73 kPa，而到 140℃时则高达 102.64 kPa。

TlOH 可溶于酸，易溶于醇，更易溶于水（见表 4-24）[29,146]。

表 4-24 TlOH 在水中的溶解度

温度/℃	0	20	30	40	60	80	90	100
100 g 水中 TlOH 溶解度/g	10 ~ 25.4	35	39.9	49.5	73	106	126.1	148.3

4.3.4.2 $Tl(OH)_3$

$Tl(OH)_3$ 是一种棕色或红棕色的不稳定氢氧化物，熔点高于或等于 340℃[3~7,171]，在空气中易脱水而转变为 TlOOH，进一步加热则形成 Tl_2O_3[40]。

从稀的 Tl^{3+} 溶液中水解沉出 $Tl(OH)_3$ 的 pH 值必须在 2.8 ~ 4 以上，而当液中含 Tl^{3+} 大于 6 g/L 时到 pH = 1 就会析出[8]。$Tl(OH)_3$ 水溶性极小，0℃时的溶解度仅为每 100 g 水 10^{-10} g。它微溶于碱[22,156]，见表 4-25。在碱度 12 mol/L 左右有一溶解高峰。易溶于盐酸，依次易溶于硝酸，硫酸及高氯酸。$Tl(OH)_3$ 在硫酸中的一些溶解度数据[156]列于表 4-26。

表 4-25 $Tl(OH)_3$ 在碱中溶解度（25℃，$Tl(OH)_3$ 折算成 Tl_2O_3 溶入水）

NaOH/mol·L^{-1}	0.99	1.87	2.36	3.77	4.05	6.3	8.45
$Tl(OH)_3$ 溶解度/g·L^{-1}	0.0087	0.011	0.0098	0.0105	0.0122	0.24	0.32
NaOH/mol·L^{-1}	10.57	11.6	13.32	15.36	17.29	20	
$Tl(OH)_3$ 溶解度/g·L^{-1}	0.84	2.56	2.18	1.47	1.46	1.83	

表 4-26 $Tl(OH)_3$ 在硫酸溶液中的溶解度

硫酸浓度/g·L^{-1}	15.582	20.423	28.136	35.825	51.617	60.907
$Tl(OH)_3$ 浓度/g·L^{-1}	0.32	0.703	1.757	0.613	0.841	1.286

4.3.4.3 TlOOH

TlOOH 为棕色氢氧化物，其溶解性几乎与 $Tl(OH)_3$ 相同。

4.3.5 铊的卤化物

铊易与卤素作用而形成相应的 Tl^+ 与 Tl^{3+} 的卤化铊，它们的基本性质归纳于表 4-27[1~9,22,146,149,171,173,174]。

表 4-27 卤化铊的物理化学性质

项　目	TlF	TlCl	TlBr	TlI	TlF_3	$TlCl_3$	$TlBr_3$	TlI_3
色　彩	白/浅黄	白	浅黄/黄绿	鲜黄(α)170℃转为红色(β)	橄榄绿/白	白	浅黄	黑
密度/g·cm^{-3}	8.23 ~ 8.36	7.00 ~ 7.004	7.221 ~ 7.56	7.29 ~ 7.45(α) 7.05 ~ 7.098(β)	8.30 ~ 8.65			
熔点/℃	315 ~ 327	(427 ~ 430) ±0.5	(450 ~ 460) ±0.5	(440 ~ 441.6) ±0.5	约 550	33 ~ 155	40	129
沸点/℃	(655 ± 5) ~ (826 ± 5)	720 ~ 806	815 ~ 825	823 ~ 845	930 ~ 1200			

续表 4-27

项目		TlF	TlCl	TlBr	TlI	TlF_3	$TlCl_3$	$TlBr_3$	TlI_3
蒸气压与温度的关系	蒸气压/kPa	温度/℃							
	1.33	lg(*p*/mmHg) = −5484/*T* + 12.52			440				
	2.66		550	559	567				
	13.33		645	653	663				
	26.66		694	703	712				
	53.32		748	759	763				
	103.25		807	819	823				
在不同水温的溶解度	温度/℃	质量分数/%							
	20	78.8～80	0.32	0.0476	0.0063		70		
	40		0.52～0.60	0.95～0.104	0.015				
	60		0.8～1.01	0.19～0.204	0.035				
	100		1.8～2.38	0.204	0.12				

它们之间的性质有较多相近似，一价铊的卤化物除 TlF 外基本都难溶于水，它们的溶解度由氯化物向碘化物方向递减，这个性质常用于提取铊。不带结晶水的 TlBr 是一种不稳定的化合物。当温度低于 460℃ 时气态 TlCl 会缔合为 Tl_2Cl_2[9]。TlCl 溶于酸也微溶于氨中(见表 4-28)。TlCl 不同于 AgCl 而不受光照的影响，TlCl 可与 Pb、Zn、Sn、Cd、Hg、Ca、Mg 等的 $MeCl_2$ 形成复盐 TlCl · $MeCl_2$，也可与 Fe、Al、Sb、Bi 等的 $MeCl_3$ 形成复盐 TlCl · $MeCl_3$[173]。

表 4-28　TlCl 在酸与氨中的溶解度数据(18～25℃)

溶剂	在水溶液中的浓度/g · L^{-1}	TlCl 的溶解度/g · L^{-1}
盐酸	0.912	2.084
	1.032	2.002
	2.043	1.353
	3.65	0.921
	5.357	0.757
	7.3	0.609
硝酸	0	3.951
	31.355	5.937
	63.28	6.882
	128.847	8.143
	253.071	9.925
氨	2.5	0.761
	6.5	0.738

三价铊的卤化物比起一价铊的卤化物的实用意义要小。所有三价铊的卤化物均不稳定，既易失卤，又易水解，在湿空气中就能发生[173]。所有三价铊的卤化物也均具吸湿性。

$TlCl_3$ 与 $TlBr_3$ 均有相应的含水物，如 $TlCl_3 \cdot 4H_2O$（密度为 3.03 g/cm^3）与 $TlBr_3 \cdot 4H_2O$（密度为 3.69 g/cm^3），且均属单斜晶系。稍被加热即可离解：

$$2TlCl_3 = Tl(TlCl_4) + Cl_2 \quad (4\text{-}76)$$

$TlCl_3$ 易溶于水、乙醚与乙醇。$TlBr_3$ 在真空中即使处于室温下就已离解，但在空气中要到 30℃左右才开始离解，并形成暗黄色的 $Tl(TlBr_4)$ 及 Br_2 等。TlI_3 在空气中就分解；TlI 遇热水分解，其水溶液呈碱性。所有一价与三价铊的卤化物可以相互作用并形成相应的复盐，其化学式有两种：如类似 $Tl(TlCl_2Br_2)$ 与 $Tl_3(TlCl_4Br_2)$ 等。TlI_3 在室温时无固态。在水溶液中也不存在自由的 TlI_3[173]。

4.3.6 铊酸盐

4.3.6.1 Tl_2CO_3

Tl_2CO_3 为白色或无色的针状盐，属单斜晶系，熔点为 272 ~ 273℃，密度为 7.11 ~ 7.16 g/cm^3，在空气中直至 175℃仍稳定。Tl_2CO_3 可溶于水，其在 100 g 水中溶解度为(g)：18℃时为 4.2 ~ 5.23，40℃为 8.8，60℃为 12.5，80℃为 17，而到 100℃时达 22.4 ~ 27.2[146]。Tl_2CO_3 水解后的溶液具有强碱性：

$$Tl_2CO_3 + H_2O = 2TlOH + CO_2 \quad (4\text{-}77)$$

4.3.6.2 Tl_2CrO_4

Tl_2CrO_4 为黄色针状或柱状物，属单斜晶系（$a = 0.591$ nm，$b = 1.068$ nm，$c = 0.780$ nm），密度为 6.3 ~ 6.91 g/cm^3，熔点约为 633℃。Tl_2CrO_4 在水中溶解度(g/L)：20℃为 0.004 ~ 0.0042，60℃为 0.03，而到 100℃时可达 0.2 ~ 2.28[146]，故不能用水洗涤。它也微溶于酸与碱，但不溶于醋酸。

4.3.6.3 $Tl_2Cr_2O_7$

$Tl_2Cr_2O_7$ 的密度为 5.50 g/cm^3，熔点为 360 ~ 365℃。加热至未熔化时就已开始离解。$Tl_2Cr_2O_7$ 在水中的溶解度也不大。

4.3.6.4 $TlNO_3$

$TlNO_3$ 为无色化合物，有 α -、β - 与 γ - $TlNO_3$ 三种变体：α 型的熔点为 206℃，沸点为 430℃，属立方晶体；β 型的熔点达 75 ~ 145℃，为三方晶体，当温度高于 145℃后转为立方晶体；γ 型是正交晶体。$TlNO_3$ 密度为 5.556 ~ 5.56 g/cm^3[1~9,149]。三者均易溶于水，其溶解度(%)：20℃为 8.72，40℃为 17.3，60℃为 31.6，80℃为 52.6，100℃为 80.5，而到 105℃时达 85.6[2,146]。

4.3.7 铊的硫酸盐

铊的硫酸盐有 Tl_2SO_4 与 Tl_2SO_3。

4.3.7.1 Tl_2SO_4

Tl_2SO_4 为白色或无色盐，属斜方晶系（$a = 0.568$ nm，$b = 1.057$ nm，$c = 0.176$ nm），密度为 6.765 ~ 6.77 g/cm^3[3~7,9,22,146,149,174]。它的熔点为 632 ~ 645℃，在到达沸点之前就已离解，且在加热时可不经分解而挥发。Tl_2SO_4 在 500 ~ 525℃时会发生双变态转变[9]。Tl_2SO_4 微溶于水，带结晶水的 $Tl_2SO_4 \cdot 7H_2O$ 熔点为 37℃。当它在 100℃失去水后，即使在冷水中

溶解,其溶解度也可以达每100 g水86.2 g[2~7](见表4-29)。

表4-29 Tl_2SO_4 在100 g水中的溶解度 (g)

温度/℃	0	10	20	25	30	40
Tl_2SO_4	2.63~2.70	3.7	4.64~4.87	5.46	6.16	7
温度/℃	50	60	70	80	90	100
Tl_2SO_4	9.21	9.80~10.91	12.7	12.8~14.6	14.2	18.45

Tl_2SO_4 在硫酸中的溶解度较大[156],见表4-30。并能形成溶解度不一样的酸性硫酸盐。Tl_2SO_4 还可与一系列硫酸盐 $MeSO_4$ 形成复盐。

表4-30 Tl_2SO_4 在硫酸溶液中的溶解度(25℃)

饱和溶液组分(质量分数)/%		固 相
H_2SO_4	Tl_2SO_4	
0	5.20~5.23	Tl_2SO_4
3.25~29.28	6.78~20.72	Tl_2SO_4
29.30~37.49	23.22~32.35	$Tl_2SO_4+TlH_3(SO_4)_2$
37.49~41.65	34.08~30.79	$TlHSO_4+TlH_3(SO_4)_2$
38.25~48.44	32.77~36.85	$TlHSO_4$
37.62	56.99	$TlHSO_4+Tl_2H_4(SO_4)_3$
37.31~36.91	58.52~62.75	$Tl_2H_4(SO_4)_3$

4.3.7.2 Tl_2SO_3

Tl_2SO_3 为淡黄或无色盐,密度为6.427 g/cm³。Tl_2SO_3 是 Tl_2S 的氧化产物:

$$Tl_2S + O_2 \longrightarrow Tl_2SO_2 \tag{4-78}$$

$$3Tl_2SO_2 \longrightarrow Tl_2S + 2Tl_2SO_3 \tag{4-79}$$

Tl_2SO_3 微溶于冷水而易溶于热水,15℃时的溶解度为3.24%[175]。

4.3.8 铊的有机化合物

4.3.8.1 三甲基铊

与镓、铟一样与甲基形成 $Tl(CH_3)_3$,气相中为单体,而在固相中却以多聚体存在[2]。

4.3.8.2 三乙基铊

$(C_2H_5)_3Tl$ 为黄色液体,熔点为-63℃,沸点为192℃。

4.3.8.3 乙氧基铊

$TlOC_2H_5$ 为液体,密度为3.493 g/cm³,熔点为-3℃,加热过130℃便分解。

4.4 锗及其化合物的物理与化学性质

4.4.1 金属锗

银灰色金属,是典型的半导体。据锗的原子核外电子排列 $3d^{10}4s^24p^2$,当其形成化合物时要同时失去或得到4个电子很困难,通常会以 $4s^2$ 或同时以 $4p^2$ 的两电子与其他元素形成二价或四价共价或极性化合物。金属锗性脆,但是当温度升高到 600℃以上时,纯锗也可进行压延。锗很稳定,在通常温度下不与空气、氧或水起作用,甚至在 400℃时也基本不氧化,当温度高于 600℃时才开始氧化,且随温度升高而进行下列反应:

$$Ge + \frac{1}{2}O_2 \xlongequal{} GeO \tag{4-80}$$

$$GeO \xlongequal{} GeO(g) \tag{4-81}$$

$$Ge + O_2 \xlongequal{} GeO_2 \tag{4-82}$$

减少氧分压有助于 GeO(g)的挥发,增加氧分压则使锗生成 GeO_2。锗在 CO_2 中于 800 ~900℃[89]也能强烈氧化:

$$Ge + CO_2 \xlongequal{} GeO + CO \tag{4-83}$$

锗的挥发始于 600℃,并且随温度升高而增强(见图 4-27)。

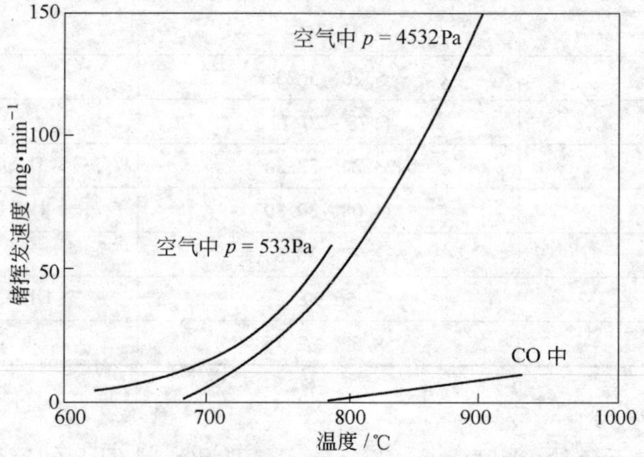

图 4-27　锗的挥发速度与气氛和温度的关系

在氮气中当温度高于 800℃时会发生升华。

锗的黏度随温度升高而降低。锗熔融时像镓一样体积会缩小,体积缩小率为(5.5 ± 0.5)%[21,39,132]。如在氢气中冷却,则 1 g 锗会吸收 0.186 mg 氢[89]。

锗易与碱相熔融而形成碱金属锗酸盐,如 Na_2GeO_3 等,它们均易溶于水,而其他金属锗酸盐在水中溶解较少,但却易溶于酸[9]。

锗的蒸气压与温度的关系,除参见图 4-2 外,还可用下列方程表示:

$$\lg(p/mmHg) = -20150/T - 0.91 \lg T + 13.28 \quad (25 \sim 958℃) \tag{4-84}$$

$$\lg(p/mmHg) = -18700/T - 1.16 \lg T + 12.89 \quad (958 \sim 2700℃) \tag{4-85}$$

$$\lg(p/mmHg) = -19050/T + 0.04 \lg T - 9.96 \quad (高于 370℃) \tag{4-86}$$

$$\lg(p/mmHg) = -20412/T + 0.000258T - 2.201 \lg T + 17.006 \tag{4-87}$$

$$\lg(p/mmHg) = -18473.59/T - 0.000421T - 0.37226 \lg T + 10.024 \tag{4-88}$$

水对锗不起作用。在浓盐酸及稀硫酸中锗也较稳定,但锗可溶于热的氢氟酸、王水和浓硫酸。锗溶于加有硝酸的浓硫酸时会生成 GeO_2。溶于王水时则生成 $GeCl_4$。锗难溶于碱中,即使是 50% 浓碱液锗也难溶。但当有氧化剂参与时,锗可溶于热碱液中。在酸液中锗的标准电位为 0.13 V,而在碱液中却高到 1.0 V:

$$Ge + 3H_2O \xlongequal{} H_2GeO_3 + 4H^+ + 4e \quad E^{\ominus} = 0.13\ V \tag{4-89}$$

$$Ge + 5OH^- \xlongequal{} HGeO_3^- + 2H_2O + 4e \quad E^{\ominus} = 1.0\ V \tag{4-90}$$

4.4.2 锗的硫化物

锗的硫化物有 GeS、Ge_2S_3 及 GeS_2 等。表 4-31 列出了它们的基本物化性质[1~9,146,149,150,176]。

表 4-31 锗的硫化物的物理化学性质

硫化物	色彩	结晶构造	硬度	密度 /g·cm^{-3}	熔点 /℃	沸点 /℃	离解温度/℃	升华温度/℃	氧化温度/℃	还原温度/℃	水中溶解度 (25℃) /%	易溶于
GeS	黑	斜方 $a=0.403$ nm $b=1.024$ nm $c=0.365$ nm	2	3.54 ~ 4.01	530 ~ 665	650 ~ 850	>600	>350 (真空中) 430	>300 始	800 (H_2 中)	0.24	$(NH_4)_2S$，热 HNO_3，HCl，热碱
GeS	红棕 棕黄	无定形		3.31 ~ 3.33								HCl，碱，$(NH_4)_2SO_4$
Ge_2S_3	棕黄				728			>650			难	NH_3，H_2O_2
GeS_2	白	斜方 $a=1.167$ nm $b=2.230$ nm $c=0.687$ nm	2 ~ 2.5	2.70 ~ 2.942	800 ~ 840	904	>600 始 800 完全	420 始 720 完全	>250 始 >380 加快	400 (H_2 中)	0.45	热碱，12 mol/LHCl，$(NH_4)_2S$

4.4.2.1 GeS

GeS 分棕色的无定形 GeS 与黑色斜方晶系的 GeS，前者可在 450℃ 和氮气氛中经数小时而转变成晶体。GeS 在 350℃ 时开始氧化而形成 $GeSO_4$，当温度高于 350℃ 时，其氧化产物最大可能是形成 GeO_2：

$$GeS + 2O_2 \xlongequal{} GeSO_4 \quad (4\text{-}91)$$

$$GeS + 2O_2 \xlongequal{} GeO_2 + SO_2 \quad (4\text{-}92)$$

氧化初期反应较快，逐渐因在 GeS 外表形成 GeO_2 膜层妨碍继续氧化，致使氧化反应变慢。当温度升高至 570 ~ 650℃ 时，GeS 氧化速度骤增，伴随产生 $GeSO_4$，但是氧化产物主要是 GeO_2。温度和气氛对挥发 GeS 有较大的影响：强烈的还原性气氛有助于 GeS 在低温下挥发；在中性气氛中于 800℃ 时 GeS 的挥发较少，仅 20%；但在氢或一氧化碳还原气氛中锗挥发率可达 90% ~ 98%（见图 4-28）。GeS 在中性气氛中，当温度高于 550℃ 时就开始强烈挥发了，当高于 1250℃ 时，则气氛对它的挥发几乎没有影响，此时影响挥发物含锗量的 PbS 却相应地极少挥发[2~7,93,177]。

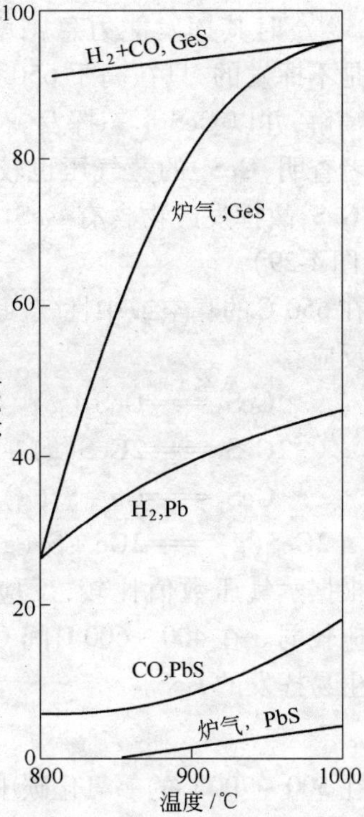

图 4-28 GeS 挥发率与温度和气氛的关系

晶状 GeS 是稳定化合物，在加热沸腾的酸或碱中极少溶解。晶状 GeS 也难以被氨水、双氧水或盐酸氧化。但当其呈粉末状时，却不稳定，而易溶于热的微碱液中，此液用酸中和可沉出红色的无定形 GeS，它较易溶于盐酸并放出 H_2S，也易溶于碱式硫酸盐或碱液，而难溶于氨水、硫酸、氢氟酸和其他有机酸。一般说来，无定形 GeS 对氧化剂的稳定性较差、易于氧化，易被热的稀硝酸或双氧水氧化。在 25℃时通氯气，GeS 随即生成 $GeCl_4$，当温度高于 150℃时 GeS 与气态 HCl 相互作用很强烈。530℃时 GeS 熔化，其熔体显黑色。GeS 可溶于 $(NH_4)_2S$ 中，当加入酸时，可析出白色的 GeS_2。

4.4.2.2　Ge_2S_3

Ge_2S_3 为棕黄色的疏松粉末，具有许多小孔与缝隙的细晶，728℃熔化[176]。它是 GeS_2 的离解产物：

$$2GeS_2 = Ge_2S_3 + 1/2S_2 \tag{4-93}$$

Ge_2S_3 几乎不溶于所有的酸，甚至也不溶于王水。只易溶于氨水或双氧水。

4.4.2.3　GeS_2

GeS_2 为白色粉末，不稳定，于 420～650℃升华。在 700℃时 GeS_2 约有 15% 离解，并伴随生成易挥发的 GeS：

$$2GeS_2 = Ge_2S_3 + 1/2S_2 \xrightarrow{800℃} 2GeS\uparrow + S_2 \tag{4-94}$$

GeS_2 在潮湿的空气或惰性气氛里也会离解，到 800℃左右便基本离解完全。它在中性气氛中，当温度高于 500℃时就明显挥发，而在 700～730℃[1,177]时其挥发能力急剧增大。据说 GeS_2 一般是不挥发的，只在高于 650℃后才按反应式 4-94 离解，并以 GeS 形态挥发。但近年经过较多的学者查明，GeS_2 的蒸气压也较大，其挥发性仅低于 GeS，故挥发产物含有 GeS_2 及 GeS（见图 4-28 及图 4-29）。

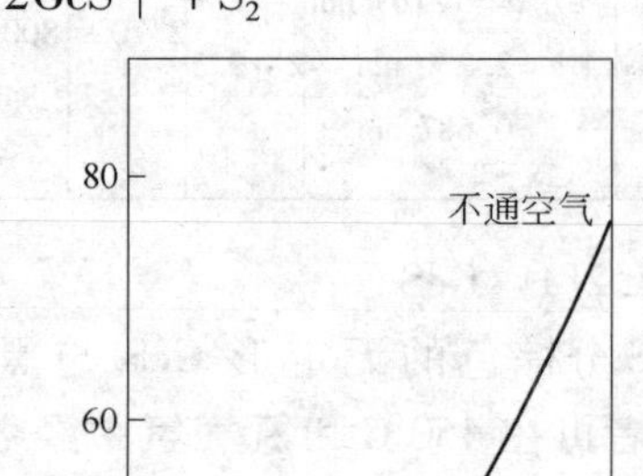

图 4-29　气氛和温度对 GeS_2 挥发率的影响

在 650℃的真空或中性气氛中，GeS_2 将发生如下反应：

$$GeS_2 = GeS_2(g) \tag{4-95}$$

$$2GeS_2 = 2GeS(g) + S_2(g) \tag{4-96}$$

$$GeS_2 = Ge + S_2(g) \tag{4-97}$$

$$2GeS(g) = 2Ge + S_2(g) \tag{4-98}$$

根据蒸气压数值比较，反应式 4-96 与 4-98 的反应较弱。在 400～600℃间 GeS_2 可被氢还原而产生易挥发的 GeS：

$$GeS_2 + H_2 = GeS + H_2S \tag{4-99}$$

在 500～700℃的一氧化碳中，GeS_2 能良好地挥发。GeS_2 在 260℃时，就发生氧化，当高于 350℃时，其氧化速度增快，到 450～530℃间其氧化速度增长极快，只是在 580～630℃间 GeS_2 的氧化速度减小：

$$GeS_2 + 3O_2 \xlongequal{\quad} GeO_2 + 2SO_2 \tag{4-100}$$

当温度高于635℃后，其氧化速度又重新增大，到720℃后约80%的GeS_2被氧化，其化学变化的总反应式可表述如下：

$$3GeS_2 + 10O_2 \xlongequal{\quad} 2GeO_2 + Ge(SO_4)_2 + 4SO_2 \tag{4-101}$$

在500~530℃间形成的$Ge(SO_4)_2$的最大峰值约为32%（见图4-30），而在此温区的前或后，几乎不存在$Ge(SO_4)_2$。

当温度高于667℃时$Ge(SO_4)_2$与GeS_2和氧发生相互作用而生成GeO_2：

$$GeS_2 + Ge(SO_4)_2 + 2O_2 \xlongequal{\quad} 2GeO_2 + 4SO_2 \tag{4-102}$$

熔融的GeS_2为鲜棕色透明熔体，冷却后却变为琥珀状玻璃体，其密度可达5.81 g/cm³。GeS_2易熔于碱式硫酸盐而形成锗酸盐。与Na_2S等烧结可形成一系列锗酸盐。如Ge_2S与Na_2S烧结形成$Na_2GeS_2 \cdot 2H_2O$（熔点为665℃，710℃时离解）、$Na_6Ge_2S_5$（熔点为530℃，980℃仍稳定）、以及$Na_6Ge_2S_7 \cdot 5H_2O$（熔点为525℃，1010℃仍稳定）。

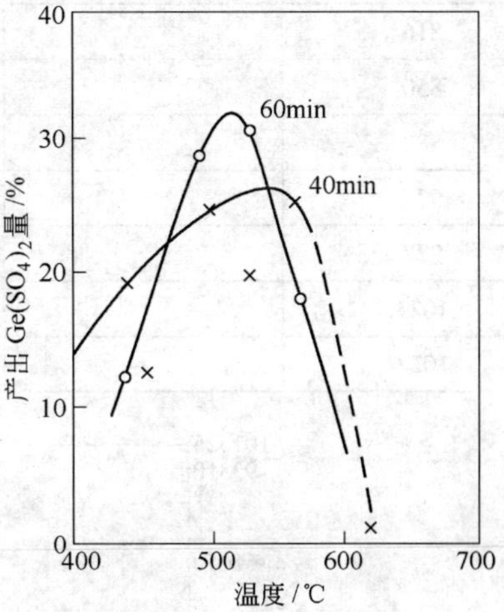

图4-30 空气氧化GeS_2的产物中$Ge(SO_4)_2$量与氧化时间和温度的关系

GeS_2的蒸气压与温度的关系见表4-32及图4-31[1~7,89,93,176]。

表4-32 锗的硫化物与氧化物的蒸气压

温度/℃	p/Pa			
	GeS	GeS_2	GeO	GeO_2
444		0.066		
489		1.453		
525	439.9			
555	973.1			
570		25.3		
577	1866.2	47.3		
593		79.1		
602	3332.5			
611		137.4		
612	4025.7			
630	5585.3			
662	9091.1			
683		380		
697	9784.2			
705			140	
724	13863.2			

续表 4-32

温度/℃	p/Pa			
	GeS	GeS_2	GeO	GeO_2
788			406.5	
816			2639.3	
850			3796.4	
880			4978.8	
923			16662.5	
927				0.005
1023			1106300	
1027				0.048

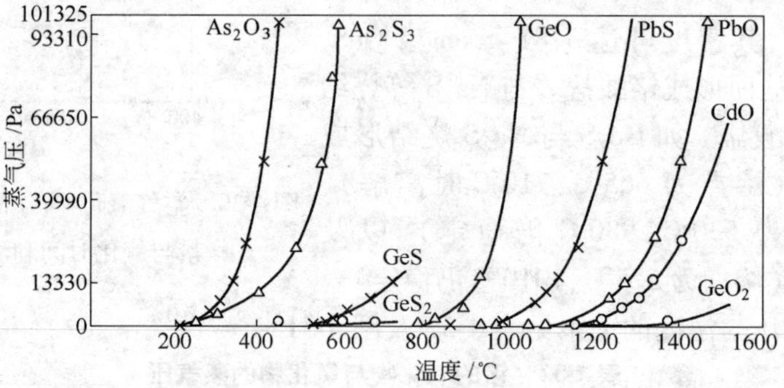

图 4-31　锗的硫化物与氧化物的蒸气压

锗的硫化物的蒸气压可按下列方程计算：

GeS 的升华[1~7,89,169,176,178]：

$$\lg(p/\mathrm{mmHg}) = -8335/T + 10.612 \quad (300 \sim 615℃) \quad (4\text{-}103)$$

$$\lg(p/\mathrm{mmHg}) = -6526/T + 9.07 \quad (400 \sim 600℃) \quad (4\text{-}104)$$

$$\lg(p/\mathrm{mmHg}) = -690/T + 9.081 \quad (527 \sim 625℃) \quad (4\text{-}105)$$

$$\lg(p/\mathrm{mmHg}) = -5638/T + 7.738 \quad (623 \sim 724℃) \quad (4\text{-}106)$$

$$\lg(p_{\mathrm{GeS(液)}}/\mathrm{mmHg}) = -6398/T + 8.70 \quad (617 \sim 662℃) \quad (4\text{-}107)$$

GeS 的离解压[93,176,178]：

$$\lg(p/\mathrm{mmHg}) = -13612/T + 9.527 \quad (390 \sim 485℃) \quad (4\text{-}108)$$

GeS_2 的蒸气压[93,176,178]：

$$\lg(p/\mathrm{mmHg}) = -11822/T + 13.423 \quad (400 \sim 500℃) \quad (4\text{-}109)$$

$$\lg(p/\mathrm{mmHg}) = -10970/T + 12.44 \quad (460 \sim 650℃) \quad (4\text{-}110)$$

$$\lg(p/\mathrm{mmHg}) = -9931/T + 8.37 \quad (425 \sim 550℃) \quad (4\text{-}111)$$

$$\lg(p/\mathrm{mmHg}) = -9030/T + 43.971\lg T - 139.19 \quad (500 \sim 800℃) \quad (4\text{-}112)$$

GeS_2 的离解压[93]：

$$\lg(p/\mathrm{mmHg}) = -9331.86/T + 0.37 \quad (425 \sim 600℃) \quad (4\text{-}113)$$

GeS_2 不溶于水、酸、甚至强碱，也不溶于加热沸腾的或冷的硫酸、盐酸、硝酸中，但 GeS_2

易溶于热碱，特别是在有氧化剂如双氧水的碱液中。热氨或$(NH_4)_2S$可溶解GeS_2并形成相应的亚酰胺锗：

$$GeS_2 + 6NH_3 \xlongequal{} Ge(NH)_2 + 2(NH_4)_2S \tag{4-114}$$

$$2GeS_2 + 3(NH_4)_2S \xlongequal{} (NH_4)_6Ge_2S_7 \tag{4-115}$$

4.4.3 锗的氧化物

锗的氧化物有GeO、GeO_2及其水合物。

4.4.3.1 GeO

GeO为深灰或黑色粉末，于室温下不论是在潮湿的或干燥的空气中对氧都是稳定的。但湿的、黄色或棕色的$Ge(OH)_2$却易与氧作用[89,176]。当温度高于550℃后，GeO开始氧化而形成GeO_2。在该温度下如缺氧，则发生GeO的升华。在700℃时GeO显著挥发。据报道，当温度高于550℃后，GeO的蒸气压就达101.22 kPa(比表4-32的数据高)。GeO的蒸气压可按下式[93]计算：

$$\lg(p/\text{mmHg}) = -13750/T + 15.464 \tag{4-116}$$

$$\lg(p/\text{mmHg}) = -13750/T + 9.80 \quad (640 \sim 705℃) \tag{4-117}$$

而当温度高于705℃后，GeO的蒸气压实际上是其离解产物的蒸气压：

$$\lg(p/\text{mmHg}) = -12000/T + 12.05 \tag{4-118}$$

而GeO按此时的离解压可按下式计算：

$$2GeO \xlongequal{} GeO_2 + Ge \tag{4-119}$$

$$\lg(p/\text{mmHg}) = -11900/T - 1.51\lg T + 13.54 \quad (25 \sim 487℃) \tag{4-120}$$

如在氮气中，只需加热到700℃，数分钟内GeO即离解。

从Ge-O系图(图4-32)看出，GeO是没有稳定区的，温度低于870℃时在氧的摩尔分数为0%～63%的区域内，只存在固相锗与GeO_2；于870～940℃时在氧的摩尔分数为0%～60%的区间内，则形成固相锗与含0%～60%氧原子的液相锗；在氧的摩尔分数超过60%时，液相与固相GeO_2共存；高于940℃，在氧的摩尔分数0%～60%的区间内，只存在两个液相：即Ge(L)与含氧达24.84%的GeO_2(L)。

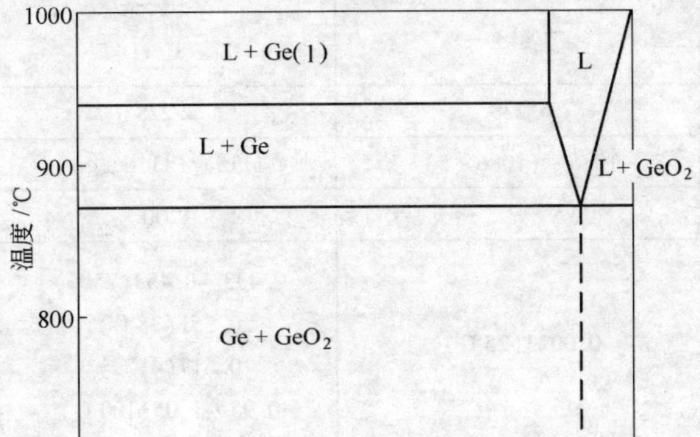

图4-32 Ge-O系

250℃时，GeO 与卤素如氯作用会形成 $GeCl_4$ 与 GeO_2，而在 175℃时与 HCl 作用则生成 $GeCl_3^-$ 和水[89]。

GeO 微溶于水，其溶解度仅为$(3\sim0.5)\times10^{-4}$ mol/L[176]，形成极弱的酸 H_2GeO_3[8]。更多的学者认为，由于 GeO 具有弱碱性故不溶于水而易溶于酸，而在水溶液中所存在的 Ge^{2+} 是 Ge^{4+} 被还原的中间产物。GeO 在稀硫酸中的分解是很缓慢的，而在 4 mol/L 的盐酸中也只微微溶解，但随盐酸的浓度增高而溶解度增大，且形成 $GeCl_2$，并可进一步与盐酸作用而形成 $GeCl_3^-$：

$$GeO + 2HCl = GeCl_2 + H_2O \tag{4-121}$$

$$GeCl_2 + HCl = HGeCl_3 \tag{4-122}$$

特别应该指出的是，GeO 难溶于碱，这与锗的其他氧化物或硫化物（除晶体 GeS 外）易溶于碱的性质相反，仅 $GeO\cdot H_2O$ 微溶于碱而形成 $MeHGeO_2$[8]，这种情况[156]参见表 4-33。

表 4-33 $Ge(OH)_2$ 在 1000 g 碱液中的溶解度(25℃)

NaOH/mol	0	0.00991	0.0496	0.7453	1.1680	2.3360	3.5040
$Ge(OH)_2$ 的溶解度/mol	0.0231	0.0172	0.0055	0.00250	0.0014	0.0035	0.0082

Ge^{2+} 盐易水解而生成强酸性水合物 $Ge(OH)_2$，$Ge(OH)_2$ 通常为白色，但随制取方法不同可呈黄色与红色，其酸性比弱酸性的 $Pb(OH)_2$ 或 $Sn(OH)_2$ 稍强一些。其水溶性小，25℃时仅 0.0044 g/L[8]。

4.4.3.2 GeO_2

GeO_2 为白色粉末。GeO_2 有三种形态：可溶性的六方晶系的、可溶性的无定形玻璃体的与不溶性的正方晶系的 GeO_2。它们的物理及化学性质见表 4-34[1~9,11,16~18,21,22,29,89,149,150,156,169,176]。

表 4-34 GeO_2 各个变态的物理化学性质

性 质	不溶正方晶系 GeO_2	可溶六方晶系 GeO_2	可溶无定形 GeO_2
结晶构造	$a=0.4394\sim0.4390$ nm $c=0.2852\sim0.2859$ nm	$a=0.4987\sim0.4988$ nm $c=0.5653\sim0.564$ nm	玻璃体
晶 型	金红石	α－石英 β－石英[12]	
密度/$g\cdot cm^{-3}$	6.239	4.228	3.1219～3.637
熔点/℃	1086～(1086±5)	1115～(1116±4)	
沸点/℃		1200	
100 g 水中溶解度/g	0.0023(25℃)	0.433～0.453(25℃) 0.551(38℃) 0.617(41℃) 0.95～1.05(100℃)	0.5184(38℃)
与盐酸作用	不	生成 $GeCl_4$	生成 $GeCl_4$
与 5mol/LNaOH 作用	10 倍 NaOH 于 550℃可作用， 5 倍 Na_2CO_3 于 900℃可作用	易	易

续表 4-34

性　质		不溶正方晶系 GeO_2	可溶六方晶系 GeO_2	可溶无定形 GeO_2
与 HF 作用		不	生成 H_2GeF_6	生成 H_2GeF_6
转变温度/℃		(1033 ±10) ~ 1049	1033 ±10	
折射率/%	ω	1.99	1.695	
	ε	2.075	1.735	1.607

可溶性的六方晶系的 GeO_2 在长久加热下，会缓缓地转变为不溶性的四方晶系的 GeO_2（见表 4-35）。故处理含锗料时不宜长久加热。

表 4-35　六方晶系 GeO_2 转变为四方晶系的条件

加热温度/℃	350	355	360
加热时间/h	95	117	115
转变率/%	97.5	98.6	95.2

有人指出[21]：低温变态的六方晶系的 GeO_2 是一种介稳化合物，具有 α－石英型晶格；当加热到 1020℃时，它就会转变成稳定的、具有 β－石英型晶格的六方晶系 GeO_2（图 4-33）；特别是在加压或存在催化剂情况下长时间加热时，它就逐渐转化为稳定的、具有金红石晶格的四方晶系（较多人叫"四面体"）GeO_2，当温度高于 1049℃时，四方晶系 GeO_2 将转变成高温的六方晶系 GeO_2；快速冷却熔融的 GeO_2，就可获得玻璃体无定形的 GeO_2[21]。从表 4-34 看出，α－石英型 GeO_2 在水中的溶解度随温度的升高而增加。而熔化后的 GeO_2 则难溶于水。

GeO_2 在空气中的挥发性极差[93]，而在还原性气氛中挥发却很显著[168]，如图 4-34 所示。

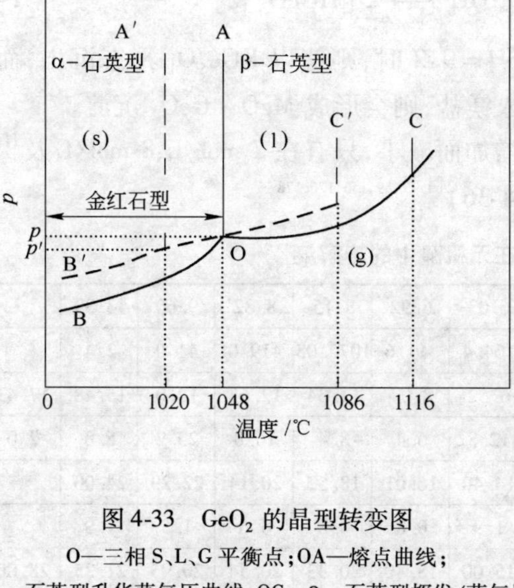

图 4-33　GeO_2 的晶型转变图

O—三相 S、L、G 平衡点；OA—熔点曲线；

OB—α－石英型升华蒸气压曲线；OC—β－石英型挥发/蒸气压曲线

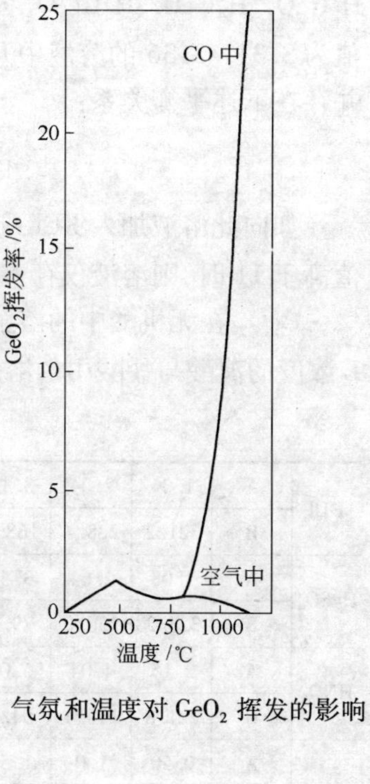

图 4-34　气氛和温度对 GeO_2 挥发的影响

从图 4-34 可见，在 250 ~ 1100℃ 间 GeO_2 在空气中的挥发率极小；但在 CO 中加热到 700℃ 时 GeO_2 被还原成 GeO 而挥发：

$$GeO_2 + CO \xlongequal{\quad} GeO + CO_2 \tag{4-123}$$

且随温度的升高而加剧，高于 900℃ 时急剧挥发；GeO_2 在烧煤中则与在 CO 中的情况几乎相同；但在 500 ~ 600℃ 下的氢气中的情况却两样，不是还原到 GeO 而挥发，而是产出金属锗：

$$GeO_2 + 2H_2 \xlongequal{\quad} Ge + 2H_2O \tag{4-124}$$

只是 GeO_2 在高于 700℃ 的氢气中时，才有部分以 GeO 形态挥发。有人指出[179]，当温度高于 1250℃ 时 GeO_2 会强烈挥发，且不受气氛的影响。

GeO_2 的蒸气压很微小，而其离解压也小，但在 1000 ~ 1100℃ 时则按下式离解约达 90%：

$$GeO_2 \xlongequal{\quad} GeO(g) + \frac{1}{2}O_2(g) \tag{4-125}$$

离解压可按如下方程[93]计算：

$$\lg(p/\mathrm{mmHg}) = -20008/T + 12.97 \tag{4-126}$$

$$\lg(p/\mathrm{mmHg}) = -25517/T + 16.245 \qquad (1040 \sim 1150℃) \tag{4-127}$$

GeO_2 是一种弱酸性的两性化合物。锗在炉渣中以 ${GeO_4}^{4+}$ 形态存在，为强酸性化合物。GeO_2 可与一系列金属氧化物形成 $2MeO \cdot GeO_2$、$MeO \cdot GeO_2$ 或 $MeO \cdot 5GeO_2$ 等[2~7]。如 GeO_2 与 Na_2S 及硫一起烧结时，就会形成 $Na_2GeOS_2 \cdot 2H_2O$，这种盐的熔点为 750℃，但温度高于 710℃ 就离解。熔融的 GeO_2 与碱作用将生成碱式锗酸盐，该盐易溶于水。

GeO_2 在水溶液中形成分子分散的或胶体的溶液，这些溶液含有组成简单的锗酸，如 H_2GeO_3、H_4GeO_4、$H_2Ge_5O_{11}$ 及 $H_4Ge_7O_{16}$ 等。H_2GeO_3 为弱酸，而 $H_2Ge_5O_{11}$ 比它稍强。在 pH 值为 3.31 ~ 3.36 的溶液中几乎不存在 Ge^{4+}。$[Ge_5O_{11}]^{2-}$ 在 pH 值为 5.5 ~ 8.4 下稳定[176]，并存在下述平衡关系：

$$[Ge_5O_{11}]^{2-} + H_2O + 3OH^- \xlongequal{\quad} 5[HGeO_3]^- \tag{4-128}$$

如向此溶液加入 KCl 或 KNO_3，并控在 pH = 9.2 时，则锗以 KGe_5O_{11} 形态沉出，而在 pH 值高于 11 时，则溶液仅存 $Ge(OH)_6^{2-}$；如加入镁盐，则会形成 $MgO \cdot GeO_2$ 沉淀。

GeO_2 在无机酸中的溶解度随酸的浓度增加而减小，只有在 7 mol/L、8 mol/L 及 12 mol/L 浓度的溴酸与盐酸中的溶解度最大（见表 4-36）[1~7,89,156,176,178]。

表 4-36　GeO_2 在无机酸中的溶解度

HCl	A	1.04	2.04	3.17	4.03	5.03	6.03	6.92	8.15	8.82	9.60	13.39		
	B	321.2	228.4	168.8	121.2	113.8	164.4	311.6	1075.05	419.0	41.0	2.4		
H_2SO_4	A	1.08	2.64	3.51	4.11	5.32	6.52	8.07	11.34	12.63	14.0	15.48	17.43	
	B	323.2	136.6	79.5	53.6	26.8	12.8	6.4	8.4	16.8	23.2	5.8	2.0	
HNO_3	A	2.15	4.04	6.07	8.38	10.57	14.40	16.01	18.52	20.14	22.29	24.00		
	B	221.8	116.4	54.0	20.54	7.5	1.9	0.8	0.8	0.6	1.5	1.8		
HF	A	0.50	1.0	1.50	3.66	6.24	15.00	18.80	20.33	20.54	20.95	21.25	28.00	30.82
	B	1550	2430	3640	9140	15250	34700	41940	43990	43690	44270	44800	37670	35050

续表 4-36

$HClO_4$	A	1.56	3.41	5.49	6.92	10.02	11.88						
	B	210.0	64.0	12.4	5.2	0.4	0.4						
HBr	A	0.72	3.37	5.47	6.90	7.17	7.32	7.36	7.60	8.31	8.83		
	B	315.2	118.6	51.4	85.0	123.0	152.2	133.4	69.2	5.4	5.4		
HI	A	1.27	2.33	3.21	4.17	4.80	4.95	4.98	5.20	5.79	7.17		
	B	286.0	170.8	96.8	60.4	53.6	50.0	42.8	11.6	9.2	2.0		

注：A—酸的浓度，mol/L；B—GeO_2 在 100 g 水中的溶解度，mg。

此外，在溶液中所形成的锗不溶物也影响到 GeO_2 的溶解度，如在盐酸溶液中，当酸度增至5 mol/L 时，会形成易溶的锗氯配合物 $GeCl_5^-$ 及 $GeCl_6^{2-}$[3~7]。而有人说，在6~9 mol/L 盐酸溶液中锗会形成锗氯阴配合离子 $[Ge(OH)_nCl_{5-n}]^-$ 及 $[Ge(OH)_nCl_{6-n}]^{2-}$ $(n=3\sim4)$，而在盐酸浓度大于8~9 mol/L 时[3~7,180]，因配合物分解而形成不溶的 $GeCl_4$，导致 GeO_2 的溶解度下降。

溶液中存在 $HGeO_3^-$ 或上述的这些配合离子，可被 $Al(OH)_3$、$Ga(OH)_3$ 或 $Fe(OH)_3$ 吸附而共沉淀。如液中 Al/Ge 比为 100，在 20~80℃，pH 值为 6.0~9.6 下，$HGeO_3^-$ 可被 $Al(OH)_3$ 所吸附沉出（参见图 4-35）。如液中 GeO_2/Al_2O_3 比值大于3，在 pH=7 时，可能形成 $Al_2O_3 \cdot 2GeO_2 \cdot nH_2O$ 的沉淀物[146]；当液中的 Fe/Ge 比值在 100~20，于 20~80℃ 及 pH=8 时，即使液中有碱金属或碱土金属、铝、镁、锌等存在时，仅需数分钟即可完全沉出锗，沉锗率可达 97%~100%；如用 NaOH 或 NH_4OH 中和时，GeO_2 与 $Fe(OH)_3$ 发生共沉淀（见表 4-37），其沉淀物的组成经查明为 $2Fe_2O_3 \cdot 3GeO_2$（低于 680℃）和 $2Fe_2O_3 \cdot 7GeO_2$；高于 900℃，得到的是 $2Fe_2O_3 \cdot 3GeO_2$ 的离解产物[146]。

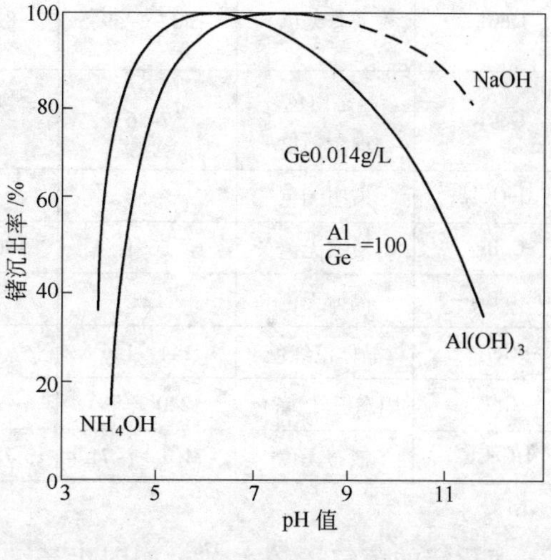

图 4-35 氢氧化物中和沉锗 pH 值与沉出率的关系曲线

表 4-37 $Fe(OH)_3$ 与 GeO_2 共沉淀关系

$M_{Fe_2O_3}/M_{GeO_2}$		1∶4	2∶3	3∶2	4∶1
沉锗率/%	用 NaOH 中和	90.4	96.9	99.7	99.8
	用 NH_4OH 中和	94.1	97.2	99.8	99.9

因 Ge^{4+} 极易水解，故 pH 值为 3~3.3 时，其水解进行得十分完全[181]。

GeO_2 在 NaOH 中的溶解度随 NaOH 浓度增高而增大的性质多被利用于溶解 GeO_2 物料[156]，见表 4-38。

表 4-38　GeO_2 在 NaOH 的溶解度

$NaOH/g \cdot L^{-1}$	0.0	0.05	0.1	0.2	0.4	0.5	1.0	2.0	4.0
$GeO_2/g \cdot L^{-1}$	4.48	4.60	5.05	5.70	7.06	7.81	11.67	17.70	23.85

4.4.4　锗的卤化物

锗的卤化物较多,其基本的物理化学性质见表 4-39[1~9,89,149,150,169,176,178]。

表 4-39　锗卤化物的物理化学性质

卤化锗	色　彩	熔点/℃	沸点/℃	密度$/g \cdot cm^{-3}$	升华温度/℃	离解温度/℃
GeF_4	气态无色	-15	-36.5（升华）	2.16~2.47(g), 3.148(s)	25（空气中）	>1000
GeF_2	固态白色	110	160(离解)			>160
$GeCl_4$	液态无色	-50~-49.5	82.5~84	1.874~1.88	25（空气中）	
$GeCl_2$	晶态白色，液态棕色	74.6	离解			>75 始，460 完全
$GeOCl_2$	液态无色	-56				
$GeBr_4$	液态无色	26.1	180~186.5	3.13~3.132		
$GeBr_2$	晶体无色	122	离解			
GeI_4	晶体橙红色	144~146	375	4.32~4.322		
GeI_2	固态橙红,黄色	240 升华		5.37		>210
$HGeCl_3$	液态无色	-71.1~-71.4	73~75.2	1.93		>140

卤化锗的蒸气压较大[176],如图 4-36 所示。

4.4.4.1　GeF_4

GeF_4 于室温下在空气中发生烟化并放出臭蒜味。它于 -37℃ 下冷凝为液态,只能放在玻璃瓶中而不能放在铜器皿中。它在温度低于 700℃ 下时不与石英起反应。它在低于 1000℃ 下也不离解。GeF_4 在高于 400℃ 时可与铝、铁、镁的氯化物作用而生成 $GeCl_4$[89]。GeF_4 可溶于稀盐酸,并易溶于水而放出大量的热:

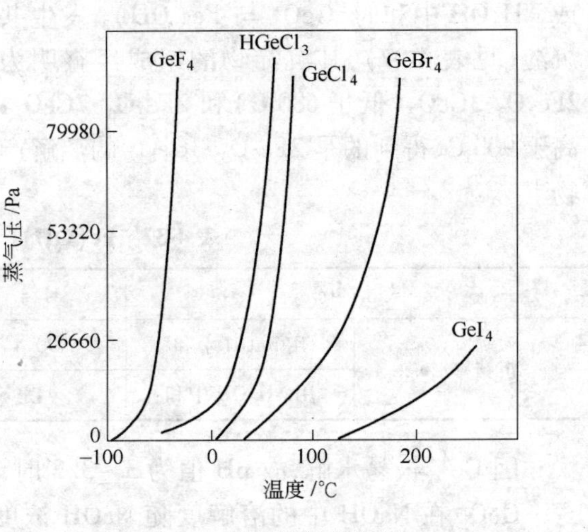

图 4-36　卤化锗的蒸气压

$$3GeF_4 + 2H_2O = GeO_2 + 2H_2GeF_6 + Q \quad (4\text{-}129)$$

业已查明：在 $GeO - H_2O - HF$ 系中存在 $H_2GeF_6 \cdot 2H_2O$ 与 $H_2GeOF_6 \cdot 2H_2O$ 等化合物[93]，可把后者看成是 $GeF_4 \cdot 3H_2O$。

4.4.4.2 GeF_2

GeF_2 为一种强还原剂，吸湿性强，易挥发，加热将离解为 GeF_4。它易溶于水，并易发生水解。

4.4.4.3 $GeCl_4$

$GeCl_4$ 在空气中易烟化，在900℃下可被氢气还原成金属锗：

$$GeCl_4 + 2H_2 = Ge + 4HCl \quad (4\text{-}130)$$

后一性质多被利用于制备涂层或做光电元件的锗膜。在温度高于400℃时 $GeCl_4$ 可与 CaO 或 SiO_2 等作用而生成 nMeO · $m$$GeO_2$ 和 $MeCl_2$。与干燥的氨作用可形成 $GeCl_4 \cdot 6NH_3$。高于160℃下它与 SO_3 形成 $Ge(SO_4)_2$。$GeCl_4$ 与金属锗一起加热可获得 $GeCl_2$：

$$GeCl_4 + Ge = 2GeCl_2 \quad (4\text{-}131)$$

$GeCl_4$ 易水解，在盐酸浓度小于6 mol/L 的情况下发生如下水解反应：

$$GeCl_4 + 2H_2O = GeO_2\downarrow + 4HCl \quad (4\text{-}132)$$

此特性已利用于制取纯 GeO_2。当 HCl 浓度大于 6 mol/L 后，反应则向左进行形成 $GeCl_4$，而这一性质又被氯化蒸馏提纯锗的工艺所利用。$GeCl_4$ 不溶于浓硫酸，也不与其作用，氯化蒸馏之所以必须加入硫酸，那是为了提高溶液的沸点与酸度。$GeCl_4$ 可溶于乙醇、CS_2、CCl_4、苯、氯仿、煤油及乙醚等中。在大于 7 mol/L 的 HCl 中其溶解度随盐酸浓度的增加而减小[176]，见表4-40。

表4-40 $GeCl_4$ 在盐酸中的溶解度

盐酸浓度/mol · L^{-1}	7.00	7.77	8.32	9.72	12.08	16.14
$GeCl_4$ 溶解度/g · L^{-1}	37.00	85.36	61.83	17.84	1.83	0.88

由于 $GeCl_4$ 的沸点为83.1℃，与 $AsCl_3$130℃的沸点相近，故在氯化蒸馏锗时，欲使 $AsCl_3$ 不与 $GeCl_4$ 共同蒸馏出，就要加入氧化剂如氯等把 As^{3+} 氧化为 As^{5+}。若在有碱土金属氯化物参与下蒸馏 $GeCl_4$ 时，则该系统的盐酸浓度甚至可以降到2.5 mol/L 以下也可得到很好的蒸馏效果[3~7,182]。

4.4.4.4 $GeCl_2$

$GeCl_2$ 为不稳定化合物，稍加热就分解为 $GeCl_4$ 与金属锗。它与干的氧气作用生成 $GeCl_4$ 与 GeO_2，与氯气作用而生成 $GeCl_4$，与水或湿的氧气作用会发生水解：

$$GeCl_2 + 2H_2O = Ge(OH)_2 + 2HCl \quad (4\text{-}133)$$

$GeCl_2$ 与 H_2S 于室温下作用即可生成 GeS。$GeCl_2$ 易溶于浓盐酸中并生成比较稳定的 $HGeCl_3$：

$$GeCl_2 + HCl = HGeCl_3 \quad (4\text{-}134)$$

4.4.4.5 $GeOCl_2$

加热 $GeOCl_2$ 时易分解为 GeO 与氯气[89]。$GeOCl_2$ 在水中极易水解：

$$GeOCl_2 + H_2O \xlongequal{} Ge(OH)_2 + Cl_2 \tag{4-135}$$

4.4.4.6 $GeBr_4$

$GeBr_4$ 是一种强烈挥发性的液体，在26℃时馏出分为白色带黄的固体，而在0℃左右可凝固成晶状浆物[89]，但它具有过冷性能，冷到 -18℃时也不会冻结。它与浓硝酸作用较强烈并放出溴，但不与浓硫酸作用。$GeBr_4$ 可溶于 CCl_4、苯、醚及乙醇等而不离解，但在丙酮中溶解时将伴随离解。$GeBr_4$ 在水中会迅速水解而沉出 GeO_2，如向水中加入少许 KOH，则水解进行得更加强烈。

4.4.4.7 $GeBr_2$

加热 $GeBr_2$ 时会离解为 $GeBr_4$ 与金属锗。它可微溶于苯及其他碳氢化合物之中[89]，而溶在酒精中成为无色液体，后者可作还原剂。

4.4.4.8 GeI_4

GeI_4 在空气中较稳定，在加热时如发现它由鲜红转变到巧克力棕色时，即说明已开始离解：

$$GeI_4 \xlongequal{} GeI_2 + I_2 \tag{4-136}$$

部分 GeI_4 可被氢气或乙炔所还原。在360℃时 GeI_4 可与金属锗作用生成 GeI_2。它不与浓硫酸作用，于室温下即使在浓盐酸中溶解也缓慢[176]。GeI_4 在水中水解也较缓慢，产物为 GeO_2。GeI_4 可溶于苯、CS_2 及甲醇中。

4.4.4.9 GeI_2

GeI_2 不溶于碳氢化合物，仅微溶于 CCl_4、氯仿与浓的碘酸之中[29]。它在空气中氧化，在高于210℃时则剧烈氧化成 GeO_2 和 GeI_4，在更高温度下则快速离解而生成 GeI_4 与金属锗。

4.4.5 锗酸与锗酸盐

4.4.5.1 锗酸

锗能生成一系列卤锗酸，如 $HGeCl_3$、H_2GeCl_2、$HGeBr_3$、$HGeClBr_2$ 及 HGeClBr 等，较有实际意义的是 $HGeCl_3$。

$HGeCl_3$ 是无色可流动的液体，暴露在空气中会变暗呈乳状。熔点为 -71℃，沸点为75.2℃。加热到140℃即离解为 $GeCl_2$ 与 HCl，升高温度则离解为 $GeCl_4$ 与金属锗。$HGeCl_3$ 与溴或碘作用时，它的氢原子被溴或碘原子所取代，并产出相应的溴酸或碘酸。在有催化剂如 $AlCl_3$ 参与下，$HGeCl_3$ 与 $GeCl_4$ 或 GeI_4 相互作用并形成相应的 $GeBrCl_3$ 或 $GeICl_3$ 化合物。在盐酸溶液中电解 $HGeCl_3$，不会在阴极上析出金属锗，但却在阳极上沉积 GeO_2，这或许是因为 $GeCl_3$ 趋向阳极并在那里水解而出现。$HGeCl_3$ 可溶于乙醚。$HGeCl_3$ 易被水分解得 $GeO \cdot nH_2O$，而与 NaOH 作用会形成 $Ge(OH)_2$ 或继续作用而沉出 GeO[147]。

4.4.5.2 锗酸盐

锗与碱金属、碱土金属及轻金属氧化物作用形成锗酸盐 $MeO \cdot GeO_2$。由湿法形成的偏锗酸盐则带 nH_2O[1~7,29,150]。

4.4.5.3 锗的硫酸盐

锗或氧化锗与硫酸作用而形成 $Ge(SO_4)_2$、$Ge(SO_4)$ 或 $GeO(SO_4)$[1~7,150]。

4.4.6 锗的氢化物

锗的氢化物有 GeH_4、Ge_2H_6、Ge_3H_8、Ge_4H_{10}及 Ge_5H_{12}等，可以 Ge_nH_{2+2n}表示。它们的基本性质见表 4-41[1~9,89,149,150,172,176,178]。

表 4-41 锗的氢化物的物理化学性质

性 质	GeH_4			Ge_2H_6			Ge_3H_8			Ge_4H_{10}	Ge_5H_{12}
色彩	棕色固体，无色气体			无色液体			无色液体			无色液体	无色液体
密度/g · cm⁻³	1.52 ~ 1.523			1.98			2.2				
熔点/℃	-164.8 ~ -165.9			-109			-105.6				
沸点/℃	-88.1 ~ -89.1			29 ~ 31.5			110.5 ~ 110.8			176.9 ~ 177.0	234 ~ 235
离解温度/℃	>36			>215			>200			>100	>100
蒸气压/Pa	133.3	13330	101325	133.3	13330	101325	133.3	13330	101325	$\lg(p/\text{mmHg}) = -1714.6/T + 6.692$	$\lg(p/\text{mmHg}) = -1805.8/T + 6.449$
温度/℃	-163	-120.3	-88.9	-88.7	-20.3	31.5	-36.9	47.9	110.8	3 ~ 47	7 ~ 47

一般氢化锗具有难闻的、使人恶心的气味，有如砷化氢一样的溶血性毒物，但其毒性比砷化氢的低[3~7]。锗的氢化物的蒸气压如图 4-37 所示。

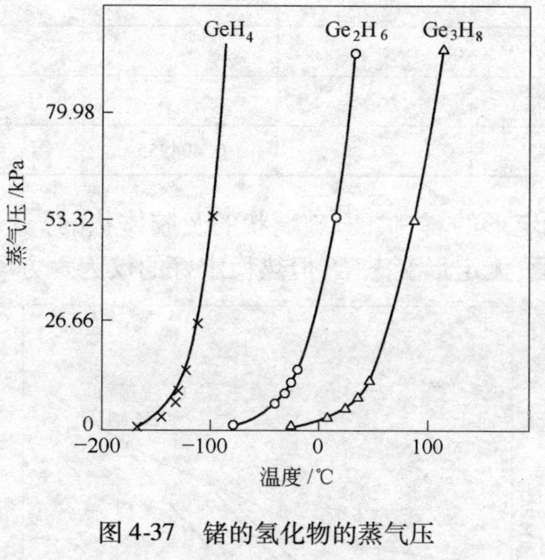

图 4-37 锗的氢化物的蒸气压

加热时会逐渐分解为低价的氢化锗，最后得到金属锗和氢气。

4.4.7 锗的有机化合物

4.4.7.1 Ge - 132

Ge - 132 即 β - 羧基乙基锗倍半氧化物、或三氧化二羧乙基锗（$(GeCH_2CH_2COOR)_2O_3$）、或 $C_6H_{10}Ge_2O_7$[3~7,76,150]，按合成条件的不同而得到的 8 元环与 12 元环两种结构（前者称为 SK - 818，在日本已批准为治疗乙肝药物；后者就是 Ge - 132。

SK－818 溶于水后就转为 Ge－132)，无定形，白色粉末，味酸，微溶于水(1.17%)，20 世纪在日本用于医疗保健，可作植物生长调节剂。经仲胺处理可制得胺化的有机锗聚合物。

4.4.7.2　螺锗

即 N－(3－二甲胺基丙基)－2－氮杂－8,8－二乙基－8－锗杂螺[4,5]十一烷，1982 年发现了它，是治疗白血病有效药，已用于临床治疗。其衍生物能降低胆固醇[3~7]。

4.5　硒与碲及其化合物的物理与化学性质

硒、碲和硫同属元素周期表第六主族。硒是典型的半导体，硒的化学性质介于硫与碲之间，只不过碲的金属性比硒的强。

4.5.1　金属硒与碲

4.5.1.1　金属硒

固态硒有 6 种同素异形体，有 α－单斜、β－单斜、灰六方、γ－六方、α－立方及 β－立方晶格结构，相应参数见表 4-42[1~9,11,12,24,150,183~185]。

表 4-42　硒的 6 种同素异形体的晶格结构

晶　型	a/nm	b/nm	c/nm	β/(°)	密度/g·cm^{-3}
α－Se 单斜(红)	0.905~0.9054	0.907~0.9083	1.16~1.1601	90.16~90.82	4.389~4.77
β－Se 单斜(红)	1.274~1.285	0.804~0.807	0.925~0.931	93.13~93.80	4.40~4.50
γ－Se 六方(红)					4.189
α－Se 立方	0.5755~0.604				
β－Se 立方	0.2970				
灰 Se 六方	0.435442		0.494955	螺旋链，103.1	4.79~4.82

硒还有非晶(包括无定形的、粒状的、玻璃状的及胶体状的)变态硒以及液态硒等形态，室温下可存在所有晶体硒、无定形变态硒，但热稳定好的仅为六方硒[24,183](见图 4-38)。

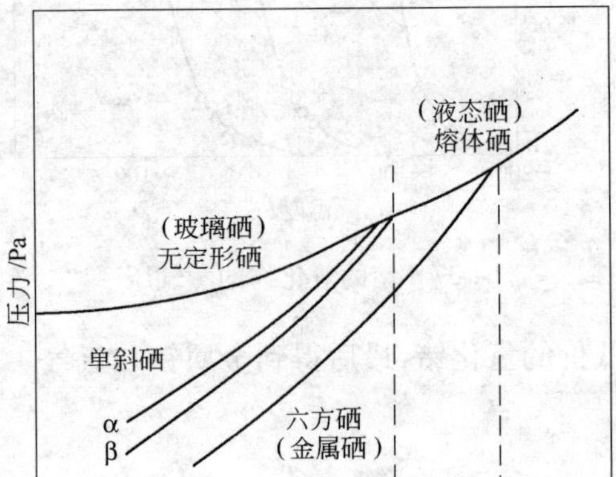

图 4-38　硒的变态与压力和温度的关系曲线

从图4-38可见，从 $HSeO_3$ 液中还原出的硒，在冷却时产出黑色小粒状的以及鲜红到棕红色薄膜状或浆状的无定形硒，这种液态硒可能含多原子的环或不规则链的结构[11,185]，不溶于水，但可溶于 H_2SO_4，加热到35～38℃它就变黑，经快速冷却后，无定形硒就会变成玻璃体硒；把无定形硒加热到70℃会变为红色单斜硒[186]，这种硒具有红色的 α－Se 与暗红色的 β－Se 的结构，α－Se 的熔点为170℃，密度为4.77 g/cm³，当它在110～120℃下加热1 h，就会转为 β－Se，β－Se 的熔点为180℃，密度为4.50 g/cm³。胶体硒的密度约为4.26～4.29 g/cm³[24]。液态硒（低于217℃）的密度 ρ 约3.975～4.05 g/cm³，在270～450℃之间可按下式[24]计算：

$$\rho = 4.05 - 0.001(t - 270) \tag{4-137}$$

所有其他变态硒，当加热到217℃[129,183]，有说到高于100℃连同红与黑的硒[185]或180～220℃[186]，均可转变为稳定的灰色六方晶硒 γ－Se，γ－Se 直到其熔点217℃的所有温度区间内均较其他变态硒稳定，它的沸点为685.1℃[9]。

硒的气相及在通常状态下，均以原子缔合的硒分子形态存在，见表4-43[45]。

表4-43 硒分子的物化性质

硒分子	结晶构造	密度/g·cm⁻³	熔点/℃	沸点/℃
Se_8	无定形	4.82	220	680
Se_8	胶态			
Se_8	可溶物	4.28		688
Se_8	单斜晶	4.46	170～180	688
Se_8	六方晶	4.79	217	688

温度低于500℃时为 Se_8，在溶液中也为 Se_8[24]，硒分子随温度与压力变化存在如下关系[24]：

$$Se_8 \text{——} Se_7 \text{——} Se_6 \text{——} Se_5 \text{——} Se_4 \xrightarrow{900\sim1500℃} Se_2 \xrightarrow{高于1500℃} Se \tag{4-138}$$

当温度高于1500℃时就离解为单原子硒了。

α－单斜、β－单斜、γ－六方三变体由 Se_8 环组成，其红色 α－单斜、β－单斜硒是由不规则链组成（β = 105.7°，键长 0.2335 nm）、六方灰 Se 具螺旋链（β = 103.1°，键长 0.2373nm）[24,185]，如图4-39所示。

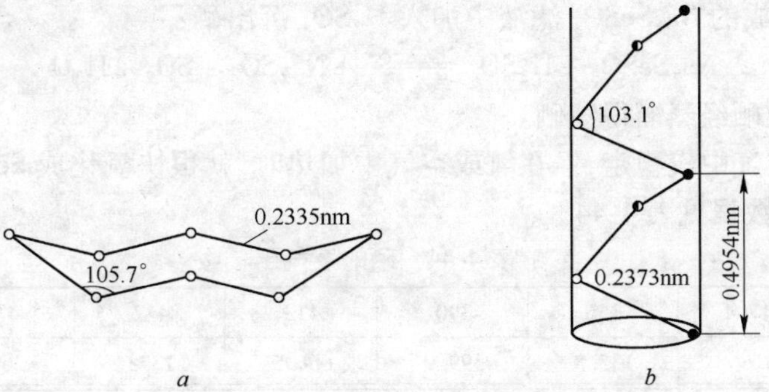

图4-39 硒/Se_8 分子结构图

a—红色 α－Se_8、β－Se_8 和 γ－Se_8 分子；b—灰色六方晶硒 γ－Se

硒主要呈 -2、+4 与 +6 价；此外，还存在一系列阴离子，如 Se^-、Se_2^-、Se_3^-、Se_4^-[183] 与多聚阴离子 Se_3^{2-}，多聚阳离子 Se_4^{2+}，Se_8^{2+} 等[120]，其中以 Se_4^{4+} 为最稳定。

硒可直接与氢、氧、硫、卤素（除碘外）[9] 及其他某些金属发生作用，所形成的硒化物都多少有些毒性。硒不与水作用，却微溶于碱液：

$$3Se + 6OH^- \Longrightarrow 2Se^{2-} + SeO_3^{2-} + 3H_2O \tag{4-139}$$

硒可溶于浓硫酸、硝酸及王水中，但不溶于稀硫酸或盐酸中，也不溶于 CCl_4 中。硒可被一系列氧化剂氧化成 SeO_2，但后者随即与水作用而生成亚硒酸 H_2SeO_3[24,183]：

$$Se + 2H_2SO_4 \Longrightarrow H_2SeO_3 + H_2SO_3 + SO_2 \tag{4-140}$$

$$Se + 2HNO_3 \Longrightarrow H_2SeO_3 + NO_2 + NO \tag{4-141}$$

$$Se + 4HNO_3 \Longrightarrow H_2SeO_3 + 4NO_2 + H_2O \tag{4-142}$$

$$Se + 4HNO_3 + 8HCl \Longrightarrow H_2SeO_3 + 4Cl_2 + 4NO + 5H_2O \tag{4-143}$$

$$5Se + 4KMnO_4 + 6H_2SO_4 \Longrightarrow 5H_2SeO_3 + 2K_2SO_4 + 4MnSO_4 + H_2O \tag{4-144}$$

$K_2Cr_2O_7$ 或 $KClO_3$ 在硫酸溶液中与硒也能发生类似于式 4-144 的反应：

$$3H_2SeO_3 + K_2Cr_2O_7 + 4H_2SO_4 \Longrightarrow 3H_2SeO_4 + K_2SO_4 + Cr_2(SO_4)_3 + 4H_2O \tag{4-145}$$

溶液中存在 Se_8^{2+} 显绿色，存在 Se_4^{2+} 则呈黄色[129]。SeO_2 在强烈氧化时，则产生硒酸 H_2SeO_4：

$$SeO_2 + H_2O_2 \Longrightarrow H_2SeO_4 \tag{4-146}$$

硒可溶解在碱中形成相应的亚硒酸盐和硒化物：

$$3Se + 6KOH \Longrightarrow K_2SeO_3 + 2K_2Se + 3H_2O \tag{4-147}$$

无定形硒在 100℃时与水作用也发生类似反应：

$$3Se_{(无定形)} + 3H_2O \Longrightarrow H_2SeO_3 + 2H_2Se \tag{4-148}$$

在 pH 值为 4 ~ 10、存在 Fe^{3+} 达 0.15 ~ 0.25 g/L 时，加氨中和，则 Fe^{3+} 能与 Se^{4+} 共沉淀[187]。

硒可溶于亚硫酸钠水溶液，而碲与其他杂质却不溶，利用此特性以分离硒与碲，且已被前苏联与美国 Kenecott 利用于提纯硒[11]：

（1）前苏联将硒溶于热的 Na_2SO_3 水溶液得：

$$Se + Na_2SO_3 \Longrightarrow Na_2SeSO_3 \tag{4-149}$$

过滤后，将滤液冷却，则上式反应向左进行而得纯硒。

（2）美国在生成的 Na_2SeSO_3 滤液中加入 H_2SO_4 沉出硒：

$$Na_2SeSO_3 + H_2SO_4 \Longrightarrow Se + Na_2SO_4 + SO_2 + H_2O \tag{4-150}$$

然后将沉出的硒经蒸馏得纯硒。

硒在低温的空气中较稳定，但在氧或空气中加热时，就很快氧化成 SeO_2。硒易挥发（见图 4-2），其蒸气压数据见表 4-44。

表 4-44 硒的蒸气压

温度/℃	217.4	356	390	413	442	473	506
蒸气压/Pa	0.66	133.3	399.9	666.5	1333	2666	5332
温度/℃	527	554	594	637	680	710	
蒸气压/Pa	7998	13330	26660	53320	101325	129300	

硒的蒸气压可按下式计算[1~2,188]：

$$\lg(p/\text{mmHg}) = -4989.5/T + 8.0886 \quad (\text{s,Se}) \tag{4-151}$$

$$\lg(p/\text{mmHg}) = -4722/T + 10.733 \quad (\text{L,Se}) \tag{4-152}$$

文献[188]还列出一系列计算 Se_8 与 Se_6 的蒸气压方程：

$$\lg(p/\text{mmHg}) = -7238.952/T + 12.327 \quad (\text{s},Se_6) \tag{4-153}$$

$$\lg(p/\text{mmHg}) = -7353.824/T + 11.803 \quad (\text{L},Se_2) \tag{4-154}$$

$$\lg(p/\text{mmHg}) = -5787.792/T + 9.388 \quad (\text{s},Se_6) \tag{4-155}$$

$$\lg(p/\text{mmHg}) = -6179.875/T + 9.839 \quad (\text{L},Se_2) \tag{4-156}$$

常温下硒极脆，但当温度高于60℃后即可压延或挤压加工[8]。

硒与 Na_2CO_3 共熔即可形成硒酸钠盐。

$$2Se + 2Na_2CO_3 + 3O_2 \xlongequal{} 2Na_2SeO_4 + 2CO_2 \tag{4-157}$$

4.5.1.2　金属碲

碲有晶体与无定形两种，晶体碲呈银白色，六方晶格（$a = 0.4457$ nm，$b = 0.5929$，$\beta = 103.2°$）相对弱的螺旋链的网状晶，碲的压缩、强度、热膨胀、偏振、光反射、电导及电磁性等物理性质都具有明显的各向异性[11]。碲有 $\alpha-Te$ 与 $\beta-Te$ 两种变态。$\alpha-Te$ 在温度高于354℃时便转变为 $\beta-Te$[8]。无定形碲为棕黑色粉末，密度为 6.0 g/cm³，熔点为 449.5 ±0.5℃，沸点为989.8 ±3.8℃[149]，加热后也可转变为晶体。碲如硒一样，在常温下也性脆，但加热后也可挤压加工。

碲也是半导体。室温下的碲分子形态至今仍不清楚，在高温气相中为单原子 Te 到 Te_5 等，主呈 Te_2[11]，双原子碲显金黄色，温度高于1400℃（有人说高于1800℃）时发生离解。熔融碲在固化时会收缩体积达5%～7%。碲在室温下的空气中较稳定，加热时不燃烧，但当在氧中加热时便燃烧，发出蓝色火焰，并转为 TeO_2。碲的蒸气压较硒低，见表4-45和图4-2。

表4-45　碲的蒸气压

温度/℃	520	605	650	697	753
蒸气压/Pa	133.3	666.5	1333	2666	5332
温度/℃	789	808	910	997	1087
蒸气压/Pa	7800	13330	26660	53320	101325

温度高于400℃即挥发。其蒸气压可按下式计算[1,2]：

$$\lg(p/\text{mmHg}) = -5960.2/T + 7.599 \tag{4-158}$$

$$\lg(p/\text{mmHg}) = -6447/T + 1.0\lg T + 8.1954 \tag{4-159}$$

碲不溶于水与HCl，但在加热下可溶于 H_2SO_4，HNO_3 与 KOH 等[149]。从水溶液中结晶的碲晶体显灰白色，有类似锑金属光泽，但在空气中会失去光泽，且易脆裂为粉末，显黑色。用 SO_2 从含碲酸溶液中会沉出灰棕色碲；如用锌、锡或铁还原会沉出黑色碲；如用肼还原碲酸则沉出红色胶体碲[11]。碲可与卤素或卤化物起反应，但不与氢气、碳及氮等作用。

在 Te－S 系[169]中不存在碲的 MeS，可以说碲不形成硫化物[9]，如图4-40所示。

碲与硫在熔融态下可以互溶，熔融态碲易氧化为 TeO_2，如有空气通过熔池则碲将挥发。在加热的条件下碲可与一系列金属作用生成金属碲化物 MeTe，反应过程将放出大量热[8]。

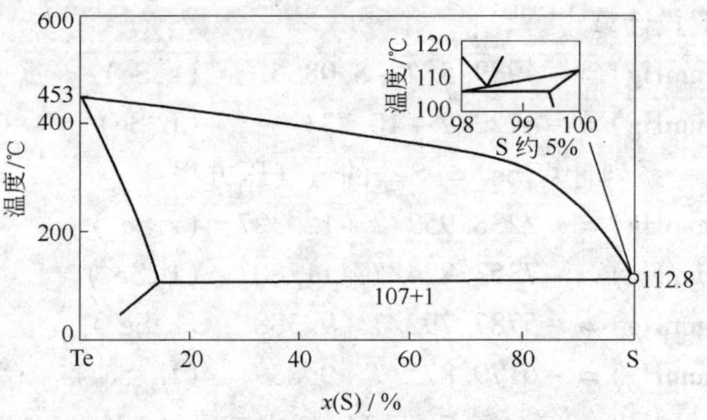

图 4-40　Te－S 系

与硒一样，碲存在 －2、＋4 与 ＋6 价。此外，还存在多聚阴离子 Te_3^{2-} 与多聚阳离子 Te_4^{2+} 等[120]。粒状碲在 100～160℃间可与水作用生成 TeO_2 并放出氢气[9]：

$$Te + 2H_2O = TeO_2 + 2H_2\uparrow \quad (4\text{-}160)$$

碲也易溶于王水、硝酸、浓硫酸及存在氧化剂的碱液中，但不溶于 CS_2，可缓溶于稀酸及碱液：

$$2Te + 9HNO_3 = Te_2O_3(OH)NO_3 + 8NO_2 + 4H_2O \quad (4\text{-}161)$$

$$3Te + 4HNO_3 + H_2O = 3H_2TeO_3 + 4NO \quad (4\text{-}162)$$

$$Te + H_2SO_4 = TeSO_3 + H_2O \quad (4\text{-}163)$$

$$3Te + 6KOH = K_2TeO_3 + 2K_2Te + 3H_2O \quad (4\text{-}164)$$

反应式 4-163 可逆，加热时会放出 SO_2。

碲易被强氧化剂所氧化，当碲强烈氧化时，也如硒一样形成碲酸：

$$3H_2TeO_3 + 2KMnO_4 + 2KOH = 3H_2TeO_4 + 2K_2MnO_4 + H_2O \quad (4\text{-}165)$$

$$5TeO_2 + 2KMnO_4 + 3H_2SO_4 + 2H_2O = 5H_2TeO_4 + K_2SO_4 + 2MnSO_4 \quad (4\text{-}166)$$

$$3TeO_2 + K_2Cr_2O_7 + 8HCl = 3H_2TeO_4 + 2KCl + 2CrCl_3 + H_2O \quad (4\text{-}167)$$

碲可将金属氯化物如 $AsCl_3$、$PbCl_4$、$AuCl_3$ 等还原到金属，能将 $FeCl_3$ 还原到 $FeCl_2$，以及将 SO_2Cl_2 还原到 SO_2。

碲不像硒那样可溶于亚硫酸钠水溶液，可利用此特性来分离硒与碲[11]。

4.5.2　硒与碲的硫化物

4.5.2.1　*硒的硫化物*

硒的硫化物有 SeS、Se_2S 及 SeS_2，也可能存在 SeS_4 与 Se_4S 等。但也有研究结果表明[169]：在 Se－S 系中不存在硒的硫化物 MeS。

A　SeS_2

SeS_2 呈黄色，常温下密度为 2.821～2.870 g/cm³（0℃时为 3.065 g/cm³），熔点为 122.0℃，在空气中就能氧化成 SeO_2：

$$SeS_2 + 3O_2 = SeO_2\uparrow + 2SO_2\uparrow \quad (4\text{-}168)$$

但当空气不足而加热到 150℃时，则发生 SeS_2 的升华。

随着温度继续升高，挥发增强。SeS_2 的蒸气压见表 4-46。

表 4-46 SeS_2 的蒸气压数据

温度/℃	20	70	94	124	199
蒸气压/Pa	133.3	1662.3	2692.6	3399.2	5412.0
温度/℃	210	232	299	311	332
蒸气压/Pa	7278.2	9037.7	60065.0	94762.9	112238.6

SeS_2 易溶于王水，在硝酸中会缓慢地分解。它与少量 K_2CO_3 共熔后用水分解，其中大部分的硫转入溶液，而硒却残留在渣中。如用大量 K_2CO_3，则可使其中的硫全部进入溶液，而与此同时仅溶少量硒。

B $SeS(Se_4S_4)$

它是一种介于化合物与(S + Se)混合物间的产物，原呈柠檬黄色，但因很快离解而变成红色：

$$SeS = Se + S \qquad (4\text{-}169)$$

SeS 的晶体呈片状，密度为 3.20 g/cm^3，熔点为 113.0℃。它与空气或汞蒸气作用而变黑。SeS 不溶于水及酸中，但可溶于 CS_2 及过硫化物中。

C $SeS_3(Se_2S_6)$

SeS_3 为棕色针状物，密度为 2.44 g/cm^3，熔点为 121.5℃，微溶于 CS_2 中。

4.5.2.2 *碲的硫化物*

类似于硒的状况，在 Te－S 系(图 4-40)中不出现硫化物，但在一定的条件下存在 TeS_2、TeS 及 TeS_3，TeS_2 仅在 －20℃稳定[24]，加热时就离解为元素硫及碲，而 TeS 及 TeS_3 则根本不稳定。

A TeS_2

TeS_2 为棕色，很容易分解，易溶于$(NH_4)_2S$，但不溶于盐酸[147]。

B TeS

TeS 为棕色。TeS 在刚产出时显红色，随后转为黑色。

4.5.3 硒与碲的氧化物

4.5.3.1 *硒的氧化物*

硒有一系列的氧化物：如 SeO、SeO_2、SeO_3、Se_2O_3 及 Se_3O_4 等，其中较稳定的是 SeO_2。

A SeO_2

SeO_2 为白色带光泽物、属四方晶系，具有无限长的 SeO_2 链和桥式 O 原子构造：

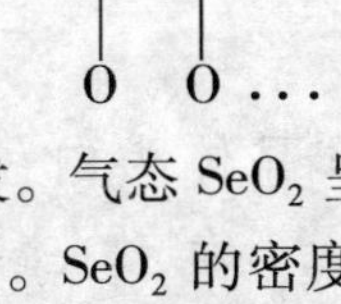

SeO_2 极易挥发，可不经熔化就挥发。气态 SeO_2 呈黄绿色，发出一股蒜臭味，并有毒，其挥发冷凝物呈白色或微红的针状物[174]。SeO_2 的密度为 3.59 ~ 3.954 g/cm^3，熔点为 340 ~ 350℃，沸点不确切，因为当温度高于 315 ~ 317℃ 时就升华而挥发了。SeO_2 蒸气压较大，见表 4-47。

表 4-47　SeO_2 的蒸气压数据

温度/℃	157	202.5	217.5	244.5	258	277	297.7	317
蒸气压/Pa	133.3	1333	2666	7998	13330	26660	53320	101325

其计算方程[8,93]如下：

$$\lg(p/\mathrm{mmHg}) = -5542.5/T + 12.027 \tag{4-170}$$

$$\lg(p/\mathrm{mmHg}) = -6170/T - 3.02\lg T + 21.4 \tag{4-171}$$

当加热 SeO_2 到 1000℃以上时，就离解：

$$SeO_2 = SeO + 1/2O_2 \tag{4-172}$$

熔融的 SeO_2 呈暗橙色，它与 Na_2O_2 共熔生成 Na_2SeO_4。

SeO_2 为吸湿性物质，是酸酐，易溶于水成酸（20℃的溶解度达 68.8%）[9]：

$$SeO_2 + H_2O = H_2SeO_3 \tag{4-173}$$

SeO_2 在 -3 ~ 32℃之间每 100 g 水的溶解度（S）与温度（t）存在如下关系[8]：

$$S = 45.0 + 0.7692t \quad (\mathrm{g}) \tag{4-174}$$

SeO_2 可溶于盐酸、NaOH 及甲醇中，但不溶于苯及丙酮等中，而在 NaOH 中可形成带 5 个水的 Na_2SeO_3、Na_4SeO_3 及 $Na_2Se_4O_9$ 盐[156]：

$$SeO_2 + 4HCl = SeCl_4 + 2H_2O \tag{4-175}$$

$$SeO_2 + 4HCl = SeO_2 \cdot 4HCl \tag{4-176}$$

$$SeO_2 + 2NaOH = Na_2SeO_3 + H_2O \tag{4-177}$$

SeO_2 是强氧化剂，可被二氧化硫、氢气、氨、一氧化碳及碳等还原为元素硒。它在 25℃的 10% ~ 40% 硫酸溶液中可被 SO_2 还原成元素硒：

$$SeO_2 + 2H_2O + 2SO_2 = 2H_2SO_4 + Se\downarrow \tag{4-178}$$

但在高于 70℃时则可能形成稳定的 $H_2SeS_2O_6$ 而削弱其还原：

$$SeO_2 + 2H_2O + 3SO_2 = H_2SeS_2O_6 + H_2SO_4 \tag{4-179}$$

但 $H_2SeS_2O_6$ 在更高温度下最终仍分解为硒：

$$H_2SeS_2O_6 = Se\downarrow + H_2SO_4 + SO_2 \tag{4-180}$$

要还原气相中的 SeO_2 必须有水蒸气或水存在，只有当温度高于 100℃且有水存在时，才能发生 SeO_2 的还原反应：

$$SeO_2(g) + 2H_2O(g) + 2SO_2(g) = 2H_2SO_4(l) + Se(s)\downarrow \tag{4-181}$$

SeO_2 可被 $KMnO_4$ 氧化成 SeO_3，也可被 H_2O_2 氧化为硒酸：

$$SeO_2 + H_2O_2 = H_2SeO_4 \tag{4-182}$$

B　SeO

SeO 是一种离解 SeO_2 的介稳产物，在室温下不可能存在，仅在高温（高于 1000℃）存在气态的 SeO(g)。

C　SeO_3

硒酐 SeO_3 的液体呈鲜黄色，其晶体为白色，属正方晶系。它的密度为 3.6 ~ 2.75 g/cm^3，熔点为 118 ~ 118.5℃，沸点不确定，在温度为 120 ~ 185℃时就已离解为 SeO_2 和 O_2[8,23,29]。

SeO_3 是不稳定化合物，吸湿性强，在空气中易潮解，高于 95℃就挥发。其蒸气压可按下式计算：

$$\lg(p/\text{mmHg}) = -6968/T + 18.159 \qquad (4\text{-}183)$$

SeO_3 可溶于水而形成 H_2SeO_4，并放出大量的热；也溶于浓 H_2SO_4、乙醇、醋酐及液态 SO_2；难溶于苯、氯仿与 CCl_4 中。

SeO_3 是强氧化剂，如易使硫氧化成 SO_2，使磷氧化到 P_2O_5，它可以自燃。

4.5.3.2 *碲的氧化物*

有 TeO、TeO_2 与 TeO_3 及 Te_2O_5 等碲的氧化物。其性质与硒的氧化物近似。

A TeO_2

TeO_2 为白色物，属正方晶系。它的密度为 5.49 ~ 6.02 g/cm^3，熔点为 732.6 ~ 733℃。沸点约为 1260℃，在 450℃或 790℃[29]时升华。

TeO_2 是离子型晶体，存在金红石与钙铁矿两种晶型。TeO_2 是碲氧化物中最稳定的化合物，甚至在熔化或沸腾时也不离解[8]。它在加热时显黄色，熔融时则呈暗黄或暗红色。TeO_2 在高于 450℃时挥发，其蒸气压可按下列方程计算[8,23,93]：

$$\lg(p/\text{mmHg}) = -13940/T - 3.52\lg T + 23.51 \qquad (4\text{-}184)$$

$$\lg(p/\text{mmHg}) = -13169/T + 12.257 \qquad (4\text{-}185)$$

$$\lg(p/\text{mmHg}) = -11300/T + 10.248\text{（液态时）} \qquad (4\text{-}186)$$

TeO_2 的挥发性较 SeO_2 的差，蒸气压在 450℃仅 0.0001 Pa，到 704℃也只有 1.3 Pa。TeO_2 易在加热时被氢还原成元素碲，甚至弱还原剂也能将其还原，用 $SnCl_2$、H_2S、Na_2AsO_3 与 $Na_2S_2O_4$ 可将 TeO_2 还原为碲；TeO_2 遇氧化剂会氧化为 Te^{6+}；亚碲酸盐也具上述两种性质。

TeO_2 属两性化合物，虽是酸酐，但它与 SeO_2 极不相同：TeO_2 在水中的溶解度极小（小于 1/150000），见表 4-48。

表 4-48 TeO_2 在酸中的溶解度

TeO_2 在盐酸中的溶解度/$g \cdot L^{-1}$		TeO_2 在硝酸中的溶解度（质量分数）/%			温度/℃	固　相
HCl	TeO_2	HNO_3	H_2O	TeO_2		
3.65	0.91					
30.30	3.02	1.24	98.76	0		
33.94	8.27	14.56	84.82	0.62		
62.05	22.26	23.38	75.58	1.04		
105.8	25.44	32.29	66.07	1.84	25	TeO_2
109.9	55.65	42.01	55.49	2.50		
171.2	82.68	42.54	54.32	3.14		
209.1	103.4	43.72	52.72	3.56	25	$TeO_2 + 4TeO_2 \cdot N_2O_5 \cdot H_2O$
248.2	130.4	45.20	51.32	3.48	25	$4TeO_2 \cdot N_2O_5 \cdot H_2O$
292.0	233.7	45.91	50.99	3.10	25	TeO_2
304.4	380.0	46.53	50.52	2.95		
382.9	500.8	55.54	43.11	1.35	25	$4TeO_2 \cdot N_2O_5 \cdot H_2O$
451.8	543.8	89.58	10.42	0		

续表 4-48

TeO_2 在盐酸中的溶解度/$g \cdot L^{-1}$		TeO_2 在硝酸中的溶解度(质量分数)/%			温度/℃	固相
HCl	TeO_2	HNO_3	H_2O	TeO_2		
539.8 607.7	670.9 720.3	48.00 48.60	49.38 49.25	2.62 3.15	70	TeO_2
550.1	497.7	53.56 56.09	43.68 41.71	2.76 2.20	70	$4TeO_2 \cdot N_2O_5 \cdot H_2O$

但 TeO_2 可溶于强酸强碱,并形成相应的复盐与亚碲酸盐[156]:

$$2TeO_2 + HNO_3 = Te_2O_3(OH)NO_3 \tag{4-187}$$

$$TeO_2 + 2NaOH = Na_2TeO_3 + H_2O \tag{4-188}$$

也可溶于沸腾的碱金属碳酸盐溶液中[11]。

$Na_2O - TeO_2 - H_2O$ 系在 25℃ 与 70℃ 时,TeO_2 的溶解度最大点在 Na_2O 为 12.9% 与 15.22% 两处,并生成带 5 个水分子的 Na_2TeO_3、$Na_2Te_3O_7$ 与 $Na_2Te_4O_9$ 等盐。

B TeO

TeO 为黑色无定形物,易被空气中的氧、特别是潮湿空气中的氧氧化成 TeO_2。它在真空中被加热时会发生歧化反应:

$$2TeO = Te + TeO_2 \tag{4-189}$$

实际上它如 SeO 一样,在室温下不存在,仅在高温(高于 1000℃)中以气态存在。

C TeO_3

TeO_3 具有 $\alpha - TeO_3$ 和 $\beta - TeO_3$ 两个变态:前者呈棕黄色,为无定形物,密度为 5.075 g/cm^3,是强氧化剂,能与 Al 或 Sn 等金属、与 C、P、S 等非金属强烈反应,于 300 ~ 406℃ 时离解为 TeO_2[8,11,23,29];后者为一种灰色晶体,密度达 6.21 g/cm^3。$\alpha - TeO_3$ 比 $\beta - TeO_2$ 活性大,二者是吸湿性物质,且均难溶于水,甚至在高于 150℃ 水中也难溶[11],也难溶于弱酸与碱等。但可溶于浓的 Na_2S 液中,且都可被浓而热的 KOH(而不是 NaOH)所溶解:

$$TeO_3 + 2KOH = K_2TeO_4 + H_2O \tag{4-190}$$

D Te_2O_5

Te_2O_5 的密度为 4.14 g/cm^3,高于 450℃ 离解[29],可溶于 KOH 中。

4.5.4 硒(碲)酸与硒(碲)酸盐

硒与碲分别有亚硒酸与硒酸和亚碲酸与碲酸,同样也有相应的亚硒酸盐与硒酸盐和亚碲酸盐与碲酸盐。它们的物理与化学性质相近。

4.5.4.1 H_2SeO_3

亚硒酸 H_2SeO_3 为无色晶体,属六方晶系,易潮解,有毒,密度为 3.004 g/cm^3。它仅在低于 70℃ 的条件下存在,当高于 70℃(即使在溶液中)就离解为 SeO_2 与水。它在湿空气中会烟化,在干燥空气中会失去水分,在高于 260℃[183] 的空气中氧化为硒酸:

$$H_2SeO_3 + \frac{1}{2}O_2 = H_2SeO_4 \tag{4-191}$$

H_2SeO_3 极易溶于水，其溶解度与温度关系[183]见表4-49。

表4-49 H_2SeO_3 的溶解度

温度/℃	-10	0	10	20	30	40	50	60	70	80	90
溶解度/%	42.2	47.4	55.0	62.5	70.2	77.5	79.2	79.3	79.3	79.3	79.4

H_2SeO_3 为氧化剂，易被还原剂如 SO_2、$Na_2S_2O_3$、Cu 及 H_2SO_3 等所还原。它在温度高于70℃的10%～40%硫酸溶液中，可被 SO_2 还原为红色单体硒，其还原速度随温度的升高与硫酸浓度的降低而加快：

$$H_2SeO_3 + 2SO_2 + H_2O = Se\downarrow + 2H_2SO_4 \quad (4\text{-}192)$$

它在20%的盐酸溶液中也可用 SO_2 将其还原成硒，但只有在27%～28%或更高浓度的盐酸中才发生强烈的还原反应[183]（见图4-41）。

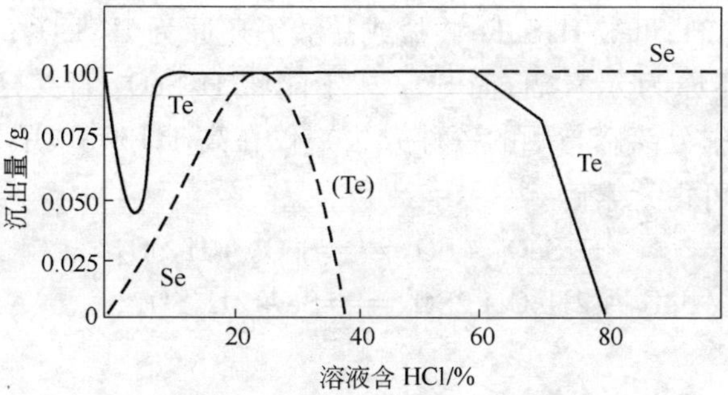

图4-41 溶液酸度对通入 SO_2 沉出 Se 或 Te 的影响

在4%～20%的盐酸中也可用 SO_2 还原析出元素碲，而在30%～60%的盐酸中可同时还原沉出全部的硒和碲。但有人说当盐酸浓度大于27%时，SO_2 几乎不可能把 H_2TeO_3 还原成元素碲[8]（如图4-41中虚线所示）；而当盐酸浓度高于80%，则仅还原析出硒[24]。如欲在盐酸介质中实现硒与碲的分离，可以先在高酸度下（如12 mol/L HCl），通 SO_2 还原析出硒，然后，在低酸度中（如2.7 mol/L HCl）通 SO_2 还原析出碲；然而更经济的工艺是在pH值为4.5～6的条件下，先通 SO_2 还原沉出碲，然后在27%～30%的盐酸浓度下通 SO_2 还原沉出硒[24]。

H_2SeO_3 在加入氨水时也可游离出硒：

$$2H_2SeO_3 + 2NH_4OH = 2Se + N_2O + 7H_2O \quad (4\text{-}193)$$

H_2SeO_3 虽属氧化剂，但它可与强氧化剂如 H_2O_2、Cl_2、$HClO_3$ 及 $KMnO_4$ 等作用而生成 H_2SeO_4：

$$H_2SeO_3 + Cl_2 + H_2O = H_2SeO_4 + 2HCl \quad (4\text{-}194)$$

$$8H_2SeO_3 + 2KMnO_4 = 5H_2SeO_4 + 2MnSeO_3 + K_2SeO_3 + 3H_2O \quad (4\text{-}195)$$

H_2SeO_3 与碱作用可生成一系列亚硒酸盐或酸式硒酸盐：

$$H_2SeO_3 + 2NaOH = Na_2SeO_3 + 2H_2O \quad (4\text{-}196)$$

$$H_2SeO_3 + NaOH = NaHSeO_3 + H_2O \quad (4\text{-}197)$$

若有氧化剂存在,则会形成正硒酸盐[24]。当加热亚硒酸盐时,它会分解而产出金属氧化物和 SeO_2。

4.5.4.2 H_2SeO_4

H_2SeO_4 分为白色 $H_2SeO_4 \cdot H_2O$ 和 $H_2SeO_4 \cdot 4H_2O$,以及无色的、呈棱状或针状结晶的无水 H_2SeO_4,前二者的熔点分别为26℃与52℃,密度分别为2.627 g/cm³ 与2.356 g/cm³;而后者的熔点为57～62.4℃[8,9,24,93],密度为2.95 g/cm³。含水 H_2SeO_4 的沸点为205℃,而无水的 H_2SeO_4 为260℃[29,174]。含水 H_2SeO_4 和 H_2SO_4 性质一样,具有强氧化性能与吸湿性能,而无水的 H_2SeO_4 属强酸,易潮解,也易溶于水(见表4-50)。

表4-50 H_2SeO_4 在水中的溶解度

温度/℃	-20	0	20	26	30	40	50	60
溶解度/%	79.0	81.0	85.0	88.0	93.0	94.5	96.5	100

H_2SeO_4 为强氧化剂,可被 H_2S、Fe^{2+} 盐或盐酸等还原为 H_2SeO_3;如用强还原剂如联氨、羟氨或 SO_3,可将其还原为元素硒;而 SO_2 却不能将 H_2SeO_4 直接还原得元素硒(可还原 H_2TeO_4 成碲,成为液中分离碲与硒的一种方法),仅在高于130℃、用 SO_2 将其还原到 SeO_2,进一步在水稀释下才可得元素硒[147]:

$$H_2SeO_4 + SO_2 = SeO_2 + H_2SO_4 \quad (4\text{-}198)$$

$$SeO_2 + 2H_2O + 2SO_2 = Se + 2H_2SO_4 \quad (4\text{-}199)$$

总反应为:

$$H_2SeO_4 + 3SO_2 + 2H_2O = Se + 3H_2SO_4 \quad (4\text{-}200)$$

为使溶液中全部硒还原析出,在通 SO_2 还原之前应加入 $FeCl_2$ 等还原剂将 H_2SeO_4 还原为 H_2SeO_3。

H_2SeO_4 在高于260℃下会发生离解:

$$H_2SeO_4 = H_2O + \frac{1}{2}O_2 + SeO_2 \quad (4\text{-}201)$$

H_2SeO_4 可与 Na_2CO_3、NaOH 或钠等作用生成硒酸盐 Me_2SeO_4、酸式硒酸盐 $MeHSeO_4$ 盐:

$$H_2SeO_4 + Na_2CO_3 = Na_2SeO_4 + CO_2 + H_2O \quad (4\text{-}202)$$

$$2H_2SeO_4 + 2Na = 2NaHSeO_4 + H_2 \quad (4\text{-}203)$$

硒酸盐易溶于水、加热时会离解为亚硒酸盐、氧化物及氧。

从 SeO_3-H_2O 系[24]看出,SeO_3 除与水生成 H_2SeO_4 外,还能生成 $H_4Se_3O_{11}$ 及 $H_2Se_2O_7$ 等。

4.5.4.3 H_2TeO_3

H_2TeO_3 为白色晶体粉末,密度为3.0 g/cm³。它的通式为 $n TeO_2 \cdot m H_2O$,迄今还未获得单一的 H_2TeO_3,因为它在溶液中比较稳定,而一经从溶液中析出,在温度稍高于室温时就脱水而得 TeO_2。它实际不溶于水,18℃时的溶解度仅为 0.3×10^{-5} mol/L。虽然 H_2TeO_3 的氧化性较 H_2SeO_3 弱,但它仍可被 SO_2 还原成元素碲[3~7,24,183]:

$$H_2TeO_3 + 2SO_2 + H_2O = Te\downarrow + 2H_2SO_4 \quad (4\text{-}204)$$

H_2TeO_3 属弱酸(比 H_2SeO_3 更弱)。H_2TeO_3 在盐酸溶液中可被 $K_2Cr_2O_7$ 氧化成碲酸:

$$3H_2TeO_3 + 8HCl + K_2Cr_2O_7 \xlongequal{} 3H_2TeO_4 + 2KCl + 2CrCl_3 + 4H_2O \quad (4\text{-}205)$$

H_2TeO_3 在被加热到熔化前就已离解[29]。它也可形成一系列亚碲酸盐 $MeTeO_3$ 和酸式亚碲酸盐 $MeHTeO_3$。碱金属的亚碲酸盐易溶于水，碱土金属的亚碲酸盐稍次，而重金属的亚碲酸盐则难溶于水。亚碲酸盐在 1 ~ 5 mol/L 或更低的 HCl 中可被 SO_2 还原析出碲，而在浓盐酸中则无此反应[147]。

H_2TeO_3 易氧化，如在空气中加热或向水溶液中加 H_2O_2 可氧化为 $MeTeO_6$。

4.5.4.4 H_6TeO_6

正碲酸 H_6TeO_6 是白色晶体，一为单斜晶系，密度为 3.068 g/cm³，熔点为 120℃，到 320℃即离解至 TeO_3[3~7,29]；另一为立方晶系，密度为 3.17 g/cm³；实际上它们混合共存，室温下在空气中稳定，熔点约为 136℃，高于 160℃就转变为粒状 H_2TeO_4，（但文献[11]说 H_6TeO_6 在 100 ~ 200℃、空气中脱水而形成白色、无定形的多聚碲酸（H_2TeO_4）$_n$，而 $n = 10$），继续加热到高于 200℃时便失去水而转变为 TeO_3，高于 400℃就离解为 TeO_2。它不吸湿，具有弱酸性质。易溶于水：0℃时的溶解度为 25.7%，18℃时为 30%，20℃时为 25.3%[9]，100℃时达 60.8%[8,29] 显弱酸，但文献[11]却指出它少量溶于冷水，仅易溶于热水。它易溶于无机酸，但难溶于 HNO_3。

H_6TeO_6 具有强氧化性，可被还原剂如 SO_2、联胺，甚至盐酸等还原：

$$H_6TeO_6 + 3SO_2 \xlongequal{} Te\downarrow + 3H_2SO_4 \quad (4\text{-}206)$$

$$H_6TeO_6 + 2HCl \xlongequal{} H_2TeO_3 + 3H_2O + Cl_2 \quad (4\text{-}207)$$

沸腾的 H_6TeO_6 与浓碱液作用生成典型的碲酸式二元盐——$Me_2H_4TeO_6$ 盐，而与碱熔融则生成典型的正碲酸盐——Me_6TeO_6 盐：

$$H_6TeO_6 + 2NaOH \xlongequal{} Na_2H_4TeO_6 + 2H_2O \quad (4\text{-}208)$$

$$H_6TeO_6 + 6NaOH \xlongequal{} Na_6TeO_6 + 6H_2O \quad (4\text{-}209)$$

氧化 H_2TeO_3 溶液而得到的碱或碱土金属碲酸盐均易溶于水，但由复分解碱金属碲酸盐溶液而得到的碱金属碲酸盐则均不溶于水[11]。

4.5.5 硒化物与碲化物

它们的通式分别为 MeSe 与 MeTe，而硒还有酸式硒化物 MeHSe。硒与硫一样，易形成多硒化物 Me_2Se_n。

4.5.5.1 *硒化物*

硒可与其他元素形成多达 170 余种固态、2 种气态（H_2Se 与 SeF_6）及 3 种液态硒化物（$SeCl_2$、SeI_4 及 CSe_2[183]）。

硒与有色金属易形成相应的硒化物，它们的熔点与相应的金属 MeS 的熔点相近，如 SnSe 与 PbSe 的熔点分别为 860℃及 1065℃，而 SnS 及 PbS 的熔点分别为 780℃与 1140℃；它们的其他化合物的性质也相近似，只不过它们的稳定性不及有色金属的 MeS，在空气中较快被氧化。碱及碱土金属 Me' 的硒化物多呈白色，其熔点随原子比 Se/Me' 的增加而降低，如 Na_2Se 的熔点为 875℃，Na_2Se_3 为 313℃，而 Na_2Se_5 仅 158℃。它们均易溶于水，从水溶液中析出时带结晶水。硒的碱及碱土金属化合物的水解分别按下式进行：

$$Me_2(\text{I})Se + H_2O \xlongequal{} MeHSe + MeOH\downarrow \quad (4\text{-}210)$$

$$2Me(Ⅱ)Se + 2H_2O \xlongequal{\quad} Me(HSe)_2 + Me(OH)_2\downarrow \tag{4-211}$$

而重金属的硒化物却不溶于水中，其结晶析出时也不含水。重金属硒化物一般呈黑色，如存在单体硒或聚硒化物时，则呈玫瑰色。

H_2Se 为白色气态物质，味臭，比 H_2S 还毒，可燃。固态时的密度为 2.45 g/cm^3，液态时为 2.12 g/cm^3，凝点为 -60 ~ -66℃。它可溶于水，热稳定性差，易离解，它属强还原剂，在空气中易氧化，其蒸气压按下式[23]计算：

$$\lg(p_{(s)}/\text{mmHg}) = -1380/T + 8.94 \tag{4-212}$$

$$\lg(p_{(l)}/\text{mmHg}) = -1330/T + 7.27 \tag{4-213}$$

4.5.5.2　*碲化物*

碲可与 58 个金属、3 个半金属及 10 个非金属构成碲化物[11]。

碲化物 MeTe 的化学性质与硒化物及碲的硫化物的性质较为近似。碲可与碱及碱土金属、轻金属及重金属组成 Me_2Te 及 MeTe 形式的碲化物。碱及碱土金属的碲化物均溶于水，如有氧存在，则前者形成多碲化物如 Na_3Te_2 及 Na_3Te_7 等而呈红色；碱土金属碲化物为无色，在空气中可快速离解，且具强还原性；重金属碲化物显黑色，在水中不溶。H_2Te 为无色，有恶臭的剧毒气体，凝点为 -49 ~ -51.2℃，沸点为 -2 ~ -4℃，0℃时开始离解，液态 H_2Te 呈黄绿色，晶体显柠檬黄色（文献[11]说液固均为无色），H_2Te 是强还原剂，其水溶液显微酸性，并可电离为 Te^{2-} 和 HTe^-[11]。H_2Te 在空气中会慢慢离解，如燃烧则会生成 TeO_2 与水。H_2Te 可溶于水并立即离解，其蒸气压值可按下式[23]计算：

$$\lg(p_{(s)}/\text{mmHg}) = -1220/T + 7.39 \tag{4-214}$$

$$\lg(p_{(l)}/\text{mmHg}) = -1005/T + 6.53 \tag{4-215}$$

许多硒化物与碲化物都具有半导体性质。

有关众多的硒化物与碲化物的物化性质可参见文献[2,9,11,118,119,149]。

4.5.6　硒与碲的卤化物

硒、碲均易与卤素形成一系列相应的硒、碲的卤化物，它们的化学通式为：(Se、Te)X_m（其中 m = 6、4 或 2），不过硒还可另外组成 $SeOX_2$。它们的物理化学性质见表 4-51[1~9,23,29,118,119,149,174]。

表 4-51　硒、碲卤化物的物化性质

分子式	色　彩	熔点/℃	沸点/℃	密度/g · cm^{-3}	临界温度/℃	蒸气压/mmHg
SeF_6	无色气态	-34.6 ~ -50.8	-34.8 ~ -46.6(升华)	3.025 ~ 3.27	72.4	$\lg p = -1440.8/T + 9.242$
TeF_6	无色气态	-37.8 ~ -38	-38.9 ~ -39(升华)	3.025 ~ 3.76	83.45	$\lg p = -1471.4/T + 9.161$
SeF_4	无色液态,白色晶体	-9.5 ~ -13.2	93 ~ 107.8	2.732 ~ 2.75		$\lg p = -2457/T + 9.44$
TeF_4	无色固态	129.6	193.8			$\lg p = -3174.3/T + 9.093$
Se_2Cl	棕色油状液态	-80	130	2.77		
$SeCl_4$	淡黄晶体	305	196(升华)	2.6 ~ 2.63		$\lg p = -1786.4/T + 5.634$
$TeCl_4$	鲜黄晶体,栗色液态	224 ~ 227.9	388 ~ 390	2.95 ~ 3.01		
Se_2Br_2	血红色油状液态		225 ~ 230	3.604		

续表 4-51

分子式	色彩	熔点/℃	沸点/℃	密度/g·cm⁻³	临界温度/℃	蒸气压/mmHg
$TeBr_2$	棕褐晶体	210(离解)	339			
$SeBr_4$	红到黄晶体	70~80(离解)	115(升华)	4.029		(不存在固态)
Se_2Cl_2	棕红液态	-85	127~130	2.77~2.91		
$TeCl_2$	黑色晶体,紫红气态	208	328			(无固态存在)
$TeBr_4$	橙红晶体	363~380	412~427	4.31		
SeI_4	黄晶体	75~80	100			
TeI_4	灰黑晶体	259~280	约 280.5	5.145		
$SeOF_2$	无色发烟态	4.6~15.0	124~126	2.801		
$SeOCl_2$	无色发烟液态	5~11	178~180	2.42		
TeI_2	黑色晶体,紫气态	208	328			

注:1mmHg = 133.3224Pa。

4.5.7 硒与碲的有机化合物

硒与碲的有机化合物的性质非常相似,参见文献[2,11,150]。

4.6 铼及其化合物的物理与化学性质

4.6.1 金属铼

铼是显银白色带金属光泽的金属,低温下铼粉呈黑色,加热到1000℃就变为灰色。铼是熔点仅次于钨的高熔点金属。它对氧化剂的稳定性比钨高,与铂相近。它在潮湿的空气中缓慢氧化,当加热到150[26]~300℃[9]就开始氧化,到高于600℃氧化加速,可形成易挥发的 Re_2O_7。它在氧气氛中,在400℃即燃烧生成 Re_2O_7 白烟而挥发。铼不与氢作用(但铼粉可吸收氢气),也不与碳或氮作用。铼很难挥发,即使在2380℃的高温下经过4 h,挥发也不到1%。其蒸气压可按下式[188]计算(并参见图4-2及表4-52)。

$$\lg(p/\text{mmHg}) = -40865/T + 10.4038 \qquad (4\text{-}216)$$

表 4-52 铼的蒸气压

温度/℃	2221	2475	2726	3227	3727	4727	5227	5627
蒸气压/Pa	0.0001	0.006	0.7	6.1	109.4	7536.8	35356.5	101325

铼在常温下即可与气态硫反应生成 ReS_2,且这种反应随温度的升高(如到700℃以上)[9]而加速。它也能与卤素中的氟、氯作用生成相应的化合物,如 ReF_6 与 $ReCl_3$ 等。铼与钨不同之处在于铼是可塑性金属,常温下易压延成片,越纯越易加工,但随温度的升高而

发生不同程度的加工硬化。铼较稳定,只溶于熔融的铁或镍中[21]。

铼具有过渡金属的一系列性质,如具有氧化性和容易形成聚合物。在一般条件下铼不溶于冷的或低于100℃的盐酸、氢氟酸及硫酸等中,仅易溶于硝酸及双氧水中:

$$3Re + 7HNO_3 \xlongequal{\quad} 3HReO_4 + 2H_2O + 7NO \tag{4-217}$$

$$2Re + 7H_2O_2 \xlongequal{\quad} 2HReO_4 + 6H_2O \tag{4-218}$$

在高于200℃时却可与硫酸作用。铼在水溶液中多呈 ReO_4^- 或 $ReOCl_5^{2-}$,而 ReO_4^- 于酸或碱液中稳定。热碱液(尤其当存在氧化剂情况下)可慢慢溶解铼而生成高铼酸盐或高价铼的氧化物。

4.6.2 铼的硫化物

铼的硫化物有 Re_2S_7、ReS_3、ReS_2、Re_2S_3 及 ReS 等,而稳定的只有 ReS_2 与 Re_2S_7。

4.6.2.1 ReS_2

ReS_2 是最稳定的铼的硫化物,呈黑色,密度为7.5 g/cm³,属六方晶系(a = 0.314 nm,c = 1.220 nm)[9,23,29]。铼在常温的空气中稳定,高于180℃开始氧化,到275 ~ 300℃时会着火而强烈氧化:

$$2ReS_2 + \frac{15}{2}O_2 \xlongequal{\quad} Re_2O_7\uparrow + 4SO_2\uparrow \tag{4-219}$$

在加热条件下可用氢将其还原为铼。在13.3 Pa的真空中,将 ReS_2 加热到850 ~ 950℃时也不变化,但在高于1000℃[29,180](或1100℃[3~7])时会离解,至1200℃则完全离解,其蒸气压与离解压可分别按式4-221与式4-223[3~7,9,94]计算得到:

$$ReS_2(s) \xlongequal{\quad} ReS_2(g) \tag{4-220}$$

$$\lg(p/\text{mmHg}) = -4976/T + 3.214 \qquad (500 \sim 700℃) \tag{4-221}$$

$$ReS_2 \xlongequal{\quad} Re + 2S \tag{4-222}$$

$$\lg(p/\text{mmHg}) = -14600/T + 11.64 \tag{4-223}$$

ReS_2 难溶于水、碱、碱金属硫化物、盐酸及硫酸,但在加热时可被硝酸甚至稀硝酸和双氧水氧化成 $HReO_4$。

4.6.2.2 Re_2S_7

Re_2S_7 为暗褐色或几乎呈黑色物质,属正方晶系(a = 1.368 ~ (1.37 ± 0.03)nm,c = (1.024 ± 0.066)nm),密度为4.866 ~ 4.87 g/cm³。它在氮及一氧化碳中加热到300℃以上(或460℃[29])会发生离解:

$$Re_2S_7 \xlongequal{\quad} 2ReS_2 + 3S(g) \tag{4-224}$$

其离解压计算公式为:

$$\lg(p/\text{mmHg}) = -4800/T + 8.86 \qquad (260 \sim 410℃) \tag{4-225}$$

在空气中加热到500 ~ 600℃[9]就着火氧化:

$$2Re_2S_7 + 21O_2 \xlongequal{\quad} 2Re_2O_7 + 14SO_2 \tag{4-226}$$

即使在室温下氢气也可将 Re_2S_7 还原为 ReS_3,更高温度下可还原为 ReS_2,当加热到500℃以上时可还原为金属铼[21]。中温下氯化 Re_2S_7 时会形成一系列含硫的氯化铼,直到500℃后形成 $ReCl_5$:

$$Re_2S_7 \xrightarrow{120℃} ReS_3Cl \xrightarrow{450℃} ReSCl_2 \xrightarrow{500℃} ReCl_5 \quad (4\text{-}227)$$

Re_2S_7 不溶于水、浓盐酸、硫酸、HClO 及碱中,但可被碱金属硫化物及氨等溶液所溶解:

$$Re_2S_7 + Na_2S = 2NaReS_4 \quad (4\text{-}228)$$

硝酸、双氧水、以及溴水等可将 Re_2S_7 转化为 $HReO_4$。Re_2S_7 能吸收有机溶质(如苯及甲苯等)而具有强烈臭味。

4.6.2.3 其他硫化铼

其他硫化铼有 Re_2S_3 及 ReS[9],均是黑灰色粉末。它们在空气中稳定,对硝酸及双氧水也比 Re_2S_7 及 ReS_2 等稳定。

4.6.3 铼的氧化物

铼的氧化物有 ReO_4、Re_2O_7、ReO_3、Re_2O_5、ReO_2、Re_2O_3、ReO 及 Re_2O 等,较稳定的是 Re_2O_7、ReO_3 和 ReO_2。其高价氧化物呈酸性,而低价氧化物一般呈碱性。

4.6.3.1 $ReO_4(Re_2O_8)$

ReO_4 是无色易挥发的氧化物,可把它的结构看成是:

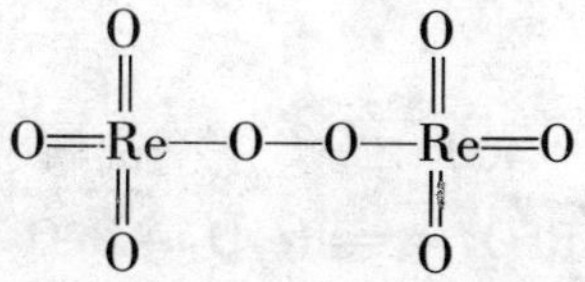

加热之后则可看成是失水的 Re_2O_7。ReO_4 的密度为 8.4 g/cm^3,熔点为 145 ~ 155℃[2~7,9]。可被 SO_2 还原。通入 H_2S 时会生成白色气态元素硫及黑色的 Re_2S_7:

$$2ReO_4 + 8H_2S = Re_2S_7 + S\uparrow + 8H_2O \quad (4\text{-}229)$$

它在氢气中剧烈加热时,可被还原为低价氧化物,但不会还原到金属铼:

$$ReO_4 + 2H_2 = ReO_2 + 2H_2O \quad (4\text{-}230)$$

ReO_4 遇水起如下反应,产出双氧水而不是氧气:

$$2ReO_4 + 2H_2O = 2HReO_4 + H_2O_2 \quad (4\text{-}231)$$

ReO_4 遇碱生成 $NaReO_4$,但仍没有氧放出。

4.6.3.2 Re_2O_7

Re_2O_7 为立方紧密堆积的鲜黄色晶体,属六方晶系(a = 1.525 nm,c = 0.548 nm)[3~7,9]。它的密度为 6.1 ~ 8.2 g/cm^3[3~7,29,91],熔点为 296 ~ 303.3℃,沸点为 361℃[189]。Re_2O_7 极易挥发,气态 Re_2O_7 显黄白色,其蒸气压[26]见表 4-53 及图 4-42,其计算公式[23]如下:

$$\lg(p/\text{mmHg}) = -7321/T + 12.78 \quad (4\text{-}232)$$

$$\lg(p_{(s)}/\text{mmHg}) = -7321/T + 15.01 \quad (4\text{-}233)$$

$$\lg(p_{(l)}/\text{mmHg}) = -3868/T + 8.95 \quad (4\text{-}234)$$

气态 Re_2O_7 在氧、氮和氯气中稳定,在空气中即使加热到 362.4℃时也不离解,到 600℃时开始明显离解,到高于 800℃才离解完全。Re_2O_7 可被 CO 或 SO_2 还原为低价氧化物,高于 400℃时可被氢还原为金属铼,到 480 ~ 500℃时还原就进行得十分完全。干的 H_2S 可使 Re_2O_7 的表面形成一层 Re_2S_7 薄膜。Re_2O_7 极易与水作用形成 $HReO_4$(在湿空气中很快就水溶了)，这个重要性质被作用于回收铼。Re_2O_7 也可溶于乙醇、丙酮、吡啶和甲醇等有机溶剂中，但不溶于醚与 CCl_4 中。

Re_2O_7 具有两种配位体：一是完整的四面体，它的原子间距 Re—O 为 0.168～0.180 nm；另一种为扭歪的八面体，它的原子间距 Re—O 为 0.165～0.216 nm。而其结构是由四面体与八面体各半所组成，这种结构说明了 Re_2O_7 易挥发是因以四面体配位的 Re_2O_7 分子进行挥发，同样也说明由 ReO_4 和八面体的 $ReO_4(H_2O)_2$ 形成的 $Re_2O_7(OH)_2$ 的机理。

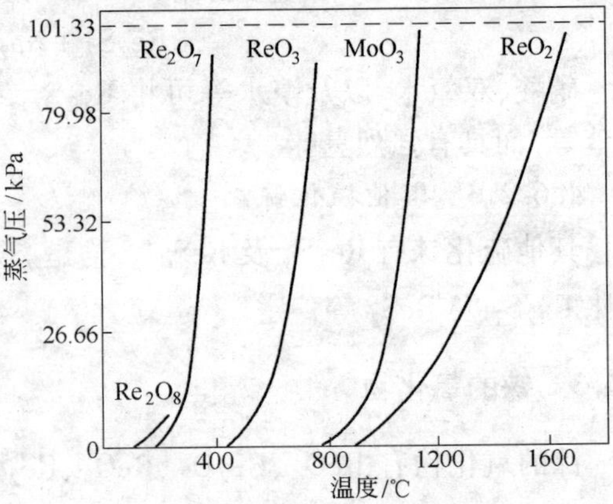

图 4-42　铼的氧化物的蒸气压图

4.6.3.3　ReO_3

ReO_3 为红色立方晶系的微晶物(也有呈蓝色的)，带金属光泽，密度为 6.9～7.43 g/cm^3。真空中于400℃熔化，沸点为614～750℃[23,29]。在空气中直至110℃仍稳定，但升高温度则氧化成 Re_2O_7。

在惰性气氛中加热到300[190]～400℃[3～7]就会离解、歧化：

$$3ReO_3 = Re_2O_7 + ReO_2 \qquad (4\text{-}235)$$

ReO_3 在325～425℃间的蒸气压可按下式[9,23]计算：

$$\lg(p/\text{mmHg}) = -10882/T + 15.16 \qquad (4\text{-}236)$$

ReO_3 挥发性不如 Re_2O_7，见表4-53。

表 4-53　铼的氧化物的蒸气压值

温度/℃	蒸气压/Pa			
	Re_2O_8	Re_2O_7	ReO_3	ReO_2
100	878			
120	1559.6			
160	3412.5			
200	5225.4			
215		133.3		
220	6211.8			
230		399.9		
250		1453		
265		3532		
280		8158		

续表 4-53

温度/℃	蒸气压/Pa			
	Re_2O_8	Re_2O_7	ReO_3	ReO_2
295		17996		
307		26660		
325		41590	0.12	
340		59852		
350			0.67	
360		94776	252	
362.4		101325		
375				
420			481	
440			674.5	
480			2305	14.5
515				28.8
570				71
614			101325	
630				153
660				244
1363				101325

ReO_3 易被氢还原,先还原为 ReO_2,然后为金属铼。ReO_3 与 Na_2O 共熔形成棕色的铼酸钠盐:

$$2ReO_3 + Na_2O \xlongequal{} NaReO_4 + NaReO_3 \tag{4-237}$$

ReO_3 的溶解度极小,在水中十分稳定,即使在硫酸、盐酸、甚至在热盐酸中也不溶。但可溶于硝酸而生成 $HReO_4$。ReO_3 基本不溶于碱,只与过剩的 KOH 作用形成 $KReO_4$ 沉淀和不稳定的 $HReO_4$。ReO_3 加入 KI 液中可使碘析出。ReO_3 可被 $SnCl_2$ 还原得黑色产物。在硫酸介质中氧化低价铼或电解 $HReO_4$ 时,会出现介稳的 Re^{6+},此时溶液显玫瑰或粉红色。

4.6.3.4 ReO_2

ReO_2 有单斜与斜方($a=0.4810$ nm,$b=0.5643$ nm,$c=0.4061$ nm)两种变态,呈暗褐色略带蓝色光泽,带水的 $ReO_2 \cdot 2H_2O$ 则显暗棕色。它的密度为 11.4 ~ 11.6 g/cm^3[9,29,191],在熔化之前已发生离解,离解温度:750 ~ 1000℃[29],沸点为 1363℃[9]。ReO_2 具有吸气性能,其挥发性能较差。它在 650 ~ 785℃的蒸气压可按下式计算(见表 4-53)[9,23,190,191]:

$$\lg(p/\text{mmHg}) = -14437/T + 11.56 \tag{4-238}$$

$$\lg(p/\text{mmHg}) = -14347/T + 8.77 \tag{4-239}$$

高于 500℃可被氢还原成铼。高于 750℃时(有说在 1000℃)会如下离解:

$$7ReO_2 \xlongequal{} 2Re_2O_7 + 3Re \tag{4-240}$$

在空气中与碱共熔可形成高铼酸盐,但当空气不足时则生成 $MeReO_4$ 和 Me_2ReO_3,当空气充足时则会生成不稳定的 Me_3ReO,高于 700℃可形成 $Me_4Re_2O_7$:

$$4ReO_2 + 10NaOH + 2NaReO_4 \xlongequal{} 3Na_4Re_2O_7 + 5H_2O \quad (>700℃) \tag{4-241}$$

$$4ReO_2 + 4KOH + 3O_2 = 4KReO_4 + 2H_2O \quad (4\text{-}242)$$

$$ReO_2 + 2NaOH = Na_2ReO_3 + H_2O \quad (无\ O_2\ 时) \quad (4\text{-}243)$$

ReO_2 在水中的溶解度很小，它不溶于稀酸，但可溶于浓的卤族酸中，如在 130℃ 的浓盐酸中经过 12 h 便会部溶解，并生成泡沫状氯化物，溶液色彩先由棕色变到黄绿，最后消失。ReO_2 易与氧化剂（如 HNO_3、H_2O_2、液氯或溴水）作用生成 $HReO_4$。

4.6.3.5　ReO

ReO 呈黑色无定形物，常以 $ReO \cdot H_2O$ 形态存在，在空气中可被氧慢慢氧化。也可与盐酸或碱起作用[144]，ReO 易溶于硝酸及溴酸中。

4.6.3.6　Re_2O

Re_2O 呈黑色，多以 $Re_2O \cdot H_2O$ 形态存在。可溶于盐酸与溴水，但不溶于碱液。

铼的硫化物及氧化物与各试剂的反应情况见表 4-54。

表 4-54　铼的硫化物及氧化物与各试剂的反应

铼化物	Re_2O_7	ReO_3	ReO_2	Re_2S_7	ReS_2
H_2O	K	×	×	×	×
HNO_3	K	K	K	K	K
H_2SO_4		×		×	×
HCl		×	K	×	×
KOH		×		×	
乙　醇	K				
甲　醇	K				
丙　酮	K				
CCl_4	×				
醚	×				
H_2O_2	K		K		
液　氯			K		
溴　水			K		
碱金属硫化物	K			K	
HI			K		
$Fe_2(SO_4)_3$			W	K	K
$FeCl_2$				×	×
$FeCl_3$				K	K

注：K—可溶，W—微溶，×—不溶。

4.6.4　铼酸与铼酸盐

4.6.4.1　$HReO_4$

$HReO_4$ 为无色液体，化学性稳定，与 $KMnO_4$ 或 HCl 的区别在于它几乎没有氧化性。$HReO_4$ 是较强的一元酸，它可与锌、铁、镁等作用而放出氢气：

$$2HReO_4 + Mg = Mg(ReO_4)_2 + H_2\uparrow \quad (4\text{-}244)$$

它还可与一系列金属的氧化物、氢氧化物及碳酸盐起中和作用而形成相应的铼酸盐：

$$2HReO_4 + K_2O \xlongequal{} 2KReO_4 + H_2O \tag{4-245}$$

$$2HReO_4 + Na_2O \xlongequal{} 2NaReO_4 + H_2O \tag{4-246}$$

$$3HReO_4 + Al(OH)_3 \xlongequal{} Al(ReO_4)_3 + 3H_2O \tag{4-247}$$

$$2HReO_4 + CuCO_3 \xlongequal{} Cu(ReO_4)_2 + H_2O + CO_2 \tag{4-248}$$

$HReO_4$ 是难还原的化合物，不被氢还原，但可被 SO_2 所还原；用Hg－Na、$SnCl_2$或联胺等还原得到的是黄色物，旋即转变为暗褐色，说明得到的是 Re 和 ReO_2 的混合物。$HReO_4$ 会腐蚀玻璃而使其表面变暗[8,21]。在添加其他酸后，会使热沸的 $HReO_4$ 溶液中的铼随水蒸气挥发[21]。当向添加了浓硫酸或盐酸（如加入 10% 盐酸）的$HReO_4$液中通入H_2S时，$HReO_4$会硫化而生成 Re_2S_7：

$$2HReO_4 + 7H_2S \xlongequal{} Re_2S_7 + 8H_2O \tag{4-249}$$

如 H_2S 通入稀的 $HReO_4$ 液中，则可能形成 $HReO_3S$。$HReO_4$ 的浓度与密度的一些数据见表 4-55。

表 4-55　$HReO_4$ 的浓度与密度的关系

$HReO_4/g \cdot L^{-1}$	30	60	90	120	180	240	305
密度$/g \cdot cm^{-3}$	1.025	1.050	1.075	1.10	1.15	1.20	1.25
$HReO_4/g \cdot L^{-1}$	370	480	670	855	1040	1220	1400
密度$/g \cdot cm^{-3}$	1.30	1.35	1.55	1.70	1.85	2.00	2.15

4.6.4.2　$KReO_4$

$KReO_4$ 为白色、无水的正方双锥晶体，密度为 4.38 ~ 4.89 g/cm^3，熔点为 518 ~ (552 ± 2)℃[94,144]，沸点达 1538 ~ 1370℃。即使在此高温下 $KReO_4$ 也不离解，$KReO_4$ 的离解压的方程为[144]：

$$\lg(p/\text{mmHg}) = -14188/T + 13.28 \tag{4-250}$$

$KReO_4$ 在受热下通氢可离解为 ReO_2 和 Re。

$KReO_4$ 在水中的溶解度很小，尤其当存在 KOH 或 KCl 时其溶解度就更小了（这正是运用重结晶提纯铼的依据），其溶解度随水中 K^+ 增多而减小。

4.6.4.3　$NaReO_4$

$NaReO_4$ 为无色盐，密度为 5.24 g/cm^3，熔点为 300 ~ 414℃。它在空气中受热至 1000℃仍不离解，但在真空中加热到高于 500℃时就部分离解。

$NaReO_4$ 易溶于水，吸湿性强。

4.6.4.4　NH_4ReO_4

NH_4ReO_4 为白色盐，密度为 3.55 ~ 3.97 g/cm^3，熔点为 365℃。当加热 NH_4ReO_4 到 365℃时，它就离解，并生成易挥发的 Re_2O_7 和黑色残渣 ReO_2。通氢可将其还原为金属铼，此机理用于提纯铼。

NH_4ReO_4 可溶于水，当溶液中存在 NH_4Cl 时，NH_4ReO_4 的溶解度随 NH_4Cl 浓度的增加而急剧减小。NH_4ReO_4-NH_4Cl-H_2O 系图表明，在接近 0℃时，加入过量 7 倍的 NH_4Cl，会析出 NH_4ReO_4。

有一系列高铼酸盐，如无色、白色的 $MeReO_4$，黄到红色的 Me_3ReO_5，绿色的 Me_2ReO_4，

黄色的 $MeReO_3$ 及棕色的 Me_2ReO_3 等,它们在水中的溶解度[9,27,144,150]见表 4-56 及图 4-43[21],在常温下铼酸盐在水中的溶解度大小呈如下趋向:

$$Ca(ReO_4)_2 > Mg(ReO_4)_2 > NaReO_4 > NH_4ReO_4 > Ba(ReO_4)_2 > KReO_4$$

但在 194℃时 $KReO_4$ 的溶解度达 39.7%。

表 4-56　铼酸盐在 100 g 水中的溶解度(mol)

铼酸盐	0℃	30℃	50℃	100℃
$KReO_4$	1.24×10^{-3}	5.08×10^{-3}	1.11×10^{-2}	3.28×10^{-2}
NH_4ReO_4	1.03×10^{-2}	3.35×10^{-2}	5.99×10^{-2}	
$NaReO_4$	0.378	0.532	0.636	
$Ca(ReO_4)_2$	0.334(20℃)	0.351		0.489

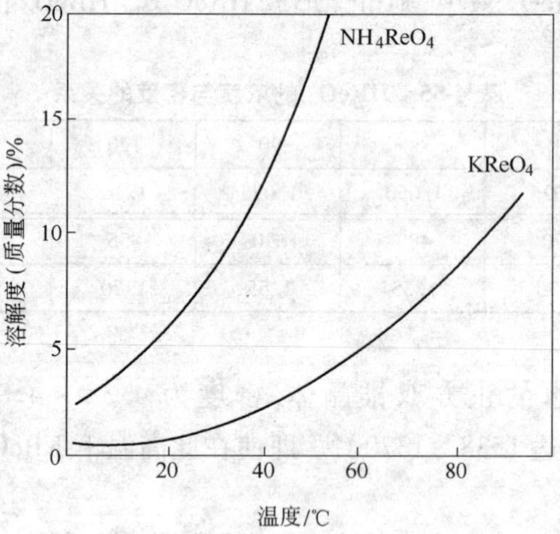

图 4-43　铼酸盐在水中的溶解度

4.6.5　铼的卤化物

铼有一系列卤化物,但是铼的溴化物与碘化物迄今仍难准确获得[9],铼的卤化物的物理化学性质见表 4-57[1~9,11,21,27,144,150,185,189]。

表 4-57　铼的卤化物的物理化学性质

卤化物	色彩	形态	密度/g·cm^{-3}	熔点/℃	沸点/℃	离解/℃	可溶解于
ReF_7	鲜黄	立方,固	3.65	48.3	72~73.7		
ReF_6	柠檬黄	立方,晶	3.58~3.371	18.5~18.8	33.7~47.6		HF、HNO_3、有机溶剂
ReF_5	黄~绿			48	221(外推)		
ReF_4	蓝、暗绿	四方,晶	5.38~5.4	124.5	300(升华) 435~795		
ReO_3F	黄		4.0	147	164		

续表 4-57

卤化物	色彩	形态	密度/g·cm^{-3}	熔点/℃	沸点/℃	离解/℃	可溶解于
$ReCl_6$	棕～绿			29			
$ReCl_5$	深棕	单斜,晶	4.9	220～263	330～360	>150	有机溶剂、酸
$ReCl_4$	黑	单斜,晶		108(180)①			
$ReCl_3$	深红、紫	晶		727	800～850	1000	HNO_3、HCl、HBr
ReO_3Cl	无色、黄	液	3.867	3～4.5	128～132		CCl_4
$ReOCl_4$	绿棕、褐	晶	3.309	29～34	223～228	>650	有机溶剂、CCl_4
$ReBr_5$	青绿、深黑			28			
$ReBr_4$	米黄、无色	晶,液		34	163		
$ReBr_3$	暗棕	晶		110(分解)	500(升华)		HCl、HBr
$ReOBr_4$	蓝						
ReI_4	黑	无定形		高于25(分解)			水、酮、醚
ReI_3	黑			加热分解			
ReO_2F_2	无色	晶		156			
ReO_2F_3	褐	固	4.032	260	185		
$ReOF_4$	无色、兰	晶		156(108)①	171		
$ReOF_5$	白			95	73		
ReO_3Br	白	晶		39.5			

①数据为不确定值。

ReF_7 较稳定,而 $ReCl_4$ 属亚稳定物。三价铼的卤化物的通式可以表示为$(Re_3X_3)_n$。铼的卤化物的配位配合物的通式为:ReX_4L_2、$Re_2X_8^{2-}$、$Re_3X_9L_3$ 与 $Re_3X_{12}^{3-}$,其中 L 是指配位体。

4.6.5.1 铼的含氧氟化物

铼的含氧氟化物除 $ReOF_3$ 外,其余 ReO_3F、ReO_2F_2、FeO_2F_3、$FeOF_4$ 及 $FeOF_5$ 等均易在湿空气中烟化,且易与水作用而水解。

4.6.5.2 铼的氯化物

A $ReCl_5$

加热时会变成深红棕色气体;通氧气则发生下述化学变化:

$$16ReCl_5 + 14O_2 = 10ReOCl_4 + 6ReO_3Cl + 17Cl_2 \tag{4-251}$$

若与 KCl 共熔,则生成 K_2ReCl_6:

$$2ReCl_5 + 4KCl = 2K_2ReCl_6 + Cl_2 \tag{4-252}$$

$ReCl_5$ 在潮湿空气中发烟,而在水中会离解。溶解在酸中而得到绿色液态的 $HReO_4$ 和 H_2ReCl_5。在碱中发生如下离解反应:

$$3ReCl_5 + 16NaOH = NaReO_4 + 2[ReO_2 \cdot 2H_2O] + 15NaCl + 4H_2O \tag{4-253}$$

$ReCl_5$ 的蒸气压及其离解压可分别按下述方程[9]计算:

$$\lg(p/mmHg) = -2670/T + 7.06 \tag{4-254}$$

$$\lg(p/mmHg) = -5600/T + 12.5 \tag{4-255}$$

B $ReCl_3$

在室温下的空气中稳定，加热时则氧化：

$$6ReCl_3 + 7O_2 = 4ReO_3Cl + 2ReOCl_4 + 3Cl_2 \quad (4\text{-}256)$$

加热 $ReCl_3$ 到 500 ~ 550℃可不经熔化就以暗绿色的气态挥发。$ReCl_3$ 的蒸气压可按下述方程[23]计算：

$$\lg(p/\text{mmHg}) = (-8261 \pm 296)/T + (9751 \pm 547) \quad (4\text{-}257)$$

在真空中升华后可冷凝成粉色细粒。在 200 ~ 300℃时通氢气可将 $ReCl_3$ 还原成金属铼。通氯气可氧化为 $ReCl_5$。到 600℃时，若与 KCl 交互作用，可发生下述反应：

$$4ReCl_3 + 6KCl = 3K_2ReCl_6 + Re \quad (4\text{-}258)$$

$ReCl_3$ 的水溶液显经久不变的暗红色。加双氧水可将 $ReCl_3$ 氧化为 $HReO_4$。$ReCl_3$ 可溶于热的硝酸及盐酸中，而在酸性介质中 $Fe_2(SO_4)_3$ 可将其氧化。长时间将 H_2S 通入 $ReCl_3$ 液中，将产生铼的硫化物沉淀。通入 HN_3 可析出粉红色沉淀，如通过量 NH_3，则沉淀又溶解呈蓝色。

C ReO_3Cl

在室温下的蒸气压达 560 Pa，它在玻璃容器中可保留数星期。它在氯气及氧气中挥发，在潮湿空气中会烟化与水解。气态 ReO_3Cl 的热稳性较好，可保持到 200℃。

D $ReOCl_4$

可不经熔化即挥发，其蒸气压值为：

$$\lg(p/\text{mmHg}) = -2380/T + 7.63 \quad (4\text{-}259)$$

水可使 $ReOCl_4$ 分解为 $HReO_4$、HCl 及 $ReO_2 \cdot nH_2O$。它与冷浓盐酸作用形成易分解的 H_2ReOCl_6 溶液。

4.6.5.3 铼的溴化物

铼的溴化物的性质基本接近于铼的氯化物。

4.6.5.4 铼的碘化物

铼的碘化物有 ReI_4，它是无定形物，具有强烈的吸湿性。

4.6.6 铼的氢化物

少见。现知有 K_2ReH_9 与 ReH_5L_3、ReH_7L_2 等（其中 L 为三氢化磷）铼的氢化物。

4.6.7 铼的有机化合物

已知有羰基铼 $Re(CH_3)_6$、$ReO(CH_3)_3$、$ReO(CH_3)_4$、$ReO_2(CH_3)_3$ 及文献[2]所述等铼的有机金属化合物。

4.6.7.1 铼的卡宾配合物

已被合成出来，如 π - 环戊二烯基二羰基［苯基（1 - 奈硒基）卡宾］配合物，即 π - $C_5H_6(CO)_2ReCC_6H_5(SeC_{10}H_7-1)$，橙红色晶体。

4.6.7.2 氢化双（环戊二烯基）铼

黄色晶体，熔点为 161 ~ 162℃[150]。

5 稀散金属的选矿

迄今为止,世界上还没有一个国家建立了 SM 的选矿体系,也很少见到在主金属矿选矿过程中有关 SM 行为的报道。现将零星的 SM 选矿情况归纳分述如下,有的走向也很有参考价值。

5.1 选矿中 SM 的走向

曾有人研究过 SM 在选别多金属矿的主金属选矿过程中的走向[8,93,192]。表 5-1 列出了一些 SM 在选矿中的走向分配数据。

SM 在选矿产品中的富集数据见表 5-2。

从表 5-1 及表 5-2 可以看出:(1)铟在锌精矿中富集较好,高的可达 21 ~47 倍,其次富集于铜精矿;(2)铊几乎不富集在任何选矿产品中;(3)锗与镓在锌精矿中富集;(4)硒与碲多富集在铜精矿中。

此外,铼在辉钼矿选矿中多随钼精矿走,并得到明显富集。而含镓铝土矿不经过实质性选矿,故镓仍留在铝土矿中。

5.2 SM 在选矿中的行为

5.2.1 镓在选矿中的行为

表 5-3 列出了镓在多金属矿选矿中的分配情况。

在选别钒钛磁铁过程中约有 50% 的镓进入铁精矿。

5.2.2 铟在选矿中的行为

表 5-4 为铟在选矿中的分配情况。

铟在锡矿的选矿过程中主要富集在锡精矿中;在铅锌矿的选矿中主要富集在铅精矿,其次富集在锌精矿中, 但有报道说铟在锡矿的选矿过程中仅约 10% ~15% 富集在锡精矿中[87];而在铜矿的选矿过程中铟约 50% ~60% 进入铜精矿, 约 10% ~20% 转入锌精矿, 约 20% ~30% 进入黄铁矿精矿;在铅锌矿选矿过程中, 铟约 20% 进入铅精矿, 而约 80% 进入锌精矿,显然选矿实例仅供参考。

5.2.3 铊在选矿中的行为

在铜锌矿选矿过程中,铊主要进入黄铁矿精矿。在铅锌矿选矿时,铊多入尾矿,据文献[46]约有 73% 的铊转入尾矿,而在铅锌与铜精矿中的铊的占有率分别仅为 7% 与 2. 3%。虽然铊明显富集在铅精矿中,但其占有率较小[1,193],表 5-5 列出了铊在选矿中的走向。

表 5-1 SM 在选矿中的走向

（%）

项目			产出率	品位					分布				
				In	Tl	Ge	Se	Te	In	Tl	Ge	Se	Te
工厂1	进料	铜锌矿	100.00	0.0004	0.0005	0.0004	0.0043	0.0021	100.0	100.0	100.0	100.0	100.0
	产出物	铜精矿	11.45	0.0009	0.0007	0.0007	0.0029	0.008	25.6	12.9	18.3	23.8	12.4
		锌精矿	1.78	0.0017	0.0007	0.0017	0.0015	0.003	7.4	2.1	6.9	1.4	1.0
		黄铁矿	58.85	0.0003	0.0007	0.0004	0.0029	0.0034	43.9	66.3	53.6	51.8	65.9
		尾矿	23.31	0.0004	0.0005	0.0004	0.0023	0.0038	23.1	18.7	21.2	23.0	20.7
		无名损失	+4.61						+6.4	−18.9	−12.8	+10.9	−24.3
工厂2	进料	多金属矿	100.00	0.0001	0.00047	0.00008	0.0050	0.0041	100.0	100.0	100.0	100.0	100.0
	产出物	铜锌精矿	8.80	0.0009	0.0006	0.0002	0.0065	0.0078	79.0	13.8	23.3	11.7	16.5
		锌精矿	0.10	0.0047	0.00029	0.0012	0.0029	0.0025	5.0	0.1	1.4	0.1	0.1
		黄铁矿	91.10	痕	0.00036	0.00006	0.0047	0.0038	16.0	86.1	75.3	88.2	83.4
		无名损失								+18.9	+8.7	+2.5	−1.2
工厂3	进料	多金属矿	100.00	0.00032	0.00047	0.0001	0.0038	0.0061	100.0	100.0	100.0	100.0	100.0
	产出物	铜精矿	10.89	0.0009	0.00054	0.0001	0.0108	0.0139	32.3	13.2	9.6	33.1	32.5
		锌精矿	1.73	0.0068	0.00023	0.0006	0.0048	0.005	39.3	0.9	8.7	2.3	1.8
		黄铁矿	85.40	0.0001	0.00045	0.00011	0.0027	0.0036	28.4	85.9	81.7	64.6	65.7
		无名损失	+1.98						+6.2	+4.9	−15.0	+6.4	+23.5
工厂4	进料	多金属矿	100.0	0.00025	0.00038	0.00022	0.0057	0.0029	100.0	100.0	100.0	100.0	100.0
	产出物	铜精矿	11.6	0.0011	0.00051	0.00056	0.0079	0.0042	50.8	15.1	35.3	17.5	16.1
		锌精矿	2.1	0.0030	0.00065	0.00110	0.0003	0.0031	25.0	3.5	12.5	1.2	2.1
		黄铁矿	61.8	0.0001	0.00042	0.00007	0.0007	0.0037	24.2	65.7	23.4	76.9	75.7
		石英尾矿	20.6	0.0001	0.00030	0.00026	0.0011	0.0009	24.2	15.7	28.8	4.4	6.1
		无名损失	+3.9							+2.6	+15.2	+7.8	−4.9

续表 5-1

项目			产出率	品位					分布				
				In	Tl	Ge	Se	Te	In	Tl	Ge	Se	Te
工厂 5	进料	多金属矿	100.0	0.00049	0.00038	0.00029	0.0034	0.0035	100.0	100.0	100.0	100.0	100.0
	产出物	优选铜精矿	6.7	0.0040	0.00045	0.00043	0.0045	0.0105	50.6	8.9	9.1	11.1	25.6
		混选铜精矿	1.6	0.0013	0.00025	0.00022	0.0145	0.0183	3.9	1.2	1.1	8.6	10.6
		锌精矿	1.2	0.0056	0.0003	0.00040	0.0019	0.0035	12.6	1.0	1.5	0.8	1.5
		黄铁矿	19.5	0.0002	0.00038	0.00027	0.0070	0.0048	7.4	21.9	16.8	50.7	34.0
		尾矿	70.9	0.0002	0.00032	0.00032	0.0011	0.0011	25.5	67.0	71.5	28.8	28.3
		无名损失							-8.2	+10.8	-10.0	+20.3	+21.2

项目			产出率	品位					分布				
				Ga	Ge				Ga	Ge			
工厂 6	进料	铅锌矿		0.0058	0.0019 ~ 0.0023				100.0	100.0			
	产出物	锌精矿		0.0187	0.0120				55.5	86.3			
		铅精矿		0.0012	0.0007				1.1	1.9			
		硫精矿		0.0024	0.0003				10.7	4.0			
		尾矿		0.0053	0.0004				32.7	7.8			

表 5-2　SM 在选矿产品中的富集倍数

选厂	进料	产出物														
		铜精矿					锌精矿					优选出的铜精矿				
		In	Tl	Ge	Se	Te	In	Tl	Ge	Se	Te	In	Tl	Ge	Se	Te
1	铜锌矿						13.5	0.8	1.0	1.0	4.0	4.0	1.2	1.0	2.2	4.4
2	多金属矿															
3	多金属矿											2.8	1.1	1.0	2.8	2.3
4	多金属矿	4.4	1.3	2.5	1.3	1.4	12.0	1.7	5.0	0.5	1.1					
5	多金属矿						11.3	0.8	1.4	5.6	10.0	8.2	1.2	1.5	13.2	30.0

选厂	进料	产出物									
		优选出的锌精矿					混选出的铜精矿				
		In	Tl	Ge	Se	Te	In	Tl	Ge	Se	Te
1	铜锌矿						16.0	1.0	1.0	2.2	4.0
2	多金属矿	47	0.6	15	0.6	0.6	9.0	1.3	2.5	1.3	1.9
3	多金属矿	21.2	0.5	6.0	1.2	0.8					
4	多金属矿										
5	多金属矿						2.7	0.7	0.8	42.6	52.3

表 5-3　镓在多金属矿选矿中的分配数据　　(%)

选厂	进料多金属矿		产出物							
			铅精矿		铜精矿		锌精矿		尾矿	
	Ga 品位	Ga 占有率	Ga 品位	Ga 占有率	Ga 品位	Ga 占有率	Ga 品位	Ga 占有率	Ga 品位	Ga 占有率
1	0.0004	100.0	0.0007	2.0			0.0008	3.0	0.0004	95.0
2	0.004	100.0			0.002	7.0	0.001	2.0	0.004	91.0
3	0.0052	100.0	0.001	0.7	0.004	2.5	0.0027	5.0	0.005	92.3
4	0.004	100.0	铅、铜、锌精矿的混合样：Ga 品位 0.002，占有率 5.0						0.004	95.0

表 5-4　铟在选矿中的分配数据　　(%)

选厂	进料		产出物					
	多金属矿		铜锌矿		铜精矿		铜铅精矿	
	品位	占有率	品位	占有率	品位	占有率	品位	占有率
1			0.0004	100.0	0.0012	39.3		
2	0.0016	100.0					0.0008	6.2
3	0.0008	100.0					0.002	26.6
4	0.0005	100.0			0.003	25.7	0.002	52.2

选厂	产出物					
	黄铁矿		锌精矿		尾矿	
	品位	占有率	品位	占有率	品位	占有率
1	<0.0001		0.003	52.0	<0.0001	8.7
2	0.0005	3.2	0.0035	86.4	0.0002	4.2
3	0.0004	13.9	0.013	44.3	0.0002	15.2
4	0.002	52.2	0.0068	11.8	0.0002	9.5

表 5-5 铊在选矿中的分配 （%）

选厂	进料		产出物							
	多金属矿		铜/锌精矿		铅精矿		锌精矿		尾矿	
	品位	占有率	品位	占有率	品位	占有率	品位	占有率	品位	占有率
1	0.0005	100.0	痕		0.0024	2.0	0.0005	10.0	0.0005	88.0
2	0.0050	100.0	0.001	2.0	0.0150	5.0	0.0010	2.0	0.0050	91.0
3	0.0055	100.0			0.0080	6.0	0.0020	2.0	0.0030	92.0

在黄铁矿的选矿中，约 80% ~90% 的铊进入尾矿，主要富集在云母矿中。

5.2.4 锗在选矿中的行为

在所有稀散金属中，锗是迄今唯一作为主矿物被选别过的一个金属[1,90,93,193]。1954 年在纳米比亚的楚梅布选厂进行过锗石矿的选矿，原料是纳米比亚锗石，其中锗主要为锗石矿与硫化铅、闪锌矿、白云石、砷黝铜矿和扎伊尔锗矿（即硫锗铁铜矿）等的共生矿。该矿的成分[90]见表 5-6。

表 5-6 锗石和硫锗铁铜矿组成 （%）

组分	锗石矿	扎伊尔锗矿
Ge	8.70 ~ 7.04	7.35 ~ 6.57
Ga	0.76 ~ 1.85	0.52
Fe	4.56 ~ 10.70	13.73 ~ 13.78
Cu	45.39 ~ 39.44	41.69 ~ 42.05
Zn	2.58 ~ 3.56	3.53 ~ 3.94
Pb	0.66 ~ 0.26	痕
Sn		0.16
As	4.13 ~ 4.06	0.87 ~ 0.79
S	30.65 ~ 31.44	31.83 ~ 31.67
SiO_2	0.23 ~ 1.68	0.20

锗石经粉碎过 20μm，第一步经过浮选获得粗铜铅精矿与含锌的中间产品；然后在加入淀粉和通入 SO_2 的条件下将粗铜铅精矿混合、搅拌、调整 pH = 5.2，10min 后接着粗选，便获得粗锗精矿与铜铅精矿；其后，将粗锗精矿与 CaO 混合、搅拌并调节 pH = 10.5，10min 后进行精选，精选得到三种级别的锗精矿与铜铅精矿（表 5-7）。浮选所得的中间产品经选别锌而获得锌精矿与丢弃尾矿。整个锗石的选矿流程[176]如图 5-1 所示。

选矿过程中锗的走向，经查定与计算将其结果列入表 5-7[93,176]。

表中锗的平衡误差为 +11.9%。锗精矿产出率仅为原料重的 1%，内含锗量仅为原料中的 25.8%，即约有 63% 的锗随铜铅精矿与锌精矿走了，因而有必要从铜系统回收锗，随尾

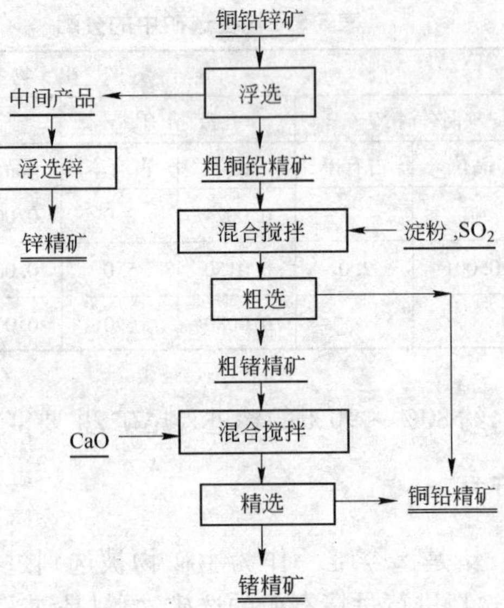

图 5-1　锗石的选矿流程

矿损失的锗约 2.1%。

表 5-7　锗石选矿中锗的走向数据

过程	矿　种	年产量/万 t	年产出率/%	含 Ge/%	Ge 质量/t	Ge 分布率/%
进料	锗石矿	45	100.0	0.015	67.5	100.0
浮选产品	粗铜铅精矿	11.3	25.1	0.053/0.13	59.89	88.7
	中间产品	33.7	74.9	0.003	10.11	15.0
精选产品	锗精矿（1～3 级）	0.452	4.0	0.386	17.45	25.8
	铜铅精矿	10.848	96.0	（0.039）	42.31	62.7
选别锌中间产品	锌精矿	2.7	8.1	0.024	6.48	9.6
	尾　矿	31.0	91.9	0.003	9.30	13.8

注：（　）为估计值。

在浮选含锗 0.022% 的扎伊尔锗矿过程中，锗主要进入铜精矿，铜精矿含锗高达 0.13%[176]。

在铅锌矿的选矿中，锗主要转入锌精矿。表 5-8 列出了锗在铅锌选矿中锗的分布情况。

从表 5-8 中看出：(1)国外选厂 1 和 2 的选矿结果是：锗在铅锌矿的选矿中没有选别性，多数进入尾矿；(2)但我国选厂 3 的选矿结果是：多数锗进入锌精矿，且锗的品位也有所提高。

5.2.5　硒与碲在选矿中的行为

在铜锌矿的选矿过程中，硒和碲主要进入铜锌精矿及黄铁矿尾矿中，但它们在黄铁矿中的品位却没有提高，仅在铜锌混合精矿中有所富集，但富集倍数不大，约为 1.3～2.3 倍。

在铅锌矿选矿过程中，硒与碲尤其是硒主要富集在铅精矿中，其次富集在铜锌精矿中，但富集率很低。选矿中硒与碲的分布数据见表5-9。

表 5-8 锗在铅锌矿的选矿中的分布 (%)

选厂	进料		产出物							
	铅锌矿		铅精矿		锌精矿		混合精矿		尾矿	
	品位	占有率	品位	占有率	品位	占有率	品位	占有率	品位	占有率
1	0.0025	100.0	0.0010	1.0	0.0025	2.5			0.0020	96.5
2	0.0001	100.0					0.0001	10.0	0.0001	90.0
3	0.0038	100.0	0.0008	5.2	0.0056	91.8	0.0009	3.0		

表 5-9 硒与碲在选矿中的分布 (%)

选矿厂				1	2	3	4	5
进料	铜锌矿	Se	品位	0.0044	0.0039			
		Te	品位	0.0049	0.0029			
	铅锌矿	Se	品位			0.0004	0.005	0.01
		Te	品位			0.0003	0.005	
产出物	铜锌精矿	Se	品位	0.01	0.0051			
			占有率	24.1	9.4			
		Te	品位	0.0113	0.0036			
			占有率	24.8	10.6			
	锌精矿	Se	品位			0.0015	0.005	痕
			占有率			30	10	
		Te	品位			0.0006	0.005	痕
			占有率			20	10	
	铜精矿	Se	品位				0.005	痕
			占有率				10	
		Te	品位				0.005	痕
			占有率				10	
	黄铁矿	Se	品位	0.0033	0.0041			
			占有率	75.9	90.6			
		Te	品位	0.0036	0.0025			
			占有率	75.2	89.4			
	铅精矿	Se	品位				0.12	0.07
			占有率				50	20
		Te	品位				0.03	痕
			占有率				15	
	尾矿	Se	品位			0.0003	0.005	0.01
			占有率			70	30	79
		Te	品位			0.0002	0.005	
			占有率			80	65	

1975 年斐济帝国金矿公司采用浮选碲金矿获得碲精矿[194]。

5.2.6　铼在选矿中的行为

在含铼铜矿的选矿过程中，铜矿中铼的 60% ~90% 均转入铜精矿或铜铅精矿[26]，表 5-10 列出了铼在铜矿的选矿中的分布数据。

当进行含铼的铜钼矿选矿中，铼在钼精矿中成百倍（甚至上千倍）富集[3~7,26,145]，其富集数据见表 5-11。

据报道[195]：在选别粒度小于 0.074 mm（200 目）占 80% 的钼矿中，矿中约 40% 的铼进入钼精矿，约 11% 的铼进入中矿，其余 44% 的铼转入尾矿，由于矿含水溶性铼，故而在湿磨与浮选中有一部分铼随水损失。

表 5-10　铼在铜矿的选矿中的分布数据　（%）

选矿产品	铜精矿	尾　矿	选矿水
铼的含量	0.004		
铼的分布率	60 ~90	<30	<10

表 5-11　铼在铜钼矿选矿中的分布数据　（%）

进矿厂	进　料		产出物							
	铜钼矿		粗/铅精矿		铜精矿		钼精矿		尾　矿	
	铼的品位	铼的分布	铼的品位	铼的分布	铼的品位	铼的分布	铼的品位	铼的分布	铼的品位	铼的分布
1	<0.0001	100.0	0.001		0.0002		0.026	83.0	<0.0001	
2	0.0003	100.0	0.0003		0.0002		0.050		0.0002	
3	<0.0001	100.0	0.0002		<0.0001		0.230		<0.0001	
4	0.0015	100.0	0.00002	0.1			0.0365	94.1	0.00001	5.8

6 镓的综合回收技术

6.1 提镓原料

当前生产原生镓的主要原料为生产 Al_2O_3 的循环母液与 Pb－Zn 生产中的废渣与烟尘等。

6.1.1 铝生产过程中的提镓原料

目前世界 90% 的镓是从氧化铝生产过程中回收的，当前生产原生镓的主要原料为生产 Al_2O_3 的循环母液，粗略了解氧化铝生产过程中的镓走向很有必要。

（1）采用拜耳法处理含镓铝土矿时。由于 Al^{3+} 与 Ga^{3+} 以 $Me(OH)_3$ 形态沉淀析出的 pH 值分别为 10.6 与 9.7，且 $Ga(OH)_3$ 的酸性较 $Al(OH)_3$ 略强，所以 Ga_2O_3 的溶解度很大[156]。表 6-1 列出了 $Na_2O-Ga_2O_3-H_2O$ 系中 Ga_2O_3 饱和溶液中的溶解度。

拜耳法处理含镓铝土矿时，铝土矿中镓与铝被碱溶解而分别以镓酸钠（$NaGaO_2$）及铝酸钠（$NaAlO_2$）转入溶液，过程中的主要化学反应是：

$$Al_2O_3+2NaOH = 2NaAlO_2+H_2O \tag{6-1}$$

$$Ga_2O_3+2NaOH = 2NaGaO_2+H_2O \tag{6-2}$$

存在于 Al_2O_3 中的镓，在电解铝时，残留在阳极合金中，合金的成分（质量分数，%）为：Ga 0.2，Al 50～60，Cu 30～35，Fe 4～8 及 SiO_2 1～3 等[8,99]，其他如电解铝时的炭末及电解尘等也是回收镓的原料。

镓在拜耳法处理铝土矿过程中的走向如图 6-1 所示。

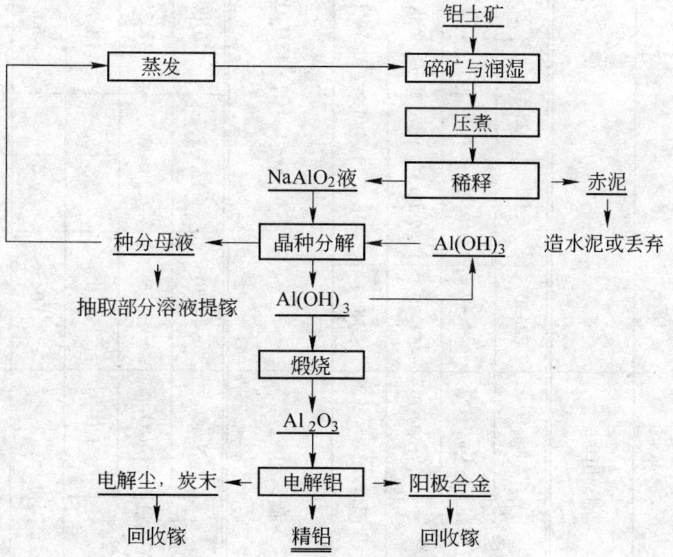

图 6-1　镓在拜耳法流程中的走向

表 6-1 $Na_2O-Ga_2O_3-H_2O$ 系组分

饱和溶液组分(质量分数)/%	Na_2O	0	0.43	2.41	4.00	4.81	7.37	9.00	9.50	11.05	12.15	14.20	15.30	20.00
	Ga_2O_3	0	0.74	2.84	5.67	6.28	7.35	12.05	13.88	14.03	15.42	22.00	26.70	28.00
	H_2O	100	98.83	94.75	90.33	88.91	85.28	78.95	76.62	74.92	72.43	63.60	58.00	52.00
温度/℃		18	18	18	18	18	18	18	18	18	18	18	18	18
固相		$Ga_2O_3\cdot 3H_2O$											$4Na_2O\cdot Ga_2O_3\cdot 15H_2O$	
饱和溶液组分(质量分数)/%	Na_2O	22.30	24.00	25.00	27.00	29.20	0	5.50	8.86	9.80	12.23	12.63	13.25	13.00
	Ga_2O_3	24.40	19.00	17.30	15.00	13.00	0	10.40	13.43	16.45	19.20	20.10	21.80	26.00
	H_2O	53.30	57.00	56.90	58.00	57.50	100	84.10	77.71	73.75	68.57	67.27	64.95	61.00
温度/℃		18	18	18	18	18	60	60	60	60	60	60	60	60
固相		$Na_2O\cdot Ga_2O_3\cdot 15H_2O$					$Ga_2O\cdot 3H_2O$							

饱和溶液组分(质量分数)/%	Na_2O	40.30	13.05	20.00	21.50	21.70	25.30	27.40	29.50	32.70	37.50
	Ga_2O_3	3.36	28.00	37.30	35.00	29.50	24.70	20.30	18.10	14.30	7.40
	H_2O	56.40	58.95	42.70	43.50	48.80	50.00	52.30	52.40	53.00	55.10
温度/℃		60	60	60	60	60	60	60	60	60	60
固相		$3Na_2O\cdot Ga_2O_3\cdot 13H_2O$	$Ga_2O_3\cdot 3H_2O$	$Na_2O\cdot Ga_2O_3\cdot 7H_2O$					$3Na_2O\cdot Ga_2O_3\cdot 13H_2O$		

镓在拜耳法处理铝土矿过程中的走向：处理铝土矿过程中用晶种分解 $NaAlO_2$（含 $NaGaO_2$）溶液，产出分解后溶液（通称种分／返回母液），经多次循环后，原料中 80%～85% 的镓富集于种分母液，此种分母液含镓一般达 0.07～0.15g/L[1,8,99]，甚至高达 0.3 g/L[3～7,196]，可定期从此抽取部分液量以供提镓。

镓在拜耳法过程中的典型分布列于表 6-2。

表 6-2 镓在拜耳法过程中的含量与分布 （%）

项目	进料	产出物								
	铝土矿	$NaAlO_2$ 液	赤泥	返回母液	$Al(OH)_3$	Al_2O_3	电解铝	炭末	烧结尘	阳极合金
含镓量	0.005～0.006	0.07～0.08 g/L	0.002	0.08～0.30 g/L	0.02	0.010～0.012	0.013～0.015	0.002～0.003	0.01～0.012	0.2
镓分布	100.0		33	57	10					

（2）当采用烧结法处理铝土矿时。镓主要富集在碳酸化分解返回母液（通称碳分/返回母液）中，而在电解铝时镓的走向基本与拜耳法电解铝过程相同。图 6-2 给出了镓在烧结法流程中的走向。

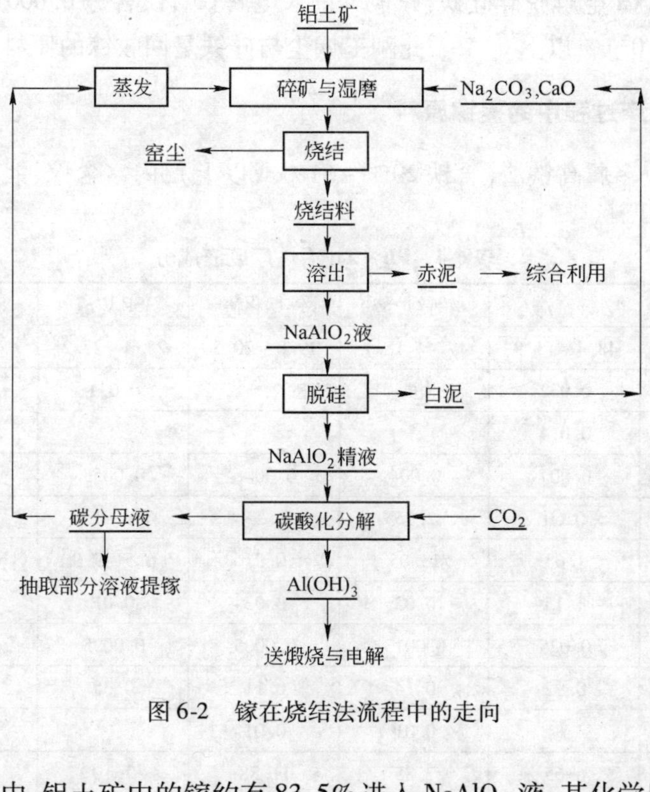

图 6-2 镓在烧结法流程中的走向

在烧结法过程中，铝土矿中的镓约有 83.5% 进入 $NaAlO_2$ 液，其化学反应为：

$$Al_2O_3 + Na_2CO_3 = 2NaAlO_2 + CO_2\uparrow \tag{6-3}$$

$$Ga_2O_3 + Na_2CO_3 = 2NaGaO_2 + CO_2\uparrow \tag{6-4}$$

其余的镓则随赤泥而流失。随着 Al_2O_3 生产过程中的碳酸化分解，$NaAlO_2$ 溶液中的部分镓会进入沉淀物 $Al(OH)_3$ 中，而大部分镓仍留在碳分母液里。表 6-3 列出了镓在烧结法产出物中的典型含量及分布[1～7,99,196]。

表 6-3　镓在烧结法产出物中的典型含量及分布　（%）

项目	进　料	产　出　物							
	铝土矿	$NaAlO_2$ 液	赤泥	白泥	碳分母液	$Al(OH)_3$	Al_2O_3	烧结窑尘	铝酸钙
含镓量	0.006～0.01	0.04～0.05 g/L	0.002	0.002	0.03～0.06 g/L	0.006	0.01	0.025	0.008
镓分布	100.0		16.5		59.7				23.8

当用烧结法处理霞石时，所得的 $NaAlO_2$ 液含镓更少，仅达 0.02～0.03 g/L[99]。

（3）用还原热解法综合利用明矾石的过程中。镓含量及分布近似于拜耳—烧结联合法，在分解母液中含镓 0.07～0.08 g/L，而在蒸发母液中含镓高至 0.14 g/L[3～7]。

（4）炼铝、造磨料与耐火材料是铝土矿的三大用途。1990 年我国制造磨料用铝土矿约达 70 万 t/a，在进行电炉炼刚玉的过程中，含镓 0.01% 左右的铝土矿中的镓近 60%～70% 进入烟尘；含镓可达 0.13%～0.16% 及 K_2O 18%～22%，约 30%～40% 进入副产物低硅铁中，内含 Ga 0.03%～0.05%、Fe 75%～82%、Si 7%～9%，此低硅铁多低价外卖而让镓流失。有人试用 $FeCl_2-HF$ 电解硅铁，镓分散：入液大于 50%，而入阳极泥达 40%[3～7]。有人试用 $FeCl_2-NH_4Cl$ 电解脱硅硅铁：镓很少进入电解铁，仅含镓 0.0001%，而主要进入阳极泥而富集到含镓 0.1% 以上[3～7]。此刚玉烟尘与硅铁是回收镓的原料。

6.1.2　Pb－Zn 生产过程中的提镓原料

Pb－Zn 冶炼渣多属高铁渣（含铁 20%～51% 或以上），内富含镓、铟、锗、金、银、砷与汞（见表 6-4）[1～7,197,198]。

表 6-4　Pb－Zn 冶炼厂废渣成分　（%）

组分	锌浸出渣	锌窑渣	铅锌炉渣	锌烟化渣	ISP 炉渣	ISP 烟化渣	锌罐渣
Fe	26.8	48.4～51.9	17.4～18.1	19.8～20.5	25.3～27.2	33.01	14.06
Ga	0.003～0.010	0.032			0.031	0.033	0.0045
In	0.03～0.14	0.014					
Ge	0.006～0.012	0.007	0.004	0.0006	0.0058	0.0026	0.0024
Pb	2.9～4.5	0.60	2.15	0.15	0.6～1.0	0.03	
Zn	18.0～23.0	1.63	13.05	0.91	6.5～9.9	1.33	2.34
Cu	0.7～1.8	1.15	0.02	0.03	0.01		0.05
Ag	0.004	0.025	0.0013	0.0005	0.0035		
As	0.06	0.92	0.14	0.11	0.35		0.09
Cd	0.2～2.4		0.01	0.01			
Al_2O_3		6.65	7.85	11.88	7.10	9.67	5.13
MgO		2.53	5.09	5.84	0.49	1.38	
CaO		4.71	12.92	14.28	17.27	17.33	4.80
SiO_2	8.0～12.0	18.60	28.12	34.32	18.95	20.68	9.06

Pb－Zn 冶炼渣产出量大，每年产出数百万吨之多，处理它们既消除占用土地存放与污染环境的危害，又回收综合利用镓、铟、锗等资源并提高了经济效益。

Pb – Zn 生产过程中的渣、烟尘等副产物中，尤以锌浸出渣及密闭鼓风炉炉渣等含镓最多。世界上约79%以上的锌是由水冶锌法产出的[199]。而锌浸出渣是水冶锌的第一副产物，它除含有铅、锌及银外，还富含 SM 中的镓、铟及锗等，经济价值较大。

6.1.3 燃煤发电及炼焦过程中的提镓原料

由于多处于还原气氛中而使镓挥发、富集于产出的烟尘，尘含镓量与煤含镓富与贫相关。某电厂锅炉燃烧含镓 0.0035% 的煤，燃烧中约 40% ~55% 的镓挥发入烟气，原煤含镓越高则挥发入烟气就越多[3~7]。

煤中通常含镓约 0.0001% ~0.0045%[1~7]。煤在焦化过程中，部分镓进入焦炭，部分转入焦油。当焦炭用于发生炉煤气或燃烧煤发电时，煤中镓的大部分挥发入烟气（经收尘得到含镓 0.38% ~1.56% 的烟尘），小部分残留在煤灰中；煤中镓含量越高入尘率也就越高，一般可达 60% 以上。

6.1.4 钒钛磁铁矿冶炼过程中的提镓原料

选矿时约 50% 的镓转入铁精矿。在高炉炼铁过程中，绝大部分镓进入铁水，仅少量进入高炉渣及高炉尘中。铁水中的镓仅有 20% 转入氧化渣，其余进入钢锭。

6.2 水冶镓

6.2.1 P – M 法提镓、铟、锗

1969 年意大利玛格海拉港（Porto – Marghera）电锌厂为世界第一个实现了从锌浸出渣中同时（虽非在同一厂内）提取镓、铟与锗[1~7,84]，工艺流程如图 6-3 所示。

原料是该厂的锌浸出渣，其成分见表 6-5。

锌浸出渣中锌的物相组成（%）为：Zn（$ZnO \cdot Fe_2O_3$）35.71，Zn（MeO）35.71，Zn（$ZnSO_4$）22.74 及 Zn（ZnS）5.84 等。此渣经配入炭粒后投入日处理 30t 的回转炉，造微酸性渣（$CaO/SiO_2 \leqslant 1$），并在 1250℃ 下进行还原烟化，此时大部分锗、镓及铟进入烟尘。此尘在 pH = 8 下用 Na_2CO_3 水溶液洗涤脱氯及部分杂质——那些不溶于微碱的 $Me'Cl_2$（如 $CuCl_2$、$ZnCl_2$、BiOCl、$CdCl_2$、SbOCl 及 Hg_2Cl_2 等与 Na_2CO_3 作用生成碳酸盐沉淀而入洗渣），避免了锌与镉的分散与损失：

$$Me'Cl_2 + Na_2CO_3 = 2NaCl + Me'CO_3 \downarrow \qquad (6\text{-}5)$$

含 Ge 0.1% 的脱氯尘用锌废电解液并加少量 K_2SO_4 与 $FeSO_4$ 进行浸出，控制终点 pH = 5.5，使锌、镉入液而分离，滤后中浸渣加稀 H_2SO_4 及 $CaSO_3$（使高铁还原为低铁）在 pH = 1 下进行还原酸浸，则镓、铟、锗入液，滤后加丹宁将锗沉出，所得丹宁锗经 600℃ 氧化焙烧而得含 Ge 25% 的锗精矿，经氯化蒸馏得四氯化锗，水解产物 GeO_2（含 Ga0.05 g/t、In 0.1 g/t），经氢还原而得到具有 50 Ω · cm 的金属锗。

丹宁废液加入 NaOH 中和得到含镓 0.5% ~25%、铟 0.6% ~12% 的镓、铟渣，送都灵冶金中心回收，虽无公开报道，但据分析，可能是在 70 ~80℃、并添加有 $CaSO_3 \cdot 2H_2O$ 的条件下用稀硫酸溶解中和渣，滤液用 NH_4OH 中和到 pH 值为 4 ~4.2，此时镓与铟因水解而转入第二次中和渣。此渣接着用碱浸，因铟不溶而仍留在碱浸渣中，从而铟与镓分离：碱浸渣经

火法熔炼，再经酸溶和置换得到海绵铟；而碱浸液用硫酸中和到 pH 值为 6.5 ~ 7，此时镓以 $Ga(OH)_3$ 形态沉淀析出，经盐酸溶解 $Ga(OH)_3$ 后，用醚萃取提镓。

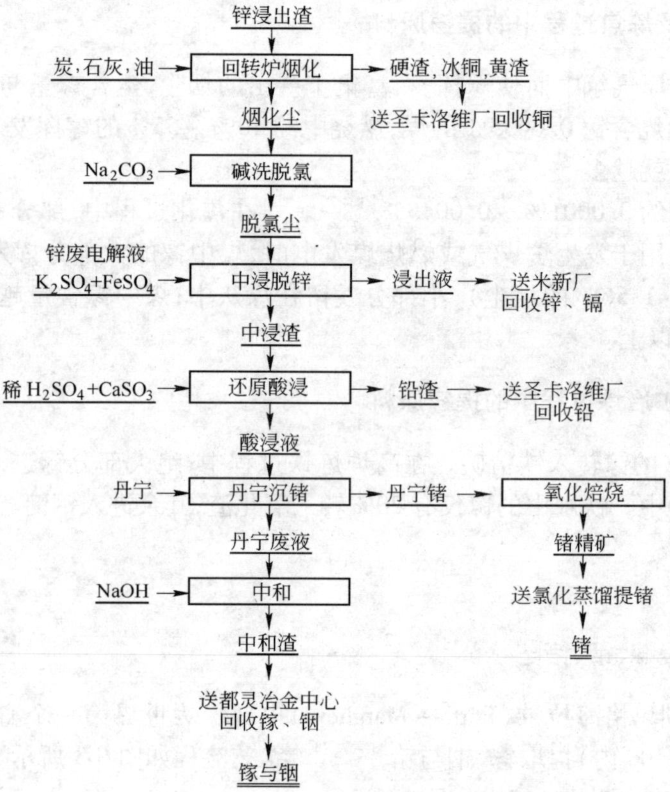

图 6-3　P - M 法提镓、铟、锗工艺流程

表 6-5　Porto - Marghera 厂的锌浸出渣组分

元 素	Ga	In	Ge	Ag	Zn	Pb
含量(质量分数)/%	0.02 ~ 0.04	0.04 ~ 0.09	0.06 ~ 0.09	0.018 ~ 0.02	16 ~ 18	1 ~ 3
元 素	Cd	As	Sb	Mn	S	Cl
含量(质量分数)/%	0.3 ~ 0.4	0.1 ~ 0.15	0.08 ~ 0.12	3 ~ 3.5	7 ~ 8	0.006 ~ 0.008
元 素	Fe_2O_3	SiO_2	CaO	MgO	Al_2O_3	
含量(质量分数)/%	26 ~ 28	11 ~ 12	2.5 ~ 3.5	0.2 ~ 0.3	1.5 ~ 2.0	

此法可取之处在于同时回收镓、铟与锗，但也存在水与火冶及酸与碱交替、流程冗长、回收率不高的缺点。

6.2.2　综合法提镓、铟、锗

我国于 1975 年首次研究成功综合法从锌浸出渣同时在一厂实现回收镓、铟与锗[3~7]。

研究查明锌浸出渣中锌的物相及其分配率为(%):Zn($ZnO \cdot Fe_2O_3$)55 ~68, Zn($ZnSO_4$)14 ~17,Zn(ZnO) 7.5 ~14.1 及 Zn(ZnS)0.17 ~6.53。结合在铁酸锌($ZnO \cdot Fe_2O_3$)中的锌与铁分别占锌浸出渣中锌的62%与铁的82%,而镓、铟与锗以类质同象进入铁酸锌,其进入量分别约达 93.5% ~95.1%,故分解 $ZnO \cdot Fe_2O_3$ 是回收镓、铟、锗的关键[3~7,200]。利用工厂原来用的回转窑挥发与多膛炉除氟、氯工序,所得的 ZnO 尘经 H_2SO_4 浸出后用锌粉置换得富集镓、铟、锗的置换渣(见表 6-6)。

表 6-6 综合法回收镓、铟、锗的原料 (%)

渣 类	Ga	In	Ge	Zn	Pb	As	F	Cl	Fe	SiO_2
锌浸出渣	0.003 ~0.019	0.03 ~0.14	0.006 ~0.012	22.2	2.9	0.6	0.015	0.014	26.8	9.98
置换渣	0.11 ~0.15	2 ~3	0.05 ~0.19	22.9	0.6	5.8			0.9	1.12

研究查明置换渣中镓的物相主要呈氧化物 Ga_2O_3;铟的96.2%为 $InAsO_4$ 形态,而 In_2S_3 与单质 In 很少;锗的50%多为 $MeO \cdot GeO_2$,余35%为 GeO_2 形态存在;铁约65%呈 Fe^{2+} 形态[3~7,201]。其提取镓、铟、锗的工艺如图 6-4 所示[1~7]。

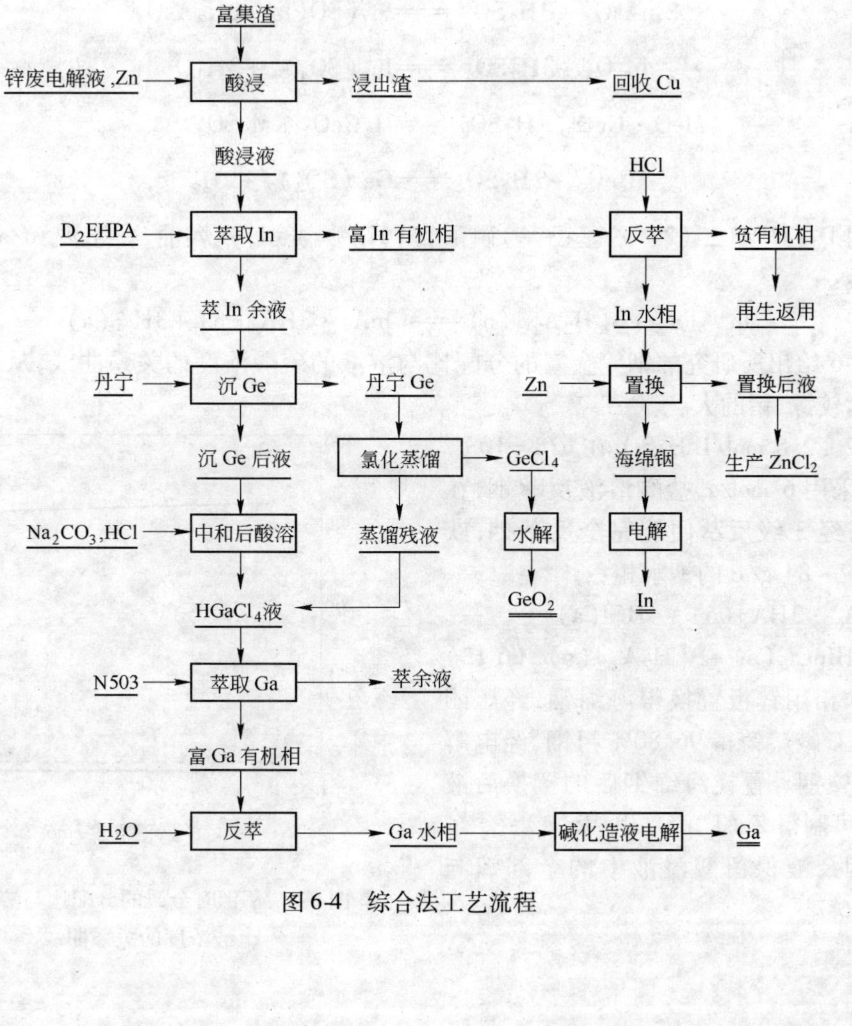

图 6-4 综合法工艺流程

置换渣用锌废电解液在液固比为 10∶1 及 90℃ 下浸出 2 ~ 3 h，终酸控制为 0.59 ~ 0.66 mol/L，渣中镓、铟、锗转入溶液各约达 96% ~ 100%[1~7,199]，如图 6-5 所示。

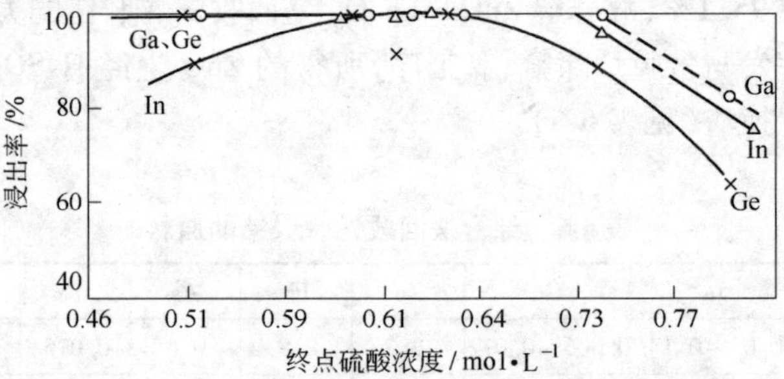

图 6-5　还原酸浸的终酸浓度对镓、铟、锗浸出率的影响

$$Ga_2O_3 + 3H_2SO_4 = Ga_2(SO_4)_3 + 3H_2O \tag{6-6}$$

$$2Ga(OH)_3 + 3H_2SO_4 = Ga_2(SO_4)_3 + 6H_2O \tag{6-7}$$

$$2InAsO_4 + 3H_2SO_4 = In_2(SO_4)_3 + 2H_3AsO_4 \tag{6-8}$$

$$In_2O_3 + 3H_2SO_4 = In_2(SO_4)_3 + 3H_2O \tag{6-9}$$

$$MeO \cdot GeO_2 + H_2SO_4 = H_2GeO_3 + MeSO_4 \tag{6-10}$$

$$GeO_2 + 2H_2SO_4 = Ge(SO_4)_2 + 2H_2O \tag{6-11}$$

采用 D_2EHPA[二(2-乙基己基)磷酸，以 H_2A_2 表示，]/煤油，在室温，o/a = 1/2，3 级定量萃铟：

$$In^{3+}(a) + 3[H_2A_2](o) = [InA_3 \cdot 3HA](o) + 3H^+(a) \tag{6-12}$$

图 6-6 给出所研究的铟等金属的分配比与溶液的硫酸浓度的关系曲线，从中看到铟的分配比远较镓、锗的大。

用 2 ~ 2.5 mol/L H_2SO_4 在 o/a = 10 下洗涤后，采用 6 mol/L 盐酸溶液反萃铟，在 a/o = 15，经 3 级反萃便能完全反萃铟，获得含铟 67 ~ 84 g/L 的铟水相：

$$[InA_3 \cdot 3HA](o) + 4HCl(a) = HInCl_4(a) + 3[H_2A_2](o) \tag{6-13}$$

铟水相用锌板置换得海绵铟，经压团后于 350℃ 碱熔铸得 96.80% 粗铟，经电解得 99.99% 铟。置换海绵铟后的置换后液经补锌，可制得 $ZnCl_2$ 商品出售。

萃铟余液保留酸浸液中的全部镓与锗，见表 6-7。

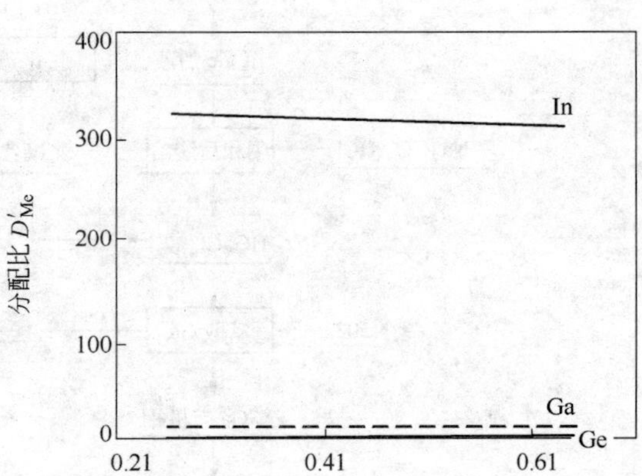

图 6-6　萃铟时金属的分配比与溶液的硫酸浓度的关系曲线

表 6-7 萃铟原液及产物的组成 (g/L)

溶液种类	Ga	In	Ge	Fe	Cu
酸浸液	0.12	2.56	0.04	0.95	2.9
铟水相		67.0~83.5		0.05~0.23	0.02~0.05
萃铟余液	0.09~0.13	≤0.005	0.04~0.09	1.0~1.2	2.5~3.8
溶液种类	Zn	As	Cd	H_2SO_4	
酸浸液	29.5	5.8	3.5	55~65	
铟水相	0.02~0.50	0.06~0.12	0.01~0.04	HCl 198~216	
萃铟余液	25.4~30.1	5.5	2.6~3.8	55~65	

为了综合利用此萃铟余液，在提镓之前，用传统的丹宁沉锗－氯化蒸馏法提锗（详见第9章）：用本厂 ZnO 中和到 pH 值为 1.2~2.0，加入丹宁量为液中锗量的 40 倍以沉锗，滤得的丹宁锗经烘干后，在 500℃下氧化焙烧得到含 Ge15% 以上的锗精矿，采用氯化蒸馏法得金属锗。

沉锗后液含 Ga >0.071g/L，用 Na_2CO_3 中和到 pH 值为 3~4 得水解产物 $Ga(OH)_3$：

$$Ga_2(SO_4)_3 + 3Na_2CO_3 + 6H_2O = 2Ga(OH)_3\downarrow + 3Na_2SO_4 + 3H_2CO_3 \qquad (6\text{-}14)$$

经用 4~6 mol/L HCl 溶解得 $HGaCl_4$ 溶液，与含 Ga 0.2 g/L 的氯化蒸馏残液合并得含镓 0.6~0.7g/L 溶液，用 30% N503（取代乙酰胺，以 CH_3CONR_2 表示）/二乙苯萃取镓，它与配合阴离子 $GaCl_4^-$ 形成𬭩盐而被萃：

$$HGaCl_4(a) + n[CH_3CONR_2](o) = [(CH_3CONR_2)_nH^+GaCl_4^-](o) \qquad (6\text{-}15)$$

经 1 级萃取，就达到完全萃取镓。溶液中的锌、铜及镉等杂质不被萃取，只是 Fe(Ⅲ) 的浓度较镓的浓度大到一个数量级时，才会影响到镓的萃取。而氯的浓度增高对萃取镓有利。图 6-7 给出了溶液中 $[Cl^-]$ 与 [Fe]（Ⅲ）对镓萃取率的影响情况。然后，负载有机相用水反萃，获得含镓 8.7~13.5 g/L 的镓水相。加入 NaOH（控制 NaOH 达 150~200 g/L）碱化造液，以不锈钢（或液态镓）作阴极，不锈钢或镍为阳极，选用电流密度 500~2000 A/m^2，槽压 3~4 V，电解液温度 40~60℃下电解获得 99.99% 镓：

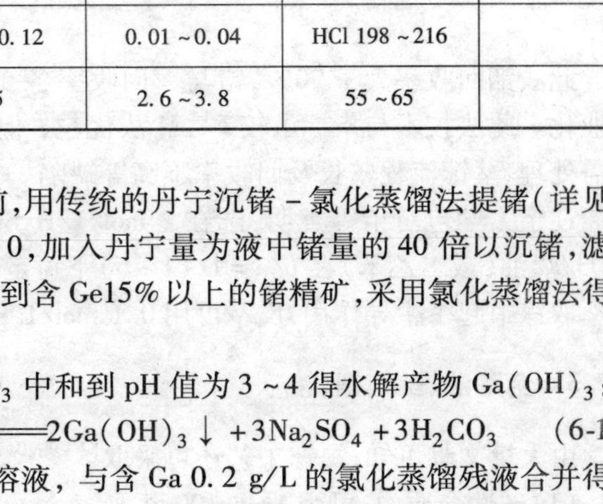

图 6-7 溶液中 $[Cl^-]$ 和 [Fe]（Ⅲ）对镓萃取率的影响
（$[Cl^-]$：30% 乙酰胺，o/a =1/2，溶液含镓 0.585g/L；
[Fe(Ⅲ)]：30% 乙酰胺，o/a =1/10，溶液含镓 0.585 g/L）

$$GaO_2^- + 2H_2O + 3e \longrightarrow Ga\downarrow + 4OH^- \quad (6\text{-}16)$$

萃镓过程中溶液组分的变化数据见表 6-8。

表 6-8　萃镓过程中溶液组分的变化数据　(g/L)

溶液种类	Ga	As	Fe	Cu	Cd	Pb	Zn	HCl
$HGaCl_4$ 液	0.59 ~ 0.63	27.6 ~ 29.5	3.7 ~ 4.5	3.8	1.4	0.4	19.8	160 ~ 180
镓水相	13.5	0.23	34.4	0.02	0.01	0.01	0.75	41.4
萃镓余液	≤0.005	16 ~ 27	3.1	3.3	1.1	0.4	11 ~ 21	160

此法铟回收率大于 90%，锗与镓回收率各 60%，“三废”得到处理或利用，铟工段当即工业化。此法技术与指标虽较 P – M 法优越，但存在着提锗要用丹宁、而丹宁废液返锌系统需处理、萃镓流程较长及回收率不高等缺陷。

辽宁大学包昌年等查明，选在 2 mol/L H_2SO_4 + 3 mol/L NaCl 介质中，用 20% ~ 30% N503/煤油（或二乙苯）在 o/a = 1/(1 ~ 5) 下可定量萃取镓，认为 N503 的羰基氧原子质子化在萃取镓中起了主导作用，反萃可用 0.1 mol/L HCl（或以 H_2O 为好）而完全反萃镓[3~7]。

6.2.3　全萃法提镓、铟、锗

由大量文献可知，提镓工艺还可采取[1~7,104,150,187,202,203]：

(1) 碱性介质中，可用 Kelex100 萃取镓。

(2) HCl 体系中，可采用醚、酯及酮类萃取剂基于成盐/离子缔合萃取镓：1) 醚及乙酸乙/丁酯萃镓为好[1~7]，经萃取后均可使 Ga 与 Al、Fe(Ⅱ)、Zn、Co、Ni、及 Cu 等分离；2) 在 2 ~ 6 mol/L的盐酸介质中用磷酸三丁酯（TBP）定量萃镓，且可与重金属杂质等分离，但 Fe(Ⅲ) 及 Sb(Ⅲ) 会同时被萃取，且易于产出第三相[106~108,204]；3) 在含 2.5 ~ 8 mol/L 盐酸介质中用甲基异丁基酮（MiBK）可定量萃镓[1,2]，如在水相中稍添加含氧酸，如 HNO_3、H_2SO_4、$HClO_4$ 等，可提高萃镓率，但 MiBK 存在水溶性较大的缺点；4) 还可用三辛胺（TOA）、乙酰胺[3~7]、环己酮[1,2]、混合醇[205]及二 –（2 – 乙基己基）磷酸（D_2EHPA，即我国的 P 204）等萃镓。醚、酯及酮类萃取剂现已用于工业实践。

(3) H_2SO_4 体系中：

1) 在硫酸浓度较大范围内镓可被焦 –（2 – 乙基己基）磷酸（P_2EHPA）、N503，D_2EHPA + YW100 及伯胺等定量萃镓；我国也成功地研究出采用 P204 + YW100（YW100 为协萃剂）及十三碳异羟酸（即我国的 H106）萃取镓/锗的工艺[3~7,104,202]，用 P204 + YW100 既可分别单独协萃镓或锗[206]，也可以共同协萃镓和锗，其萃取机理（以 H_2A_2 代表 P 204，以 HR 代表 YW100）为：

$$Ga^{3+}(a) + H_2A_2(o) + 2HR(o) \longrightarrow Ga(HA_2)R_2(o) + 3H^+(a) \quad (6\text{-}17)$$

$$Ge(OH)_3^+(a) + H_2A_2(o) + 3HR(o) \longrightarrow Ge(OH)_3HA_2 \cdot 3HR(o) + H^+(a) \quad (6\text{-}18)$$

2) 在较低酸度范围内可被单 –（2 – 乙基己基）磷酸（M_2EHPA）或 D_2EHPA 所萃取。图 6-8 表明硫酸浓度对上述三种试剂的萃取镓的影响。但迄今尚未见用上述三种萃取剂萃镓

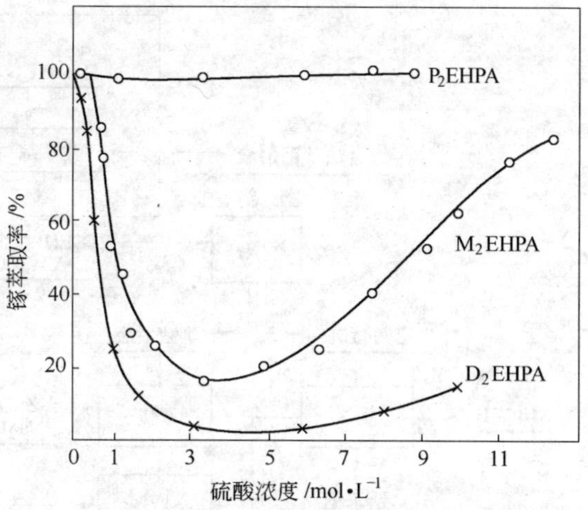

图 6-8 溶液的硫酸浓度对三种试剂的萃取镓的影响

的工业化报道。实际上市产的 P204 是一种含 D_2EHPA 为主,并含少量 P_2EHPA 与 M_2EHPA 的混合物,其中 P_2EHPA 易水解,且反萃的选择性较差。但用 D_2EHPA 萃镓的工艺又存在较多的问题。

美国研究出一种用叔胺萃取镓的方法:含 Ga 0.015% ~0.027%、Ge 0.04% ~0.06%、Cu0.85% ~1.9% 的矿石,用硫酸加食盐的溶液浸出,过程中通入 SO_2 以强化浸出过程,浸出液经加铁屑置换除铜后,用叔胺萃取镓与锌,用水反萃,得到的镓水相经水解得 $Ga(OH)_3$ 沉淀,从沉淀中回收镓。而萃镓余液用硫氰化钠处理,以回收锗。据说,镓、锗的回收率可分别达到 90% 与 96%[207]。

(4) H_2SO_4 + HCl 混酸体系中。Versatic 及叔胺类的 N-(1-庚基辛基)二乙醇胺(TAB-194)[3~7]与三辛胺(TOA),乙酰胺[3~7]、环已酮[2~7]、混合醇[205]等均可定量萃取镓。虽然镓在硫酸体系中不被醚、醇、酯与酮等所萃取[208],但已有用伯胺或乙酰胺萃取镓的报道[2~7]。如美国用 20% 异构羧酸/煤油(或二甲苯)在 pH 值为 2.5~4 的条件下萃取镓[209];在日本用异构羧酸(商品名 Versatic911H)在严格控制 pH 值为 2.5~3.5 的条件下萃取镓和铟[3~7,210,211]。

此外,早在 1935 年就有用中性挥发—萃取法从锗石矿提镓报道:在 800℃下、氮气氨中挥发锗,而镓留在焙烧渣中。用盐酸溶解此焙烧渣,滤液用 H_2S 进行硫化除去杂质,经中和沉淀析出镓后,将沉淀物中的镓转入盐酸介质,用醚萃镓,反萃后的镓水相经加碱碱化造液后,通过电解制取金属镓[90,146]。此法曾用于工业生产,但很快就被其他方法所代替。如氧化焙烧—萃取法:比利时的巴仑(Balen)电锌厂采用氧化焙烧—萃取法处理锗石,先将锗石投入反射炉内进行氧化焙烧,接着以两段硫酸浸出,最终酸度控制在含硫酸 10g/L,滤液经浓缩到原液的 1/10,然后进行氯化蒸馏分锗。镓则留在蒸馏残液中,向残液加入硫酸与盐析剂食盐,再用盐酸酸化后用醚萃取镓[155,176]。

为消除综合法的缺陷,我国成功地研究出用 D_2EHPA + YW100[3~7,202]协同萃取镓(或锗,或镓和锗)的工艺,由于萃取剂价廉及来源充足,所以能较早用于工业实践。将综合法改进到全萃法,其改进点在于向 P204 中添加入协同萃取剂 YW100 后,既可分别协同萃取镓(或锗),也可协同萃取镓和锗。从业已工业化的综合法萃铟工序后,萃铟余液还含(g/L):Ga 0.09~0.13、Ge 0.04~0.09、H_2SO_4 55~65,用全萃法提取锗与镓[1~7,104],如图 6-9 所示。

研究查明酸度对 D_2EHPA + YW100 萃取锗与镓的关系,如图 6-10 所示[1~7,201,202,206]。

在高酸度下 pH 值小于 0.5 时,锗、镓及铁的分离系数增大,用 20% D_2EHPA + YW100 从恰好是 pH 值小于 0.5 的萃铟余液中萃锗,萃锗率大于 96.5%,用特选的“AN”等试剂反

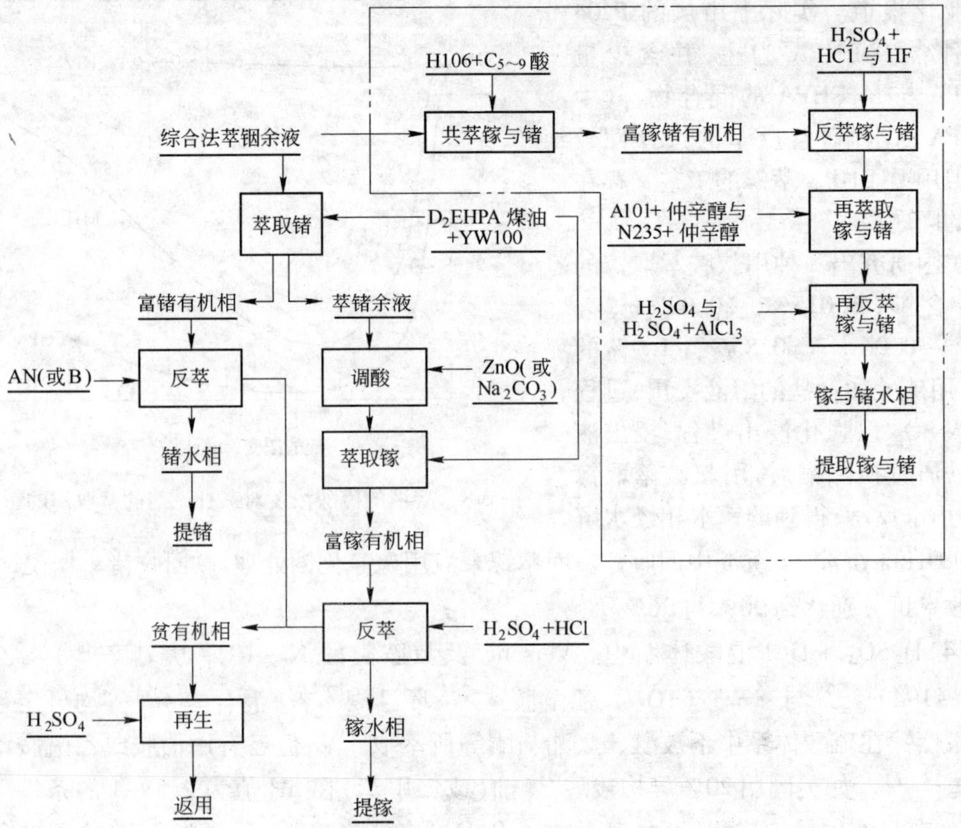

图 6-9　全萃法工艺流程

（点划线框内为叔烷基氧肟酸（H106）共萃锗与镓的流程）

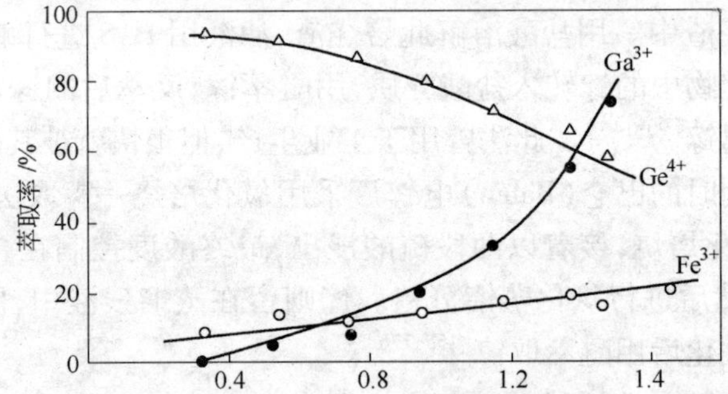

图 6-10　溶液 pH 值与 $D_2EHPA + YW100$ 协萃镓与锗的关系曲线

萃锗[3~7]，反萃锗率大于 98%，得到含锗 1 g/L 的锗水相，经浓缩后水解得含锗 20% ~ 45% 的锗精矿。萃锗余液经加 Na_2CO_3（或 ZnO）调酸至低酸度下 pH 值为 1.7 ~ 1.8（由于 YW100 的水溶性较大，故合并富锗有机相以充分利用其中的 YW100，并补加 1.25% YW100 后协同萃取锗与镓，就能定量萃取二者）用 20% D_2EHPA + 1.25% YW100（以 HR 表示）萃取镓，其协同萃取镓与锗的机理为：

$$Ga^{3+}(a) + H_2A_2(o) + 2HR(o) \longrightarrow Ga(HA_2)R_2(o) + 3H^+(a) \tag{6-19}$$

$$HGeO_3^+(a) + H_2A_2(o) + 3HR(o) = HGeO_3 \cdot HA_2 \cdot 3HR(o) + H^+(a) \quad (6\text{-}20)$$

萃取镓可达定量萃取，富镓有机相用 8 ~9 mol/L H_2SO_4 +2 mol/L HCl 反萃镓得含镓 1.2 ~ 1.9 g/L 镓水相，经富集后电解得 99.99% 镓。此工艺曾于 1986 年工业化。富锗有机相可用试剂“AN”反萃，反萃率大于 90%，锗水相经浓缩及氯化蒸馏回收锗。此法全水冶，工艺简单，回收率高，无污染，只有 YW－100 水溶性大而损失，损失所占经济费用在当时占生产成本的 67%，宜利用其官能团（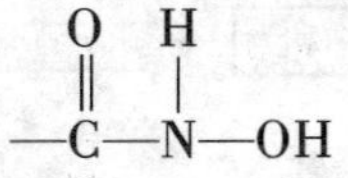），或加长其—C—链等法以提高其化学稳定性，达到能循环使用。或利用其官能团固定在有机树脂上进行萃淋提镓、铟、锗，更增经济效益。如横山氏提出专利[212]：以（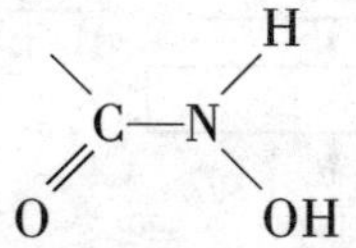）连接氧肟酸组成的螯合树脂，在 90℃、pH 值为 2.5 ~3.0 时以 1 ~5L/h 流速进行吸附镓，以 2 mol/L HCl 解析。此法更适用于锌系统回收镓、铟、锗，就是一种尝试。

有人研究此体系的反萃试剂，如或用 10% NH_4OH + 1% $(NH_4)_2SO_4$，或用 HF 者，前者反萃锗率低，均约 60%；后者虽然反萃锗率高达 97% 以上，但带入 F^-，既腐蚀设备并需加 Al 固 F 而影响氯化蒸馏提锗，又不利于萃余液返锌主系统[3~7]。

我国也成功地研究出用叔烷基氧肟酸（H106）共萃锗与镓[104]，分别反萃后，再萃取，再反萃得锗和镓水相后提取锗和镓（见图 6-9 中虚线框内），可惜因国内无 H106 供应、且其凝固点高于 40℃[77,78] 等原因而未能工业化。

有人曾试图从富集渣前液（含 In 0.23 ~0.28 g/L，Ge 0.015 ~0.020 g/L 及 Zn 122 ~ 138 g/L）直接用 D_2EHPA 进行离心萃取铟，用 N235 进行离心萃取锗，取得较好进展，但存在处理液量大、反萃液含铟与锗均低及试剂耗量大、不经济等因素。

6.2.4 高压还原浸出—萃取法提镓和铟

日本饭岛冶炼厂的锌浸出渣除含微量的镓铟外，还含有（%）：Zn 17 ~ 19.4、Pb 7.5 ~ 8.8、Fe 28.7 ~29.6、Cu 2.4 ~2.6 及 Ag 0.062 ~0.066 等。该厂采用赤铁矿法联合萃取回收镓和铟工艺[213,214]，根据其工艺特点，取名为高压还原浸出—萃取法，提镓和铟流程如图 6-11所示。

高压浸出锌浸出渣，是在外压 19.61 ~24.52 kPa、同时通入 SO_2 分压 p_{SO_2} 约 5.88 kPa、温度 100 ~130℃的条件下，用锌废电解液浸出 3 ~6 h，过程中有 94% 以上的镓与铟转入溶液，与此同时大部分铁、锌和铜等也转入溶液。在高压浸出过程中溶液中的 $Fe_2(SO_4)_3$ 被通入的 SO_2 还原成 $FeSO_4$：

$$Fe_2(SO_4)_3 + SO_2 + 2H_2O = 2FeSO_4 + 2H_2SO_4 \quad (6\text{-}21)$$

把 Fe^{3+} 还原为 Fe^{2+} 是为了在中和过程中使铁少量进入二次石膏，从而使镓得到较好的富集。浸出液经通入 H_2S 除去重金属铜等杂质，所得 CuS 渣（含 Cu7.45%、Pb15.86%、

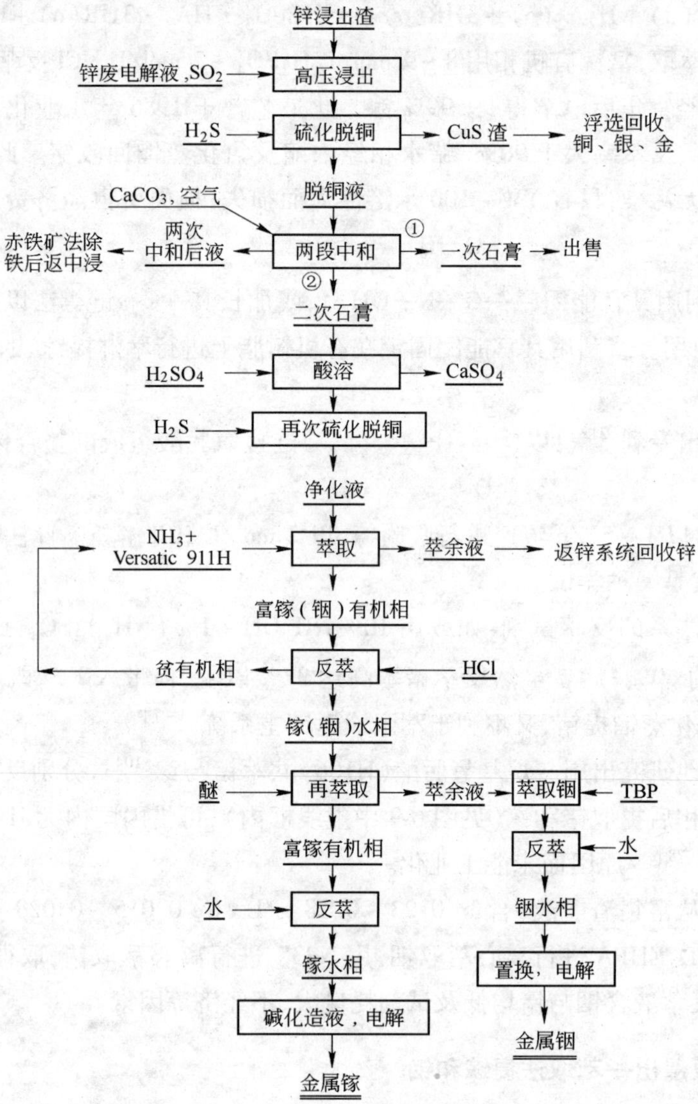

图 6-11　高压还原浸出－萃取法提镓和铟工艺流程

Zn6. 175% 与 Ag 0. 165%)经浮选回收有价金属;脱铜后液(含 H_2SO_4 约 20g/L)在通入空气的同时,分两段加入石灰进行中和:首段中和控制 pH = 2 得纯 $CaSO_4$;第二段中和则控制 pH = 4. 5,使镓与铟等水解而沉入二次石膏中,成分为(%):Ga 0. 05 ~0. 10、In 0. 05 ~0. 20、Zn 5 ~8 及 Fe 4 ~9。而二次中和后液主要含锌,但因含铁太多,故在其返中浸前须经赤铁矿法处理除铁:

$$2FeSO_4 + \frac{1}{2}O_2 + 2H_2O = Fe_2O_3\downarrow + 2H_2SO_4 \tag{6-22}$$

二次石膏送往小坂矿业所回收镓与铟:浆化后加硫酸溶解,获得含 Ga 与 In 各达 0. 25g/L、Zn 40 g/L、Fe 20 g/L 及少量铜的溶液。向此溶液通入 H_2S 再次除铜等重金属,并

同时把 Fe^{3+} 还原为 Fe^{2+}。然后添加氨水并严格调节 pH 值到 2.5～3.5，用异构羧酸（日本商品名 Versatic911H）共萃镓与铟。图 6-12 给出了溶液的 pH 值与叔碳羧酸萃取镓率的关系[214,215]。

用盐酸反萃镓与铟得到成分为（g/L）：Ga 4、In 4、Zn 1、Fe 15 及 Al 4 的镓铟水相。然后用醚萃镓，以水反萃得镓水相，加 NaOH 除铁后，用硫酸中和沉出富镓的 $Ga(OH)_3$ 沉淀物。再用碱溶解沉淀后造液，经电解得 99.99% 镓。用 TBP 萃取萃镓余液中的铟，用水反萃得到铟水相，然后经置换、电解而得电解铟。

用 Versatic911H 萃取镓与铟，既可在硫酸介质，也可在盐酸体系中进行[213,215]。溶液酸度与叔碳羧酸萃镓、铟率在盐酸/硫酸介质中的对比关系如图 6-13 所示。

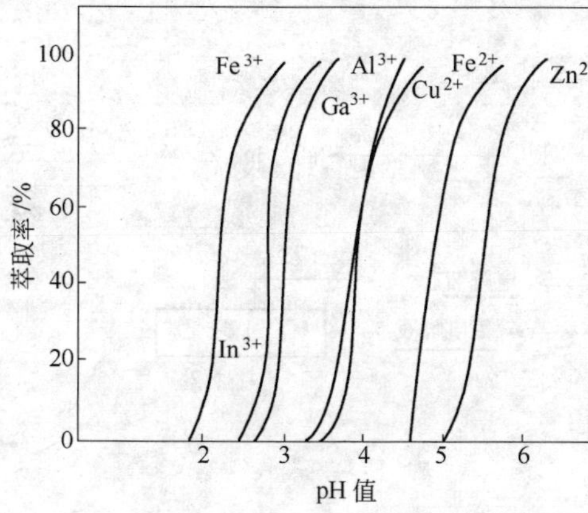

图 6-12　叔碳羧酸萃取率与溶液 pH 值的关系曲线

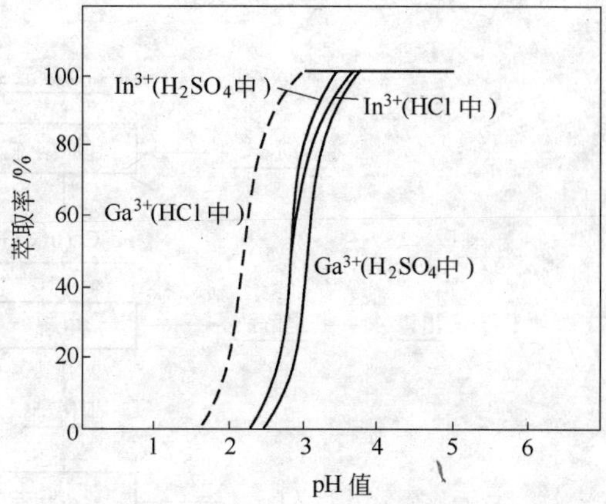

图 6-13　溶液酸度与叔碳羧酸萃镓、铟率在盐酸/硫酸介质中的对比关系

如原液含镓 0.42～0.49 g/L，当用 20% Versatic911H 萃取时，萃镓率可达到 98.4%～99.5%。溶液中的 Cu（Ⅱ）、Zn（Ⅱ）、Al（Ⅲ）及 Fe（Ⅱ）几乎不被萃取，而铁只是在过程中氧化成 Fe^{3+} 后才被萃取。用水反萃负载有机相的镓，获得的镓水相经碱化造液，电解得金属镓。

此法可同时回收镓与铟，铁也可得到利用。但存在过程冗长、要多次中和并交替使用酸碱、要不断严格控制好萃取的 pH 值、镓铟回收率不高及高压酸浸的材质等问题。

有人尝试将二次石膏渣采用水浆化后，加入起抑制的阿拉伯胶，在 pH = 4 下浮选，获得产出率约 10.2% 的、含镓 14.73% 的尾矿（较进料含镓量提高一数量级），而 92% 以上的 $CaSO_4$ 进入产出率近 90% 的浮选泡沫，但泡沫含镓还有 0.16%，似难舍弃。

氧压浸出硫化锌精矿直接得 $ZnSO_4$ 溶液在加拿大 Trail 工业化，有关 SM 在该工艺中的行为未见报道。但据文献[170]报告此氧压酸浸硫化矿中 Ga 与 In 各大于 96%、而 Ge 大于 85% 进入溶液。

6.2.5　合金法提镓、铟、锗

6.2.5.1　电解合金法

我国广州有色金属研究院曾对铅锌冶炼厂的废渣中镓、铟、锗等进行过较多、较深的赋存状态研究，查明镓、铟、锗以类质同象集中赋存于渣中某矿相中：如ISP渣中95%镓及锗赋存于渣重12%的方铁矿，而方铁矿却均匀分布在渣重85%的硅酸盐玻璃体中；锌浸出渣中93.5%以上的镓、铟及锗进入渣重54%的铁酸锌中；锌回转窑渣中71%～96%的镓、铟、锗赋存于渣重46%的 α－Fe 及 Fe_yS_x 中；锌罐渣中近半的镓、铟、锗进入磁铁矿与磁赤铁矿中[127]。研究查明：如欲选矿富集，却得不到精矿与可丢弃的尾矿，而利用镓、铟、锗的亲铁性，采用还原熔炼使渣中80%～90%的镓、铟、锗入铁，形成 Fe－Ga(In、Ge)合金，由此与约75%的废渣分离。从此 Fe－Ga(In、Ge)中提取镓等的工艺较多：如酸溶、磁选、再造渣、氯化挥发与电解等[1～7]，较优越的是我国研究成功后并已工业化的电解合金法，如图6-14所示。

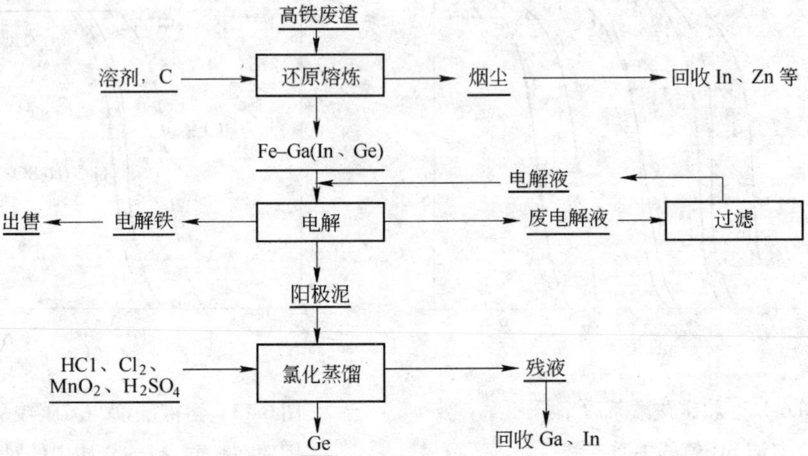

图6-14　电解合金法工艺流程

将 Fe－Ga(In、Ge)熔铸成阳极板，套以隔膜，加入电解液槽中进行电解。其原料与技术控制见表6-9[1～7,197,198]。

表6-9　合金法处理原料及电解技术控制

粗铁组分/%	Ga	0.05～0.09	0.03～0.10		0.01(日本)
	In	0.01	0.12～0.19		0.08
	Ge	0.016～0.020		0.87～1.10	
	Fe	85～90	89～94	86～89	89～90
电解液组分/g·L⁻¹	$FeCl_2$	35～40	40	35～45	
	$(NH_4)_2SO_4$				
	NH_4Cl	150	150	140～160	
	$FeSO_4$				50

续表 6-9

电解条件	pH 值	4.5 ~ 5.0	4 ~ 5.5	4 ~ 5.0	2.5 ~ 3.5
	电流密度/$A \cdot m^{-2}$	125 ~ 175	150 ~ 250	150 ~ 300	100 ~ 150
	E/V	0.7 ~ 0.9		1.5 ~ 1.8	1.0 ~ 1.2
	t/℃	50 ~ 62	50 ~ 60	50	60
阳极泥组分/%	Ga	0.21 ~ 0.42			0.1
	In				0.1 ~ 1.2
	Ge	0.025 ~ 0.038		2.1 ~ 3.4	
回收率/%	Ga	85	99		
	In	90			
	Ge			84	
	Fe	85 ~ 88	85	92	
电解铁/%	Fe	97.1 ~ 99.8		93 ~ 95	99.6
	回收率	85 ~ 88	85	85 ~ 95	

配入 NH_4Cl 及适当提高温度(以电解液不过多蒸发损失为限)是为了去极化。电解过程可描述为:

阳极反应:

$$Fe \longrightarrow Fe^{2+} + 2e \tag{6-23}$$

$$2Ga + 3H_2O \longrightarrow Ga_2O_3 + 6H^+ + 6e \tag{6-24}$$

$$2In + 3H_2O \longrightarrow In_2O_3 + 6H^+ + 6e \tag{6-25}$$

$$Ge + 3H_2O \longrightarrow H_2GeO_3(aq) + 4H^+ + 4e \tag{6-26}$$

阴极反应:

$$Fe^{2+} + 2e \longrightarrow Fe \tag{6-27}$$

$$H_2GeO_3(aq) + 4H^+ + 4e \longrightarrow Ge + 3H_2O \tag{6-28}$$

粗铁中的镓、铟及大部分锗进入阳极泥,仅小部分锗进入电解铁与电解液(式 6-26 与式 6-28),阳极泥经直接氯化蒸馏提锗,从氯化残液回收镓及铟。电解铁含 Fe 97.14% ~ 98.98%,连同杂质 S、C、Si、Mn、P 及 As 等含量均达粉末冶金用或焊条用还原铁粉的行业标准,可经清洗、磨碎、通氨保护于回火炉处理得铁粉或作还原铁粉出售。

此法工艺简单,无污染,经济效益较好,如引申到产出还原铁粉出售,则经济效益尤为突出,我国于 1991 年就投入工业化。与此类似,日本东邦及日曹二公司将锌浸出渣还原熔炼、磁选、熔铸得 Fe-Ga(In,Ge)粗铁,配以 $FeSO_4$ + $(NH_4)_2SO_4$ 电解液电解,从熔炼烟尘回收铟,从阳极泥回收镓、铟(参见表 6-9 最后一列数据)。

当 ISP 渣中含镓大于 0.03%,含锗大于 0.005%,而炉渣实际又存在足够多的铁时(含铁 25% ~ 33%,若不足,可配入废铁),就可利用镓的亲铁性质,通过电炉还原熔炼把镓富集到 Fe - Ga 合金中,然后从此合金回收镓。还原熔炼时配入为料重 10% 的炭,一定量 CaO(有利于提高 Fe - Ga 中铁的品位),在 1460 ~ 1500℃ 下(选择高温,是因为 95% 以上的镓是以类质同象进入渣里的方铁矿——FeO 中,而方铁矿却呈微粒均匀散布在渣重的 85% 的硅酸盐玻璃体中,要使镓被捕集于 Fe - Ga 中,就必须使方铁矿从硅酸盐玻璃体中游离出,于是首要的措施是采用高温熔化硅酸盐玻璃体，有利于铁捕集镓进入 Fe - Ga）还原熔炼 60 min，把渣中 85% 以上的镓与铁富集到 Fe - Ga 合金中，获得含镓不小于 0.1% 的 Fe - Ga 合金，再经电解铁工艺，Fe - Ga 中 85% 以上的镓转入阳极泥，而从含镓 0.4% ~0.45% 的阳极泥中回收镓。

所产得的电解铁，其经济价值足够提镓成本。此法可充分利用 ISP 的热能，还可同时综合回收渣中的铅、锌和锗等，不理想处在于要高温还原熔炼与电耗较高（1tFe 耗电 900kW · h），适合在电力充足地区实施[3~7]。

有人对含镓 0.04% 的锌窑渣经过还原焙烧—磁选得到的含镓 0.18%、铁 90.50% 的海绵铁进行提镓试验[216]：选择高酸（始酸 H_2SO_4 为 180g/L，终酸 pH = 0.2）浸出，水解使镓进入富镓渣，再酸浸后用类似 6.2.3 节中介绍的全萃法提镓，铁以 $FeSO_4$ 形态产出回收。但此设想似乎不如用 6.2.5 节中介绍的合金法好。

6.2.5.2　合金 - 萃镓法

英国是世界上较早从煤中采用合金法回收镓与锗的国家，英国人采用还原熔炼工艺使煤中镓富集于铜镓合金中，然后氯化蒸馏回收锗（见 9.2.1 节）后，从净化的溶液中用醚萃取镓，接着按通常的办法回收镓，合金—萃镓法流程如图 6-15 所示[4,217]。

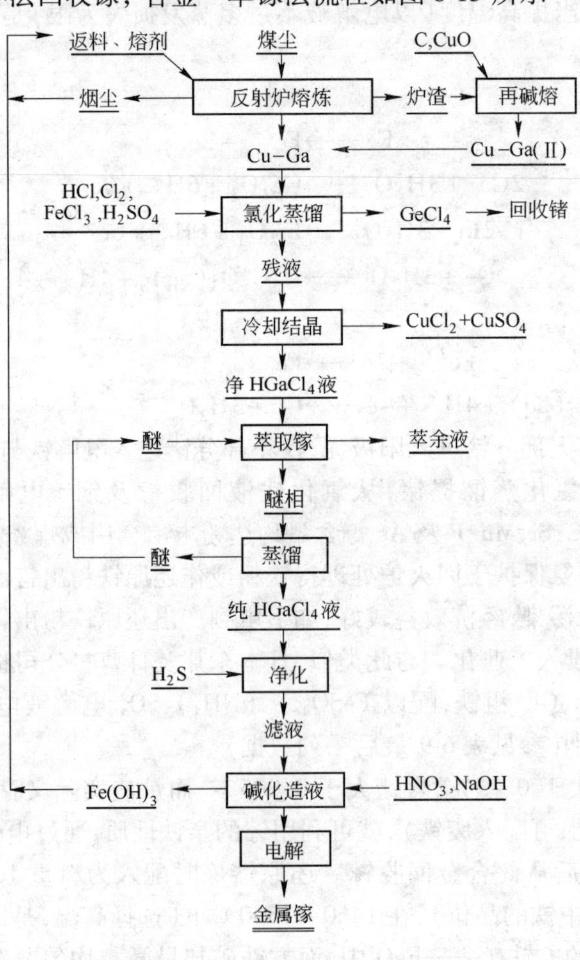

图 6-15　合金—萃镓法工艺流程

英国燃煤所产的煤尘的成分复杂，表 6-10 列出其各种煤尘的成分[217]。

表 6-10 英国煤尘的化学成分（质量分数） （%）

组成物	Ga_2O_3	GeO_2	C	SiO_2	Al_2O_3	Fe_2O_3	ZnO	CaO + MgO
棕色煤尘	0.75	1.24	0	29.33	15.15	22.56	8.54	4.56
红色煤尘	0.73	0.80	痕	27.92	12.90	21.80	2.29	4.89
黑色煤尘	0.38	0.29	49.99	11.50	5.10	7.58	0.14	4.18
组成物	$Na_2O + K_2O$	PbO	CuO	As_2O_3	SO_3	S	Cl	H_2O
棕色煤尘	3.45	0.10	0.19	0.50	10.00	0	0	2.98
红色煤尘	5.41	0.81	0.08	1.11	14.55	0	0.13	5.60
黑色煤尘	4.92	0.30	0	0.52	4.04	1.43	1.95	8.35

含镓煤尘配以 CuO、Na_2CO_3、SiO_2 及 Al_2O_3 等熔剂，投入反射炉进行还原熔炼，在还原熔炼中，分别有 50% ~60% 的镓和 90% 的锗进入 Cu - Ga 合金，余者入炉渣。为了补收炉渣中镓，通过再一次加碱熔炼，使镓形成 Cu - Ga(Ⅱ)合金，这样转入 Cu - Ga 合金的总镓量共达 83%，所得 Cu - Ga 合金成分为(%)：Ga 1.5 ~2.0、Ge 3 ~4 还有 Cu、As、Fe、S 等杂质，经典型的氯化蒸馏法提锗后，镓残留在氯化蒸馏残液中。此残液经净化处理后，用乙醚或 TBP 萃取镓[3~7]，此时溶液的盐酸浓度对乙醚萃取镓及杂质金属的影响[40]如图 6-16 所示。

从图 6-16 看出，以采用 5 ~6 mol/L 浓度的盐酸为好。

这种从煤尘中先氯化蒸馏提锗，然后从氯化蒸馏残液中回收镓的工艺被较多国家所采用。因残液为盐酸溶液，约含 7 ~9 mol/L HCl，因而可再利用，由此萃取镓有较多的萃取剂可供选用[3~7,187,208]。

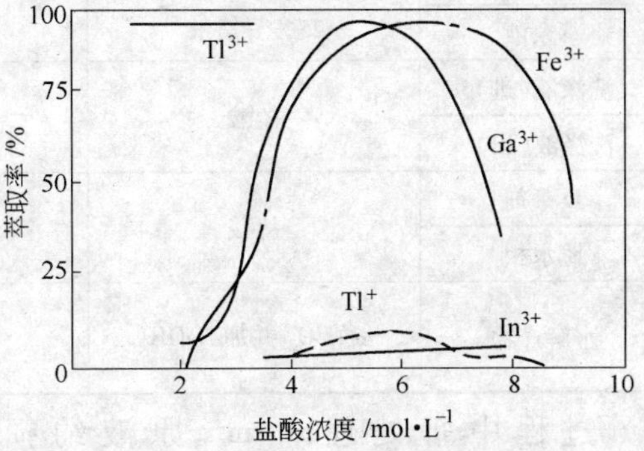

图 6-16 盐酸浓度与二乙醚萃镓率的关系

从氯化蒸馏残液中回收镓，一般是先经中和除铁，或低温冷却结晶除铜后，再水解沉淀析出镓，沉淀物经酸溶、萃取、碱化造液后电解得金属镓。然而较好的方法是：先不经水解而直接在除铜后进行萃取提镓，如残液成分为(g/L)：Ga 0.08 ~0.50、Fe 5.6 及 9 mol/L HCl 时，采用 TBP 在相比 o/a = 1/5 下萃镓，萃镓率可达 99.8%[204]。据报道，从成分为(g/L)：Ga 8、Ge 0.002、Fe 56 及盐酸加硫酸的酸度为 8 mol/L 的蒸馏残液中萃取镓的连续试验结果[218]表明：如用不经稀释的 TBP 萃取镓，则难以使 Ga(Ⅲ)与 Fe(Ⅲ)分离，但用稀释到 10% TBP 萃镓时，则会优先萃取 Ga(Ⅲ)。图 6 - 17 给出了在盐酸介质中用 TBP 萃取镓时金属分配比与 TBP 和盐酸浓度的关系曲线。

从图 6-17 中看出，当 HCl 浓度大于 4 mol/L 后，镓的分配比 D_{Ga} 比铁的分配比 D_{Fe} 大两个数量级，尽管如此，但由于原液含铁量很高，所以进入有机相的铁量仍很多，为此需加入铁粉将液中 Fe^{3+} 还原到 Fe^{2+}（因为 TBP 是不萃 Fe(Ⅱ)的）。故一般采用 10% TBP +20% ~25% 异癸醇，余为 Esacid 110 稀释剂的有机相进行萃镓，后用盐酸反萃得镓水相，向镓水相中通入 SO_2 使 Fe^{3+} 还原到 Fe^{2+} 后，控制 pH 值为 3.8 ~4.2 水解得富镓渣，然后进一步回收

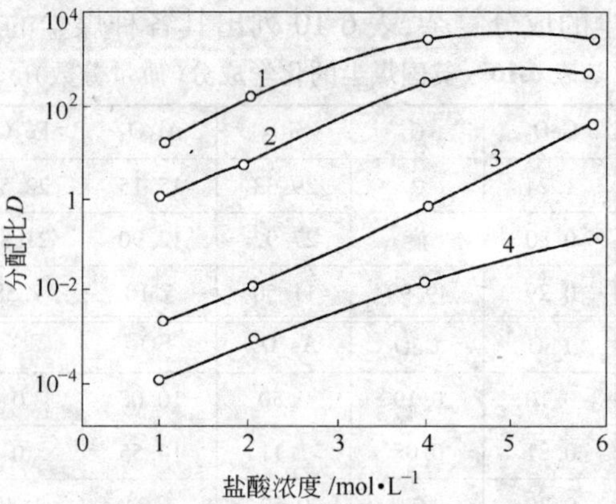

图 6-17　镓和铁的分配比与 TBP 及盐酸浓度的关系

1—Fe(Ⅲ),纯 TBP;2—Ga,纯 TBP;3—Ga,10% TBP;4—Fe(Ⅲ),10% TBP

镓。表 6-11 列出本法的技术条件和进料产物的组成变化数据[218]。

表 6-11　从氯化蒸馏的残液中用 TBP 萃镓的结果

物　料	技术控制条件			组分变化/g · L⁻¹			
	试　剂	相比(o/a)	级数	Ga	TFe	Fe^{3+}	HCl
蒸馏残液	10% TBP + 20% ~ 25% 异癸酸	1(1.1 ~1.4)	4	5.17	60.09	4.00	190
萃余液				0.02	48.37	2.64	170
洗涤液(进)	盐酸	6/1	2				91
洗涤液(出)				4.00	12.40	12.40	125
反萃剂	盐酸	9/1	4				15
镓水相				34.3	5.04	5.04	29
水解产物	通 SO_2 并加 NaOH			50.0%	1%		pH 值为 3.8 ~4.2

过程中每处理 1 m^3 原液约损失 TBP0.02 kg。研究表明,当盐酸浓度不足 2 mol/L 时,镓会以 $GaCl_3 \cdot 3TBP$ 的形式被萃取;当盐酸浓度超过 2 mol/L 后,镓的萃合物则为 $HGaCl_4 \cdot 2TBP$。镓的分配比 D_{Ga} 随添加各种盐析剂(如食盐等)而增大。

从提锗的氯化蒸馏残液(即 HCl 介质)中萃镓,还有人采用烷基磷酸作萃取剂[2~7]:当盐酸浓度超过 6 mol/L 时,残液中的镓可被 D_2EHPA 所定量萃取。图 6-18 给出了烷基磷酸的萃镓率与盐酸浓度的关系曲线。当盐酸浓度大于 8 mol/L 时,D_2EHPA 萃镓率大于 90%。最佳的反萃剂为草酸。

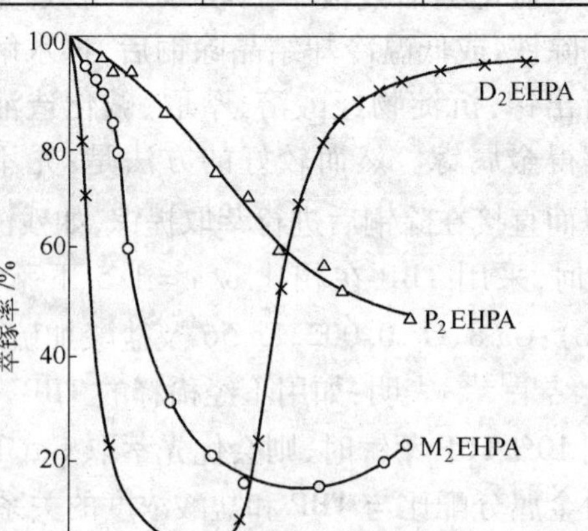

图 6-18　烷基磷酸的萃镓率与盐酸浓度的关系

由于煤含镓量较贫,从煤中回收镓受限于

经济效益,难与较经济地从氧化铝生产副产物中回收镓相抗争。

6.2.6 Kelex 100 萃镓法

当今90%的原生镓是从氧化铝生产的循环母液中提取的,原料有拜耳法的种分母液(含镓0.15~0.38 g/L)或烧结法的碳分母液(含镓0.035~0.080 g/L)[1~7,104]。法国罗尼普仑克厂(Rhone-Poulenc)于1980采用Kelex 100(7取代-8羟基喹啉,以HL表示)萃镓工业化,如图6-19所示[1~7,104,185,215,219~226]。

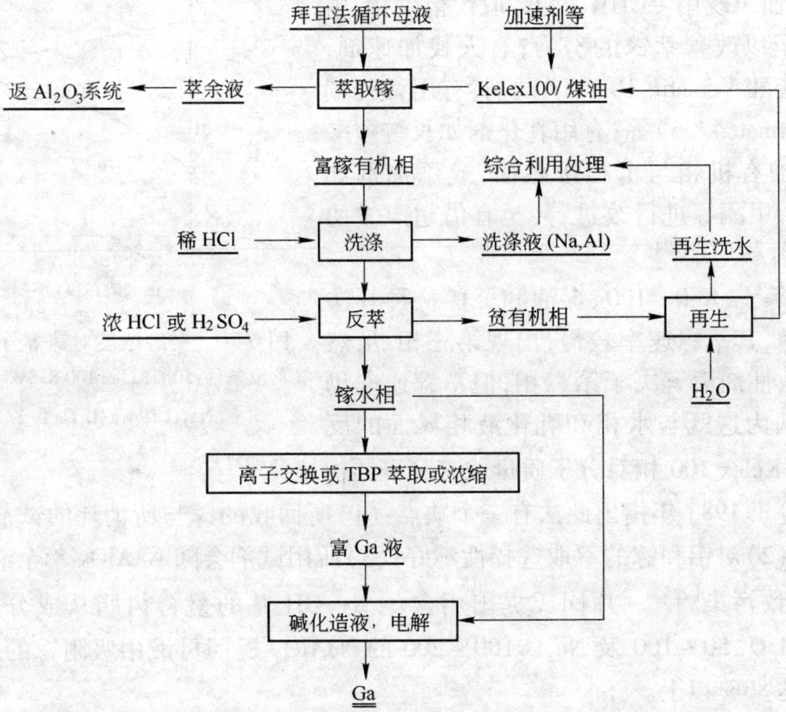

图6-19 Kelex 100萃镓工艺流程

该厂的种分母液成分为(g/L):Ga 0.18~0.24,Na_2O 150~200,Al_2O_3 70~100,采用萃镓有机相为6%~12%(体积分数)Kelex 100/煤油 + 癸醇(煤油:癸醇 = 9:1)从种分母液萃取镓:

$$Ga(OH)_4^-(a) + 3HL(o) \longrightarrow GaL_3(o) + OH^-(a) + 3H_2O(a) \quad (6\text{-}29)$$

需要指出:添加剂癸醇有利于萃取镓并能防止第三相的形成,但其浓度的增加会使萃钠量上升,导致萃镓时与铝的选择性降低。添加癸醇浓度与镓、铝、钠元素的分配比的关系曲线如图6-20所示。

富镓有机相用0.3~0.6 mol/L HCl洗涤去除铝与钠等杂质后,用1.6~1.8 mol/L HCl(或H_2SO_4)反萃镓,得到含镓0.1~10 g/L的镓水相:

$$GaL_3(o) + 3HCl(a) \longrightarrow GaCl_3(a) + 3HL(o) \quad (6\text{-}30)$$

如果镓水相含镓较低,则需或离子交换(或TBP萃取,水反萃)或浓缩得富镓液,经碱化造液电解得金属镓。贫有机相再生,用水洗脱酸后返用。再生洗水与洗涤液均含 HCl,不能返主生产,需综合利用处理。

此法简捷,回收率高于 80%,萃镓余液可无害返回氧化铝系统,缺陷在于废水需另行处理、Kelex 100 耗量大、增大成本以及 Kelex 100 萃镓平衡时间过长,后者可能是 Kelex 100 分子中的 7 - 与 8 - 位置的延滞、干扰,以及 5 - 位置上的改型 Kelex100 等造成的,从而出现用 - CHR - NR' 取代衍生物、膦类衍生物等予以改善萃镓的努力;有人找加速剂,如添加异构羧酸 Versatic 10、"F"试剂;有用稀释剂如克马克(kermac 4706)等;有用乳化剂如长链羧酸的钠盐以增加有机相与水相接触面,或添加剂如 2 - 乙基己醇、甲酮等进行改进,甚至有借超声波协助萃取镓等[3~7,11,219,224]。

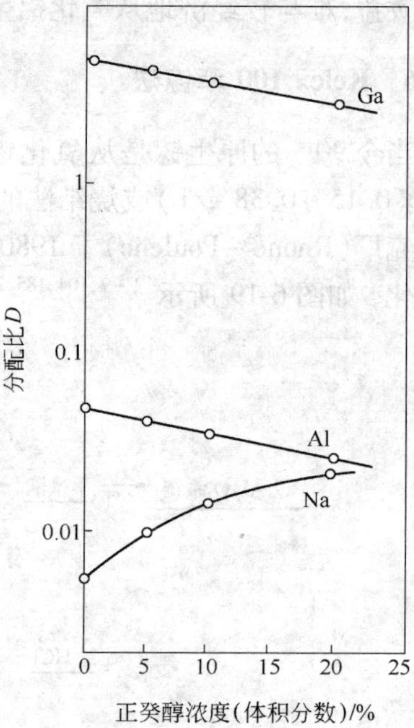

图 6-20 癸醇浓度对镓等分配比的影响

(萃取条件:50℃ Kelex 100 8.5%,Al_2O_3 75 g/L,Na_2O 194 g/L,Ga 0.27 g/L)

B. Pesic 等说,Kelex 100、煤油和癸醇从拜耳法母液中萃取镓,其萃镓速率较慢,出现第三相,虽然采用癸醇作改性剂而解决了第三相,但萃镓速率仍然较慢。他认为这既与水相和乳化液相界面的反应相关,也与 Kelex 100 相对分子质量或其分子结构相关[227]。

片岗氏等于 1983 年指出此法有三个缺点:(1)所回收的镓与所消耗的试剂量在经济上似乎不合算;(2)对铝和镓的萃取选择性不好;(3)所用试剂会随 $NaAlO_2$ 萃余液返回主流程而损失,且导致污染[225]。片岗氏提出用含 ═N—OH 基的螯合树脂从成分为(g/L):Ga 0.01 ~ 0.5、Al_2O_3 50 ~ 100 及 Na_2O 100 ~ 200 的 $NaAlO_2$ 返回母液中吸附镓的工艺,据称镓的吸附率可达 80% 以上。

尽管如此,直接从 $NaAlO_2$ 返回母液中萃取提镓仍是一个有发展前途的工艺。如用含 8% Kelex 100、92% 的煤油和癸醇(比例为 9:1)的有机相,从含镓 0.186 ~ 0.240 g/L、Al_2O_3 81.5 g/L 和 Na_2O 166 g/L 的 $NaAlO_2$ 返回母液中萃取镓[3~7],获得负载有机相含镓达 0.186 ~ 0.197 g/L,余为 Al_2O_3 2.2 ~ 2.5 g/L 及 Na_2O 1 ~ 2.9 g/L,经用 0.5 ~ 0.8 mol/L 的稀盐酸洗涤除去 99.7% 的铝与钠,然后用 1.6 ~ 1.8 mol/L HCl 溶液反萃镓。又如我国王承明教授等也作过类似的萃取镓研究,采用 10% 的 Kelex 100,加入 8% ~ 12% 的混合醇作改性剂,在添有百分之几的加速剂 F_7 的条件下,大大改善了萃取动力学条件[3~7,104],从含 Ga 0.16 g/L、Al_2O_3 40 ~ 60 g/L 及 Na_2O 140 g/L 的拜耳法返回母液中萃取镓可以达到定量萃取,负载有机相经稀盐酸洗涤后,用盐酸反萃的反萃率大于 98%。

此外,用烷基邻苯二酚(以 $H_2Э$ 表示)从成分为(g/L):Ga 0.1、Tl 0.2、Zn 0.2 及 0.01 ~ 1mol 碱的溶液中萃取镓、铊与铟[1,228],其萃取机理为:

$$Na[Ga(OH)_4](a) + 2NaOH(a) + 3H_2Э(o) \Longrightarrow Na_3[Ga(O_2C_6H_3C_{18}H_{37})_3](o) + 6H_2O(a) \quad (6\text{-}31)$$

试验查明,用含 18 碳的 $H_2Э$ 萃取镓的效果较好,然后用 1 mol /L HCl 溶液反萃。此外,也有用脂族烃[2~7]及乙酰丙酮等从碱性溶液中萃镓的报道,但均没有看到在工业上应用的消息。

6.2.7 萃淋树脂提镓法

为克服 Kelex 100 萃镓法缺陷,发展了将能配合镓的功能团吸附固定于树脂上进行萃取与解吸的提镓法,实质上这是将液液萃取改为了固液萃取,它有助于减少有机相损失。日本住友化学与三菱化工分别于1984 年与1987 年宣布此法工业化。我国于近年也用此法生产镓。

我国于 20 世纪 80 年代起研究过用肟类如氧肟酸等或羟基喹啉类如 Kelex 100 等浸渍树脂,从含镓 0.10 ~0.16 g/L 的 $NaAlO_2$ 液中吸附镓,吸附镓率达 80% ~90%,而吸附铝仅 0.1%,后用 0.5 ~2.0 mol/L HCl 解析,解析率约 95%,并筛选了树脂类型[3~7];有人研究用 Kelex 100 与苯乙烯 - 二乙烯苯聚合物制备的萃淋树脂(粒度 0.833 ~0.370 mm(20 ~40 目),含 30% ~40% Kelex 100——如过高,树脂易结死),在 20 ~60℃下从含 Ga 0.1g/L 的铝酸钠溶液中吸附镓,饱和容量为 5.6mg/g,饱和树脂经 0.5mol/L HCl 洗涤后,以 1.5 ~2.0 mol/L HCl 定量解析[3~7];近年有人试验用密实移动床吸附塔,以螯合型偕胺肟树脂从含 Ga 0.19 ~0.24g/L 的种分母液中吸附镓,待饱和后以碱性配合淋洗剂洗脱镓,试验回收镓率约 60% ~65%[229];还有研究用 CL - TBP 萃淋树脂(以苯乙烯 - 二乙烯苯为骨架,共聚固化 TBP 而制成),TBP 以微滴存在于骨架中,试验查明:在 6 mol/L HCl 介质中、室温下、吸附镓率达 94.5%,以 0.5 ~1.5 mol/L NH_4Cl 洗脱,脱镓率大于 99%。

住友化学公司采用偕胺肟螯合树脂(用偕胺肟浸渍 Duolite Cs - 346 树脂)交换塔,除钒后的 $NaAlO_2$ 溶液通过此塔,溶液中的镓被偕胺肟螯合树脂吸附,吸附率达 96%,流出液可直接返氧化铝系统,待树脂吸附镓饱和后,或用 0.5 ~2.0 mol/L HCl 解析得富镓解析液后直接 Kelex 100 萃镓或经浓缩、碱化造液电解得金属镓;或待树脂吸附镓饱和后,解析后电解(注意抽风),得金属镓。其工艺流程如图 6-21 所示。

我国所选树脂从含镓 0.20 ~0.25 g/L 的种分母液中吸附镓,吸附镓率达 90%,饱和后,用特选试剂溶液解析,得含镓 1.0 ~1.5g/L 解析液,净化后,经电解得镓[87]。

日本岩屋氏试图用氧肟基(═ NOH)的螯合树脂如 Dowex - 1 、$CQ_{10/20}$、$UR_{10/50}$ 等金属盐从碱性溶液中萃淋镓,但仍有选择性不良、容量小的缺点,可是它却在酸性溶液中可用[230]:如在 pH 值为 2.5 ~3.0,10 ~90℃、空速 1 ~5 cm/h 条件下吸附镓,用 2 ~4 mol/L HCl 解析。据说日本同和矿业已宣布用 UR - 50 从 $ZnSO_4$ 溶液中萃淋镓(铟或锗)。

此法有工艺及设备简单、选择性好及试剂消耗低等优点。萃淋法所用树脂要求多孔网状,有一定强度,可选者众,如丙烯腈和苯/苯二乙烯共聚物、乙烯基偕胺肟和苯二乙烯共聚物等[3~7];浸渍的溶剂不宜过浓,铝氧系统来的原液必须先脱钒,以防黏塞树脂孔道,导致树脂结死;选定最佳温度;设备主要为交换塔或交换柱等,流动床比固定床好,它也有助于树脂不结死。

6.2.8 石灰乳提镓法

1952 年美国铝业公司研究过向 Al_2O_3 生产循环母液添加石灰乳,使镓与铝分离。我国更对此做了较多的研究,形成石灰乳提镓法[1~7,11,104,196,231],并于 1957 年投入工业化

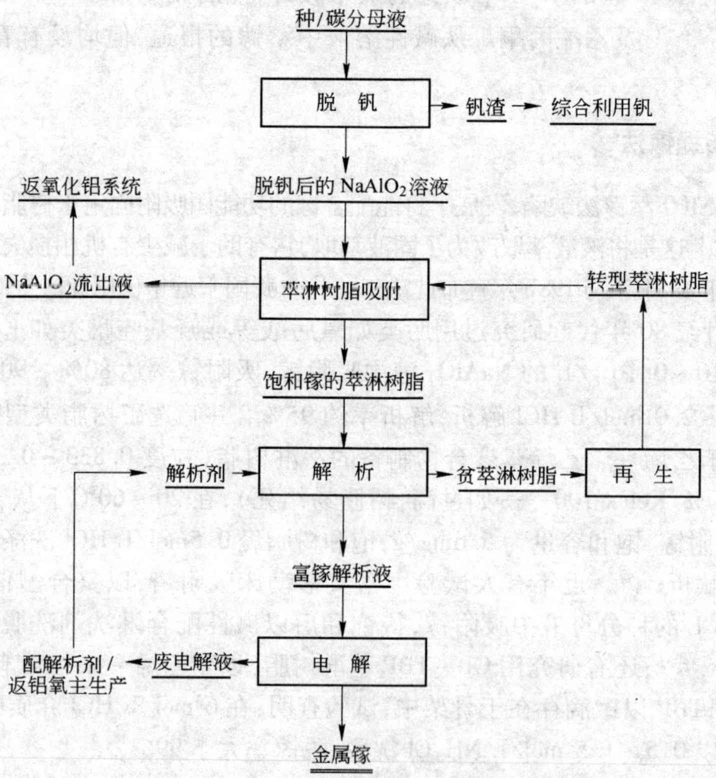

图 6-21　萃淋提镓法工艺流程

生产(图 6-22)。

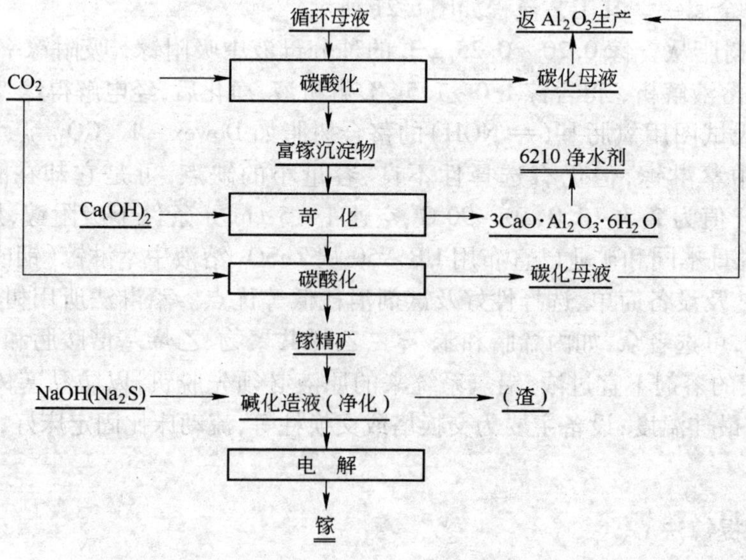

图 6-22　石灰乳法工艺流程

向含镓0.15～0.38 g/L（拜耳法）或0.03～0.08 g/L（烧结法）的循环母液中在65～75℃下通入含CO_2为35%～40%的碳酸气至饱和，铝以丝钠铝石（$Na_2O \cdot Al_2O_3 \cdot 2CO_2 \cdot 2H_2O$）与$Al(OH)_3$析出：

$$2NaAlO_2 + 2CO_2 + 2H_2O = Na_2O \cdot Al_2O_3 \cdot 2CO_2 \cdot 2H_2O \downarrow \quad (6\text{-}32)$$

$$2NaAlO_2 + CO_2 + 3H_2O = 2Al(OH)_3 \downarrow + Na_2CO_3 \quad (6\text{-}33)$$

镓以类质同象而全部以丝钠镓石（$Na_2O \cdot Ga_2O_3 \cdot 2CO_2 \cdot 2H_2O$）形态共沉淀：

$$2NaGaO_2 + 2CO_2 + 2H_2O = Na_2O \cdot Ga_2O_3 \cdot 2CO_2 \cdot 2H_2O \downarrow \quad (6\text{-}34)$$

富镓沉淀物含Ga 0.2%～0.3%（拜耳法）或0.07%～0.10%（烧结法），向其加入石灰乳进行苛化，苛化所用石灰乳量按$M_{CaO}:M_{Al_2O_3}=4$计，首先用其1/4量，在90～95℃下苛化约2 h，使95%的镓转入溶液，第二步加余量，于75℃下苛化约2 h，使90%多的铝沉出，从而与液中的镓分离（实践表明用两步苛化可减少镓损失至最小）则富镓沉淀物中的镓入液而铝留渣中：

$$Na_2O \cdot Al_2O_3 \cdot 2CO_2 \cdot 2H_2O + 5Ca(OH)_2 = 3CaO \cdot Al_2O_3 \cdot 6H_2O + 2CaCO_3 \downarrow + 2NaOH \quad (6\text{-}35)$$

$$Na_2O \cdot Ga_2O_3 \cdot 2CO_2 \cdot 2H_2O + 4NaOH = 2Na[Ga(OH)_4] + 2Na_2CO_3 + aq \quad (6\text{-}36)$$

苛化后液经彻底碳酸化后，便可得到Al/Ga比在10以下的含镓1%～3%的镓精矿：

$$2Na[Ga(OH)_4] + 2CO_2 = Na_2O \cdot Ga_2O_3 \cdot 2CO_2 \cdot 2H_2O + 2H_2O \quad (6\text{-}37)$$

镓精矿经加NaOH碱化造液，在80℃下按溶液中的重金属杂质化合当量加入Na_2S除杂质，可使98%的锌及80%以上的铅和铜以硫化物MeS形态沉淀而除去。与硫化物共沉淀的镓量极小，仅占镓量的0.1%。得到含镓5～9 g/L或以上的纯电解液，采用以不锈钢片作阴极，以不锈钢或镍片作阳极的电解槽，在电解液温度为40～60℃、电流密度为500～2000 A/m^2、槽压3～4 V、极距20～40 mm等条件下电解便可获得金属镓。电解镓的电化学反应为：

$$GaO_2^- + 2H_2O + 3e = Ga \downarrow + 4OH^- \quad (6\text{-}38)$$

经电解获得99.99%镓，回收率约60%。废电解液含镓0.6 g/L（拜耳法）或0.3 g/L（烧结法），返苛化回收。我国将$3Ca_2O \cdot Al_2O_3 \cdot 6H_2O$综合利用作牌号为6210净水剂。

此工艺特别适用于烧结法低镓母液回收镓，具有工艺简单，无污染，综合利用好等优点，但两次碳酸化使NaOH转为含50～60 g/L $NaHCO_3$溶液，如返Al_2O_3生产流程则有使溶液的苛性系数（α_k）下降，使主生产铝氧溶出率下降的缺点。

研究表明，利用丝钠铝（或镓）石在常压下有较好的热解性，如采用压煮而提高温度到140～170℃，经2 h，可提高其溶解度与速率，镓转入液，而铝以$Al(OH)_3$沉出。如此，无铝酸钙废渣产出，并将镓的回收率提高到70%以上。

6.2.9 溶解提镓法

丝钠铝（或镓）石$Na_2O \cdot Al(Ga)_2O_3 \cdot 2CO_2 \cdot 3H_2O$具有易溶于水及碱液中的特性。据报道在20℃时丝钠镓石的溶解度为0.037g/L，75℃时可达0.88 g/L[99]。现将$CO_2-Ga_2O_3-Na_2O-H_2O$饱和溶液的组成[156]列入表6-12。

表 6-12　$CO_2-Ga_2O_3-Na_2O-H_2O$ 饱和溶液的组成(20 ±0.5℃)

饱和溶液的组成(质量分数)/%	Ga_2O_3	8.13	7.96	7.74	7.43	5.88	4.43
	Na_2O	2.85	2.85	2.85	2.85	2.87	2.88
	CO_2	0	0.09	0.10	0.20	0.61	1.02
	H_2O	89.00	89.10	89.30	89.50	90.60	91.60
固　相		$Ga_2O_3\cdot 3H_2O$					
饱和溶液的组成(质量分数)/%	Ga_2O_3	2.89	1.48	1.17	0.867	0.138	
	Na_2O	2.89	2.90	2.91	2.91	2.92	
	CO_2	1.44	1.86	1.97	2.07	2.28	
	H_2O	92.80	93.70	93.90	94.10	94.60	
固　相		$Ga_2O_3\cdot 3H_2O$		$Ga_2O_3\cdot 3H_2O+NaGa(OH)_2CO_3\cdot H_2O$			
饱和溶液的组成(质量分数)/%	Ga_2O_3	0.034	0.0128	0.0047	0.0037		
	Na_2O	2.92	2.92	2.92	2.92		
	CO_2	3.11	3.64	4.09	4.15		
	H_2O	93.90	93.40	93.00	92.90		
固　相		$NaGa(OH)_2CO_3\cdot H_2O$					

利用 $Na_2O\cdot Al(Ga)_2O_3\cdot 2CO_2\cdot 3H_2O$ 的易溶性,将它加入经稀释数倍的返回母液的碱性溶液中,将发生如下的化学变化而溶解:

$$Na_2O\cdot Ga_2O_3\cdot 2CO_2\cdot 3H_2O+4NaOH = 2NaGa(OH)_4+2Na_2CO_3+H_2O \quad (6\text{-}39)$$

并伴随 NaOH 被 CO_2 所中和而形成 Na_2CO_3,使溶液的苛性系数(α_k)下降到 1.8 而导致 $NaAlO_2$ 水解:

$$NaAlO_2+2H_2O = NaOH+Al(OH)_3\downarrow \quad (6\text{-}40)$$

水解产出的 $Al(OH)_3$ 在溶液中又起到晶种分解作用,加速了丝钠镓石的溶解,有利于铝转入 $Al(OH)_3$ 沉淀,镓进入溶液富集,获得含镓达 0.8 ~1 g/L 的富镓溶液。此时溶液中 Al_2O_3/Ga 比约为 20。然后仿前经彻底碳酸化后,再碱化造液电解而获得金属镓,此中和溶解法提镓工艺流程如图 6-23 所示。

采用压煮(0.7 MPa)高温溶解,可使镓的溶解率达到 80% ~90%,经彻底碳酸化后碱化造液电解得金属镓。

此法优点:利用丝钠铝(镓)石的溶解特性,采用返回母液溶解镓,既不需另加物料而使成本下降,还可把镓回收率提高到 70% ~80%;副产物可无害返回铝氧生产系统。本法不足之处:二次沉淀物中镓的溶出率不高,仅约 80%;溶后残渣为含 SiO_2 高的 $Al(OH)_3$,不能作产品出售,需要另谋出路[232]。

6.2.10　碳酸化提镓法

利用 $Ga(OH)_3$ 酸性强于 $Al(OH)_3$ 的特性,通入 CO_2 使镓与铝分离的工艺如图 6-24 所示[1,3~7,104]。

首先向原液成分为(g/L):Ga 0.15 ~0.38, Na_2O 115 ~135, Al_2O_3 55 ~65 的拜耳法种分母液缓慢地通入 CO_2 的同时,伴加晶种 $Al(OH)_3$(为促使其水解完全与减少吸附共沉淀

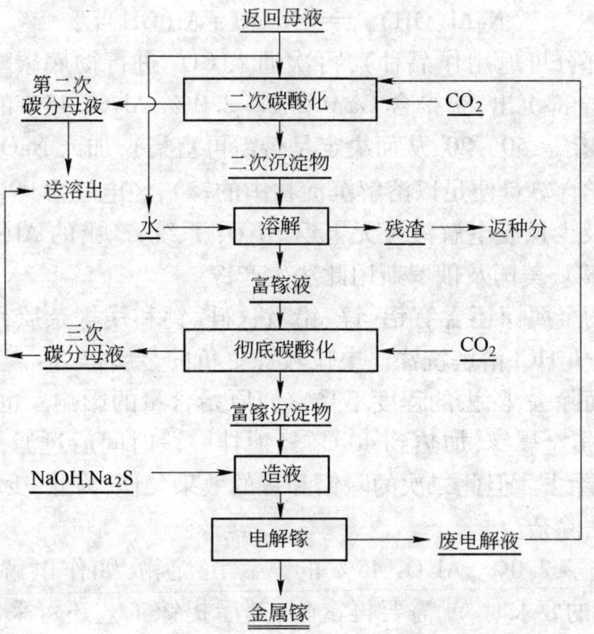

图 6-23 中和溶解法提镓工艺流程

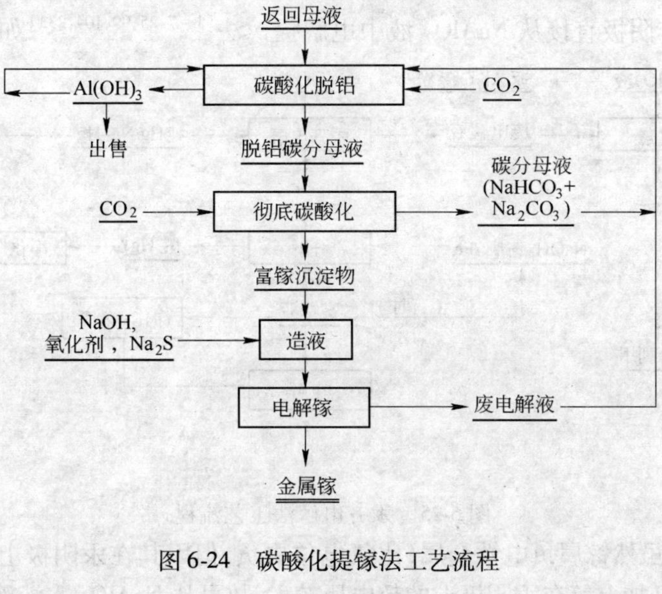

图 6-24 碳酸化提镓法工艺流程

镓)，并加入后工序排出的彻底碳酸化的含 $NaHCO_3$ 的碳分母液(利用 $NaHCO_3$ 中的 CO_2，减少了外加 CO_2 量，既免去与生产 Al_2O_3 争 CO_2 气的矛盾，也降低了成本)，加强搅拌，控制通入 CO_2 量仅够中和种分母液中 NaOH 成为 Na_2CO_3(即控制通入 CO_2 量到 Na_2CO_3 来不及转为 $NaHCO_3$)：

$$2NaOH + CO_2 = Na_2CO_3 + H_2O \quad (6\text{-}41)$$

随着苛性比(Na_2O/Al_2O_3)下降而发生铝酸钠水解，从而除去原液中 90% 的 Al：

$$NaAl(OH)_4 = NaOH + Al(OH)_3\downarrow \qquad (6\text{-}42)$$

滤去 $Al(OH)_3$ 后(部分可返用作晶种),再次通入 CO_2 进行彻底碳酸化,使溶液中残留约 6 g/L的 Al_2O_3 与镓全部沉出,获得含 Ga 0.3% ~2.0%,Al_2O_3 45%的富镓沉淀物(电解镓的原液要求 $M_{Al_2O_3}/M_{Ga} \leqslant 50 \sim 20$,从而决定是否需再富集),加入 NaOH 溶液(加入的 NaOH 为溶解镓所需的化学计算量便足以溶解沉淀物中的镓),经电解得 99.99%镓。

此法碳化母液及少量废电解液可无害返 Al_2O_3 系统,产出的 $Al(OH)_3$ 可作产品出售,但镓回收率小于60%。美国及俄罗斯用此法生产镓。

由于电解产出的金属镓还含有铝、锌、铅、钒、硅、钙和镁等杂质,所以一般都需经过酸洗,即用0.5 ~1 mol/L HCl 溶解洗涤。电位较镓更负的金属锌、铝、锰、铬、钒、镁、钙和硅等均可被酸洗入溶液而除去,除去的程度不受它们原始含量的影响。也可用过滤法除去这些杂质,即用蒸馏水浸覆金属镓,加热到40℃,经搅拌一段时间后过滤,硅、铁、钒、铝、钙、镁、锰、铜和镍等便随水除去。但此二次的除铅和锌的效果欠佳,为此,少不了再碱化造液,后加硫化钠或通过结晶法除杂。

获得含镓 0.3% ~2.0%,Al_2O_3 45%的富镓沉淀物,如作电解镓的原液,还达不到 $M_{Al_2O_3}/M_{Ga} \leqslant 50 \sim 20$的要求时,就需要再富集,其后提镓工艺还可采取如全萃法等提镓工艺,待富集后提镓。

6.2.11　汞齐电解镓法

用汞或汞齐作阴极直接从 $NaAlO_2$ 液中电解提镓法[1~7,25,99,104,233]如图6-25所示。

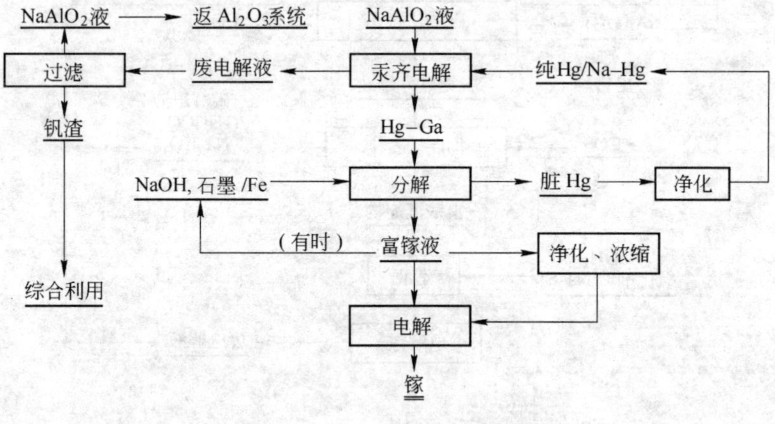

图6-25　汞齐电解法工艺流程

其机理在于:虽然镓属负电性金属,比氢电位更负,但因其在汞阴极上析出的是汞齐,致使其电位向正移,又加上氢在汞阴极上的超电压较大,故可从 $NaAlO_2$ 水溶液中电解析出镓。

汞齐电解镓的电解槽如图6-26所示。

在密闭的钢制电解槽的底部盛有汞,用汞量为 $V_{Hg}/V_{NaAlO_2} = 1/(27 \sim 240)$(视所用汞阴极而异),一钢制网栅式转鼓形阴极在转动中穿过槽底汞层,导致在鼓面上形成汞膜,在转鼓上部设有固定的钢制耙状形阳极,当 $NaAlO_2$ 流经电解槽时,采用电流密度 50 ~100 A/m^2、槽压1.2 ~1.5 V进行电解,镓在汞阴极上析出镓汞齐(Hg - Ga):

$$GaO_2^- + 2H_2O + 3e \xrightarrow{+Hg} Hg - Ga + 4OH^- \qquad (6\text{-}43)$$

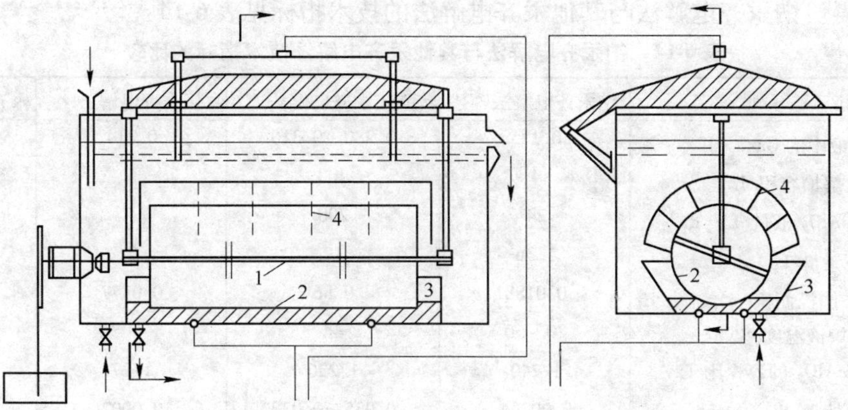

图 6-26 改进的汞齐电解镓的电解槽

1— 轴;2—转动钢鼓(即阴极);3—盛汞密封槽;4—针形阳极

并有部分镓扩散入汞中。比镓更负的钒、铅及钠等也会与镓一道在阴极上析出,钒在阴极上被还原为三价,而以不溶物 $V(OH)_3$ 沉出,过滤废电解液便得钒渣,送综合利用[149]:

$$4VO_3^- + 12H_2O + 8e \longrightarrow 4V(OH)_3 \downarrow + 12OH^- \qquad (6\text{-}44)$$

而滤液即 $NaAlO_2$ 液则返 Al_2O_3 系统。当电解到 Hg - Ga 含镓达 1% ~3% 时[1,104]将 Hg - Ga 放出,转入盛有 NaOH(浓度约 150 g/L)的、放有石墨(有的用铁屑,但以石墨较佳)的密闭反应器内,加热约 100 ~120℃接近沸腾,并在强烈搅拌下使 Hg - Ga 发生分解而使镓转入碱液,碱液中镓浓度可达 10 ~60 g/L:

$$Hg - Ga + 4OH^- \longrightarrow GaO_2^- + 2H_2O + Hg + 3e \qquad (6\text{-}45)$$

过滤后经电解得 99.99% 镓。而脏汞经水(或 HCl、HNO_3)处理后返回使用。

意大利报道的汞齐电解提镓的做法是,在电流密度 5000 A/m^2、槽电压 4 V、电解液温度 40 ~50℃下电解所得的镓汞齐经碱分解后,用不锈钢作阳极,在电流密度 8000 A/m^2、槽电压 10 V 下再次电解,结果获得纯度达 99.9% 的电解镓;文献[104]介绍了用不锈钢为阴极与阳极,极距 50 mm,槽压 2.5 ~3.0 V,电解液温度 40 ~50℃,电流密度 2000 ~3000 A/m^2 下电解得 99.9% ~99.99% 镓;据文献[99]报道:含 Ga 0.18 g/L,V_2O_5 0.5g/L 的 4.8 m^3 的 $NaAlO_2$ 返回母液,在汞阴极面积 12 m^2(汞重达 1000 kg)的电解槽内电解 24 h,得到镓 0.6 kg 及 V_2O_5 2.5 kg,电能耗达 600 kW · h。

现将汞齐电解的电解液及产物组成列于表 6-13。

表 6-13 汞齐电解液及电解产物的主要组分

组 分		Ga	Al	Na	V_2O_5	Fe	Cr_2O_3	Zn	Pb
$NaAlO_2$ 液组成/$g \cdot L^{-1}$	电解前	0.190			0.263	0.005	0.003	0.034	0.003
	经电解 24 h 后	0.110			0.120	0.004	0.003	0.015	0.003
	经电解 72 h 后	0.060			0.024	0.003	0.003	0.005	0.003
Ga - Hg/%		10.8	0.4	12.00	0.148	0.05	0.147	1.4	0.1
分解后的 $NaGaO_2$ 液组成/$g \cdot L^{-1}$		20.25	3.5	75.00	0.015	0.08	0	0.43	0.01

有人指出采用汞齐 Na - Hg 能提高电流效率,而钠汞齐可通过在 $NaAlO_2$ 液中先用汞阴

极电解制得。钠汞齐电解法与其他汞齐电解法的技术指标见表 6-14[1,2,25,233~235]。

表 6-14　钠汞齐电解法与其他汞齐电解法技术指标的比较

比　较　项	钠汞齐电解法[234]	转鼓式汞齐电解法[233]	直接汞齐电解法[235]	汞齐电解法[1,2]
$NaAlO_2$ 液中的 $Ga/g\cdot L^{-1}$	0.185	0.280 ~ 0.310	0.214	0.190
电解槽容积/L	4	200	5	200
流通中 $NaAlO_2$ 液量$/L\cdot d^{-1}$	24	200	4	150
补充汞量$/kg\cdot d^{-1}$	1.36	12	2	30
汞齐阴极面积$/m^2$	0.0188	0.86	0.0177	0.20
电解液温度/℃	20 ~ 50	48	50	45
$Hg/NaAlO_2$ 的容积比	1/240	1/226	1/27	1/68
析出镓量$/kg\cdot d^{-1}$	0.00264	0.035 ~ 0.038	0.0007	0.013
电流效率/%	15 ~ 20	2.8	3 ~ 5	5 ~ 5.7
生产 1kg 镓的汞损失/kg	5	275	2 ~ 20	2

从表 6-14 看出，钠汞齐电解法优于其他电解法。此外还有用 Zn – Hg 锌汞齐作流态化的阴极，在 32 ~ 60℃下电解，镓进入锌汞齐后提镓[3~7]。

此法可直接从含镓的 $NaAlO_2$ 液中电解提镓，工艺简单，设备简易，且可综合利用钒，故瑞士与匈牙利早在 1955 年就工业化了，其后意、德等国也用了。但此法所用汞量太大，生产 1 kg 镓需用汞 2 ~ 3 t；不利于搅动，因为搅动会导致汞损失量的增大，每生产 1 kg 镓汞耗高达 2 ~ 275 kg[1,2,233~235]；汞还会转入 $NaAlO_2$ 液中（含 Hg 可达 0.02 ~ 0.1 g/L），对铝氧生产系统、环境与人体有害，故难获发展。后改进用 Na – Hg 钠齐电解，用汞量减为 1/240，汞耗减至生产 1 kg 镓耗汞 5 kg。

在捷克，采用碳酸化—汞齐电解联合法提镓：将含镓 0.02 ~ 0.035 g/L 的碳分母液，在 55 ~ 70℃下通 CO_2 碳酸化，所得的沉淀用 NaOH 在 90℃下溶解，获得含镓 0.2 ~ 0.3 g/L 的 $NaGaO_2$ 液，直接送汞齐电解，得到含镓 0.5% ~ 0.8% 的镓汞齐，经分解得含镓 40 ~ 60 g/L 溶液，按通常电解得到纯度 99.999% 的电解镓。镓的回收率约 40%[196]。

6.2.12　直接电解镓法

从工业 $NaAlO_2$ 返回母液中直接电解提镓，从理论上来说是可行的，且可省去调节电解液成分与温度的麻烦。直接电解提镓的技术控制条件见表 6-15[1~7,10,225,235,236]。

从表 6-15 可见，此法的电流效率极低，且因电解液需经严格净化，所以还未能用于工业生产。

电解时镓的析出反应为：

$$4GaO_2^- + 2H_2O \xlongequal{\quad} 4Ga\downarrow + 4OH^- + 3O_2\uparrow \tag{6-46}$$

经实践查明，溶液中的 $NaAlO_2$ 对电解镓影响很小，只是会使电解液中的 OH^- 浓度增加，从而降低氢的超电压，使电流效率下降：

$$H_2GaO_3^- + H_2O + 3e \rightleftharpoons Ga\downarrow + 4OH^- \tag{6-47}$$

日本等国后来曾对此法进行改进[1,2]，设想采用一种能提高氢超电压及降低镓析出电位的金属或合金作固态阴极，直接从 $NaAlO_2$ 返回母液中电解提镓，据称已找到的固体阴极材料有锡、铟、锌及锌锡合金等，而效果较好的阳极材料是铝、镍及锡铅合金等[1~7,237,238]。

表 6-15 直接电解法提镓的技术控制条件

返回母液主要组分含量/$g \cdot L^{-1}$				阴极	阳极	电流密度/$A \cdot m^{-2}$	槽电压/V	电解液温度/℃	电流效率/%	每千克镓电耗/kW·h	镓回收率/%	电解情况
Ga	Al_2O_3	Na_2O	SiO_2									
0.11~0.14	50	115		粗镓	铂丝	150		30				顺利
0.104	50	100	0.26	镓	镍	250~500	3~4					可行
0.2~0.3				镀镓	镍	200	4~4.2	40~50	0.8~1.0	300~400	55~65	可行(小规模试验)
0.05~0.06	60~70	170~175	0.014~0.028	镀镓	镍	120~200		35~40	≤0.5	500~1000	66~75	可行(小规模试验)
0.35	160	320		锡	镍	200		41				

如英国铝业公司试验用锡作阴极,在50℃下电解获得镓锡合金,此合金经过滤取出,进行熔铸后再电解得金属镓。有用锡作阴极,在41℃及220 A/m^2 的条件下,电解含Ga0.35 g/L的 $NaAlO_2$ 溶液,能从中提取33%的镓[3~7,129]。试验表明,直接从 $NaAlO_2$ 返回母液中电解提镓,除电流效率低外,电解镓的质量也不好,故还难用于生产。

6.2.13 生化法提镓、锗

A. E. Torma 等研究用氧化铁硫杆菌(T. f)从硫化矿中提取镓与锗[219],探索发现细菌的新陈代谢作用分为:

直接:

$$Ga_2S_3 + 6O_2 \xlongequal{T.f} Ga_2(SO_4)_3 \tag{6-48}$$

间接:

$$3Ga_2S_3 + 3Fe_2(SO_4)_3 \xlongequal{} 3Ga_2(SO_4)_3 + 6FeSO_4 + 3S^0 \tag{6-49}$$

而式6-49产生的 $FeSO_4$ 与 S^0 被细菌氧化为 $Fe_2(SO_4)_3$ 与 H_2SO_4,此 $Fe_2(SO_4)_3$ 继续参与氧化 Ga_2S_3 的作用。

据说,用氧化铁硫杆菌参与从含镓1.18%的黄铜矿(矿浆浓度为25%,pH=1.8,25℃)的浸取,可获得含镓2.25 g/L的溶液,而无菌参与时仅能获得含镓0.18~0.23 g/L。如氧化铁硫杆菌培养基内添有22.6~66.7 g/L的 $Na_2S_2O_3$ 时,它对含镓0.04%及锗的表生矿(矿浆浓度为4%,pH=2.5,25℃)浸出,可获得含镓0.011 g/L及含锗0.019 g/L的溶液,而无菌参与时则相应低到含镓0.0025 g/L与含锗0.0085 g/L。

典型的氧化铁硫杆菌培养基为:$(NH_4)_2SO_4$ 0.15 g、10% $FeSO_4$ 10 mL、$MgSO_4$ 0.5 g、KCl 0.05 g、K_2HPO_4 0.05 g、$Ca(NO_3)_2$ 0.01 g及蒸馏水1000 mL;或 $(NH_4)_2SO_4$ 0.2 g、KH_2PO_4 3 g、$MgSO_4$ 0.1 g、$CaCl_2$ 0.2 g、$Na_2S_2O_3$ 5 g及蒸馏水1000 mL。

另据报道用黑曲霉真菌从含镓0.25%的铝厂尘中浸取镓率可达38%,如用黑曲霉真菌处理过的草酸和柠檬酸去浸取镓,可获得含镓达0.2 g/L的溶液。

实施方法有堆浸、槽浸及气渗滤柱浸等。

此法简易、经济且不污染环境,但有局限性,反应速度慢及氧化铁硫杆菌易被砷毒害而失效等缺陷。作为一种新的处理手段,很有发展前途。

6.2.14　硫酸化焙烧—离子交换提镓法

有人报道过从铜铅锌硫化矿中回收镓的试验情况[180]:试验用的原料成分为(%):Ga 0.0012、Ge 0.001、Cu 0.40、Pb 1.48、Zn 14.89 及 Fe 24.07,在 650 ~ 700℃下通入 6% 的 SO_2 进行硫酸化焙烧,过程中有 95% 以上的锌和铜及 5% ~ 8% 的铁转为硫酸盐。此焙砂用 5% 浓度的硫酸,在液固比为 2.5∶1、60 ~ 70℃下浸出,几乎全部镓和锗都转入溶液,而进入溶液中的铁不到 7%。在用焙砂中和此浸出液到 pH≤5,并同时强烈搅拌的情况下,溶液中铁发生水解以 $Fe(OH)_3$ 形式进入铁渣,此时溶液中的镓和锗几乎全部随 $Fe(OH)_3$ 共沉淀入铁渣,用 4 ~ 6 mol/L HCl 溶解此渣,得到的溶液成分为(g/L):Ga 0.1、Ge 0.035 及 Fe 2.3 ~ 6。可用离子交换树脂 AB - 17 或 AH - 2ϕ 吸附此液中的镓,然后用水解析得富镓的解析液,以供进一步提镓。此法受铁的影响很大,还未见有工业化的报道。

据报道:在 $ZnSO_4$ 溶液回收铟的过程中,产出一成分为(g/L):Ga 0.2 ~ 0.5、NaOH 15 ~ 25、Al 5.32、As 4.96、Zn 0.5、Cu 0.26、Ni 0.049、Fe 0.056、Cd 0.041 及 Ge 0.016 的碱性溶液,用 AB - 16 离子交换树脂(活性基团为 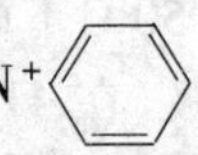,在 $CaCl_2$ 中交换容量达 9.8 ~ 10.5 mg/g)吸附其中的镓,能使镓与液中的砷、锑、镍、镉、铁及锗完全分离,也能与大部分铝分开。饱和了的树脂,经水洗涤,接着用含 150 g/L 的硫酸溶液解析,所得的解析液成分为(g/L):Ga 4.3、Al 0.875、As 0.0028、Zn 3.9、Fe 0.00054、Cu 0.038、Ge 和 Cd 均仅痕量。解析液经水解沉淀析出 $Ga(OH)_3$,然后以 NaOH 溶解造液,通过电解得电解镓,镓回收率约 80%[239]。报道指出碱性流出液、再生树脂的碱化处理液以及中和后液均返锌系统,但返前如何处理却没有报道。

6.2.15　Ga - Al 置换提镓法

20 世纪 70 年代美国和苏联研究出用 Ga - Al 置换 $NaGaO_2$ 液中镓的方法[1 ~7,242]。该法的主要机理为:

$$GaO_2^- + Ga-Al = AlO_2^- + 2Ga\downarrow \tag{6-50}$$

与上述反应相平行的为氢的还原反应:

$$Ga-Al + 2OH^- - e = AlO_2^- + Ga + H_2\uparrow \tag{6-51}$$

按上述两式发生铝的溶解,势必引起 Ga - Al 周期性的不饱和,只要控制过程中的 Ga - Al 电位于 -1.75 ~ -1.85 V 间,就会使上述的置换反应不间断地进行下去, Ga - Al 置换提镓法的经济技术指标见表 6-16[1 ~7,242,243]。

表 6-16　Ga - Al 置换提镓法的经济技术指标

项目	$NaAlO_2$ 液含镓/g · L^{-1}	Ga - Al 含铝/%	搅拌速度/r · min^{-1}	供液量/L · min^{-1}	置换温度/℃	置换时间/min	置换率/%
例 1	0.01	0.5 ~ 1	800	300 ~ 320	80	20	大于 90
例 2	0.2 ~ 4	0.2 ~ 6			60 ~ 80	60 ~ 1440	约 100

有人认为,采用此法的目的不在于直接从 $NaAlO_2$ 液中提取镓,而在于解决提镓过程中

铝镓的比例问题。近年仍未见到有此法用于工业实践的报道。

6.2.16 从铝生产副产物中水冶提镓法

一般电解精炼铝,除产出金属铝外,还获得富含镓的阳极合金、电解槽炭末和烟尘等(参见图6-1),从这几种原料水冶提镓工艺有以下几种。

6.2.16.1 溶解阳极合金－萃取提镓法

阳极合金含有 SiO_2 与 Cu、Fe、Ga 等,实质是一种 Fe(Cu)－Ga 合金。其典型组成见表6-17。

表6-17 阳极合金的组成 (%)

组分	Ga	Al	Zn	Cu	Fe	SiO_2	Mn
料1	0.1～0.3	50～60		30～35	4～8	1～3	
料2	0.1～0.4	40	1.3	25	19	12	1.5

一般粗铝含镓0.001%～0.01%,在电解精炼铝过程中,其阳极合金经2～3年后富集的含镓量可达0.20%～0.56%。这种阳极合金物相的组成复杂,宜采用电解合金法提镓(参见6.2.5节),碱(或酸)浸出后萃取镓,也可采用电溶法等回收其中的镓。图6-27给出了溶解阳极合金—萃取提镓法流程。

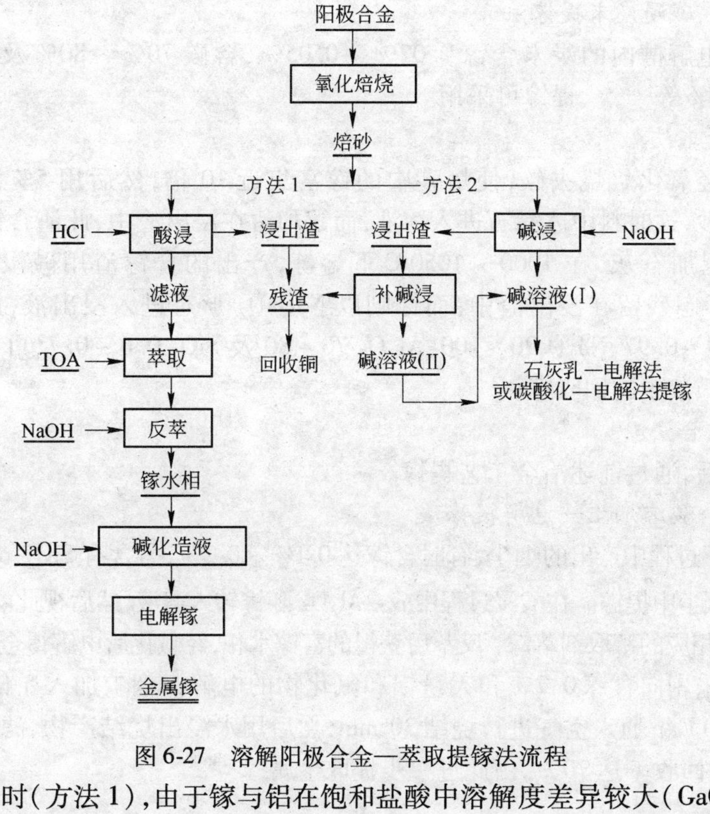

图6-27 溶解阳极合金—萃取提镓法流程

用盐酸浸出时(方法1),由于镓与铝在饱和盐酸中溶解度差异较大($GaCl_3$ 为130 g/L,而 $AlCl_3 \cdot 6H_2O$ 仅1.09 g/L),从而达到镓铝的分离。当用含6.2～7.2 mol/L 盐酸的溶液浸出经粉碎的合金料时,得到含Ga 0.46～0.48 g/L 及 Al_2O_3 6.6 g/L 的滤液,此滤液可采用前述萃取剂萃取:如采用0.1 mol/L TOA＋0.1 mol/L 癸醇/煤油的有机相,在 o/a＝1/10 的条件下萃取镓,然后用5%浓度的 NaOH 反萃,反萃的相比控制在 o/a＝10/1[244],所得的镓水相经碱化后电解得金属镓。但在酸浸过程中,合金中的铜、铁及铝等势必进入溶液,从而多耗盐酸,且又需增添净化工序(如有人提出用冷却结晶除铝,加亚硫酸钠还原除铁及电解脱铜等[175]),故应根据具体情况来选用合适的工艺条件。

碱溶阳极合金是一放热过程[2~8,25,244,245](方法2),为使碱溶阳极合金中的镓与杂质迅速而完全地分离,合金须要先于500~700℃下进行氧化焙烧5~6 h,然后进行碱浸,碱浸过程中95%~97%的镓转入碱浸液,获得含镓0.2~0.4 g/L、Al_2O_3 40~60 g/L的碱浸液,耗碱量约为理论需要量的1.5倍。碱浸液中的镓可按前述方法提取。

6.2.16.2 电溶阳极合金提镓法

以含1%~19%硫酸的溶液作电解介质,以铜片作阴极,阳极合金作阳极,在电流密度700~1000 A/m^2,槽压2.2 V,电解液温70℃下电溶阳极合金。过程中铜在阴极上析出,阳极合金中约95%~97%的镓及铝等转入电解液。所得的电解液成分为(g/L):Ga 0.11~0.25、Al 19~21.5及Fe 2.5~3.6,可用6.2.3节介绍的P204+YW100等萃取其中的镓,然后经电解制取金属镓;或用活性氧化锰在pH值为3.3~3.8、75℃下吸附镓,吸附镓率可达93%,之后用10%~12%浓度的NaOH解析,经水解即可得到富含镓达2%~3%、铝23.4%的镓精矿[1~7],再进一步处理制取金属镓。

6.2.16.3 碱浸炭末提镓法

电解铝的电解槽内的炭末含镓0.02%~0.05%,含碳70%~80%及冰晶石($3NaF\cdot AlF_3$)15%~16%等[1~7],提镓可采用。

A 碱浸炭末法

炭末首先经氧化焙烧去碳,使焙砂中的镓富集近10倍,然后用5%浓度的NaOH于80℃下浸出焙砂,这时料中冰晶石进入溶液,而镓却留在浸出渣中,此渣含镓约1%,并含大量的铝,此渣配加石灰,在1000~1050℃下熔炼,产出的含镓渣用碱浸出,铝以不溶的$3CaO\cdot Al_2O_3$形态残留在浸出渣中,而镓则以$NaGaO_2$形态进入浸出液,该浸出液成分为(g/L):Ga 0.89~0.97、Na_2O 90~100、Al_2O_3 70~80及SiO_2 0.6~0.7,可参照前述有关工艺从此富镓的碱液中的回收镓。

B 选冶联合法

将炭选出后,通过前述冶金工艺提镓。

6.2.16.4 酸溶烟尘—电解提镓法

电解精炼铝过程中产出的烟尘,有时含镓达0.1%~0.2%,另含有SiO_2、$\alpha-Al_2O_3$等,可采用酸浸法从此烟尘中提镓。在酸浸过程中$\alpha-Al_2O_3$随镓转入溶液,然后视此酸浸介质是硫酸或盐酸,选用前述相应的萃取剂萃镓,反萃后获得的富镓水相,经碱化后电解得金属镓。

美国专利采用向含镓0.2%和大量铝和氟化物的电解铝烟尘加入5倍尘重的Na_2CO_3量,在800~850℃下通入空气进行烧结30 min,然后用水浸出烧结产物,滤液用铝片置换得粗镓,至此镓的回收率达70%,由此进一步提取金属镓[246]。

6.2.17 液膜法提镓

液膜技术是用一薄层溶液/有机试剂,让两种或多种组成不同而又互溶的溶液隔开、通过界面反应而选择分离与富集微量金属。近年有所发展。

用2.5%~3.5%的表面活性剂EM301,由4.5%~5.5% D_2EHPA(H_2A_2)+1.5%

YW100(HR)/煤油组成的膜试剂,高速搅拌形成液膜,当加入含 Ga 0.02 ~0.04 g/L 的外相硫酸料液,则发生相界面反应:

$$Ga^{3+}(a)+H_2A_2(o)+HR(o)=\!=\!=Ga(HA_2)R^+(o)+2H^+(a) \qquad (6\text{-}52)$$

由于式 6-52 有 H^+ 迁移,故宜控制介质酸度在 pH 值为 2 ~3,经重力分离与破乳而获得富镓溶液,提镓率达 90%[3~7]。类此有用 D_2EHPA + $C_{5\sim7}$羟肟酸作流动载体,选用 pH = 3.2、以 NH_4F 为内水相,则 Ga^{3+} 以 $Ga(OH)_3$ 沉淀,而 Ge^{4+} 为液态进入内水相、二者提取率分别达 98.6% 与 94.7%[247]。

6.3 火冶镓

6.3.1 选冶联合法提镓

日本的日曹熔炼有限公司的锌浸出渣富含镓与铟,为回收其中的镓与铟而采用选冶联合法如图 6-28 所示[248,249]。

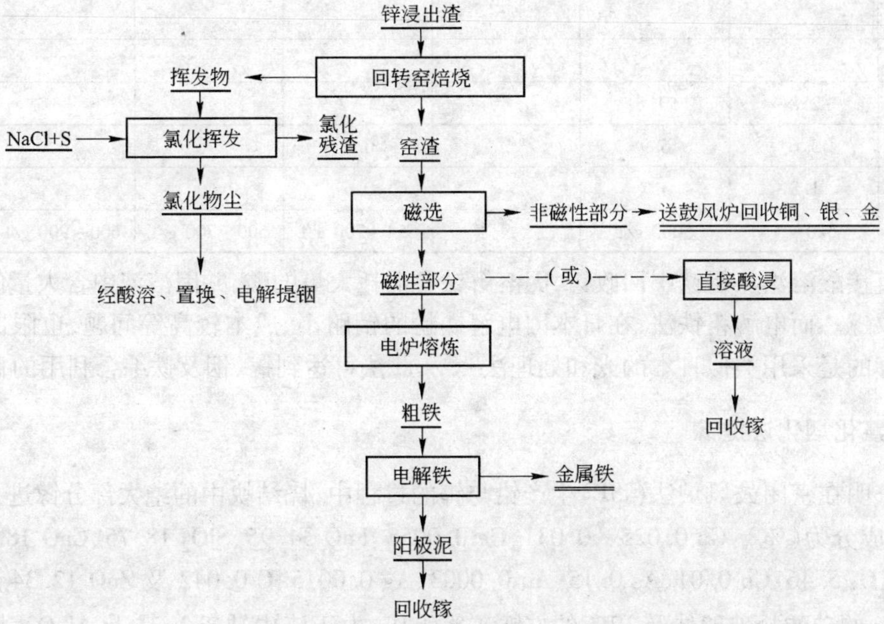

图 6-28 选冶联合法提镓(与铟)流程

将渣配上 30% 的煤粉,送入回转窑内进行高温(1300℃)还原焙烧,焙烧后镓留在窑渣内,窑渣经粉碎到 50% 小于 0.074 mm(200 目)后,进行磁选,获得含 Ga 0.01% 的富镓的磁性部分的产物(非磁性部分产物送回收铜)。磁性产物经电炉(为了节能,1978 年起改用回转窑)炼得含镓粗铁,或直接电解铁而从阳极泥中回收镓,或直接酸溶回收镓。

该厂将含镓 0.01% 的粗铁作可溶阳极,以不锈钢板作阴极,采用由 $FeSO_4$(含铁 50 g/L)、$(NH_4)SO_4 \cdot 6H_2O$ 等组成的电解液,在 pH 值为 2.5 ~3.5、阳极电流密度 100 ~150 A/m^2、槽电压 1.0 ~1.2 V、控制电解液温度 60℃ 的条件下进行电解,除获得电解铁产品外,并得到富含镓 0.1% 的阳极泥。但未见该厂如何从阳极泥提镓的报道。据分析,可能采用酸溶后，以 Versatic911H 萃取镓，然后经电解得镓的方法[84,250]。选冶过程中原料及中间产物的化学成分见表 6-18。

表 6-18　选冶过程中原料及中间产物的化学成分　(%)

组分	锌浸出渣	窑　渣	挥发物	磁性部分	粗　铁	阳极泥	氯化物尘
Ga				0.01	0.01	0.1	
In			0.089			0.1~0.2	0.3~1
Pb	3.4	0.04	9~10	1.3			44.4
Zn	22.0	1.32	60~65	1.6			8.67
Cu	0.8	2.2		1.5~2.5	2~2.5	15~18	
Cd	0.28		0.75				4.34
Fe	28.4	49.3	3.1	49~76	约 90	25~30	
C		10.2		1.7	1.5~2.5		
S	5.5	4.7		3.6			
F							0.265
Cl							12.5
SiO_2	2.8	21.8		2.2~2.7			
Al_2O_3	3.6	6.9		0.6			
CaO	1.8	3.7		0.6			
Ag	320 g/t	5000 g/t		554~700 g/t	500~700 g/t	600~900 g/t	

用直接酸溶法从粗铁中回收镓，因溶解铁要消耗大量的酸，并因溶液中含大量的铁而不利于回收镓。而电解粗铁法，在日本因电解铁粉的销路小、成本较高等问题，也限制它的应用。较好的是采用类似日本的光和处理法[128]，此法可达到镓、铟及铁综合利用的目的。

6.3.2　氯化烟化法提镓

已查明在密闭鼓风炉法（ISP）生产铅与锌的过程中，烧结块中的绝大部分镓进入 ISP 炉渣，此渣成分为（%）：Ga 0.025~0.031、Ge 0.0058、FeO 34.95、SiO_2 18.75、CaO 18.35、MgO 0.73、Al_2O_3 5.46、Cu 0.01、As 0.15、Au 0.0003、Ag 0.0015、C 0.042 及 ZnO 12.34。渣主要由近 85% 的硅酸盐玻璃体及 12% 的方铁矿等组成，由于渣中缺乏 Fe^{3+} 及 Al_2O_3，故镓以类质同象置换渣中的 Fe^{2+} 及 Zn^{2+} 而进入方铁矿结构中[3~7]，ISP 炉渣的物质组成见表 6-19。

表 6-19　密闭鼓风炉炉渣的物质组成

	组　成	Fe^{2+}		Fe^{3+}		Fe^0		TFe
铁物相	质量分数/%	25.48		0.18		1.52		27.18
	分布/%	93.75		0.66		5.59		100.00
	组成	方铁矿	锌尖晶石	锌黄长石	硫化铁	硅酸盐玻璃体	α - Fe + $AsFe_2$	总计
硅酸盐物相	矿物量/g	11.60	1.17	0.04	0.06	84.46	2.07	100
	镓品位/%	0.22	0.085	0.38	0.13	0	0	0.0245
	镓分布/%	95.42	3.72	0.57	0.29	0	0	100.00

镓在方铁矿中的量约占渣中镓量的95%以上，但方铁矿却又均匀地分布在占ISP炉渣量近85%的硅酸盐玻璃体中。经查明，要从此解离镓，至少要把炉渣粉碎到1 μm以下，而这样细的料很难用选矿方法从中选出方铁矿。而使用通常的还原烟化法，在1460℃左右烟化30 min，镓的挥发率仅有10% ~40%。如添加炉渣重的7.5%食盐进行氯化烟化90 min，则可挥发镓90%以上，尘中的镓品位较原渣高出6 ~17倍。由此尘中进一步提镓就变得容易而经济了。图6-29为氯化烟化ISP渣时渣中镓的挥发率与烟化时间的关系。

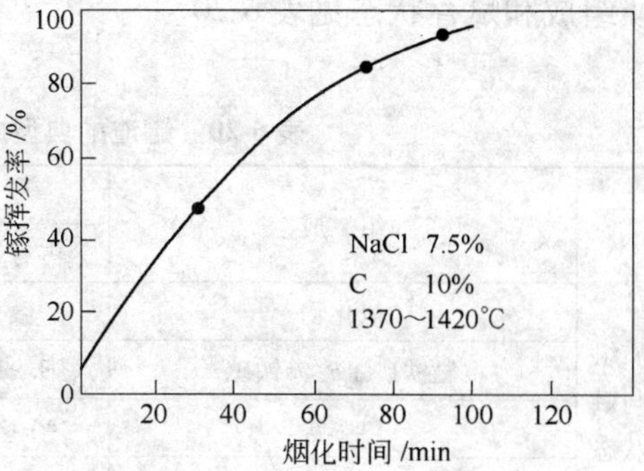

图6-29 氯化烟化ISP渣时渣中镓的挥发率与烟化时间关系

此法可同时综合回收ISP渣中镓、锗、铅和锌等。但高温氯化需要解决能源及设备的防腐问题。

6.3.3 焙烧—氯化蒸馏分锗提镓法

从含镓煤尘提镓另有一些方法：

(1) 捷克专利介绍的焙烧—氯化蒸馏分锗提镓法[1,2]。含镓与锗的煤尘配以粉煤及黏结剂制团后，在高于800℃下焙烧，过程中镓与锗发生挥发并富集于焦油及含酚废水中。这些产物经氯化蒸馏提锗后，用MiBK能定量萃取残液中的镓，经用水反萃而获得镓水相，然后经碱化造液、热沸除铁后，通过电解得电解镓。

(2) 丹宁共沉淀—氯化蒸馏分锗提镓法。用0.1%碱液洗涤高炉烟气而得到的含镓碱液，待冷却除去炭黑后，直接用丹宁使锗、镓和铁共沉淀，经氯化蒸馏提锗后，从氯化残液中回收镓。

(3) 含镓煤尘按 $GaO : Al_2O_3 : SiO_2 : Fe_2O_3 = 10:6:5:10$ 配料，添加适量的 CaF_2，在1250 ~1300℃下烧结60 min，便获得含 $5CaO \cdot Ga_2O_3$ 与 $CaO \cdot Ga_2O_3$ 等镓酸盐的烧结产物，用热水浸出此烧结产物，约90% ~93%的镓转入溶液，此液经三次碳酸化后得到富含镓的 $Ga(OH)_3$ 沉淀物，用NaOH造液后电解提镓。

6.3.4 熔炼—萃取提镓法

竖罐、平罐炼锌产出的蒸馏罐(残)渣，数量较大，约为进料锌团矿量的110%，内含镓与锗各达0.0001% ~0.009%，另含锌、铅、铁及碳等，成分复杂。我们查明[1~7]，镓与锗大部分以类质同象存在于罐渣中的磁铁矿、磁赤铁矿和硅酸盐中，它们存在的情况还与罐渣中的炭(焦炭和炭黑)紧密相关，进入炭中的镓和锗分别占罐渣中的镓和锗量的1/4与2/5。罐渣的典型成分(%)：Ga 0.0045 、Ge 0.0024 、Fe 15.4、Pb 0.4、Zn 2.3、Cu 0.5、As 0.1、Sb 0.1、C 37.5、Ag 0.015、Au 0.00005、SiO_2 13.7、Al_2O_3 4.4、CaO 4.3、MgO 4.1。罐渣的典型物质组成和赋存状态见表6-20。

表6-20　罐渣的典型成分及其物质组成和赋存状态　（%）

组成		镓			锗	
		占有量	含量	分布率	含量	分布率
物质组成与赋存状态	氧化物	微		2.70		2.50
	磁铁矿＋磁赤铁矿	9.92	0.0189	41.66	0.0103	42.57
	焦　炭	40.00	0.0021	18.67	0.0019	31.67
	炭　黑	25.30	0.0013	7.31	0.0006	6.33
	硅酸盐＋锌尖晶石等	18.33	0.0073	29.66	0.0022	16.92
	共　计	>95.55	0.0045	100.00	0.0024	100.00

尽管罐渣容易粉碎，实践上却很难解离成单体，查明镓与锗主要存于易碎部分，且粒级越细，其品位越高，并有随铁走的趋势[1~7]。今列出了罐渣的粒级与镓、锗、铁与炭的关系数据见表6-21，因炭难磨碎，故炭就主要留在粗粒级中。

表6-21　罐渣的粒级与镓、锗、铁与碳的分布状况

粒度/mm		+0.2	+0.1	+0.08	+0.06	+0.035	+0.025	+0.015	+0.01	−0.01	共计
各粒级质量分数/%		0.42	20.01	16.58	6.37	21.78	15.35	6.53	3.73	9.23	100.00
含量/%	Ga	0.0031	0.0036	0.0040	0.0048	0.0052	0.0054	0.0056	0.0062	0.0064	0.00485
	Ge	0.0006	0.001	0.0015	0.0016	0.0028	0.0035	0.0040	0.0042	0.0044	0.0025
	Fe	4.0	6.96	9.76	12.18	15.55	17.45	20.26	22.82	22.82	14.09
	C	65.9	65.8	59.6	52.8	39.2	38.5	33.4	26.7	15.4	45.3

如采用烟化法从此罐渣回收镓与锗，虽可不另加炭，但由于渣中含铅与锌太少，在经济上不合算；如采用熔炼挥发法（如日本三池厂的矮高炉法或旋涡炉法），则除存在上述缺点之外，所产低品位冰铜也难利用；此外，在高温熔炼处理中，罐渣中的锗与镓会转变成用通常的方法难以使其转入溶液的不溶四方晶系；采用选冶联合法，需把罐渣磨细到完全解离的粒度，这需消耗较多的能量，而实践表明[3~7]，通过选矿得不到富镓与富锗的精矿，也难得到可丢弃的尾矿，更难得到纯炭；如不经过选矿而直接用酸浸出，接着采用置换富集与萃取工艺，虽在技术上可行，但硫酸耗量太大，需在经济上权衡。

日本采用碱熔—萃取法从罐渣中回收镓，将成分为（%）：Ga 0.08、Pb 26.54、Zn 2.60、Cd 10.01、Cu 2.37及Sn 0.43的罐渣，配以渣重30%的$NaHSO_4$进行碱熔炼得到镓合金后，随即用稀硫酸溶出除铅，然后电解脱铜，脱铜后液用盐酸酸化到6 mol/L时，用醚萃取镓，反萃得的镓水相经碱化造液，电解得镓。

也有将罐渣与$PbCl_2$于500℃下共熔，在此熔炼过程中镓转入$PbCl_2$中，然后用硫酸溶出除铅，除铅后液以NH_4OH中和，紧接用NaOH分解沉淀物，然后经电解得电解镓。

显然上述两种方法不好，或许选择6.2.5.1节电解合金法更合适。

6.3.5 钒钛磁铁矿中镓的回收

很少报道镓在铁矿中的赋存状态,从镓的强烈亲铁性质分析,在炼铁过程中镓将随铁走,在炼钢中最终主要进入钢锭。

我国攀枝花的钒钛磁铁矿平均含镓0.0026%,由于钒钛磁铁矿储量巨大,故其储镓量实为惊人。经查明,原矿中76%的镓以类质同象存在钒钛磁铁矿中,约21%的镓存在钛辉石等硅酸盐矿物中,只有不足4%的镓分散于钛铁矿中[3~7]。钢铁厂为回收铁水中的钒,曾采用在吹炼前插入氧化脱钒工艺,获得渣率3%的富镓的氧化渣,该渣成分为(%):Ga 0.012~0.030、TFe 41~49、V_2O_5 2.4、Cr 0.57、SiO_2 12~14及Ti 4 ~5等,是生产钒和镓的理想原料[3~7]。经研究查明,该氧化渣组成为:钒铁晶石[$Fe^{2+}(V^{3+}Fe^{3+})O_4$]49%、铁橄榄石($FeSiO_4$)31%、金属铁11%和磁铁矿($Fe_3O_4$)9%等,至于镓,约70%的镓以$Ga_2O_3$形态存在于该渣中的微量的钒铁晶石中。

从上述脱钒氧化渣中回收镓,研究有用以下方法:

(1)还原熔炼—电解铁—酸浸含镓阳极泥—TBP萃镓—电解镓得镓[3~7];

(2)钠化焙烧—水浸出—还原焙烧—稀盐酸除铁—浓盐酸浸出镓—用TBP萃取盐酸介质中的镓,反萃后镓水相经加碱造液然后通过电解制取金属镓[3~7];

(3)将上述水浸出的碱性溶液调到pH=6,用腐殖酸与液中镓共沉淀—碱化造液—电解得镓;

(4)高温(约1300℃)氯化焙烧,将镓挥发富集到烟尘然后提镓;

(5)选冶联合法有可能成为回收铁矿中镓的较好方法,从理论上分析并根据攀枝花钢铁厂的铁水雾化提钒产出的钒渣富含镓的事实推断:使熔炼获得的熔融Fe-Ga合金,或者用电解法出售商品铁粉时兼收镓;或者配与适当的熔剂相互作用而造渣,使镓从熔融的Fe-Ga合金中镓转入再造渣的渣中,而与大量铁分离,其后较易从再造渣的渣中回收镓。

目前还没有较好的解决从钢水中回收镓的技术工艺。

6.3.6 刚玉中镓的回收

我国铝土矿主要用于生产铝,其次为耐火材料与磨料—刚玉3个行业,20世纪90年代投入刚玉砂生产的铝土矿近70万~100万t/a[3~7]。在熔炼刚玉过程中,据调查某砂轮厂获得:铝土矿中镓约60%转入烟尘,约40%进入硅铁,其相关物料的化学成分见表6-22[3~7]。

表6-22 刚玉熔炼中各产物的化学成分 (%)

产物	Ga	Al_2O_3	SiO_2	Fe_2O_3	K_2O	C	V
铝土矿	0.005~0.0100						
烟尘	0.13~0.16	34~46	13~21	2~10	18~22	2~3	
硅铁	0.038~0.040		30.2	52.3			0.122
刚玉	<0.0002						

刚玉厂副产硅铁含硅很高,约达8.9%~14.2%,而锌系统废渣炼成Fe-Ga含硅约为1%~4%,而从煤系统来的Fe-Ga含硅仅0.1%~0.2%[3~7]。

从刚玉厂的烟尘与硅铁中镓的回收一直处于调查—试验回收阶段：

(1)某厂产出的副产品硅铁，内含 Ga 0.03% ~0.04%、Fe 82.8% ~91.6% 及 SiO_2 8% ~14%，有人从此硅铁中提镓，采用类似 6.2.5 节介绍的合金法，试用 $FeCl_2$-HF 电解硅铁，结果让镓分散：入液约 50%，入阳极泥约 40%[3~7]。当有人试用 $FeCl_2-NH_4Cl$ 电解硅铁脱硅：结果让镓很少进入电解铁，仅含镓 0.0001%，而主要进入阳极泥而富集到含镓大于 0.1%[3~7]。有镓分散、经济效益不良等问题。

(2)如试用 HCl 浸出烟尘，镓浸出率约 77%，后接 TBP 萃取提镓。

(3)采用 6.2.5.1 节介绍的电解合金法可行，试验回收到阳极泥含镓达 0.11%；副产物为铁，其纯度大于 99.9%，直收率为 90%。

(4)还有以硫酸浸出，经中和除铁，碱溶后电解提镓，硅铁中铁以产物 $FeSO_4$ 回收等工艺。

7 铟的综合回收技术

7.1 提铟原料

提铟的主要原料是水冶锌的浸出渣与铜镉渣，ISP 炉渣与粗铅的精炼渣及蒸馏锌渣，特别是铜、铅、锌及锡的冶炼和钢铁冶炼的烟尘，铜及铅电解的阳极泥，硫酸和造纸厂的酸泥，以及某些化工厂的浸出渣等[1~7,16~18]。

7.1.1 铅冶炼中提铟原料

铅精矿一般含铟0.005%。铅精矿在1000℃下烧结时，约3%的铟转入烟尘，其余留在烧结料中。烧结料在鼓风炉中于1450～1500℃下还原炼铅时，约有45%的铟转入炉渣，因渣量大，故渣中含铟仅0.0005%；有30%～47%的铟转入粗铅，粗铅含铟从万分之几到千分之几不等；小于8%的铟进入烟尘，烟尘含铟0.0015%～0.0020%。在强还原气氛中，In_2O_3被还原为金属铟而减少其挥发入尘量。在电炉炼铅时，约过半的铟转入粗铅。铟在铅生产产物中的一些分布数据及含量[1~7,85]分别见表7-1和表7-2，可见铟难以富集。精炼粗铅时约80%～93%的铟转入氧化浮渣，成为提铟的主要来源。

表7-1　铟在铅生产产物中的分布　（%）

产　物	粗　铅	烟　尘	炉　渣	苏打渣	冰　铜	返回物	无名损失
铟的分布率	25～47	5.8～7.4	35.7～51.3	1.1	6.5	7.1～3.8	33.1～48.2

表7-2　铅鼓风炉熔炼过程物料的铟含量　（%）

物　料	烧结块	粗　铅	冰　铜	炉　渣	烟　尘
铟品位	0.001～0.008	0.001～0.002	0.001～0.002	0.001～0.0015	0.008～0.010

7.1.2 湿法炼锌中提铟原料

当锌精矿在840～960℃氧化焙烧时，由于矿中铟已氧化成难挥发的In_2O_3，故矿中90%～100%的铟留在焙砂中。在焙砂中性浸出时，约86%～100%的铟残留在锌浸出渣中。用回转窑挥发法处理锌浸出渣时，约74%～91%的铟进入烟气[2~7,168,193,251]，但实践中发现情况并非如此[1~7]，铟大部分残留在回转窑的窑渣中。而进入中性浸出液的铟，在净化提锌的过程中转入铜镉渣，该渣含铟可达0.3%[251]。

在水冶锌的黄钾铁矾法工艺中，料中94.5%以上的铟进入铁矾渣。

7.1.3 火法炼锌中提铟原料

锌精矿氧化焙烧后，当焙砂在1100～1200℃烧结时，只有较少量的铟挥发。据报道[193]

火冶锌过程中铟在各产物中的大致分布如下：在锌精矿烧结过程中，85.6% 的铟入烧结块，1.8% 入烟尘，无名损失 12.6%；在熔炼烧结块时，16% 的铟入粗锌，4% 入烟气，21.2% 入窑渣，12.6% 入蓝粉，2.7% 入熔析铅，无名损失约 40.9%；另文献[77,78]报道，含铟 0.0007% ~0.0054%，含锗 0.005% ~0.0065% 的 Pb – Zn 混合精矿的烧结块在 ISP 熔炼中，铟与锗在 ISP 熔炼产物中分布见表 7-3。

表 7-3　铟与锗在 ISP 熔炼中分布　　（%）

进料：烧结块		产物						
组分	分布	粗锌		粗铅		炉渣	泵池渣	损失
		分布	含量	分布	含量	分布	分布	分布
In	100.0	60	0.018	30		2 ~3	5	1 ~2
Ge	100.0	65.1	0.011	微		24.6	8	2.3

进料：烧结块		精炼锌渣		精炼硬锌			精炼底铅		
组分	分布	含量	分布	含量		分布	含量		分布
				铅塔	B 塔		铅塔	B 塔	
In	100.0	0.03 ~0.05	11.9	0.010	0.31	35.7	0.089	0.8 ~1.0	52.4
Ge	100.0	0.03 ~0.05	22.3	0.045	0.31	75.7	微	0.021	2.1

硬锌经真空炉蒸馏锌后，铟与锗留在真空炉渣中，其含铟与锗量可分别富集到 0.5% ~1.5% 与 0.5% ~2.5%。

粗铅含铟较高，在熔铸铅阳极板时进入氧化浮渣，当其进入反射炉还原熔炼时则挥发入烟尘，含铟提高到 0.3% ~0.5%[77,78]。在 ISP 熔炼中铟与锗在真空炉渣中富集过 100 倍，而铟在粗锌蒸馏的富铅残锌中也富集过 100 倍。

在竖/横罐炼锌中的铟分布：氧化焙烧锌精矿时铟随烟气损失小于 5%，所得的锌焙砂制团后烧/焦结时，团矿中的铟约 60% 进入烟尘，尘含铟 0.1% ~0.5%（为铟的主要富集物），余入烧结料、团矿；随后蒸馏得粗锌时，烧/焦结料中的铟约 85% 入粗锌，余入罐渣[3~7]。火法蒸馏锌时，铟在产物中分布的典型数据[1~7]见表 7-4。

表 7-4　铟在竖罐蒸馏锌产物中的分布　　（%）

项　目	锌精矿	粗　锌	蒸馏罐渣
产出率	100	34	66
含铟量	0.0035	0.0070	0.0015
铟分布率	100.0	72.9 ~85	15 ~27.1

精馏粗锌时铟进入熔析铅与硬锌，分别含铟 0.6% ~1.2% 与 0.05% ~0.15%。

7.1.4　铜冶炼中提铟原料

一般铜精矿含铟 0.0001% ~0.0054%。当烧结铜精矿时矿中 85% ~94% 的铟留在烧结块中，小部分进入烟尘。在富氧飘悬焙烧铜精矿时，矿中大于 40% 的铟转入烟尘。表 7-5 列出了反射炉熔炼铜烧结块时铟的分布状况[1~8,93]。

表 7-5 铟在反射炉炼铜过程中的分布 (%)

工厂	进料		产出物							
	铜烧结块		冰铜		烟尘		炉渣		烟气	
	品位	分布	品位	分布	品位	分布	品位	分布	品位	分布
工厂1	0.0016	100.0	0.0022	52.9	0.002	0.8	0.0015	43.7	0.002	2.6
工厂2	0.0008 ~ 0.0011	100.0	0.0012	41.6	0.001	1.5	0.0006	42.2		14.7
工厂3	0.0009 ~ 0.0013	100.0	0.0010	42.2	0.0009	46.1	0.002	1.5	0.0042	10.0

从表 7-5 看出，铟没有富集于某一产品中。铟入冰铜与炉渣约各占 40% ~45%。在半自热鼓风炉冶炼中约 70% 与 20% 的铟分别进入炉渣与冰铜。在鼓风炉炼铜时铟的分布见表 7-6。

表 7-6 铟在鼓风炉炼铜过程中的分布 (%)

工厂	冰铜		烟尘		炉渣		烟气	
	品位	分布	品位	分布	品位	分布	品位	分布
工厂1	0.001	18.6	0.002	6.4	0.0008	68.7	0.0037	6.3
工厂2	0.003	32.5	0.002	3.7	0.0012	60.1	0.0037	3.7

从表 7-6 看出，铟仍没有富集于某一产品中，烟尘中分布率虽约 4%，但含铟仍低；而转入吹炼作业的铟量并不多；铟主要残留在鼓风炉炉渣中，这部分铟难以回收而损失掉了。铟在吹炼冰铜过程中的分布见表 7-7。

表 7-7 铟在转炉吹炼冰铜时铟的分布 (%)

工厂	进料		产出物								无名损失
	冰铜		粗铜		转炉渣		烟尘		烟气		
	品位	分布	品位	分布	品位	分布	品位	分布	品位	分布	
工厂1	0.0015	100.0	0.0004	4.1	0.0011	77.7	0.002	1.6	0.0090	15.0	+11.8
工厂2	0.0010	100.0	0.0004	4.9	0.0009	80.7	0.0005	0.2	0.0102	14.2	-14.9
工厂3	0.0025	100.0			0.0020	92.3	0.002	0.4	0.0102	7.3	+8.3

表 7-7 中数据说明，铟在转炉烟尘中得到富集，但大部铟却残留在转炉渣[1~8,87,93]。我国白银铜厂白银法炼含铟约 0.0037% 的铜精矿，其转炉尘含铟可达 0.010% ~0.0257%，但其分布率仅占 1%，随炉渣流失的铟大于 60%[170]。从上述情况可以知道，烧结铜精矿时铟主要留在烧结块中；熔炼冰铜时烧结块中铟的 20% ~40% 转入冰铜；吹炼冰铜时仅约 8% ~15% 的铟进入烟尘并达到一定程度的富集，但 80% ~90% 的铟却转入转炉渣，如用烟化炉吹炼转炉渣，可使 80% ~85% 的铟挥发入烟尘，故吹炼冰铜与烟化炉吹炼转炉渣的烟尘可作提铟的原料。

7.1.5 锡冶炼中提铟原料

锡精矿一般含铟 0.003% ~0.015%，在还原熔炼锡精矿过程中，料中的铟约 48% ~75% 进入烟尘，约 20% ~35% 进入粗锡，约 5% 进入炉渣，约 11% 进入硬头[87,170]。而粗锡中的铟在精炼锡时富集于铅锡合金中，电解该合金的废电解液成为回收铟的来源。而烟尘送电炉熔炼焊锡时，铟将分散入焊锡与挥发入电炉的烟尘（含铟 0.10% ~0.16%）而获得富集，也成为回收铟的原料。

7.1.6 其他提铟原料

如铁矿中含铟0.0045%，在铁矿烧结过程中大部分的铟、铊与镓留在烧结块中，小部分铟、铊与镓进入烟尘。在高炉炼铁中，烧结块中铟基本上均转入烟尘，经湿式电收尘获得的尘泥含铟0.006%。铟在炼铁产物中的分布数据为：入烟尘85%、生铁9%、炉渣4%。将含铟烟尘配定量粉煤，投入回转窑，在1150℃下焙烧70 min，尘中91%～93%的铟挥发入焙烧烟尘[168]。

某些锰矿含有铟与铊，在高炉熔炼锰矿时，料中的铟与铊挥发入尘，尘可供回收铟。

7.2 水冶铟

7.2.1 置换铟法

置换铟法古老，但简便、经济、适用，是当今各国通用的提铟工艺，更是中小型企业以此获取商品粗铟的工艺[1～7,104,185,252]。

含铟原料经过酸浸得到含铟溶液（如液中铟含量较低，则通过萃取得到的富铟溶液），在置换铟之前视溶液中杂质状态而采用不同手段除杂：（1）加铁屑除铜与砷时，需保持溶液中[Cu]/[As]=1～2.5（如铜不足时，宜补 $CuSO_4 \cdot 5H_2O$），游离酸15～30 g/L及70～90℃，则铜与砷以 Cu_3As_2 形态除去（而文献[185]认为是置换得Cu－As而除去），控制溶液中残留砷小于0.02 g/L，以保证其后置换铟时不妨碍置换铟，且不出现 AsH_3 毒害，很值得注意。（2）按化学计算量加入锌粉除铜、砷与镉，控制终酸1.5～2.5g/L，85℃下置换而除去杂质。（3）加先期置换获得的粗海绵铟去置换除铜、铅、锡等。（4）向溶液通入 H_2S 使铜、砷与锑等呈MeS入渣而除去，然后送去置换铟[185]。

置换铟的机理：利用比铟的电极电位（表7-8）更负的金属Me（通常用的是锌或铝）从溶液中将铟还原成金属，此反应为放热反应。

$$In^{3+} + Me = In^0\downarrow + Me^{3+} + Q \qquad (7\text{-}1)$$

表7-8 金属的标准电极电位 （V）

金属电极	Al^{3+}/Al	Zn^{2+}/Zn	Ga^{3+}/Ga	Fe^{2+}/Fe	Cd^{2+}/Cd	In^{3+}/In	Tl^{+}/Tl
标准电极电位	-1.60	-0.763	-0.53	-0.44	-0.403	-0.342	-0.336
金属电极	Sn^{2+}/Sn	Pb^{2+}/Pb	As^{3+}/As	Cu^{2+}/Cu	Te^{4+}/Te	Tl^{3+}/Tl	Te^{6+}/Te
标准电极电位	-0.136	-0.126	+0.248	+0.337	+0.53	+0.72	+1.02

置换的技术控制：（1）如从 $HInCl_4$ 溶液中置换铟，宜加入NaCl或HCl以利于发生置换，使溶液中氯离子浓度约达20 g/L，pH值为1.5～2，温度40～50℃（属放热反应，不宜高）[87]，置换槽保持负压抽风，用锌、铝片置换（如用锌，其置换后液为 $ZnCl_2$ 液，可调整 $ZnCl_2$ 品位以制得商品 $ZnCl_2$ 出售），不出现 AsH_3 毒害。（2）如从 $In_2(SO_4)_3$ 溶液中置换铟，也宜加NaCl使氯离子浓度达5～10 g/L，保持 H_2SO_4 1.5～2.50 g/L、温度30～40℃，用锌/铝片置换。一般约8～24 h置换完成，刮取得含铟约90%～95%的粗海绵铟，储于水中以防氧化。

铸型时从水中捞出，经压团，放入不锈钢锅内，上覆盖约为铟重50%～60%的碱，加热至320～350℃，熔炼2～3 h，使杂质(Me')入渣：

$$Me'(Ⅱ)/2Me'(Ⅲ)+2NaOH = Na_2Me'O_2/2NaMe'O_2+H_2\uparrow \quad (7\text{-}2)$$

并获得含铟99%以上的粗铟，经电解得99.99%铟。

例如在锌生产的净化 $ZnSO_4$ 溶液过程中，因加入锌粉置换除铜镉，结果产出了富含铟的铜镉渣。此渣经用稀酸溶液除铜和锌后，得到更富含铟的滤渣。该渣成分为(%)：In 0.01～0.04、Cu 20～28、Cd 17～20、Zn 7～10、Pb 4.8、Fe 0.2～1.5、Tl 0.02～0.03 及 SiO_2 8等，用20%的硫酸溶液浸出，有近90%的铟转入溶液。根据各金属不同的还原电位，先加入不足量的锌粉置换除去大部分铜，之后将过滤后的溶液加热到80～85℃下用铁置换除去余下的铜，随铜损失的铟约达3%～5%，滤液用碱中和至含 H_2SO_4 1.5～2.5g/L，然后才加入锌粉置换铟，获得成分为(%)：In 1～2、Cu 40、Zn 5～8 及 Cd 20～30 的铟富集物，将它氧化焙烧后，用20%的 H_2SO_4 溶液浸出，再重复酸溶－置换而提铟。

美国 Anaconda 铜公司采用多次酸碱处理含铟的锌焙砂或 ZnO 烟尘，经通 H_2S 除铜、砷、锑与锗后，用锌板置换得海绵铟，继转入 HCl 溶液，加 $BaCl_2$ 脱 SO_4^{2-}，再通 H_2S 除杂后电解得铟[185]。

值得指出的是，在高酸度和室温下用锌片置换铟，需长达3～4d才能置换完全，如改在pH≥1及50～70℃下置换，则只需3～4 h即可完成。实践表明，在4～5 mol/L HCl介质及常温下，采用锌板置换只需4～5 h即置换完全，由于置换后液富含 $ZnCl_2$，可稍加锌粉再置换后，即制得可作商品出售的副产品 $ZnCl_2$。置换得到的粗海绵铟经压团，用碱覆盖于约350℃下熔铸，便得到纯度为99.5%的粗铟。这种粗铟在套以隔膜，采用含铟80～100 g/L、食盐100 g/L、pH值为2～2.5的电解液，在电流密度60～80 A/m²、槽压0.25～0.35 V的条件下电解1～2次，便可得到纯度99.99%的金属铟，电流效率可达95%～99%[3~7]。

有人提出用锌汞齐(锌溶入汞)代Zn去置换铟，且添加卤离子，有助于锌汞齐置换铟，但此时金属析出电位向电负性方向移位，故溶液中的Sn、Pb、As、Cu、Bi等杂质将随铟转入锌汞齐。

7.2.2 硫酸化提铟法

硫酸化焙烧法能使料中的铟等转变为硫酸盐，同时除去有害的氟、氯和砷等杂质，从而简化了生产流程。硫酸化焙烧有湿式与干式之分。

7.2.2.1 湿式硫酸化焙烧

较多国家如我国及哈萨克斯坦等多采用湿式硫酸化焙烧，其流程如图7-1所示[1~7]。

前苏联的乌斯基－卡缅诺戈尔斯克铅锌联合企业(Усть－Каменогорский Pb－Zn Комбинат)也采用硫酸化焙烧法回收铟。该厂把成分为(%)：In 0.006、Ge 0.004、Pb 2.26、Zn 6.46、As 1.23、Cu 1.74、Cd 0.31、Fe 23.45 及 SiO_2 15.20 的原料，配入料重110%的硫酸，在直径1 m、倾角50°～55°及转速0.68 m/s的设有抽风系统的圆盘制粒机上制粒，制粒过程是放热反应，故过程中料温达210℃，有5%～10%的砷挥发，获得3～5 mm的粒料，将粒料投入沸腾焙烧炉中，在300℃下进行硫酸化焙烧，过程中85%的砷及90%的硒转入烟气，从烟气中回收硒和砷。在焙烧过程中铟及其他金属(Me')生成硫酸盐：

$$In_2O_3+3H_2SO_4 = In_2(SO_4)_3+3H_2O \quad (7\text{-}3)$$

$$Me'O+H_2SO_4 = Me'SO_4+H_2O \quad (7\text{-}4)$$

而料中的氟和氯除在制粒过程中挥发一小部分外，大部分在硫酸化焙烧过程中挥发，两个过

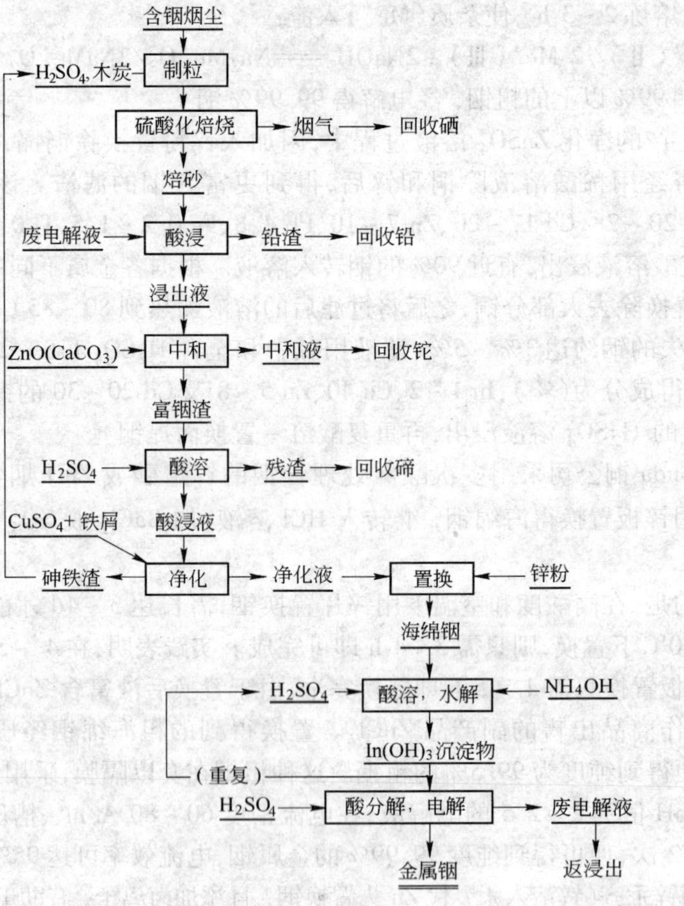

图 7-1　湿式硫酸化焙烧提铟工艺流程

程的总脱氟、氯率各达 80% ~95%。料中硒呈 SeO_2 形态挥发,在淋洗塔中被水吸收后,被过程中所产生的 SO_2 还原得单体硒而被回收。砷的挥发脱除程度,取决于所添加的还原剂木炭数量及焙烧温度,一般配入料重 1% ~3% 的木炭,在 300℃下焙烧脱除得比较干净。过程中砷将生成易挥发的 As_2O_3:

$$Pb_3(AsO_4)_2 + 3H_2SO_4 = 2H_3AsO_4 + 3PbSO_4 \tag{7-5}$$

$$2H_2SO_4 + C = CO_2 + 2H_2O + 2SO_2\uparrow \tag{7-6}$$

$$3H_3AsO_4 + S = 3H_3AsO_3 + SO_3\uparrow \tag{7-7}$$

$$2H_3AsO_3 = 3H_2O + As_2O_3\uparrow \tag{7-8}$$

$$In_2O_3 + 3H_2SO_4 = In_2(SO_4)_3 + 3H_2O\uparrow \tag{7-9}$$

在焙烧过程中有 96% ~100% 的重有色金属(以 Me' 表示)等也生成硫酸盐:

$$Me'O + H_2SO_4 = Me'SO_4 + H_2O \tag{7-10}$$

硫酸化焙烧产出的焙砂,用废电解液(及其他返回溶液),在液固比为 3:1、终酸为 10 g/L 并加温至 85 ~90℃浸出 1 h,过程中 82% 的铟转入溶液,获得成分为(g/L):In 0.012、Tl 0.18、Zn 42 及 Cd 15 的酸浸液,后在 45 ~50℃下用 ZnO 中和此液到 pH 值为 3.0 ~3.5,溶液中 $In_2(SO_4)_3$ 发生水解,有人说水解始于 pH 值为 1.7 ~3.0[158] 或 pH 值为 3.5 ~4.0[1,2],具体 pH 值取决于溶液中铟的浓度(可参见图 4-6 及图 4-7)。溶液中的铟与碲等几乎全部沉淀析出：

$$In_2(SO_4)_3 + 6H_2O = In(OH)_3\downarrow + 3H_2SO_4 \tag{7-11}$$

所得的中和渣富含铟达0.2%～0.6%，余为38%锌及2%镉等。用硫酸溶解此中和富铟渣，当控制终酸为30～40 g/L时，铟溶解入液，而碲却不溶而残留在渣中。向酸浸液中添加定量的$CuSO_4$，并于70～80℃下加入铁屑置换除砷。在含残酸5 g/L及50～70℃条件下往过滤后的溶液加入锌粉/板置换铟，得到的海绵铟经酸溶与水解重复处理后，通过电解得纯度99%的金属铟，铟的回收率约达80%；或所得海绵铟经碱熔铸得纯度大于99%的金属铟。前苏联的齐良宾斯克锌厂用离子树脂交换法取代多次中和溶解富集铟的工艺，铟的回收率高达94%[1～7,61～63]。现属哈萨克斯坦的乌斯季－卡缅诺戈尔斯克铅锌联合企业，他们改用萃取法回收铟[253]。

7.2.2.2 干式硫酸化法

由于湿式硫酸化焙烧需配入浓硫酸，因而操作条件恶劣，污染环境与危害人身，而固态硫酸盐不仅易于运输，腐蚀性不大，且劳动条件较好，故后来发展了用$FeSO_4$代替浓硫酸的干式硫酸化法[1～7]。

在500～600℃下向含铟物料中加入$FeSO_4$进行干式硫酸化焙烧，料中90%以上的铟发生如下化学反应并生成$In_2(SO_4)_3$：

$$In_2O_3 + 6FeSO_4 + 3O_2 = 2In_2(SO_4)_3 + 3Fe_2O_3 \tag{7-12}$$

$$2In_2S_3 + 6FeSO_4 + \frac{21}{2}O_2 = 2In_2(SO_4)_3 + 3Fe_2O_3 + 6SO_2 \tag{7-13}$$

$$4In + 6FeSO_4 + \frac{9}{2}O_2 = 2In_2(SO_4)_3 + 3Fe_2O_3 \tag{7-14}$$

物料中的铅、锌及镉等也发生类似的化学反应，生成相应的硫酸盐。然后转入溶液采用中和溶解、萃取、离子交换法等提铟。

7.2.3 电解铟法

电解铟法分含铟Pb基合金(Pb－Me－In)的电解与粗铟电解两个工艺过程，前者为了铟与杂质Me'分离而富集，后者为提纯的产品，电解工艺如图7-2所示[1～7,185]。

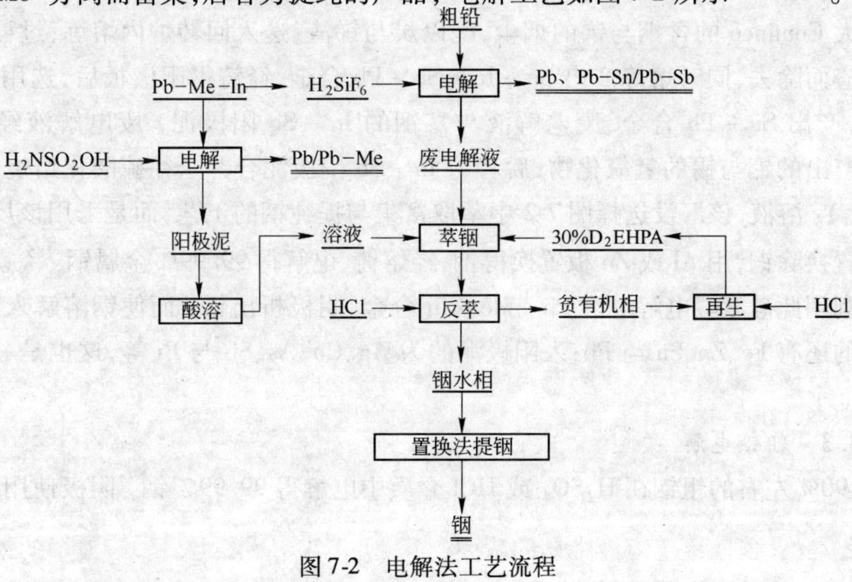

图7-2 电解法工艺流程

7.2.3.1 Pb – Me – In 电解

原料为含铟的粗铅或 Pb – Sn、Pb – Sb 等。

波兰曾以含铟粗铅或 Pb 基合金作阳极，套以隔膜，放入含氨基磺酸（H_2NSO_2OH）100 g/L，氨基磺酸铅［$Pb(H_2NSO_3)_2$］80 g/L 及明胶 0.4 g/L 的电解液中，采用电流密度 110 A/m^2，电解得纯铅或纯铅基合金，铟则富集于阳极泥。尚无回收铟的报道。

俄罗斯一厂用此法从含铟的 $Pb-Sb_{3.5\sim8.5}$ 合金中提铟，以纯铅或不锈钢作阴极，电解液为氨基磺酸 28 ~ 65 g/L，氨基磺酸酸铅 20 ~ 60 g/L，另加 β – 萘酚与明胶在 100 ~ 150 A/m^2，槽电压达 0.2 ~ 0.3 V 下电解得纯铅，从阳极泥中回收铟。也无回收铟的报道。

此法简易、产品质佳，且无污染。

H_2NSO_2OH 易造，其一为氨合成法：

$$3NH_3 + 2SO_3 \xlongequal{} NH(SO_2ONH_4)_2 \tag{7-15}$$

$$NH(SO_2ONH_4)_2 + H_2O \xlongequal{} NH_2SO_2OH\downarrow + (NH_4)_2SO_4 \tag{7-16}$$

另一法为脲素溶于加有 60% ~70% 发烟硫酸的 H_2SO_4 中：

$$NH_2CONH_2 + H_2SO_4 + SO_3 \xlongequal{} 2NH_2SO_2OH\downarrow + CO_2 \tag{7-17}$$

7.2.3.2 硅氟酸电解法

我国与加拿大等采用硅氟酸电解法，且均已工业化。

我国用硅氟酸电解 Pb – Sn 合金时，铟基本转入废电解液（含 H_2SiF_6 210 ~ 260 g/L，Sn 125 ~ 140 g/L，Pb 50 ~ 60 g/L，In 6.5 ~ 7.5 g/L）中。从废电解液回收铟可利用 30% 的 D_2EHPA 对 In^{3+} 与 Sn^{4+} 的萃取动力学差异，在 o/a = 1/4、3 级、40℃条件下定量萃铟，然后用 6 mol/L HCl 反萃完全，萃余液可直接返回硅氟酸电解 Pb – Sn，获得铟水相经加 Na_2CO_3 调至 pH 值为 3.0 ~ 3.5 时中和沉出杂质锡，继续用前期所得海绵铟置换再除锡后，调整 pH 值为 1.0 ~ 1.5，于 65℃下用锌板置换得海绵铟，碱熔铸得粗铟，铟回收率约 72% ~ 80%[3~7]。

加拿大 Cominco 的含铟与锑的烟尘，配以炭与锑渣，送入回转炉内熔炼，过程中加铁屑使砷造黄渣而除去，同时熔炼产出 Sn – In – Sb – Pb 合金，经铸得阳极板后，选用 H_2SiF_6 电解液电解，产出 Sn – Pb 合金、废电解液与富铟的 In – Sb 阳极泥，废电解液经净化回收 H_2SO_4 与产出的铟与锡的氢氧化物，后者与 In – Sb 阳极泥合并送往硫酸化焙烧，加水浸出得 $In_2(SO_4)_3$ 溶液，该厂没选择图 7-2 中萃取富集与提纯铟的工艺，而是采用该厂之前所产的海绵铟置换除铜，用 Al 或 Zn 板置换得铟，经熔铸、电解得 99.99% 金属铟[185]。

有人利用此硅氟酸电解电溶 Pb – Me – In 合金，阴极析出铅，而使铟溶解入液而提铟，随铟入液的还有 Fe、Zn、Sn 与 Pb；入阳极泥的为 Ag、Cu、As、Sb 与 Bi 等，这也是一种提铟思路。

7.2.3.3 粗铟电解

含 In 90% 左右的粗铟在 H_2SO_4 或 HCl 介质中电解得 99.99% 铟，阴极使用纯铟片、钛板或石墨。

A 典型的 $In_2(SO_4)_3$ 电解

电解液含 In 40～100 g/L,NaCl 80～100 g/L, 控制 pH 值为 2.0～2.5(含铟较低时,必须让液中杂质很少),添加剂(如明胶、甲酚、甘油或聚丙酰胺)约 0.1～1.0 g/L,粗铟为阳极,纯铟为阴极,在 300～500 A/m^2 及 20～40℃下电解得 99.99% 铟。

B 典型的 $InCl_3$ 电解

电解液含 In 20～80 g/L, NaCl 100 g/L(如用 NH_4Cl 只需 50 g/L),添加剂同前,在 pH 值为 2.0～2.5、60～100 A/m^2、0.25～0.4 V 及室温下电解得 99.99% 铟。

得到的电解铟如含杂质铊多,可配以 NH_4Cl 与 $ZnCl_2$ 为铟重的 1.5%～2.0% 与 4.5%～5.0% 于 280℃下熔炼使铊入浮渣而综合回收。如其含镉与铊等杂质时,还可用碘化法除杂[3～7]:170～200℃下加 I_2、KI 及甘油(选 $W_{粗铟}/W_{KI}=1:0.15$ 及 $W_{KI}:W_{I2}:W_{Cd}=5:3:1$; 或按 $W_{粗铟}:W_{KI}:W_{甘油}=1:0.06:0.3$)使镉以 K_2CdI_4、铊以 TlI_3 溶入甘油而除去;或在 900～1000℃下,20～50 Pa 真空挥发 2 h,粗铟中的镉与锌可挥发各除去近 99%、铊与铋近 90%、铅近 75%[3～7,87],然后综合利用有价金属。

有人采用含 $InCl_3$ 30～50 g/L、NH_4Cl 100 g/L 及适量甘油的电解液,以镍片为阴极电解得金属铟粒[4,87]。也有人认为最好选用纯铟片作阴极,在 pH 值为 2.0～2.5 及电流密度为 70～100 A/m^2 条件下电解含铟 90～100 g/L、食盐 100 g/L 及明胶 0.5～1 g/L 的溶液,结果得纯度 99.99% 的铟。有关铟的电解和电镀技术,还可参考文献[2～7,158]。

C 碱熔盐电解铟

原料为氧化铟, 温度为 400～500℃, 铟电积于铁电解槽(也即是阴极)底, 因含钠高, 故电铟要水洗除钠;另在 250℃电解熔融 InCl 得铟[87]。

7.2.4 萃取铟法

近年国内外多用萃取法提铟,如从硫酸介质中萃铟,选用 D_2EHPA, Versatic 911H 等萃取剂萃铟的工艺已用于工业实践, 详见 6.2.2 节和 6.2.3 节。

7.2.4.1 在硫酸介质中

D_2EHPA 在硫酸浓度较大范围内均可定量萃铟,它的萃取率与硫酸浓度的关系如图 7-3 所示[1～7,150,187]。

其萃铟机理为:

$$In^{3+}(a)+3[H_2A_2](o)\!=\!=\![InA_3\cdot 3HA](o)+3H^+(a) \qquad (7\text{-}18)$$

实践表明,以选用 0.56～0.66 mol/L H_2SO_4 溶液为好。采用 30% D_2EHPA/煤油的有机相、相比 a/o = 1/2,经 3 级萃取,就能完全萃取铟。然后在相比 o/a = 15/1 下,用 6 mol/L HCl 进行 3 级反萃,反萃铟率大于 99.3%,反萃机理如下:

$$[InA_3\cdot 3HA](o)+4HCl(a)\!=\!=\!HInCl_4(a)+3[H_2A_2](o) \qquad (7\text{-}19)$$

在硫酸介质中用 D_2EHPA 萃取铟能与众多的杂质分离,仅 Fe(Ⅲ)例外,在萃取过程中 Fe(Ⅲ)与 In(Ⅲ)同时萃入有机相,而在反萃铟时,Fe(Ⅲ)与 In(Ⅲ)均被反萃入铟水相,少部分 Fe(Ⅲ)在贫有机相中积累,积累多了会影响萃取效率。

为控制并除 Fe，常在再生段用 7% 草酸处理贫有机相以除铁；也可先用 1.8mol/L 盐酸处理，接着用水洗，然后用 20% ~30% 的 NaOH 洗涤除铁；或者在萃取段，利用萃取动力学的差异，添加聚醚来抑制 Fe(Ⅲ)的萃取[3~7,104]。

由于液温过低和溶液含有丹宁类等物，或锌浸出渣的浸出时间过长，都会导致产生过多的 $PbSO_4$ 微粒悬浮在溶液中，在此情况下用 D_2EHPA 萃取铟就有可能产生乳化，从而危及萃取铟过程的进行。采取控制萃取温度、进一步净化溶液、添加表面活性剂、缩短浸出时间以及降低搅拌强度等措施可避免乳化[3~7]。

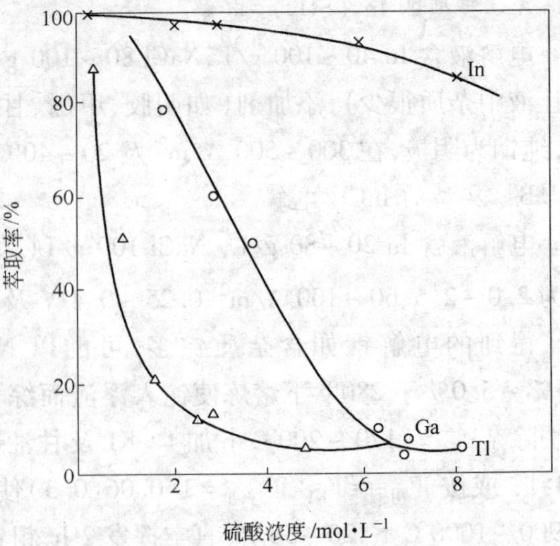

图 7-3　D_2EHPA 的萃取铟率与硫酸浓度的关系

据报道[3~7,193,253~255]前苏联的不少工厂都采用回转窑挥发锌浸出渣工艺，将所得的金属氧化物烟尘，用废电解液在 pH 值为 4.8 ~5.0 条件下进行中性浸出除锌，残渣再经高酸溶液浸出，使铟进入溶液，只乌斯基－弋明诺尔斯克铅锌联合企业采用 D_2EHPA 萃取提铟[253]。

如在成分为(g/L)：In 0.124 ~0.243、Cu 0.17 ~1.43、Fe 0.18 ~8.45 及 Al 9.63 ~9.87 的硫酸溶液中，用含 20% 的 Versatic911H/煤油的有机相在 pH 值为 2.5 ~3.5（参见图 6-12 与图 6-13），实现了在硫酸介质中定量萃取铟与镓，而 Cu、Zn、As、Al 不被萃取。但文献[210,211] 却介绍在 HCl、H_2SO_4 介质中，可在 pH 值为 0.60 或 0.75（它远低于 pH 值为 2.5 ~3.5）时萃取铟，萃铟率可达 96.5% ~97.8%，仅 0.2% Cu 与 1.6% Fe、5.7% Al 进入有机相。1975 年日本同和矿业公司小坂矿业将此法用于工业生产。该法虽然实现了在硫酸介质中同时萃取铟与镓，但过程中需不断调整 pH 值在 2.5 ~3.5 范围内，控制要求严格。

含铟 0.010% ~0.084% 的铜转炉尘通常还含(%)：Cu 2.3 ~6.5、Pb 8.2 ~26.2、Zn 6.7 ~12.6、Fe 3.8 ~4.7、Cd 0.5 ~0.9、Bi 2 ~3 及 As1 ~8。这种含铟烟尘可用两种水冶工艺处理：其一为 H_2SO_4 压煮酸浸—萃取提铟；另一为中性浸出和高酸 H_2SO_4 浸出后，通过置换或萃取提铟。提铟工艺流程如图 7-4 所示并具体介绍如下：

(1)图 7-4 中的提铟工艺 1。从前多用此法，即含铟的转炉尘经弱酸浸出去锌后，浸出渣转用高酸（有人在硫酸化焙烧后用水浸）浸出，过程中铟入液而铅以 $PbSO_4$ 形态入铅渣，达到铅铟分离。然后按图 7-4 所示的工艺 1，经多次中和或置换富集铟后，将铟转入硫酸或盐酸介质，加锌或铝片置换得粗铟，最后通过电解得纯铟；或按图 7-4 所示工艺 2，用 D_2EHPA 萃取酸浸液中的铟。

(2)图 7-4 中的提铟工艺 2。现研究出一种高压酸浸提铟法，将上述的含铟的铜转炉烟尘，投入盛有含 3 mol/L H_2SO_4 溶液的压煮器中，在液固比为 4:1、120℃、117.0 kPa 压力的

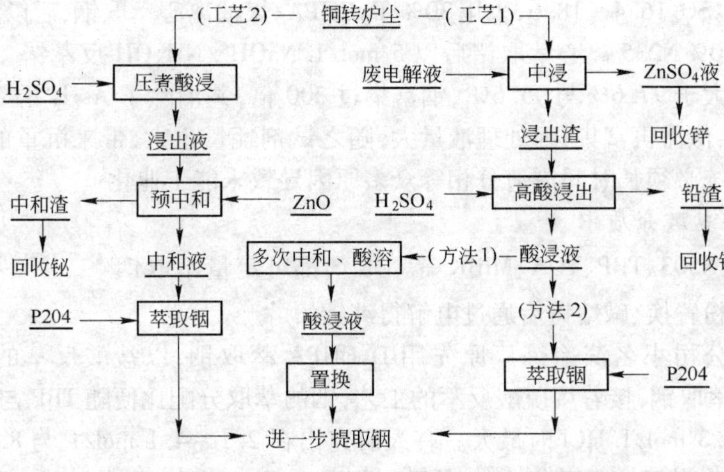

图 7-4 酸浸—萃取法提铟工艺流程

工艺条件下压煮 2 h,压煮过程中烟尘中大于 80% 的铟、锌和砷等以及约 40% 的铋及约 70% 的铁进入酸浸出液，浸出液成分为(g/L):In 0.03、Bi 1.38、Fe 4.5,用 ZnO 将浸出液预中和至 pH 值为 1.5 ~2.0 除铋后,溶液成分为(g/L):In 0.01 ~0.05、Bi 0.07 ~0.60、Fe 4 ~7、Zn45 ~61,直接用 20% D_2EHPA 萃取铟,但 Bi^{3+}、As^{3+}、Fe^{3+} 与 Zn^{2+} 会随 In^{3+} 共萃，宜先用 4 mol/L H_2SO_4 溶液洗脱 As^{3+}、Fe^{3+} 与 Zn^{2+},再利用 Bi^{3+} 远比 In^{3+} 与 Cl^- 形成亲水配合物的稳定性大的特性,采用 $H_2SO_4$15 g/L + NaCl 100 g/L（其浓度选择取决于洗脱时损失铟最低为准）混合液去洗涤负载有机相，将 Bi^{3+} 等杂质洗脱，然后用 6 mol/L HCl 溶液在 o/a =5/1时一级反萃，获得的铟水相，然后再用铝片置换得海绵铟，将海绵铟压团后，经加碱熔铸，得 98% 的粗铟，继电解制得纯铟[3~7,150]。

以上从转炉烟尘回收铟的三种方法，虽属可行，然而所能回收到的铟量还不到铜精矿中的 10%，故铟回收不充分[1~7]。

(3) 离心萃取。采用铁矾法提锌而处理高含铟约 0.1% 的锌精矿时，矿中铟约 95% 进入热酸浸出液，该液成分为(g/L):In 0.12 ~1.00, Fe 15 ~20, H_2SO_4 15 ~25。基于液中 In^{3+} 与 Fe^{3+} 在 D_2EHPA 萃取时的动力学差异，有人选用离心萃取器，在 o/a =1/15、1 级的条件下用 30% D_2EHPA/煤油进行离心萃取历时 1 min,萃铟率大于 90%,而萃铁率小于 4%,富铟有机相经用 4 mol/L HCl + 3 mol/L $ZnCl_2$ 反萃（o/a =15,4 级），反萃铟率大于 99%,获得含铟 20 g/ L 与铁小于 1 g/ L 的铟水相。然后经置换与电解得 99.99% 铟，此工艺已于 1997 年工业化[104]。或者向热酸浸出液加入 Na_2SO_4 进行沉矾处理，使液中铟与铁共沉淀，所得含铟铁矾渣（In 0.31%, Zn 4.52%）经高温回转窑挥发焙烧，渣中铟挥发约 90%，而渣中铁基本留存窑渣中而铟铁大体分离，收尘（尘含 In2.83%, Zn50%）后先中性浸出分锌，后酸浸铟，含铟铁矾渣中的铟转入酸浸液，可采用萃取或离心萃取、经置换与电解得 99.99% 铟，铟回收率达 75%[170]。

有人直接从 ZnO 酸浸液（锌浸出渣经回转窑挥发后烟尘经酸浸所得）中采用离心萃取铟与锗，酸浸液成分为(g/L):In 0.23 ~0.28、Ge 0.15 ~0.20、Zn 122 ~128、Fe 1.0 ~3.4、

As1.0 ~ 1.5 与 $H_2SO_4$16.4 ~ 18.6，采用30% D_2EHPA/煤油离心萃取铟，后以6mol/L HCl 反萃铟；萃余液用 30% N235 离心萃取锗后以 5 mol/L NaOH /NH_4OH 反萃锗。3 级萃取铟与锗的萃取率分别大于97.6%与93.6%，铟富集过 200 倍，并消除了 AsH_3 的隐患，但是反萃液铟与锗含量低，似需再富集；因处理液量大，随之试剂耗量也大，带来沉重的成本压力，另外萃余液返锌系统必须长时间澄清分相等众多原因导致未能工业化[3~7]。

7.2.4.2 在盐酸介质中

用 D_2EHPA、N503、TBP、TOA、MiBK 等萃取剂都可定量萃取铟[1~7,187,208,237,253,254]，反萃铟水相可经锌粉置换、碱熔铸后通过电解得纯铟。

日本东邦锌公司小名滨冶炼厂原先用 D_2EHPA 萃取铟，以盐酸反萃的工艺，后改用 D_2EHPA + TBP 萃取铟，接着用硫酸反萃的工艺，铟的萃取分配比便随 TBP 与盐酸的浓度增加而增大，到含 6.3 mol/L HCl 时最大。有人研究出在 2.1 ~ 4.1 mol/L 与 8.1 ~ 9.1 mol/L HCl 介质中用 TBP/苯可定量萃铟[187]，低酸时铟以 $InCl_3 \cdot nTBP$ 形态被萃，而在高酸时则以 $HInCl_4 \cdot nTBP$ 形态被萃取[3~7]，但三价镓、铊、铁，五价钒及重金属等也被萃，需酌情加酒石酸抑制钒，并还原 Fe(Ⅲ)为 Fe(Ⅱ)，在洗涤时用 6 mol/L HCl 洗去[187]。

据日本报道[210,211]，在硫酸或盐酸介质中，于 pH 值为 2.5 ~ 3.5 条件下，用 Versatic911H 只萃取铟与镓(参见图 6-13)，而不萃取铜、锌、砷及铝等，达到了铟与杂质的分离。

人们建议在 HCl 介质中用 N，N－二(1－甲庚基)乙酰胺(我国称 N503，以羰基为官能团的弱碱性萃取剂)萃取铟，萃取铟效果好而经济，且萃取选择性较优，萃取铟的能力较 P350、TBP、MiBK 等强。从电解锡的“油头水”萃取铟，可不需用碱中和而直接萃取铟。研究表明：料液含镓、铟、铊各为 1 g/L，在 4.5 ~ 7.5 mol/L HCl 中用 20% ~ 40% N503/煤油可定量萃铟，但 Ga^{3+}、Tl^{3+} 随 In^{3+} 也被萃取[3~7]，如图 7-5 所示。

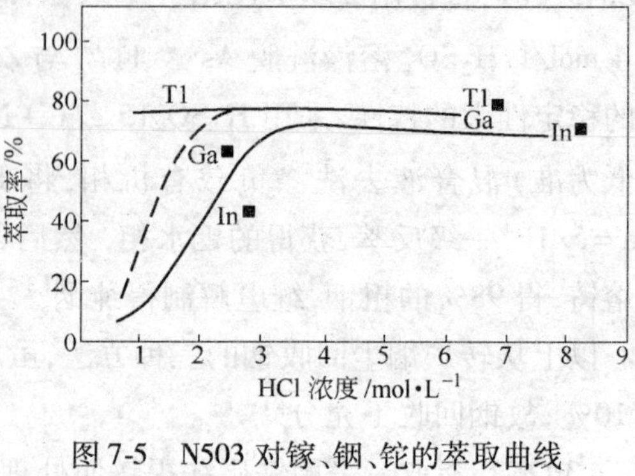

图 7-5 N503 对镓、铟、铊的萃取曲线

萃取铟的机理属锌盐萃取：

$$In^{3+}(a) + H^+(a) + Cl^-(a) + N503(o) = [HInCl_4 \cdot nN503](o) \quad (7\text{-}20)$$

式中 $n = 1 \sim 3$，酸浓度低则 n 高。用 20% ~ 40% N503 从含 In 1 g/L、Sn 2 ~ 4g/L、HCl 2.6 ~ 6.0 mol/L溶液中于 o/a = 1/(3 ~ 4)下经 3 级即可定量萃取铟，萃铟率达 98.0% ~ 99.5%，用 1 mol/L HCl，o/a = 10/1，4 ~ 6 级反萃，反萃铟率达 96% ~ 99%，获得含铟 20 ~ 40 g/L 的铟水相，经 Zn 或 Al 置换后电解得 99.99% 铟。贫有机相用 0.1 mol/L HCl 再生后返用[3~7,149]。

7.2.5 离子交换提铟法

20 世纪 60 年代联邦德国杜依斯堡(Duisburg)铜厂采用钠型亚氨二醋酸弱酸型阳离子树脂(Lewatit SP100，近似我国 732 强酸性阳离子树脂)从含铟的锌镉渣的酸浸液中提铟[1,2]，如图 7-6 所示。

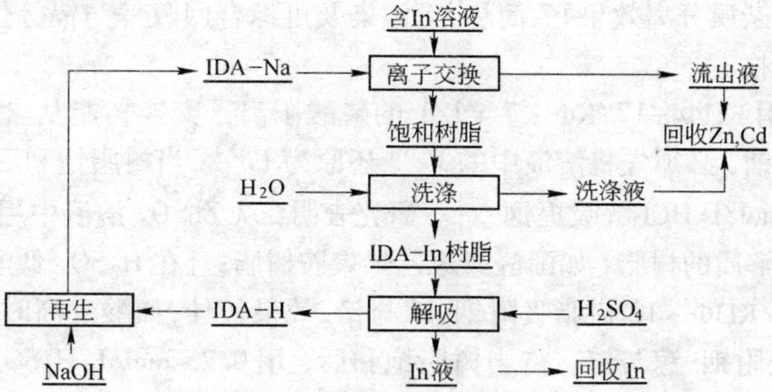

图7-6 离子交换法工艺流程

含铟的 Zn－Cd 渣配上10% NaCl 于600℃下氯化焙烧，水浸出后加锌粉置换得富含铟的 Zn－Cd 渣，用 H_2SO_4 溶解此渣，控制终酸 pH＝2.5，则铟转入溶液，过滤后滤液直接泵入装有 Lewatit SP100(IDA－Na)的交换塔吸附铟：

$$3IDA-Na+In^{3+}=\!=\!=(IDA)_3-In+3Na^+ \tag{7-21}$$

树脂饱和后，经水洗涤，以1～2mol/L H_2SO_4 解吸：

$$2(IDA)_3-In+3H_2SO_4=\!=\!=In_2(SO_4)_3+6IDA-H \tag{7-22}$$

从解吸的铟液中提铟，采用置换、电解法得铟。而解吸后的 IDA－H 树脂，加 NaOH 再生转型后返用：

$$IDA-H+NaOH=\!=\!=IDA-Na+H_2O \tag{7-23}$$

为了综合利用资源，通过离子交换塔的流出液与洗涤液合并后送入交换塔，在 pH＝4 下吸附锌，然后用硫酸解析锌得 $ZnSO_4$ 液，同时得到富含镉的流出液，从后者综合回收镉。

据报道，采用 Lewatit SP100 阳离子交换树脂，虽然铟与锌、镉、锡及铅等的分离效果好，但此法的成本高，宜用来处理含铟浓度较高的料液，如树脂价廉可权衡其经济性在工艺中选用[256]。

在1～3 mol/L HCl 介质中，可用H型KY－2强酸性阳离子交换树脂吸附铟[152]：当酸浓度超过3mol/L HCl 时，这种交换树脂吸附铟的能力增大，用0.2 mol/L HCl 或 NH_4NO_3 解吸铟，就可达到铟与铁和锌等良好分离。也可以用 Amberlite IRA400 或 Cl 型 Дауэкс－1 等强碱性阴离子交换树脂吸附铟。图7-7给出了使用 Amberlite IRA400 树脂吸附时铟(镓、铊)的分配比与盐酸浓度的关系[159]。从图7-7可见，在3 mol/L 盐酸浓度时铟的吸附量最大，而在6～7 mol/L HCl 时镓的吸附量最大，铊的吸附量则随盐酸浓度的增加而减小。

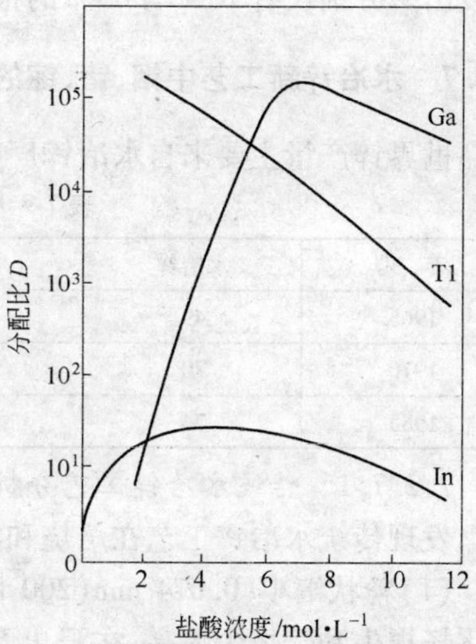

图7-7 用 Amberlite IRA400 吸附时铟的分配比与盐酸浓度的关系

前苏联车里雅宾斯克(Челябинск)锌厂就以 КПФ 阳离子交换树脂吸附铟。也可用 Amberlite IRA 400 或 Cl 型 Дауэкс－1 等强碱性阴离子树脂吸附铟。

此法具有铟与杂质分离效果好、简易、无污染及可综合回收锌与镉等优点，发展前景取决于树脂质量与价格。

有研究指出：用 КПФ－12/КФ－7＝1/1 的磷酸阳离子交换树脂从含铟 0.5～1g/L 的 $ZnSO_4$ 溶液中吸附铟，必须先将溶液中的 Fe^{3+} 还原为 Fe^{2+}，当树脂饱和后，用磷酸钠液洗涤除锌，随后用 4 mol/L HCl 解吸提铟[87]。研究表明，从 $ZnSO_4$ 溶液中用阴离子树脂吸附铟，宜选用两性电解质的树脂，如酚醛或聚乙烯聚胺树脂；且在 H_2SO_4 低酸度 5～10 g/L 时可选用 АНКБ－31/КПФ－12 树脂吸附铟、镓与锗，效果较佳；如酸度高时宜用 АНКФ－3/АНКФ－80 树脂吸附铟、镓与锗。待当树脂饱和后，用 0.25 mol/L H_2SO_4 溶液洗涤除杂，用2 mol/L NaOH 解析镓与锗并回收镓与锗；去镓与锗的树脂用水洗涤脱 NaOH，才用 4 mol/L HCl解析铟，从解析液提铟。

7.2.6　中和溶解提铟法

美国安那康达铜矿公司（Anacond Cu min. Co.）处理锌精矿的方法和一般水冶锌厂一样，用硫酸浸出氧化焙烧锌精矿产出的焙砂或氧化锌烟尘，浸出终酸控制在 1～3 g/L，在浸出过程中锌进入浸出液，而铟则残留在浸出渣中。该厂采用中和溶解法从锌浸出渣中提铟，该工艺过程包括：用含硫酸 20～25 g/L 的溶液浸出锌浸出渣，使铟进入酸浸出液，然后用 ZnO 将其中和到含残酸 1～5 g/L 时，加入 Na_2HSO_3，促使溶液中的 As(Ⅴ)和 Fe(Ⅲ)转为低价状态，注意负压操作（因有 SO_2 产出），与此同时铟以硫化物形态沉淀析出，此富铟沉淀物经碱浸除锌后，再用高酸溶液（含硫酸 120～150 g/L）溶解，铟进入溶液，经过滤后再次往过滤液通入 H_2S 使重金属 Cu、As、Sb 与 Ge 等以硫化物形态除去，净化所得的富铟 $In_2(SO_4)_3$ 溶液，用锌粉置换得海绵铟，经碱熔铸后，通过电解制取铟[1,185]。

较多的人指出成分为(%)：In 0.003、Ge 0.006、Tl 0.002 及 Zn 21.9 的锌浸出渣为锌废电解液浸出时，渣中 97% 的铟、55% 锗、74% 铊及 91% 锌转入浸出液。然而也有用锌废电解液浸出含铟 0.03%～0.05% 及锌 8%～13% 的锌浸出渣、控制终酸为 60～80 g/L 时，铟与锌的浸出率分别仅有 70% 与 65% 的报道[2～7,251]。

7.2.7　水冶锌新工艺中铟、锗、镓的回收

世界锌产量主要来自水冶锌厂（表 7-9）。

表 7-9　世界生产锌工艺的产锌占有率　(%)

年　份	水冶锌	ISP	竖　罐	电　炉	平　罐
1965	49	6	6	8	26
1970	70	12	8	7	3
1985	74	14	6	5	1

7.2.7.1　传统水冶锌工艺分析

发现传统水冶锌工艺在焙烧和浸出工序中存在如下不良因素：

(1) 粉状细小(0.074 mm(200 目)过 80%)的锌精矿、焙砂及烟尘，导致其在工艺输送中飞扬损失和焙烧尘率高，在浸出及净化工序过滤困难，且易使锌以 $ZnSO_4$ 形态在锌浸出渣中残留过多；炉生产能力仅达 4～9 t/(m^2·d)，尘率高达 40%～60%。

(2)铁酸锌的形成。锌精矿含有闪锌矿(ZnS)、铁闪锌矿($mZnO \cdot nFe_2O_3$)与硫化矿物,特别是 FeS_2、Fe_7S_8 及 $CuFeS_2$ 等。锌精矿一般含铁 8% ~12%,且世界上出现含铁越来越多的趋势,见表 7-10。

表 7-10 锌精矿成分(质量分数) (%)

成 分	1厂	2厂	3厂	4厂	5厂	6厂	7厂	8厂
Zn	37.8	45.8	52.41	49.30	54.80	46.5 ~52.4	47.8	53.75
Fe	13.7	9.0	5.32	9.50	3.40	5.9 ~10.5	11.5	7.85
S	32.0	31.5	30.40	31.30	29.90	31.3	31.8	29.13
Pb	5.8	4.0	3.12	1.50	1.10	1.6	2.6	0.32
Cu	4.5	1.6	1.88	1.03	0.15	0.8	0.12	1.88
Cd				0.23	0.29	0.19	0.15	0.27
As				0.42	0.04	0.05		0.46
Sb				0.15	0.01			0.08
SiO_2				3.19	4.14	2.6 ~9.3		3.40
Al_2O_3				0.91	1.79		0.09	0.08
CaO				0.37	1.08		0.05	0.07
其 他	6.4	8.1	7.29	1.89	3.05		5.89	1.45

在传统的水冶锌第一工序——中温(890 ~950℃)的氧化焙烧制度中发生一系列氧化与交互反应:

$$mZnO + nFe_2O_3 = mZnO \cdot nFe_2O_3 \text{(其中 } m=1、2、4、5, n=1、3\text{)} \quad (7\text{-}24)$$

$$ZnSO_4 + Fe_2O_3 = ZnO \cdot Fe_2O_3 + SO_3 \quad (7\text{-}25)$$

$$ZnO + 2FeSO_4 + \frac{1}{2}O_2 = ZnO \cdot Fe_2O_3 + 2SO_3 \quad (7\text{-}26)$$

$$ZnO + Fe_2(SO_4)_3 = ZnO \cdot Fe_2O_3 + 3SO_3 \quad (7\text{-}27)$$

$$2ZnS \cdot FeS + \frac{17}{2}O_2 = ZnO \cdot Fe_2O_3 + ZnO + 4SO_3 \quad (7\text{-}28)$$

当氧化焙烧温度大于 500℃时 $mZnO \cdot nFe_2O_3$ 开始形成,升高到 650℃以上时形成 $mZnO \cdot nFe_2O_3$ 的过程就剧烈进行,当过 750℃后形成 $mZnO \cdot nFe_2O_3$ 的过程就基本完成了[3 ~7,84,200,257 ~261]。也就是说,在传统水冶锌的第一工序氧化焙烧过程中形成铁酸锌 $mZnO \cdot nFe_2O_3$ 是不可避免的,这已被众多学者所承认,也被包括我们的研究所证实[3 ~7,200,261]。

当将氧化焙烧所得锌焙砂送到传统水冶锌的第二工序——中性浸出时,$mZnO \cdot nFe_2O_3$ 基本不被中浸所用稀酸(约含 5% ~7% H_2SO_4)所浸出,从而残留在底流中,经用较浓 H_2SO_4 补浸该底流后,所得的锌浸出渣渣率约 40% ~50%,内含锌约 17% ~24%,并富含镓、锗、铟(见表 7-11)。

表 7-11 各厂典型的锌浸出渣成分 (%)

成 分	1厂	2厂	3厂	4厂	5厂	6厂	7厂
Zn	18.0 ~23.7	17.0 ~20.0	23.4	22.2	16 ~18	22.0	18.60
Fe	25.0 ~29.3	18.0 ~27.0	34	26.8	18.2 ~19.6	28.7	26.66

续表 7-11

成 分	1厂	2厂	3厂	4厂	5厂	6厂	7厂
S_S	1.5~5.0	0.2~3.2	1.7	4.5~5.5	S_T 7~8	S_T 5.5	5.76
Pb	6~15	3.0~5.0	3.4	2.9	1.0~6.5	3.4	12.45
Cu	0.3~1.3	1.0~3.0	3.4	0.6~0.8		0.8	1.79
Cd	0.1~0.2	0.01				0.28	
As				0.8			
Ag		0.010~0.015			0.018~0.020	0.032	
SiO_2	0.8	10~18	3.4	8.0~12.0	11~12	2.8	5.40
Al_2O_3	1~2	约3.6			1.5~2.0	3.5	
CaO	2.0~3.2	约3.6	1.4		2.5~3.5	1.8	3.6
MgO	0.3~1.2	0.54	1.7		0.2~0.3		
In		0.01~0.001		0.03~0.14	0.04~0.09		
Ge		0.01~0.015		0.006~0.012	0.06~0.09		
Ga		0.01~0.001		0.003~0.019	0.02~0.04		
S_{SO_4}	1.5~2.0	4.8	2.7	2.8~3.4			0.64

一般而言，经我们研究与调查，锌浸出渣中锌的物相组成为铁酸锌者不小于55%~74%（见表7-12）。

表 7-12 锌浸出渣的物相组成 （%）

组 成	文献[1]	文献[200]	文献[257]			P-M法
$ZnO \cdot Fe_2O_3$	55.0~68.0	60.66	63	73.54	59.35	35.71
ZnS	6.5~0.2	7.53	15	5.18	4.17	5.84
$ZnSO_4$	17.0~14.0	16.72			10.08	22.74
ZnO	14.1~7.5	14.13			1.27	35.71
$PbSO_4$				5.04	6.60	
PbO						
CuO				4.25	3.70	
CdO						
MgO				1.70	2.60	
CaO				1.01	1.62	
SiO_2				3.40	5.80	
In						0.04~0.09
Ge						0.06~0.09
Ga						0.02~0.04
其 他		0.96				

而铁酸锌有5种形态，它们各自的 Zn/Fe 占有倍数见表7-13。

表 7-13 铁酸锌中 Zn/Fe 占有倍数

铁酸锌形态	$ZnO\cdot Fe_2O_3$	$2ZnO\cdot Fe_2O_3$	$2ZnO\cdot 3Fe_2O_3$	$4ZnO\cdot Fe_2O_3$	$5ZnO\cdot 3Fe_2O_3$
Zn/Fe 占有倍数	0.58	1.16	0.39	2.14	0.97

可见,铁占有锌的比例相当大。例如一般锌精矿含锌45% ~50%,姑且以含铁仅10%、且铁酸锌也仅以 $ZnO\cdot Fe_2O_3$ 形态计,则10%的Fe形成的 $ZnO\cdot Fe_2O_3$ 所占去的锌量就高达原料重的12.89% ~11.60%,于是传统水冶锌工艺的锌浸出率只能有87.1% ~88.4%[85,258,259]。然而实际所得锌浸出渣的物相查明,铁酸锌占去的锌量不仅以 $ZnO\cdot Fe_2O_3$形态计,而且还含有占1.2倍的 $2ZnO\cdot Fe_2O_3$ 与占2.1倍的 $4ZnO\cdot Fe_2O_3$ 等形态,因此渣中铁酸锌占锌量比估计的还要多。故锌精矿含铁越多,则锌浸出率越低。

不仅如此,经我们研究查明[200,261]:锌精矿中的银及大于93%的稀散金属铟、锗及镓都以类质同象存在于锌浸出渣中的铁酸锌中(见表7-14)。从而使In、Ge及Ga随锌浸出渣流失,降低了工厂综合回收的技术水平与经济效益。

表 7-14 锌浸出渣中铟、锗、镓的赋存状态及其分布率 (%)

组分	$ZnO\cdot Fe_2O_3$	Fe_2O_3	Fe_3O_4	ZnS	$ZnO\cdot SiO_2$	SiO_2	$In(SO_4)_3$	$In(SO_4)_3$	$In(SO_4)_3$
In	93.92	2.91	0.86	1.33	0.15	0.27	0.52		
Ge	93.46	1.68	0.44	2.06	0.08	0.61		1.67	
Ga	95.07	1.03	0.30	3.00	0.59	0.59			0.54

(3)中温氧化焙烧脱硫不完全。水冶锌厂为了浸出过程少耗 H_2SO_4,要求在氧化焙烧的焙砂中保留 S_{SO_4}达2% ~4%,这是合理与必要的。但是焙砂若残留 S_S 过高,就会因其而残留ZnS难溶,而使锌浸出率下降,较佳的水冶锌厂在传统水冶锌工艺(见图7-8)中选用焙砂含 S_S 为0.3% ~0.6%,在我们的研究中也获得证实。

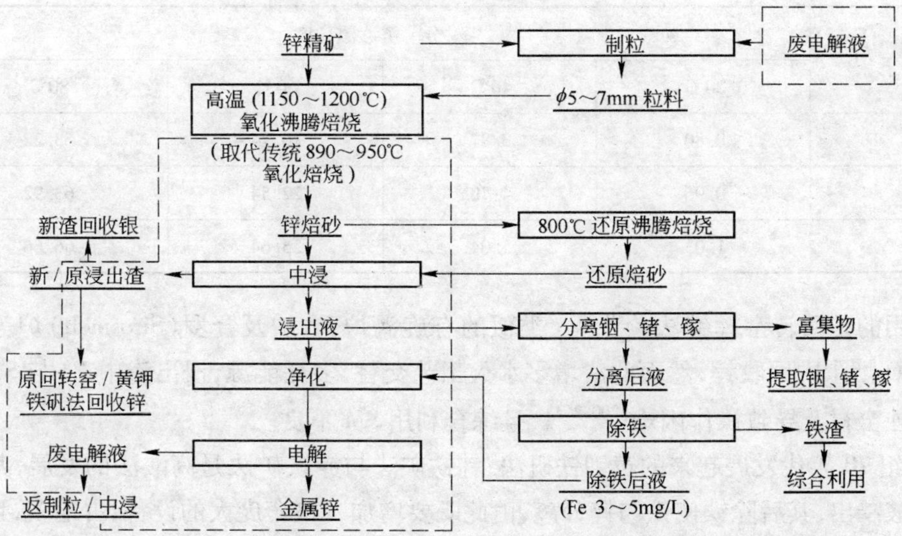

图 7-8 水冶锌新工艺及提取铟、锗、镓工艺流程(虚线框中为传统水冶锌工艺)

然而传统水冶锌厂采用的中温(890～950℃)氧化焙烧锌精矿时,因其焙烧温度较低,所得焙砂残留 S_S 高达 1.5% 或更高(见表 7-15)。

表 7-15 氧化焙烧温度对脱硫的影响

焙烧温度/℃	950	1000	1050	1070	1100	1150
焙砂残含 S_S/%	1.5	1.3	0.95	0.45	0.21	0.16

因残留 S_S 高,导致 ZnS 残留变多,从而增高难溶锌量,使锌浸出率更从 87.1%～88.4%随之下降。就以前锌精矿为例,如残留 S_S 达 1.5%,据计算难溶锌量将占原料锌含量的6.8%～6.1%。所以由于 $ZnO \cdot Fe_2O_3$ 及 S_S 的因素导致锌浸出率总共降低(12.80% +6.8%与 11.60% +6.1%)19.69%～17.70%,于是传统水冶锌厂的锌浸出率只能不大于80.4%～82.3%了。

(4)由于浸出时的洗涤与过滤不良,导致锌浸出渣残留 Zn_{ZnSO_4}(即可溶的 $ZnSO_4$)较大,据文献[10]说由于洗涤与过滤不完全,锌浸出渣含 Zn_{ZnSO_4} 约达 3%～5%,然而一般工厂实情却远非如此,多数厂的锌浸出渣含 Zn_{ZnSO_4} 10%～17%,如某厂就达 10.85%～16.72%。

综上所述,解决铁酸锌及残留 S_S 等,特别是解决铁酸锌问题,既是改善传统水冶锌厂锌生产的关键,也是完善综合利用铟、锗、镓的重要措施。

7.2.7.2 改造的办法及其论证

多年来国内外为改造传统水冶锌工艺——从锌浸出渣中回收 22.7%～24.6%的锌,不得不做出众多的研究[1～7,200,257～262]。诸如早期的高酸浸出法,据试验用 200 g/L H_2SO_4 在 40℃下浸出 4 h,分解铁酸锌不足 5%,80℃时才 64%[258](表 7-16)。

表 7-16 高酸浸出法中 H_2SO_4 分解 $ZnO \cdot Fe_2O_3$ 率 (%)

H_2SO_4 浓度/$g \cdot L^{-1}$	分解温度			
	20℃	40℃	60℃	80℃
100	0.80	3.87	16.74	53.22
200	0.96	4.70	22.54	63.92
300	1.03	5.04	25.64	66.66

较通用的是回转窑挥锌法[9,10,46](类似的有旋涡炉、电炉及赛罗(Sirosmelt)炉等),从收得的 ZnO 烟尘中回收锌,然而此法增多水火工艺交替,多耗能源,浸出渣中 Fe 与 S_S 高时会严重腐蚀窑衬及导致操作困难[200,263],且综合利用 SM 不良。

20 世纪 70 年代发展起来的黄钾铁矾法、针铁矿法与赤铁矿法是高酸法的发展,其一基于高温高酸浸出,其后除铁使铁与锌分离,由此既要增加一整套庞大的设备、占地多,且需要解决高温高酸的设施及操作,以及综合利用有价 SM 金属等问题(表 7-17)[263～265]。

表 7-17 黄钾铁矾等法基本状况

方 法	黄钾铁矾法	转换法	针铁矿法	赤铁矿法
得 名	沉出 $AFe_3(SO_4)_3(OH)_6$①	浸出与沉矾同时进行	沉出 α - FeOOH	沉出 $\alpha-Fe_2O_3$
反 应	$3Fe_2(SO_4)_3+Na_2SO_4+12H_2O=2NaFe_3(SO_4)_2(OH)_6\downarrow+6H_2SO_4$	$3Fe_2(SO_4)_3+nNa_2SO_4+(14-2n)H_2O=2Na_n(H_3O)_{1-n}[Fe_3(SO_4)_2(OH)_6]\downarrow+(5+n)H_2SO_4$	$2FeSO_4+\frac{1}{2}O_2+3H_2O=2FeOOH\downarrow+2H_2SO_4$	$2FeSO_4+\frac{1}{2}O_2+2H_2O=Fe_2O_3\downarrow+2H_2SO_4$
主过程	热酸浸—预中和—沉矾		热酸浸—还原 Fe^{3+}—沉矾	
热 H_2SO_4	用酸量少,90~105℃		用酸量大	用酸量大
加入离子	NH_4^+、Na^+、K^+ 等	Na^+	不	不
沉淀条件	pH = 1.5,90~100℃	加废电解液,90~100℃	pH 值为 2.0~2.3,70~90℃	H_2SO_4 2%,约 200℃
矾盐过滤	易	易	易	易
渣 量	较大 53%	大量	较少 32%	很少 22%
渣含 Zn,Fe/%	Zn 3~4,Fe 30	Zn <8.9, Fe <30	Zn5~7, Fe50~42	Zn, Fe60~67
Zn 总回收率/%	97.3~98.0	96.5	97.3	96
吨锌耗电/kW·h	400	500	500	
使用国工厂	Norskc Zn Co. (Nor.) New - Jersey (US)	Ruhr Zn Co. (Germ.) Outokumpu Oy (Fin.)	Balen, MHO(Bel.) Nat. Zn Co. (US)	Dowa(Jap.)
使用年代	1968 年,1977 年	1970 年,1975 年	1975 年	1972 年
优越性	Zn 总回收率高,渣含 Zn 少,可回收 Ag 与 Pb,可解决 SO_4 积累	投资可少,操作容易,可解决 SO_4 积累	Zn 总回收率高,可回收 Ag 与 Pb,渣量少,含 Fe > 45%	Zn 总回收率高,渣含 Fe 特高,可利用
不足点	另加盐,渣多,且含 Fe 低,SM 分散	Zn 总回收率有的不高,不能回收 Ag	酸难平衡,要外加石灰,多还原 Fe^{3+} 工艺,SM 能富集	工艺复杂,药剂较多,要外加石灰,不能回收 Ag 与 Pb,SM 可富集

①"$AFe_3(SO_4)_3(OH)_6$"中的"A"表示 NH_4^+、Na^+、K^+ 等一价阳离子。

此外有一些有意义的研究工作,如 Торопова 试验用 10% SO_2 及混入 O_2(可加速反应),于 600℃下还原 2 h,使铁酸锌部分离解,溶锌率可达 42.5%[266]:

$$2ZnO\cdot Fe_2O_3+2SO_2+O_2 = 2ZnSO_4+2Fe_2O_3 \tag{7-29}$$

她进一步研究后推荐:向锌焙砂加入 C 量为焙砂重的 1.7%,在 900℃下焙烧 120min,可以获得可溶锌率达 97.8%。

$$3ZnO\cdot Fe_2O_3+C+1/2O_2 = 3ZnO+2Fe_3O_4+CO_2 \tag{7-30}$$

分解铁酸锌较佳的办法是 Каролева 提出的用 CO 还原分解铁酸锌,她研究并论证了用

6% ~10% CO 及 17.5% ~15% CO_2，在 750℃下还原沸腾焙烧锌焙砂 90min，可获得可溶锌率近 98%[259]。

其他有采用富氧（达 30% O_2）焙烧，可使铁酸锌分解近 50%[257]，以及一些推荐与采用富氧焙烧[258,267,268]及硫化锌精矿制粒高温沸腾焙烧[258,264,265,267,268]等措施，大幅度提高了生产能力，我国葫芦岛锌厂所做的工业试验也证实这一点。

A　锌精矿制粒

经我们调查及试验实践，查明锌精矿经制粒沸腾焙烧，正是克服传统水冶锌前述四缺陷的良好措施。由于锌精矿制粒后其物理性能改变，可容许提高焙烧温度而不死烧或熔结，有利于加快焙烧要求的化学变化，炉生产能力可提高到 30 ~ 50t/(m^2 · d)，且焙砂质量优良；粒料焙烧，既免除漏沟，也减少飞扬损失，尘率仅有 5% ~12%；浸出时消除了超细料难澄清与难过滤的缺点，提高了生产效率。

制粒的设备有三种：即转筒式、圆盘式及圆锥式，当前多用圆盘与转筒制粒机。一般要求筒式：$L = 2 \sim 3\phi$(m)，倾角 2° ~2.5°，转速 0.15 ~0.25 r/s；圆盘式：$\phi = 1 \sim 9$ m，边高 $h = 0.1\phi$(m)，倾角 40° ~55°，转速 1 ~5 r/s；圆锥式是在转动的圆锥体上覆一可调隙度的固定圆锥体，但很少使用[177,258]。

粒料的制备，要求锌精矿润湿含水约 8%；制粒时需添加亲水物质作粒料黏结剂，在水冶锌厂最实用的是废电解液与水；制粒后经过筛，一般收取粒料 1 ~7 mm，少许为 0.5 mm，（粉料或筛上物返回制粒），经自然与人工干燥到残含水 2% ~8% 备用。

实例有美国 New - Jersey 锌厂在 1000 ~1070℃下沸腾焙烧制粒（0.8 ~7 mm）锌精矿，尘率仅 5% ~12%，生产力达 55 t/(m^2 · d)[3~7,257,267]；我国葫芦岛锌厂在 1000 ~1150℃制粒（0.5 ~4 mm）锌精矿，尘率仅 10% ~13%，生产力达 26 ~30 t/(m^2 · d)等，给了令人信服的信息。

B　高温氧化焙烧

对此，经我们研究后查明[1,3~7,200,261,262]，要从根本上改造传统水冶锌工艺，宜采用水冶锌新工艺（图 7-8）：即高温（1070 ~1150℃）氧化沸腾焙烧制粒硫化锌精矿，紧接以中温（约 800℃）还原沸腾焙烧刚获得的氧化锌焙砂，将还原焙砂接上传统水冶锌工艺的中浸（约 7% H_2SO_4 浸出），经净化到电解得产品金属锌的水冶锌新工艺。根据表 7-15 可知，采用高温（1070 ~1150℃）氧化沸腾焙烧就可达到强化脱硫的目的，残硫由传统的 1.88% 或更高降到不大于 0.5%[13,14,22]，既氧化完全，又满足水冶对酸的需要而保留 S_{SO_4} 的要求；烟气含 SO_2 由传统的 7% ~9% 提高到 12% 以上而利于生产硫酸；有利于铁酸锌热分解[9,15]；以及氧化焙砂潜热有益于其后的还原焙烧工序的热制度，特别是在一炉二膛的炉结构时，这已被我们的研究[1,3~7,200,261]及有关工厂实践[264,267]所证实。

C　还原焙烧分解铁酸锌

既然氧化焙烧制度下不可避免地会形成铁酸锌，就没有必要过多地考虑避免其形成的问题，针对铁酸锌不溶于弱酸，若设法使其离解而转为可溶性的锌化合物，问题就可迎刃而解了。

据热力学分析[1,2,12~14,21~23,37,40~43]：采用 CO 还原分解 $ZnO \cdot Fe_2O_3$ 将是：

$$ZnO \cdot Fe_2O_3 + CO =\!=\!= ZnO + 2FeO + CO_2 \quad \Delta G_T^\ominus = 753 - 35.82T \quad (J) \qquad (7\text{-}31)$$

$$3ZnO \cdot Fe_2O_3 + CO = 3ZnO + 2Fe_3O_4 + CO_2 \quad \Delta G_T^{\ominus} = -3561 - 67.66T \quad (J) \tag{7-32}$$

在800℃时,上述两反应的$\Delta G_T^{\ominus}$值为负,CO_2/CO平衡值分别达5×10^3与68,表明了在弱还原气氛下能使$ZnO\cdot Fe_2O_3$分解,其晶格的崩溃导致其中的锌以及以类质同象存在其中的铟、锗及镓获得"自由",极大地改善了它们在弱酸中的溶解性。

化学动力学分析:Каролева 的研究[259]查明,用 CO 还原$ZnO\cdot Fe_2O_3$的最佳条件为$CO/CO_2 = 1/3$、700~650℃、20~45min 还原分解为:

$$3ZnO \cdot Fe_2O_3 + CO = 3ZnO + 2Fe_3O_4 + CO_2 \tag{7-33}$$

当用弱酸(7% H_2SO_4)浸出时,焙砂中约98%的 Zn 将转入溶液(表7-18),与此同时焙砂中的铁约48%也转入溶液了。增高CO/CO_2或温度仅会导致Fe^{2+}增多,而对提高锌的可溶率无实质影响。

表7-18 CO/CO_2与焙烧温度对分解$ZnO\cdot Fe_2O_3$影响

项 目		可溶锌/%			可溶铁/%		
CO/CO_2	1/1.5	95.9	97.5	97.5	37.8	52.8	75.1
	1/2	95.6	97.8	97.6	32.6	48.2	64.4
	1/3	95.6	97.9	97.4	27.9	45.3	59.4
焙烧温度/℃		650	700	750	650	700	750

D 还原沸腾焙烧锌焙砂的工艺条件

我们研究查明[1,3~7,200,257,261]:还原沸腾焙烧氧化锌焙砂的最佳条件为700~800℃、CO 8%~10%、CO_2 11%~13%,历时20~60 min,将使锌浸出率提高到97.4%~98.7%,其化学动力学状况如图7-9所示。且锌焙砂残S_S小于0.6%的较残$S_S=1.41\%$的锌浸出率要高出1%~1.5%(图7-10阴影区所示),根据试验结果与计算,查明了该还原焙烧分解铁酸锌属一级反应,反应速度常数为:$K_S = 32.14\exp(-85270/RT)$(cm/s),反应表观活化能为:$E=85270$ J/mol,E值大说明温度提高,则反应速度显著加快[3~7,269]。但考虑到前述Fe^{2+}的增多及对锌浸出率的提高甚小,且考虑经济原因,还原沸腾焙烧氧化锌焙砂的温度宜控制在750~850℃。$ZnO\cdot Fe_2O_3$的还原分解步骤可表述如下:

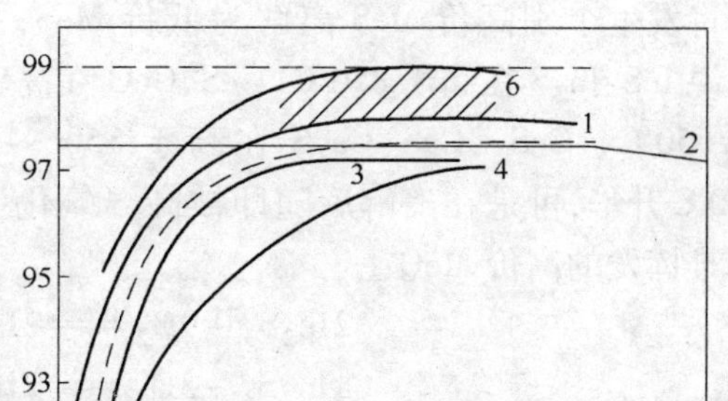

图7-9 还原焙烧(氧化)锌焙砂与浸出率的关系图
(CO 10%;锌焙砂残S_S1.41%:
1—860℃,2—800℃,3—750℃,4—700℃,5—600℃;
锌焙砂残S_S 0.46%:6—800℃)

$$ZnO \cdot Fe_2O_3 \xrightarrow{CO} ZnO + Fe_3O_4 \xrightarrow{CO} ZnO + FeO \tag{7-34}$$

E 实现还原沸腾焙烧的手段

据报道[265,267],在加拿大、巴西、非洲、前苏联与日本等已使用氧化—还原(或还原—

氧化)沸腾焙烧炉及其工艺,其炉型有的是由两独立沸腾焙烧炉相连;有的是一炉双膛[267](见图7-10)。

例如生产实例有第Ⅰ膛还原沸腾焙烧挥发砷金矿中砷、铅与镉,而以第Ⅱ膛氧化沸腾焙烧脱硫以利氰化提金[267]。还原气体可用发生炉煤气,或在烧无烟煤时通入 CH_4+CO 的气体,以及利用类似铅鼓风炉废气。用后所产生的 CO_2 可通过再生返回[265]。

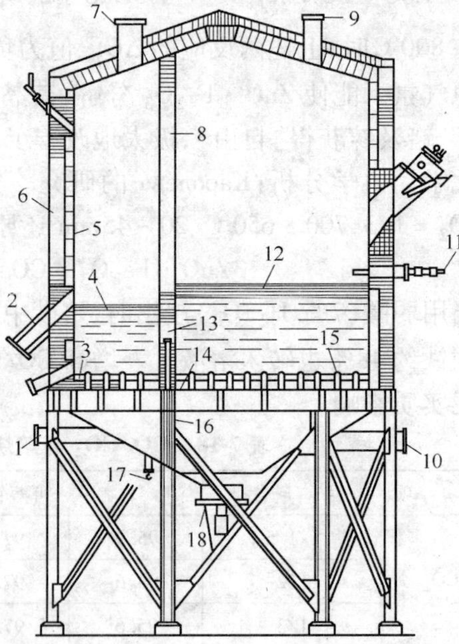

图7-10　一炉双膛氧化—还原沸腾焙烧炉

1—鼓风/还原气管;2—溢料(还原焙砂)口;3—耐火炉衬;4—Ⅱ膛(还原沸腾焙烧)料层;5—耐火衬砖;6—炉身;7—Ⅱ膛(还原沸腾焙烧)炉气出口;8—Ⅰ、Ⅱ膛间隔墙;9—Ⅰ膛(氧化沸腾焙烧)炉气出口;10—加(制粒锌精矿)料口;11—燃油喷嘴;12—Ⅰ膛(氧化沸腾焙烧)料层;13—转(氧化焙砂)料孔;14—炉底;15—喷嘴;16—空气Ⅰ/还原Ⅱ室;17—测温点;18—清除孔

7.2.7.3　新水冶锌工艺中铟、锗、镓的行为与回收

A　铟、锗、镓在新水冶锌工艺中的行为

对高温1150~1200℃氧化沸腾焙烧制粒锌精矿工艺中SM的行为,迄今尚缺研究或报道文献。仅据有关资料分析,描述为[1,3~7]:锌精矿中的铟、锗、镓主要为 Me_nS_m,在高温1150~1200℃氧化沸腾焙烧中将发生个别高价MeS离解为低价MeS,虽说InS、In_2S 在高于850℃,GeS、GeO在高于650℃, GeS_2、GaS、Ga_2S 在高于850~900℃升华,可是在离解后随即被高温氧化为难挥发的高价MeO:

$$2In_2S_3+9O_2 = 2In_2O_3+6SO_2 \quad (7\text{-}35)$$

$$In_2S_3+3O_2 = 2In+3SO_2 \quad (7\text{-}36)$$

$$In_2S_3+6O_2 = In_2(SO_4)_3 \quad (7\text{-}37)$$

$$In_2(SO_4)_3 = In_2O_3+3SO_3 \quad (7\text{-}38)$$

$$GeS+2O_2 = GeO_2+SO_2 \quad (7\text{-}39)$$

$$3GeS_2+10O_2 = Ge(SO_4)_2+2GeO_2+4SO_2 \quad (7\text{-}40)$$

$$Ge(SO_4)_2+GeS_2+2O_2 = 2GeO_2+4SO_2 \quad (7\text{-}41)$$

$$2Ga_2S_3+9O_2 = 2Ga_2O_3+6SO_2 \quad (7\text{-}42)$$

$$Ga_2(SO_4)_3 = Ga_2O_3+3SO_3 \quad (7\text{-}43)$$

而 In_2O_3 在1490℃以下时其蒸气压很小, GeO_2 要高于1250℃才挥发,Ga_2O_3 也难挥发,故最终得 In_2O_3、GeO_2 与 Ga_2O_3,除小部分挥发入烟气外,将基本留在氧化焙砂中,可能锗会比铟与镓多挥发一些,尤其当炉气中有锌蒸气时助长锗的挥发:

$$GeO_2+Zn(g) = GeO(g)\uparrow+ZnO(s) \quad (7\text{-}44)$$

中温(800℃)还原沸腾焙烧中铟、锗、镓的行为:试验用锌氧化焙砂的主要成分(%)为:Zn 56.35、S 1.45、In 0.01、Ge 0.0073、Ga 0.012、Fe 11.40、Pb 1.21、Cu 0.36、Ag 0.004。经X射线衍射与化学分析查明,氧化焙砂呈小粒状堆垛式疏松结构;锌焙砂的物相组成

(%)为:$ZnFe_2O_4$ 29.20、ZnO 60.20、ZnS 0.40、脉石 7.89、其他 2.31。

研究证实,还原沸腾焙烧锌氧化焙砂的最佳条件为:800℃、CO 8%~10%、20~40 min,可使铁酸锌分解率达95%以上,而锌浸出率可高达97.4%~98.7%。还原焙烧锌焙砂中铁酸锌易被CO所还原而分解成可溶性ZnO:

$$ZnO \cdot Fe_2O_3 + CO = ZnO + 2FeO + CO_2 \quad (7\text{-}45)$$

$$3ZnO \cdot Fe_2O_3 + CO = 3ZnO + 2Fe_3O_4 + CO_2 \quad (7\text{-}46)$$

由此也就导致释放了 $ZnO \cdot Fe_2O_3$ 晶格中以类质同象存在的铟、锗、镓,同时氧化焙砂中的 In_2O_3、GeO_2 与 Ga_2O_3 在还原气氛中会有小部分离解与被还原为低价MeO而有助于挥发入烟气:

$$In_2O_3 + CO = In_2O + CO_2 + 1/2O_2 \quad (7\text{-}47)$$

$$In_2O_3 = In_2O + O_2 = 2InO + 1/2O_2 \quad (7\text{-}48)$$

$$GeO_2 + CO = GeO + CO_2 \quad (7\text{-}49)$$

$$Ga_2O_3 + CO = Ga_2O + CO_2 + 1/2O_2 \quad (7\text{-}50)$$

故在还原沸腾焙烧(600~860℃,CO 8%~10%,时间10~40 min)时,铟、锗、镓会挥发一小部分,其中锗的挥发则明显高于铟和镓(见表7-19)。由于烟尘是与焙砂合并浸出,故挥发物将进入浸出液中。

表 7-19 还原焙烧(CO 10%,时间 40 min)中 SM 的挥发率 (%)

温度/℃	600	700	750	800	860
Ga	10.30	9.49	9.81	10.77	9.35
In	8.27	7.43	7.77	8.74	7.29
Ge	14.21	21.55	39.36	20.38	17.36

在还原焙砂中浸时铟、锗、镓的浸出率见表7-20和表7-21。

表 7-20 还原焙烧温度、时间在 CO 10%时对 SM 浸出率影响

焙烧时间/min	750℃			800℃			860℃		
	In	Ge	Ga	In	Ge	Ga	In	Ge	Ga
10	70.81	69.60	56.85	73.46	74.50	50.38	79.95	77.50	56.68
20	83.34	82.10	73.34	87.20	91.50	74.57	85.67	86.50	86.60
40	83.49	87.30	75.60	86.23	87.90	85.33	88.25	83.10	85.54

表 7-21 还原焙烧时间与 CO 量在 800~860℃时对 SM 浸出率影响

焙烧时间/min	800℃						860℃					
	5% CO			10% CO			5% CO			10% CO		
	In	Ge	Ga	In	Ge	Ga	In	Ge	Ga	In	Ge	Ga
10	66.12	75.60	53.08	73.46	74.50	50.38	71.79	75.60	51.48	79.95	77.50	56.58
20	80.89	80.50	64.73	87.20	91.50	74.57	75.33	80.50	57.23	85.67	86.50	86.60
40	85.69	82.50	72.01	86.23	87.90	88.33	85.38	82.50	90.50	88.25	83.00	85.54

B 铟、锗、镓的回收

援用前述工艺回收铟、锗、镓。回收铟、锗、镓后的溶液还可能有原料中40%~50%的铁，可经除铁（此时从 $ZnSO_4$ 溶液中除铁，仅是起净化溶液的作用，这与采用各法从锌浸出渣分解铁回收锌的作用大有差别）后转入传统水冶锌的净化工序。而除铁技术可采用行之有效的针铁矿法或用 D_2EHPA 萃取除铁等。

今另探索用 H_2SO_4 浸出还原焙砂，控制终点 pH = 1.5 而发生如下化学变化：

$$2InAsO_4 + 3H_2SO_4 = In_2(SO_4)_3 + 2H_3AsO_4 \quad (7\text{-}51)$$

$$In_2O_3 + 3H_2SO_4 = In_2(SO_4)_3 + 3H_2O \quad (7\text{-}52)$$

$$MeO \cdot GeO_2 + H_2SO_4 = H_2GeO_3 + MeSO_4 \quad (7\text{-}53)$$

$$GeO_2 + 2H_2SO_4 = Ge(SO_4)_2 + 2H_2O \quad (7\text{-}54)$$

$$Ga_2O_3 + 3H_2SO_4 = Ga_2(SO_4)_3 + 3H_2O \quad (7\text{-}55)$$

$$2Ga(OH)_3 + 3H_2SO_4 = Ga_2(SO_4)_3 + 6H_2O \quad (7\text{-}56)$$

浸出结果见表 7-22。

表 7-22 氧化与还原焙砂浸出结果

成分	传统氧化焙烧		还原焙烧			
	焙砂成分/%	浸出率/%	焙砂成分/%	浸出率/%	浸出液/g·L⁻¹	浸出渣/%
Ag			0.0029			0.0513
Ga	0.012	19.7	0.013	78.9~92.3	0.0078	0.048
In	0.010	26.9	0.006	84.8~89.9	0.0054	0.016
Ge	0.0073	47.2	0.0078	86.1~93.8	0.0031	0.019
Fe	11.4	10.3	12.3	93.9	9.115	12.55
Cu	0.36		0.36	8.2	0.025	5.80
Pb	0.21		0.94			10.10
Zn	56.35	87.24	57.31	98.2~98.5	48.80	14.91
As	0.19		0.2	35.2	0.0645	
S	1.45		(0.6)			
备注	渣率 30.6%，渣含锌 23.4%		渣率仅 6%，渣含锌 14.91%、Ag > 0.05%			

料中的铟、锗及镓基本浸出，相应铟、锗浸出率达 84% ~94% 及镓达 79% ~92%[261]，浸出渣率仅 6%，它富集了银约 8~18 倍，这又为银的综合利用创造条件。

试验研究用了如下两方法富集铟、锗及镓：

（1）锌粉置换。向浸出液加入锌粉置换沉淀出铟、锗、镓，结果见表 7-23。

表 7-23 从浸出液中置换沉出铟、锗、镓结果

项目	In	Ge	Ga	Zn	Cu	Fe	渣率/%
置换后液/g·L⁻¹	<0.001	0.00001	<0.001	48.42	<0.001	7.86	
置换渣/%	0.038	0.025	0.039	35.48	0.24	3.46	15.9
置换率/%	96.76	98.21	77.72		95.5	5.03	

（2）中和水解。用还原焙砂进行中和浸出液，其结果见表 7-24。

表 7-24 从浸出液中中和沉出铟、锗、镓结果

项 目	In	Ge	Ga	Zn	Cu	Fe	渣率/%
中和后液/$g \cdot L^{-1}$	<0.001	0.00003	0.0006	49.03	0.003	8.41	
中和渣/%	0.052	0.036	0.036	10.31		14.69	12.2
中和沉淀率/%	87.92	93.72	93.09		95.52	13.88	

比较得二法都可用,如以锌粉置换,则置换后液须调 pH = 5.4 以便续接水冶锌工艺提锌;如用中和法则可免调 pH 值。然而所得置换渣、中和渣含铟、锗、镓均较贫,可通过用锌废电解液在液固比为 10∶1 及 90℃下浸出 2 ~3 h,终酸控制在 0.59 ~0.66 mol/L,渣中镓、铟、锗转入溶液各约达 100% ~96%,用综合法与 D_2EHPA + YW100 萃取法回收铟、锗、镓[1,3~7,201]。

7.2.8 液膜提铟法

液膜提铟法尚处于研究中,多试用于分析[270]。如报道用流动载体 5% P291(即:二(二异丁基甲基磷酸),以 HL 表示)/煤油,4% L113 表面活性剂,40% 石蜡增膜剂构成液膜;外相料液 pH 值为 3 ~4、15 ~36℃;内相为 0.15 ~0.25 mol/L H_2SO_4 和硫酸肼,其间反应机理可述为:

$$In^{3+} + 3(HL)_2 = In(HL_2)_3 + 3H^+ \tag{7-57}$$

In^{3+}迁移率可达 99.5%以上。该研究也查明用 P507、P350 代替 P291 也可得 In^{3+}迁移率大于 99.3%和 99.1%;另有用 D_2EHPA/煤油作流动载体,或以 OP-4/OP-7、LMS-2 作表面活性剂,以 5 ~6 mol/L HCl 为内水相,进行液膜富集铟,其迁移 In^{3+}的机理描述为:

$$In^{3+} + 3(HA)_2 = In(HA_2)_3 + 3H^+ \tag{7-58}$$

其相应的 In^{3+}迁移率仅 80% ~88%,但 Fe^{2+}几乎趋于零[271]。

7.2.9 氧压浸出提铟法

将含铟硫化精矿直接投入高压釜,控制液固比为(5 ~6)∶1、105 ~110℃、氧压为 0.4 ~0.6 MPa、初始 H_2SO_4 150 ~160 g/L、终酸 2 ~15 g/L 下进行热压浸出含铟硫化精矿 5 ~6 h,精矿中铟基本转入溶液。可用 D_2EHPA/煤油萃取提铟,铟回收率可大于 80%[87]。

7.3 火冶铟

7.3.1 氧化造渣提铟法

基于铟对氧的亲和力大大超过铅对氧的亲和力的原理,使铟氧化造渣而富集于氧化浮渣中。氧化造渣法提铟工艺流程如图 7-11 所示[1~8,104]。

粗锌精馏过程中产出含铟 0.4% ~1.2%的副产物——粗铅,将此含铟粗铅投入反射/坩埚炉内熔化后,当炉温达到 800 ~850℃时,即向熔融熔池鼓入空气 1 ~2 h,最先氧化的是锌,当锌在渣与铅液中达到平衡后,铟与锌一道被氧化,同时镉、砷及部分铅也被氧化,并共同在铅液上形成一层带黄色的氧化浮渣层。此浮渣含铟达 1% ~5%,其余为 80% ~90%的铅,以及少量的锌、镉、锡及铁等,浮渣率约 20% ~25%。此浮渣经粉碎后筛选,除去部分金属铅,可得到含铟达 2% ~7%的铅浮渣。

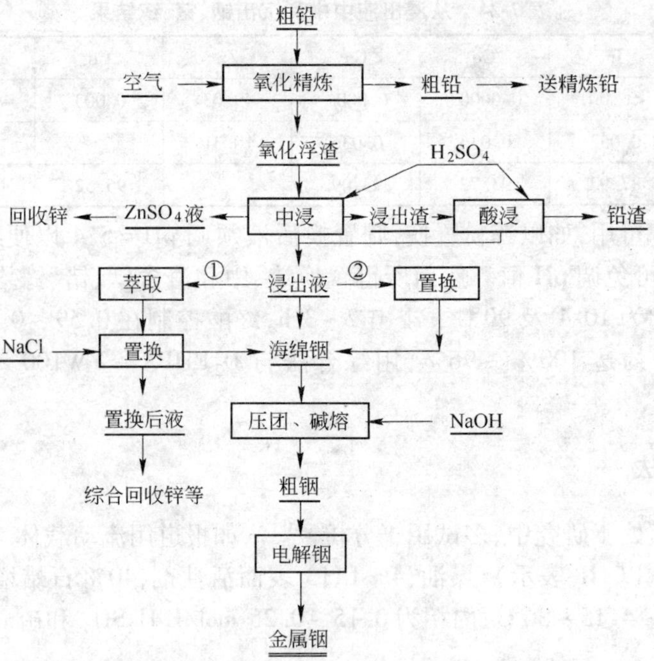

图 7-11　氧化造渣法提铟工艺流程

这种浮渣宜采用水冶法提铟；或转入硫酸介质中萃取铟，反萃的铟水相经置换、电解得金属铟；或经直接置换后，通过电解生产金属铟。

含铟 2% ~7% 的氧化浮渣，先用稀硫酸溶液中浸到 pH = 5.2 除锌，浸出渣再经浓硫酸浸出，酸浸的终酸控制在 15 ~ 20 g/L H_2SO_4（有用 20% H_2SO_4 浸出，终酸控制在 80 ~ 100 g/L[3~8]），获得的酸浸液含铟达 10 ~ 20 g/L，可直接采用锌或铝片置换得海绵铟，熔铸得 95% ~99% 粗铟。而后经电解（含铟 80 ~ 100 g/L 的 $In_2(SO_4)_3$ 电解液，pH 值为 2 ~ 3，液温 40℃，选用电流密度 50 A/m^2、槽压 0.2 ~ 0.3 V）得 99.99% 铟。此法工艺简短，生产稳定，只经中浸脱锌—置换—电解就得 99.99% 铟，回收率为 80%。

除我国用于工业生产外，国外如德国等从含铟的铅基合金中回收铟，也是用此氧化造渣法生产铟，使合金中的铟入氧化铅浮渣，然后通过酸浸使铟转入硫酸介质，接着经置换、碱熔、电解而得纯度为 99.99% 的金属铟[1,3~7,104]。此法经济实用，因此广为采用。

7.3.2　氯化造渣提铟法

比利时的荷博肯（MHO）与秘鲁的中央矿业公司（Centromin Peru SA）从粗铅回收铟，在哈里斯法（Harris process）精炼含铟 0.6% ~ 1.2% 的粗铅时[3~7,84]，先在低温 450 ~ 600℃ 将铜造渣进铜浮渣而除铜，然后在较高温度 750 ~ 850℃ 下使铟与锡还原成金属，其后氯化而转入含铟 2.7% 的 In – Pb – Zn – Sn – Cl 氯化物的 Pb – Sn 浮渣中，从此含铟浮渣提铟。提铟工艺[1,185]如图 7-12 所示。

浮渣经水碎湿磨（也利用补加 HCl 重溶中和渣的上清液）浸出，用 NaOH 中和到 pH = 2.8 除去大部分锡，滤液用 H_2SO_4 再中和到 pH 值为 1.5 ~ 2.0，滤液先以前工序得的粗海绵铟置换去贱金属后，再用锌板置换铟，获得含 In 95% 的海绵铟，经碱熔铸后，通过二次电解

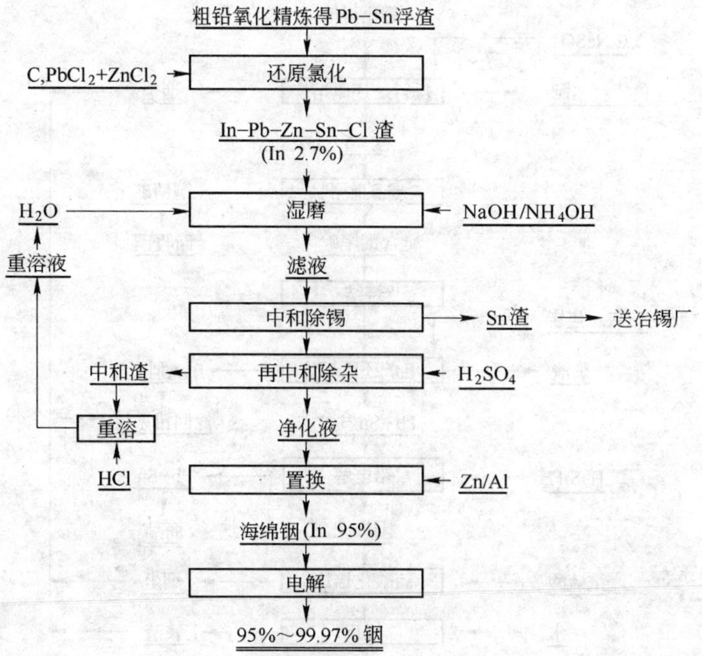

图 7-12 还原氯化造渣提铟工艺流程

得 99.97% 的金属铟。显然，此工艺比 7.3.1 节氧化造渣法提铟工艺复杂。也可用硫酸加食盐液溶解水碎渣,使渣中的铟转入溶液,然后或用 D_2EHPA 萃取铟;或酰胺类的 N,N－二－(甲庚基)乙酰胺(N503)萃铟;酰胺萃取剂与铟的配合阴离子缔合进入有机相。铟的回收率高,成本较秘鲁厂使用的方法低[3~7,272]

7.3.3 合金—电解铟法

加拿大的特累尔(Trail)铅精炼厂于 1941 年就着手用合金—电解法从精炼铅的氧化浮渣中提铟的研究,到 20 世纪 50 年代便用于生产,已达每月产铟 1.1 t/m 的水平[1,2,8,162]。合金—电解法提铟工艺流程如图 7-13 所示。

精炼铅产出的氧化浮渣,在反射炉还原熔炼过程中,铟从浮渣富集到炉渣。反射炉炉渣含铟可达 2% ~3%。在用选矿工艺选别铜精矿时,铟进入尾矿。将此铟尾矿配以 17% 的石灰石和 8% 的焦炭,投入设有 3 根直径 150 mm 石墨电极的 1000 kV · A 矩形电炉中,于 1480 ~1590℃下进行还原熔炼,产出含铟的锡合金,该合金成分为(%):In 5 ~6、Pb 68 ~78、Sn 10 ~15、Sb 4 ~6 及 Cu 2 等,也产出成分为(%):In 3.1、Pb 37.8、Zn 29.8、Sn 2.8 及 SiO_2 1.4 的烟尘。此铅锡合金在用 10% 浓度的 H_2SiF_6 配成含 $PbSiF_6$ 达 60 ~ 80 g/L 的电解液中进行电解,得到含锡 8% 的铅锡合金可作产品出售;但有文献说铟转入阳极泥,其阳极泥富含(%):In 21 ~33, Sb 25 ~37、Pb 3 ~10、Sn 10 及 Cu 8 等,成为提铟原料。报道说阳极泥中的铟主要以 InSb 形态存在,为了分解它,将阳极泥干燥并粉碎后,配入浓硫酸,投入鼓形回转炉,在 300℃下进行硫酸化焙烧,过程中铟与铜等转为硫酸盐:

$$2InSb + 3H_2SO_4 + 3O_2 = In_2(SO_4)_3 + Sb_2O_3 + 3H_2O \quad (7\text{-}59)$$

而砷、锡及锑等则转变为氧化物,部分挥发入烟气。然后用水浸出焙烧产物,铟、铜及部

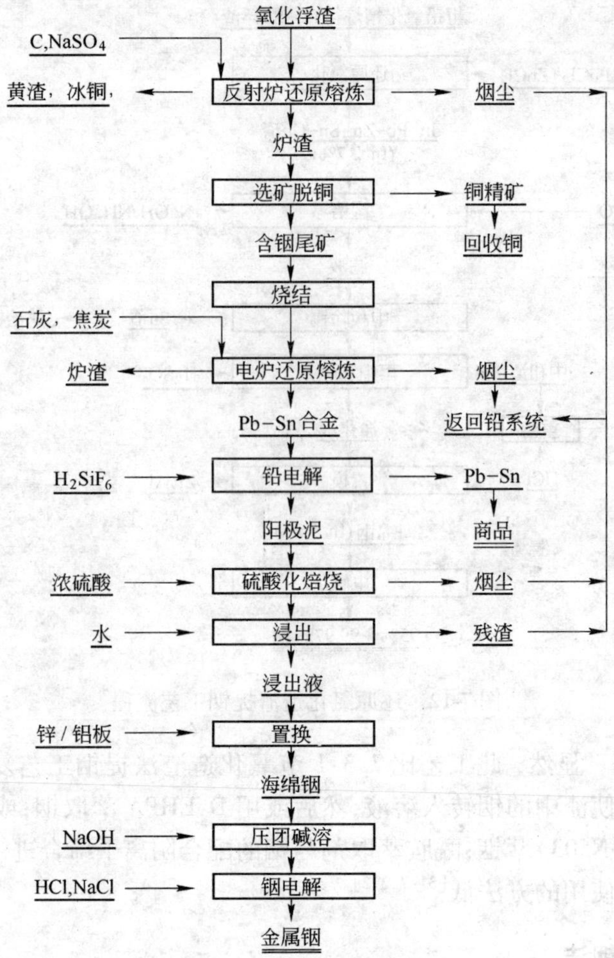

图7-13　合金—电解法提铟工艺流程

分锡转入溶液。滤液用碱调整 pH =1 时,用粗铟板置换去铜(也可采用高电流密度电解脱铜),继用 NH_4OH 调整 pH =1.5 后,用锌板置换得海绵铟:

$$In_2(SO_4)_3 + 3Zn = 3ZnSO_4 + 2In\downarrow \tag{7-60}$$

获得的海绵铟经压团后加碱进行碱熔铸,过程中重金属与铝等杂质(Me')与碱作用生成盐而进入渣,从而与金属铟分离:

$$2Me' + 2NaOH + O_2 = 2NaMe'O_2 + H_2\uparrow \tag{7-61}$$

$$Me' + 2NaOH = Na_2Me'O_2 + H_2\uparrow \tag{7-62}$$

熔铸得到的粗铟阳极,在 HCl + NaCl 的电解质中,于 pH 值为 2.0 ~ 2.2 和高于 25℃条件下电解,便获得纯度达 99.97% 的电解铟。电解铟经蒸馏除镉后,再电解即可获得纯度 99.999% 的精铟。

此法存在过程冗长,湿法火法处理交替,铟回收率低(仅电炉熔炼的铟的回收率就低至 60%)等缺点。In_2O_3 在 850℃以上会离解为 In_2O,后者在 650℃以上就开始挥发。而在高于 950℃、炉气含 $CO/CO+CO_2 \geqslant 70\%$ 时,铟的挥发率超过 90%[9,85],后来加拿大改用弱还原熔炼就是为了减少铟挥发入烟气的损失。

7.3.4 选冶联合提铟法

日本东邦锌有限公司的安中电锌厂采用选冶法回收锌浸出渣中的铟与镓[248]，该法的提铟流程类似图6-28。

含In 0.03% ~0.04%的锌浸出渣在回转窑内干燥到残留水分10%后，配以返料及焦粉制团，经烧结后投入电炉于1300~1400℃下还原熔炼[249]（1978年后为了节省能源已改用回转窑）挥发锌，获得含铟达0.05% ~0.15%的富铟灰渣（或窑渣）。渣经磁选后，其中大部分的铟和镓都富集在磁性产物中（送藤岗精炼厂处理），磁性产物在3台（两台6600 kV·A/台与1台3300 kV·A/台）电炉中熔炼，产出含铟生铁与布袋尘，与补充熔炼布袋尘所产出的生铁（Ⅱ）合并后熔铸成阳极，采用由$FeSO_4$、$(NH_4)_2SO_4\cdot 6H_2O$（含Fe 50 g/L、pH值为2~2.5）组成的电解液，以不锈钢片为阴极，在电流密度100~150 A/m²、槽压1~2.2 V、液温60℃条件下电解铁，除获得电解铁外，还获得富含铟与镓的阳极泥。此阳极泥含铟0.1% ~0.2%及镓0.1%，转运回安中电锌厂回收铟与镓。未见有如何回收铟的报道，但据分析，该厂可能采用酸溶后，用3% D_2EHPA +12% TBP萃铟，反萃的铟水相，经铝片置换铟，所得海绵铟经酸溶后，通过多次电解制得金属铟。回收铟过程中物料组成变化的有关数据[248]见表7-25。

表7-25 选冶联合法中各物料组成的变化 （%）

产物	In	Ga	Zn	Pb	Fe	S	Cu
锌浸出渣	0.03~0.04		20~22	3.0~4.5	23.5~26.5	5.0~25.5	0.6~0.8
烧结块	0.04~0.06		24.5~25.5	3.5~4.5	29.5~31.5	0.3~0.5	0.3~0.5
窑渣	0.05~0.15		8~10	3.2~4.5	45~49	0.4~0.6	0.8~1.2
生铁					89~95	0.05~0.15	2~2.5
布袋尘	0.07~0.18		52.5~54.0	17.5~23	1~1.2		0.08~0.12
阳极泥	0.1~0.2	0.1			25~30		15~18
产物	Au	Ag	C	SiO_2	CaO	Al_2O_3	
锌浸出渣		0.028~0.033		1.8~3.5	0.5~1.5	0.4~1.8	
烧结块				6.5~7.5	2.0~3.5		
窑渣		0.037~0.048		10.5~14.5	2.0~3.5	4.5~7.5	
生铁			0.1				
布袋尘		0.115~0.145					
阳极泥	0.0001	0.06~0.09					

此法能综合回收铟、镓、铁、铜、锌及银，缺点是过程冗长和回收率低。

7.3.5 氯化挥铟法

日曹熔炼公司的锌浸出渣富含铟与镓，为回收其中的铟与镓[208,249]，配入料重30%左右的煤粉，投入回转窑于1300℃高温下还原挥发铟与镓（参见图6-28）。然后该厂曾将回转窑挥发物配以定量的食盐和硫磺进行氯化挥发，此时回转窑挥发物内的铟便富集在氯化物尘中。此氯化物尘用硫酸浸出，锌与镉转入溶液，滤液用锌粉置换回收镉，后用$Ca(OH)_2$

中和以回收 $Zn(OH)_2$，$Zn(OH)_2$ 作返料返回回转窑处理。浸出渣含铟约0.25%，用浓硫酸浸出，铟进入溶液，也用 $Ca(OH)_2$ 中和而获得 $In(OH)_3$ 沉淀，此沉淀物含铟达6%，经硫酸溶解，滤液以锌板置换得含铟达85%及含镉高达7.8%的海绵铟，此海绵铟经真空蒸馏除镉后获得含铟99%的粗铟，再经电解得纯度为99.99%的电解铟。氯化挥发提铟法过程中各产物的组分见表7-26。

表7-26　氯化挥发提铟过程中各产物组分　　(%)

产物	产出率	组分								
		In	Ga	Zn	Pb	Cu	Fe	S	Au	Ag
锌浸出渣	100.0			22.0	3.4	0.8	28.7	5.5	0.00008	0.0320
回转窑挥发物	30	0.089		61.9	9.0	0.06	3.1			
窑　渣	55		0.01	1.32	0.64	1.39	49.3	4.7	0.00015	0.0527
氯化物尘	3.3~5.4	0.307		8.67	4.44					
氯化残渣	7.4~8.2	0.037		71.8	1.36					
酸浸出渣	1.4	0.25		1.6	55.0					
粗　铟		99		0.5	0.13					

产物	组分							
	Cd	As	F	Cl	SiO_2	CaO	Al_2O_3	C
锌浸出渣	0.28				2.8	1.8	3.5	
回转窑挥发物	0.81	0.05			2.3			0.8
窑　渣	0.005				21.8	3.7	6.9	10.2
氯化物尘	4.34		0.365	12.5				
氯化残渣	0.051		0.0035	0.028				
酸浸出渣	0.52							
粗　铟	0.002							

此法经两次挥发（先还原后氯化挥发），接着湿法冶金处理，这种水火冶金交替，多次液固分离，回收率自然不会高，但此法实用。

用回转窑处理含铟的锌浸出渣，挥发铟的效果不够好，研究查明[1,3~7,257,258]：渣中90%以上的铟、锗与镓以类质同象存在于占渣重50%~72%的铁酸锌中，在回转窑挥发的条件下难于使铁酸锌完全分解，加之不免会再次生成铁酸锌，这些都是铟、锗和镓的挥发效果不好的主要原因。

有人将含铟的锌精矿，配以一定量的食盐直接氯化挥发铟，收得的氯化物尘，用盐酸溶解得 $InCl_3$ 溶液，经电解得铟[8]。

7.3.6　烟化提铟法

有关文献[168,225,237]介绍，含铟的锌浸出渣及炼锡炉渣等，宜通过烟化法提铟。即向高温熔融渣中吹入带有粉煤的空气，把高价氧化铟还原为易挥发的低价氧化铟，在此过程中铟挥发入烟尘。表7-27列出了铟在烟化过程中的分布状况。

表 7-27 铟在烟化过程中的分布 (%)

原 料	原渣含铟	产物含铟		铟挥发率
		烟 尘	烟化渣	
锌浸出渣	0.0019		<0.0001	97~100
锡 渣	0.007	0.006~0.01	0.0007	约 90

在前苏联、加拿大等国,烟化法已成为通用的方法[273,274]。前苏联用烟化法处理的含铟渣的典型成分(%)为:In 0.004、Ga 0.0021、Zn 56.25、Pb 16.0、Cu 0.78、Fe 0.28、As 0.66 及 S 2.66。经研究查明,烟化尘中的铟主要以氧化物形态存在。用 200 g/L 的 NaOH 碱液,在液固比为 3:1 和 80℃条件下浸出烟化尘 3 h,铅和锌等进入溶液,铟留在浸出渣中。此渣经氧化焙烧,使渣中残余的 In_2S_3 等转为 In_2O_3,与此同时也除去了砷和碳。焙砂用硫酸浸出,浸出液经水解等处理富集后进一步提铟。表 7-28 列出了有关碱浸烟化炉尘的用碱量与铟在原料及产物中分布的数据。

表 7-28 用碱量与铟等浸出率的关系数据

用 NaOH 量/$g \cdot L^{-1}$		75	150	200	250
烟化炉尘主要成分/%	In	0.006	0.009	0.01	0.03
	Pb	0.5	0.63	0.78	1.72
	Zn	75	79	90	46
碱浸液主要成分/%	In			0.0008	0.0026
	Pb	10.7	11	12.2	12.6
	Zn	5.3	18	28	53.8
浸出率/%	In			19	55.6
	Pb	93	94	95	98
	Zn	10.2	35	68	95.6
产出渣率/%		66	40.7	20	0.6

从表 7-28 看出,铟的回收率低,用 200 g/L NaOH 浸出时,铟的损失量为原料中铟的 20%,且酸碱耗量大。

含铟 0.0008% ~0.0012% 的铜转炉渣投入烟化炉,在高温下其中的铟发生如下反应[8,93,168]:

$$In_2O_3 = 2InO + \frac{1}{2}O_2 \tag{7-63}$$

$$2InO + CO = In_2O\uparrow + CO_2\uparrow \tag{7-64}$$

$$4InO + C = 2In_2O\uparrow + CO_2\uparrow \tag{7-65}$$

过程中除 80% ~90% 的铟挥发入烟尘外,大部分的铊、硒及碲等也转入烟尘,铟在尘中可富集到 0.016% 以上,可按前述方法从此烟尘中回收铟。

采用烟化法回收铟,在技术上是可行的,主要存在能耗大与环保的问题。

7.3.7 真空蒸馏提铟法

利用低沸点的主金属与高沸点铟的特性,在某选定蒸馏温度下,将易挥发的主金属蒸馏挥发而与铟分离。

鉴于硬锌熔点约为700℃，锌的临界压强为39.99 Pa，将粗锌经精馏塔产出含铟与锗品位各达0.31%的硬锌,可采用真空蒸锌富集铟和锗的工艺技术:稍高于700℃使硬锌熔融，控制40~107 Pa，真空蒸馏16 h。锌蒸气经冷凝得粗锌而使铟与锗富集于真空炉炉渣，渣含铟0.5%~1.5%与锗0.5%~2.5%,可用碱土金属氯化蒸馏法得锗,从氯化残液经稀释分离铅,滤液加入铁屑除杂,经用TBP与D_2EHPA先后萃取铟,得含铟100g/L的铟水相经置换、熔铸得纯度大于99%的铟;而铅不需蒸馏,有人高明地采取熔析手段回收铅，从而增高经济效益;铟、锗与锌的直收率分别达88%、96%与90%[170]。

据文献[77,78]报道,ISP中的B塔含铟底铅,经碱熔造渣与铅分离:

$$2In + 6NaOH + \frac{3}{2}O_2 = 2Na_3InO_3 + 3H_2O \tag{7-66}$$

加水溶则:

$$Na_3InO_3 + 3H_2O = In(OH)_3\downarrow + 3NaOH \tag{7-67}$$

得到含铟达30%的沉淀物、渣，可酌选前述相关工艺回收铟。

在600~950℃与1~0.5 Pa真空度下蒸馏粗铟2~24 h，可使粗铟中杂质，如大部分的Zn、Cd、As、Sn,甚至小部分Cu、Fe、Ni被蒸馏分出，获得的铟产品含上述杂质各为0.001%~0.0001%或以下,如采用高于1050℃的蒸馏制度，还可将Pb、Tl、Te、Bi等杂质蒸馏分出[87]。含铟物料也可酌情用此法除杂而提纯铟。

7.3.8　碱熔—汞齐法提铟

前苏联某厂用汞齐法从精炼铅的含铟烟尘中提铟,是将含铟烟尘配入碱,在550℃下熔炼,产出物经硫酸浸出,滤液用$NaHPO_4$调整pH=3.5,铟便以磷酸盐形态沉淀析出,沉淀物含铟可达2%~5%,再经硫酸溶解、置换,最后用汞齐法提纯得铟[168]。

8 铊的综合回收技术

8.1 提铊原料

有色金属与黑色金属冶炼过程中的烟尘、水冶锌的铜镉渣、生产硫酸及纸浆的烟尘和酸泥等都是提铊的原料。铊在铜镉渣中主要呈金属状态，在其他原料中则主要以氧化物形态存在，这些原料一般含铊量波动于0.001%~0.01%之间。

8.1.1 铅冶炼中提铊原料

铊主要富集于铅精矿的烧结或熔炼铅过程中的烟尘及精炼的浮渣中，铊的分布数据[3~7,46]见表8-1。烧结烟尘中含铊可达0.01%~0.30%，成为提铊原料。

表8-1 铊在铅冶炼产物中的分布 (%)

冶金过程	产物							
	烧结块	烟尘	返料	粗铅	炉渣	冰铜	浮渣	损失
烧结	25~11	70~50	0~24					0~15
熔炼		33		39		6		22
精炼			17~10				53~70	30~20

8.1.2 水冶锌中提铊原料

锌精矿在焙烧时约70%~84%的铊挥发进入烟尘[46,85]；仅有16%~30%的铊留在焙砂中，这部分铊在以后随锌进入酸浸液，在净化除铜镉时，约70%的铊进入铜镉渣而得以富集；残留在浸出渣中的少量铊，在回转窑处理中大部分进入挥发物，因含铊量较低，难于回收，往往造成污染。某锌厂锌精矿含铊0.0005%~0.001%，在水冶锌中：铊约30%入锌浸出渣，其后经回转窑处理则其中80%的铊入ZnO粉，再经800℃多膛炉脱氟与氯，ZnO粉中铊约50%挥发入烟尘，得含铊达0.1%~0.2%的多膛炉烟尘；在净化锌浸出液时液中铊约50%入铜镉渣；其余不到20%散布于其他物料中[3~7]。多膛炉烟尘与铜镉渣可为提铊原料。

8.1.3 火法炼锌中提铊原料

铊主要富集在烧结烟尘及蓝粉中，如果利用SO_2制酸，则铊会在酸泥中富集。表8-2列出了铊在火法炼锌产物中的分布数据。

表8-2 铊在火法炼锌产物中的分布 (%)

冶金过程	产物							
	烧结块	烧结尘	粗锌	蓝粉	罐/炉渣	镉渣	酸泥	损失
烧　结	32.7	46.3						-21.0
蒸馏锌			32.7	80.3	6.6			+19.6
熔炼锌	43.2	2.4	8.8	12.4	18.0	0.5		-13.8

8.1.4 铜冶炼中提铊原料

在半自热鼓风炉炼铜过程中,铊在烟尘中富集。如含铊0.0012%的进料在半自热鼓风炉熔炼中29.9%的铊入冰铜,冰铜含0.001%铊;20.4%入烟尘,尘含铊0.004%而有所富集;27.7%入炉渣,渣中含铊仅0.0002%;28.8%铊量随烟气带走而损失掉,很明显铊在铜冶炼过程中较分散,只在各烟尘中稍有富集。焙烧铜精矿时,铊在产物中的分布见表8-3。

表8-3 焙烧铜精矿时铊在产物中的分布 (%)

工厂	进料		产物					
	铜精矿		焙砂		烟尘		烟气	
	品位	分布	品位	分布	品位	分布	品位	分布
1	0.0005	100.0	0.0005	97.5		2.5		
2	0.0004	100.0	(焙砂+烟尘)品位0.0004,分布93.6					6.4

在反射炉炼铜时,铊在产物中的分布见表8-4。

表8-4 反射炉炼铜时铊在产物中的分布 (%)

工厂	进料		产物								无名损失
	精矿		冰铜		烟尘		炉渣		烟气		
	品位	分布	品位	分布	品位	分布	品位	分布	品位	分布	
1	0.0021	100.0	0.0006	40.3	0.003	3.5	0.0004	32.4	0.0054	23.8	+16.5
2	0.0005	100.0	0.0006	52.5			0.0004	38.2	0.0035	8.7	-13.0
3	0.0038	100.0	0.00045	36.0	0.0033	8.0	0.0002	32.0		24.3	

在吹炼冰铜时,大部分铊入转炉渣,而在转炉烟尘中有所富集[8,85,93],铊的分布见表8-5。

表8-5 铊在吹炼冰铜产物中的分布 (%)

工厂	进料		产物								无名损失
	冰铜		粗铜		转炉渣		转炉尘		烟气		
	品位	分布	品位	分布	品位	分布	品位	分布	品位	分布	
1	0.0021	100.0	0.0017	34.5	0.0003	44.2	0.003	2.1	0.0084	19.2	+36.0
2	0.0006	100.0	0.0003	8.4	0.0004	76.0	0.0008	1.8	0.0028	12.4	+1.7
3	0.0005	100.0	0.0004	11.2	0.0003	61.7	0.0004	0.3	0.0084	26.8	-10.4

8.1.5 处理含铊的黄铁矿、砷矿及锑矿等过程中提铊原料

铊主要富集在烟尘中[85,275]。

在焙烧含铊黄铁矿生产硫酸的过程中,料中80%~90%的铊转入烟气[93],而在淋洗烟气中又转入酸泥,在重有色金属的冶炼中产生的SO_2进行制酸时,也会产出酸泥,其基本组成见表8-6。

表 8-6 生产硫酸产出酸泥的成分 (%)

工 厂	堆密度/$g\cdot cm^{-3}$	Tl	Se	Te	Ge	Ga
1			18~22	0.5~1.0		
2	1.0	0.006	20~52	3~14	1.0	痕
3	0.74	0.004	3~6	0.2	0.74	0.001

工 厂	In	As	Sb	Pb	$S_全$	S_S	SiO_2
1		0.5~0.8		10~12	2~3		10~12
2	0	19~33	1.5~3.0	2~3	1.0~1.5	0.14	1.5
3	0	0~0.2	0.2~0.3	8~10	2~3	1.5	48~52

在生产亚硫酸盐纸浆过程中，料中的铊转入洗涤泥[2~7,85]，该洗涤泥也叫酸泥，其化学成分见表 8-7。

表 8-7 生产纸浆产出的洗涤泥的成分 (%)

工厂	Tl	Se	Te	Ge	As	Sb	Pb	S_S	$S_全$	SiO_2
1	0.025	6~16	5~10	0.002	12~38	3~5	1.4~5	1.2~2.3	15~22	0.8~27
2	0.08~0.03	9~21	7~12		11~42		4~4.5		15~20	10~12

酸泥与洗涤泥既是生产铊，也是生产硒与碲的原料，除提铊、硒、碲外，也要考虑综合回收砷，不过迄今为止，尚无从酸泥提铊等的报道。

在黄铁矿的选矿过程中，料中铊主要进入尾矿，并在尾矿的白云母及绢云母等矿中富集。通过优先浮选尾矿，选出富含铊的白云母矿，就可从云母矿综合回收其中的铊。当焙烧黄铁矿生产硫酸时，约 80% ~90% 料中铊会进入烟尘，并会在酸泥中富集。

特别需要注意的是，在我国处理含铊高而铊储量特大的云浮硫铁矿、兰坪铅锌矿及云贵砷汞矿时，考虑环保与经济效益，宜查看铊的走向，妥当处理所产出的含铊的酸泥与烟尘，并综合回收其中的铊。

8.2 水冶铊

8.2.1 置换铊法

置换铊法是中外通用的提铊工艺[1~7]。其典型工艺流程如图 8-1 所示。

向含铊原料加入 H_2SO_4，并通入 SO_2 进行还原酸浸或经过硫酸化焙烧后水浸，使料中铊以 Tl_2SO_4 形态转入溶液，视液中重金属杂质（Me'）情况进行净化除杂，如加 Na_2CO_3 并控制 pH 值为 9~10 除去铅、锌与镉等杂质：

$$Me'SO_4 + Na_2CO_3 \xlongequal{} Me'CO_3\downarrow + Na_2SO_4 \tag{8-1}$$

或如在 50~60℃ 加入 Na_2S 将铊以 Tl_2S 形态从液中沉出而与铅、锌、镉等杂质分离：

$$Tl_2SO_4 + Na_2S \xlongequal{} Na_2SO_4 + Tl_2S\downarrow \tag{8-2}$$

然后加酸溶解（要注意负压抽风以防 H_2S 的危害）：

$$Tl_2S + H_2SO_4 \xlongequal{} Tl_2SO_4 + H_2S\uparrow \tag{8-3}$$

与此同时也会沉淀 As：

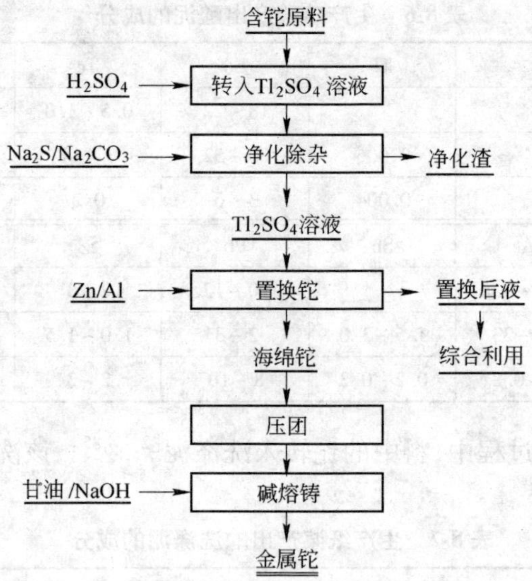

图 8-1　置换铊工艺流程

$$As_2S_3 + 3Na_2S = 2Na_3AsS_3 \downarrow \quad (8\text{-}4)$$

利用比铊电极电位更负的金属(见表 7-8),如用锌板从 Tl_2SO_4 溶液中将铊置换出来:

$$Tl_2SO_4 + Zn = ZnSO_4 + 2Tl \downarrow \quad (8\text{-}5)$$

置换的技术控制:调整溶液 pH 值为 1.5 ~ 2.5,加锌、铝板置换,4 ~ 6 h 置换完全,置换率大于 95%,获得含铊大于 99% 的海绵铊(如溶液中 Cd /Tl 大于 40 时,宜先置换镉至溶液残留镉小于 1 g/L,滤后,将余镉及铊完全置换得富铊海绵物,经溶解净化后再置换得海绵铊),将海绵铊置于水中以防其氧化,压团至含水 10% 以下,放入电炉锅中,覆盖氢氧化钠(今发展用甘油)于 280 ~ 400℃熔炼 1 h 后,铸锭得 99.9% ~ 99.99% 铊,以微酸洗去铊锭面上碱渣得产品铊。铊须装入盛有甘油的塑料筒内储放与运输。

置换法依其主要工艺分为多次置换法、硫化沉淀—置换法、还原浸出—置换法等。

8.2.1.1　还原浸出—置换法

据日本专利[2~7]介绍:将含铊 1% ~ 30% 的物料通入 SO_2 进行还原酸浸,或向含高锌的铊物料中加入 Na_2SO_3 的同时加酸浸出,料中的铊转入溶液,过滤后,向滤液加入 Na_2CO_3 调整溶液 pH 值为 9 ~ 11,并静置 60 min,使杂质以碳酸盐的形态沉淀析出而除去(见式 8-1),然后往富含铊的溶液加入 $BaSO_3$(疑为 $Ba(OH)_2$)脱铅,将除铅后滤液调 pH 值为 1 ~ 2,用锌板置换 6 h,得到 99.95% 海绵铊,将海绵铊压团,在 350℃下用碱熔炼而获得 99.999% 纯铊。或直接把含高锌的富铊液调 pH = 2.5,加入锌粉置换得海绵铊,海绵铊经压团、加碱熔炼便得到 99.9% 铊,过程中原料及产物的组分变化见表 8-8。

表 8-8　还原浸出—置换法过程中物料组分的变化数据

原料及产物	Tl	Zn	Pb	Cd	As
原料/%	30.4	0.4 ~ 5	17.8	1.4	0.2
还原浸出液/$g \cdot L^{-1}$	15.4	34.7	5.6	30.2	
钡盐脱铅后液/$g \cdot L^{-1}$	14.2	0.019	0.0004	0.003	0.013

此专利采用还原酸浸作业，有一定独到之处，但脱铅工艺与能得 99.999% 铊还有待考证。

8.2.1.2 *水浸—置换法*

含铊 0.001% ~0.03% 与镉 5% ~20% 的锌焙烧烟尘，用 H_2SO_4 浸出，可得到含铊 0.01 ~ 0.8 g/L 与镉 15 ~20 g/L 的溶液，为使铊与镉分离，控制二步置换：先加锌粉量略够置换镉（即控制置换后液残留含镉 0.5 ~1.0g/L），产出以镉为主的海绵（镉）物Ⅰ，送去提镉；而对留在溶液中的铊，再加锌粉实行第二步置换，将全部铊及余镉置换出，得到黑灰色海绵物Ⅱ，它的成分为（%）：Tl 0.2 ~4.6、Cd 12.3 ~44.0、Zn 23.5 ~43.9、Fe 0.1 ~0.7，Cu 0.09 ~ 0.26，经查明海绵物Ⅱ中铊主呈金属铊 Tl，经露天自然氧化约 20 ~30 d 黑灰色海绵物Ⅱ转为白色，即基本氧化完全，氧化后的海绵物Ⅱ内的铊转变为 $Tl_2O + TlOH$，（此形态约占 66%）与 Tl_2O_3（约占 33%），采用水浸：

$$Tl_2O + H_2O = 2TlOH \tag{8-6}$$

控制液固比为 3∶1、pH≥6、85℃、3 h，铊 60% 以上转入溶液，经除杂后在 pH =2，55 ~ 60℃，加锌粉置换得海绵铊，碱熔铸得铊，回收率仅约 40%，但流程短，经济效益好[3~7]。

8.2.1.3 *硫化沉淀—置换法*

据报道[8]，含铊的铅烟尘在液固比为 4∶1 时用 80 ~90℃ 的热水浸出 1 h，料中 60% ~ 70% 的铊转入溶液，朝溶液中加入 Na_2S 进行硫化沉出铊，接着用 30% $ZnSO_4$ 或直接用 H_2SO_4 浸出硫化铊沉淀，使铊转入溶液，用硫酸浸出时会产生有毒的 H_2S，故作业须在负压下进行。溶解后经过滤，滤液用锌片或 Ga - Zn 置换得海绵铊[218,275]，据文献［2 ~7］报道，溶液中的硫酸浓度不影响置换铊的速度。如用锌量为理论量的 1.5 倍，在小于 30℃ 条件下置换 45 min，则置换率大于 95%，海绵铊经碱熔炼得粗铊。此法铊的总回收率也不到 40%。

8.2.2 铬盐沉淀—锌置换提铊法

秘鲁 Centromin Peru SA 采用此法从铅鼓风炉渣中提铊，其工艺流程如图 8-2 所示[1~7,185]。

含铊 0.05% ~0.13% 烟尘配以 Na_2CO_3、铜屑及焦炭投入反射炉熔炼，烟尘中的铊再次挥发，收尘得到的第二次铊烟尘经 H_2SO_4 浸出，得到含铊 15 g/L 的 Tl_2SO_4 液，调整酸度到 H_2SO_4 3 ~4 g/L 时，基于 CrO_4^{2-} 与 Tl^+ 形成不溶的铬酸盐特性，加入 Na_2CrO_4[276]（或 K_2CrO_4[2~7]）沉出黄色 Tl_2CrO_4：

$$Tl_2SO_4 + Na_2CrO_4 = Tl_2CrO_4 \downarrow + Na_2SO_4 \tag{8-7}$$

沉出物经两次硫酸分解，第一次于 90℃ 下用 20% 硫酸分解，第二次用 50% 硫酸分解 1 ~2 h，过滤所得的 Tl_2SO_4 滤液经两次锌粉置换，后一次置换是在用 Na_2S 净化除重金属杂质之后进行的，将置换得的海绵铊，在 320℃ 下加碱熔铸得纯度 99.99% 的铊。

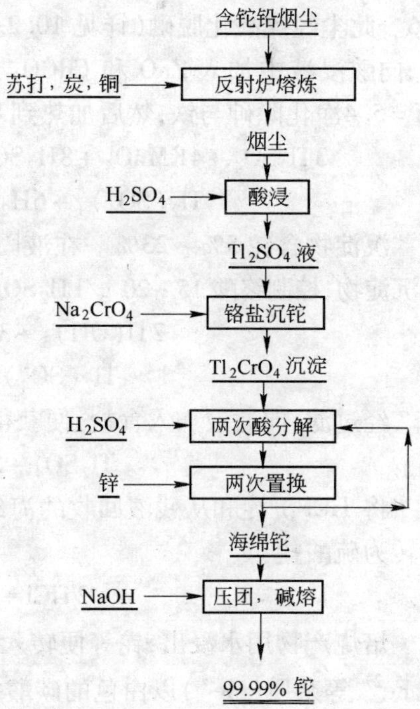

图 8-2 铬盐沉淀—置换法提铊工艺流程

含 CrO_4^{2-} 的溶液需处理排放。

前南斯拉夫曾进行过从含铊 0.92%、砷 55% 及硫 25.99% 的砷精矿中回收铊的试验[2~7,275]，砷精矿于 400℃下氧化焙烧，产出的焙砂即用热水浸出，约有 80% 的铊与仅 3% 的砷转入溶液，然后往溶液中添加 I^- 或 CrO_4^{2-} 使铊以 TlI 或 Tl_2CrO_4 形态沉出，铊在沉淀中富集，可采用前述方法从中进一步提铊。

此法实用，富集比大，但回收率低。其发展取决于铬盐价格及环境保护(如使用铬盐与置换后液含 CrO_4^{2-} 的环保处理成本)之需。

8.2.3　硫酸化—多次沉铊法

在温度高于 320℃下烧结铅精矿时，物料中的 Tl_2S 挥发：

$$Tl_2S \xlongequal{} Tl_2S\uparrow \tag{8-8}$$

同时发生氧化而生成介稳的硫酸铊盐：

$$Tl_2S + 2O_2 \xlongequal{} Tl_2SO_4 \tag{8-9}$$

当温度再高时，Tl_2S 的氧化加速，当温度高于 600℃时 Tl_2SO_4 离解成易挥发的 Tl_2O，而在高于 700℃时，连 Tl_2O_3 也离解成低价氧化物而挥发：

$$2Tl_2S + 3O_2 \xlongequal{} 2Tl_2O\uparrow + 2SO_2\uparrow \tag{8-10}$$

$$2Tl_2S + 5O_2 \xlongequal{} 2Tl_2O_3 + 2SO_2\uparrow \tag{8-11}$$

$$Tl_2O_3 \xlongequal{} Tl_2O\uparrow + O_2 \tag{8-12}$$

由此可见，铊主要富集在烧结产出的烟尘中，从烟尘中回收铊，人们采用硫酸化—多次沉淀法提铊[277]，如图 8-3 所示。

铅烟尘成分(%)：Tl 0.056～0.13、Pb 48～54.5、Zn 15.2～7.3、Cd 1.8～2.2 及 S 5.1～5.6。此尘经硫酸化脱硒(详见 10.2.1 节)，用 H_2SO_4 酸浸焙砂除铅；酸浸中铊等进入酸浸液，向酸浸液中加入 ZnO 和 $CdCO_3$ 中和除铟；接着向滤液通入空气氧化，并加 ZnO 粉调 pH = 5.4净化除砷与铁；然后加热到 80℃，并加入 $KMnO_4$ 使铊以 $Tl(OH)_3$ 形态沉淀析出：

$$3Tl_2SO_4 + 4KMnO_4 + 8H_2SO_4 \xlongequal{} 3Tl_2(SO_4)_3 + 4MnO_2 + 2K_2SO_4 + 8H_2O \tag{8-13}$$

$$Tl_2(SO_4)_3 + 6H_2O \xlongequal{} 2Tl(OH)_3\downarrow + 3H_2SO_4 \tag{8-14}$$

沉淀物含铊 5%～23%。在液固比为 1∶1、温度 70～80℃、加入铁屑的条件下用硫酸溶解沉淀物，控制终酸 15～20 g/LH_2SO_4 时，沉淀中的铊将转入溶液，并加铁屑使铊转为低价铊：

$$2Tl(OH)_3 + 3H_2SO_4 \xlongequal{} Tl_2(SO_4)_3 + 6H_2O \tag{8-15}$$

$$Tl_2(SO_4)_3 + 2Fe \xlongequal{} 2FeSO_4 + Tl_2SO_4 \tag{8-16}$$

经过滤，向滤液加入食盐，便获得白色立方体 TlCl 沉淀：

$$Tl_2SO_4 + 2NaCl \xlongequal{} 2TlCl\downarrow + Na_2SO_4 \tag{8-17}$$

将 TlCl 沉淀和从残液回收的海绵铊合并一起，加入硫酸进行硫酸化焙烧，过程中 TlCl 再转为硫酸盐：

$$2TlCl + H_2SO_4 \xlongequal{} Tl_2SO_4 + 2HCl \tag{8-18}$$

焙烧产物用水浸出，铊等便转入溶液，往滤液中加入 Na_2CO_3，使溶液中的 Zn^{2+}、Cd^{2+}、及 Fe^{2+}等杂质(Me')以白色的碳酸盐形态沉淀析出而除去：

$$Me'SO_4 + Na_2CO_3 \xlongequal{} Na_2SO_4 + Me'CO_3\downarrow \tag{8-19}$$

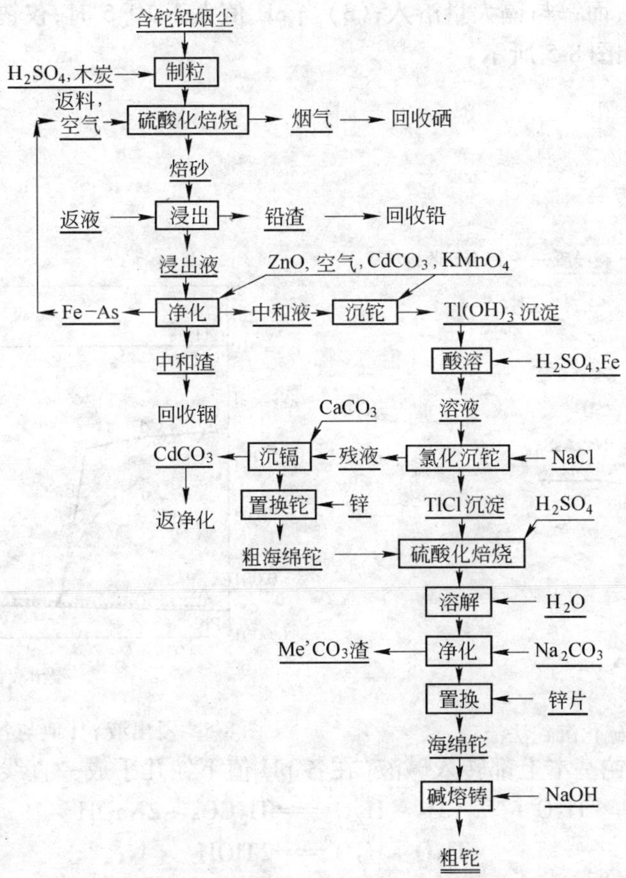

图 8-3 硫酸化—多次沉淀铊法流程

在此过程中铊随碳酸盐沉淀的损失不多。将净化除杂质后的溶液调酸到 2 ~5 g/L H_2SO_4,在 40 ~50℃下加入锌粉置换得海绵铊:

$$Tl_2SO_4 + Zn = ZnSO_4 + 2Tl \downarrow \tag{8-20}$$

海绵铊经压团、于 320℃下覆碱熔铸,获得大于 99% 纯度的粗铊。铊的回收率大于 65%[85]。

8.2.4 碱浸—硫化沉铊法

铅锌生产中的副产物铅烟尘及铜镉渣等一般含铊 0.01% ~0.10%。由于其中一部分铊以硫化物形态存在,因而需要经过氧化焙烧,使其成为易于挥发的 Tl_2O[146],并由于 Tl_2O 易溶在碱液中,而发展了此碱浸—硫化沉铊法。其原则工艺流程[2~7]如图 8-4 所示。

前苏联某铅锌厂就是采用此法来处理含铊 0.01% 的铅烟尘或铜镉渣,将含铊料于 500 ~650℃下焙烧,过程中发生式 8-8 ~式 8-12 的化学反应,得到成分为(%):Tl 0.4 ~1.0、Pb 50 ~60、Zn 12 ~16 及 Cd 1.5 ~2.5 的挥发物,旋即用热碱 Na_2CO_3 液于 80 ~90℃下浸出 2 ~3 h,终点控制在 pH 值为 8.5 ~10.5,控制 pH 值是十分必要的,因为:(1)在此区间内各种铅、镉、锌、砷杂质入液最低,而铊却溶解极好,且与 pH 值变动无关;(2)当 pH 值小于 8.5 时料中砷与铅基本不入液，而锌与镉大量溶入；(3) 当 pH 值大于 10.5 时，仅镉不入液，而铅、锌、砷会大量溶入[203]，如图 8-5 所示。

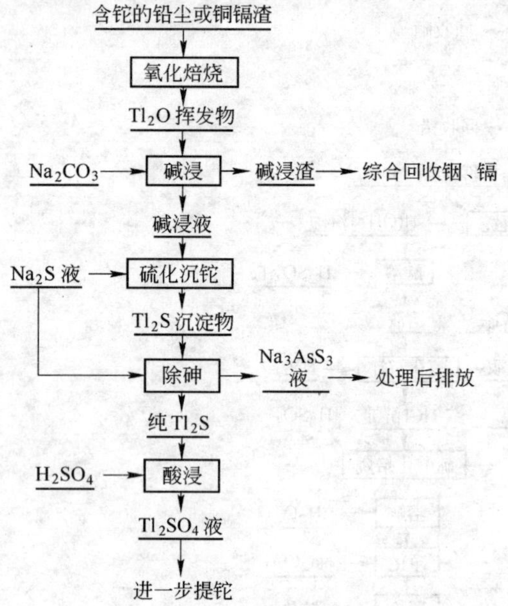

图 8-4　碱浸—硫化沉铊法流程

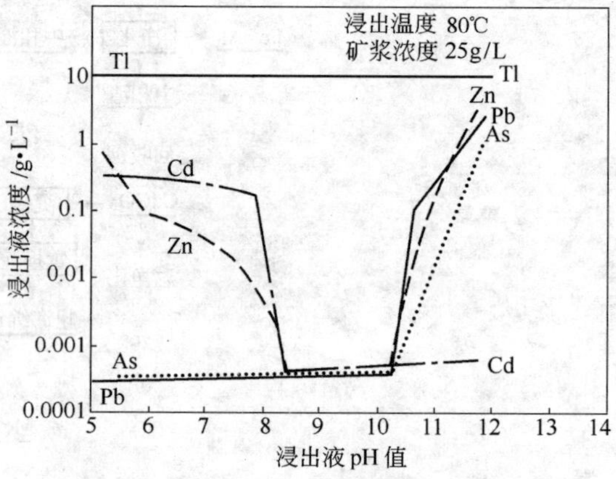

图 8-5　浸出液 pH 值与各成分浓度的关系

在此过程中料中铊基本上都转入碱液(在各 pH 值下铊几乎成一直线)：

$$Tl_2O + Na_2CO_3 + H_2O \longrightarrow Tl_2CO_3 + 2NaOH \tag{8-21}$$

$$Tl_2O + H_2O \longrightarrow 2TlOH \tag{8-22}$$

得碱浸液含(g/L)：Tl 0.60 ~ 0.65、Cd 150、Zn 150、As 0.35、NaOH 2，将碱液加热到 90℃后，加入为料重的 5% 的 Na_2S 进行硫化沉铊，过程中 85% ~ 90% 的铊生成硫化物沉淀析出：

$$Tl_2CO_3 + Na_2S \longrightarrow Tl_2S\downarrow + Na_2CO_3 \tag{8-23}$$

$$2TlOH + Na_2S \longrightarrow Tl_2S\downarrow + 2NaOH \tag{8-24}$$

贱金属硫化物也与 Tl_2S 共沉淀，所得到的沉淀物含(%)：Tl 71、Zn 3.5、Cd 3.5 及 As 7 ~ 10。由于沉淀物含砷过高，工厂采用添加 Na_2S 的办法，使砷形成多硫砷化物形态而除去：

$$As_2S_3 + 3Na_2S \longrightarrow 2Na_3AsS_3 \tag{8-25}$$

除砷后的沉淀物含铊量提高到 76% 以上，残留砷降到 0.1% ~ 0.2%。在液固比为 20∶1、90℃条件下用锌电解废液浸出此沉淀 2 ~ 3 h，料中 96% 以上的铊转入溶液：

$$Tl_2S + H_2SO_4 \longrightarrow Tl_2SO_4 + H_2S\uparrow \tag{8-26}$$

从处理挥发物到此，铊的回收率约为 75% ~ 80%，然后进一步提铊。某锌厂的多膛炉 ZnO 尘成分为(%)：Tl 0 ~ 0.2、Zn 50 ~ 60、Pb 13 ~ 15、Cd 2 ~ 3，查明尘中铊主要为 Tl_2O 和 TlF(二者易溶于水)，占 81% ~ 93%；次为 TlCl，占 6% ~ 16%；Tl_2O_3 只占 0.2% ~ 0.5%；余为铊的硒/碲化物。采用 NaOH 碱浸[3~7]，控制 pH = 9，铊入液，经净化后或置换，或萃取提铊。

此法的优点在于集中在一道作业内除砷，并能综合回收料中的铟、镉及锌等。缺点是工艺流程长，焙烧作业中金属损失较多，因而回收率不高。

前苏联曾试验过从高含铅的铅铊渣中回收铊的另一方法，铅铊渣成分为(%)：Tl 0.26、

Pb 56、Ge 0.1、Cu 0.08、Zn 0.52、Fe 0.80、Sn 2、Bi 1、S 6.8 及 SiO_2 3.9，将该渣配以苏打量为料重的130%，还原剂木炭量为料重的10%，在950～1000℃下还原炼铅，过程中80%的铊富集于粗铅中。在粗铅精炼时，铊富集在精炼的浮渣中，然后从浮渣中回收铊。在还原炼铅时，料中85%～90%的锗也进入苏打渣，可从苏打渣中综合回收锗[2～7,10]。

8.2.5 氯化沉铊法

从锌镉、铜镉渣中回收铊多用氯化沉铊法，此法基于 Tl^+ 与 Cl^- 形成不溶物 TlCl，且难溶于饱和的氯化钠中，使铊与其他杂质分离而富集。其典型流程如图8-6所示。

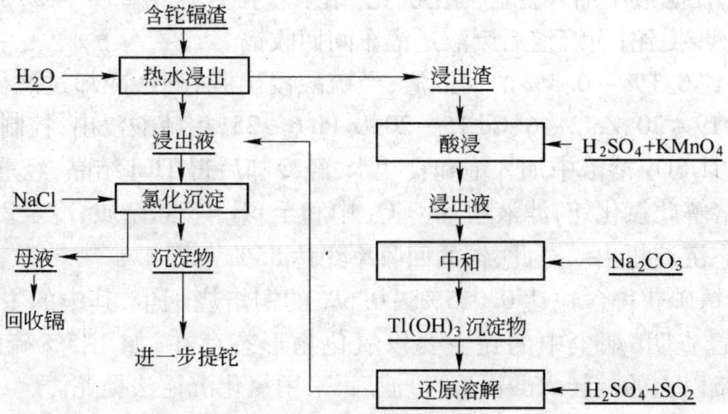

图8-6 氯化沉铊法工艺流程

(1)澳大利亚用此法处理含铊锌镉渣[2～7]：将成分为(%)：Tl 18(渣中铊约50%呈TlCl形态)、Cd 54、Pb 0.5、Fe 痕量及 Zn 4 的锌镉渣，在液固比为3∶1、60～80℃时用热水浸出，渣中60%左右的铊转入溶液：

$$Tl_2O + H_2O = 2Tl(OH) \tag{8-27}$$

浸出液含铊高达41 g/L，余铊残留在浸出渣中，为回收渣中的余铊，用硫酸补浸浸出渣，控制终酸 H_2SO_4 为2～5 g/L下酸浸，浸出到 pH = 1 时，加入氧化剂(如 $KMnO_4$)使铊(Ⅰ)氧化成铊(Ⅲ)，然后加 Na_2CO_3 中和到 pH = 4.6 沉出 $Tl(OH)_3$。此沉淀用硫酸转化，并通 SO_2 还原溶解得 Tl_2SO_4 溶液：

$$2Tl(OH)_3 + H_2SO_4 + 2SO_2 = Tl_2SO_4 + 2SO_3 + 4H_2O \tag{8-28}$$

此补浸浸出液与上述 Tl_2SO_4 溶液混合，加入饱和食盐溶液，并冷却到10℃以下(冷却结晶析出温度高于10℃时，TlCl 就会重溶)，获得含铊大于25%的 TlCl 结晶析出：

$$Tl_2SO_4 + 2NaCl = 2TlCl\downarrow + Na_2SO_4 \tag{8-29}$$

表8-9列出了 TlCl 溶解度与溶液中食盐浓度的相关数据[85]：

表8-9 TlCl 溶解度与食盐浓度的关系数据(25℃)

食盐浓度/%	0	0.146	0.293	0.585	1.17
TlCl 溶解度/%	0.386	0.208	0.142	0.095	0.065

氯化沉铊的母液含镉高达11 g/L，含铊约1.4 g/L，在综合回收镉的过程中，把所得的含

铊副产物返回提铊过程加以回收。从 TlCl 结晶中进一步提铊是将所得 TlCl 用 H_2SO_4 溶解得 Tl_2SO_4 溶液：

$$2TlCl + H_2SO_4 = Tl_2SO_4 + 2HCl\uparrow \tag{8-30}$$

如滤液含重金属杂质，则加碳酸钠除之，然后以 Zn、Al 置换，熔铸得 99.99% 铊。

此外有采取重结晶 TlCl 后再如前回收铊；或用锌还原 TlCl 得铊等报道。

(2) 前苏联某厂采用此法从锌镉渣中回收铊[278]，该锌镉渣成分为(%)：Tl 2 ~ 3、Zn 15、Cd 8 ~ 11、Pb 25 ~ 30、As 1.5 ~ 2 及 Cl 2 ~ 4。将渣投入球磨，边磨碎边水浸，然后将矿浆泵入盛有硫酸的浸出罐，加热到 80℃ 并控制终酸 2 g/L H_2SO_4 条件下浸出 5 h，浸出液经中和，并趁热过滤，往滤液中加入食盐氯化沉铊，结果获得含铊达 25% ~ 30% 的 TlCl 沉淀物，此沉淀物供进一步提铊；而沉铊后废液送镉车间回收镉。

(3) 又如含铊 0.1% ~ 0.3% 的铜镉渣，经硫酸浸出脱锌后，冷却过滤得到富铊渣，该渣成分为(%)：Tl 19 ~ 20、Zn 2 ~ 6、Cd 15 ~ 20 及 Pb 6 ~ 25，用硫酸浸出，控制浸出温度在 90℃ 左右，向滤得的 Tl_2SO_4 溶液中加入饱和食盐水，经冷却后得 TlCl 结晶，经重结晶得到优质的 TlCl，然后加碱溶解此氯化铊，滤液用 Na_2CO_3 中和至 pH = 8 除杂质，冷至 20℃ 以下，加 Na_2S 使铊以 Tl_2S 形态沉淀析出。至此，铊的回收率约达 85%[8]。

(4) 焙烧铜精矿获得含铊达 0.015% ~ 0.6% 的铜焙烧烟尘，其中的主要杂质有铜、铅、锌、镉及铁等。已查明，烟尘中的铊主要以氧化物形态存在，如用 5% 硫酸溶液浸出此烟尘[85]，则有 90% 以上的铊转入酸浸液，过滤后，采用氯化沉铊法提铊。

(5) 在高炉、电炉熔炼锰矿的过程中，锰矿中大部分铊挥发入高炉烟尘，烟尘率约 6% ~ 10%，烟尘含铊 0.1% ~ 0.2%，主要杂质为有色金属等，烟尘中的铊被 $Mn(OH)_2$ 所吸附，一般酸浸分解不完全，铊浸出率小于 50%。采用热酸浸出烟尘，使料中铊转为 Tl_2SO_4 而进入溶液，然后经氯化沉铊、酸溶、加 Na_2CO_3 净化除杂质后，用锌片置换得海绵铊，再经碱熔铸得粗铊的生产工艺，曾在熔炼锰矿的工厂中获得应用[1]。

氯化沉铊法是一种经济实用的工业提铊工艺，铊回收率可达 80% ~ 85%，澳大利亚、前苏联及我国等均曾用此法回收铊。建议用 700 ~ 800℃ 真空蒸馏的方法综合回收铜镉渣中的铊与镉。

8.2.6 酸浸—结晶提铊法

在铅鼓风炉烟尘中的铊主要呈 MeO 外，还有一部分呈 MeS 形态。可采用氧化焙烧烟尘得富含铊的氧化物烟尘后提铊，或采用图 8-7 所示的用硫酸浸出烟尘、随后结晶得 $TlCl\cdot CdCl_2$ 后的提铊工艺[8]：

用 20% 的硫酸溶液在液固比为 1.5∶1、60 ~ 70℃ 下浸出含铊 0.3% ~ 1.0% 的氧化烟尘，过程中铊转入溶液，借助蛇形冷却管冷却到 20 ~ 15℃，此时溶液中 90% 的铊就以 $TlCl\cdot CdCl_2$ 形态结晶析出，此结晶用热水分解至溶液含铊 20 g/L，立即冷却得 TlCl 结晶：

$$TlCl\cdot CdCl_2 = CdCl_2 + TlCl\downarrow \tag{8-31}$$

TlCl 结晶经硫酸化焙烧，便获得含 28% ~ 32% 铊的淡黄色疏松的硫酸铊：

$$2TlCl + H_2SO_4 = Tl_2SO_4 + 2HCl \tag{8-32}$$

焙烧产物投入球磨加水湿磨浆化，向过滤后的溶液、在 80℃ 下加入 Na_2CO_3 除杂质(随杂质碳酸盐沉淀损失的铊较大，约达 10% ~ 15%)，滤后，往含铊 40 ~ 60 g/L 的滤液中加入

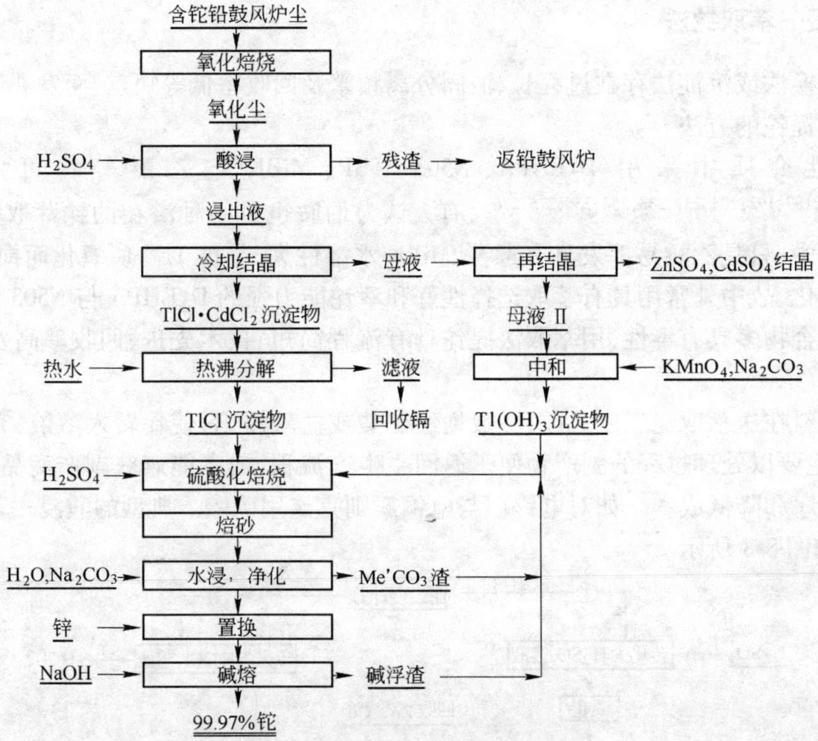

图 8-7 酸浸—结晶法提铊流程

硫酸并冷至 10 ~ 30℃，铅将以 $Tl_2SO_4 \cdot PbSO_4$ 形态沉淀析出而除铅（随此沉淀损失的铊量也较多），除杂净化后的溶液用锌片置换得海绵铊，海绵铊经压团、碱熔炼（约 10% ~12% 的铊转入碱浮渣），得纯度 99.97% 的铊。酸浸结晶法过程中的物料成分数据见表 8-10。

表 8-10 酸浸—结晶法过程中各物料组分及酸浸浸出率 (%)

项 目	Tl	Pb	Zn	Cd	Cu
氧化物尘	0.3 ~ 1.0	36 ~ 45	10 ~ 20	7 ~ 14	0.5
浸出液	1 ~ 4		80 ~ 100	80 ~ 100	
残 渣	0.1 ~ 0.3	52 ~ 57	2 ~ 4	2 ~ 5	
硫酸化焙砂	28 ~ 32		1 ~ 2	15 ~ 17	
酸浸浸出率	50		70 ~ 90	65 ~ 80	
项 目	As	Fe	S	Cl	H_2SO_4
氧化物尘	0.8 ~ 2.0	0.2 ~ 0.8	4 ~ 9	2 ~ 8	
浸出液	5 ~ 10			5 ~ 15	30 ~ 40
残 渣	0.3 ~ 5.0				
硫酸化焙砂					
酸浸浸出率	60 ~ 70				

此法针对原料含镉而使用了结晶法富集铊，缺点是流程长，铊回收率过低，不如利用析出的 $TlCl \cdot CdCl_2$ 结晶进行蒸馏（分离铊与镉）回收铊为佳。

8.2.7　酸浸—萃取铊法

鉴于置换法或沉淀法存在过程长、液固分离频繁及回收率低等缺点，而发展了用萃取法从酸浸液中提铊的方法。

在酸性介质中采用 D_2EHPA、N503、TBP、MiBK 与乙醚等均可定量萃取 Tl^{3+}[1~7,150,187,192,208,237,238,254,256,275,276]，有人认为伯胺也是一种潜在的铊萃取剂[3~7]，在这些萃取剂中，只是乙醚易挥发且有毒害，MiBK 水溶性大，易被 Tl^{3+} 所氧化而损失，TBP 在反萃时易乳化，故中外常用具有萃取选择性好和萃铊能力强的 D_2EHPA 与 N503 萃取 Tl^{3+}。鉴于铊的化合物多具有毒性，用萃取法提铊具有流程简短、技术先进、回收率高及环保好的优点。

含铊物料在送萃取铊工序之前，一般均经硫酸或盐酸浸出，使铊转入溶液，究竟选取前者或后者，主要以处理过程的副产物便于返回主生产流程，或者能兼获副产商品为准，以便减少处理工序和降低成本。如对电锌厂与电铜厂则宜选用硫酸。典型的酸浸—萃取法提铊流程[1~7]如图 8-8 所示。

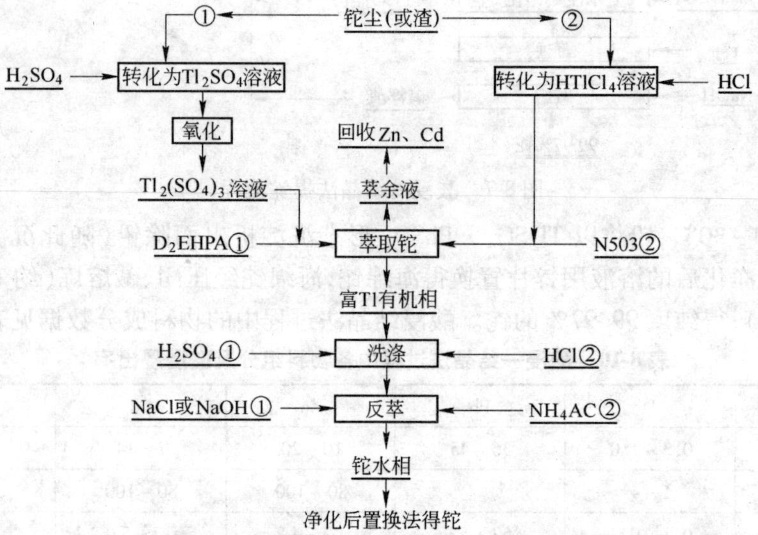

图 8-8　酸浸—萃取法提铊工艺流程

据捷克专利[2~7]介绍，用碱将 Tl_2SO_4 溶液的酸度调整到 pH = 8 时，可用环己烷甲酸萃铊，然后用 20% 的硫酸溶液反萃。

在 HCl 介质中用 TBP 萃铊，萃铊率与盐酸浓度和铊存在形态的关系[146]如图 8-9 所示。

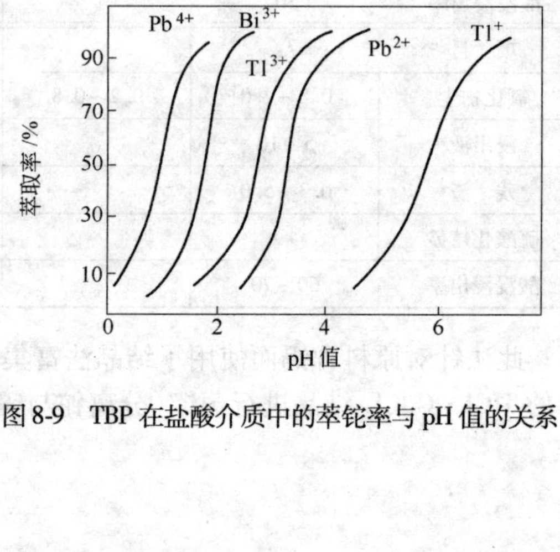

图 8-9　TBP 在盐酸介质中的萃铊率与 pH 值的关系

在低酸度下萃取的萃合物为 $TlCl_3 \cdot nTBP$（n 为 1 或 2），在高酸度下萃合物为 $HTlCl_4 \cdot nTBP$[1,2,208]。TBP 在 pH 值为 3 ~ 4 下从含铊 0.2 ~ 0.6 g/L 的溶液中的萃铊率大于

99%[2~7]，控制好溶液的酸度就可以使铊与溶液中的镓、铟等分离，如在 2 mol/L HCl 中用 15% TBP/苯可定量萃取 Tl^{3+}，而 Ga^{3+} 则留水相与铊分离[187]。

在 HCl 体系中 D_2EHPA 宜在低酸度下萃取铊与镓，溶液酸度对其萃铊率的影响[254]如图 8-10 所示。

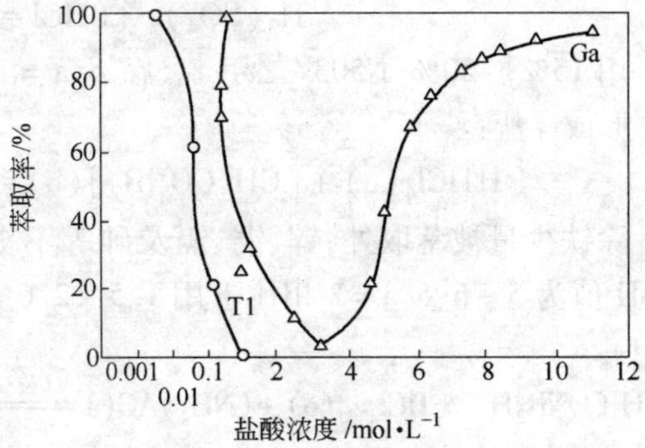

图 8-10 盐酸浓度对 D_2EHPA 萃取铊(镓)率的影响情况

现已查明：在硫酸体系中 D_2EHPA 萃 Tl(Ⅰ)的能力强，但萃取选择性较差。把 Tl(Ⅰ)氧化到 Tl(Ⅲ)时，D_2EHPA 的萃取选择性变好[254,279,280]。

8.2.7.1 Tl^{3+}萃取

A 国外 Tl^{3+}萃取实例

哈德逊湾矿冶公司加拿大弗林弗隆(Flin - Flon)电锌厂(图 8-8 中工艺①)用 H_2SO_4 浸出含铊的铜镉渣得到成分为(g/L)：Tl 0.14、Zn 108、Cd 94、H_2SO_4 4 ~30 的溶液，在 50 ~60℃下用$(NH_4)_2S_2O_8$(也有用 $KMnO_4$ 或 Br_2)将 Tl^+ 氧化为 Tl^{3+}：

$$Tl_2SO_4 + 2(NH_4)_2S_2O_8 = Tl_2(SO_4)_3 + 2(NH_4)_2SO_4 \qquad (8\text{-}33)$$

然后加入碳酸钠使锌与镉以 Me'CO_3 形态沉出而除去，冷至室温，用 30% D_2EHPA 在 o/a =1/10 下萃取铊：

$$Tl^{3+}(a) + 3[H_2A_2](o) = [TlA_3 \cdot 3HA](o) + 3H^+(a) \qquad (8\text{-}34)$$

富铊有机相用 15% H_2SO_4 洗涤后，用 25 g/L NaCl 溶液在 o/a =10/1 反萃得含铊 14 ~27 g/L 的铊水相：

$$[TlA_3 \cdot 3HA](o) + 4NaCl(a) + 3H_2O(a) = 3[H_2A_2](o) + 3NaOH(a) + NaTlCl_4(a) \qquad (8\text{-}35)$$

经 H_2SO_4 转化 Tl^{3+} 为 Tl^+ 的 Tl_2SO_4，用置换法得金属铊。

有研究查明：用 D_2EHPA 萃取 Tl^{3+} 时，稀释剂必须经 H_2SO_4 处理，以消除其中不饱和烃等，这些不饱和烃等会将 Tl^{3+} 还原为 Tl^+ 而降低萃取率，且为获取 95% 以上的萃取率，则酸度要保持小于 0.8 mol/L H_2SO_4。

B 国内 Tl^{3+}萃取实例

我国采用 N503 从 HCl 介质中萃取 Tl^{3+}(图 8-8 中工艺②)。原料为含 Tl 0.005% ~0.015% 铅烧结尘、多膛炉 ZnO 烟尘与含 Tl 0.04% ~0.09% 的铜转炉尘等，这些尘中的铊约 50% ~93% 呈 Tl_2O 形态。

某锌厂多膛炉 ZnO 烟尘[3~7]成分为(%)：Tl 0.24、F 6.21、Cl 3.08、Zn 36.87、Pb 18.14、Cd 5.1 及 As 0.69，已查明其中 80% ~93% 以 Tl_2O 形态及 16% ~6% 以 TlCl 形态存在，余呈 TlCl、TlF 及 Tl_2O_3。预处理有两条途径：一是直接热水浸出，溶液经氧化后水解(pH 值为 4 ~5)得富铊中和渣，经 HCl 溶解转化成 $HTlCl_4$ 溶液；二是在 80℃下采用碱浸，终点 pH 值为 8.5 ~10.5，铊入液，而铅、锌、镉及铁等残留于渣中，滤液在 50 ~60℃下加入 Na_2S 沉出铊：

$$2Tl(OH) + Na_2S = Tl_2S\downarrow + 2NaOH \qquad (8\text{-}36)$$

沉出物用 H_2SO_4 溶解后加 $KMnO_4$ 进行氧化：

$$3Tl_2SO_4 + 4KMnO_4 + 8H_2SO_4 = 3Tl_2(SO_4)_3 + 4MnO_2 + 2K_2SO_4 + 8H_2O \quad (8\text{-}37)$$

向溶液加入 HCl,使其转化为 $HTlCl_4$ 溶液：

$$Tl_2(SO_4)_3 + 8HCl = 2HTlCl_4 + 3H_2SO_4 \quad (8\text{-}38)$$

用15% ~20% N503/二甲苯、在 o/a = 1/2 条件下萃取铊,其机理可表述为 N503 与 Tl^{3+} 形成锌盐：

$$HTlCl_4(a) + [CH_3CONR_2](o) = [CH_3CONR_2H^+ \cdot TlCl_4^-](o) \quad (8\text{-}39)$$

除铁少量被萃取外,锌、铜、镉及砷等不被萃取,富铊有机相用 0.5 mol/L HCl 洗涤后,在 pH 值为 5 ~6、o/a = 2 相比下用 1.5 ~2.0 mol/L NH_4AC 反萃铊,获得含 Tl 40 g/L 的铊水相：

$$[CH_3CONR_2H^+ \cdot TlCl_4^-](o) + (NH_4)AC(a) = TlCl_4^-(a) + HAC(a) + NH_4^+(a) + [CH_3CONR_2](o) \quad (8\text{-}40)$$

铊水相经 Na_2SO_3 还原为 Tl^+, 加 H_2SO_4 转化与除杂后,采用锌板置换得海绵铊,经压团与碱熔炼后得到纯度99.99%的铊,铊的回收率约70% ~85%。

某铜厂处理成分为(%):Tl 0.04 ~0.09、In 0.02 ~0.05、Cu 1.9 ~3.5、Pb 13.7 ~23.0、Zn 15.2 ~20.0、Fe1 ~3 的铜转炉尘,用 H_2SO_4 浸出,D_2EHPA 萃取铟后,也用 N503 萃取铊[3~7]。

一铅厂含铊0.02% ~0.05%的铅烧结尘,投入反射炉内于 600 ~700℃下还原挥发,获得产出率仅0.3%的富含铊达3% ~7%的挥发物[3~7],此挥发物还另含(%):Se 0.54、Te 0.15、As 5 ~12、Zn 1 ~5、Pb 18、Cu 2 及 Cd 1 ~2。用1.2 ~1.5mol/L H_2SO_4 溶液,在90℃下浸出此挥发物,料中铊转入溶液,向滤液加入 MnO_2 把 Tl(Ⅰ)氧化成 Tl(Ⅲ),再加入 NaCl 调整氯离子浓度达到0.5 mol/L 后,用 N503 萃取铊,溶液中铜、锌、镉及砷等杂质不被萃取,仅少量铁被萃取。用盐酸洗涤负载有机相,进一步除去杂质后,用1.5mol/L NH_4AC 溶液反萃,所得的铊水相按前述方法处理(有的厂为了更富集铊,采用饱和 Na_2S 溶液于 pH 值为 7 ~7.5沉铊,以 H_2SO_4 溶解后,加 Na_2CO_3 除杂)置换铊后碱熔铸得纯度99.99%金属铊。铊的回收率为80% ~85%。

8.2.7.2　Tl^+ 萃取

然而上述萃取铊时既需另耗氧化剂将稳定态的 Tl^+ 氧化到不稳定的 Tl^{3+},使用氧化剂(如用溴水等)会带来环保不良与费用增高的缺点,且反萃后又要将其还原为 Tl^+ 后送去置换铊,太不合理。显然,如能直接进行 Tl^+ 萃取就好了。

我国学者研究查明[3~7,281,282],在硫酸介质中用二(2 - 乙基已基)二硫代磷酸($D_2EHDTPA$,以 $H_2A'_2$ 表示)萃取 Tl^+：

$$Tl^+(a) + H_2A'_2(o) = TlHA'_2(o) + H^+(a) \quad (8\text{-}41)$$

萃铊率大于99%,不过要用高酸(7 mol/L H_2SO_4)反萃铊,反萃铊率也大于99%。或采用二(2 - 乙基已基)单硫代磷酸($D_2EHMTPA$)、硫代磷酚酯均能定量萃 Tl^+。两种萃取剂均易于合成。

曾进行过在碘镉比为1,原始料液含 10 ~100 g/L 硫酸的溶液中,用 TBP 萃取铊(Ⅰ)的试验,负载有机相用含硝酸和硫酸的溶液洗涤除镉后,用 NaOH 反萃,反萃的选择性很好[208,275],但此法要加入较大量的碘,在经济上不合算,据传哈萨克斯坦的乌斯基戈明诺哥尔斯克铅锌联合企业 Усть – Каменогорск Pb – Zn Комбинат 就是在添加碘液的条件下用 TBP 从铅烟尘的硫酸盐溶液中萃取铊[253]。

顺便指出，在硫酸锌溶液的净化过程中产出的铜镉渣一般含铊在千分之一到百分之几之间，从该渣回收镉时必须将溶液中的铊除至微量，因为在电解镉时，只要电解液中含铊超过 0.3 g/L 时，除了会使电解镉表面变黑外，还会导致电流效率降低到 50% 以下[278]，其影响的情况如图 8-11 所示。此外，还会导致电解镉含铅量增高，从而影响电解镉的质量。故从铜镉渣回收铊，既是镉电解工艺的所需，又可综合利用。

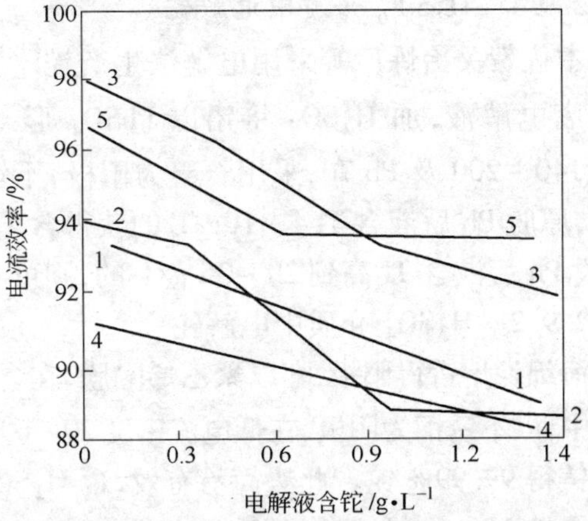

图 8-11 电解液含铊量与电解镉的电流效率的关系曲线
1—无杂质；2—Zn 30 g/L；3—Zn 50 g/L；
4—Zn 50 g/L + Mo 3 g/L；5—Zn 50 g/L + Co 0.01 g/L

8.2.8 离子交换铊法

哈萨克斯坦的齐姆肯特(Чимкент)铅厂的含铊铅烧结尘，经水浸出得含铊 0.1 ~ 0.18 g/L 溶液，该厂采用 KY – 1 强酸性阳离子交换树脂，在 pH = 8 及室温下进行离子交换吸附铊。待树脂饱和后用 5% ~ 10% H_2SO_4 解析，所得含铊 5 ~ 15 g/L 的解析液经置换法得铊[2~7,275]。为使交换过程顺利，须事先除净溶液中油污与杂物，树脂也须经 95℃蒸洗处理。

从含铊及含 1 ~ 4 mol/L HCl 溶液中提铊，可用强碱性阴离子树脂吸附，尤以用 Amberlite IRA – 400 时在 2 ~ 10 mol/L HCl 浓度间，铊的分配比均较高。只不过随 HCl 浓度增大呈减小趋势[1,159]，如图 8-12 所示。如液中还含镓与铟，其吸附量最大分别在6 ~ 7 mol/L HCl与 3 mol/L HCl 处。

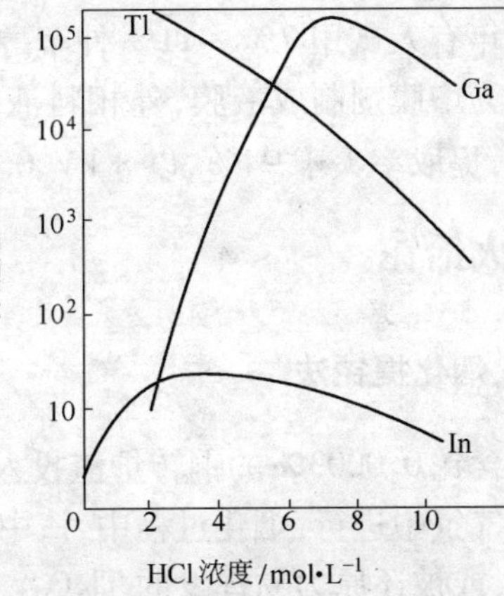

图 8-12 Amberlite IRA – 400
吸附铊的分配比与 HCl 浓度的关系

如从含铊 0.15 mol/L 的 7 mol/L HCl 溶液中吸附铊，用氯型的 Даузкс – 1 强碱性阴离子树脂也可定量吸附铊，待饱和后可用浓 H_2SO_4 或 4 mol/L $HClO_4$ 解析铊[283]。

炼铜鼓风炉烟尘及转炉烟尘除含铊、硒及碲外，还高含 37% ~ 47% 铅、9% ~ 14% 锌及 1.1% ~ 6.4% 铜，此烟尘经盐酸浸出后，得到成分为(g/L)：Tl 0.3 ~ 0.4、Zn 6.0 ~ 12.4、As 1.9 ~ 3.0、Cu 1.6 ~ 2.8、Fe 1.6 ~ 3.5、Se 1.0 ~ 1.3，Te 1.0 ~ 1.5 和 In 0.5 ~ 1.5 等的溶液，送往离子交换柱交换[284]，可惜无进一步提铊报道。据分析，可能采用强碱性阴离子交换树脂吸附铊。

铊及其化合物一般具有毒性，离子交换法提铊在技术与环保方面颇有发展前景。

8.2.9　电解铊法

8.2.9.1　H_2SiF_6 介质中电解铊

日本佐贺关冶炼厂等采用电解法生产铊[1,105]，原料为含铊粗铅，在 H_2SiF_6 铅电解时，铊转入废电解液，加 H_2SO_4 将铅以 $PbSO_4$ 形态脱除后，脱铅后液约含(g/L)：Tl 4～35、H_2SiF_6 140～200 及 Pb 70，采用石墨为阳极，不锈钢片为阴极，在电流密度 200～350 A/m^2 下电解，原脱 Pb 后液含 Tl 4～10g/L 的获得含 Tl 85%、余含 Pb 2%、Cd 3% 及 Sn 5% 的海绵铊；如脱 Pb 后液含 Tl 高到 20～35 g/L 的，则可直接得到含 Tl 99% 的海绵铊。

8.2.9.2　H_2SO_4 介质中电解铊

将海绵铊熔铸得阳极，套以聚乙烯隔膜、在含 Tl 5～30 g/L、H_2SO_4 10～35 g/L 的 Tl_2SO_4 电解液中，以不锈钢为阴极，在低电流密度 20～60 A/m^2、槽压 1.2 V 及室温下电解得针状铊，经碱熔铸得 99.99% 铊。此法简易有效，含 H_2SO_4 电解废液可返铅电解使用，则无污染。

从含铊 15 g/L、含硫酸 10 g/L 与要求含镉小于 3 g/L(如高了，则要引出部分电解液净化除镉)的 Tl_2SO_4 溶液中电解提铊，在 18～20℃ 及电流密度 500～1000 A/m^2 条件下电解生产海绵铊，电流效率达 80%～90%，海绵铊经压团、碱熔炼得纯度 99.98% 的金属铊[85]。

8.2.10　液膜提铊法

近年有人试用 7%～11% 仲辛醇为流动载体、3%～4% L113B 作表面活性剂与 3% 液体石蜡为增膜剂制成液膜，外相料液控制在 2mol/L HCl，内相选 3% $(NH_4)_2SO_3$ 进行液膜法提铊，提取率大于 94%，以 8 kV、0.8 MPa 高压静电破乳，经置换得 99.5% 铊[285]。

8.3　火冶铊

8.3.1　烟化提铊法

将含铊 0.0003% 的铜转炉渣投入烟化炉烟化提取铊[8,93]，由于烟化吹炼在高于 1250℃ 的还原气氛中进行，烟化过程中，渣中的 $MeO \cdot Tl_2O_3$ 先分解为高价 Tl_2O_3 后，又进一步受热而离解，或被还原为易挥发的 Tl_2O：

$$MeO \cdot Tl_2O_3 = MeO + Tl_2O_3 \tag{8-42}$$

$$Tl_2O_3 = Tl_2O\uparrow + O_2 \tag{8-43}$$

故可获得含铊达 0.004% 的烟尘，铊的挥发率高达 90% 以上。文献[93]认为烟化法是一种适宜回收铊的方法。

在高温电炉还原熔炼含铊达 0.0075%～0.01% 的烟尘时，原料中约 80%～90% 的铊再次挥发入电炉尘[93]，若电炉熔炼过程中产出了粗铅，它能吸收部分铊，则铊转入烟尘的数量就会下降。

8.3.2　氯化挥发提铊法

将含铊烟尘配以还原剂，在 1100～1200℃ 下焙烧，料中的铊大部分以 Tl_2O 形态挥发入烟尘[85]，为进一步提铊，可配以料重 1%～10% 的食盐，在 600～800℃ 下氯化焙烧，由于所生成的 TlCl 的蒸气压大(参见表 4-27),铊便挥发并富集在焙烧烟尘中。据报道[8,185,283],可采用先还原挥发富铊烟尘或铜镉渣,使铊以 Tl_2O 挥发,再氯化挥发铊呈易挥发的 TlCl 而回收铊。

8.3.2.1 锌生产中的提铊

产出含铊 0.01% 以上的副产物,可先在回转窑内于 1100~1300℃ 高温下还原焙烧,使料中的铊、镉、铅及锌等以氧化物的形态挥发入烟尘,此烟尘配以一定数量的食盐,再投入回转窑内在 800~900℃ 下进行氯化挥发,得到含铊 3%~5% 的二次挥发物。此二次挥发物在 80℃ 下用始酸含 100~150 g/L H_2SO_4 溶液浸出,终酸控制在含 2 g/L H_2SO_4,过滤后的浸出液在加热情况下加入 $Ca(OH)_2$ 中和,并趁热过滤,以便使铊保持留在液中,将热滤液冷却到 10~30℃,加入饱和食盐水,铊则以 TlCl 形态沉淀析出,得到含铊 30% 的沉淀物,经酸溶、冷却结晶析出 $TlCl \cdot CdCl_2$ 后,或按萃取法、或真空蒸馏等法提铊。挥发法提铊过程中铊在产物中的分布情况[8,283]见表 8-11。

表 8-11 挥发法过程中铊在产物中的分布

产 物	Tl	Cd	Pb	Zn	As	Cl
二次挥发物/%	3~5	10	35	14		1~3
酸浸渣/%	0.5~0.7	3~5	35~40	5~8	1~3	0.3~0.5
浸出液/g·L⁻¹	5~8	15~20		50~70	4~10	
TlCl 沉淀/%	30	15				
氯化沉铊母液/g·L⁻¹	0.5	15~20		50~70	10	

氯化沉铊后母液经锌粉置换得海绵镉,滤出的母液需综合回收其中的锌。本法由于经两次火法冶炼的挥发,因而铊的回收率不高。

8.3.2.2 冶炼铜中的提铊

前苏联的阿拉维尔金斯基(Алавердиский)铜厂就采用类似前述的二次挥发法从铜烟尘中提取铊精矿[85]。该厂反射炉或电炉炼铜产出的含铊烟尘,配入返料、SiO_2 及 CaO 熔剂和炭粉制团,所得团矿送入鼓风炉内再次挥发,得到二次烟尘,该二次烟尘主要成分为(%):Tl 0.002、Ge 0.010、In 0.0004、Se 0.036、Te 0.016、Pb 14.40、Zn 4.54、Cd 0.02,Cu 3.20、As 1.50 及 S 11.15,是一种具有综合利用 SM 等金属的原料。由于二次尘含铊量较少,故需配入浓硫酸及还原剂炭粉后,在 425~480℃ 下进行硫酸化焙烧,在硫酸化过程中,料中的硒首先以 SeO_2 形态进入烟气,并在水淋洗吸收中被本过程中产出的 SO_2 所还原而得单体硒;产出的焙砂,在液固比为(2~5):1、60~80℃ 下用水浸出,此时大部分铊、锗、碲和重金属等均转入溶液。由于浸出渣还含有有价金属,故需用 20% 硫酸进行补充浸出,补浸产出的残渣送铅车间回收铅,补浸液并入水浸液后,先加入 $Fe_2(SO_4)_3$ 及 $KMnO_4$ 进行氧化除砷,所得砷铁渣返配料工段;滤液用 NH_4OH 中和到 pH 值为 2~2.5,此时液中的铊、锌、铁及余砷等发生水解而进入中和渣,中和渣经碱浸分离铁后,再用硫酸溶解,料中铊转为 Tl_2SO_4 入液,向滤液加入 Na_2S 沉淀 Tl_2S,获得铊精矿,然后从 Tl_2S 精矿中进一步提取铊。

必须指出,水解废液还含有料中大部分的锗、碲及镉等,宜加入 NH_4OH 中和至 pH 值为 8~8.5 使锗水解入渣,并由此进一步回收锗,往中和后的溶液通入 SO_2,使碲以 TeO_2 形态沉淀析出,可由此进一步回收碲,并可从沉碲后液中综合回收镉。

8.3.2.3　砷生产中的提铊

有研究报道从含 0.2% 铊的粗氧化砷（As_2O_3 达 96%）中提铊：粗氧化砷经加 5% H_2SO_4 与 5% CaO 在 430℃下硫酸化焙烧，料中 98% 的 As_2O_3 挥发，而 99% 的铊仍留在焙砂中，然后加 NaCl 在 800℃下挥发铊，从挥发物中回收铊[185]。处理砷矿及锑矿等过程中，铊主要富集在烟尘中[85,275]。

8.3.2.4　黄铁矿中的提铊

焙烧含铊黄铁矿生产硫酸的过程中，料中 80% ~90% 的铊转入烟气[93]，而在淋洗烟气中就转入酸泥；在生产亚硫酸盐纸浆中，料中的铊转入洗涤泥，上述的酸泥及洗涤泥除可按氯化挥发提铊外，也要考虑综合回收硒与碲。

我国云浮硫铁矿既含铊高达 0.0042%，且储量特大，其中铊的走向与回收，不仅关系到资源利用，经济效益，更关系到环境生态与人民健康。

保加利亚将含铊的黄铁矿烧渣配入渣重 2% ~3% 的食盐，在 800 ~900℃下氯化焙烧 3 h，使渣中 99% 的铊转入烟尘，然后从氯化烟尘中回收铊[2~7]。

8.3.3　真空蒸馏提铊法

真空蒸馏法基于金属间沸点与蒸气压的差异，使铊与杂质金属分离而综合回收铊。

在真空中使含铊的铜镉、锌镉渣中的铊转入 Pb - Tl 合金，继而采用电解法回收铊，而镉与锌在蒸馏中将挥发而综合回收；此工艺具有综合回收与环保好的优势。波兰 J. Szmyd 等在 1984 年“IMM”会上说，采用真空挥发 Tl - Cd - Pb 渣，使镉挥发而收得镉，而铊入液态 Tl - Pb 合金而回收。

在处理砷矿中得到一种高砷铊浸出渣（%）：Tl 0.2、As16.75、Pb 11.5、Fe 16.63、Bi 0.2、Sn 0.15 及 Cu 0.05 等。从此渣回收铊，可采用 120g/L NaOH 碱液浸出，在碱浸过程中有 94.5% 的砷进入碱液，而铊入浸出液仅占料中铊的 4.5%，从而达到碱浸分砷与铊的目的。然后将浸出渣投入真空炉中，在一定真空度及 750 ~800℃下优先挥发铊入烟尘，烟尘含铊高达 20%（较原渣含铊富集 100 倍），再用前述的酸浸、萃取等方法从烟尘中提铊[1]。

8.3.4　氧化焙烧提铊法

前南斯拉夫试验过用如下工艺综合回收含铊锑精矿中的铊与锑：将含铊锑精矿在 500℃下进行氧化焙烧，焙烧过程中几乎全部铊及绝大部分锑都留在焙砂中，焙砂经热水浸出，使铊转入溶液，溶液采用铊盐沉铊回收铊。而浸出渣配以料重 15% 的硫磺，在 900 ~1000℃下进行挥发锑，则几乎全部锑均挥发入烟尘，从而可从烟尘中综合回收锑。

9 锗的综合回收技术

9.1 提锗原料

有色和黑色金属的冶炼、化工和电力等部门生产过程中所产出的副产物，如烟尘、废渣及废液等往往都是生产锗的原料，此外，锗的再生资源也是生产锗的原料。

9.1.1 锌、铅冶炼中的提锗原料

处理含锗锌、铅精矿时料中锗的走向：

(1)水冶锌时，当用传统的890~950℃下氧化焙烧锌精矿时，大部分的锗以GeO_2形态留在焙砂中，中浸焙砂时，锗基本上仍残留在锌浸出渣中，由于此渣还含约20%~25%的铅锌，故需综合回收锗、锌及铅。到了20世纪60年代，有些工厂在高于1150℃下氧化焙烧制粒的锌精矿，在此过程中料中的锗可能大部分转入烟尘。在传统火冶锌过程中锗等的分布见表9-1。

表9-1 锗等在炼锌产物中的分布 (%)

元素	进料			产物					
	锌精矿	返回料	铅烧结尘	浸出渣	回转窑渣	纯镉	氯化渣	返料	无名损失
Ge	89.0	8.8	2.2	28.8	19.6			26.0	25.6
Ga	93.5	6.5		10.7	18.9			27.2	43.2
In	69.1	25.4	5.5	53.5	14.3			32.2	
Tl	47.7	16.5	35.8	30.6		0.5	1.9	25.5	41.5
Se	48.2	9.5	42.3	66.5	5.9			8.9	18.7
Te	57.2	4.7	38.0	70.8	10.5			17.8	0.9

(2)火法炼锌中，如采用密闭鼓风炉熔炼法(ISP)处理含锗的铅锌混合矿时，据分析，料中锗分散在ISP的产物内，约半数以锗酸盐($Me'O \cdot GeO_2$)形态转入炉渣中[251,286~288]。锗在ISP产物中的分布见表9-2。

表9-2 锗在ISP产物中的分布 (%)

工序	物料	Ge	Ga	In	Zn	Cd	As	Au+Ag
烧结	烧结块	100	100		100	20~30	93	100
	烟尘	微	微			70~80	7	
ISP熔炼	粗锌	35.5~65.2	微	60	89	15	0.4	
	粗铅	0.01		30			3	97
	炉渣	25.0~47.7	约100	3	2~7		12	2
	冰铜	18.0~27.7		5			54	1
	烟尘	2.0~16.8	2	5	12	20		

实践表明,在烧结过程中,料中锗大部分留在烧结块里;在 ISP 熔炼过程中,烧结块中的锗,35% ~65% 进入了粗锌,其余主要进入炉渣和冰铜,而烧结块中的镓几乎全部转入炉渣[3~7]。蒸馏粗锌时,粗锌中大于 76% 的锗转入硬锌,粗锌中的锗在蒸馏产物中的分布[3~7,77,78]见表 9-3。

表 9-3　粗锌中的锗及铟在粗锌蒸馏产物中的分布　(%)

元素	进料		产物					
	粗锌		锌渣		硬锌		底铅	
	含量	分布	含量	分布	含量	分布	含量	分布
Ge	0.01	100	0.01~0.05	22	0.05~0.31	76	0.01~0.04	2
In	0.15	100	0.01~0.33	12	0.01~0.31	36	0.09~1.01	52

在采用 1100~1350℃的竖罐或横罐炼锌的工艺时,由于锗及其氧化物的沸点高,少量进入粗锌,而大量残留在蒸馏残渣(即罐渣)中。罐渣中的锗以氧化物及金属锗的形态均匀存在于渣中的炭及磁铁矿内[3~7],在其后罐渣的烟化炉挥发工艺中大部分又进入挥发物。

(3)铅冶炼中,锗、镓主要转入水淬(炉)渣[8,251,288]。表 9-4 列出了前苏联某铅锌厂的铅生产中锗等的分布情况。

表 9-4　锗等在铅生产产物中的分布　(%)

元素	进料						产物	
	铅精矿	铅渣	返料	烟尘	冰铜	旧炉渣	粗铅	铅尘
Ge	56.0~71.4	28.6	15.4~0.9				0.5	2
Ga	67.9~78.0	19.4	13.3~1.6		3.3	17.1		
In	6.9~68.4	39.8~5.9	38.7~8.1	14.6	4.9	12.7		7.4~5.8
Tl	57.1~72.1	21.5~9.1	12	9.4		17.8	3.0	69.3~33.7
Se	39.3~85.0	22.0~11.3	16.3~2.1	22.4	1.6		3.8	20.3
Te	42.4~67.1	15.9~19.7	31.9~7.4	9.5	1.6	4.3	1.6	22.2

元素	产物								
	水碎渣	苏打渣	返料	锑精矿	黄渣	弃渣	冰铜	反射炉尘	无名损失
Ge	90.6~48.7		8.9		0.9				0~48.4
Ga	99.9~48.5				0.2		1.3		0~50.0
In	51.3~35.7	1.1	7.1~3.8		6.5				33.1~48.2
Tl	50		2.8~2.7		0.5				24.9~13.1
Se	2.8	0.5	1.4~0.4	0.2		40.7	24.3	0.2	53.4~52.0
Te	15.8	0.3	8.8~7.5	0.4	0.1		19.0	35.4	88.9

很明显表 9-1、表 9-4 中的无名损失项过大,故其数据仅供了解锗等的大致走向。

9.1.2　综合利用煤时的提锗原料

通常煤中含有一定量的锗与镓,我国是世界产煤大国,随着煤炭工业的发展,综合回收其中的锗与镓资源具有重大的现实意义。

煤的组成复杂,通常由可燃烧的有机物、碳及无机物的灰分所组成。锗主要存在于煤的有机物中,煤中锗的含量随煤中灰分的增加而减少[89],表 9-5 列出了一些褐煤的含锗量与灰分的关系数据。

表 9-5 褐煤含锗量与灰分的关系数据

灰分量/%	3.83～3.76	4.47～4.23	5.26～5.15	6.38～5.87
灰分中含锗/%	0.0274～0.0109	0.0447～0.0330	0.0410～0.0330	0.0350～0.0330
原煤中含锗/%	0.0094～0.0005	0.002～0.0014	0.0022～0.0017	0.0022～0.0019
煤粒级密度/g·cm^{-3}	1.35	1.35～1.40	1.40～1.43	1.43～1.45

灰分量/%	8.14～7.73	13.36～15.50	46.52～56.78
灰分中含锗/%	0.0219～0.0223	0.0071～0.0061	0.001～0.0013
原煤中含锗/%	0.0018～0.0017	0.0009	0.0005～0.0001
煤粒级密度/g·cm^{-3}	1.45～1.50	1.50～1.60	1.60

研究表明:粒级密度为 1.35～1.50 g/cm^3 的纯煤的含锗量相应较高,重金属与银等基本和锗在一起,煤中镓多在灰分中。

锗在煤中的含量一般波动于 0.001%～0.1% 间,锗主要以锗的有机物形式存在于煤中,这是因为锗的氧化物具有明显的两性,容易与煤中的羧、酚及羟基等起化学作用,形成锗的有机化合物,即锗腐植酸盐。这种锗腐植酸盐占褐煤中锗量的 97.3%,占石炭中锗量的 87.2%[85,89],仅少量锗以锗酸盐或硅锗酸盐的形式存在。

燃烧煤时所产的副产物,如煤烟尘、煤灰、焦油产物及焦化厂的废氨水等是主要的生产锗原料,有的煤烟尘及炭黑的含锗量可高达 1%。在褐煤灰分熔点低的情况下,锗多转入烧渣而不挥发入烟尘,锗在燃烧褐煤产物中的分布数据见表 9-6。

表 9-6 燃烧褐煤中锗的分布 (%)

产 物	烟 尘	煤 灰	烧 渣	炉气排空
过剩空气燃烧	0.3	19.0	51.7	29.0
不足空气燃烧	75	25		

煤的燃烧是一高温氧化过程,此时除部分锗以 GeO 形态挥发入烟尘外,大部分锗以锗酸盐和 GeO_2 与 SiO_2 的固溶体等形态而转入煤灰;在燃烧含 SiO_2 高的煤时,煤烟尘中的锗主要以 GeO_2 形态存在;而燃烧含 CaO 或 MgO 高的煤时,锗主要形成相应的锗钙酸盐或锗镁酸盐[2～7,289]。今发现在燃烧煤的过程中,生成 GeO_2-SiO_2 固溶体及锗硅酸盐,燃烧煤的温度越高,越容易生成此物质。有关煤灰中锗的典型物相[3～7]见表 9-7。

表 9-7 煤灰与煤烟尘中的锗物相 (%)

物 相		GeS_2+GeO_2	GeS+四方 GeO_2	钙、镁、铝的锗酸盐	铁的锗酸盐	硅锗固溶体
锗占有率	煤 灰	0		25.0	69.2	5.8
	重力尘/旋涡尘=1	16.53	1.65+3.30	66.12		12.40
	布袋尘	19.20	3.91+3.66	71.10		2.13

从表 9-7 中看出,在煤灰中极少存在 GeO_2。

9.1.3　高炉炼铁时的提锗原料

高炉炼铁中锗的走向少有测定，据文献[262]说约6%进入烟尘，其余进入生铁与炉渣。

9.2　水冶锗

9.2.1　经典氯化蒸馏锗法

20世纪各国工业化回收锗多采用氯化蒸馏锗的提锗工艺：使原料中的锗转入硫酸溶液，向此液加入丹宁，使锗以丹宁锗形态配合沉淀析出，滤出的丹宁锗经氧化焙烧脱去有机物及砷等后，通过氯化蒸馏得 $GeCl_4$，进一步水解 $GeCl_4$ 得 GeO_2，然后通氢还原 GeO_2 得到金属锗。此氯化蒸馏法是中外通用的经典提锗工艺，至今仍普遍使用，如图9-1所示[1~7,176,185]。

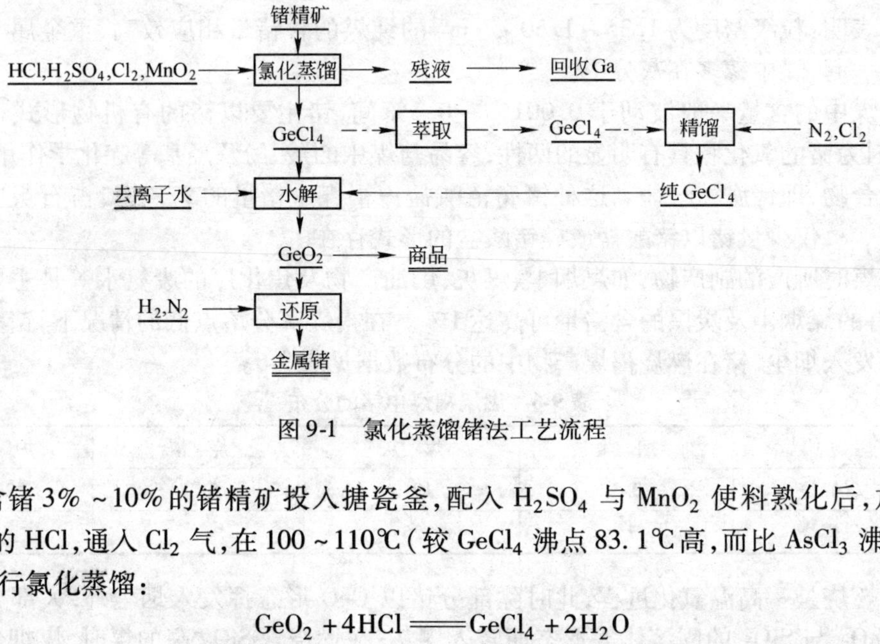

图9-1　氯化蒸馏锗法工艺流程

将含锗3%~10%的锗精矿投入搪瓷釜，配入 H_2SO_4 与 MnO_2 使料熟化后，加入大于9 mol/L的HCl，通入 Cl_2 气，在100~110℃（较 $GeCl_4$ 沸点83.1℃高，而比 $AsCl_3$ 沸点130℃低）下进行氯化蒸馏：

$$GeO_2 + 4HCl = GeCl_4 + 2H_2O \quad (9\text{-}1)$$

而原料中的 As^{3+} 在加入 MnO_2 及 Cl_2 作用下被氧化到 As^{5+}，以 H_3AsO_4 形态留于液内，从而不会以 $AsCl_3$ 与 $GeCl_4$ 同时蒸馏出来：

$$AsCl_3 + Cl_2 + 4H_2O = H_3AsO_4 + 5HCl \quad (9\text{-}2)$$

所得 $GeCl_4$ 如果不纯，或用饱和 Cl_2 的浓HCl萃取，杂质进入HCl，而与不溶于HCl的 $GeCl_4$ 分离；或经精馏（在84℃及回流比为(3~5)∶1）得纯 $GeCl_4$（见图9-1虚线部分）。

将纯 $GeCl_4$ 引入水解槽，加入6~18 MΩ·cm去离子水（按 $V_{H_2O}/V_{GeCl_4} = 6 \sim 6.5$）于0~20℃及搅拌下进行水解1~1.5 h便获得 GeO_2：

$$GeCl_4 + (2+n)H_2O = GeO_2 \cdot nH_2O + 4HCl + Q \quad (9\text{-}3)$$

在100~350℃烘干约12 h，放入石英管还原炉内，通入氢气，于600~650℃还原：

$$GeO_2 + 2H_2 = Ge + 2H_2O \quad (9\text{-}4)$$

再升温至1000~1100℃，通氮气保护下熔铸得5~20 Ω·cm(99.999%)的金属锗。

有待改进与发展的是：氯化蒸馏时可用氮气或氯气作 $GeCl_4$ 载体，以提高锗蒸馏率；水解时宜加入纯 GeO_2 晶种以提高水解速率与产品质量；氯化蒸馏残液送萃取镓，或用离子交换镓，或先中和除铁、或低温结晶除铜后再水解沉出镓，以综合回收镓。

9.2.2 碱土金属氯化蒸馏锗法

从含砷较高的锗精矿或富锗渣提取锗，如用经典的氯化蒸馏锗法难于获得高质量的 $GeCl_4$，而且不仅会有产出 AsH_3 的缺点，还会有含砷残液、废渣难于处理等弊端。1976 年德国人贝兹逊（R. Beetzsen）等提出了氯气加 $CaCl_2$ 的水溶液氯化含锗 3.3% ~10.6% 及含砷 0.22%（低砷）的锌精馏残渣，过滤后加 HCl 进行氯化蒸馏提锗的专利[182]。我国也研究成功了碱土金属氯化蒸馏提锗法，用于从含砷高达 18% ~24% 的高砷富锗渣中提锗，并于 1982 年投入工业生产，其工艺如图 9-2 所示[1,3~7,104]。

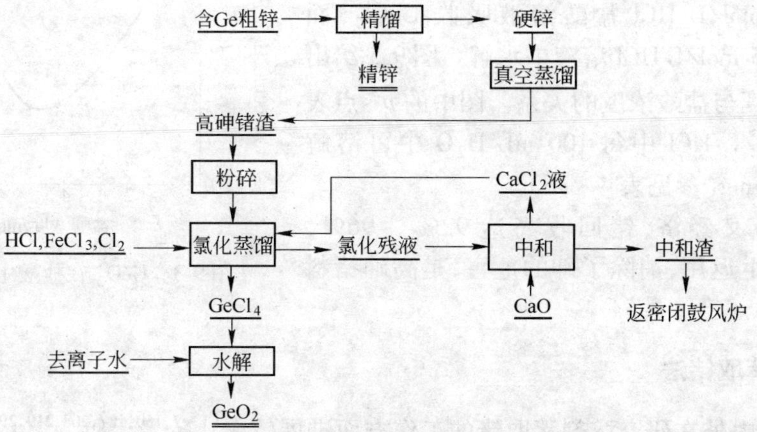

图 9-2 碱土金属氯化蒸馏锗法工艺流程

高砷锗渣成分为（%）：Ge 4 ~8、As 18 ~24、Fe 23 ~25、Pb 26 ~30 及 Zn 10（近年锗与砷的品位已降低），查明锗以金属或合金形态存在渣中。粉碎高砷锗渣至小于 0.25 mm 投入搪瓷釜，内装有 4.5 mol/L $CaCl_2$ 和游离 HCl 2 ~2.5 mol/L 溶液，当加入 $FeCl_3$ 并通氯气于 60 ~80℃时发生式 9-2 预氧化 As^{3+} 为 As^{5+} 的反应，随着预氧化该氯化溶液的温度增高至 80 ~105℃，在发生式 9-1 反应的同时，$FeCl_3$ 也诱发锗的氯化而得 $GeCl_4$：

$$Ge + 4FeCl_3 = GeCl_4 + 4FeCl_2 \tag{9-5}$$

$GeCl_4$ 经用 0℃的 $CaCl_2$ 液冷却得到 $GeCl_4$。氯化蒸馏锗率大于 97%，蒸砷率小于 5%。$GeCl_4$ 经水解得产品 GeO_2。锗回收率大于 96%。

氯化蒸馏残液含砷 20 g/L 左右，$CaCl_2$ 300 ~315 g/L，在 90℃下加石灰中和至 pH = 4.5，使砷以难溶 $Ca_3(AsO_4)_2$ 形态入渣而除去，同时也发生 $CaCl_2$ 的再生：

$$2H_3AsO_4 + 2HCl + 4CaO = Ca_3(AsO_4)_2\downarrow + 4H_2O + CaCl_2 \tag{9-6}$$

$$CaO + 2HCl = CaCl_2 + H_2O \tag{9-7}$$

$$CaO + Cl_2 = \frac{1}{2}O_2 + CaCl_2 \tag{9-8}$$

中和后液为一般含砷小于 0.02 g/L 及 $CaCl_2$ 440 g/L 的 $CaCl_2$ 液，可加 HCl 调整酸度，

便可返氯化蒸馏使用。

中和渣还富含 AgCl 及 $PbCl_2$ 等,宜进行综合回收。

本法因加入碱土金属氯化物 $CaCl_2$ 提高了盐酸的活度,研究查明:9 mol/L HCl 时溶液 HCl 活度 $\lg a_{HCl} = 2.25$,而 1.8 mol/L $CaCl_2$ 及 2.5 mol/L HCl 的溶液内 $\lg a_{HCl}$ 却与前者相当,因而可使氯化蒸馏锗在 2.5 mol/L HCl 下进行,远比经典的 9 mol/L HCl 低。$CaCl_2$ 不仅提高了溶液的 HCl 活度,也提高了渣中锗的溶解度。

锗在盐酸中的存在形态受盐酸浓度的影响,在 6 ~ 9 mol/L HCl 溶液中锗主要以 $[GeCl_x(OH)_{6-x}]^{2-}$ 和 $[GeCl_x(OH)_xCl_{6-x}]^{2-}$ ($x = 3 \sim 4$) 存在[180];而在大于 9 mol/L HCl 溶液中锗则主要呈 $GeCl_4$ 形态。氯化蒸馏锗需采用含 HCl 大于 7 mol/L 溶液,并需用 (8 ± 0.3) mol/L HCl 盐酸溶液吸收 $GeCl_4$,而 $GeCl_4$ 则宜在 5 mol/L HCl 溶液中水解。图 9-3 给出了 GeO_2 溶解度与盐酸浓度的关系。图中的 p^* 点表示在 8.15 mol/L HCl 中每 100 mL H_2O 中可溶解 GeO_2 1075.05 mg(参见表 4 - 36)。

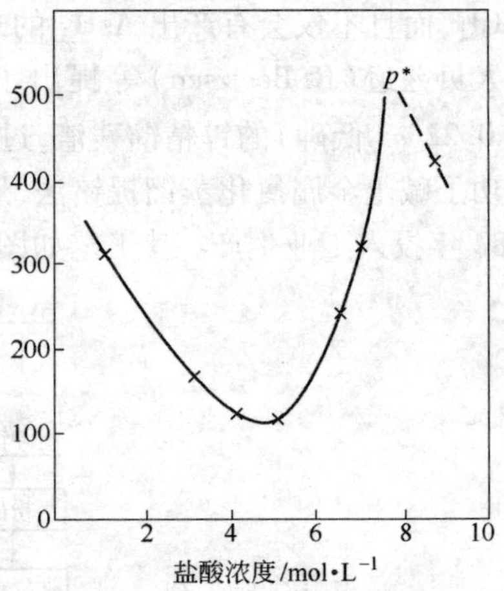

图 9-3 GeO_2 在盐酸中的溶解度

此法简易又经济,锗回收高达 92% ~ 96%,$CaCl_2$ 液可再生返用,消除了砷的危害,是高砷锗料提锗的好工艺。

9.2.3 溶剂萃取锗法

近年来国内外在研究溶剂萃取锗的工作方面进展较大[1 ~ 7,150,187,208,219,290]。

9.2.3.1 在盐酸体系中

在 9 mol/L HCl 中用煤油[85,275,290]、CCl_4、二乙醚或异戊醇等均可定量萃取锗,经水反萃提锗;当大于 9 mol/L HCl 的情况下,即使原料液只含微量锗,煤油或 CCl_4 也能定量萃取锗,然后用水反萃提锗[181];在 6 ~ 8 mol/L HCl 中可用 MiBK(如加有 H_2SO_4,则为 2 mol/L HCl)可定量萃锗[291],萃锗率大于 98%。MiBK 的萃锗率与盐酸浓度的关系如图 9-4 所示。

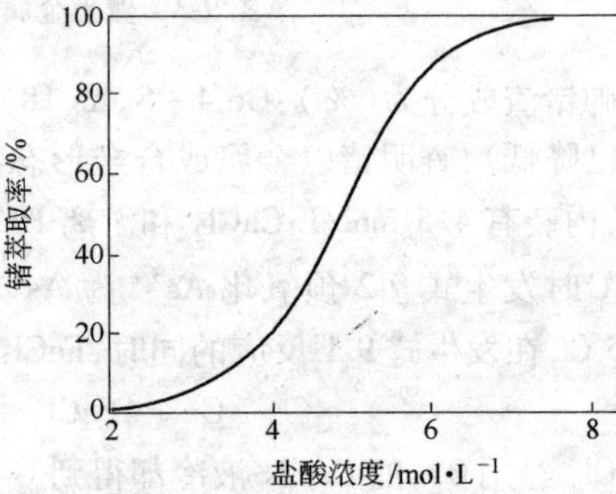

图 9-4 MiBK 的萃锗率与盐酸浓度的关系

萃取过程中 Fe(Ⅱ)、Pb(Ⅱ)、Ni(Ⅱ)及 Co(Ⅲ)等不被萃取,而 Fe(Ⅲ)、Sb(Ⅲ)、As(Ⅲ)、Sn(Ⅳ)和 As(Ⅴ)随锗同萃入有机相。MiBK 在低的盐酸浓度(如 2 mol/L)及高的硫酸浓度(如 4 mol/L)的溶液中萃取锗,萃锗率大于 97.2%,但在低硫酸浓度或纯硫酸溶液中的萃锗率均低。

二辛基撑双磷酸(POMPA)也能萃锗,即使原液中 As/Ge = 100 时也可有效地使锗与砷完全分离[219]。

二乙醚可定量萃取锗[189,292],如二乙醚或异戊醇从含 Ge 0.035 g/L、Fe2.25 g/L 的盐酸溶液中,在 9~10 mol/L HCl 浓度、相比 a/o=1/1、一级萃取锗时,萃锗率达 96%~99%。二乙醚及异戊醇等的萃锗率与盐酸浓度的关系如图 9-5 所示。

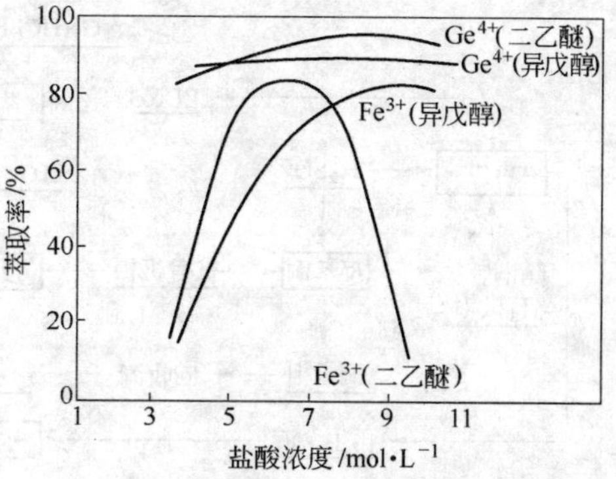

图 9-5 二乙醚及异戊醇的萃锗率与盐酸浓度的关系

在盐酸介质中可用 5,8-二乙基-6-羟基十二酮肟(LIX 63)萃取锗[85,280,293,294],如从成分为(g/L):Ge 3.5、Fe 0.5、As 4、HCl 50 的溶液中用 50% LIX 63 萃取锗,结果见表 9-8。所得锗水相经调 pH 值为 8.8~9.1 便得到含锗 4.0%~4.2% 的 $GeO_2 \cdot H_2O$ 沉淀,由此氯化蒸馏提锗。

图 9-6 给出了 LIX 63 萃锗平衡关系,可见用盐酸和硫酸的混合体系萃锗的效果较好,并且其萃锗效率随酸度的增高而增加。

表 9-8 在盐酸介质中 LIX 63 萃锗的技术条件及各水相成分

过 程	水相	技术指标		组分/g·L^{-1}				
		相比 o/a	级数	Ge	As	Fe	HCl	NaOH
萃取锗(50% LIX63)	原料液	1/2	2	3.5	4	0.5	50	
	萃余液			0.008	3.59		48.8	
洗涤	洗水	10/1	2	0.16	0.5		38	
反萃(NaOH 130~150 g/L)	锗水相	10/1	4	33.6				12
再生(HCl 120 g/L)	再生余液	10/1	1	0.007			26	

9.2.3.2 硫酸体系中

可用 LIX 63 萃取锗[280,293,294],具有萃取选择性好,铜、镍、砷、锌、氯及铁等基本不被萃取的优点;也可用三辛胺(TOA)[295]、Kelex100[296]、十三碳异羟酸(H106)[104]及有研究与工业生产表明[3~7,202]用烷基磷酸(D_2EHPA)加协萃剂(YW100)[1~7,202]能较易从含锗与镓的硫酸溶液中协同萃取锗与镓(详见 6.2.3)。

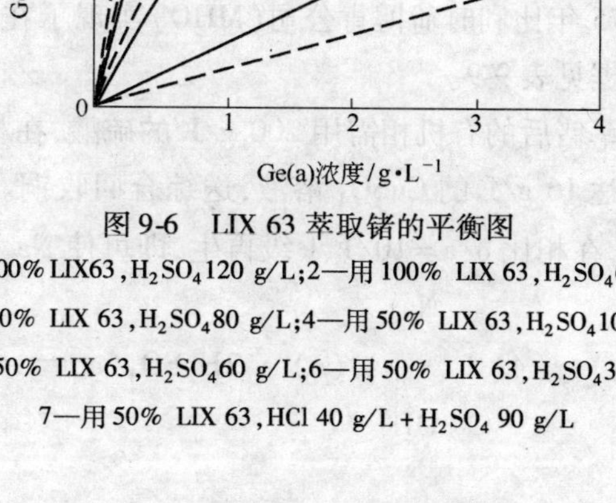

图 9-6 LIX 63 萃取锗的平衡图

1—用 100% LIX63,H_2SO_4 120 g/L;2—用 100% LIX 63,H_2SO_4 60 g/L;3—用 50% LIX 63,H_2SO_4 80 g/L;4—用 50% LIX 63,H_2SO_4 100 g/L;5—用 50% LIX 63,H_2SO_4 60 g/L;6—用 50% LIX 63,H_2SO_4 30 g/L;7—用 50% LIX 63,HCl 40 g/L+H_2SO_4 90 g/L

A LIX 63 萃取锗

如含锗 5g/L 的硫酸溶液,采用 50% LIX63/煤油,在相比 o/a=1/1 下,经 4~7 级萃取,可定量萃锗,LIX 63 萃锗工艺[280,293]如图 9-7 所示。

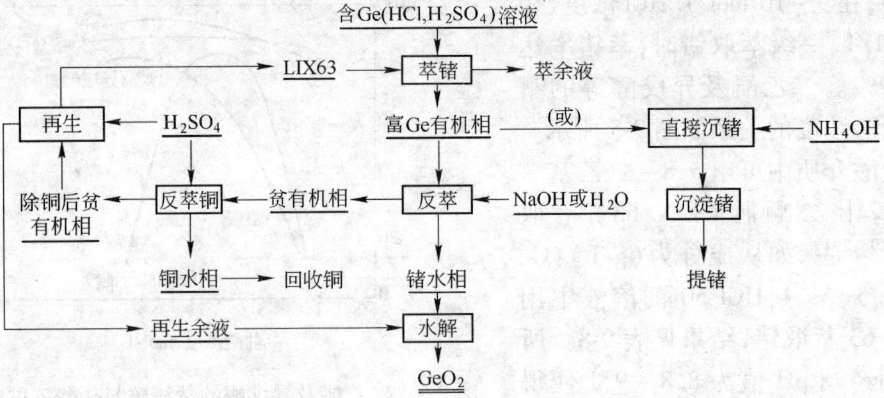

图 9-7　LIX 63 萃锗工艺流程

LIX 63 萃取锗的机理是：

$$\mathrm{Ge(SO_4)_2(a)} + 4\left(\mathrm{R}\genfrac{}{}{0pt}{}{\diagup \mathrm{H}}{\diagdown \mathrm{OH}}\right)\mathrm{(o)} = \mathrm{(R_4H_2GeO_3 \cdot 2H_2SO_4 \cdot H_2O)(o)} \tag{9-9}$$

富锗有机相用水在相比 o/a = 1/1 条件下经 2 级洗涤，洗去硫酸及杂质，以减少反萃时的碱耗，洗涤后以 150 ~ 157 g/L NaOH 在 o/a = (10 ~ 20)/1，经 4 ~ 6 级反萃，反萃锗率大于 99%：

$$\begin{aligned} &2\mathrm{(R_4H_2GeO_3 \cdot 2H_2SO_4 \cdot H_2O)(o)} + 17\mathrm{NaOH(a)} \\ &= 2\left[4\left(\mathrm{R}\genfrac{}{}{0pt}{}{\diagup \mathrm{Na}}{\diagdown \mathrm{OH}}\right)\right]\mathrm{(o)} + \mathrm{NaH_3Ge_2O_6(a)} + 4\mathrm{Na_2SO_4(a)} + 11\mathrm{H_2O(a)} \end{aligned} \tag{9-10}$$

所得的锗水相含锗大于 98 g/L，将其与后面再生余液相合并，调整 pH 值为 8.8 ~ 9.1，此时水解产出 $GeO_2(H_2O)_x$ 和锗酸钠盐：

$$2\mathrm{NaH_3Ge_2O_6} + \mathrm{H_2O} = 3\mathrm{GeO_2 \cdot 4H_2O} + \mathrm{Na_2GeO_3} \tag{9-11}$$

水解产物经水洗过滤后，即得 GeO_2 锗精矿。

1975 年比利时荷博肯公司(MHO)实现了在硫酸体系中用 LIX63/煤油萃取锗工业化，有关数据见表 9-9。

反萃锗后的有机相需用 200 g/L 的硫酸，在相比 o/a = 40/1、2 级反萃时定量反萃铜，获得含铜达 16 g/L 的 $CuSO_4$ 溶液，送综合回收铜。反萃铜后的贫有机相，采用 132 g/L 的硫酸溶液，在相比 o/a = 10/1、1 级再生，即可使 Na 型的 LIX 63 转变为 H^+ 型：

$$4\left(\mathrm{R}\genfrac{}{}{0pt}{}{\diagup \mathrm{Na}}{\diagdown \mathrm{OH}}\right)\mathrm{(o)} + 2\mathrm{H_2SO_4(a)} = 4\left(\mathrm{R}\genfrac{}{}{0pt}{}{\diagup \mathrm{H}}{\diagdown \mathrm{OH}}\right)\mathrm{(o)} + 2\mathrm{Na_2SO_4(a)} \tag{9-12}$$

表 9-9　在硫酸介质中 LIX 63 萃锗的技术条件及各水相成分

过程	水相	技术指标			组分/g·L^{-1}									
		相比 o/a	级数	锗萃取率/%	Ge	Cu	As	Zn	Ni	Fe(Ⅲ)	总 Fe	Cl	H_2SO_4	NaOH
萃取锗 (50% LIX63)	原料液	1/1	7(4)	99.97	5(4.17)	6.79 (0.2)	2.68(2)	4.60	0.02	2.0～3.0	59.82	0.13	157(110)	
	萃余液				0.019 (0.004)	6.39 (0.119)	2.68	4.60	0.02	1.5	58.3	0.13	157 (104.6)	
水洗涤	洗水	10/1	2		(0.2)	(0.05)	(0.010)						56.2	
反萃锗 (NaOH 150～170 g/L)	锗水相	20(10)/1	7(4)	99	98 (37.86)	痕	(0.02)				0.45			67(14)
反萃铜 (H_2SO_4 200 g/L)	铜水相	40/1	2		痕	16.0							200	
再生 (H_2SO_4 132 g/L)	再生余液	(10)/1	1		(0.014)	(0.34)							(30)	

注:()内数据来自文献[294],其余数据来自文献[280,293]。

然后返回萃锗工段用。

B Kelex100 萃取锗

R. Denise 等人的专利[296]中提到，LIX 63 萃锗工艺虽好，但要采用高酸溶液体系及高浓度萃取剂，因而萃取试剂的损失较大，导致成本上升，不如用含 40 g/L 的 Kelex100 萃锗工艺好。

用含 40 g/L 的 Kelex100，以煤油和 10% 的异辛醇作稀释剂，从含锗 0.1 ~ 1.0 g/L 的硫酸介质中萃取锗，所得的负载有机相经水洗涤后，用含 120 g/L NaOH 溶液反萃，便可得到含锗 24.5 g/L 的锗水相。采用 Kelex100，在料液含酸大于 0.4 mol/L H_2SO_4 及相比 o/a = 1/2 下，萃锗率达 98.2% ~99.4%，如果增大相比，则只有在酸浓度增加到 1 mol/L H_2SO_4 时，才可取得类似的萃锗率。一般反萃锗率大于 99%。锗在 Kelex 100 萃锗产物中的分布见表 9-10。

表 9-10 Kelex 100 萃锗的技术条件及产物组分

过程	技术条件	物料名	组分/g·L^{-1}						
			Ge	Zn	Fe	Cu	As	H_2SO_4	NaOH
萃取	40 g/L Kelex 100/煤油 + 10% 正辛醇 o/a = 1/1, 10 min, 室温	原料液	1.22	33	1.8	0.93	11	150	
		萃余液	0.353 ~ 0.05	33	1.8	0.895	11		
		负载有机相	1.06	0.033					
洗涤	水洗, o/a = 1/1, 10 min	洗涤液	0.033	0.033				9.8	
		纯负载有机相	1.03	0.001					
反萃	120 g/L NaOH, o/a = 24/1, 190 min, 大于 40℃	锗水相	24.5	小于 0.001					68

在 1988 年 ICHM 会中征询获得 Schering Industrial Chemicals 样本，它报道了该公司的 Kelex100（以 HL 表示）在高酸度下的萃锗技术：当料液含 Ge 0.23 g/L、As 1.6 g/L 及 H_2SO_4 185 g/L，用 10% Kelex100 + 20% 癸醇/煤油、在 o/a = 1/3、25℃ 下萃锗 5 min（实际上仅 3 min 已达平衡）：

$$Ge(OH)_n^{(4-n)+}(a) + 3HL(o) + HSO_4^-(a) + (n-3)H^+(a) \Longrightarrow [GeL_3 \cdot HSO_4^-](a) + nH_2O(a) \tag{9-13}$$

负载有机相用 H_2O 在 o/a = 2/1 洗涤，洗水含 Ge 0g/L，As 0.84 g/L，然后用 4 mol/L NaOH 在 o/a = 5/1 下反萃锗：

$$[GeL_3 \cdot HSO_4^-](o) + 4OH^-(a) \Longrightarrow H_2GeO_4^{2-}(a) + 3HL(o) + SO_4^{2-}(a) \tag{9-14}$$

其萃锗的萃锗率与 pH 值的关系如图 9-8 所示。获得锗水相含 Ge 3.4 g/L，As 0 g/L。

此法的优点是：萃取剂用量少、稳定，在 70 ~ 80℃下 120 h 也不分解；萃取选择性也较好，不萃取锌、镉、钴、镍及砷等，仅共萃铜与铁，适于深度净化。其缺点是：要在高酸度溶液中萃取；反萃的平衡时间太长；萃取在低温下进行，而反萃却要在高于 40℃以上进行，这样势必增加物料的蒸发损失和多消耗热能。为了改进，Denise 等曾研究用萃淋树脂提锗[296]。

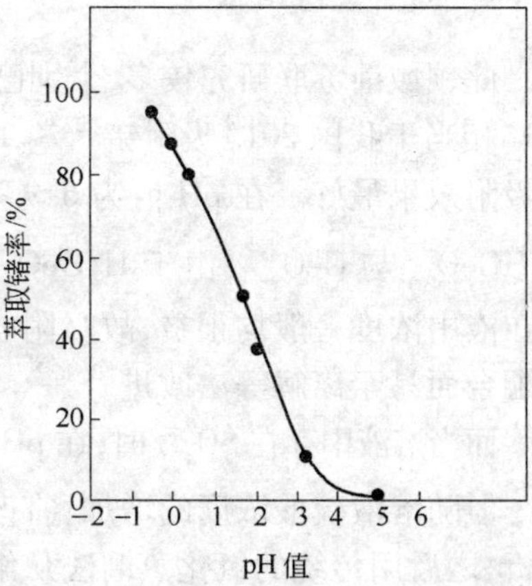

图 9-8 Kelex100 萃取锗率与 pH 值的关系

C TOA 萃锗

据报道，在存在丹宁的含锗硫酸溶液中，利用丹宁极易与锗形成丹宁锗配合物的特性，用 TOA/丁醇进行萃锗，萃合物为$(TOAH)_2[Ge(C_2O_4)_3]$。萃锗率与料液中所含丹宁量和 TOA 浓度的一些有关数据[295]见表 9-11。

表 9-11 TOA 萃锗率与料液中含丹宁量等的关系

料液中 1 mgGe 含丹宁量 /mg	萃锗率/%		
	料液含 Ge 1.18 mg/L	料液含 Ge 18.1 mg/L	
	用 0.001 mol/L TOA①	用 0.001mol/L TOA②	用 0.01 mol/L TOA
6	38	45	66
12	60	62	88
23	85	76	100
35	94	84	100
46	100	86	100
69	100	87	100

①与②的萃锗率数据可能整组互混了，但原著如此。

从表 9-11 可见，锗的萃取率随料液所含的丹宁量和 TOA 浓度的增大而增大，且以增大 TOA 浓度的影响较大。

有关丹宁在含锗硫酸溶液中 TOA 萃取锗率与酸度的关系[295]如图 9-9 所示。从图 9-9 看出，宜在胺盐不易水解和不发生与酸竞争萃取的 pH 值为 5 ~ 6 的酸度范围内萃锗，用 TOA 从含丹宁的硫酸介质中萃取微量锗，能达到定量萃取，且可达到不与丹宁作用的杂质金属与锗分离的目的，其后，用 1% 的氨液反萃提锗。

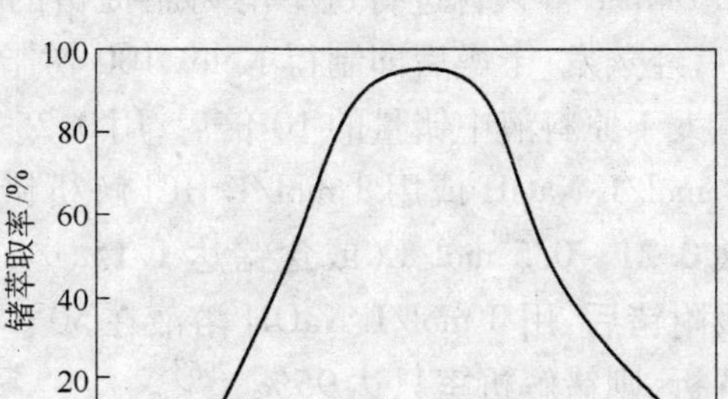

图 9-9 在丹宁锗液中 TOA 萃取锗率与 pH 值的关系
（含 0.2 g/L 丹宁，在 o/a = 1/1、用 0.007 mol/L TOA 萃取）

9.2.4　离子交换锗法

此领域前苏联研究较多，个别已工业化了[1]。有人用强碱性阴离子树脂 Amberite IRA－400（相当于我国201）吸附锗[283]，吸附是在 pH 值为4～13间进行的，以 pH 值为9.0～9.2的吸附效果最好。在 pH 值为6.9～9.4的溶液中该树脂吸附 $Ge_5O_{11}^{2-}$，在稍低的 pH 值下吸附 $HGeO_3^-$ 与 GeO_3^{2-}；由于 H_2GeO_3 的离解常数太小（$K_1=8\times10^{-10}$，$K_2=2\times10^{-13}$），加上锗在液中浓度一般均很贫，故吸附容量低，可用有机酸使树脂转型，或用配合剂使液中锗离子配合而易于离解等法改进[3～7]。

而当溶液中存在 SO_4^{2-} 时，在 pH 值为7～9下该树脂可吸附配合阴离子$[GeO_2\cdot(SO_4)]^{2-}$。

但随溶液硫酸浓度的增加，宜改用 Cl^- 型强碱性阴离子树脂，采用含5%的 NaOH 溶液解析，之后用传统的氯化蒸馏法从解析液中提锗。

据报道[40]，用强碱性阴离子树脂吸附锗比用中性或弱碱性阴离子树脂好，吸附过程最好选在弱酸或弱碱液中进行。为了分离锗与砷，宜用 ЭДЭ－10（Cl^- 型，相当于我国701）树脂在 pH＝4下吸附，可定量吸附锗。在弱碱性（pH 值为7.8～8.0）溶液中的锗，也可用 ЭДЭ－10П（Cl^- 型或 SO_4^{2-} 型）与 AH－2Φ 阴离子树脂吸附锗，然后用1%～5% NaOH 溶液解析。如 pH 值为7～9，可用 AH－31 吸附锗，交换容量可达150～159 mg/g。然后用7.6～8.0 mol/L HCl 解析，经氯化蒸馏法提锗。文献[180]报道，可用 Дауэкс－1 阴离子树脂吸附8 mol/L HCl 溶液中的锗，然后用0.5 mol/L H_2SO_4 溶液解析。

Fe（Ⅱ）在大于8 mol/L 的 HCl 溶液中可形成 $FeCl_4^-$ 配合阴离子，它不被阴离子树脂吸附，而在此相同条件下，却极易形成锗的配合物，因此，当含锗、镓及铁的溶液通过强碱性阴离子树脂时，可利用此特性，通过调整溶液的酸度使锗与 Fe（Ⅱ）分离。如控制通过第一交换柱的料液含6 mol/L HCl，第一交换柱的阴离子树脂仅吸附镓，然后调整溶液 HCl 浓度至8 mol/L 以上，通过第二阴离子交换柱，此时树脂仅吸附锗而不吸附铁，从而达到锗与铁分离的目的[180]。

含锗的 H_2SO_4 溶液于 pH 值为3～4下可用弱碱性阴离子树脂吸附锗，以1.5 mol/L H_2SO_4 解析。

R. Denise 等人曾进行过萃淋树脂提锗的研究，用 Kelex 100 浸泡无官能团的大孔性树脂，然后经蒸发、干燥后即制得 Kelex 100 树脂。使含锗溶液通过此树脂，当有机相树脂吸附的锗量大于原料液中锗量的10倍后，用0.25 mol/L H_2SO_4 溶液洗涤饱和树脂，然后在50℃下用3 mol/L NaOH 或用8 mol/L HCl 解析锗，解析液供进一步提锗。如将含锗0.119 g/L 及硫酸0.21～0.5 mol/L（或含锗达1.15 g/L 及硫酸1.5 mol/L）的原料液，通过 Kelex 100 树脂吸附锗后，用3 mol/L NaOH 溶液在50℃下解析，锗的解析率达98%；如用8 mol/L HCl 溶液解析，则锗解析率只达95%[296]。

9.2.5　沉锗法

9.2.5.1　丹宁沉锗法

丹宁沉锗法是较早为国内外通用的、利用丹宁与锗生成特殊配合物沉出而与液中各种杂质分离的提锗工艺。含锗的 H_2SO_4 溶液，用 ZnO 调酸至 pH 值为1.2～2.5，于50～70℃

下加入锗量25~40倍的丹宁,锗以丹宁锗配合物形态(虽多人研究,但无定论[1~7])沉出,丹宁锗经450~500℃氧化焙烧脱除有机物与砷后,经氯化蒸馏法得金属锗。

例如奥地利铅矿联合公司(BBU)的阿诺斯亭(Arnoldstein)水冶锌厂就是采用此法回收锌精矿中的锗[185,297]。锌精矿成分为(%):Ge 0.02、Zn 57、Pb 1.5、Fe 1.6、SiO_2 0.6、S 29、Ca+Mg 3.4及As 0.054,经焙烧后硫酸浸出,焙砂中锗大部分进入浸出渣,此渣经短型的回转窑挥发,锗进入烟尘,收尘得到的氧化锌粉含锗0.1%、砷1.41%,用含160~170 g/L H_2SO_4 溶液浸出此氧化锌粉尘,终酸控制在10~20 g/L H_2SO_4。将过滤后的溶液加热到70℃,加入理论量20~25倍的丹宁(有的多达40倍或更多),使溶液中的锗完全沉淀为丹宁锗。获得的丹宁锗经氧化焙烧脱砷,即可得到含锗达8.1%的 GeO_2 锗精矿,其余含杂质硫11.1%及砷1.85%等,然后用传统氯化蒸馏法提锗。

此法特效、简易,但因丹宁价贵及沉锗后丹宁废液会影响锌的电解生产,故限制了此法的运用。据研究查明[3~7,297],丹宁在电解锌的电解液中可稳定存在8~13d,它会使电解锌的电流效率大幅度下降。为了消除丹宁对电解的不良影响,改进的方法有:可采用氧化剂如 MnO_2 或 $KMnO_4$ 等将丹宁氧化,或通过 $Fe(OH)_3$ 共沉淀,或用活性炭吸附等措施。一般认为用 MnO_2 氧化既经济而效果也好,今鉴于我国丹宁供应紧张,有人曾研究用烤胶代替丹宁沉淀锗,或用萃取法取代丹宁提锗法,烤胶与丹宁的性质与作用虽然接近,但也不良,故用萃取法取代丹宁提锗是大势所趋。

9.2.5.2 载体沉锗法

加丹加公司(Societe Metallurgique Katangese)火冶扎伊尔Kipushi独立锗矿——硫锗铜铁矿(参见表2-9)后采用载体沉锗法提锗,主要过程为:经浮选得含锗0.022%~0.13%的铜精矿,炼铜中得到含锗0.36%的烧结尘及转炉烟尘,经加尘重60%~100%的 H_2SO_4,直泵入回转窑,在450~500℃下硫酸化焙烧4 h,焙烧中近90%的砷挥发入烟气,经文丘里塔淋洗,得到淋洗液与砷尘,随砷入烟尘而损失锗约8%。同时也有约3%~6%的铅、锌及镉进入烟尘。产出的焙砂含锗0.285%,用铜废电解液浸出1.5 h,控制终酸 H_2SO_4 10~15 g/L,可使焙砂中90%~98%的锗转入溶液,浸出液含锗达1.4~2.0 g/L,其余锗被铅渣所带走,与锗一道进入酸浸出液的其他金属的浸出率为(%):Zn 98~99、Cd 94~96、As 80~85、Cu 70~90及Fe 78~80。过滤后,在滤液加入阳极泥(利用其中的 MnO_2)和 $KMnO_4$,在加热到85℃及控制终酸pH值为2.2~2.4条件下氧化1.5 h,当溶液接近pH值为2.3~2.4时,加入 $Ca(OH)_2$ 除砷:

$$2H_3AsO_4 + 3Ca(OH)_2 = Ca_3(AsO_4)_2 \downarrow + 6H_2O \tag{9-15}$$

随白色的砷酸钙或亚砷酸钙沉出而损失的锗约3%~5%。除砷后的净化液残含砷小于0.4 g/L,此净化液与硫酸化焙烧的淋洗液混合,往其中加MgO到pH≤4.9,以沉淀析出富含锗8%~10%且较纯的锗酸盐 $MgO \cdot GeO_2$:

$$H_2GeO_3 + MgO = MgO \cdot GeO_2 \downarrow + H_2O \tag{9-16}$$

然后再向过滤后的溶液中加入MgO直至pH值为5.5~5.7以沉淀析出溶液中余下的全部锗:

$$Ge(SO_4)_2 + MgO + 2H_2O = MgO \cdot GeO_2 \downarrow + 2H_2SO_4 \tag{9-17}$$

$$GeO(SO_4) + MgO + H_2O = MgO \cdot GeO_2 \downarrow + H_2SO_4 \tag{9-18}$$

此时便得到贫锗的锗酸盐沉淀。此贫锗沉淀返回第一次沉锗工段，中和废液则送镉工段综合回收镉。所得含锗 8% ~10% 的富锗沉淀送比利时巴仑（Balen）厂经氯化蒸馏法得锗。载体沉锗法的工艺流程如图 9-10 所示。

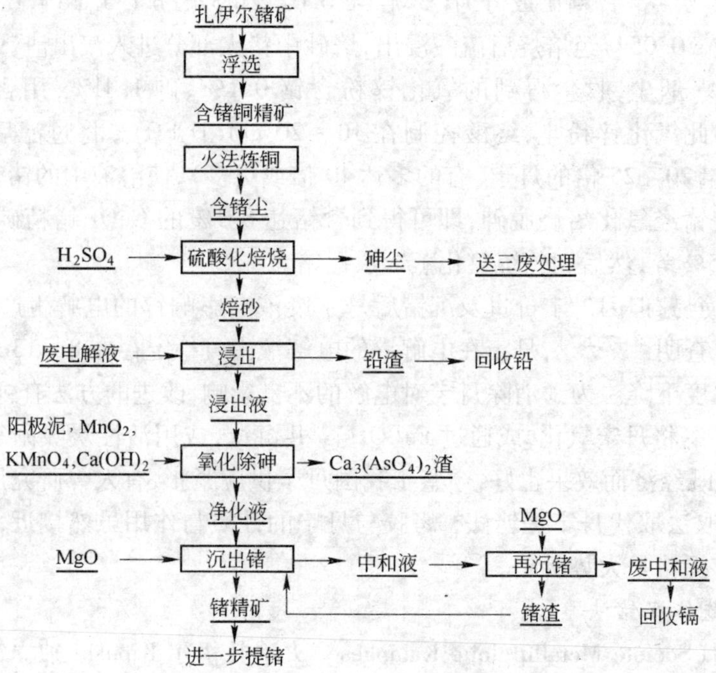

图 9-10 载体沉锗法的工艺流程

载体沉锗法的工艺过程中锗在物料中含量的变化见表 9-12。

表 9-12 载体沉锗法中锗的含量变化 （%）

项目		Ge	Zn	Cu	Cd	Pb	As	其他
进料	炼铜烟尘	0.360	28.0	1.5	3.0	25.0	7.3	
产出物	硫酸化焙砂	0.285	22.5	1.2	2.6	20.3	0.7	
	浸出液/$g \cdot L^{-1}$	1.4 ~2.0	110 ~130	0.3 ~0.5	15 ~20		2.5 ~4.0	H_2SO_4 10 ~15
	铅渣	0.034	1.28	0.83	0.50	61.35	0.35	
	净化液/$g \cdot L^{-1}$			3 ~5			<0.4	Fe <0.1
	锗精矿	8 ~10	20 ~25	2 ~3	1 ~3		0.7 ~2.0	
	中和废渣	0.015 ~0.036	110 ~120		12 ~19		0.001 ~0.003	

加丹加公司采用此法的锗回收率近 74%（火法冶炼有 92%，湿法冶金有 80%）。

美国曾采用硫酸化焙烧锗石[89]，之后直接加盐酸氯化蒸馏提锗。此法虽属可行，但似不经济。

9.2.5.3 共沉淀法

如溶液中含锗微量，控制溶液 pH 值为 7 ~9 下添加 Fe^{3+} 为 Ge^{4+} 量的 10 ~15 倍，可使液中 99% 的锗与 $Fe(OH)_3$ 共同沉淀，然后从共沉物中提锗。

9.2.6 Musto 法提镓、锗

美国已废弃的 Apex 旧铜矿，因发现废矿中含(%)：Ge 0.065 ~ 0.096、Ga 0.036 ~ 0.039、Cu 1.97、Pb 0.94、Zn 0.44 ~ 1.52、Fe 16.9 ~ 20.2、As 0.8 ~ 0.9，作为锗、镓的资源而于 1985 年重开，据报道[83,185,219,298]矿中锗与铁共生，主要赋存于针铁矿中，且有约 10% ~ 15% 的锗与硅结合；至于镓，则主要分别赋存于黄钾铁矾中。因锗与镓分离技术未决，时改、时开、时停，终于 1990 年 9 月停产[3~7,83]。其提锗与镓的技术为[298]：铜矿经粉碎至 50% ~ 60% 为 0.043 mm(325 目)，在 90 ~ 95℃通入 SO_2(1.5 kg/min，后改用 $Na_2S_2O_3$)，最初用 360 g/L(后改为 40 ~ 60 g/L) H_2SO_4 进行首段浸出，滤渣在通入 SO_2(4.5 kg/min)条件下用 100 ~ 120 g/L H_2SO_4 进行二段补浸(二段浸出液返首浸)，发生 FeOOH 与 $KFe_3(SO_4)_2(OH)_6$ 的分解，有利于锗、镓被浸出：

$$2FeOOH + SO_2 + H_2SO_4 = 2FeSO_4 + H_2O \qquad (9\text{-}19)$$

$$2KFe_3(SO_4)_2(OH)_6 + 3SO_2 = 6FeSO_4 + K_2SO_4 + 6H_2O \qquad (9\text{-}20)$$

滤液经加铁屑置换除铜后，通 H_2S 将锗以 GeS_2 形态沉出，得含锗 3% 的 GeS_2，加入 HCl 及 $NaClO_3$ 氧化浸出与氯化蒸馏得 $GeCl_4$：

$$3GeS_2 + 12HCl + 2NaClO_3 = 3GeCl_4 + 2NaCl + 6S^0 + 6H_2O \qquad (9\text{-}21)$$

随即水解得产品 GeO_2。沉锗后液经 D_2EHPA 萃取除铁后，向萃余液加入氨水水解，获得含镓达 8% 的 $Ga(OH)_3$ 精矿，经碱化造液电解得镓。回收率为锗 63% 与镓 65%。

显然，与全萃法等比较，Musto 法技术欠缺处较多。

9.2.7 氢氟酸溶解提锗法

燃烧煤所得到的煤烟尘或煤灰直接进行传统的氯化蒸馏提锗时，其中的锗酸盐、四方 GeO_2、在 SiO_2 中的 GeO_2-SiO_2 固溶体等难以被酸溶出，用 4 ~ 6 mol/L HCl 只能溶解上述产物中 25% ~ 60% 的锗[85]；而如用硫酸溶解则溶解锗量更少，一般仅 25% ~ 40%。

在酸浸时加入氟化物，能促使锗酸盐及 GeO_2-SiO_2 固溶体的分解，分解的锗转变为锗氟配合物，而进入酸浸液中[2~7,156,175,289,299]。此过程中碱土金属锗酸盐遇酸形成 H_2GeO_3 进入溶液：

$$CaGeO_3 + H_2SO_4 = H_2GeO_3 + CaSO_4\downarrow \qquad (9\text{-}22)$$

在添加氢氟酸的情况下，便会发生形成锗配合物的反应，致使锗转入溶液：

$$GeO_2 + 4HF = GeF_4 + 2H_2O \qquad (9\text{-}23)$$

$$GeO_2 + 4HF = H_2[GeOF_4] + H_2O \qquad (9\text{-}24)$$

$$H_2[GeOF_4] + 2HF = H_2[GeF_6] + H_2O \qquad (9\text{-}25)$$

反应式 9-24 与式 9-25 的总反应为：

$$GeO_2 + 6HF = H_2[GeF_6] + 2H_2O \qquad (9\text{-}26)$$

从表 9-13 列出的数据看出，$H_2[GeOF_4]$ 存在于含 HF 35% ~ 38% 的溶液中，而 $H_2[GeF_6]$ 则存在于含 HF 大于 48% 溶液中[156]。

GeO_2 的饱和溶解度随 HF 浓度增加而增加，但在溶液含 HF 超过 48% 时，与其平衡的固相为 $H_2[GeF_6]$，之后 GeO_2 的溶解度随 HF 浓度增加而减少。

表 9-13　HF - GeO_2 - H_2O 系(25℃)

饱和溶液浓度(质量分数)/%	HF	1.00	2.00	3.00	7.32	12.48	16.03	22.92	25.40	30.00
	H_2O	97.40	90.57	93.36	83.54	72.27	64.35	48.18	43.40	35.30
	GeO_2	1.55	2.43	3.64	9.14	15.25	19.62	28.90	31.20	34.70
固　相		GeO_2								

饱和溶液浓度(质量分数)/%	HF	32.80	35.00	36.02	37.60	39.86	40.66	41.08	41.90
	H_2O	27.60	21.69	21.28	20.46	16.49	15.35	15.29	13.83
	GeO_2	39.60	43.30	42.70	41.94	43.65	43.99	43.69	44.27
固　相		GeO_2	$H_2[GeOF_4]\cdot 2H_2O$						

饱和溶液浓度(质量分数)/%	HF	42.20	42.50	48.00	49.60	51.47	56.00	58.85	61.64
	H_2O	13.20	12.70	10.03	8.76	8.04	6.33	5.29	3.31
	GeO_2	44.59	44.80	41.97	41.64	39.49	37.67	35.86	35.05
固　相		$H_2[GeOF_4]\cdot 2H_2O$	$H_2[GeF_6]\cdot 2H_2O$						

如一煤灰成分为(%):Ge 0.12、S 0.9、Al_2O_3 15.8、CaO 13.7、FeO 15.8 及 SiO_2 33.9,在液固比为15∶1、90℃下、用2.0~4.5 mol/L H_2SO_4 溶液及0.2 mol/L HF 溶液进行两段逆流浸出1 h,可使煤灰中85%~90%的锗转入溶液,滤液含锗大于0.07 g/L,然后加丹宁沉淀锗[3~7]后提锗。

有人用HF溶解高硅含锗物料,以破坏 SiO_2 的包裹,锗溶解率大于98%,滤液经中和、丹宁沉锗、氧化焙烧后加A试剂氯化蒸馏提锗,使锗回收率大于92%[76~78]。

此法能强化浸出煤灰中的锗及类似物料中的锗,浸出率较高,流程简短,但HF有毒害,且腐蚀设备,如用它去萃取提锗,则反萃液水解难于得到合格的 GeO_2,在氯化蒸馏时还必须加铝盐固 F^-,使料液黏度增大,导致氯化蒸馏操作困难,影响回收率与增加成本,且废液还需除氟、铝。

9.2.8　碱浸提锗法

氧化铅锌矿属难选矿。采用优先浮选或先硫化后选矿等方法,仅能从含铅、锌10%~15%的氧化铅锌矿中选别得到含铅55%~60%的铅精矿,及含锌30%~40%的锌精矿,它们的回收率分别仅50%~60%和55%~60%。氧化铅锌矿其所以难选的原因有三[300]:(1)不少有用矿物被 $Fe(OH)_3$ 等所严重浸染;(2)细于10 μm的铅铁钒($PbFe_6(VO_4)_4(OH)_2$)和黏土物质紧密共生,不利于铅的回收;(3)矿中的锰和硅的氢氧化物吸附了大量的铅锌矿物,使铅锌矿物分散。具有代表性的氧化铅锌矿的成分见表9-14。

从表9-14不难看出,中国1矿及中国2矿的砂矿含铅与锌量特别高,含脉石较少;中国3矿及中国4矿含酸性脉石 SiO_2 量特别少,而含碱性脉石特别高;中国5矿及中国6矿含 SiO_2 量特别高,但含碱性脉石却特别少。

表 9-14 氧化铅锌矿的成分 (%)

矿产地	矿类	成分					
		Ge	Ga	In	Pb	Zn	Fe
中国 1	砂矿	0.0065	0.0003	0.0001	17.8	20.1	17.3
中国 2	砂矿	0.005	0.0022	0.0015	5~6	36~40	2.0~2.5
英国	烧结块				16~27	20~38	20.6~26.1
中国 3	脉矿	0.002	痕	痕	2.3	13.5	2.3
中国 4	单锌矿	0.001	0.0008	<0.001	0.06	4.0	3.4
美 国	铅锌矿						
中国 5	黏土矿	0.0017	0.0027	<0.001	1.8	5.0	13.8
中国 6	黏土矿	0.0011	0.0029	<0.001	2.1	5.8	13.3
前苏联	铅锌矿				7.5	3.6~10.0	25.5~32.7

矿产地	矿类	成分							处理方法
		SiO_2	CaO	MgO	Al_2O_3	S	Cu	V	
中国 1	砂矿	1.5	3.5	1.7	0.3	0.5	0.1		
中国 2	砂矿	0.8~1.5	2~3	0.5~2.0	1~2	0.6	0.04		
英 国	烧结块	(SiO_2 + CaO + MgO) = 7.3~8.1							密闭鼓风炉法
中国 3	脉矿	1.7	19.5	17.1	0.6	3.2			
中国 4	单锌矿	4.0	28.0	14.4	1.7	0.6		0.02	烟化法
美 国	铅锌矿								水冶碱浸
中国 5	黏土矿	39.9	1.7	0.6	13	0.1	0.06		挥发法
中国 6	黏土矿	40.1	1.5	0.7	10.8	0.2		0.09	烟化法
前苏联	铅锌矿	20.6	2.8~2.9	0.1~1.6	7.1~8.4	0.4~1.2			氯化水冶

氧化铅锌矿一般含锗0.001%~0.01%，从此类矿提取主金属铅与锌的工业方法有：古老的土罐蒸馏法、密闭鼓风炉熔炼法、电炉熔炼法、烟化法、回转窑挥发法、旋涡炉挥发法以及湿法冶金的氯化浸出、碱浸法等。究竟采用什么方法应根据原料的成分及所在地区供应及交通等情况而定。一般宜采用回收铅锌为主，兼综合回收锗（镓及铟）等的工艺为好。例

如,中国3矿及中国4矿宜采用碱浸法,碱浸法的工艺流程[1,3~7]如图9-11所示。

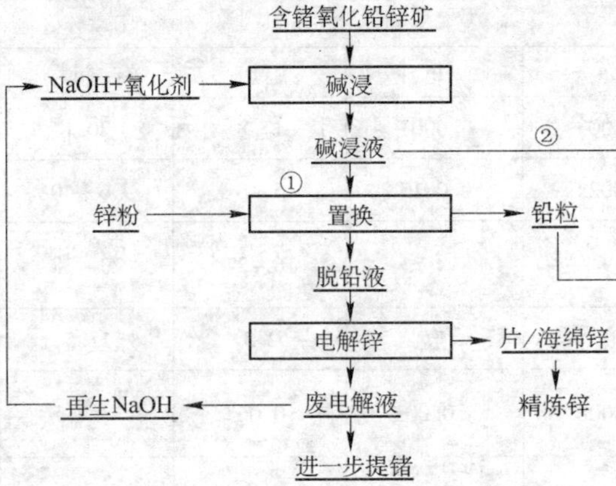

图9-11 碱浸法提锗工艺流程

据较多的文献及研究工作指出[1~7,99,145,290,300,301]:当选用含碱200~250 g/L的溶液浸出氧化铅锌矿或物料时,料中92%~100%的锗、镓、铼、钼、砷、铅和锌等转入碱浸出液;在碱浓度小于200 g/L的条件下,料中的铟、铊、铁、铜和镉等仅少量溶解或不溶解入碱浸出液,而当碱浓度大于200 g/L时,可溶解19%~55%的铟、近50%的铊与铜以及小于15%的镉;料中ZnO的溶解率主要受初始碱浓度的影响,当溶液起始含碱超过200 g/L时才明显溶解,在含250 g/L时可溶解94%以上的锌;PbO的溶解主要受温度的影响,在任何碱浓度下它的溶解率都容易达93%以上。

如处理某含锗0.03%、铅2%及锌4%的氧化铅锌矿,用含200~260 g/L NaOH碱液(前苏联曾试用过高压碱浸)并添加一定量的氧化剂[40],在液固比为3:1、90℃、浸出1.5 h,在此碱浸过程中锗和某些金属(Me')转入碱浸液:

$$GeO_2 + 2NaOH \xlongequal{\quad} Na_2GeO_3 + H_2O \tag{9-27}$$

$$H_2GeO_3 + NaOH \xlongequal{\quad} NaHGeO_3 + H_2O \tag{9-28}$$

$$Me'^{2+} + 2OH^- \xlongequal{\quad} Me'(OH)_2 \tag{9-29}$$

所生成的$Me'(OH)_2$还可溶于过量碱中。

为了富集锗、镓,宜先提取主金属铅与锌后再提锗,方法可有如下4种:

(1)置换法脱铅(如图9-11①所示)。即直接向碱浸液加入锌粉,并不断搅拌,便可获得铅粒,滤得的铅粒,经熔炼即得粗铅。料中锗、镓便在碱浸液中得到富集。

(2)电解脱铅、锌法(如图9-11②所示)。如含Pb 5.5~24.0 g/L、NaOH 150 g/L的碱浸液,添加少量甘油,在用铁板作电极、极距50 mm、300 A/m^{2}电流密度、25~28℃、且不断搅拌技术条件下进行电解,可获得纯度达99.95%的电解铅,电流效率达到85%~90%,吨铅电能耗约1600 kW·h。美国一工厂于1953年采用含NaOH 160~280 g/L的碱液浸出氧化铅锌矿,然后直接向浸出液加入锌粉,并在搅拌下置换出铅与铜。将含锌18 g/L,NaOH 260~280 g/L的置换后液用作电解液,加热到50℃,以不锈钢板作阴极,在电流密度200~270 A/m^{2}及槽压2.1~3.6 V下电解,获得海绵锌,熔铸得99.3%金属锌[300];若含锌40~50 g/L及含NaOH超过100 g/L时,则添加甘油到5~15 g/L、在60℃并搅拌下,采用200 A/m^{2}的电流密度和4.5~5.0 V的槽电压下电解,便得到纯度99.98%的电解锌,电流效率达

80% ~85%。如采用大电流密度电解,则可迅速获得海绵锌。

(3)中和沉锗法[85]。1974 年英国从锗石提锗,采用此法。将锗石磨碎到 0.147 mm (100 目)后,用50%浓度的 NaOH 液浸出,浸出液随即被蒸发至干,得到疏松产物,用热水溶解,料中的锗、砷及镓等转入碱浸液,向碱浸液中加入硫酸调整 pH =8,并在加热沸腾的情况下,加入硝酸(加硝酸量控制为溶液含游离酸 5%)并将砷以 As_2S_3 形态沉淀而除去,接着加碱中和至 pH =3,使 88.7% 的镓以 $NaH_2Ga(AsO_4)\cdot1.5H_2O$ 形态[8]沉淀析出,然后从此沉淀回收镓;滤液用 NH_4OH 中和至 pH =7 左右,使锗以 GeO_2 形态沉淀析出,然后按经典氯化法提锗。因交错使用酸碱,液固分离太繁,锗的回收率不高,因而未能获得发展。

(4)其他法。迄今还没有从碱性废电解液中提锗报道。有人把 1.9 倍砷量的 CaO 加入碱液,使砷以 $Ca_3(AsO_4)_2$ 形态沉淀除去[45],然后在 pH =5.4 下使锗与镓水解共同沉淀;也有人用硫酸将碱液中和到 pH =9.2 左右,使锗以酸式锗酸盐(如 $NaH_3Ge_2O_6$)形态沉淀析出而提锗;有人采用丹宁或硫酸盐如 $MgSO_4$、$(NH_4)_2SO_4$ 等,在调整至 pH 值为 9 ~11 直接沉出锗与镓,然后从富锗沉淀物中进一步提锗。

碱浸法处理含锗的氧化铅锌矿、含锗渣或含锗烟尘的工艺简单,回收率较高, 铁质设备材质易解决,能综合回收有价金属,碱也可再生返用。但存在高碱浓度浸出液的液固分离较难及锗不易富集等问题。

9.2.9 生化提锗法

从复杂而含锗较贫的矿或料源中提锗,采用生物提锗工艺,可能是一条很经济、能耗少、不污染环境而大有发展前景的道路,已有人进行了探索[219]:如利用氧化铁硫杆菌从含锗方铅矿与闪锌矿中溶浸出锗,42 d 溶出锗浓度达 0.1 g/L,比无菌参与的溶出锗浓度 0.017 g/L 高出近一个数量级。

日本曾做过将含微量锗废水,调整 pH≥11 ,用螺旋藻从溶液中吸附锗的尝试 。

9.3 火冶锗

9.3.1 优先挥锗法

20 世纪 70 年代中期发现了楚梅布(Tsumeb)独立锗矿——锗石,以及扎伊尔的沙巴省基普矢(Kipushi)独立锗矿——锗石,这两处锗矿成为西方一些国家多年来的主要提锗原料。锗石是目前世界上发现唯一具有单独工业开采价值的锗矿物,除含锗高达 6% ~10% 外,还富含镓达 0.76% ~1.85%[1~7,97](参见表 2-9)。德国人温克尔等最早从锗石中提锗,但他所用的方法未能用于工业生产[85]。从锗石中提锗主要工艺为优先挥锗法。

1952 年比利时的霍博肯公司(MHO),最初采用氧化焙烧楚梅布的锗石,然后酸浸焙砂,滤液经净化后,经氯化蒸馏提锗。鉴于这种方法的效果不佳,后来改用竖炉优先还原挥发锗的工艺,优先挥发锗的工艺流程如图 9-12 所示[2~7,85,89,169,176,178]。

浮选所得锗精矿成分为(%):Ge 0.25,Cu 27.8、Zn 7.92、Pb 25.0、S 22.2、As 7.5、Fe 2.3 及其他 7.03[85,89,176](详参见 5.2.4 节)。锗精矿配以石油渣搅拌混匀,烘干至残留 2% 水分,然后配入料重 4% 的木炭或 10% 的焦炭进行压团,所得团料定期投入竖炉(其反应区断面积为 0.23m ×0.58m),通过竖炉周围的喷嘴喷入重油加热,将炉内反应区的温度控制

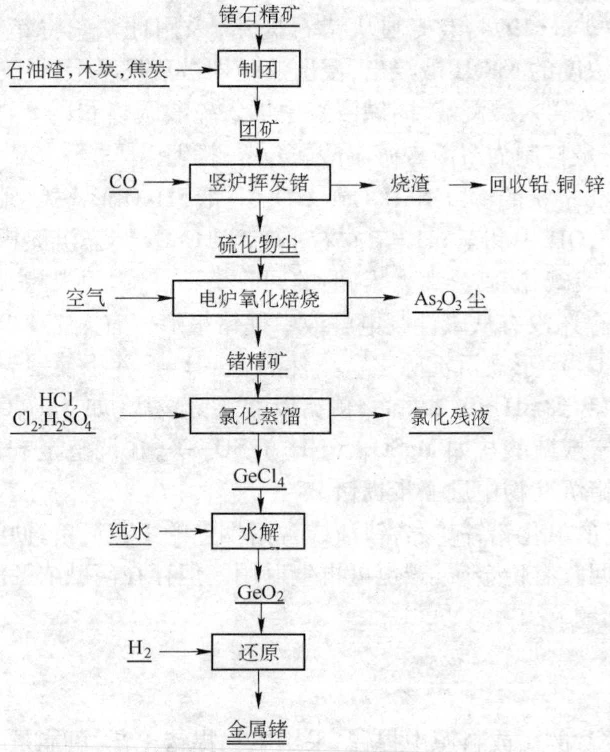

图 9-12　优先挥锗法工艺流程

在 870 ~ 980℃间，并从炉上部向下送入含 8% ~ 30% CO、1% ~ 2% H_2、其余为氮的还原性气体，炉内发生热还原反应，锗以硫化物及低价氧化物形态升华或挥发（参见表 4-31、图 4-28 与图 4-29），与此同时砷及汞等杂质也以硫化物的形态而升华。过程中发生如下的化学反应：

$$GeS_2 = GeS(g)\uparrow + \frac{1}{2}S_2(g)\uparrow \quad \Delta G_T^{\ominus} = 22700 - 19.65T \tag{9-30}$$

$$GeS_2 + CO(g) = GeS(g)\uparrow + COS(g)\uparrow \quad \Delta G_T^{\ominus} = 31200 - 40.65T \tag{9-31}$$

$$GeO_2 + CO(g) = GeO(g)\uparrow + CO_2(g)\uparrow \quad \Delta G_T^{\ominus} = 37650 - 47.4T(0 \sim 1338K) \tag{9-32}$$

$$GeS_2 + H_2(g) = GeS(g)\uparrow + H_2S(g)\uparrow \quad \Delta G_T^{\ominus} = 22300 - 22.65T \tag{9-33}$$

$$Me'_mS_n = Me'_mS_n(g)\uparrow \tag{9-34}$$

来不及挥发的 GeS 及小部分 GeO 便被进一步还原为液态锗：

$$GeO_2 + 2CO(g) = Ge(l) + 2CO_2(g)\uparrow \quad \Delta G_T^{\ominus} = -7200 - 5.2T(0 \sim 1233K) \tag{9-35}$$

$$GeS(g) + CO(g) = Ge(l) + COS(g)\uparrow \tag{9-36}$$

$$GeO(g) + CO(g) = Ge(l) + CO_2(g)\uparrow \quad \Delta G_T^{\ominus} = -34429 - 28.92T \tag{9-37}$$

这就导致锗残留在烧渣中，从而造成锗的直收率不高。

排出竖炉的含锗炉气温度高于 700℃，烟气中除含有还原挥发物 GeS、GeO，还含有杂质硫化物（Me'_mS_n），在还原挥发过程中，锗的挥发率达 90% ~ 93%，最高可达 98%，经过冷凝器回收80%的锗,余下的锗被后面布袋收尘器所收集;料中铅仅挥发5%～10%,如果炉气含氢多,则可加速铅的挥发(参见图4-28);过程中砷与汞的挥发比较完全。烧渣经竖炉下部借助水封的机械排出。收得的含锗硫化物尘,送入电炉,在550℃下通入空气进行氧化焙烧脱砷和硫等,过程中锗的硫化物被氧化为GeO_2入焙砂:

$$As_2S_3 + \frac{9}{2}O_2(g) = As_2O_3(g)\uparrow + 3SO_2(g)\uparrow \tag{9-38}$$

$$MeS + \frac{3}{2}O_2(g) = MeO + SO_2(g)\uparrow \tag{9-39}$$

$$GeS + 2O_2(g) = GeO_2(s)\uparrow + SO_2(g)\uparrow \tag{9-40}$$

在此作业中锗的损失约0.5%,收得的氧化烟尘含砷高达75%,并含少量铅和锗,需综合回收及妥善环保处理。产出含锗8.5%的氧化焙砂,即是锗精矿,加入9 mol/L HCl溶液,并通入氯气(有时加入硫酸)在加热到83～110℃下氯化蒸馏提锗:

$$GeO_2 + 4HCl = GeCl_4 + 2H_2O \tag{9-41}$$

蒸馏产物$GeCl_4$冷却到-10℃下被盐酸所吸收,吸收后废气经碱液吸收后排空。而蒸馏残液送综合利用以回收镓。往收得的$GeCl_4$中加入其4～6倍体积的5～8 MΩ的纯水,随后搅拌发生水解而产出纯GeO_2:

$$GeCl_4 + 2H_2O = GeO_2\downarrow + 4HCl \tag{9-42}$$

滤出的GeO_2,在200℃下干燥,然后通氢还原得金属锗:

$$GeO_2 + 2H_2 = Ge + 2H_2O \tag{9-43}$$

锗在优先挥发锗石的产物中的分布数据见表9-15。

表9-15 锗在优先挥发锗石产物的分布 (%)

项目		产出率	Ge		Pb		As	
			品位	分布	品位	分布	品位	分布
进料	锗石精矿	100.0	0.25	100.0	26.0	100.0	7.5	100.0
产物	烧渣	85.0	0.024	8.3	28.8	94.2	0.15	1.7
	As_2O_3尘	9.7	0.005	0.2	0.15	0.1	75.0	97.2
	锗精矿	2.7	8.5	91.5	55.5	5.7	3.2	1.1

从锗石精矿到锗精矿为止,锗的回收率约为91.5%,锗的总回收率约为90%[176]。通过优先挥发处理,锗富集30余倍。料中的砷主要以As_2O_3形式富集在烟尘中,这对环境保护与综合利用有利。但优先挥发锗所处理的锗石精矿含锗量仅占铜铅锌精矿量的4%,这中间占有的锗量仅为原料中锗量的29.1%,余下70%多的锗分散到铜、铅或锌生产过程中的产物中,应予以综合回收。

我国在20世纪60年代末曾对成分为(%):Ge 0.005～0.008、Pb 2.4、Zn 40～42.2、Fe 11.4、Hg 0.045、As 0.01及S 31.7的锌精矿,用类似上述方法进行两段优先挥锗工业试验。锌精矿首先在回转窑内于900～950℃下还原挥发锗,得到的一次硫化物挥发物,制团后投入竖炉内,于1000℃再次还原挥发,所得的二次硫化物挥发物烟尘,在600℃的炉内氧化焙烧脱砷,结果获得含锗达10%～15%的锗精矿,锗的回收率约75%～80%[3～7],此法在技术上可行,但因故未能投产。

9.3.2 烟化提锗法

烟化炉吹炼实质是一个把还原熔炼与吹炼同时完成的过程,将含锗渣料熔化后转入烟化炉,即向熔渣吹入混着粉煤的空气,在高温与还原气氛下,使熔渣中的锗等经熔炼、还原与烟化挥发等作用,最后富集于烟尘中[2~7,93,237,302]。

比利时老山锌矿冶公司的巴伦电锌厂早于1949年就使用此法从锌浸出渣中提锗,不过从1970年起改用针铁矿法处理锌浸出渣了。

锗在烟化过程中的行为较复杂,因为锗多以类质同象赋存在烟尘、炉渣、罐渣和锌浸出渣中,很少以金属(除罐渣有少许外)或氧化物形态存在[3~7,93]。当烟化这类物料时,渣中锗多呈 $MeGeO_4$,它便会离解成锗氧化物,遇到吹入的含粉煤空气时便发生如下还原反应:

$$GeO_2(s)+CO(H_2)(g)\!=\!=\!=GeO(g)\uparrow+CO_2(H_2O)(g) \tag{9-44}$$

由于渣中的 ZnO 被还原而生成的锌蒸气,从而加速了渣中锗的挥发:

$$ZnO+CO(g)\!=\!=\!=Zn(g)+CO_2(g) \qquad \Delta G_r^{\ominus}=42640-26.64T \tag{9-45}$$

$$GeO_2+Zn(g)\!=\!=\!=GeO(g)\uparrow+ZnO(s) \qquad \Delta G_r^{\ominus}=-8000-12.78T \tag{9-46}$$

烟化法提锗工艺的原则流程如图9-13所示。

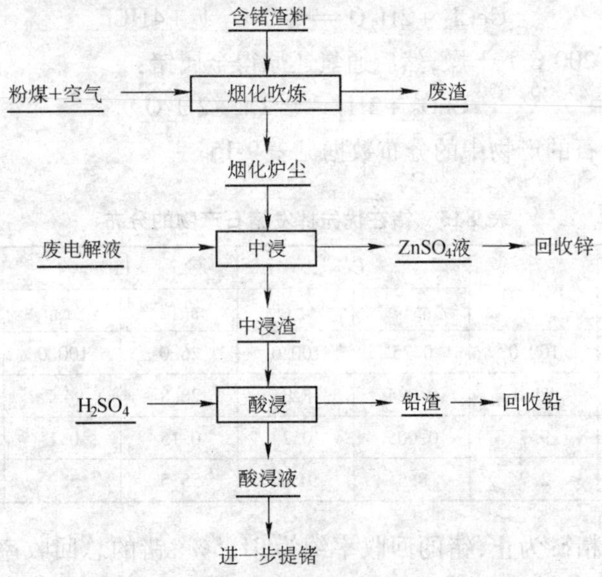

图9-13 烟化法提锗的原则工艺流程

将含锗0.005%的熔融炉渣送入烟化炉,加入18%~20%粉煤及采用0.75~0.90的过剩空气系数,炉气含CO浓度随吹炼时间逐渐由含CO 10%降低至含CO 6%,在供风速大于48 m/s及高于1250℃的温度条件下,烟化吹炼1.5 h,则锗的挥发率高达90%~95%[2~7]。所用烟化炉面积3.2 m×2.4 m、高7.9 m,两侧设有两排直径38 mm的风管,风管的总断面积为炉风口区断面积的0.47%。图9-14给出了烟化时间与挥锗率和挥锌率的关系[3~7]。

从图9-14看出,挥锗率与挥锌率同时消长,说明反应式9-44~式9-46的论断是正确的,烟化过程中生成的锌蒸气对挥发锗有利。与此同时,料中大于95%的铅与锌也挥入烟尘。烟化过程中锗在各产物的含量变化见表9-16。

哈萨克斯坦的乌斯基-戈明诺哥尔斯克铅锌联合企业采用烟化法处理含锗 0.0007% 的铅鼓风炉渣。所用烟化炉的风口区断面积为 2.107 m × 3.620 m，高 5.30 m，设有 36 块水箱及 24 根直径 40 mm 的两侧风嘴，总风嘴断面积为炉风口区断面积的 0.395%，日处理炉渣能力超过 32 t/m^2。渣熔池深 950 mm，风嘴插入距炉底 180 mm 处，所用粉煤量为渣重的 25%。空气耗量为每吨渣 1 300 m^3，另加入为渣重 5% ~9% 的黄铁矿（含 Fe 40%，S 45%、Zn 5.9% 及 Pb 2.9%），控制炉内熔渣上方的气氛为（%）：CO 26.13、H_2O 8.75 及 SO_2 1.1，出炉烟气温度 1200℃，出炉气量 2700 m^3/h，在 1200 ~1250℃ 及 81060 Pa 的风压下吹炼 2 h 后，锗的挥发率可达 85%，铅与锌的挥发率分别达到 97% 与 82%，但收到的细烟尘仅含锗 0.0036%。烟化吹炼铅鼓风炉渣过程中锗等分布的变化数据见表 9-17。

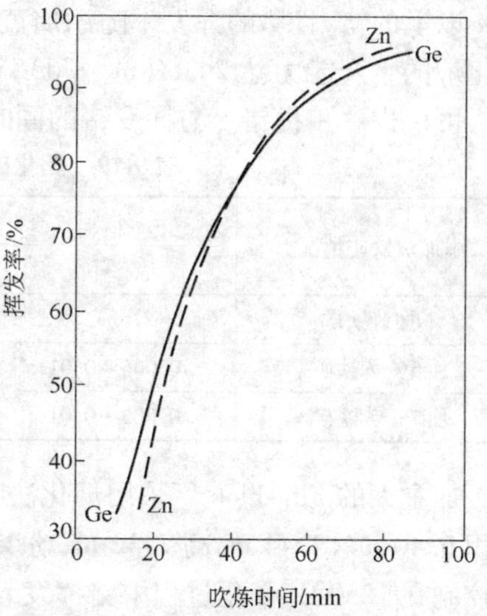

图 9-14 烟化时间与挥锗率及挥锌率的关系

表 9-16 锗在烟化产物中的含量 （%）

项目		Ge	Pb	Zn	Fe	SiO_2	S
加入料	铅锌渣	0.005 ~0.009	2.3 ~3.9	11.0 ~12.8	18.8 ~31.8	26.9 ~31.5	0.15
产出物	烟化炉尘	0.02 ~0.03	11 ~14	60 ~68	0.2 ~1.9	1 ~3	0.5 ~1.0
	烟化炉渣	0.00025	0.05	0.6			

表 9-17 锗等在烟化铅鼓风炉渣原料及产物的含量 （%）

项目		产出率	Ge	In	Se	Te	Tl	Cd
进料	铅鼓风炉渣	100.0	0.0007	0.0005	痕	0	0.0005	0.002
产出物	烟化炉渣	86.0	0.0001	0.0006	痕	0	0.0005	0.0015
	烟化炉尘	9 ~10	0.0036	0.0005	0.06	0.01	0.0005	0.005

项目		As	Pb	Zn	Cu	Fe	S	GaO	SiO_2	Al_2O_3
进料	铅鼓风炉渣	0.02	1.5	12.8	0.91	29.91	2.87	10.22	20.25	4.24
产出物	烟化炉渣	0.01	0.05	2.5	0.83	32.92	1.13	11.65	25.17	5.18
	烟化炉尘	0.32	8.98	60.85	0.41	1.23	1.78	0	1.61	0.9

前苏联某厂从含锗的锡渣中提锗，也采用烟化法，其含锗的锡渣的成分[3~7]见表 9-18。

表 9-18 含锗锡渣的主要成分 （%）

锡渣	Ge	In	Sn	Pb	Zn	Fe	S	SiO_2
渣 1	0.001	0.001	0.50	1.12	8.11	35.0	0.36	27.0
渣 2	0.015	0.007	1.33	0.82	2.77	21.9	2.70	26.3

将锡渣熔化后转入烟化炉（风口区断面积 1.21 m ×2.15 m，高 4.50 m），采用渣重 18% 的粉煤和 0.7 的过剩空气系数，并添加一定量黄铁矿后，在 1250℃ 吹炼 1.5 h，可挥发出

90%以上的锗,且锗的挥发率随添加黄铁矿量成正比增长,其间的一些相关数据见表9-19。烟化炉的生产能力达24 t/(m^2 · d),产出的烟尘含锗最高达0.01% ~0.03%,烟尘率仅8%,可供进一步提锗。与挥发锗的同时,约有90%的铟也转入烟尘。

表9-19　烟化时添加黄铁矿量对挥锗率的影响　(%)

添加黄铁矿情况	渣1的烟尘		渣2的烟尘	
	品　位	分　布	品　位	分　布
不加黄铁矿			0.0017 ~0.03	82.0
加5%黄铁矿	0.006 ~0.01	93.8	0.0013 ~0.03	91.5
加7%黄铁矿	0.006 ~0.01	96.1	0.0017 ~0.03	97.8

加拿大的Flin-Flon厂采用烟化法吹炼含锗的铜反射炉渣[237],所用烟化炉的风口区断面积6.40 m×2.44 m,高7.32 m,粉煤耗量为渣重的16.3%,空气耗量286 m^3/min,烟化炉温控制在1250℃,烟化过程中锗挥发入烟尘,烟尘率约为11%,获得烟尘含锗0.003%。把所收的烟尘投入7层多膛炉(ϕ7.5 m×9.5 m,总面积440 m^2)内,于650℃下焙烧脱氟与氯,脱氟、氯率分别达96%与70%。之后往焙砂加入废电解液进行中性浸出回收锌。浸出渣再经浓酸浸出,此时渣中的锗部分入酸浸液,部分残留在铅渣中。过程中锗的含量见表9-20。

表9-20　烟化铜反射炉渣过程中锗的含量　(%)

项　目	Ge	Cu	Pb	Zn	Fe	As	Sb	SiO_2	S	F
烟化炉尘	0.003	0.16	2.2	71.1	1.0	1.1	0.24	1.4	1.7	0.18
多膛炉焙砂	0.002	0.18	2.0	73.8	1.1	1.0	0.20	1.7		0.002
中浸液/g · L^{-1}	0.0004			约130						
酸浸液/g · L^{-1}	0.0027									
铅　渣	0.016	0.7	10.6	19.8	12.4	4.6	1.0	13.0		0.03

比利时的巴仑厂采用在850 ~1000℃进行沸腾焙烧锌精矿[93],产出70%的烟尘(内含SO_2 10%供制酸),此尘和焙砂送浸出得含锗0.001% ~0.04%的锌浸出渣,配以铅鼓风炉渣后送烟化炉处理,获得含锗0.1%的烟化炉尘,此尘经中性浸出回收锌,浸出渣富含锗0.3%。此富锗渣经酸浸,接着中和沉淀出锗,得到含锗2% ~3%的锗精矿,然后按经典氯化蒸馏法回收锗。

又有含Ge 0.006%、Pb 0.06%、Zn 9.96%及Fe 27.81%的炼锌渣,在加入料重10%的炭粉与15%的食盐,在1420 ~1480℃下氯化烟化75 ~80 min[1],料中锗挥发率大于90%,获得的烟尘含锗可达0.03% ~0.06%。烟尘经传统的氯化蒸馏法提锗。

综上所述,烟化法优越性在于:可较好地综合回收锗等SM,且富集程度较高,也可回收主金属铅与锌等。但它却存在间歇操作,煤耗量大,且需要设置一整套制备粉煤的设施,生产能力小,要求入炉料含锌大于5%及含SiO_2小于38%(最好小于30%)等弊端。改进措施:通过加长炉身(炉长比炉宽大6 ~8倍),采用热风或富氧吹炼,选择适宜的CO/(CO + CO_2)等措施,可在一定程度上克服上述弊端。此外,在烟化法提锗过程中,要特别防止渣中FeO被还原成金属铁,因为金属铁会吸收锗而导致入铁的锗不能挥发入烟尘,实践查明,烟化过程中产出的金属铁,它的含锗量较原渣约高一个数量级,不过此点也为合金法富集锗提供了可行的依据。随着 FeO 被还原,渣中 FeO 量逐渐减少,而影响到渣的流动性。

9.3.3 合金法提锗

英国是从煤中回收锗的主要国家之一,英国的煤尘一般可分为三种[219],见表 9-21。

表 9-21 英国煤尘的成分 (%)

种类	GeO_2	Ga_2O_3	Cu	Cl	S	PbO	ZnO	As_2O_3	SiO_2	Al_2O_3	Fe_2O_3	CaO
棕尘	1.24	0.75	0.19	痕	0	0.10	8.54	0.50	29.33	15.15	22.56	4.16
红尘	0.80	0.73	0.08	0.13	0	0.81	2.29	1.14	27.92	12.90	21.80	3.80
黑尘	0.29	0.38	0	1.95	1.43	0.30	0.14	0.52	11.50	5.10	7.58	4.04

一般煤尘含锗都接近或超过 1%,焦油含锗 0.003% ~0.004%,焦油再经燃烧,可得到含锗高达 0.10% ~0.28% 的烟尘。英国人于 1935 年对此采取直接氯化蒸馏提锗,但因回收率低、成本高,后改用合金法回收煤尘中的锗,其工艺流程如图 9-15 所示。

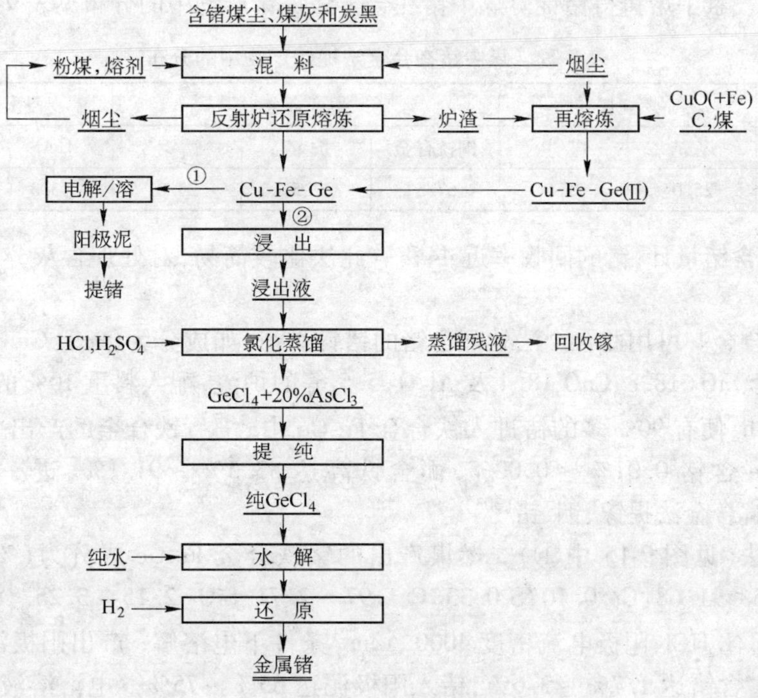

图 9-15 合金法提锗流程

在高温烧煤过程中,煤中的锗有机化合物主要转为氧化物及锗酸盐等。英国人利用锗与镓的亲铜或亲铁性进行还原熔炼,使锗与镓进入铜铁合金 Cu-Fe-Ge(Ga)而达到富集,然后再从 Cu-Fe-Ge(Ga)合金中回收锗与镓,方法有 3 种:

(1)浸出—氯化蒸馏(见图 9-15 中②)。如将含锗 0.072% ~0.156%、镓 0.3% 的煤烟尘、煤灰及炭黑,配以 Na_2CO_3、CaO、SiO_2 及 Al_2O_3 等熔剂和粉煤,如要回收料中的镓,宜选加 CuO,以使镓进入 Cu-Fe-Ge 合金。混料后,投入反射炉,在高于 1250℃温度下进行还原熔炼,在此过程中 GeO_2 被还原成熔融金属锗,然后被铜与铁所吸收,产出含锗 3% ~4% 及镓

1.5% ~2.0% 的 Cu-Fe-Ge，入 Cu-Fe-Ge 中的锗占原料中的 90% ~99%，镓占原料中的 60%[2~7,85,99]，余下的锗与镓部分转入烟尘，部分(特别是镓)转到炉渣，前者作为返料送混料工段，后者再配入 CuO 和粉煤，有时还配入铁再进行还原熔炼以回收镓。过程中锗部分入烟尘(收得的烟尘返回混料工段)，部分锗和渣中的镓转入 Cu-Fe-Ge(Ⅱ)。此 Cu-Fe-Ge(Ⅱ)连同前述的 Cu-Fe-Ge 合并，至此进入 Cu-Fe-Ge 中的镓总量占原料中镓量的 80%。将 Cu-Fe-Ge 进行浸出－氯化蒸馏：按液固比为 4∶1 添加稀 $FeCl_3$ 液、110℃、并通入氯气溶出 Cu-Fe-Ge，同时把 AsO_3^{3-} 氧化到 AsO_4^{3-}，与此同时，也发生锗的氯化反应：

$$Ge + 4FeCl_3 \xlongequal{\quad} GeCl_4 + 4FeCl_2 + Q \tag{9-47}$$

此反应是一放热过程，故不需另加热，可直接加入浓盐酸进行氯化蒸馏锗。在蒸馏过程中可用盛有 7 ~9 mol/L HCl 的吸收瓶来吸收 $GeCl_4$。产出的粗 $GeCl_4$ 经复蒸除砷后，便可获得含 $AsCl_3$ 仅 0.001% ~0.002% 的 $GeCl_4$，这种 $GeCl_4$ 在放有新鲜铜丝的蒸馏塔内再蒸馏，即可得到纯 $GeCl_4$，经水解得 GeO_2，经 650℃下通氢还原此 GeO_2 得金属锗，然后在 1000 ~1100℃的中性气氛中熔铸得锗锭。煤中锗在合金法提锗产物中的分布见表 9-22。

表 9-22　煤中锗在合金法提锗产物中的分布　　(%)

过　程	燃烧煤		生产合金			浸出—氯化蒸馏	
产出物	煤 渣	煤 尘	铜铁合金	炉 渣	循 环	GeO_2	蒸馏残液
分　布	25.0	75.0	67.5	7.5	25.0	43.3	2.4

按煤中的含锗量计，锗的回收率近 44%。此法比较简易，对处理含灰分多的煤尤为有利。

(2)电解合金。可用此合金法处理含锗的铅锌炉渣，如成分为(%)：Ge 0.006、Pb 0.6、Zn 10、Fe 27.7、SiO_2 18.8、CaO 18.4 及 Al_2O_3 5.5 等的炉渣，配入料重 10% 的炭，在 1400℃下还原熔炼 1 h，便有 90% 多的锗进入铁合金 Fe-Ge 中[3~7]，铁合金的产出率间于 20% ~25%，此 Fe-Ge 含锗 0.01% ~0.02%，而含铁高达 83.5% ~91.1%，进一步提锗，详见 6.2.5.1 节电解合金法提镓、铟、锗[303]。

(3)电溶法(见图 9-15 中①)。燃煤产出的锗铁合金 Fe-Ge 成分为(%)：Ge 0.82 ~1.21、Fe 86.25 ~91.68、Cu 0.10、S 0.33、C 1.97 ~2.71、SiO_2 2.15 ~3.25。将其熔铸得阳极，在 2.5 mol/L HCl、阳极电流密度 4000 A/m^2 条件下电溶解，产出阳极泥率为 16% ~33%，阳极泥富含锗达 1.7% ~3.6%，锗入阳极泥达 65% ~75%。电溶溶液含 Fe 160 g/L 左右，可酌情浓缩、结晶出氯化铁，作为工业产品出售[3~7]。

9.3.4　二次挥锗法

当含锗 0.001% ~0.015% 的煤在高温燃烧(如火电站烧锅炉等)过程中，煤中的锗大部分挥发入烟尘；在低温燃烧时，大部分转入煤灰渣，锗在煤尘或煤灰中约富集 10 倍，含锗可达 0.01% ~0.3%。这种含锗原料不宜直接用来提锗，须经制团后放入鼓风炉或竖炉内进行再挥发，从所得的富含锗的二次尘中回收锗。称这种方法为二(再)次挥锗法，其流程[1~7]如图 9-16 所示。

含锗 0.001% ~0.015% 的煤在高于 1150℃下燃烧，过程中煤中的锗进入烟尘及煤灰。

一般粗烟尘如重力尘、旋风尘等含锗低，约0.01% ~ 0.2%；布袋尘含锗高，一般含锗0.3% ~1.0%；而煤灰含锗较低，约0.01% ~0.10%。这几种尘可分别处理：如含锗约1%的布袋尘可直接氯化蒸馏提锗；其余的尘或灰则经制团后送再次挥发，混合后的尘或灰配入料重百分之几的黏结剂（如石油焦、酸性纸浆或亲水的CaO等）制团，经干燥后投入鼓风炉等内，在炉温1200 ~1350℃进行还原熔炼，还原熔炼采用低料柱，炉顶温度控制在500℃左右，采用20% ~40%的焦比，并视原料成分差异或另加料重45% ~100%的铁矿石造高铁型渣（FeO 40% ~48%，SiO_2 29% ~33%、CaO 5% ~6%、Al_2O_3 12% ~15%），或造高硅型渣（SiO_2 40% ~45%、FeO 2% ~3%、CaO 35% ~40%、Al_2O_3 10% ~15%）。在这样条件下的还原熔炼过程中，锗挥发入煤烟尘（Ⅱ），此烟尘含锗高达2% ~10%，可按传统的氯化蒸馏锗法提取锗。

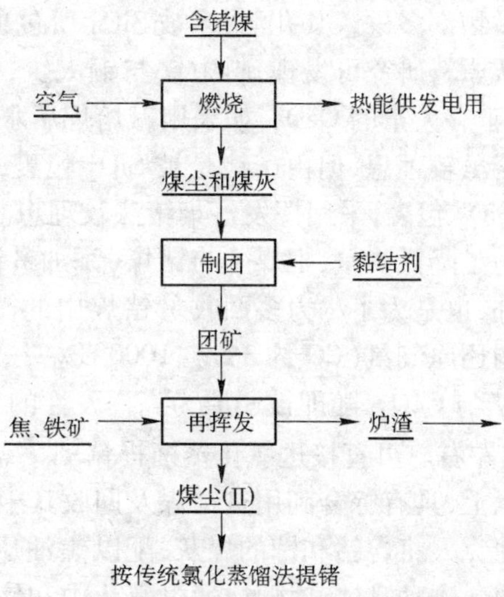

图9-16 再次挥锗法工艺流程

我国某火电站收集的布袋尘及该火电站所用的贫锗煤的成分见表9-23。

表9-23 煤尘与贫锗煤的成分 （%）

成分	Ge	Ga	Fe	Cu	S	As	SiO_2	CaO	Al_2O_3	MgO	放射性/$Bq \cdot kg^{-1}$	堆密度/$g \cdot cm^{-3}$
布袋尘	0.280	0.0025	4.60	0.20	0.78	0.022	59.66	4.06	16.68	0.55	41.81×10^4	0.434
混合尘	0.110	0.0017	3.43	0.85	0.53	0.055	69.76	2.35	15.41	0.49	12.765×10^4	0.683
贫锗煤	0.0205	0.0003		0.01	1.13						5.772×10^4	0.792

通过电子探针及X射线衍射仪等物相分析，查明煤尘中的锗物相的含量与分布见表9-24。

表9-24 煤尘中的锗物相的含量与分布 （%）

项目	无定形 GeO_2 + GeS		(Fe、Al、Ca)锗酸盐 + GeO_2		锗硅结合体		GeS		四面体 GeO_2		合 计	
	含量	分布	含量	分布	含量	分布	含量	分布	含量	分布	含量	分布
布袋尘	0.054	19.20	0.200	71.00	0.006	2.13	0.011	3.91	0.010	3.16	0.281	100.00
混合尘	0.020	16.53	0.080	61.12	0.015	12.4	0.002	1.65	0.004	3.30	0.121	100.00

也查明：(1)贫锗煤中除锗及热量有利用价值外，其他无可利用。且由于尘含SiO_2特高，给提锗带来了不便；(2)煤尘中含锗主体却是锗酸盐，而难溶的四面体GeO_2及锗硅结合体二者之和对布袋尘仅是5.79%，对混合尘也不过是15.7%；(3)煤尘是由超小微粒(0.5 ~1.0 μm)集结组成的多孔结构、且锗并不存在于所有的微粒之中，锗主要与钙、硫，其次与铝、铁等紧密结合，且凡有高钙高铁微粒，其含锗必越高；(4)由于尘含SiO_2特高，上述

含锗矿物都多进入其孔洞,多被 SiO_2 所包裹。

从原料研究可发现:料中铁与铜太少,似难走合金富集之路,若另加铁或铜,又不太合理;由于有大量的 GeO_2,如采用碱熔炼后水冶提锗法,显然会造成酸碱浪费,经济效益不良;用酸溶虽较理想,但由于锗是被 SiO_2 包裹,且主要呈锗酸盐状态,难有效地浸出。因此,为破坏 SiO_2 包裹,采用挥发富集锗法较理想。

为了降低尘量,把煤尘与锗煤(添加贫锗煤,除了为增加过程的热量及保障一定的还原气氛外,也是为了尽力多回收贫锗煤中的微量锗)按一定的比例混合制粒。制得的煤尘粒料在弱还原气氛(CO 约 3%)、1000℃左右、还原焙烧 30 min,煤尘粒料中的锗酸盐分解为 Me_nO_m 与 GeO_2,随即被还原为高挥发性的 GeO 而挥发,锗挥发率高达 81% ~97%,尘含锗达 2% 左右。可直接送氯化蒸馏提锗[3~7]。此法工艺简短,易上马,经济效益好,锗回收率 70% 以上,具有综合利用贫锗煤及回收其中锗的优点。

捷克人将含锗和镓的煤灰,配以焦油压团,在高于 800℃下焙烧,锗便在焦油或含酚水中富集。这种富锗产物,或通过氧化中和使锗入水解产物;或经再燃烧使锗再挥发入烟尘,获得含锗约 20% 及镓约 3% 的尘,然后按传统氯化蒸馏法提锗[2~7]。从团矿算起,锗的回收率可达 95%,同时可从蒸馏残液回收镓。捷克的另一专利[2~7]提到,将含锗 0.05% ~0.5% 的煤灰,加碱或碱土金属氯化物制团,投入竖炉,在 900℃进行再挥发,料中 89% ~94% 的锗挥发入烟尘,然后进一步提锗。本法经两次火法挥发处理,锗的损失较多,总回收率为 50% ~70%,能耗也大,且易还原出铁,导致锗更分散。但此法简易可行,富集比大,可快速获得锗精矿或锗。

9.3.5　一步挥锗法

鉴于二(再)次挥锗法的锗回收率较低,我国于 1992 年研究成功一专利技术[303],实现了从煤中一步挥锗法,并投入工业生产,将锗的回收率由原来的再次挥锗法的 50% 提高到 80% 以上。该专利在于改进制团,干燥后投入改进烧煤工艺的炉型,控制一定高的料柱,在高于 1100℃的高温弱还原气氛中,煤中的锗酸盐、锗化合物被还原分解为低价易挥发的锗化合物而挥发入煤气,经二次风使煤气氧化燃烧完全,挥发的锗经收尘后,按 9.2.1 节介绍的经典氯化蒸馏锗法提锗。生产中要求加入的煤的发热量宜大于 12556.5 kJ/kg,团矿不易碎且需燃烧完全,控制好气氛与完备的收尘,就可确保锗回收率在 80% 以上。

如进料煤发热量近 12137.95 kJ/kg,团矿料含锗 0.07%,经一步挥锗法生产,可产出含锗 5% ~6% 的烟尘,尘率仅 8% ~10%,锗挥发率 90% ~97%;煤烧渣率约 30% ~35%,渣含锗 0.005% ~0.010%。含锗 5% ~6% 的烟尘经 9.2.1 节介绍的经典氯化蒸馏锗法得到锗,锗回收率大于 80%[3~7]。

此法实现了一步挥发锗,简化了工序与设备,提高了锗回收率和经济效益,又改善了环境[3~7,303]。

9.3.6　氧化—氯(或硫)化挥锗法

含锗 0.010% ~0.015% 的美国的锌精矿经过传统的氧化焙烧后,配入一定量的炭与食盐在 1200 ~1300℃的高温下进行氯化挥发,在此过程中,锌进入焙砂(Ⅱ),而锗被挥发入烟尘:

$$GeO_2 + 2Cl_2 + C \xlongequal{} GeCl_4 + CO_2 \tag{9-48}$$

所获得的含锗烟尘经硫酸浸出而脱铅后，再用锌粉置换得铜锗沉淀物，重复此过程，最终得到含锗4% ~7%的置换产物——锗精矿，此锗精矿可通过传统的氯化蒸馏法提锗。图9-17为氧化—氯(或硫)化挥锗法的工艺流程。

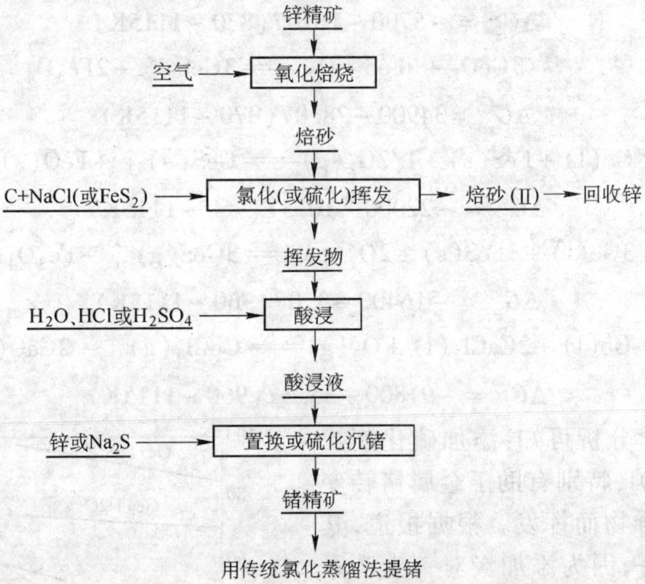

图9-17 氧化—氯(或硫)化挥锗法流程

美国的伊格-皮切尔(Eagle-Piche Co.)公司采用氧化—氯化挥锗工艺，贝尔蒙特(Belmont)矿冶公司也采用类似的氧化—硫化挥锗工艺，但均无具体报道。采用氧化—氯化挥锗工艺，会给锌生产系统带入氯离子，这是不利的。

前苏联采用氯化挥锗法处理含锗氧化铅锌矿，该矿成分为(%)：Pb 7.5、Zn 3.6 ~10.1、S 0.37 ~1.23、Fe_2O_3 36.4 ~42.1、SiO_2 6.3 ~20.2、Al_2O_3 7.1 ~8.4、CaO 2.9及MgO 0.1 ~1.6等。矿石经制粒得到0.25 ~0.4 mm的粒料，配以料重10%的食盐，在700 ~1100℃下氯化焙烧，锗大部分挥发入烟尘，收得的氯化烟尘用盐酸浸出回收锗与铅、金与银；而焙砂(Ⅱ)经硫酸化焙烧，所得硫酸化焙砂经水浸出而回收锌[300]。

在实施挥发含锗锌浸出渣的工艺中，大多数工厂都采用回转窑处理含锗锌浸出渣，此渣的典型成分为(%)：Ge 0.0025 ~0.01、Zn 18 ~22、Pb 4.0 ~4.5、Cu 1.4 ~1.8，Cd 2.0 ~2.4，As 0.05 ~0.06，Sn 0.04 ~0.06、Fe 20 ~27及SiO_2 8 ~12等。在回转窑的高温还原气氛中，料中的锗化合物发生离解、交互反应、升华和挥发作用。如原渣含锗0.01%，经此挥发处理，锗的挥发率达75%；提高温度并加大窑的转速，可使含锗0.0025%的锌浸出渣锗挥发率也达70%，在一般的生产实践中都能达到与此相类似的结果[85,89,176,205]。但回转窑挥发锗的效率不好，是因为过程主要是挥发铅与锌，挥发铅采用弱还原气氛及中温就行，只不过高温则更有利；但要挥发锌却需要强还原性气氛及高温，可是在这样条件下，势必加速CO把GeO_2还原到液态锗：

$$GeO_2(s) + 2CO(g) \xlongequal{} Ge(l) + 2CO_2(g) \tag{9-49}$$

这将对如下的挥发锗的反应不利：

$$GeO_2 + CO \xlongequal{} GeO\uparrow + CO_2 \tag{9-50}$$

为了提高挥锗效果，可采取或烟尘制粒，或添加助挥发的硫化剂、氯化剂、粉煤等措施。如添加 FeS 或 $CaCl_2$，便会有助于锗的挥发：

$$GeO_2 + 2FeS + 1/2O_2 \xlongequal{} GeS_2\uparrow + Fe_2O_3$$

$$\Delta G_r^{\ominus} = -5700 - 16.0T(870 \sim 1115K) \tag{9-51}$$

$$3GeO_2 + 6FeS + O_2 \xlongequal{} 3GeS_2\uparrow + 2Fe_3O_4$$

$$\Delta G_r^{\ominus} = 34900 - 78.0T(870 \sim 1115K) \tag{9-52}$$

$$Ge(l) + FeS(s) + 1/2O_2(g) \xlongequal{} GeS(g)\uparrow + FeO(s)$$

$$\Delta G_r^{\ominus} = -22000 - 10.3T(960 \sim 1115K) \tag{9-53}$$

$$3Ge(l) + 3FeS(s) + 2O_2(g) \xlongequal{} 3GeS(g)\uparrow + Fe_3O_4(s)$$

$$\Delta G_r^{\ominus} = -16400 - 3.0T(960 \sim 1115K) \tag{9-54}$$

$$Ge(l) + 2CaCl_2(l) + O_2(g) \xlongequal{} GeCl_4(g)\uparrow + 2CaO(s)$$

$$\Delta G_r^{\ominus} = -91800 + 35.3T(960 \sim 1115K) \tag{9-55}$$

从上述热力学分析可知：添加硫化剂或氯化剂有助于 GeO_2，特别有助于金属锗转变为易挥发的锗化合物而挥发。根据报道，其中以添加粉煤为好，因为添加炭对锌生产系统影响不大，添加物与锗挥发率的关系如图 9-18 所示。

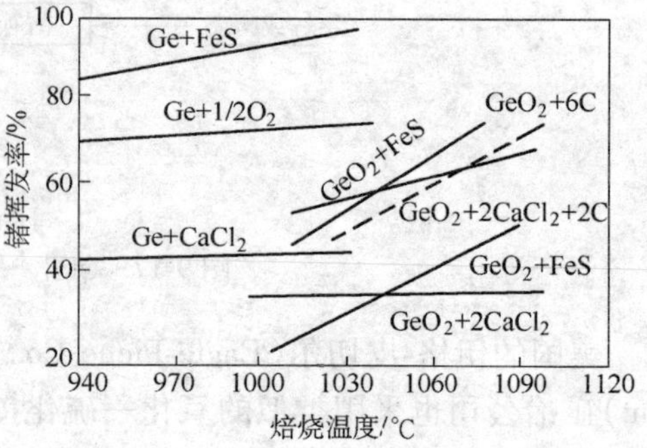

图 9-18　添加物与挥锗率的关系曲线

9.3.7　高炉炼铁提锗法

氧化铁矿一般含锗约 0.002% ~0.010%，锗在矿中的分布不均匀，磁铁矿中含锗较富，且矿的强磁性部分较一般的高出数倍；在未氧化的磁铁矿和赤铁矿中的磁性部分含锗较已氧化的富，这可能是由于磁铁矿在地质氧化过程中，呈 Ge^{4+} 状态的锗随溶液而迁移，以及与铁、锰及硅酸随古生代的闪岩和喷发岩而转移；含假象赤铁矿和氧化了的赤铁矿的含锗量都较低；胶状赤铁矿含锗则较高，而陨铁和赤铁矿的含锗量更低，铁陨石含锗量大大高于石陨石，如含铁 90.85% 的铁陨石含锗 0.0001% ~0.0052%，高的可达 0.1%[45,89]，而石陨石含锗仅有 0.0005%。从铁矿中回收锗主要采用高炉炼铁挥锗法及合金法。

9.3.7.1　高炉炼铁提锗法

在高炉炼铁过程中，铁矿中的 GeO_2 主要被炉内 CO 及 C 所还原：

$$GeO_2 + 2Fe \xlongequal{} Ge + 2FeO \tag{9-56}$$

$$GeO_2 + 2CO \xlongequal{} Ge + 2CO_2 \tag{9-57}$$

$$GeO_2 + 2C \xlongequal{} Ge + 2CO \tag{9-58}$$

在 900℃下反应式 9-56 的 $\Delta G_{900}^{\ominus} = -40.6$ kJ/mol[68~75]，只要存在金属铁，即当 p_{O_2} 等于或小于 Fe-FeO 的平衡 p_{O_2} 值时（这在高炉中是易于建立的），GeO_2 就会被还原成金属锗，随后与铁可能形成 Fe-Ge 合金[90]，其 $\Delta G_T^{\ominus}$ 与温度的关系如图 9-19 所示。

实践表明，炼铁过程中料中的锗几乎全部转入铁水[2~7]，转入烟尘的锗仅占料中锗的0.6%，转入炉渣中的锗也极少。只有当渣中存在有金属粒的状况下，锗才会入渣。在铁水中锗可形成锗铁固溶体，也可形成 Fe_2Ge 或 $FeGe_2$ 化合物。

从铁水中直接提锗是不经济的，最好是从高炉烟尘或转炉吹炼的烟尘中提锗进行综合利用。但是据某些实践及理论的分析，可能通过铁水造渣法，使铁水中锗入渣；或铁水氯化，使铁水中锗挥发入烟尘，然后加以回收锗。

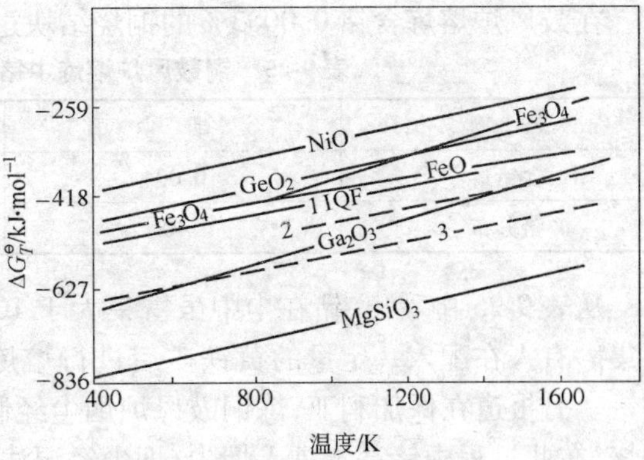

图 9-19 $\Delta G_T^\ominus$ 与温度的关系

1—IQF 即铁橄榄石；2—原始球状陨石；3—顽火辉石球状陨石

9.3.7.2 竖炉还原挥发锗

在保加利亚有一种含铁仅42%，但含锗、铅、锡及硫较多的多金属铁矿，这种铁矿不宜直接炼铁，需配入10%粉煤和16%~18%的焦炭，投入竖炉中还原挥发，使锗富集于烟尘，然后从烟尘中回收锗。

9.3.7.3 鼓风炉挥发锗

此工艺的关键在于延长高温区，因为只有在高温下才能完全挥发锗，其流程如图9-20所示。

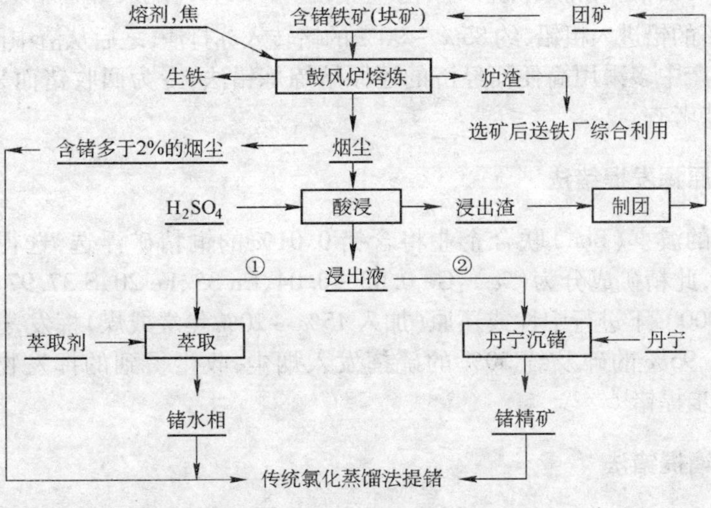

图 9-20 鼓风炉挥锗法工艺流程

为此要求控制：(1)需造酸性渣(含 SiO_2 25%~30%、FeO 45%~50%、Al_2O_3 10%~15%及CaO 5%)，且造渣量不宜过少，并需渣流动性好；(2)实施作业区按高度分布的温度制度，以达到风口高温区延长的目的；(3)同时还要求风管总断面与鼓风炉风口区断面积之比在1.5%~3%及进入风口区的风速增大到45 m/s以上；(4)采用50%~60%的焦比，使炉内 $CO/(CO+CO_2)$ 为60%~70%；(5)保持熔炼温度达1300~1350℃、炉顶温度650~750℃等条件；即可使铁矿中的绝大部分的锗挥发入烟尘，与此同时不会产出生铁。

在鼓风炉熔炼含锗 0.0003% 的铜烧结块过程中，锗的主要走向数据[93] 见表 9-25。

表 9-25　铜鼓风炉熔炼中锗在各产物中的含量与分布　(%)

产　物	烟　尘	炉　渣	冰　铜
含锗量	0.004	0.0002	0.0004
锗分布	40	42	18

从表 9-25 中看出，锗在尘中虽富集大于 10 倍，但要从此烟尘中提取锗，还需要经过再富集。有人在配入一定量的黄铁矿后进行熔炼，锗入烟尘的分布率由 40% 提高到 50% ~ 70%。另报道在保加利亚，炼铜鼓风炉烟尘经制粒后，投入回转窑，在 1000 ~ 1100℃下还原焙烧，在此过程中锗基本进入烟尘，烟尘经湿法处理，锗回收率约为 69.3%[275]。

日本将含锗 0.012% 的赤铁矿，投入料柱达 1.2 ~ 1.6m 高的鼓风炉中，在焦比 55% ~ 60%、鼓入风量达 15 ~ 80 $m^3/(m^2 \cdot min)$、风压 2.9 ~ 4.4 kPa、1350 ~ 1400℃的条件下还原挥发，当炉生产能力达 35 $t/(m^2 \cdot d)$的情况下，熔炼产出的烟尘率仅 0.5% ~ 5.0%，此烟尘含锗达 0.3% ~ 2.0%，可采用经典的氯化蒸馏法从这些烟尘中回收锗。但鼓风炉炉渣量较大，内含锗约 0.001% ~ 0.002%，锗随炉渣损失约 10% ~ 15%，故鼓风炉挥锗过程中的锗回收率不会高于 85%，如若产出生铁，则锗更分散，导致锗回收率更低。由此可见，单纯以铁矿石为原料进行提锗，因经济上的原因恐难实现工业化。

9.3.8　碱熔炼铅富集锗法

含锗 0.05% 的铅精矿，加入料重 1.5 ~ 1.7 倍的 Na_2CO_3，并配入 10% 木炭，在 950 ~ 1000℃碱熔炼，便有 93% 的铅进入粗铅，约 85% ~ 90% 的锗转入苏打渣，之后从渣中回收锗。

但铅工业生产中多采用简便而经济的还原熔炼炼铅法，专为回收锗而采取碱熔炼炼铅法，在经济上有待考查。

9.3.9　中性、还原挥发提锗法

前南斯拉夫的波亨(Bon)联合企业将含锗 0.01% 的铜精矿浮选，选得产率仅 11% ~ 12% 的铜锗精矿，此精矿成分为(%)：Ge 0.03 ~ 0.04、Cu 35、Fe 20、S 37.97、As 2.89。将铜锗精矿在 850 ~ 900℃下进行中性或还原(加入 15% ~ 20% 焦炭或煤)挥发，过程中有 98% ~ 99% 的锗、85% ~ 95% 的砷及约 50% 的硫挥发入烟尘，收尘得到的挥发物含锗 0.12% ~ 0.18% 然后进一步提锗[2~7]。

9.3.10　真空蒸馏提锗法

为了富集锗，采用了“真空蒸馏”处理硬锌的工序。此工艺是鉴于锗与砷、铅、锌等在 600 ~ 1000℃间的蒸气压差别极大，可达 5 个数量级，故在一定温度下进行真空蒸馏，可使砷、铅、锌等挥发入气相，经冷凝而回收与综合利用；而硬锌中的铟、银等随锗基本上均留存蒸馏渣内达到富集，可综合利用与提锗。

将含锗 0.3% ~ 1.0% 的硬锌投入由电加热水套式的真空炉内，抽真空至 1500 Pa，在 1000℃蒸馏数小时，冷凝温度控制在 460℃，蒸馏渣内锗富集 10 倍以上[80]，然后或用 9.2.2 节介绍的碱土金属氯化蒸馏锗法提锗，如图 9-2 所示。

真空蒸馏提锗工艺简易，运行稳定且安全，经济效益好，1997 年在某厂已投入工业生产。

10 硒与碲的综合回收技术

10.1 提硒、碲原料

硒和碲是稀散金属中最早被发现的元素,常共生在一起。西方国家的硒矿矿源主要来自斑铜矿和铜黄铁矿,见表 10-1。

表 10-1 西方国家硒矿矿源分布

矿　源	斑铜矿	铜黄铁矿	铜镍矿	黄铜矿-斑铜矿	铜铅锌矿	铅锌矿
占有率/%	53.7	33.6	8.0	2.0	0.7	2.0

10.1.1 有色金属冶炼的阳极泥及其他副产物

有色冶金工业中提取硒与碲的原料,主要为电解产出的阳极泥,其中首位是铜电解阳极泥,其次是镍或铅电解阳极泥。有关国内外铜、镍、铅电解阳极泥含硒、碲状况,择有代表性的阳极泥典型成分列于表 10-2[1~7,185]。

炼铜过程中,熔炼铜时料中约 85% ~90% 的硒与碲进入阳极铜,约 15% ~10% 的硒与碲进入烟尘,只有极少量转入渣中。反射炉熔炼铜时,部分硒与碲进入烟尘[24,183,304,305],约 60% ~80% 的硒转入冰铜,冰铜含硒约达 0.01%,当吹炼冰铜时,有 90%(为原矿的 60%)的硒转入粗铜,电解粗铜时,粗铜中的硒大部分转入铜阳极泥。在此过程中碲却均匀分散在所有产物中,只是转入烟尘中的碲得到一定的富集。硒与碲在吹炼冰铜产物中的分布见表 10-3。当电解铜时,阳极铜中的硒与碲均全部转入阳极泥。与此同时,阳极铜中的全部金、银及铅,以及约 40% 的砷也转入阳极泥,阳极泥中硒与碲的品位可分别达到 4% ~12% 与 1.5% ~10%[93]。据报道[24,306,307]硒与碲在有色金属电解的阳极泥中主要呈硒(碲)化物 $Me_nSe(Te)$,硒存在的形态为 AgSe(绿色)、Cu_2Se(黑色)、CuSe(灰色)、CuAgSe 及元素 Se 等;碲存在的形态为 Ag_2Te(灰色),Cu_2Te(蓝、黑或灰色)、$(Au、Ag)Te_2$ 及元素 Te 等;其他金、银与铜主要以硒(碲)化物状态及元素状态存在;镍、铁与锌等主要以氧化物形态存在,其余的砷、锑、铅及铋等以相应的氧化物或砷酸盐形态存在。它们的粒度一般都小于 0.15mm。阳极泥的产出率依处理原料不同而异,一般铜阳极泥率约为 0.2% ~0.8%,而铅阳极泥率稍高,约为 1.4% ~1.8%。

在处理铅锌矿时,虽然铅锌矿含硒与碲量均较少,但在冶炼过程中它们在烟尘或酸泥中能达到一定程度的富集[85]。据文献[51 ~60]统计后得出结论说,铅矿中的碲的储量虽约占其总储量的 25%,但由于炼铅多采用火法而少采用电解,故而暂难经济地回收其中的碲。硒、碲在铅冶炼产物中的分布见表 10-4。

表 10-2 国内外铜、镍、铅电解的阳极泥典型成分

国家	厂名	产出率/%	成分(质量分数)/%																
			Se	Te	Tl	Au	Ag	Cu	Pb	Zn	As	Sb	Bi	Ni	Fe	$S_{全}$	SiO_2	Al_2O_3	CaO
瑞典	Bol.	1.4	21.0	1.0		1.28	9.36	40.0	10.2	1.0	0.8	1.5		0.5	0.04	3.5	0.3		0.05
美国	KenCu		12	3		0.9	9	30	2		2	0.5							
	BaLCu		9.12~12	0.82~3		0.65~0.9	9~15.7	23.4~30	3.15		3.14	2.34							
	KabCu		4~10	0.6~1.3		0.1~0.4	1.25~1.9	2~3	9~18		3~4	5~7		0.4~0.6	0.25				
	InCo		7	2		0.1	6	17	1		0.8	0.05	0.1	26					
前苏联	KelCu		13.59	1.1				22.33	11.1		0.61	3.61					8.40		
	MosCu		2.0			0.04	3.17	11.78								5.99	0.68		
	NorNi		5.62			0.1	4.69	19.62						30.78		5.26	0.52		
加拿大	NoraCu	0.65	28.42	3.83		1.98	10.53	45.8			0.33	0.81		0.23	0.40				
	EMonCu	0.95	20.54	2.92		1.08	15.4	37			0.57	0.48		0.17	0.60				
	CuRef		10.9	3.19			21.3	20.3	8.5		1.83	0.95	0.36	0.52					
	INCo		15.03	3.61	0.4			24.7	1.51		0.24	0.32		19.8	0.40	5.9	0.18		
澳大利亚	KenbCu	1.0	2.96	2.58		1.64	6.28	13.8	23.7		4.03	8.34		0.45	0.35	7.8	0.72	0.71	0.55
	MontCu	0.78	3.28	痕		0.17	0.94	66.23	1.0		0.7	0.05		0.05		9.88	1.11		
津巴布韦	Cor. Synnyati. Cu	0.14	12.64	1.06		0.03	5.14	44.53	0.91		0.27	0.06		0.27	1.42	6.55	6.93	1.03	0.54
芬兰	Outok. Oy	0.38	4.33			0.44	7.34	11.02	2.62	痕	0.7	0.04		45.2	0.6	2.32	2.25	痕	
日本	1		19.2	1.35		0.0012	0.0159	0.37	24.9										
	2	0.79	5.86	2.49		0.93	1.07	29.27	33.36		1.41	5.54		2.19	0.94		3.3	1.5	0.3
	3		4.02	1.35		0.31	8.09	21.78	16.51	0.75	1.35	5.52		1.56	0.15		2.01	1.42	0.2
	JMin		15.2	3.64		0.99	20.6	4.73	6.54		1.59	0.05	1.6	0.03					
中国	1	0.5~0.8	4.2	0.58		0.55	17.35	12.41	21.3		2.66	1.3							
	2	0.2~0.8	5.8	0.5		1.65	13.5	11.5	20.5		3.1	14.5		2.8			11.5		
	3	0.2~0.8	2.9			0.34	11.4	12.1	5.0		2								
	4	0.2~0.8	12.5	0.6		0.2	6.9	37.0	4.95		0.95	0.50		0.17		6	1.2		
	5	0.2~0.8	3.2	0.55		0.31	11.2	10.1	12.4		4.4	6.1		1.1					
	6	1.4~1.8				0.003	18.14	4.6	10.0		0.12	39.0							
	7	1.4~1.8					2.5	3.7	12.5		0.02	57.5							

表 10-3 硒与碲在吹炼冰铜产物中的分布 (%)

元素	进料 冰铜		产出物 粗铜		转炉渣		烟尘	
	品位	分布	品位	分布	品位	分布	品位	分布
Se	0.0034~0.009	100.0	0.016~0.023	56~72	0.0004~0.0009	8~12		16~37
Te	0.0019~0.0038	100.0	0.005~0.0094	46~48	0.0005	34~11		20~24

表 10-4 硒与碲在铅冶炼产物中的分布 (%)

元素	铅精矿烧结				铅熔炼				铅精炼			
	烧结块	返料	烧结尘	损失	粗铅	冰铜	烟尘	炉渣	浮渣	银渣	残渣	损失
Se	14	63	5	18	17	6	9	68	42~76	16~17	6~7	3~20
Te	10	84.6	0.4	5	53	2	4	41	18~38	57~79	2~4	1~2

在水冶锌过程中硒与碲在各产物中的分布见表 10-5。

表 10-5 硒与碲在湿法提锌产物中的分布 (%)

元素	焙烧			浸出	回转窑挥发	
	焙砂	烟尘	损失	浸出渣	挥发物	窑渣
Se	50	18	34	近 100	75	25
Te	36	34	30	近 100	56	44

在 ISP(密闭鼓风炉)熔炼铅锌过程中硒与碲的分布见表 10-6[286,287]。

表 10-6 硒与碲在 ISP 产物中的分布 (%)

元素	焙烧			ISP		
	烧结块	烟尘	烟气	粗锌	炉渣	蓝粉等
Se	5.5	71.2	23.3	8.8		91.2
Te	约 40	约 60		80.6	19.4	

在火法竖(横)罐炼锌产物中的硒碲分布见表 10-7。

表 10-7 硒与碲在火法炼锌产物中的分布 (%)

元素	烧结			火法蒸馏锌			
	烧结块	烟尘	损失	粗锌	蓝粉	炉渣	损失
Se	48	7.3	44.7	8.5	74	0.8	16.7
Te	77.1	13.6	9.3	17.5	45	2.3	35.2

用烟化炉处理转炉渣或铅鼓风炉渣时，渣中的硒与碲主要转入烟尘。如某厂转炉渣含硒 0.0008% ~0.001%、碲 0.0003% ~0.001%，经烟化炉吹炼，渣中硒与碲基本进入烟尘，烟尘中含硒与碲分别达 0.0175% 与 0.004% ~0.019%。如用电炉还原熔炼含硒与碲的烟尘，则原烟尘中的硒与碲几乎各半地进入电炉烟尘与冰铜。

10.1.2 有色冶炼与化工厂的酸泥

有色冶炼厂 SO_2 烟气生产硫酸和化工厂生产硫酸及纸浆生产过程中从烟气中收得的

尘泥或淋洗泥渣等统称为酸泥，酸泥富含硒与碲（参见表 8-6 与表 8-7）[2~7,85,275]。

我们曾研究查明国内某铜厂的酸泥成分为（%）：Se 0.08、Te 0.03、Pb 49.5、Bi 5.7、Tl 0.02，由于烟气收尘不良，故酸泥中硒与碲均过贫，硒与碲在酸泥中主呈 Cu/Ag（Se、Te）形态，且凡硒高或硒、碲同高处，银也在该处富集，硒、碲的赋存状态见表 10-8[3~7]。

表 10-8　酸泥中硒、碲的赋存状态　（%）

Se	物相	Cu_2Se	$Bi_2(SeO_4)_3$	$PbSeO_4+Se^0$+硒碲结合物	Ag_2Se	合计
	含量	0.0310	0.0289	0.0100	0.0071	0.0770
	分布	40.3	37.5	12.9	9.3	100.0
Te	物相	Cu_2Te	$Bi_2(TeO_4)_3$	$PbTeO_4+Te^0$+碲硒结合物	Ag_2Te	合计
	含量	0.0100	0.0095	0.0047	0.0048	0.0290
	分布	34.5	32.8	16.1	16.6	100.0

据报道，酸泥中的硒主要以单体硒形态存在[24,85]，炼锌厂利用烟气中 SO_2 制酸所产出的酸泥具有如表 10-9 所列的典型成分（国内厂 SO_2 烟气除尘不良，导致酸泥中含硒、碲过贫）。

表 10-9　有色冶炼厂烟气制酸所产酸泥的典型成分　（%）

冶炼厂	Se	Te	Bi	Pb	S	Cu	Zn	As	Hg	Cd	Fe	SiO_2	Ag	Tl
国内铜厂	0.077	0.029	5.5~10.8	49~55	10.8	0.83	0.85	1.9	0.07	0.13	3.59	1.42	0.05	0.02
国内铅锌厂	0.11	0.02	0.01	31~63	10.6		0.63	0.07	0.09	1.40	0.02	1.20	0.05	
国内锌厂	0.9~1.8			31~48	8.7~10.6		3~5		1~15			1.5~20.4		
国内锌厂	2.8~3.1			26~37					6~28			20		
国外NM厂	1.4~22.0	0.5~12.0	0.7~10.0	26~48	4~11		3~5	0.5~4.3	0.7~15		0.8~3.5		0.002~0.08	

化工厂用黄铁矿或硫磺生产硫酸时，两种物料一般都含有 0.0015%~0.0500% 的硒与碲，它们常以类质同象存在矿中。在生产硫酸过程中，矿中的硒以 SeO_2 形态随 SO_2 转入烟气，随后在经过沉淀池、淋洗塔及电除雾等处溶于水而形成的 H_2SeO_3，旋即被过程中的 SO_2 还原成硒，沉积在底部而成酸泥[24,305]：

$$SeO_2 + 3SO_2 + 2H_2O \xlongequal{\quad} H_2SeS_2O_6 + H_2SO_4 \tag{10-1}$$

但 $H_2SeS_2O_6$ 不稳定，在高于 70℃ 时就离解成元素硒：

$$H_2SeS_2O_6 \xlongequal{\quad} Se\downarrow + H_2SO_4 + SO_2 \tag{10-2}$$

为了有效吸收硒，需把沉淀池中的含 10%~40% 硫酸的吸收液加热到 90~100℃，待硒沉于池底后，泵到第二塔去吸收余下的 SeO_2。烟气含尘越少，酸泥含硒量就越高，如前苏联基洛夫炼铜厂的烟气含尘高达 480 mg/m³ 时，酸泥含硒量少，而当烟气含尘小于 200 mg/m³ 时，获得的酸泥含硒达 0.5%[24]。第一塔酸泥含硒 3%，第二塔酸泥含硒达 8%，而电除雾的酸泥含硒则更高。硒与碲在生产硫酸过程中在各产物的分布见表10-10。

表10-10 硒与碲在生产硫酸产物中的分布 (%)

元素	焙砂		烟道尘		干式电收尘		淋洗塔酸泥		湿式电收尘酸泥		过滤渣	
	品位	分布	品位	分布	品位	分布	品位	分布	品位	分布	品位	分布
Se	0.0019	17.6	0.0009	4.4	0.0012	1.6	1.4	37.1	61.1	4.6	62.3	34.7
Te	0.0035	54.4	0.005	40.4	0.0173	3.9	0.018	0.8	0.047	0.1	0.42	0.4

实际上进入酸泥中的硒与碲量分别波动在3% ~52%与0.2% ~14%(参见表8-6)。在亚硫酸纸浆生产中所产出的酸泥,其中含硒与碲量分别为6% ~21%与5% ~12%(参见表8-7)。酸泥(尤其是生产纸浆所产生的)含砷都较高,有的高达42%。而纸浆生产中的酸泥含硫、汞又特别多,有的高达22%以上。因而从酸泥中提取硒与碲的方法,需要考虑砷、汞与硫的问题。

综上述可知:(1)目前有色冶炼厂阳极泥是提取硒碲的主要原料来源;(2)水冶、火法炼锌中硒与碲均较分散;(3)在铅锌密闭鼓风炉熔炼过程中硒与碲基本富集于烟尘和蓝粉;(4)在铅冶炼中硒与碲主要富集在精炼的副产物中;(5)未来有色冶炼和化工厂的SO_2烟气制酸产出的酸泥将是提硒与碲的另一原料来源;(6)处理酸泥必须考虑砷、汞与硫的综合利用与环保事宜。

此外,在处理含硒煤矿时,含硒煤在燃烧时硒挥发进入烟气,可从湿式电收尘处回收。

10.2 水冶硒、碲

10.2.1 硫酸化提硒、碲法

目前世界上约半数的阳极泥是采用硫酸化法处理的。此法的优点在于:(1)简易地在第一工序将硒提取,硒的回收率大于93%;(2)可以回收提硒后残渣中的碲,回收率大于70%;(3)由于硫酸化过程中不形成硒酸盐或亚硒酸盐,故还原硒时可不需另加盐酸而比较经济;(4)物料呈浆状,故操作中机械损失少;(5)不发生硒及其化合物的升华,烟气量小,这就既减小硒的毒害,也减小了收尘的压力与设施规模;(6)适宜对含贵金属及铜、镍、铅、铋及锑多的阳极泥综合利用。硫酸化焙烧提取硒与碲法的典型工艺流程如图10-1所示。

硫酸化焙烧是将阳极泥配以料重80% ~110%的硫酸,在350 ~500℃温度下焙烧,料中硒与碲的化合物或元素状态的组分与硫酸作用而发生如下一些主要化学反应[85,93,183,185,186,308,309]:

$$Se + 2H_2SO_4 = H_2SeO_3 + 2SO_2\uparrow + H_2O \quad (10\text{-}3)$$

$$Se + 2H_2SO_4 = SeO_2\uparrow + 2SO_2\uparrow + 2H_2O \quad (10\text{-}4)$$

$$Te + 2H_2SO_4 = TeO_2 + 2SO_2\uparrow + 2H_2O \quad (10\text{-}5)$$

$$2Ag + 2H_2SO_4 = Ag_2SO_4 + SO_2\uparrow + 2H_2O \quad (10\text{-}6)$$

$$CuSe + 4H_2SO_4 = SeO_2\uparrow + CuSO_4 + 3SO_2\uparrow + 4H_2O \quad (10\text{-}7)$$

$$Cu_2Se + 2H_2SO_4 + 2O_2 = SeO_2\uparrow + 2CuSO_4 + 2H_2O \quad (10\text{-}8)$$

$$AgTe + 2H_2SO_4 = Ag + TeO\cdot SO_3 + SO_2\uparrow + 2H_2O \quad (>400^\circ C) \quad (10\text{-}9)$$

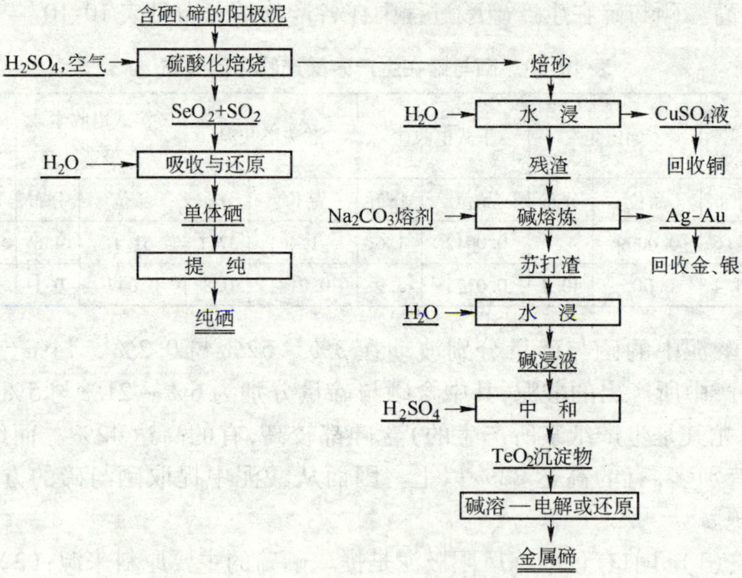

图 10-1 硫酸化焙烧法提取硒碲工艺流程

$$AuTe_2+2H_2SO_4+2O_2 = Au+2TeO_3+2SO_2\uparrow+2H_2O \quad (10\text{-}10)$$

$$Ag_2Se+4H_2SO_4 = Ag_2SO_4+SeO_2\uparrow+3SO_2\uparrow+4H_2O \quad (10\text{-}11)$$

$$Ag_2Te+4H_2SO_4 = Ag_2SO_4+TeO_2+3SO_2\uparrow+4H_2O(>430℃) \quad (10\text{-}12)$$

其他硒化物(Me'Se/Te)及重金属(Me')等发生如下反应:

$$2Me'Se+6H_2SO_4 = 2Me'SO_4+2SeO_2\uparrow+3SO_2\uparrow+\frac{1}{2}S_2+6H_2O \quad (10\text{-}13)$$

$$Me'_2Se+4H_2SO_4 = Me'_2SO_4+SeO_2\uparrow+3SO_2\uparrow+4H_2O \quad (10\text{-}14)$$

$$Me'+2H_2SO_4 = Me'SO_4+SO_2\uparrow+2H_2O \quad (10\text{-}15)$$

实践查明:Cu_2Se 的硫酸化反应开始温度为100℃,Ag_2Se 在200℃以上反应,元素硒、ZnSe 及 PbSe 等在250℃以上反应。但实际的硫酸化焙烧温度却取决于原料及对过程的强化程度[183,186],其相关关系如图10-2所示。

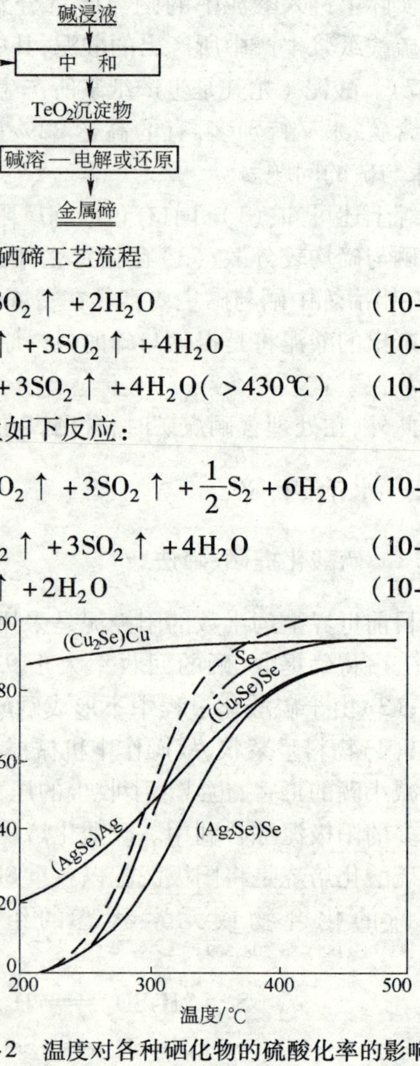

图 10-2 温度对各种硒化物的硫酸化率的影响

从图10-2中看出,Cu_2Se 或 Ag_2Se 的硫酸化剧烈反应分别发生在350℃与400℃以上,为使硒化物中的硒充分挥发,一般宜先用450~500℃的硫酸化焙烧温度。所配入的硫酸量一般为料重的80%(硫酸用量超过理论量的20%~30%)。硫酸化一般历时4~5 h,在硫酸化焙烧过程中,硒以气态 SeO_2 形态随烟气(一般含 SeO_2 0.5%~1.0%,SO_2 10%~14%,SO_3 4%~6%,O_2 1.5%~2.4%,其余为 H_2O)与微尘逸出,硒挥发率大于95%,可参见 Se 及 SeO_2 等的蒸气压,如图10-3所示。可从烟气中回收硒。而碲及碲化物等主要留在焙砂中,可从中回收碲。

在硫酸化过程中，因温度等的影响而发生硫酸盐的离解反应[308]，其有关资料见表10-11及图10-4。

从表10-11看出，在450℃的焙烧温度下，大多数的硫酸盐均不离解与产出SO_2。

在阳极泥的硫酸化焙烧过程中，产出极易挥发的SeO_2，而SeO_2具有极易溶于水成H_2SeO_3的特性，有关SeO_2与H_2SeO_3的溶解度[24,85,186]分别见表10-12及图10-5。

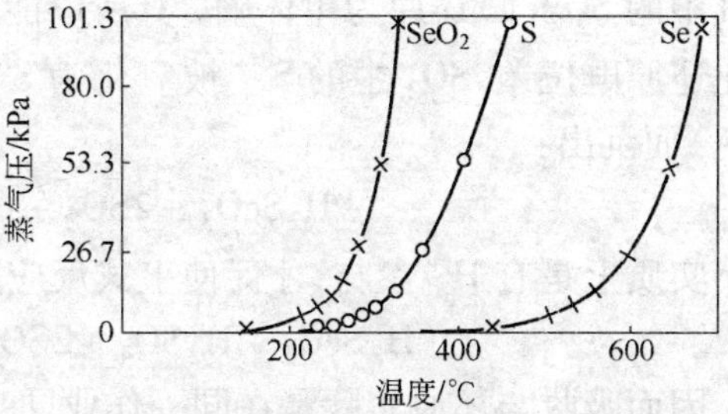

图10-3 SeO_2及元素硒等的蒸气压

表10-11 各种硫酸盐的离解温度

硫酸盐	$Al_2(SO_4)_3$	$PbSO_4$	$CuSO_4$	$MnSO_4$	$ZnSO_4$	$CdSO_4$	$MgSO_4$	$CaSO_4$
离解温度/℃	590	637	653	700	702	878	890	1200

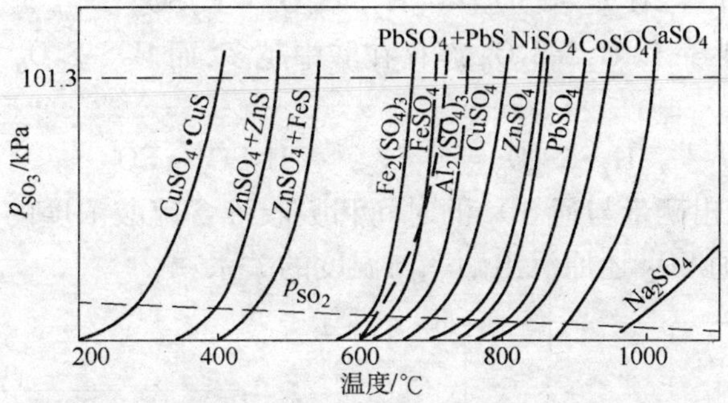

图10-4 硫酸盐的形成与离解的温度与分压曲线

表10-12 SeO_2、H_2SeO_3的水中溶解度(质量分数) (%)

温度/℃	−10	0	7	10	20	22	30	40	42	50	65	80	90
SeO_2	37.6		68.3			72.5			77.5		82.5		
H_2SeO_3	42.2	47.4		55.0	62.5		70.2	77.5		79.2	79.3	79.3	79.3

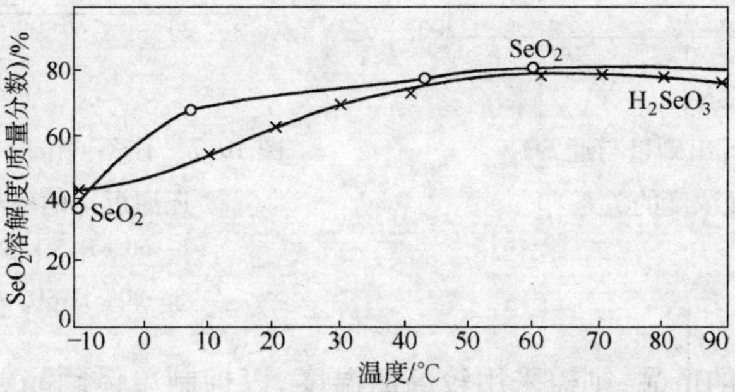

图10-5 SeO_2、H_2SeO_2的水中溶解度与温度的关系曲线

SeO_2在70℃下遇水即生成H_2SeO_3：

$$SeO_2(g) + H_2O(l) = H_2SeO_3(l) \tag{10-16}$$

为此，一般都采用盛水的吸收塔来吸收溶解烟气中的SeO_2，采用串联数级吸收塔，并控制稍高于70℃的吸收温度，硒的吸收率就能达到90%以上。所生成的$H_2SeO_3(l)$会立即被

烟气中的 $SO_2(g)$ 还原为单体硒，其所以能还原析出硒，是基于存在 Se^{4+}/Se 与 S^{4+}/S^{6+} 的氧化还原电位差，SO_2 中的 S^{4+} 被氧化为 S^{6+} 而起还原剂作用，将 SeO_3^{2-} 还原成元素硒（显红色）而沉出：

$$H_2SeO_3 + 2SO_2 + H_2O = Se\downarrow + 2H_2SO_4 \tag{10-17}$$

实质上是有 H^+ 参与，才促使上式反应向右进行而沉出硒：

$$H_2SeO_3 + H_2SO_4 + 2SO_2 + H_2O = Se\downarrow + 3H_2SO_4 \tag{10-18}$$

因而吸收与还原实际是在同一作业同一吸收塔内完成的。在控制通入的 SO_2 浓度高、时间长和吸收液的硫酸浓度为 10% ~48%（有的控制在 280 g/L 以下），吸收液温度高于 70℃，及离（吸收）塔液含 Se 约小于 0.05 g/L 等条件下，有利于单体硒的析出[183]。控制吸收液的硫酸浓度与温度很重要[24]，如果 H_2SO_4 浓度过高则会发生：

$$Se + H_2SO_4 = SeSO_3 + H_2O \tag{10-19}$$

$$Se + 2H_2SO_4 = SeO_2 + 2H_2O + 2SO_2 \tag{10-20}$$

$$SeO_2 + 2H_2O + 3SO_2 = H_2SeS_2O_6 + H_2SO_4 \tag{10-21}$$

且液温越低于 70℃，则 Se 以 $H_2SeS_2O_6$ 态存在酸中越多，而 $H_2SeS_2O_6$ 仅在高于 70℃时才不稳定而离解放出 Se：

$$H_2SeS_2O_6 = Se\downarrow + H_2SO_4 + SO_2 \tag{10-22}$$

图 10-6 为还原沉出硒量与通 SO_2 的时间和吸收液含硫酸浓度的关系，图 10-7 为往不同浓度的硫酸溶液中通 SO_2 还原沉出硒率与温度的关系。

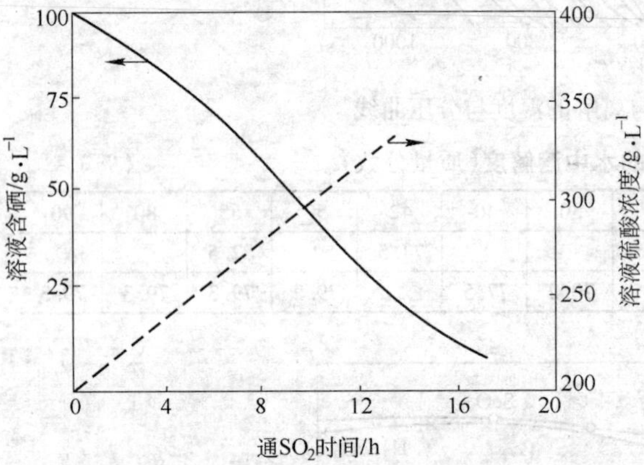

图 10-6　还原沉出硒量与通 SO_2 时间和硫酸浓度的关系

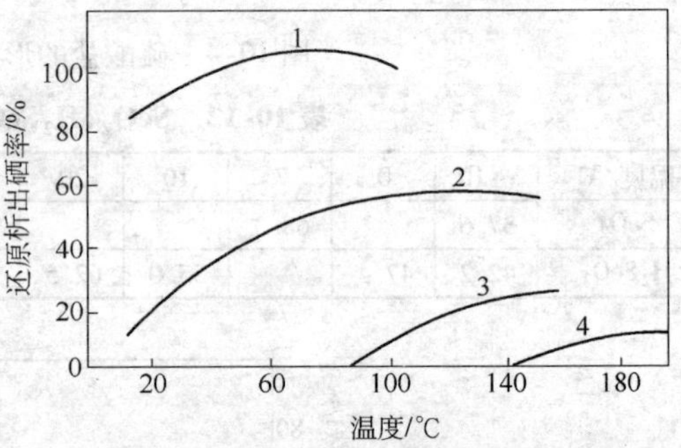

图 10-7　往不同浓度的硫酸溶液中通 SO_2 还原沉出硒率与温度的关系

1—60% H_2SO_4；2—70% H_2SO_4；3—80% H_2SO_4；4—90% H_2SO_4

如欲生产细粒级的产品，则需采用较高的温度，以抑制单体硒晶粒的长大，这样产品就可以免去后续研磨的工序。

为促使硒的完全析出，可加入少量还原剂，如 $FeSO_4$ 或 Cu：

$$H_2SeO_3 + 4FeSO_4 + 2H_2SO_4 = Se\downarrow + 2Fe_2(SO_4)_3 + 3H_2O \tag{10-23}$$

$$H_2SeO_3 + 2Cu + 2H_2SO_4 = Se\downarrow + 2CuSO_4 + 3H_2O \tag{10-24}$$

但在加 $FeSO_4$ 或金属铜时，可能出现不利的副反应：

$$H_2SeO_3 + FeSO_4 \longrightarrow FeSeO_3 + H_2SO_4 \quad (10\text{-}25)$$

$$H_2SeO_3 + 3Cu + 2H_2SO_4 \longrightarrow CuSe + 2CuSO_4 + 3H_2O \quad (10\text{-}26)$$

故一般不刻意添加 Cu 或 $FeSO_4$ 还原剂。

原料中的碲主要以氧化物形态存在于焙砂中，一般采用热水浸出脱铜后，浸出渣再经苏打熔炼，使碲富集于碱渣中，然后从碱渣中回收碲。

工业化的硫酸化焙烧法可细分为5种。

10.2.1.1 *硫酸化焙烧—电解碲法*

含硒1.4%～2.3%、碲0.2%及银10%～15%的阳极泥，配以0.78倍料重的浓硫酸[8,183]，投入回转窑内，在500℃左右焙烧3～4 h，过程中挥硒率达到95%以上。串联数级水吸收塔，控制塔内负压在400～1333.3 Pa并保持第一塔吸收液含硫酸280 g/L，吸收硒率可在90%以上。H_2SeO_3 旋即被烟气中的 SO_2 还原而析出纯度为96%～97%的红色单体硒，硒回收率可达86%～93%。单体硒在700～800℃下精馏，然后在250℃下凝结得纯度99.5%的硒。精馏后的废气经酸吸收后排空，精馏残渣因含硒约0.65%，作返料返回硫酸化焙烧再回收。

硫酸化焙烧产出的焙砂多为硫酸盐，一般含碲0.4%～1.0%，残含硒0.003%～0.05%[310]（约为原料中硒量的7%），并含金与银等贵金属，用热水浸出，$CuSO_4$ 等转入溶液，可送铜厂回收铜。浸出渣除含碲外，还富含金0.6%～1.0%，银5%～12%，此渣配以苏打在1100～1200℃下进行碱熔炼14～16 h，便可获得含金0.7%～1.3%、银12%～20%及铅20%～25%、产出率约30%的Au-Ag合金，此合金经氧化精炼，其中的铅、砷、锑等被氧化为易挥氧化物而入烟尘，部分入渣，从而与不易氧化的金银合金分离。过程中当熔炼得到的金银合金含（Au + Ag）达70%～80%时，就加入 $NaNO_3$ 和 Na_2CO_3 碱熔造渣，使碲以 Na_2TeO_3 入渣而达到富集与分离：

$$TeO_2 + Na_2CO_3 \longrightarrow Na_2TeO_3 + CO_2 \quad (10\text{-}27)$$

这时得到含（Au + Ag）大于85%的金银合金以及富含碲的苏打渣，便可从苏打渣中回收碲，从合金中回收金及银。苏打渣用热水浸出，控制液固比为（5～8）:1、90℃、浸出数小时，则 Na_2TeO_3 转入碱溶液。向压滤所得碱液中加入 Na_2S 除贱金属，过滤去贱金属硫化物后，用硫酸中和净化后的碱液到pH值为4.0～4.5，液中碲便以白色 TeO_2 形态沉淀析出（如有杂质共沉淀则产物为其他颜色）：

$$Na_2TeO_3 + H_2SO_4 \longrightarrow TeO_2\downarrow + Na_2SO_4 + H_2O \quad (10\text{-}28)$$

如若中和所得 TeO_2 沉淀含硒高（某厂的含硒竟达5%～10%），则为了早而全回收硒，将其投入电炉内在300～400℃、风压150～200Pa下2 h，硒挥发率大于98%，烟气经水吸收而回收其中的硒；电炉渣则为较富的 TeO_2，可接入碱溶工段而提碲。

制得的 TeO_2 用电解法提碲。以 NaOH 溶液溶解此 TeO_2 沉淀，制得含碲200～300 g/L及游离碱100 g/L的 Na_2TeO_3 的电解液，在用不锈钢板作阴极、铁片为阳极、电流密度50 A/m^2、槽压1.6～1.8 V下电解，得到性脆的阴极碲，从阴极敲下，经水洗后熔铸得精碲，碲回收率达80%～85%。

加拿大的Noranda电解碲的技术控制为：含 Na_2TeO_3 150～200 g/L、NaOH 40 g/L的电解新溶液，在液温40～45℃、流速60 L/h、以不锈钢板作阴极与阳极、选电流密度160 A/m^2、槽压2.0～2.5 V下电解得碲：

$$Na_2TeO_3 + H_2O \longrightarrow Te\downarrow + 2NaOH + O_2 \qquad (10\text{-}29)$$

阳极：
$$4OH^- \longrightarrow 2H_2O + O_2 + 4e \qquad (10\text{-}30)$$

阴极：
$$TeO_3^{2-} + 3H_2O + 4e \longrightarrow Te\downarrow + 6OH^- \qquad (10\text{-}31)$$

废电解液含 Na_2TeO_3 90～140 g/L 及 NaOH 80 g/L，碲回收率约90%。如电解液中含硒大于0.3 g/L，则会导致电解碲含硒增高[3~7]，为此要净化电解液除硒；另由于电解碲时电解液中 NaOH 的黏度大，NaOH 会微量进入金属碲中，导致产品含钠不合格，因此，只须在熔铸产品碲时，控制熔铸温度 550～650℃、搅动熔体、利用碲与 NaOH 的熔点（450℃与318℃）和密度（6.24 g/cm³ 与 2.13 g/cm³）差异，使钠上浮入渣而除去[3~7]。

硫酸化焙烧综合回收硒、碲的工艺流程如图 10-8 所示。

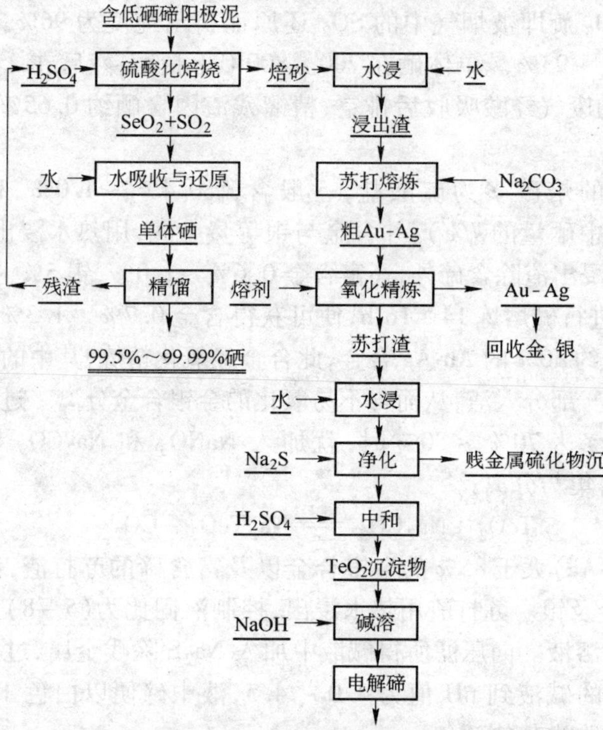

图 10-8　硫酸化焙烧综合回收硒、碲法工艺流程

此法具有工艺简短，利用过程中产生的 SO_2 还原 H_2SeO_3 得单体硒，成本低，且能综合利用金和银等优点。缺点是回收率不高。

10.2.1.2　*硫酸化焙烧—碱浸法*

加拿大铜精炼公司的阳极泥成分为（%）：Se 20、Te 3、Cu 37、Ag 15.4，属高硒高银的阳极泥。该公司采用硫酸化焙烧后，接着用碱浸的方法回收其中的硒与碲，其采用的提硒、碲工艺流程如图 10-9 所示。

将铜阳极泥投入多膛炉内，在 150℃ 下干燥到含 5% 的水分，然后拌入浓硫酸，转入 450℃ 的回转窑中进行硫酸化焙烧，过程中硒以 SeO_2 形态挥发入烟尘，经湿式电收尘器中含硫酸的水溶液所吸收，随即被本过程所产生的 SO_2 还原而得到粗硒。含硒达 17.62 g/L、碲

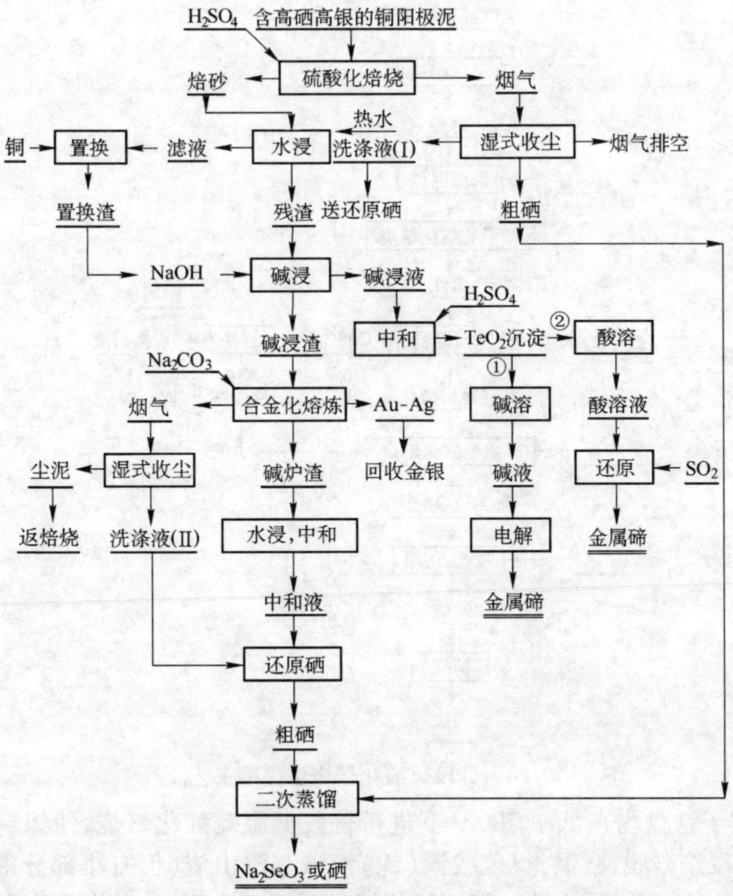

图 10-9 硫酸化焙烧—碱浸法回收硒与碲工艺流程

0.03 g/L 及硫酸 50 g/L 的洗涤液(Ⅰ)直接送还原硒工段再回收;而料中铜、银、碲等在硫酸化中转为硫酸盐、MeO 与金属银而留在焙砂中,此焙砂经热水浸出脱铜,将水浸渣与向浸出液加入铜屑置换得的含 Ag 与 Te 的置换物合并,以 NaOH 浸出,此时碲转入碱浸液,当用 H_2SO_4 中和至 pH = 3.8,碲便以 TeO_2 形态沉出,此 TeO_2 沉淀可采用图 10-9 中工艺②经酸溶后通 SO_2 还原得粗碲,或用图 10-9 中工艺①再碱溶而后电解得纯碲。留在碱浸渣中的金银及少部分硒,可采用苏打熔炼制得金银合金与碱炉渣,可从金银合金中回收金与银,而将富集了余下的硒的碱炉渣,经过水浸,所得滤液用硫酸中和,中和后液含硒 97.7 g/L 及碲 0.47 g/L 将此液与图 10-9 中二次湿式电收尘得到的洗涤液(Ⅱ)合并,然后通 SO_2 沉出余硒得粗硒,粗硒经二次蒸馏便得纯硒或纯的 Na_2SeO_3 盐,硒的总回收率为 93%,但碲的回收率仅 20%。

此法先硫酸化,紧接碱浸与合金化熔炼,有所矛盾、重叠、欠合理。

10.2.1.3 分段硫酸化焙烧法

芬兰 Outokumpu Oy 的含硒 4.3%、镍 45.2%、铜 11.2% 的阳极泥(见表 10-2),采用先低温硫酸化焙烧,接水浸脱铜与镍,然后高温硫酸化焙烧挥发硒,并再次脱除镍与铜的工艺别具一格[1,24]。该法工艺流程如图 10-10 所示。

该公司将高镍阳极泥先投入鼓式转动炉内,在 300 ~ 350℃ 下氧化焙烧,焙砂经磨细后,

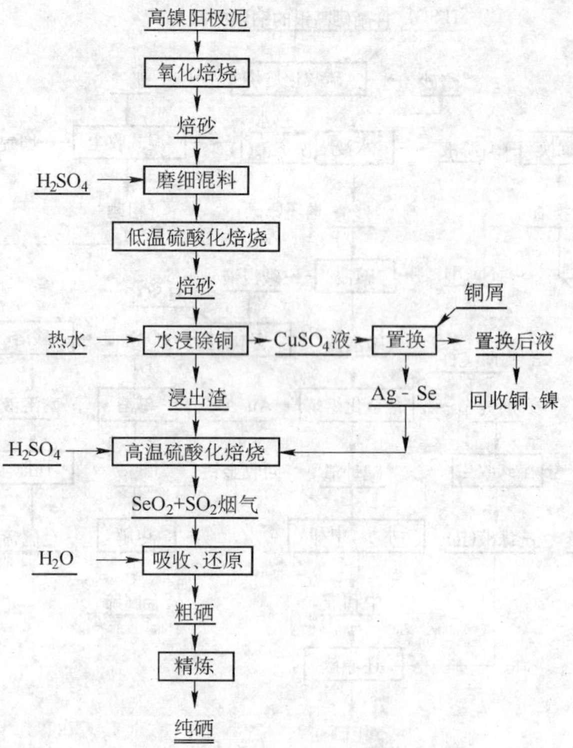

图 10-10　分段硫酸化焙烧法提硒工艺流程

配以浓硫酸，放于铁盘内在低于 200℃下进行首段低温硫酸化焙烧，使镍与铜等转为硫酸盐，之后用热水浸焙砂脱镍、铜，得硫酸铜（镍）溶液与浸出渣（但有小部分硒随镍与铜转入溶液，为回收液中这部分硒，宜加入铜屑置换，得银、硒置换物，此置换物与含硒 1% ~13%、银 27% ~36%、铜 0.5% 及镍 0.9% 的浸出渣合并），再配入浓硫酸后放入马弗炉内进行第二段高温硫酸化焙烧挥发硒，硒以 SeO_2 形态挥发而回收硒。

然而文献[185]说，二段硫酸化过程中，首先在低于 350℃会形成金属 $MeSO_4$ 盐；第二段在高于 400℃硫酸化，此时硒以 SeO_2 形态挥发入烟尘；过程中料中的碲有如下化学变化：

$$Ag_2Te + 3H_2SO_4 = Ag_2SO_4 + TeSO_3 + SO_2 + 3H_2O \quad (150 \sim 200℃) \quad (10\text{-}32)$$

$$3TeSO_3 = TeO_2 \cdot SO_3 + 2Te + 2SO_2 \quad (>400℃) \quad (10\text{-}33)$$

$$TeO_2 \cdot SO_3 = TeO_2 + SO_3 \quad (>430℃) \quad (10\text{-}34)$$

之后水浸，滤渣送分银炉回收贵金属；滤液经加铜屑置换得 Cu-Se/Ag，滤液经加热至沸腾，才加入铜粒获得 Cu_2Te，以 NaOH 溶出后经电解得碲。

分段硫酸化法火、水冶交替较烦琐，且硒回收率不高。

10.2.1.4　干式硫酸化焙烧法

美国 Kennecott Cu Co. 试用干式硫酸化焙烧法处理该厂所产的铜阳极泥[309]。该厂把成分为（%）：Se 12、Te 3、Pt 0.0062 及 Pd 0.0072 等（见表 10-2）的铜阳极泥磨细到粒度为 0.0475 mm（300 目），配以 Na_2SO_4 和一定量的硫酸，投入两台 ϕ1.83 m × 4.27 m 的回转窑内，在 540 ~650℃下进行硫酸化焙烧，挥发出的 SeO_2 经水吸收及 SO_2 还原得粗硒；焙砂经水碎后，用热的稀硫酸水溶液浸出，同时加入一些铜屑，促使液中的银和碲等留在渣内，将滤渣投入分银炉，加入苏打，在 1350℃下熔炼，获得含碲的苏打渣及含金 8% ~9%、银 86% ~

92%、铜0.5%～1%、铅0.02%及铂族金属达0.15%～0.19%的(贵铅)金银合金。

此金银合金铸得阳极板,套以隔膜,在制备得的含银150g/L、铜45～50g/L、pH值为1.0～1.5的电解液中选用300 A/m^2的电流密度、2.7 V槽电压、32℃下电解得金属银,残极率为15%。

过程中金银阳极中的金几乎全部进入银阳极泥,银阳极泥经水洗后铸成金阳极板,在含金150～200 g/L、HCl 140 g/L的电解液中,采用1238 A/m^2的阳极电流密度、60℃下电解得金。再从废电解液中综合回收铂族金属。从苏打渣中提取碲。

10.2.1.5 硫酸化—还原熔炼法

加拿大InCo Ltd.,用类似方法处理含高镍高硒的镍电解阳极泥[85,183],该阳极泥含镍19.8%、硒15%及碲3.61%(见表10-2)。该公司将此阳极泥配入含20%硒的硒硫块进行硫酸化焙烧,使硒以SeO_2形态进入烟气,经淋洗塔,湿式电收尘得到富含硒的洗涤液,此液经中和处理,使液中的碲、铅、铁及铜沉出而除去。向中和后液通入SO_2,便还原得到单体硒。而硫酸化焙烧的焙砂以Na_2CO_3液浸出碲,过滤后,向滤液加入Na_2S净化除去重金属杂质,净化液用稀硫酸中和便得到TeO_2沉淀物,最后配入硼砂及炭等进行还原熔炼得粗碲(可惜无后续报道,但可参见10.3.1.2节苏打烧结法回收硒与碲)。浸出渣送金银车间回收银。

综上所述,采用硫酸化焙烧,主要是为了脱铜、镍,有较多的人认为,还不如直接酸浸脱铜、镍为好,只要用含100 g/L硫酸溶液,在鼓入空气(按1 kg Cu 4m^3计)下浸出2 h,即可将大部分铜脱去[2～7,311,312]。

10.2.2 氧化焙烧—碱浸提硒、碲法

此法基于硒、碲化合物在低温下可氧化成氧化物,这些氧化物易被NaOH浸出,后转入盐酸介质中通入SO_2而还原沉出硒与碲。

德国人把成分为(%):Se 6、Cu 20、Pb 5及As 2的铜阳极泥在250～380℃下进行氧化焙烧[24,85,185],过程中发生如下化学反应:

$$Cu_2Se + 2O_2 = CuSeO_3 + CuO \quad (10\text{-}35)$$

$$CuSe + 2O_2 = CuSeO_4 \quad (10\text{-}36)$$

$$2Ag_2Se + 3O_2 = 2Ag_2SeO_3 \quad (10\text{-}37)$$

$$Ag_2Se + O_2 = 2Ag + SeO_2\uparrow \quad (10\text{-}38)$$

$$AuSe_2 + 2O_2 = Au + 2SeO_2\uparrow \quad (10\text{-}39)$$

$$2Ag_2Te + 3O_2 = 4Ag + 2TeO_3 \quad (10\text{-}40)$$

$$AuTe_2 + 3O_2 = Au + 2TeO_3 \quad (10\text{-}41)$$

当炉料显黄绿色时,即表明已形成了绿色的亚硒酸铜与黄色的TeO_3。焙烧料在90℃下用碱浸出,发生如下成盐反应:

$$Ag_2SeO_3 + 2NaOH = Na_2SeO_3 + H_2O + Ag_2O \quad (10\text{-}42)$$

$$CuSeO_3 + 2NaOH = Na_2SeO_3 + H_2O + CuO \quad (10\text{-}43)$$

$$TeO_3 + 2NaOH = Na_2TeO_4 + H_2O \quad (10\text{-}44)$$

$$SeO_2 + 2NaOH = Na_2SeO_3 + H_2O \quad (10\text{-}45)$$

用硫酸中和此碱液至pH值为7～8时,液中的Na_2SeO_3便转化为H_2SeO_3:

$$Na_2SeO_3 + H_2SO_4 = H_2SeO_3 + Na_2SO_4 \quad (10\text{-}46)$$

所得溶液含硒达 40 g/L,向此液加入盐酸酸化,并通 SO_2 将 H_2SeO_3 还原成元素硒:

$$H_2SeO_3 + 2SO_2 + H_2O = Se\downarrow + 2H_2SO_4 \quad (10\text{-}47)$$

$$Na_2SeO_3 + 2HCl + 2SO_2 + H_2O = Se\downarrow + 2NaCl + 2H_2SO_4 \quad (10\text{-}48)$$

过滤即得到含硒 99% 的粗硒。

精炼粗铅过程中,碲以水溶性的 $NaTeO_3$ 形态富集在碱浮渣内。采用液固比为(4 ~8):1,在 70 ~90℃下用球磨边磨边水浸碱浮渣 2 ~4 h,便有 96% 以上的碲转入溶液,可参照前述方法从此溶液中提取碲。

在低温 400℃以下会形成的 Ag_2SeO_3,欲使其中的硒释放出来,就要升高氧化焙烧温度到 600 ~900℃[185]:

$$2Ag_2SeO_3 = 4Ag + 2SeO_2\uparrow + O_2 \quad (10\text{-}49)$$

上述工艺在 250 ~380℃下进行低温氧化焙烧,但有碱浸成盐反应式 10- 42 予以补救。

前苏联还探索过,将阳极泥制粒后,在 750 ~800℃下进行较高温度下的氧化焙烧,使料中硒形成 SeO_2,用碳酸钠溶液吸收而回收硒[11]。

10.2.3　氧压浸煮提硒、碲法

稀硫酸溶液浸出阳极泥中碲仅能达 70% ~80%,远不及氧压浸出的效果(其碲浸出率达 90% 以上)。氧压浸煮提碲法工艺流程如图 10-11 所示,将阳极泥投入高压釜,在氧压为 250 ~350 kPa、160 ~180℃下氧压浸出,则碲以 Te^{4+} 或 Te^{6+} 形态转入溶液,碲与铜转入溶液几乎近 100%,滤液经用 SO_2 还原处理后,在控制常压、液温大于 80℃、加入铜屑(固定床设备内)或铜粒(转鼓设备内)进行置换得 Cu_2Te 置换物,用 NaOH 将此 Cu_2Te 溶解,滤液经电解得碲,废电解液返氧压浸煮[185,312,313]。

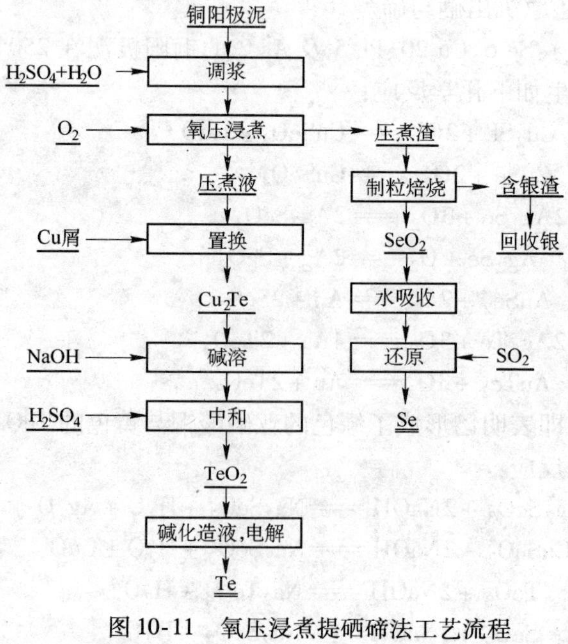

图 10-11　氧压浸煮提硒碲法工艺流程

如加拿大铜精炼厂从成分为(%):Se 9.6 ~15、Te 1.0 ~1.6、Pb 8 ~12 、Ag 22.1、Au

0.62 的阳极泥中回收硒与碲采用此法，用 93% H_2SO_4 水溶液将阳极泥调浆，泵入高压釜内，在 125℃、氧压 275 kPa、压煮 2 ~ 3 h，发生如下化学反应：

$$Cu_2Se + 2H_2SO_4 + O_2 \xlongequal{} Se + 2CuSO_4 + 2H_2O \tag{10-50}$$

$$Cu_2Te + 2H_2SO_4 + 2O_2 \xlongequal{} H_2TeO_3 + 2CuSO_4 + H_2O \tag{10-51}$$

$$2CuAgSe + 2H_2SO_4 + O_2 \xlongequal{} Se + Ag_2Se + 2CuSO_4 + 2H_2O \tag{10-52}$$

以及 Cu 等的溶解等反应：

$$Cu + H_2SO_4 + \frac{1}{2}O_2 \xlongequal{} CuSO_4 + H_2O \tag{10-53}$$

绝大部分碲与铜转入溶液，而硒与银却残留压煮渣中，向滤得的压煮液加入铜屑置换碲得 Cu_2Te：

$$H_6TeO_6 + 5Cu + 3H_2SO_4 \xlongequal{} Cu_2Te\downarrow + 3CuSO_4 + 6H_2O \tag{10-54}$$

Cu_2Te 置换物经加碱并鼓入空气溶解：

$$2Cu_2Te + 4NaOH + 3O_2 \xlongequal{} 2Na_2TeO_3 + 2Cu_2O + 2H_2O \tag{10-55}$$

用 H_2SO_4 中和至 pH = 5.7 沉出 TeO_2：

$$Na_2TeO_3 + H_2SO_4 \xlongequal{} TeO_2\downarrow + Na_2SO_4 + H_2O \tag{10-56}$$

再用碱溶 TeO_2 沉淀造液后电解得碲。

而含硒（主要为 SeO 及 Ag_2Se 形态）与银的压煮渣，经制粒后在 800 ~ 820℃ 的烧结机上通空气 30 m^3/min、1 ~ 2 h 挥发硒（同时使 Ag_2Se 充足氧化，促进其后回收银），经水吸收，再通 SO_2 还原得硒。

此法优点在于：氧压浸煮时浸出率高，阳极泥料中碲与铜几乎全部入液；用一个置换过程将碲与铜共同转入置换物，免去专设一脱铜工序。

在加拿大还进行过在 163℃ 及氧分压 1074 kPa 下的高压氧碱浸铜阳极泥提取硒与碲的试验[314]。

又有在 200℃ 及氧分压 172 kPa 下的高压氧碱浸铜阳极泥 4 ~ 12 h，硒以 Na_2SeO_4 入液，碲则视若氧化成 Te^{6+} 状态，则不溶于碱，从而使硒与碲完全分离，之后分别提取硒与碲。

另有芬兰 Outokumpu 的 Pori 厂从铜阳极泥提取硒，采用了高压氧化浸出脱铜与镍，然后将浸出渣焙烧，渣中硒转化为 SeO_2，经水吸收与 SO_2 还原得硒。

还有用高压碱浸酸泥的报道：将酸泥投入装有 20% 碱液的高压釜中，在 150 ~ 400℃ 及 3445.1 kPa 的氧压下压煮 72 h，酸泥中的硒几乎全部转入碱液，而碲仍残留在碱渣中。按通常办法从溶液中回收硒，硒回收率可达 97%[85]。

氧压碱浸的缺陷在于氧及碱耗均过大[315]，需权衡经济效益而定。

10.2.4 碲化铜法提碲

虽然金属的标准电极电位 Cu^{2+}/Cu 为 +0.337 V，而 Te^{4+}/Te 为 +0.53 V 与其电位差不大（可是 Te^{6+}/Te 却为 +1.02 V），但在 H_2SO_4 溶液中不论碲是以 Te^{4+} 或 Te^{6+} 存在，用铜屑或铜粒置换碲，却不是得到元素碲，而是得到碲化铜 Cu_2Te，从而与其他杂质良好分离[3~7,77,78]：

$$H_2TeO_3 + 4Cu + 2H_2SO_4 \xlongequal{} Cu_2Te\downarrow + 2CuSO_4 + 3H_2O \tag{10-57}$$

$$H_2TeO_4 + 5Cu + 3H_2SO_4 \xlongequal{} Cu_2Te\downarrow + 3CuSO_4 + 4H_2O \tag{10-58}$$

有人查明置换物 Cu_2Te 呈 $Cu_{2-x}Te(x=0 \sim 0.33)$。利用 Cu_2Te 在氧化剂存在下容易与酸、碱反应形成亚碲酸或亚碲酸盐,而使其转入溶液:

$$Cu_2Te + 2H_2SO_4 + 2O_2 = H_2TeO_3 + 2CuSO_4 + H_2O \quad (10\text{-}59)$$

$$Cu_2Te + 2NaOH + \frac{3}{2}O_2 = Na_2TeO_3 + Cu_2O + H_2O \quad (10\text{-}60)$$

若过度氧化则会形成 Na_2TeO_4。过度氧化碱浸则可能将碲氧化成难溶的 Cu_3TeO_6(此碲酸铜显鲜绿色)。

从置换得的 Cu_2Te 中提碲可选择(参见 10.2.3):

(1)氧化酸浸,然后可通 SO_2 或 Na_2SO_3 还原沉出碲:

$$H_2TeO_3 + 2SO_2 + H_2O = Te\downarrow + 2H_2SO_4 \quad (10\text{-}61)$$

$$H_2TeO_3 + 2Na_2SO_3 = Te\downarrow + 2Na_2SO_4 + H_2O \quad (10\text{-}62)$$

其后再氧化碱溶造液,经电解得碲。

(2)氧化碱浸,则视碱液中碲浓度(或浓缩、再富集后)电解得碲。此法富集比高,与其他杂质分离好。

10.2.5 水溶液氯化提硒、碲法

实质在于将料中的硒与碲转变成氯化物,使其溶于水生成亚硒(碲)酸溶液,之后,从液中回收硒与碲[1~7,156]。

10.2.5.1 从阳极泥提硒、碲

向浆状阳极泥通入氯气,氯气通入水中后形成氧化性强的 HClO,有人认为是 HClO 放出新生氧[O_2],然后由它氯化料中的硒、碲及硒(碲)化物:

$$H_2O + Cl_2 = HCl + HClO \quad (10\text{-}63)$$

$$2HClO = 2HCl + [O_2] \quad (10\text{-}64)$$

$$Se + 2HClO + H_2O = H_2SeO_3 + 2HCl \quad (10\text{-}65)$$

$$Te + 2HClO = TeO_2 + 2HCl \quad (10\text{-}66)$$

$$Cu_2Se + 4HClO = H_2SeO_3 + 2CuCl_2 + H_2O \quad (10\text{-}67)$$

$$Ag_2Se + 3HClO = H_2SeO_3 + 2AgCl\downarrow + HCl \quad (10\text{-}68)$$

当 HClO 充足时,硒及其化合物会形成 H_2SeO_4:

$$Se + 3HClO + H_2O = H_2SeO_4 + 3HCl \quad (10\text{-}69)$$

$$Cu_2Se + 5HClO = H_2SeO_4 + 2CuCl_2 + HCl + H_2O \quad (10\text{-}70)$$

$$Ag_2Se + 4HClO = H_2SeO_4 + 2AgCl\downarrow + 2HCl \quad (10\text{-}71)$$

同时也发生如下副反应:

$$3Se + SeO_2 + 4HCl = 2Se_2Cl_2 + 2H_2O \quad (10\text{-}72)$$

水溶液氯化的最佳条件是:液固比为 8、控制 HCl 水溶液中含 50 ~ 100 g/L NaCl、在25 ~ 80℃下、通入氯气量为 1 kg 阳极泥 0.9 ~ 1.3 kg Cl_2。实际用 1∶1 的 HCl,液固比为(3 ~ 6)∶1、往 90 ~ 95℃溶液中通氯气,氯化时若溶液内含有大于 1 mol/L HCl 时,则加或不加食盐对氯化作用无实质影响[24,183]。氯化法综合回收硒与碲的典型工艺如图 10-12 所示。

前苏联报道[302,311]用含 100 g/L 盐酸及 50 ~ 100 g/L 食盐的溶液,在加热到 80 ~ 90℃下,通入按阳极泥重 90% ~ 130% 计的氯气进行水溶液氯化含硒、碲的铜镍阳极泥,当控制

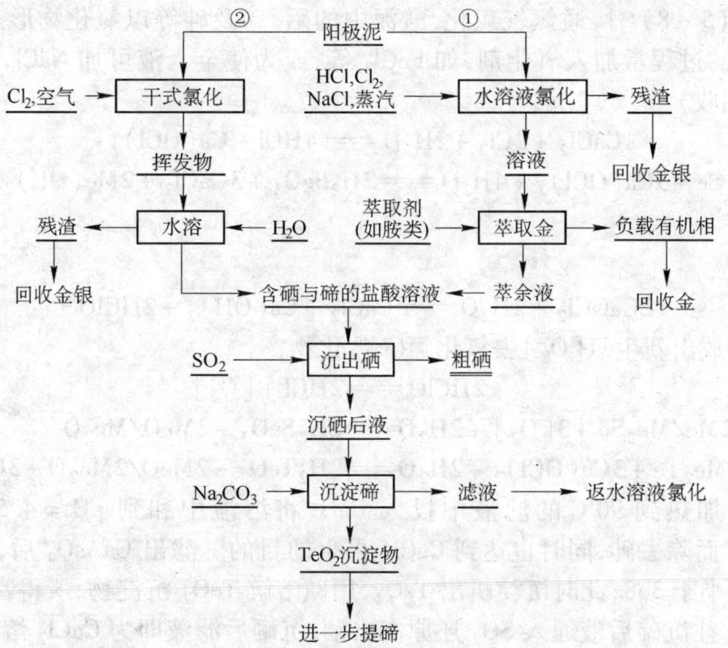

图 10-12 水溶液氯化法提取硒碲工艺流程

终酸为 40～60 g/L 时,阳极泥中的硒、金、铜及铂族金属等转入溶液,用胺萃取溶液中的金后,向萃金余液通入 SO_2 沉出硒,沉硒后的溶液用 Na_2CO_3 中和得到 TeO_2 沉出物,按前述方法从 TeO_2 沉出物中回收碲;含 AgCl 的水溶液氯化残渣,可用氨浸出,所得滤液经还原得银。

有报道:按料中 1 kg 碲加入 10L 的 1∶3 HCl,在 95℃下浸出含碲阳极泥,则碲入液,控制 HCl 浓度在 10%～15%之间、80℃、通入 SO_2 还原沉出碲(直至插铜丝入液不见灰色碲黏附为止),而后提碲[312]。

另据报道:在大于 8 mol/L HCl 中,用 SO_2 或 Na_2SO_3 可选择性还原沉出硒(Ⅳ)而不还原沉出碲(Ⅳ);但在低酸 3～5 mol/L HCl 中,则可使硒(Ⅳ)、碲(Ⅳ)共同还原沉出。如用 KI 在 1～4 mol/L HCl 中,则可使硒(Ⅳ)还原沉出,而碲会以 TeI_6^{2-} 留液中,从而硒、碲分离[187]。

美国一厂采用 6 mol/L HCl 水溶液氯化铅阳极泥,Se、Te、Au 及 Pt-Me 转入溶液,可用上述工艺回收硒与碲,兼考虑综合回收 Pt-Me。而 Pb、Ag、Sb 及 Sn 留在水溶液氯化残渣中,经氨浸、100℃脱氨得 AgCl 后回收银。

10.2.5.2 从富碲铋矿提碲

粉碎富碲铋矿后用 2.1～2.8 mol/L HCl、80℃、在加入氧化剂 $NaClO_3$ 下浸出,料中碲与铋几乎全进入溶液,滤后,向滤液中投入 Na_2SO_3 还原沉出粗碲粉。也有类此处理脱铜阳极泥:加入氧化剂 $NaClO_3$ 浸出,使阳极泥中 Se、Te、Cu 等入液,浸出渣送去综合回收贵金属,而滤液经通 SO_2、铁屑、Na_2SO_3 还原沉出硒、碲。浸出渣送去综合回收贵金属。而沉出硒、碲后液含铜,简单地加铁屑置换而回收铜[80]。

10.2.6 碱土金属氯化硒、碲法

10.2.6.1 从酸泥提硒、碲

将酸泥投入盛有碱土金属氯化物 4.5～6.0 mol/L $CaCl_2$ 的 1.5～2.5 mol/L HCl 溶液

中，按液固比为(5～8)∶1，通氯气氯化，酸泥中的硒、碲及砷等以氯化物形态转入溶液(有时，为加速溶解的过程常加入氧化剂，如 $FeCl_3$ 等；或为使金入液可加 NaCl，但此举需权衡是否影响银的回收)：

$$CaCl_2 + 2Cl_2 + 2H_2O = 4HCl + Ca(OCl)_2 \tag{10-73}$$

$$2Me/Me_2Se + 3Ca(OCl)_2 + 4H_2O = 2H_2SeO_3 + 3CaCl_2 + 2Me(OH)_2/4MeOH \tag{10-74}$$

有人认为是：

$$2CaOCl_2 + 2H_2O = CaCl_2 + Ca(OH)_2 + 2HClO \tag{10-75}$$

从而 HClO 放出新生氧$[O_2]$去氧化硒(碲)化物：

$$2HClO = 2HCl + [O_2] \tag{10-76}$$

$$2Me/Me_2Se + 3[O_2] + 2H_2O = 2H_2SeO_3 + 2MeO/Me_2O \tag{10-77}$$

$$2Me/Me_2Te + 3Ca(OCl)_2 + 2H_2O = 2H_2TeO_3 + 2MeO/2Me_2O + 3CaCl_2 \tag{10-78}$$

过滤后，向加热到 90℃ 的滤液中投入 CaO，将溶液中和到 pH = 4.5 左右，便发生 $CaAsO_4$ 沉淀，从而除去砷，同时也达到 $CaCl_2$ 再生的目的。滤出 $CaAsO_4$ 后，继续用 CaO 中和溶液到 pH 值小于 3.8，此时沉淀析出 TeO_2，用碱溶解 TeO_2 沉淀物，所得富碲碱溶液通过电解便制得碲。往沉碲后液通入 SO_2 还原沉出硒，沉硒后滤液即为 $CaCl_2$ 溶液，可送碱土金属氯化再用。碱土金属氯化渣送分银炉提银，或送氰化提金。

碱土金属氯化法提取硒与碲的流程如图 10-13 所示[1,3～7,24,147]。

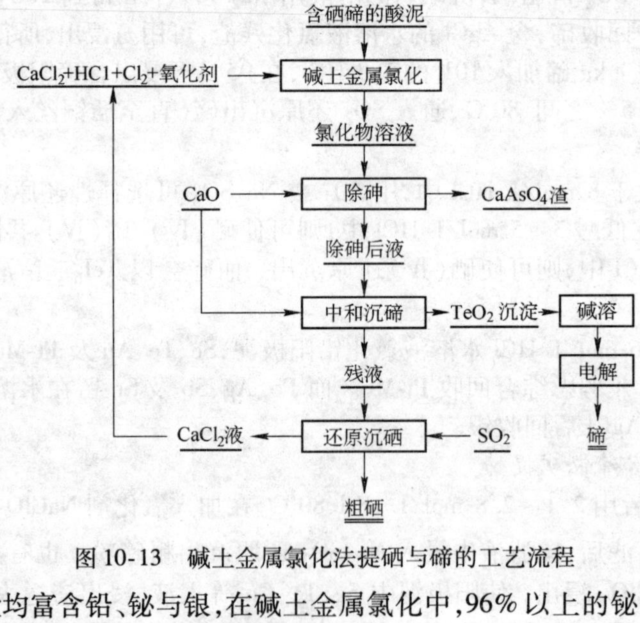

图 10-13　碱土金属氯化法提硒与碲的工艺流程

由于酸泥一般均富含铅、铋与银，在碱土金属氯化中，96% 以上的铋和 90% 以上的银将入液。可用置换或水解工艺从 $CaCl_2$ 溶液中回收它们。

10.2.6.2　从铜阳极泥提硒

哈萨克斯坦的德惹卡兹干(джезказган)铜厂利用此法回收富铅的铜阳极泥中的铅和硒[314]。该铜厂的阳极泥含硒 0.64%、铅 41.7%，该厂采用 $CaCl_2$ + NaCl 的水溶液，在液固比为 15∶1、90～95℃、浸出 6 h，过程中有 93%～98% 的铅转入浸出液，绝大部分硒仍留在浸出渣中(这与上述不同)，此渣富含硒 1.93%，另仅含铅 4.1%，然后从渣中回收硒。浸出液

或结晶析出 $PbCl_2$，或用 Na_2CO_3 沉淀析出 $PbCO_3$，以生产经济效益较高的化工产品。

10.2.6.3 从金矿提硒

有人用 $CaOCl_2$ 液浸出含硒金矿，首先新生氧[O_2]将金矿中硒化物氧化成 SeO_2，并遇水而转入溶液，滤液经加硫酸酸化，然后或通 SO_2 还原沉淀析出硒，或加铁屑置换得硒。浸出渣送氰化提金。

从碱土金属氯化法提锗的实践效果看，碱土金属氯化提硒与碲法也有发展前途。

10.2.7 选冶提硒、碲法

10.2.7.1 阳极泥选冶提硒、碲

由于阳极泥粒度较细，含 Pb 等金属量高，可采用相应的选矿捕收剂，优先浮选得硒、碲精矿，然后经冶炼回收它们[306]，这种方法现已被多国采用。

前苏联莫斯科铜厂阳极泥成分为(%)：Se 2～6、Au 0.04～0.16、Ag 2.81～3.17、Pd 0.09～2.84、Pt 0.01～0.44 及 Cu 11.28～27.60。将铜阳极泥先行脱铜，再调料浆浓度达 200 g/L，加入丁基黑药 250 g/L 进行浮选，获得含硒 9.23%～14.37% 的硒精矿(含铂族金属及金)，硒回收率大于 94.4%～99.2%[306,313]。

日本直岛冶炼厂含硒 19.2%、碲 1.35%、铅 24.9% 等的阳极泥(见表 10-2)，先经浮选，料中 $PbSO_4$ 入尾矿，脱铅后的阳极泥在 800℃ 以下进行氧化焙烧，过程中约 98% 的硒挥发入烟气，被文丘里洗涤器中的 pH = 9 的 NaOH 溶液吸收，产出的 Na_2SeO_3 液，被泵入钢制槽内，用硫酸调到 pH = 6.2，此时液中杂质铅与碲等共沉淀。过滤后，分两段向滤液通入 SO_2 沉淀硒：第一段选择沉淀硒到溶液残留硒 1～3 g/L，获得品质较高的粗硒；第二段彻底沉淀硒，得到含硒较低的沉淀，返氧化焙烧处理。氧化焙砂配入还原剂、苏打、熔剂及吹灰得的 PbO 后，投入回转炉在 1200℃ 下进行苏打还原熔炼 19 h，产出的贵铅立即转入另一回转炉内，加入 Na_2CO_3 及 KNO_3 进行氧化熔炼。过程中贵铅中的铅以 PbO 形态挥发后收得返用；产出的金银合金送电解分别回收银与金。苏打还原熔炼产出的苏打渣用水溶解，过滤后向溶液加入硫酸中和沉出 TeO_2，沉淀用盐酸溶解后，向所得滤液通入 SO_2 还原沉淀析出粗碲。废液加 NaOH 中和，并加 $FeCl_3$ 处理后排放[316]。后来他们试验用碲化铜法回收碲。

日本大阪铜厂阳极泥成分为(%)：Se 17～21、Te 1.0～2.2、Pb 26～31、Au 2.26、Ag 14.2～19.9、S 4.6～6.7，先用 H_2SO_4 溶液磨矿脱铜，再加水调矿浆浓度至 100 g/L、pH = 2，加 208 号黑药 50 g/t 进行浮选。99.7% 以上的硒、金、银均进入产出率为 45% 的精矿，精矿富含硒大于 31.2%、碲 4.6%、金 1.61% 及银 35.15%；而 93% 以上的铅进入尾矿。而从前该厂处理成分为(%)：Se 11.1～18.9、Pb 22.7～24.4、Au 0.75～1.07、Ag 26.5～27.2 的阳极泥，脱铜后调矿浆浓度至 10%～15%、pH 值为 2～4，在加热到 40℃ 时加起泡剂甲基异丁基甲醇 70～100 g/t、捕收剂二烃基硫代磷酸或它的盐 50～60 g/t 进行浮选，98% 以上的硒、金、银与碲入精矿，获得富硒 17.7%～27.01%、金 1.20%～1.64% 及银 41.8%～42.4% 的精矿。回收硒率大于 94%[313]。

10.2.7.2 酸泥选冶提硒、碲

含硒 0.08%～0.11%、银 0.05%、铅 49.50% 等的某炼铜厂酸泥，查明硒主要呈 Cu_2Se 与 Ag_2Se，铅约 99% 为 $PbSO_4$。经微酸加乙二胺预处理后，用石灰 500 g/t、丁黄药 100 g/t、丙腈 60 g/t、2 号油 100 g/t 浮选脱除尾矿，再补加丁黄药 20 g/t 再浮选得含硒 1.05%、银

0.72%的精矿,硒回收率近87%[3~7]。原料含硒过贫,为了回收单一的硒,经济上不合理。

向含硒0.5%~4.0%的酸泥配入硫酸,使浆料含硫酸达37.6%,加热到90~100℃,加入煤油进行浮选,得含硒19.44%的硒精矿,硒回收率大于93%[1]。

选冶法优点在于:经济实用;脱铅良好,可因此而减少后续冶炼的一半处理料量;硒、碲与贵金属的选矿回收率均高,且脱铜工序与湿磨阳极泥合一,简化了工艺。

10.2.8 斐济帝国碲化物浸出法

含碲化物的金银矿物[16~18,290]如不先除去硒与碲,便会妨碍提金的汞齐法或氰化法的正常进行,因为氰化金矿时,硒与碲也进入氰化物溶液,当溶液含 CN^- 由0.03%增到0.25%时,溶解硒量可由2.7%上升到31.1%;而溶液即使存有微量的NaOH,都会急剧增大硒的溶解量[183]。在15℃下用锌片置换金的过程中,部分硒与碲也会沉积在锌的表面上,以及溶液中NaCNSe在弱碱介质中会离解出元素硒,都会危害金的置换,甚至导致氰化液中80%的金不能析出。

为实现从金矿提碲,斐济于1975年采用此帝国碲化物浸出法选冶联合流程:磨碎了的含碲金矿,经优先浮选得到碲金精矿,精矿配加苏打进行氧化焙烧。焙砂送去氰化提金,金进入溶液。氰化浸出渣经洗涤回收残留在渣中的金后,便得到富含碲的浸出渣,此渣用 Na_2S 浸出过滤后,向(酸化后)滤液加入 Na_2SO_3 还原沉出 TeO_2,然后从 TeO_2 沉淀进一步回收碲,碲的回收率达88%,年产碲达3.3~4.2 t[16,18,194,248]。

某厂从阳极泥中回收碲的工艺与斐济帝国碲化物浸出法相似,先经苏打熔炼得富含碲的金银合金,然后再配以 Na_2CO_3、$NaNO_3$ 及其他熔剂进行氧化熔炼,得到较高品位的金银合金和苏打渣。金银合金送去电解回收银与金。苏打渣含碲较高,在90~95℃下用15%~20%的 Na_2S 液浸出4 h,使渣中碲形成硫代碲酸钠进入碱液,同时也使金属杂质以硫化物形态入渣,起到净化作用[3~7],过滤后向滤液加入稀硫酸中和到pH值为5~6,从溶液中沉出 TeO_2。获得的 TeO_2 沉淀物经NaOH溶解,得到含碲达180~400 g/L、含NaOH 80~120 g/L的电解液,以不锈钢片作电极、25~70 A/m^2 电流密度、1.5~2.2 V槽电压下电解,获得纯度99.99%碲。

10.2.9 萃取硒、碲法

由于硒、碲及其化合物或多或少具有毒性,从环境保护考虑,萃取法显然具有很好的发展前景[1~7,150,159,187,208,239,283,292,317~319]。

10.2.9.1 盐酸介质中萃取硒与碲

可以用TBP萃取盐酸溶液中的硒与碲,过程中只萃取Se(Ⅳ)和Te(Ⅳ),而不萃取Se(Ⅵ)和Te(Ⅵ),如在含3~10 mol/L HCl的溶液中用TBP萃取,只能萃取Se(Ⅳ)而不萃取Se(Ⅵ),从而使 Se^{4+} 与 Se^{6+} 分离;在含3~12 mol/L HCl溶液中用30% TBP/煤油萃取Te(Ⅳ),萃合物随酸度低的 $2H_2O\cdot 3TBP\cdot TeCl_4$ 变动到高的 $(H_3O\cdot 3TBP)TeCl_5$,而当HCl浓度大于6 mol/L后,萃合物则变为 $(H_2\cdot nH_2O\cdot 2TBP)\cdot TeCl_6$ 和 $(H_2\cdot 2H_2O\cdot 3TBP)\cdot TeCl_6$[187,280,292],且其分配比随盐酸与TBP浓度增高而增大,且有采用硝基苯稀释剂的分配比最大,二氯乙烷次之。随Te(Ⅳ)同萃取的有三价的Tl、Ga、Au及Fe等,为此,宜

在用 TBP 萃取盐酸溶液中的硒与碲之前，用异丙醚在 7 ~ 8 mol/L HCl 先行萃取除杂质[187]，或用硫酸或盐酸洗脱 Fe(Ⅲ)及上述杂质。之后用 20% NH_4Cl 或 1 mol/L NaOH 溶液反萃，可达到定量反萃 Te(Ⅳ)。在含 4 mol/L HCl + 2 mol/L MgCl 的溶液中，60% TBP/甲苯可定量萃取 Se(Ⅵ)。在含 4.0 ~ 4.9 mol/L HCl 的溶液中，TBP 可定量萃取痕量的碲。其萃取机理可能是：

$$TeO_2H^+(a) + 3TBP(o) + 3H^+(a) + 4Cl^-(a) \rightleftharpoons TeCl_4 \cdot 3TBP(o) + 2H_2O(a) \tag{10-79}$$

有人研究用含硒 0.002 ~ 0.028 g/L、碲 0.002 ~ 0.108 g/L 的料液，在大于 4.5 mol/L HCl 的溶液中，用 30% TBP/煤油萃取，得到如图 10-14 所示的硒碲的萃取等温曲线。

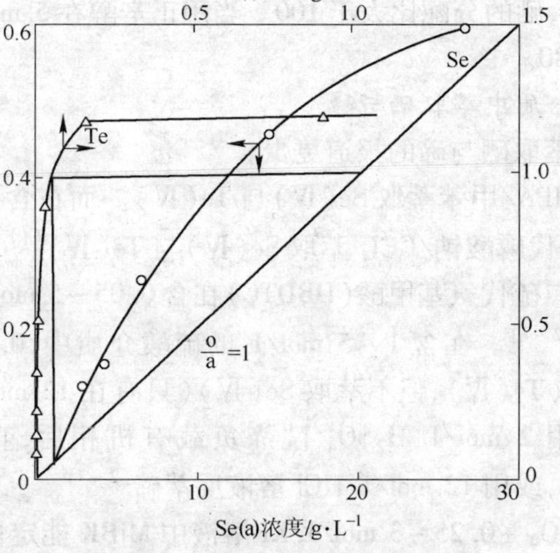

图 10-14 硒与碲的等温曲线

从图 10-14 得知，碲的萃取率较高，即在相比 o/a = 1/1 下进行 3 级萃取，碲的萃取率大于 99.1%，而硒的萃取率却小于 4.2%，当用 6 mol/L HCl 进行两级洗涤后，用 0.5 mol/L HCl 溶液在相比 o/a = 2/1 下，经 2 级反萃，便可达到定量反萃碲。此研究还表明，萃取过程的富集比不大，如原料液含碲超过 1.2 g/L 时，则必须增大 TBP 量，否则萃取分离效果会大大变坏。

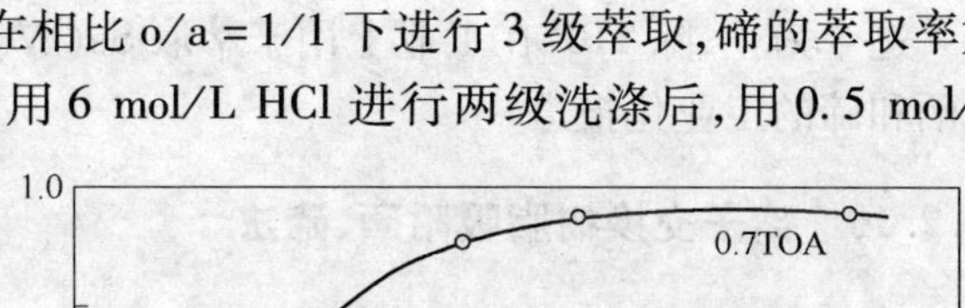

图 10-15 硒的萃取等温曲线

胺类萃取剂如三辛胺(TOA)可以在 HCl 介质中萃取 Se(Ⅳ)[283]，要求 TOA 的浓度需超过 0.7 mol/L。TOA 萃取硒的等温曲线如图 10-15 所示。

TOA 萃取 Te(Ⅳ)但不萃取 Te(Ⅵ)，它萃取 Te(Ⅳ)的分配比随盐酸浓度的增加而增大，但在大于 6 mol/L HCl 后却下降。TOA(以 R_3N 表示)萃取 Te(Ⅳ)的机

理为:

$$R_3N(o) + HCl(a) = R_3N \cdot HCl(o) \quad (10\text{-}80)$$

$$TeO_2H^+ + 2R_3N \cdot HCl(o) + 3H^+(a) + 4Cl^-(a) = [R_3NH]_2TeCl_6(o) + 2H_2O(a) \quad (10\text{-}81)$$

室温下可用乙酰胺(20% N503 + 6% 正辛醇/煤油)从 3 mol/L HCl 中萃取 Se(Ⅳ)[80]。

MiBK 在含 3.5 ~ 7.0 mol/L HCl 溶液中能定量萃取 Se(Ⅳ)与 Te(Ⅳ)[292],但不萃取 Se(Ⅵ)与 Te(Ⅵ),然而 Au(Ⅲ)、Fe(Ⅲ)、Tl(Ⅲ),Ga(Ⅲ)、In(Ⅲ)、Sb(Ⅴ)及 Mo(Ⅳ)等会随 Se(Ⅳ)与 Te(Ⅳ)进入有机相,这表明其萃取选择性不好,与 TBP 类似。可先如上除杂再用 MiBK 在含 8.5 mol/L HCl 中萃取 Se(Ⅳ),萃取率可达 99%。

在 2.7 ~ 5.0 mol/L HCl 时,可用醇类萃取剂萃取 Te(Ⅳ),而在大于 10 mol/L HCl 时,可用正辛醇萃取 Se(Ⅳ),硒的分配比大于 100。当用正辛醇在 5 mol/L HCl 中萃取碲时,碲的分配比仅为 1.15 ~ 1.80。

10.2.9.2 *在硫酸介质中萃取硒与碲*

有关在硫酸介质中萃取硒与碲的报道更少。

有报道称可用 D_2EHPA/甲苯萃取 Se(Ⅳ)与 Te(Ⅳ)。而在含 0.05 ~ 2.5 mol/L H_2SO_4 溶液中,可用二乙基二硫代磷酸钠/CCl_4 萃取 Se(Ⅳ)与 Te(Ⅳ)[1]。

另有报道用二丁基二硫代氨基甲酸(DBDTC)在含 0.05 ~ 5 mol/L H_2SO_4 溶液中能定量萃取 Se(Ⅳ)与 Te(Ⅳ)[2~7]。在含 1 ~ 5 mol/L 的硫酸介质中,0.02 mol/L 的硫代萘酚酸(TNA)/CCl_4 能完全萃取 Te(Ⅳ),但不萃取 Se(Ⅳ)(只有在 12 mol/L HCl 中,Se(Ⅳ)可被 TNA/CCl_4 定量萃取),用 2 mol/L H_2SO_4 洗涤负载有机相后,直接向负载有机相加入 NH_4OH 沉淀析出元素碲,或用 12 mol/L HCl 溶液反萃碲[2~7]。

在 2 ~ 16 mol/L H_2SO_4 + 0.25 ~ 3 mol/L KI 溶液中 MiBK 能定量萃取 Te(Ⅳ),但铜、镉、铅、铋、铟、锑也被萃入[187]。

迄今为止,除 TBP 在工业上用于萃取 Se(Ⅳ)与 Te(Ⅳ)外,还未见到其他萃取剂用于萃取硒和碲的工业化报道。

10.2.10 离子交换树脂吸附硒、碲法

在 HCl 溶液中,硒与碲会形成相应的 $HMeO_3^-$、$HMeO_4^-$、MeO_3^{2-} 及 MeO_4^{2-} 等配合阴离子,在盐酸浓度超过 6 mol/L 时,则会形成 $SeCl_5^-$、$SeCl_6^{2-}$ 及 $TeOCl_4^{2-}$ 等配合阴离子。可采用阴离子交换树脂 ЭДЭ-10П 及 AB-17 等交换吸附硒,硒在 pH 值为 3 ~ 4 的溶液内具有最大的交换吸附率。与此相似,用 ЭДЭ-10П 及 AB-17 吸附碲时,酸度由 pH = 3 升高到 pH = 1,交换吸附碲量也相应增加,此后随酸浓度的升高,因形成 TeO_3^{2-} 而导致交换吸附碲量下降。

在 H_2SO_4 溶液中,强碱性阴离子树脂 Lewaitit-M500 在含硒 0.6 g/L 的 5 mol/L HCl 溶液中吸附硒率接近零。而在 pH = 1 的 H_2SO_4 溶液中,仅能吸附少量的 Se(Ⅳ)与 Te(Ⅳ),然后可用 12% 的氨水解析硒。

有报道[283]:含碲的溶液在调酸到 pH = 3.7 后,让其通过 AH-9Φ 或 AH-1(呈 OH^- 型)、或 AH-2Φ(呈 Cl^- 型)阴离子树脂,就可以达到提碲的目的。实践表明,溶液中存在少量 SO_4^{2-} 有利于吸附碲,但铜的存在则对吸附碲不利。

日本竹原铜厂则用阳离子树脂交换除 H_2SeO_3 溶液中存在的杂质，之后通 SO_2 还原沉出硒，经氨水处理得 99.997% 灰硒[320]。这是与吸附硒相反的思路。

在 HNO_3 溶液中，国内试验将 99% 粗硒提纯到 99.995% 精硒，采用离子树脂交换法提纯[3~7]：用 HNO_3 将 99% 粗硒溶解得含硒 15 g/L H_2SeO_3 溶液，首先通过 OH^- 型阴离子树脂交换塔：

$$H_2SeO_3(a) + 2ROH(o) = \begin{matrix} R \diagdown & \\ & SeO_3(o) \\ R \diagup & \end{matrix} + 2H_2O(a) \qquad (10\text{-}82)$$

当树脂饱和后，用 200 ~ 250 g/L（有用 6% NaOH）于 80℃ 解析：

$$\begin{matrix} R \diagdown & \\ & SeO_3(o) \\ R \diagup & \end{matrix} + 2NaOH(a) = 2ROH(o) + Na_2SeO_3(a) \qquad (10\text{-}83)$$

将 Na_2SeO_3 溶液调酸到 pH = 5.5，再次通过 H^+ 型阳离子树脂（以 RH 表示）交换塔得纯 H_2SeO_3 溶液：

$$Na_2SeO_3 + 2RH = 2RNa + H_2SeO_3 \qquad (10\text{-}84)$$

用 $NaHSO_3$ 或 Na_2SO_3 从纯 H_2SeO_3 溶液还原沉出 99.995% 硒。

在碱性溶液中，用 ЭДЭ-10П 交换吸附碱性溶液中的碲，其吸附碲率随碱浓度升高而降低，处于 0.5 ~ 0.7 mol/L 碱浓度的交换吸附量最大。用 2 mol/L HCl 即可定量解析碲。阴离子交换树脂容易交换吸附含 0.7 ~ 1.0 mol/L 碳酸盐溶液中的硒，但却不交换吸附碲。在处理含硒碲的苏打液时，可借此分离硒与碲。

利用阴离子树脂交换法综合回收有色金属冶炼中的稀散金属有可以收到主金属、与杂质分离效果好、回收工艺流程短、经济效益高的优点。

10.2.11　生化法提硒、碲

有报道用氧化铁硫杆菌将共生在碱金属硫化物中的硒与碲氧化或还原转为有机硒（碲）化合物，然后提硒与碲。如用氧化铁硫杆菌将 CuSe 氧化[315,321]：

$$CuSe + 2H^+ + 1/2O_2 = Cu^{2+} + Se^0 + H_2O \qquad (10\text{-}85)$$

Rajwade 等试用微生物从含碲 0.01 g/L、pH 值为 5.5 ~ 8.5 的溶液中、控制在 25 ~ 45℃ 下进行吸附再还原沉出碲[80]。

10.2.12　硫化提硒、碲法

一种类似用 $(NH_4)_2S$ 处理阳极泥提取硒的方法：向酸泥中加入 20% Na_2S 溶液，使酸泥中的硒与 Na_2S 反应生成 $Na_2S \cdot 2Se$：

$$Na_2S + 2Se = Na_2S \cdot 2Se \qquad (10\text{-}86)$$

然后在通入空气的同时，用盐酸溶解而析出硒：

$$Na_2S \cdot 2Se + 2HCl = 2Se\downarrow + 2NaCl + H_2S \qquad (10\text{-}87)$$

此法尚未工业化。

据日刊报道[320]炼铜厂副产出多硫化物为提碲提供方便：

$$6NaOH + 4S = 2Na_2S + Na_2S_2O_3 + 3H_2O \quad (10\text{-}88)$$

$$Na_2S + S = Na_2S_2 \quad (10\text{-}89)$$

$$Te + 3Na_2S_2 = Na_2(TeS_4) + 2Na_2S \quad (10\text{-}90)$$

$Na_2(TeS_4)$被还原而析出纯度为99%碲：

$$Na_2(TeS_4) + 3Na_2SO_3 = Te\downarrow + Na_2S + 3Na_2S_2O_3 \quad (10\text{-}91)$$

10.2.13 液膜法提碲

有人做过用液膜法从原液含 Te 2 mg/L 富集碲的探索[322,323]，获得回收率不小于99.5%。其基本的试验技术条件见表10-13。

表10-13 液膜法富集碲的试验技术条件

试验	原液	膜试剂/%				内相	外相	技术条件			
	Te /mg·L^{-1}	流动载体	表面活性剂	膜增强剂	膜溶剂	mol·L^{-1}	HCl /mol·L^{-1}	油内比 R_{oi}	乳水比 R_{ew}	温度 /℃	时间 /min
1号	2	6% N503	5% L113B	4%液体石蜡	85%磺化煤油	HCl 0.15	5	1/1	30/500	15~30	10
2号	2~10	5%~9% N1923	4% L113B		89%磺化煤油	NaOH 0.3	5+HBr-KBr	1/1	20/(50~100)	15~36	10

对应1号与2号碲入膜相的形态为：$TeCl_5^-$ 与 $TeBr_6^{2-}$；并相应地以 $HTeCl_5 \cdot 3N503$ 与 $[N1923H]_2^{2+} \cdot [TeBr_6]^{2-}$ 缔合入有机膜而获得富集，经高压静电破乳，碲转入水相而可设法回收了。

10.3 火冶硒、碲

10.3.1 苏打法提硒、碲

苏打法是另一种广泛用于从阳极泥中回收硒与碲的方法，其优点在于：(1)在第一道作业中就能使贵金属与硒、碲良好分离，且贵金属回收率高；(2)获得纯硒的工艺简易可行；(3)可以综合回收碲与铜；(4)苏打可再生返用。苏打法提硒碲可分为苏打熔炼法与苏打烧结法。

10.3.1.1 苏打熔炼法综合回收硒与碲

苏打熔炼法回收硒与碲的典型工艺流程如图10-16所示。

将脱铜(或硫酸化，或酸浸除铜)阳极泥配以料重40%~50%的苏打，投入电炉在450~650℃下进行苏打熔炼，过程中硒与碲转变为易溶于水的碱(碱土)金属硒(碲)酸盐或亚硒(碲)酸盐[3~7,24,183,185]：

$$2Se + 2Na_2CO_3 + 3O_2 = 2Na_2SeO_4 + 2CO_2 \quad (10\text{-}92)$$

$$Cu_2Se + Na_2CO_3 + 2O_2 = Na_2SeO_3 + 2CuO + CO_2 \quad (10\text{-}93)$$

$$2Cu_2Se + 2Na_2CO_3 + 5O_2 = 2Na_2SeO_4 + 4CuO + 2CO_2 \quad (10\text{-}94)$$

$$CuSe + Na_2CO_3 + 2O_2 = Na_2SeO_4 + CuO + CO_2 \quad (10\text{-}95)$$

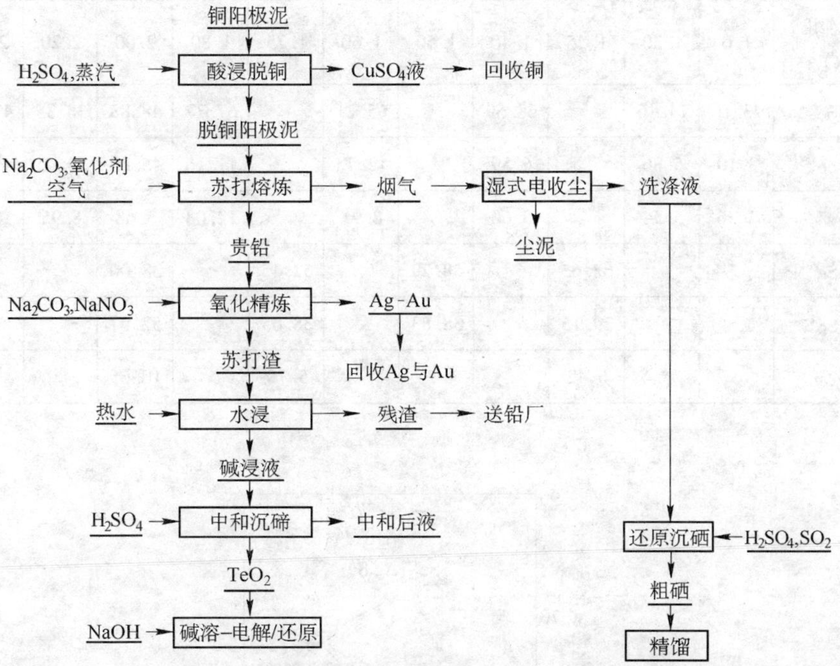

图 10-16 苏打熔炼法回收硒与碲的典型工艺流程

$$2CuSe + 2Na_2CO_3 + 3O_2 = 2Na_2SeO_3 + 2CuO + 2CO_2 \tag{10-96}$$

$$SeO_2 + Na_2CO_3 = Na_2SeO_3 + CO_2 \tag{10-97}$$

$$Cu_2Te + Na_2CO_3 + 2O_2 = Na_2TeO_3 + 2CuO + CO_2 \tag{10-98}$$

$$2Cu_2Te + 2Na_2CO_3 + 5O_2 = 2Na_2TeO_4 + 4CuO + 2CO_2 \tag{10-99}$$

$$Ag_2Te + Na_2CO_3 + O_2 = Na_2TeO_3 + 2Ag + CO_2\ (400 \sim 500℃) \tag{10-100}$$

$$Ag_2Se + Na_2CO_3 + O_2 = Na_2SeO_3 + 2Ag + CO_2 \tag{10-101}$$

$$2Ag_2Se + 2Na_2CO_3 + 3O_2 = 2Na_2SeO_4 + 4Ag + 2CO_2 \tag{10-102}$$

$$2Na_2SeO_3 + O_2 = 2Na_2SeO_4 \tag{10-103}$$

同时,也发生如下副反应[2~7]:

$$3Se + 3Na_2CO_3 = 2Na_2Se + Na_2SeO_3 + 3CO_2 \tag{10-104}$$

$$3Ag_2Se + 3Na_2CO_3 = 2Na_2Se + Na_2SeO_3 + 6Ag + 3CO_2 \tag{10-105}$$

上述的苏打熔炼反应起始于 300℃,到 500 ~600℃时便剧烈进行,如果升温到 700℃以上,则会有 SeO_2 的明显挥发。为了保证氧化反应完全,使硒、碲都生成水溶性盐,苏打熔炼宜控制在 650 ~700℃或以下进行[85]。表 10-14 和图 10-17 给出苏打氧化熔炼过程中苏打用量对硒化物氧化率及硒挥发损失率的影响,由此看出,为减少硒的挥发损失,宜用 1.5 ~2 倍于理论量的苏打。

如欲使硒多转为水溶性盐,而使碲形成水不溶物,则要求控制苏打熔炼温度在 450℃左右,并保证氧化剂与所供空气充足,此时氧化率在 92% 以上,碲会形成难溶的 Na_2TeO_4(但用 H_2SO_4 将 Na_2TeO_4 转为 H_2TeO_4 则成可溶),水浸时则 Se 入溶液、而 Te 不入液[185]。

表 10-14　苏打用量对苏打熔炼过程的影响情况

苏打用量(理论量的倍数)		1.0	1.20	1.25	1.40	1.50	1.60	1.75	1.80	2.00	2.20	2.40	2.50
Ag_2Se 氧化率/%	Se^{6+}	73.16	74.16		68.59		65.21		67.77	48.88	38.35	49.00	
	Se^{4+}	3.10	5.86		6.59		12.73		11.16	45.00	54.45	41.87	
硒挥发率/%		2.36	5.54		5.60		8.91		12.08	3.68	8.95	10.87	
Cu_2Se 氧化率/%	Se^{6+}			62.65		58.29		52.45		38.00			31.58
	Se^{4+}			29.15		38.83		38.65		52.97			63.94
硒挥发率/%				6.42		4.25		5.78		10.65			7.83

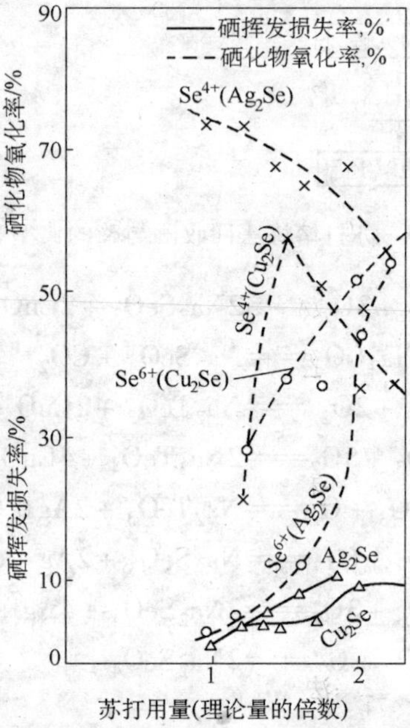

图 10-17　苏打用量与硒化物的氧化率和硒的挥发损失率的关系

碱金属亚硒(碲)盐易溶于水,其溶解度数据见表 10-15 与表 10-16。

表 10-15　25℃时 Na_2SeO_3 的溶解度　　(%)

饱和溶液中浓度(质量分数)								
	Na_2O	0	1.61	1.86	3.11	3.72	4.19	4.95
	H_2O	25.96	28.35	29.44	31.19	32.48	31.71	33.95
	SeO_2	74.04	70.04	68.70	65.70	63.80	64.10	62.10
固　相		H_2SeO_3					$H_2SeO_3 + Na_2Se_4O_9 \cdot 5H_2O$	

续表 10-15

饱和溶液中浓度（质量分数）	Na_2O	5.56	6.51	10.15	12.87	4.35	12.03	15.97	17.64	19.49
	H_2O	47.94	51.19	48.09	43.03	2.95	47.85	36.13	56.26	54.23
	SeO_2	46.50	42.30	41.16	44.10	92.70	40.12	47.90	28.10	26.28
固 相		$Na_2Se_4O_9 \cdot 5H_2O$				$Na_2Se_4O_9 \cdot 5H_2O + Na_2Se_4O_9 \cdot 5H_2O$				

饱和溶液中浓度（质量分数）	Na_2O	19.48	21.05	25.20	27.52	30.55	34.39	38.03	40.50	40.55	41.05
	H_2O	58.14	65.70	72.50	70.45	68.99	65.14	61.63	58.82	59.85	59.95
	SeO_2	22.38	13.15	3.30	2.03	0.46	0.47	0.34	0.59	0.60	0
固 相		$H_2SeO_3 \cdot 5H_2O$							$H_2SeO_3 \cdot 5H_2O + NaOH + H_2O$		$NaOH + H_2O$

表 10-16 Na_2TeO_3 的溶解度 （%）

25℃	饱和溶液浓度（质量分数）	Na_2O	41.05	40.17	39.36	34.00	32.60	30.79	28.17	26.78	22.82	16.19	13.35	12.56
		TeO_2	0	0.25	0.25	0.50	0.57	0.65	1.95	4.55	5.88	16.78	27.07	32.35
	固 相		$NaOH+H_2O$	Na_2TeO_3				$Na_2TeO_3 \cdot 5H_2O$						
40℃	饱和溶液浓度（质量分数）	Na_2O				34.80	22.96	19.73	18.19	17.35	16.73	15.64	15.25	15.22
		TeO_2				0.57	8.34	17.95	27.46	31.06	33.23	38.11	38.76	40.75
	固 相					Na_2TeO_3				$Na_2TeO_3 \cdot 5H_2O$				
25℃	饱和溶液浓度（质量分数）	Na_2O	12.90	12.78	12.62	11.93	10.75	7.45	5.82	4.46	3.62	1.47	1.05	0.65
		TeO_2	36.30	35.75	34.91	34.53	31.33	20.34	16.89	13.35	10.52	4.48	2.75	2.03
	固 相			$Na_2Te_3O_7 \cdot 3H_2O$		$Na_2Te_3O_7 \cdot 5H_2O$		$Na_2Te_4O_9 \cdot 5H_2O$						TeO_2
40℃	饱和溶液浓度（质量分数）	Na_2O	14.05	13.92	13.32	11.93	10.93	10.90	7.27	5.71	2.28	1.73	1.05	0.70
		TeO_2	39.26	37.33	37.14	35.02	34.64	32.52	22.74	18.15	8.06	6.14	3.62	2.73
	固 相		$Na_2Te_2O_5 \cdot 3H_2O$				$Na_2Te_4O_9 \cdot 5H_2O$							TeO_2

苏打熔炼渣用热水浸出，硒和碲转入溶液，便可采用如下工艺回收硒、碲：从水浸液中直接加入 Na_2SO_3 还原沉出碲：

$$Na_2TeO_3 + 2Na_2SO_3 + H_2O = Te\downarrow + 2Na_2SO_4 + 2NaOH \qquad (10\text{-}106)$$

或采用电解方法从 Na_2TeO_3 溶液中提取碲[8,24,85]。如采用含 Te 100 g/L、NaOH 160 g/L的电解液，在不锈钢片作电极的电解槽内、600 ~ 800 A/m^2 的电流密度、25℃的温度下电解，便得到粒状碲；如采用含碲仅 75 g/L、NaOH 125 ~ 140 g/L 的电解液，选用 60 A/m^2 的低电流密度、25℃下电解，则电解得片状碲；而当电解液含碲低到 22 g/L、NaOH 100 g/L 时，选用电流密度 200 ~ 250 A/m^2、70 ~ 80℃、并使电解液循环的情况下电解，也能得到粒状碲，其废电解液含碲仅 0.1 g/L（参见 10.2.1.1 节硫酸化焙烧—电解碲法）。或用硫酸中和过滤后的溶液而沉出 TeO_2，从此 TeO_2 沉淀物再回收碲。中和后液与湿式电收尘的洗涤液合并后，通

入 SO_2 以析出硒。

例如澳大利亚 Mount Isa Mines Ltd 的铜阳极泥含铜高达66%（见表10-2），阳极泥中的铜主要以硫化铜形态存在。该公司首先将阳极泥放在双层炉内氧化焙烧 14 ~ 24 h，然后用硫酸溶液浸出脱铜，浸出液送铜厂回收铜，而把成分为（%）：Se 0.7、Te 4、Cu 2、Pb 28、Au 3及 Ag 11 的浸出渣，配以渣重15%的苏打和1.5% ~3.0%的 $NaNO_3$，投入反射炉内于650℃下进行苏打熔炼，过程中硒以 SeO_2 状态挥发，通过洗涤塔和湿式电收尘器时被水吸收，当吸收液的密度达到1.05 g/cm³ 时，即抽出溶液，通入 SO_2 还原沉出硒。将所产苏打渣，用热水浸出，向滤液加硫酸中和到 pH 值为 5.5 ~ 6.5 沉出 TeO_2，此 TeO_2 经碱溶、电解得碲[11,24]。并从苏打熔炼产出的金银合金中回收金与银。

又如日本别子炼铜厂也采用类似的方法处理来自数个厂的铜、铅阳极泥。该厂将阳极泥配入 Na_2CO_3 与 PbO 后，直接投入电炉内进行苏打熔炼。产出的贵铅（金银合金）经灰吹处理除锑后，转入氯化炉内，在通入氯气的条件下，使贵铅中的铅形成 $PbCl_2$ 而与金银合金分离，脱铅后的金银合金转入氧化炉，在加入苏打和其他熔剂后进行氧化熔炼造渣，在此过程中碲转入苏打渣，然后从此苏打渣中回收碲[324]。

再如美国 Anaconda Cu Min. Co. 处理进口铜阳极泥[24]（其成分不稳定），阳极泥首先在350℃和通入过剩空气的条件下氧化焙烧，然后用15%硫酸溶液浸出脱铜，为了回收已转入溶液中的银，而在浸出末期加入新焙砂。将脱铜后残含铜在2%以下的浸出渣投入反射炉熔融，待其表面浮起一层富含 Pb、Sb 及 SiO_2 的硅浮渣，捞出硅浮渣送铅厂回收铅，之后朝排渣后的熔池加入苏打及硝石进行苏打熔炼，促使硒与碲形成相应的亚硒（碲）酸盐而转入苏打渣，渣经热水浸出得亚硒（碲）酸钠溶液，此亚硒（碲）酸钠滤液经用含硒泥浆（在260℃下硫酸化焙烧时产出的 SeO_2 烟气经水吸收而得到的）H_2SeO_3 液进行中和，便获得 TeO_2 沉淀：

$$Na_2TeO_3 + H_2SeO_3 = TeO_2\downarrow + Na_2SeO_3 + H_2O \qquad (10\text{-}107)$$

最后用碳还原熔炼得粗碲。富含硒的中和后液用硫酸酸化后，通入 SO_2 还原而得红色硒，加热得灰硒。并从苏打熔炼产出的贵铅中回收金与银。

必须要指出的是：有的采用苏打氧化熔炼法提硒碲时总是与综合回收料中的金与银相关，所采用的温度制度远高于文献[8,24,85,325]所述，如苏打熔炼是在加入熔剂（萤石、石灰、铁屑等）、碳及苏打、温度控制于1150 ~ 1250℃（中氧化造渣段800 ~ 900℃）间进行，所产烟气经 H_2SO_4 酸化的溶液吸收硒后提硒；而熔炼产出苏打渣及含（Au + Ag）为35% ~ 50%的贵铅。此贵铅送去氧化精炼（即灰吹），即在添加苏打（Na_2CO_3）、$NaNO_3$、通入空气于850 ~ 1150℃下进行，得到 Pb-(Au-Ag)，内含（Au + Ag）不少于95%，将其熔铸得电极板，经先后电解得银与金。为避免灰吹时的 Pb 害，有人则建议用 H_2SiF_6 电解贵铅[326]（Pb 70 g/L、H_2SiF_6 100 g/L、β-萘酚 0.002 g/L、骨胶 0.5 g/L 的电解液，40℃、100 A/m² 先行脱铅，后回收 Au 与 Ag）。苏打氧化熔炼时料中碲发生如下化学反应形成 Na_2TeO_3 渣：

$$Me_2Te + 8NaNO_3 = TeO_2 + 2MeO + 4Na_2O + 8NO_2 \qquad (10\text{-}108)$$

$$TeO_2 + Na_2CO_3 = Na_2TeO_3 + CO_2 \qquad (10\text{-}109)$$

Na_2TeO_3 渣浸出、净化后，可送去电解提碲，技术控制在 25 ~ 45℃、60 ~ 150 A/m²、1.5 ~2.5 V得粗碲[3~7,313]：

$$Na_2TeO_3 + H_2O = Te\downarrow + 2NaOH + O_2 \qquad (10\text{-}110)$$

10.3.1.2 苏打烧结法回收硒与碲

此法适于处理贫碲多硒的阳极泥物料，因高碲料会妨碍获得纯的硒[185]，苏打烧结法回收硒与碲的流程如图 10-18 所示[1,11,24,85,183,185]。

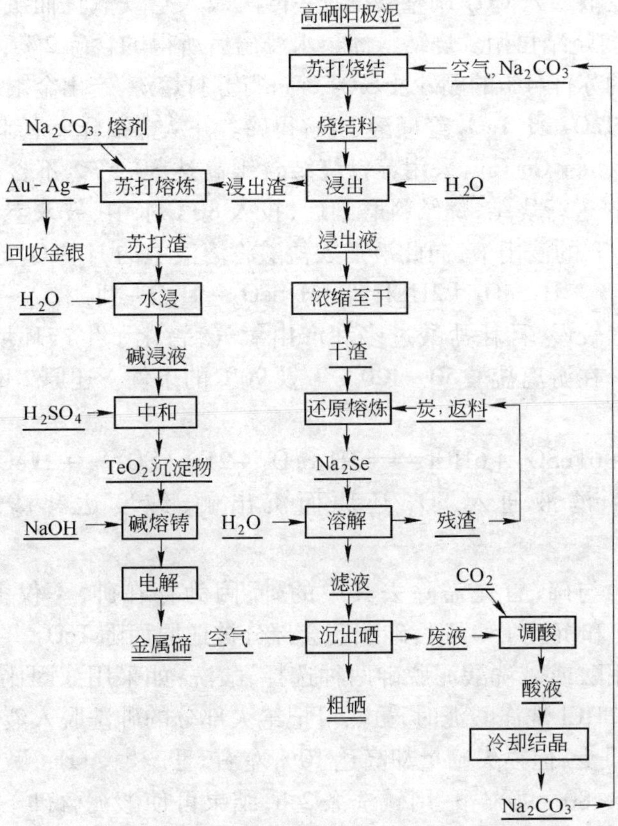

图 10-18 苏打烧结法回收硒与碲工艺流程

瑞典 Boliden Aktiebolag 公司采用低温苏打烧结法从铜阳极泥中回收硒。该公司将含 Se 21%、Te 1% 等的阳极泥（见表 10-2）配入料重 9% 的苏打，加水调成稠浆，挤压制粒，烘干，投入电炉内，保持在低于烧结温度下，控制在 450 ~ 650℃[16,167]（一说为 450 ~ 500℃[24]）通入空气进行苏打烧结（过程中硒形成硒酸盐而使挥发减少），硒与碲转为 Na_2SeO_3、Na_2TeO_3 或 Na_2SeO_4、Na_2TeO_4 盐。烧结料用 80 ~ 90℃ 热水浸出，在通空气搅拌的情况下，得到含铜 62 g/L、银 3.6 g/L 及硫酸 32 g/L 的亚硒（碲）酸盐溶液，此浸出液经浓缩至干，干渣配上炭在 600 ~ 625℃ 的电炉内还原熔炼而得到 Na_2Se[24]：

$$Na_2SeO_3 + 3C = Na_2Se + 3CO \qquad (10\text{-}111)$$

$$Na_2SeO_4 + 4C = Na_2Se + 4CO \qquad (10\text{-}112)$$

用水溶解 Na_2Se，过滤得到的含炭残渣返回利用。向滤液鼓入空气氧化而得到灰硒产物：

$$2Na_2Se + 2H_2O + O_2 = 2Se\downarrow + 4NaOH \qquad (10\text{-}113)$$

式 10-113 的实质是下述二反应式变化的总式：

$$Na_2Se + H_2O \longrightarrow NaHSe + NaOH \quad (10\text{-}114)$$

$$2NaHSe + O_2 \longrightarrow 2Se\downarrow + 2NaOH \quad (10\text{-}115)$$

在此过程中有90%的硒自溶液中沉出,经水洗即得粗硒,硒的总回收率高达93%~95%。

往沉出硒后的废液通入 CO_2 调整酸度,并再次鼓入空气氧化而沉出余硒后,废液经冷却结晶得苏打,返苏打烧结再用。烧结料经热水浸出后所得的含碲2%、铜2%及金与银的浸出渣,配以渣重7%的苏打、4%的硼砂及 SiO_2 等进行苏打熔炼,产出金银合金及苏打渣。苏打渣经水浸、中和沉出 TeO_2,此 TeO_2 经碱溶、电解得碲。并从金银合金中综合回收金与银。

又如德国 Mansfelder Cu Co. 采用苏打烧结含银高达30.5%、不含碲但含硒的阳极泥。配以料重25%的苏打进行烧结,烧结料磨细后,投入80℃水中、鼓入空气下进行浸出,经过滤获得含硒达100 g/L的浸出液,向此液加入盐酸将溶液中的 H_2SeO_4 还原成 H_2SeO_3:

$$H_2SeO_4 + 2HCl \longrightarrow H_2SeO_3 + H_2O + Cl_2\uparrow \quad (10\text{-}116)$$

由于此还原过程较慢,且耗盐酸过多和产出氯气,恶化了生产环境,故后改进为添加8.8倍硒重的 $FeSO_4$,在游离盐酸50~120 g/L及90℃的条件下还原2 h,过程中发生如下反应得 H_2SeO_3:

$$3H_2SeO_4 + 6FeSO_4 + 6HCl \longrightarrow 3H_2SeO_3 + 2Fe_2(SO_4)_3 + 2FeCl_3 + 3H_2O \quad (10\text{-}117)$$

然后向 H_2SeO_3 滤液通入 SO_2 还原而沉出硒,纯度达99.9%,硒回收率大于95%[24,85]。

从酸泥中回收硒与碲,首先需除去其中的砷,因为存在砷,不仅多耗苏打,还有产生 AsH_3 之害;而且在中和沉淀 TeO_2 时,砷酸还会部分被还原而随 TeO_2 共沉淀,导致砷的分散与污染。要除砷有用酸或碱洗酸泥脱砷两种选择,酸洗:如采用液固比为(7~10):1、75~85℃下、用6%~7% HCl洗涤酸泥时,虽然可把绝大部分的砷洗脱入液,洗后的酸泥含砷小于0.5%,损失硒量虽少,但损失碲量却高达10%左右,且产生 AsH_3;碱洗:为较多厂家所采用,选用液固比为3:1、80~90℃下、用碱洗涤2 h,结果可使酸泥含砷下降到2%以下,但过程中碱耗较多,且伴随大量碱洗液损失的硒量超过6%。

脱砷后的酸泥配以苏打,在300~350℃下烧结2 h,烧结料用热水浸出,浸出渣供综合回收铅。向碱浸液中加入盐酸中和沉淀析出 TeO_2,所得 TeO_2 经盐酸溶解,过滤后向滤液通入 SO_2 得粗碲。沉淀碲后的中和液用盐酸或硫酸酸化,之后加 $FeSO_4$ 还原得硒。用 $FeSO_4$ 还原沉出硒需经约48 h才能沉淀析出98%的硒:

$$H_2SeO_3 + 4FeSO_4 + 2H_2SO_4 \longrightarrow Se\downarrow + 2Fe_2(SO_4)_3 + 3H_2O \quad (10\text{-}118)$$

沉淀析出物为无定形硒,导致过滤困难[85],不如通 SO_2 还原沉出硒好。

10.3.2 加钙提硒法

芬兰奥托昆普的科科拉电锌厂(Outokumpu Oy Kokkola Works)处理的闪锌矿成分为(%):Zn 43.1~53.6、Fe 9.6~17.5、Se 0.0014~0.0204、Hg 0.018~0.031、Cu 0.49~0.96、Cd 0.24~0.25、Pb 0.37~1.76、SiO_2 1.07~1.88及S 31.8~32.4。该厂将此闪锌矿投入 ϕ9.6 m×17 m的沸腾焙烧炉中,在950~1000℃下进行氧化沸腾焙烧,产出41000~48000 m^3/h的含硒与汞的烟气,经废热锅炉利用余热,再经旋涡除尘器(ϕ2.75 m×8.4 m)及电收尘器(2×94 kV·A)除尘后,得到350~400℃、流量达55500 m^3/h的烟气,此烟气内

含汞 40 ~ 80 mg/m^3、含尘 100 ~ 120 g/m^3、SO_2 8.3% ~ 11.7%、水 60 g/m^3 与电除雾酸泥。从此烟气及酸泥中回收硒(可惜未报道原始含硒量),该厂采用了加钙提硒法[1,309] 如图10-19所示。

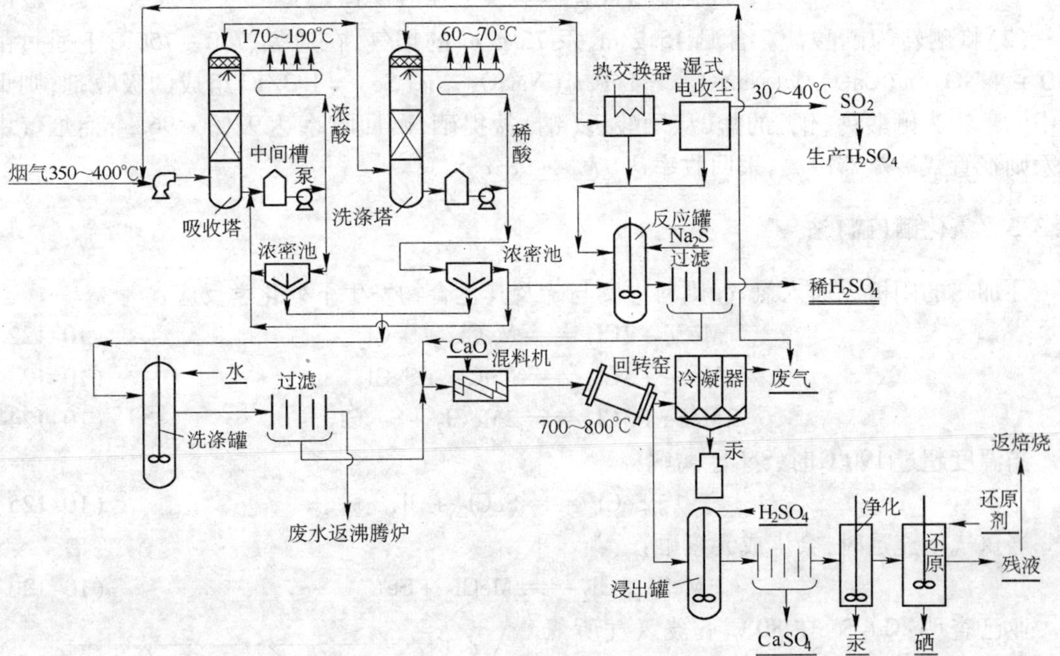

图 10-19 加钙提硒法的工艺设备流程图

含硒与汞的 350 ~ 400℃ 的烟气,通过喷洒浓度大于 90% 的热硫酸的吸收塔,其底流即为聚集富含硒与汞的酸泥。从吸收塔排出的、温度达 190℃ 的烟气通过喷洒浓度为 30% 硫酸的洗涤塔,除汞后烟气含 SO_2 8.2% ~ 11.7%、含汞小于 0.2 mg/m^3,送生产 H_2SO_4 车间,同时从洗涤塔又得一酸泥,合并两处酸泥,经水洗涤并过滤后,获得汞硒渣,此渣成分为(%):Se 8 ~ 15、Hg 40 ~ 60、S 4 ~ 7、Fe 0.8 ~ 3.5、Zn 0.1 ~ 3.9、SiO_2 5.0 ~ 13.5 及 H_2O 20 ~ 30。将此渣与电除雾的酸泥(经过加 Na_2S 的反应罐得到的硫化物渣)合并(过去是直接酸浸、净化后还原沉出硒后,转送 Pori 厂提硒[309]),配以石灰石并充分拌匀后,投入回转窑于 700 ~ 800℃ 下挥发脱汞,汞蒸气经冷凝得到纯度为 99.99% 的商品汞;而料中的硒与氧化钙形成难挥发的 $CaSeO_3$,将硒固定在窑渣中,从而硒与汞分离:

$$HgSe + CaO + O_2 = CaSeO_3 + Hg\uparrow \tag{10-119}$$

窑渣含硒 7% ~ 10% 及汞 0.1% ~ 0.2%,用稀硫酸浸出此窑渣脱钙:

$$CaSeO_3 + H_2SO_4 = H_2SeO_3 + CaSO_4\downarrow \tag{10-120}$$

过滤后得到成分为(g/L):Se 7.2、Hg 0.035、Ca 0.9、Fe、Zn 及 SiO_2 各约 0.4 ~ 0.6 的浸出液,此浸出液经净化除汞,使溶液残留汞至 0.01 mg/L,然后通入还原剂(未指明,可能是 SO_2)将硒还原沉出[2~7],获得 99.5% ~ 99.9% 硒,再转送 Pori 厂提硒[1]。残液还含硒 0.5 g/L及汞 0.003 mg/L,将其返焙烧工段予以回收。

此法较环保,简易。但由于加钙固硒反而贫化料含硒,且又要酸溶除钙,故有人将上述汞硒渣不用加钙固硒的方法,而是建议用:

(1)吸附法。将含硒与汞的烟气通过铁丝网层,使气相中的硒被铁丝吸附而形成黑色硒化铁[24],而气态汞则通过铁丝网而进入冷凝器,最后得到汞而分离硒与汞[183]。从硒化铁回收硒,可加 $FeCl_3$,使硒沉淀析出:

$$FeSe + 2FeCl_3 = Se\downarrow + 3FeCl_2 \tag{10-121}$$

(2)将硒转为硒酸盐。含硒 15 g/m、汞 75 g/m 的烟气,在通氧、700 ~ 750℃下通过由 $CaO + NaNO_3$($w(CaO)/w(NaNO_3) = 4/1$,$w(NaNO_3)/w(Se) = 1.3/1$)组成的吸收剂,则烟气中的硒转为硒酸钙(钠)的盐,从硒酸钙(钠)盐提硒,硒回收率达 92% ~96%;而烟气中的汞则在管式冷凝器冷凝,汞回收率达 97% ~98%[2~7]。

10.3.3　氯化硒(碲)法

往加热的阳极泥通入氯气,则料中硒与碲及其化合物发生下列化学反应:

$$MeSe + 2Cl_2 = MeCl_2 + SeCl_2 \tag{10-122}$$

$$MeSe + 3Cl_2 = MeCl_2 + SeCl_4 \tag{10-123}$$

$$2MeSe + 3Cl_2 = 2MeCl_2 + Se_2Cl_2 \tag{10-124}$$

当温度超过 190℃时,$SeCl_4$ 离解:

$$SeCl_4 = SeCl_2 + Cl_2 \tag{10-125}$$

当氯气不充足时,会生成元素硒:

$$MeSe + Cl_2 = MeCl_2 + Se^0 \tag{10-126}$$

业已查明:Cu_2Se 在 80℃下被氯气所氯化,到 200 ~ 250℃时反应剧烈只需 30 ~ 60 min即可完全氯化;Ag_2Se 在 200℃时才开始氯化,到 300℃则氯化完全;含铂族金属的硒、碲化合物在 250 ~ 300℃下开始氯化,到 450 ~ 500℃时才能氯化完全。硒化物的氯化率与温度的关系如图 10-20 所示。

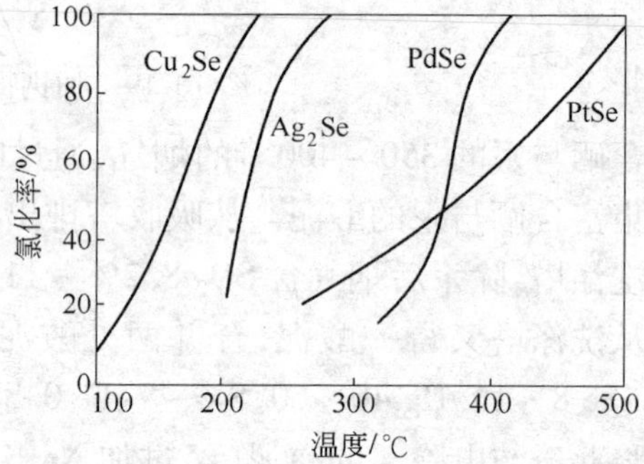

图 10-20　硒化物的氯化率与温度的关系

热力学计算[183]表明:在温度低于 300℃下 Cu_2Se 较 Ag_2Se 容易氯化;含铂族金属的硒(碲)化物则较难氯化,仅在 NaCl 参与下才会生成不挥发而易溶于水的 Na_2PtCl_6 与 Na_2PdCl_4,故在阳极泥富含铂族金属的情况下,应在低于 250℃的温度下氯化,只使硒氯化成氯化物而后溶于水溶液,然后从水溶液中回收硒与碲(参见图 10-12),而铂族金属则不被氯化而留在残渣中,可从渣中回收铂族金属。

10.3.4　热滤脱硫—精馏硒法

加拿大国际镍公司(Port Colborne),所产电解镍阳极泥成分为(%):Se 0.15、Ni 1.25、Cu 0.3 ~ 1.8、Fe 0.65、S^0 81 ~ 97 及 S_8 0.7。从镍阳极泥中回收硒的办法,是利用元素硫(S^0)在一定温度下的黏度小、易流动的特性,经压滤而与有价金属分离,硫的黏度与温度的关系如图 10-21 所示。然后根据硫与硒的沸点差异,将压滤渣精馏把硫与硒分离而得硒,参见图 10-3 与 Se-S 系图 10-22。

该公司创立的热滤脱硫—精馏回收硒的工艺流程如图 10-23 所示。

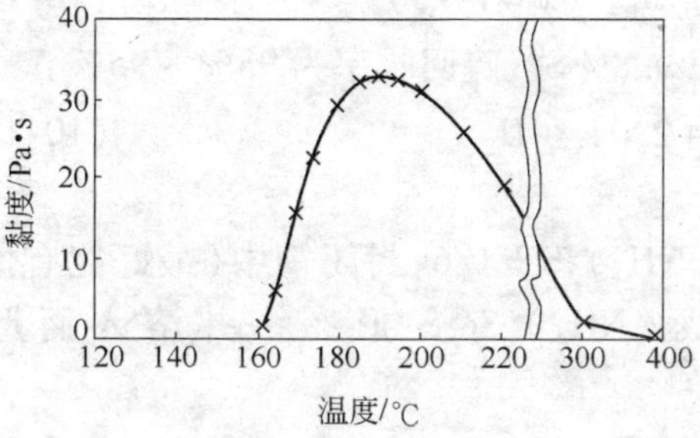

图 10-21 硫的黏度与温度的关系曲线

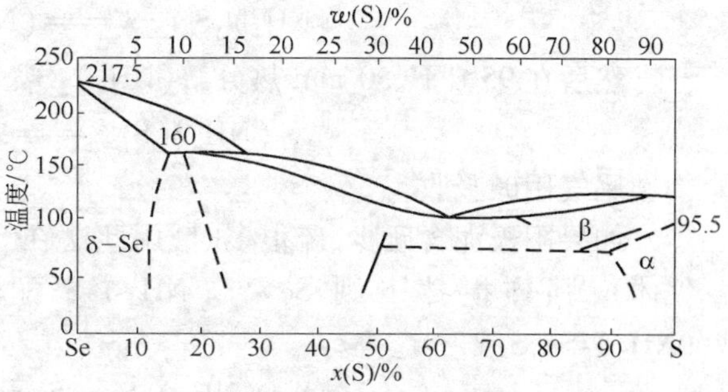

图 10-22 Se-S 系

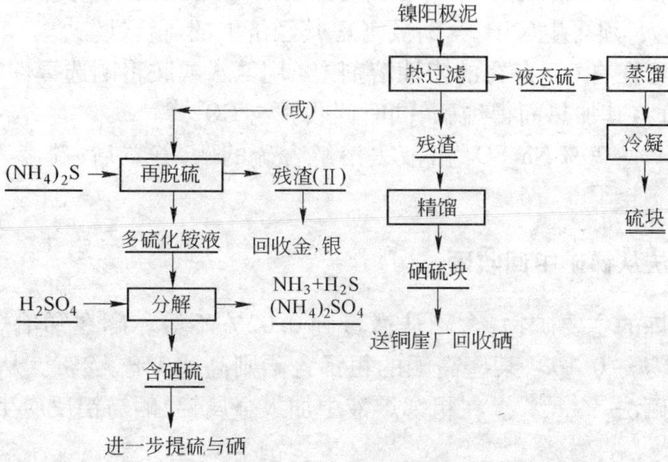

图 10-23 热滤脱硫—精馏回收硒的工艺流程

在熔融状态下，硒与硫可按任意比例混合，当液态硫接近沸点（444.00℃或444.67℃取决于 S 的晶系）时，它是由分子 S_8 所组成，而相应的硒是由分子 Se_2 组成。在250℃下在Se-S熔体的硫与硒之间形成了化合物，并存在硫与硒成分不定的、混合的多原子分子。当温度升高至500～900℃时，则硫与硒间的原子键力被削弱了，此时气相中不再存在硫与硒的化合物，而只存在 S_8、S_6 及 S_2 与 Se_6、Se_2 的分子，它们之间建立如下平衡：

$$3S_8 = 4S_6 \tag{10-127}$$

$$S_6 = 3S_2 \tag{10-128}$$

$$Se_6 = 3Se_2 \tag{10-129}$$

在250～280℃下，当硒质量分数为0.01%～0.1%时，相间分配系数为2.4，这就说明存在用精馏法分离硫与硒的可能性。例如含硒 0.04% 的硫经精馏后，硫含硒可降至0.0014%，硫产出率约为70%～80%，残渣含硒可上升到0.1%。

热滤脱硫—精馏回收硒的做法是：把阳极泥加热到 140～145℃进行热过滤，过程中要保持136～138℃恒温压滤，熔融的元素硫就会与阳极泥中的硒良好分离而滤出，脱硫率大于90%。熔体硫在475～500℃下蒸馏，硫蒸气冷凝到135℃左右，经浇铸得硫块，含硒的热过滤残渣，送入 ϕ1.9 m×27 m、内置60个不锈钢蒸馏盘的精馏塔，在外供热下精馏，得到富含硒达20%的硒硫块，送铜崖厂回收硒（可惜未见进一步提硒报道）。

另据报道[327]：含硫达 64.8% 的物料，可采用 $(NH_4)_2S$ 溶解，在 $(NH_4)_2S$/含硫料 = 2.8/1、22～28℃、液固比为4:1、溶解20 min 的密闭条件下，硫溶出率大于99.5%。

$$(NH_4)_2S + xS = (NH_4)_2S_{1+x} (x = 1 \sim 5) \quad (10\text{-}130)$$

然后在95℃下、50 min 热分解$(NH_4)_2S_{1+x}$得99.8%S^0，硫回收率为93% ~95%：

$$(NH_4)_2S_{1+x} = xS^0 + 2NH_3 + H_2S \quad (10\text{-}131)$$

尾气用碱吸收。

如果阳极泥含硒少、硫很多时，用此法在Se/$(NH_4)_2S$ = 1/6、封闭槽中(最好充有惰性气体)、强烈搅拌下则Se与$(NH_4)_2S$配合成$(NH_4)_2Se_nS$形态一并溶入而形成$(NH_4)_2Se_nS$：

$$(NH_4)_2S + nSe = (NH_4)_2Se_nS \quad (10\text{-}132)$$

从溶液中提硒，用热分解或直接鼓入空气析出硒，或继而热滤脱硫—精馏回收硒。此法需$(NH_4)_2S$耗量大，须再生$(NH_4)_2S$，要考虑其经济上的可行性。

有报道含硒渣可在有CO存在的惰性溶剂中，用氨水或胺将硒选择性溶出，形成硒代氨基甲酸胺盐，之后可将其加热而得纯硒，同时回收胺与CO[185]。

此外，还有用5% ~20% Na_2SO_3溶液去溶解含硫的硒，静置后，硫溶入该液，而硒却析出，然后提硒[2~7]。

10.3.5 加铝富集法从锑矿中回收硒

辉锑矿是锑冶炼的主要矿物，含硒从微量到0.02%不等。硒在锑冶炼中的循环积累，使粗锑含硒达0.02% ~0.1%，某些高硒的粗锑含硒则高达1% ~2%。从粗锑回收硒的有效方法是加铝富集硒法[3~7,328]。在粗锑熔液中加入金属铝，硒与铝反应生成金属间化合物Al_2Se_3：

$$3Se + 2Al = Al_2Se_3 \quad (10\text{-}133)$$

Al_2Se_3熔点(980℃)比锑高、密度比锑低，因此通过熔析可形成浮渣实现硒锑分离。铝与锑形成的金属间化合物AlSb不稳定，铝将优先与硒化合，使硒的富集分离具有很高的选择性。

主要提硒过程分为：

(1)加铝合金化。在锑反射炉维持锑液温度为1000 ~1050℃时，加入金属铝(加量为硒量的0.5 ~6倍，但不少于1t锑1kg)，适当搅拌使铝在锑中扩散均匀，保温0.5 ~1 h，使硒与铝反应完全而生成金属间化合物Al_2Se_3。

(2)熔析。将温度降到700℃，并维持2 ~3 h，生成的Al_2Se_3将从锑液中析出而形成固态浮渣。Al_2Se_3在锑中溶解度很低，熔析后粗锑含硒可降低到0.0002%的水平，脱硒率为90% ~99.5%，硒渣产率仅1% ~2%。

为利于硒的回收，排渣作业分两次进行：降温到800 ~850℃时排渣一次，尽量少夹带出锑液，可获得含硒5% ~10%的高硒渣，其硒量占总硒量的70% ~80%，渣率小于0.5%，该高硒渣可作为提硒的原料。第二次排渣在700℃进行，目的将硒彻底脱除干净，二次渣将返回锑熔炼。

(3)提取硒。将第一次获得的高硒渣在550℃下通入空气进行氧化焙烧，硒被氧化成SeO_2挥发，经冷凝收尘可获得粗SeO_2尘供进一步回收硒或经水吸收、酸化后通SO_2还原得粗硒。焙烧脱硒后的渣则返回锑冶炼。

富硒渣应存放在干燥通风的环境，以免遇水可能生成剧毒的AsH_3和SeH_2气体危及人

身安全:

$$AlAs + 3H_2O = AsH_3\uparrow + Al(OH)_3 \quad (10\text{-}134)$$

$$Al_2Se_3 + 6H_2O = 3SeH_2\uparrow + 2Al(OH)_3 \quad (10\text{-}135)$$

加铝富集法从锑矿中回收硒的工艺具有渣率低、硒富集与回收程度均高的优点,但铝也将与粗锑中的砷反应生成 AlAs 化合物进入硒渣,故当粗锑含砷较高时,宜先除砷后再加铝除硒。实践表明,砷含量小于0.05%时,加入的铝不会与砷显著作用。

10.3.6 真空蒸馏提硒法

利用硒的低沸点与铜、铅、锌、金、银等沸点较高的杂质分离(参见图4-2)。含硒物料投入真空蒸馏炉内,加温到300~500℃,含硒物料熔融,控制真空度达13~30 Pa,蒸馏与保温2~3 h,物料中的硒被蒸馏出来,导入冷凝室于270~300℃间冷凝,从冷凝物回收到92%硒,经处理除杂得99.5%硒;而高沸点难挥发的其他元素留存蒸馏渣中,可从中分别综合回收有价金属[3~7,329]。

10.3.7 造冰铜提硒法

加拿大 Noranda 铜厂含硒铜阳极泥经脱铜后,将阳极泥配以熔剂,采用反射炉熔炼获得含金银的高铅渣与含硒的冰铜,高铅渣送铅冶炼或送选矿处理而分别回收贵金属与铅;而冰铜送去顶吹转炉氧化吹炼,则冰铜中的硒以 SeO_2 挥发,经水吸收、酸化后,通入 SO_2 还原沉出硒[185],其给出的造冰铜提硒法工艺流程如图10-24所示。

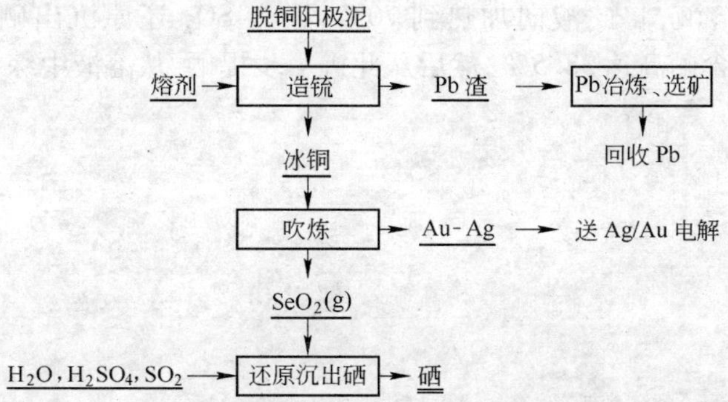

图10-24 造冰铜提硒法工艺流程

10.3.8 灰吹提硒法

灰吹法是一种从阳极泥中回收金银的较古老的方法,其原理是利用金、银及硒等与铅在熔融时易形成铅基合金,之后在高温下使铅氧化为PbO,硒氧化为 $SeO_2(g)$ 而挥发入烟气,从而与铅及不易氧化的金、银分离,然后从烟气中回收硒。

如美国某厂将脱铜后的含硒4%~10%、金0.1%~0.4%、银1.3%~1.9%及铅9%~18%的阳极泥,配以料重3%~4%的铅,在1250℃下进行还原熔炼,获得含硒、金、银的铅基合金 Pb-Me,此合金在800~1200℃下经两次灰吹熔炼,料中铅氧化进入浮渣而硒以氧化物形态挥发入烟气,收尘得到平均含硒20%~23%、碲1%~5%的烟尘,以及含硒25%~31%、铅16%~18%的尘泥,二者合并后用添加有硫酸和 $NaClO_3$ 的盐酸溶液浸出,浸出渣送铅车间回收铅,浸出液在通入 SO_2 后即还原沉出硒。第二次灰吹产物即为含金银大于99%的金银合金,合金经电解分别得到银与金[24]。

此法适于处理含金、银及铅高的阳极泥,但劳动条件不好,且硒分散。

10.3.9 汞炱中硒的回收

汞矿中常含硒,在火冶蒸馏汞的过程中,矿中的硒与汞同时挥发,硒便冷凝而富集于汞炱中。从汞炱中回收硒,除了可用10.3.2节介绍的加钙固硒法外,还有下述两种方法。

10.3.9.1 *苏打焙烧—SO_2 还原沉硒法*

含硒15% ~20%、汞约30%的汞炱,配入 Na_2CO_3 于600℃下焙烧,过程中汞挥发,其挥发率可达99%,汞蒸气经冷凝而得到金属汞。苏打焙砂用水浸出,焙砂中98%以上的硒转入碱液,然后加酸酸化,接着通入 SO_2 还原沉出单体硒。

在600℃下进行苏打焙烧时,按理会有部分硒随汞挥发入烟尘,从而引起硒的分散。但前苏联报道不会出现这种情况[330]。不过前苏联处理的是含高汞的酸泥,它的成分为(%)Se 8 ~10、Hg 40 ~60 及 Pb 10 ~16,在配入料重40% ~60%的苏打后,投入回转窑内在450 ~500℃下焙烧6 ~9 h,酸泥中汞转入烟气,经冷凝得到金属汞,汞的回收率大于99%,而酸泥中的硒主要进入苏打渣,然后按前述方法从中回收硒。

10.3.9.2 *酸浸—SO_2 还原沉硒法*

含硒5% ~8%、汞大量、铊2.0% ~2.5%等的汞炱,在加入 MnO_2 下用硫酸浸出,浸出液温度近100℃,则汞炱中的硒与铊等几乎全部转入溶液,得到含硒4.5 g/L、铊1.5 g/L及游离硫酸达35%的溶液,将此液向加热到70℃,通入 SO_2 还原沉出硒,随此沉淀约损失10%的铊,沉淀产物含硒高达38.5%,然后从此进一步提硒,从溶液中综合回收铊。

11 铼的综合回收技术

11.1 提铼原料

主要的提铼原料有辉钼矿及铜铼矿。在铜矿的选矿过程中,60% ~80%的铼转入铜精矿或铜铅精矿中。辉钼矿及铜铼矿在氧化焙烧中,铼的硫化物氧化而生成易挥发的 Re_2O_7 进入烟气,经水吸收,得到 $HReO_4$ 溶液,成为提铼原料。

从炼铜物料中回收铼的原料有火法炼铜的烟气经 H_2SO_4 洗涤除尘的吸收铼液及炉结,湿法冶金过程中的压煮液、用铜置换产出的含铼物料等。

处理铀钼矿提铀的副产物——反萃铀的水相,也是提铼的原料。

铼在地表被氧化,以 ReO_4^- 形态存在,它可溶于水,从江河入海洋,当海水转为还原条件时,铼将由 ReO_4^- 溶解态还原为不溶物而向海中沉积物迁移,在高温、高盐、富氧贫硫化的热液中有很高的溶解度。由于铼的氧化物具有高的蒸气压,其蒸气可以气态迁移,这就是为什么铼会在火山灰中高度富集的原因[19]。太平洋某洋面上含铼仅 0.0084 μg/L, 在海藻中却发现有铼的富集[19,85],但迄今除了曾有过用环已酮提取海水中的铼的消息外,其他还少有报道。由于火山灰及海水中的铼含量过贫,目前尚难成为提铼原料。

废铂铼催化剂及 W(Mo)-Re、Re-Me 废料等,也是提铼的主要原料。

11.2 水冶铼

11.2.1 氧化挥发—沉淀铼法

目前世界80%的钼用于制造合金钢与钼铁等,主要原料是 MoO_3。在氧化焙烧辉钼矿生产商品 MoO_3 的过程中,辉钼矿中铼的硫化物也发生氧化,生成易挥发的 Re_2O_7 进入烟气。利用 Re_2O_7 极易溶于水的特性,采用水吸收,然后向滤液加入 KCl 使 Re 以 $KReO_4$ 形态沉出。这成为了通用的提铼工艺。

为使料中铼的硫化物氧化为易挥发的 Re_2O_7,除需保持炉内充足空气外,还应适当提高焙烧温度,同时还须兼顾所用冶金炉型的影响等。

实践证明,沸腾焙烧炉挥发铼的效果最好[85],在550℃左右进行氧化沸腾焙烧辉钼矿时,铼挥发率可高达85% ~97%,而在相同条件下用一般的多膛炉或回转窑氧化焙烧辉钼矿,铼的挥发率均仅有60%左右。

在氧化焙烧辉钼矿的过程中,首先发生铼的硫化物的升华、离解。Re_2S_7 在250℃就开始离解,到350 ~400℃时就基本离解为较稳定的 ReS_2 及金属铼;而 ReS_2 在960 ~1050℃下只有少量离解,同时以 ReS_2 形态升华,但一般焙烧辉钼矿达不到这样高的温度,就是在这么高的温度下金属铼也不发生挥发:

$$Re_2S_7 \longrightarrow 2ReS_2 + 3S(l) \qquad \Delta G_T^{\ominus} = 21960 - 27.4T \qquad (11\text{-}1)$$

$$ReS_2 \longrightarrow Re + 2S(l) \qquad \Delta G_T^{\ominus} = 66980 - 39.8T \qquad (11\text{-}2)$$

$$ReS_2 = ReS_2(g)\uparrow \qquad \Delta G_T^{\ominus} = -22690 - 0.092T \tag{11-3}$$

由于铼是以类质同象存在于钼矿中，故在氧化焙烧辉钼矿时，铼与钼会同时被氧化，并发生硫化物与氧化物间的交互反应：

$$MoS_2 + \frac{7}{2}O_2 = MoO_3 + 2SO_2 \tag{11-4}$$

$$MoS_2 + 6MoO_3 = 7MoO_2 + 2SO_2 \tag{11-5}$$

氧化生成的 MoO_3 与铜、铅、锌及铁等杂质的氧化物（Me'O）发生如下反应：

$$MoO_3 + Me'O = Me'MoO_4 \tag{11-6}$$

此时，铼的硫化物已在 300～500℃时就强烈氧化脱硫，其脱硫速度与温度的关系如图 11-1 所示。铼的硫化物脱硫的反应如下：

$$2Re_2S_7 + 21O_2 = 2Re_2O_7\uparrow + 14SO_2\uparrow \tag{11-7}$$

$$4ReS_2 + 15O_2 = 2Re_2O_7\uparrow + 8SO_2\uparrow \tag{11-8}$$

而氧化形成的 Re_2O_7 在 300～400℃时几乎已挥发完全，氧化焙烧辉钼矿的温度和时间对挥发铼的影响[26]如图 11-2 所示。

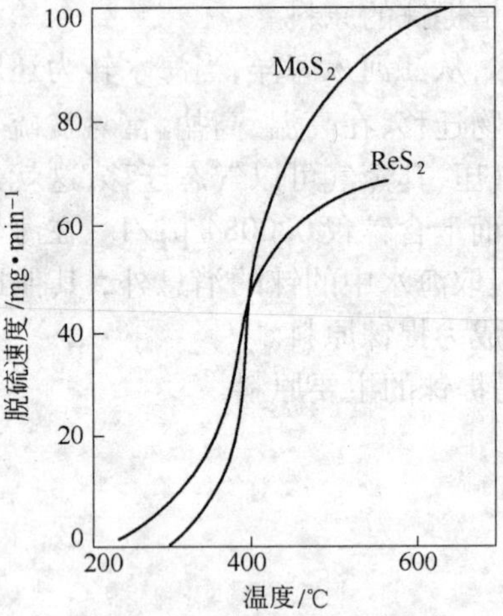

图 11-1　ReS_2 的氧化脱硫速度与温度的关系

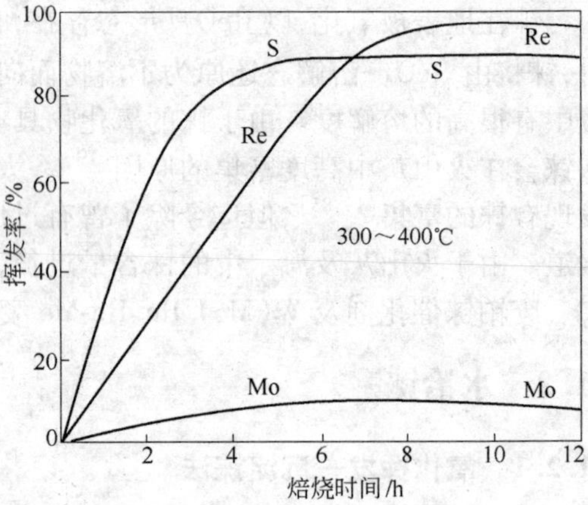

图 11-2　焙烧辉钼矿的时间与铼挥发率的关系

从图 11-2 可以看出，辉钼矿在 300～400℃下焙烧 4 h 后，已基本上达到完全脱硫，若焙烧 8 h，则铼挥发率可达 95% 以上，与此同时钼的挥发率只有 10%。采用沸腾焙烧炉进行氧化焙烧，使铼完全挥发的时间大大缩短。焙烧过程中铼挥发率不仅与温度和炉型有关，而且与料中 MoS_2 的氧化程度成正比关系（见图 11-3）。

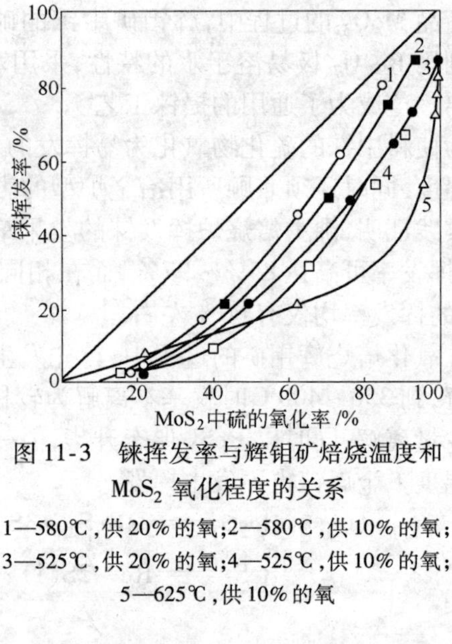

图 11-3　铼挥发率与辉钼矿焙烧温度和 MoS_2 氧化程度的关系

1—580℃，供 20% 的氧；2—580℃，供 10% 的氧；
3—525℃，供 20% 的氧；4—525℃，供 10% 的氧；
5—625℃，供 10% 的氧

经研究查明，只有 90% 的 MoS_2 被氧化之后，才会发生铼的明显挥发，这是因为铼是以类质同象存在辉钼矿中，由于发生了下述交互反应而促进铼的挥发：

$$Re_2S_7 + 18MoO_3 = 2ReO_2 + 18MoO_2 + 7SO_2 \tag{11-9}$$

$$ReS_2 + 7MoO_3 \Longrightarrow ReO_3 + 7MoO_2 + 2SO_2 \qquad (11\text{-}10)$$

$$ReS_2 + 6MoO_3 \Longrightarrow ReO_2 + 6MoO_2 + 2SO_2 \qquad (11\text{-}11)$$

在温度升到290℃以上和通入充足空气的焙烧过程中，铼的低价氧化物会氧化成次生的高价氧化物 Re_2O_7(Ⅱ)并以此形态挥发入烟尘：

$$4ReO_2 + 3O_2 \Longrightarrow 2Re_2O_7(\text{Ⅱ})\uparrow \qquad (11\text{-}12)$$

$$4ReO_3 + O_2 \Longrightarrow 2Re_2O_7(\text{Ⅱ})\uparrow \qquad (11\text{-}13)$$

由于铼的硫化物在焙烧温度为160℃时已开始氧化，而 Re_2O_7 在160～210℃下是稳定的，所以主要发生反应式11－7和式11－8。当焙烧温度升到高于210℃后，Re_2O_7 变为不稳定而与辉钼矿中 MoS_2、ReS_2 等发生交互反应，生成低价氧化物，从而影响了铼的挥发：

$$2ReS_2 + 7O_2 \Longrightarrow 2ReO_3 + 4SO_2\uparrow \qquad (11\text{-}14)$$

$$ReS_2 + 3O_2 \Longrightarrow ReO_2 + 2SO_2\uparrow \qquad (11\text{-}15)$$

$$ReS_2 + 6ReO_3 \Longrightarrow 7ReO_2 + 2SO_2\uparrow \qquad (11\text{-}16)$$

$$ReS_2 + 7Re_2O_7 \Longrightarrow 15ReO_3 + 2SO_2\uparrow \qquad (11\text{-}17)$$

$$ReS_2 + 2Re_2O_7 \Longrightarrow 5ReO_2 + 2SO_2\uparrow \qquad (11\text{-}18)$$

$$2Re_2O_7 + MoS_2 \Longrightarrow 4ReO_2 + 2SO_2\uparrow + MoO_2 \qquad (11\text{-}19)$$

$$6Re_2O_7 + MoS_2 \Longrightarrow 12ReO_3 + 2SO_2\uparrow + MoO_2 \qquad (11\text{-}20)$$

但在焙烧温度升到350～500℃时仅小部分 Re_2O_7 发生了式11－19与式11－20的反应，到了500～700℃时这些反应已变得相当微弱了，与此同时还发生炉气中的 SO_2 与 Re_2O_7 的微弱交互反应：

$$Re_2O_7 + 3SO_2 \Longrightarrow 2ReO_2 + 3SO_3 \qquad (11\text{-}21)$$

$$Re_2O_7 + SO_2 \Longrightarrow 2ReO_3 + SO_3 \qquad (11\text{-}22)$$

据热力学计算表明：在焙烧温度升到300℃以上时除反应式11－16及式11－22外，其余各反应的等压自由能 $\Delta G_T^{\ominus}$ 均为负值；当焙烧温度升到700℃以上时，除反应式11－22外其他各反应的 $\Delta G_T^{\ominus}$ 也均为负值。

然而，在氧化焙烧温度升到450℃以上之后，Re_2O_7 有可能与金属杂质氧化物(Me'O)反应形成铼酸盐：

$$Re_2O_7 + Me'O \Longrightarrow Me'(ReO_4)_2 \qquad (11\text{-}23)$$

尤其是会生成高温才离解的钾或钙的铼酸盐，而导致铼难以挥发。特别是当配料中 $Re_2O_7/CaO = 10$ 的情况下，必定会形成 $Ca(ReO_4)_2$：

$$CaO + Re_2O_7 \Longrightarrow Ca(ReO_4)_2 \qquad (11\text{-}24)$$

在此情况下，即使焙烧温度为600℃，料中的 Re_2O_7 的蒸气压也仅有1360 Pa，而在没有加CaO的情况下，即使温度仅处于250℃，Re_2O_7 的蒸气压也已大于1360 Pa了。一些铼酸盐离解的条件见表11-1及图11-4。

表11-1 铼酸盐的离解条件

铼酸盐	$Fe(ReO_4)_2$	$Cu(ReO_4)_2$	$KReO_4$	$Ca(ReO_4)_2$
离解温度/℃	400	460	740	760
500～600℃下铼酸盐的离解压/Pa	1386.5～14425.5	40～106.7	0.1	4

综上所述，640℃以上氧化焙烧辉钼矿时，主要的焙烧产物有 MoO_3 与进入烟气的 Re_2O_7、Re_2O_7（Ⅱ）和 SO_2 等，小部分是 ReO_2、ReO_3 与 $Me'(ReO_4)_2$。从此烟气中回收铼，前苏联某硬质合金厂采用氧化焙烧—沉淀铼法，其工艺[26]如图 11-5 所示。

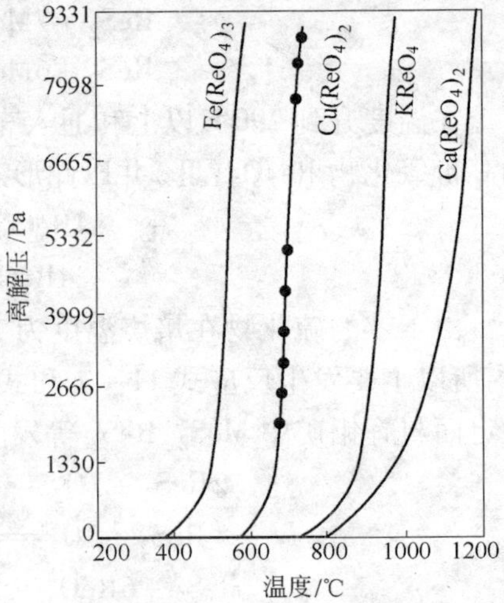

图 11-4　铼酸盐的离解压

该厂处理的辉钼矿成分为（%）：Mo 49.35、Re 0.025、S 35.42、W 0.12、Se 0.03、Cu 0.88、Ca 0.73、Fe 2.98 及 SiO_2 6.95 等。物料首先经制粒，然后投入 ϕ3 m×9 m 的锥形沸腾焙烧炉内，于 540～600℃下进行氧化沸腾焙烧，过程中辉钼矿中的铼的硫化物发生氧化，生成 Re_2O_7 而挥发：

$$4ReS_2 + 15O_2 = 2Re_2O_7\uparrow + 8SO_2\uparrow \quad (11\text{-}25)$$

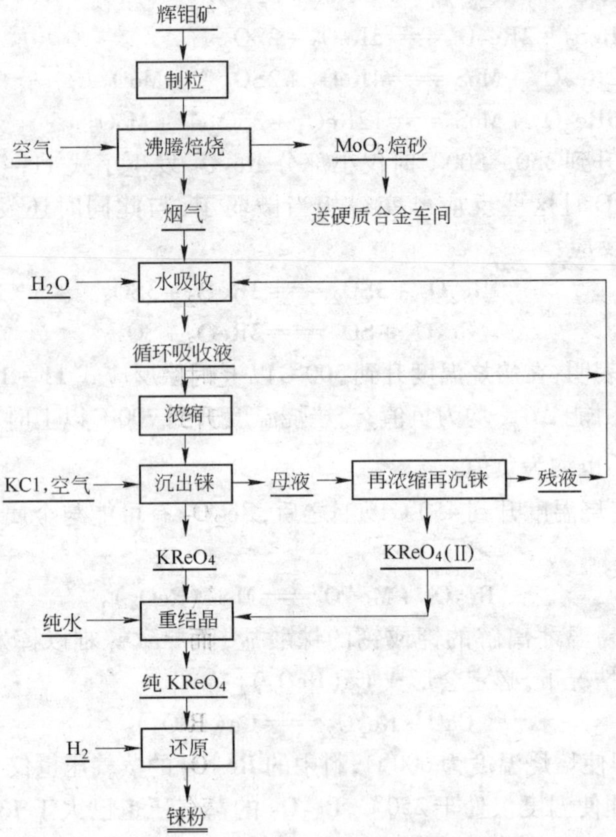

图 11-5　氧化焙烧—沉淀铼法工艺流程

铼挥发率可达 95% 左右。含 Re_2O_7 的烟气经淋洗塔和湿式电收尘器收尘，烟气中的 Re_2O_7 溶于水而生成高铼酸：

$$Re_2O_7 + H_2O = 2HReO_4 \quad (11\text{-}26)$$

溶有 Re_2O_7 的水溶液用以循环淋洗烟气，当其富集到一定浓度后，抽出一部分溶液浓缩到原液的 1/10 后，在空气搅拌下，加入 KCl（约按 27 kg/m³ 计），便产生白色的高铼酸钾沉淀：

$$HReO_4 + KCl = KReO_4 \downarrow + HCl \quad (11\text{-}27)$$

沉淀为不纯物,需用热纯水进行重溶(为加速溶解,有时要加入氧化剂如双氧水),溶解完后,让其冷却到0℃以下,此时重结晶析出 $KReO_4$,如此重复1~2次,即可获得纯 $KReO_4$。

欲进一步制取金属铼,则需通氢气还原:

$$2KReO_4 + 7H_2 = 2Re + 2KOH + 6H_2O \quad (11\text{-}28)$$

开始在低温(300℃)下还原,以防止 $KReO_4$ 的熔解与飞溅,后期升温到600~1000℃继续通氢气还原得铼粉,铼粉经水洗、酒精洗后,再在1000℃下通氢还原得99.8%的铼粉。铼的回收率高达85%~99%[80,85]。

又有用此法处理成分为(%):Mo 20.5、Re 0.04、W 0.21、S 17.5、Cu 4.06、Fe 7.16、CaO 1.60及 SiO_2 18.31的铜钼矿。于炉温590~630℃下通入流速0.09 m/s的空气进行氧化沸腾焙烧,过程中铼挥发率达93%左右,但炉生产能力低,仅达1.92 t/(m^2·d)[96]。

11.2.2 挥发—硫化沉淀铼法

德国曼斯费尔德铜厂(Mansfield Cu Co.)处理含铼铜叶岩时用此工艺回收铼[10,85]。该厂把含铼铜叶岩投入炼铜鼓风炉熔炼,除得到含铜40%~45%的冰铜外,还产出两种含铼的副产物,其一是含Re 0.043%~0.050%的烟尘,另一是含铼0.005%的鼓风炉炉结,分别用如下两种方法回收铼:

(1)从含铼炉结提铼。该厂将含铼炉结敲下后,配以料重3~4倍的硫酸,并添加少量 Na_2S 于40℃下浸出,过程中铼以硫化物形态沉淀析出,过滤后,将干燥过的硫化物沉淀进行氧化焙烧,使铼挥发入烟气,以水吸收得到 $HReO_4$ 液,经过浓缩后,加入KCl沉出 $KReO_4$ 后提铼。

(2)从含铼烟尘中提铼。该厂也是采用再挥发工艺,即在1100℃的中性或还原性气氛中使烟尘中的铼再次挥发出来,用水吸收,获得含铼0.1 g/L的吸收液,吸收液经结晶净化脱铜与进一步加入 $FeSO_4$ 和锌粉脱铜和镉后,加入20%的硫酸溶液,控制净化后的终酸为15%硫酸,然后加入 Na_2S 使液中铼以硫化物形态沉出,得到成分为(%):Re 0.4~0.5、Mo 15~18、Fe 11.2、SiO_2 27.2、Al_2O_3 18、CaO 1.4、MgO 0.9及S 1.4的沉淀物,沉铼率大于90%。获得的含铼硫化物沉淀配以其质量的3%的 Na_2CO_3,在350℃下烧结,用水浸出烧结产物,铼便转入碱液,经转化获得 $KReO_4$,该厂为了制得铼粉,先在600℃下通氢热分解,然后在900~1000℃下通氢还原得灰黑色铼粉,铼的回收率较低仅50%。

11.2.3 特效试剂沉淀铼法

前苏联报道,从焙烧辉钼矿所得的含铼烟尘,经水浸出得到含Re 0.25 g/L、Mo 12 g/L及 H_2SO_4 34.76 g/L的溶液,用特效试剂红光碱性紫染料(ZCl)沉淀析出其中的铼[331]。日本人说ZCl属于氨基三苯甲烷系染料,被称作甲基紫[2~7],其分子式为:

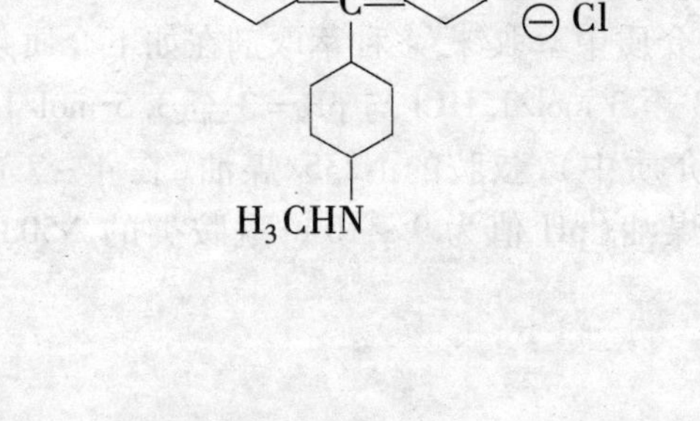

ZCl 沉铼法的工艺流程如图 11-6 所示。

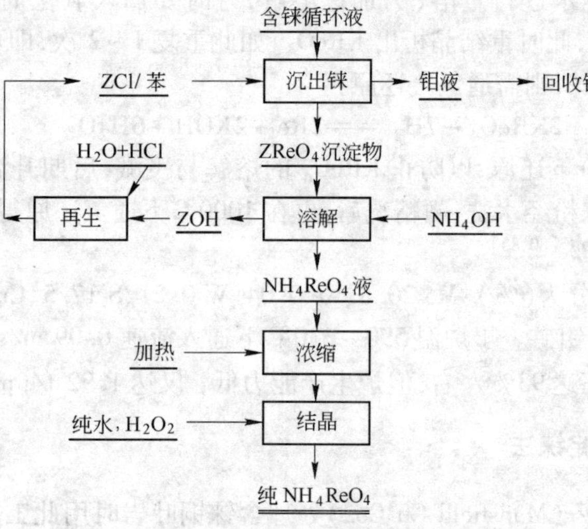

图 11-6 ZCl 沉铼法的工艺流程

将氧化焙烧辉钼矿产出的含铼循环吸收液调节酸度到 pH 值为 8.0 ~ 8.5 后，用以苯稀释的 ZCl（ZCl 的用量按沉淀溶液中铼所需量的 3 ~ 4 倍加入）沉出铼：

$$HReO_4 + ZCl \xlongequal{} ZReO_4 \downarrow + HCl \tag{11-29}$$

沉淀铼率为 91% ~ 97%。所得的 $ZReO_4$ 沉淀，经稀的 ZCl 洗涤后，用含 200 g/L NH_4OH 溶液在液固比为 4:1、40℃下溶解：

$$ZReO_4 + NH_4OH \xlongequal{} ZOH + NH_4ReO_4 \tag{11-30}$$

溶出率可达 90% ~ 95%。过滤分离去 ZOH，同时也得到含铼 8.0 ~ 8.5 g/L 的 NH_4ReO_4 滤液，此滤液经过浓缩、冷却结晶而得到纯 NH_4ReO_4，通氢气还原而得到纯度达 99% 的铼粉。产出的 ZOH 可经 HCl 处理而再生 ZCl：

$$ZOH + HCl \xlongequal{} ZCl + H_2O \tag{11-31}$$

再生所得的 ZCl 供返用。

11.2.4 硫酸化—沉淀铼法

德国曼斯费尔德铜厂采用硫酸化—沉铼法回收铜阳极泥中的铼[85]。该厂将含铼阳极泥进行硫酸化焙烧，使料中的铼转为硫酸盐，产出的焙砂用水浸出，过滤所得的浸出液经数次结晶除去镍、钼等杂质，而铼在结晶母液中富集，该母液经浓缩后加入 KCl 沉出铼，然后利用在 KCl 过量下 $KReO_4$ 在水溶液中溶解度很小的特性，采用重结晶净化，再经氢还原得铼粉。

11.2.5 萃取铼法

工业上从硫酸或盐酸介质中萃取铼，多种萃取剂在如下介质条件中均能定量萃取铼：叔胺的 TOA/甲苯（在 pH = 3 至 3 mol/L HCl 与 pH = 3 至 3.5 mol/L H_2SO_4 介质中），TOA/煤油（在 5% ~ 50% H_2SO_4 介质中），叔胺的 N235/煤油（在 4 ~ 7 mol/L HCl 与 2 ~ 4 mol/L H_2SO_4 介质中），季铵盐/煤油（pH 值为 9 ~ 10），酰胺类的 N503 与 A101/甲苯（在 0.5 ~

4 mol/L H_2SO_4介质中），酮类的甲基异丁基酮 MiBK（在 4 ~ 7 mol/L HCl 与 3.5 ~ 4.0 mol/L H_2SO_4 介质中），磷酸类的 TBP（在 0.5 mol/L HCl – 联胺与 10% ~ 50% H_2SO_4 介质中）；醇类的异戊醇（在 3 ~ 9 mol/L HCl 与 3 ~ 4 mol/L H_2SO_4 介质中）；并且均能与钼良好分离，反萃可分别用 NH_4OH/NaOH、$HClO_4$ + $(NH_4)_2SO_4$ 与 HNO_3 等[1~7,27,28,96,104,149,187,189,208,292,332,333]。

有人介绍，无论在硫酸或盐酸介质中，均可用酮、醇、酯与醚等萃取剂萃取 Re（Ⅶ），其中以环己酮（CHN）萃铼能力最强，乙醚（DEE）最差[292]。各种萃取剂在硫酸或盐酸介质中的萃铼能力大小如图 11-7 与图 11-8 所示。

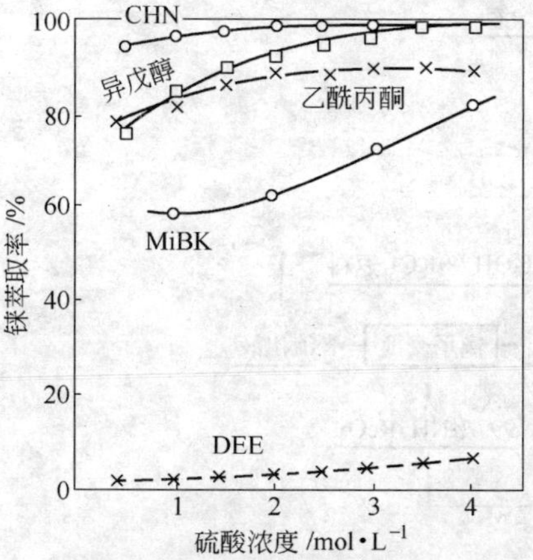

图 11-7 各种萃取剂在硫酸介质中的铼萃取率与酸度的关系曲线

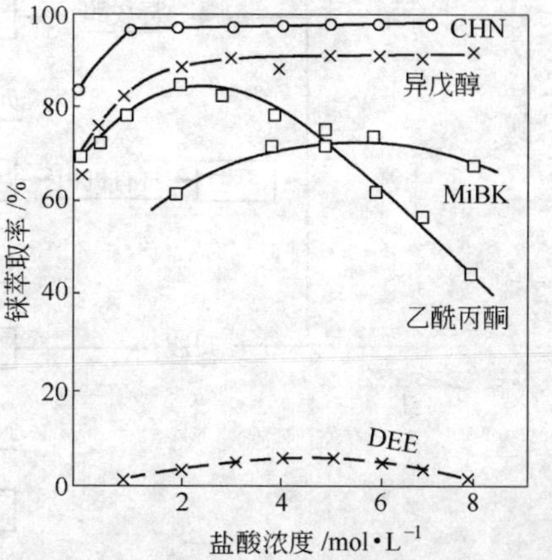

图 11-8 各种萃取剂在盐酸介质中的萃取率与酸度的关系曲线

TOA 在 0.01 ~ 0.5 mol/L H_2SO_4 介质中能定量萃取 Re（Ⅶ）。而 TBP 在 0.025 ~ 2.5 mol/L H_2SO_4 介质中可萃取 Re（Ⅳ）与 Re（Ⅶ）。

11.2.5.1 异戊醇萃取铼法

这是法国人从焙烧辉钼矿烟气中回收铼的工艺[27]，是一典型的氧化焙烧—萃取法提铼工艺流程，类似的萃取法提铼工艺已为一些国家普遍采用，成为当今生产铼的主导工艺之一[1,27]，如图 11-9 所示。

将含铼 0.03% 的辉钼矿投入 7 层的多膛焙烧炉进行氧化焙烧，矿料先在低温段 400 ~ 500℃焙烧脱硫，料中约 5% 的铼转入此低温段烟气，经收尘后得到的烟尘返回多膛炉。然后提高焙烧温度到 500 ~ 600℃挥发铼，过程中 87.5% 的铼进入高温段烟气（料中 7.5% 的铼残留在焙砂 MoO_3 中），此烟气中 Re_2O_7 经过硫酸吸收，获得成分为（g/L）：Re 0.3 ~ 0.8、Mo 0.5 ~ 17 及 H_2SO_4 100 ~ 300 的吸收液，用 20% ~ 100% 异戊醇（以 $C_5H_{11}OH$ 表示）萃取吸收液中的铼，由于铼与钼的分配比值 D 相差极大（D_{Re} = 50 ~ 100，而 D_{Mo} = 0.02 ~ 0.13），故铼与钼的分离良好，萃铼的机理是：

$$ReO_4^-(a) + H^+(a) + [C_5H_{11}OH](o) = [C_5H_{11}OH_2 \cdot ReO_4](o) \quad (11\text{-}32)$$

然后可用 10% NH_4OH 的溶液反萃：

$$[C_5H_{11}OH_2 \cdot ReO_4](o) + NH_4OH(a) = NH_4ReO_4(a) + [C_5H_{11}OH](o) + H_2O \quad (11\text{-}33)$$

得到铼钼比达（10 ~ 20）：1 的 NH_4ReO_4 水相，先向水相加入 NH_4OH 得到含铼 99.6% 的 NH_4ReO_4，然后与后道工序加 KCl 得到 99.5% $KReO_4$ 并经离子交换得到含 99.6% 的

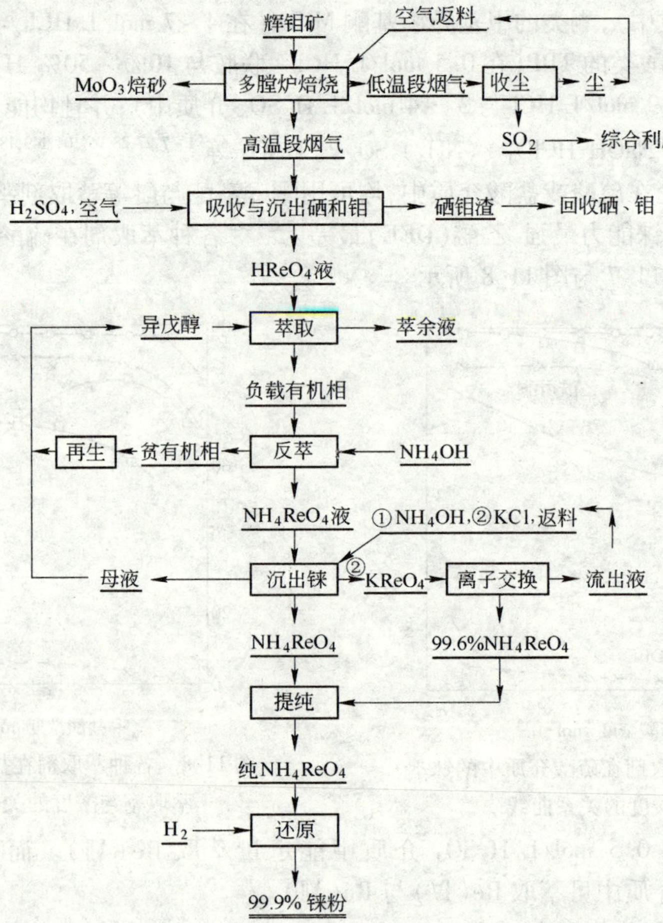

图 11-9 氧化焙烧—萃取法提铼工艺流程

NH_4ReO_4 合并，净化后，通氢将纯 NH_4ReO_4 还原而得到 99.9% 铼粉，铼回收率约 75%。

值得考虑的是，用异戊醇萃铼，常会产生第三相，加上其萃取容量大，造成铼与杂质的分离不好，铼的回收率低；此外，异戊醇的水溶性大和易挥发，导致试剂耗量大，成本高；且发出刺激性臭味，再加上其废液为含 2 ~ 3 mol/L H_2SO_4 的溶液，引来“三废”处理等环保问题。

11.2.5.2 叔胺萃取铼法

德国与美国也多采用 TBP 或 TOA 萃取提铼工艺，如在硫酸介质中用 3% ~ 64% TOA/煤油萃取铼。为了分相好，多数厂家常在有机相中添加一定量的高碳醇，洗涤多选用硫酸，反萃选用 NH_4OH[96]。

前苏联采用三辛胺 TOA（以 R_3N 表示）萃铼[332]。在处理成分为（g/L）：Re 0.3、Mo 2.4、H_2SO_4 60 的原液中，当调酸到 pH = 2、用 5% TOA + 5% $C_8H_{17}OH$/煤油配成的有机相、相比 o/a = 1/5 的条件下萃取，铼萃取率大于 99%，其萃取机理可表述为：

$$R_3N(o) + H^+(a) + ReO_4^-(a) \xlongequal{} [R_3N \cdot HReO_4](o) \tag{11-34}$$

$$2\,R_3N(o) + H^+(a) + ReO_4^-(a) \xlongequal{} [(R_3N)_2HReO_4](o) \tag{11-35}$$

反萃在相比 o/a = 1/1 时先用含 15 g/L 的 $Na_2C_2O_4$ 溶液反萃钼，反萃钼率大于 99%，获得的钼水相含 Mo 12 g/L、Re 0.06 g/L；接着用 10% NH_4OH、相比 o/a = 10/1 时 2 级反萃，反

萃铼率大于99%,其反萃机理为:

$$[(R_3N)_2HReO_4](o)+NH_4OH(a)=\!=\!=NH_4ReO_4(a)+H_2O(a)+2R_3N(o) \quad (11\text{-}36)$$

获得含 Re 13.2 g/L、Mo 0.5 g/L 的铼水相,从水相进一步提铼。产出的贫有机相,用1%的盐酸再生后返萃取段使用。

用 TOA 萃取 Re(Ⅶ)时,在 pH 值为 1.0 ~ 6.5 及用草酸隐蔽 Mo(Ⅲ)的条件下萃铼,可与大量的 Fe(Ⅲ),铜、钴、镍及镉等杂质分离。据日本报道,三烷胺/三氯甲烷有机相在 0.25 ~ 0.75 mol/L H_2SO_4 介质中、或高分子胺在 20% ~ 40% H_2SO_4 介质中均可定量萃取铼[334,335]。胺类萃取剂萃铼能力虽大,但它既易成盐,也易溶于酸,故需要加入高碳的醇或 TBP 等助溶剂[208]。

1968 年苏联从硝酸盐溶液中回收铼的方法是:在 pH 值为 1 ~ 2、o/a = 1/1、用 7% D_2EHPA 进行 5 级萃取除钼后,用 TOA + TBP/煤油萃取除钼后液中的铼,之所以要添加一定量的 TBP,是为了分解液中的硝酸盐。然后再用 7% ~ 10% 的 NH_4OH、相比 o/a = 1/1、2 级反萃,从反萃铼水相中提铼。而贫有机相用 30% HNO_3、在相比 o/a = 10/1 下进行再生,返萃取工段[280]。

为回收 NH_4ReO_4 结晶母液中微量的铼(含铼 0.40 ~ 0.75 g/L),可选 10% N235 + 10% TBP/煤油作有机相,在 pH 值为 4 ~ 10、相比 o/a = 1/10、3 级萃取铼,铼萃取率大于 99.5%,用 30% NaSCN 反萃铼,其反萃铼率 97.5%,获得含铼 1.2 ~ 2.3g/L 的铼水相[189]。

以上萃取工艺中分离铼有两种方式:

(1)优先萃取铼。从含 Re、Mo 的 H_2SO_4 溶液中提铼,可选用低浓度叔胺 N235、低相比条件下单独萃取铼,例如用 2.5% ~ 3.0% N235 + 40% ~ 15% 仲辛醇/煤油、选用相比 o/a = 1/5、多级萃取,从含铼 0.1 ~ 0.2 g/L、2 ~ 4 mol/L H_2SO_4 的料液中单独萃取铼,萃取铼机理如式 11 - 34 和式 11 - 35 所示,铼萃取率大于 99%,后用 5 ~ 7 mol/L NH_4OH、相比 o/a = 10/1 反萃铼,其反萃机理如式 11 - 36,反萃铼率达 99%,经浓缩结晶得 NH_4ReO_4。

(2)共萃料液中的铼与钼,从反萃液分离铼与钼。可选用高浓度的 N235 共萃料液中的铼与钼。如用 5% N235/煤油共萃料液中的铼与钼,随后以 NH_4OH 反萃,让铼与钼均进入反萃液,然后用 5% 季铵盐 Aliquat336 从反萃液中萃取铼,从而与钼分离,之后分别回收铼与钼[104];或从铼的负载有机相先用 HNO_3 反萃铼,然后用 NH_4OH 反萃钼[104],达到综合回收铼钼的效果。

11.2.5.3 TBP 萃取铼法

被钼和铁污染的含铼 HCl 溶液中,加入 H_2SO_4 调节 $SO_4^{2-}/Cl^- \geq 20$ 后,可用磷酸三丁酯 TBP 萃取铼[336]。例如成分为(g/L):Re 8、Mo 1、Fe 0.3、2 mol/L HCl 及 1.5 mol/L H_2SO_4 的溶液,选用 28% TBP 萃取铼,然后用 1 mol/L H_2SO_4 与 4 mol/L HCl 依次分别进行 2 级洗涤,接着用 11 mol/L HNO_3 进行 3 级反萃,便能有大于 99% 的铼进入反萃铼水相。

有人指出,用 TBP 萃取铼,仅适用于提纯铼的目的,且还指出,有机相浓度对萃铼的影响较大,如用大于 50% TBP/煤油萃取铼,萃铼率几乎可达 100%,但当用 25% TBP/煤油时,萃铼率将由 94.8% 逐渐下降[208]。本法较适用于从贫铼的溶液中富集与提取铼,成本比传统的沉淀析出法低。

11.2.5.4 季铵盐萃取铼法

胺类萃取剂的萃取机理在于:料液中 ReO_4^- 与胺类萃取剂的阳离子缔合而被萃取。但胺类萃取剂的萃取选择性差，且会发生成盐反应。

采用季铵盐 7407（氯化三烷基苄基胺，以[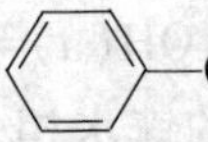—CH_2NR_3]Cl 表示）萃取铼[203]，料液成分为(g/L)：Re 0.3、Mo 8、$(NH_4)_2SO_4$ 200，当调整 pH 值为 9～10 后，采用 1% 7407 + 10% TBP/煤油（添加 TBP 使其与 7407 一道拆散烷基胺聚合体，增大其溶解度，避免生成第三相）、选 o/a = 1/3、3 级萃取，萃取铼率大于 99%，萃取铼的机理为：

[—CH_2NR_3]Cl (o) + ReO_4^- (a) ══ [—CH_2NR_3]$^+$·ReO_4^- (o) + Cl^- (a)　　(11-37)

萃余液残含 Re 小于 0.002 g/L。选用 40% NH_4SCN（虽说反萃铼率随 NH_4SCN 浓度增大而增高，但大于 40% 后则无明显作用）、o/a = 2/1、3 级反萃，反萃铼率大于 99%，反萃机理是：

[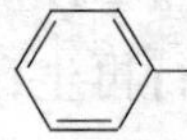—CH_2NR_3]$^+$·ReO_4^- (o) + NH_4SCN (a) ══ [—CH_2NR_3]·SCN (o) + NH_4ReO_4 (a)　　(11-38)

贫有机相用饱和 NaCl 溶液、在 o/a = 1/1、2 级条件下再生后返用。从富含 Re 的水相可选重结晶法提铼。

季铵盐 7407 的浓度在 1% 时 Re 与 Mo 的分离系数($\beta_{Re/Mo}$)达 2362，如季铵盐 7407 的浓度继续增长，会使分离系数变小，从经济角度出发，季铵盐 7407 的浓度不宜大于 1%。而酸度对 Re 与 Mo 的分离影响较大，宜选在 pH 值为 9～10[203]，如图 11-10 所示。

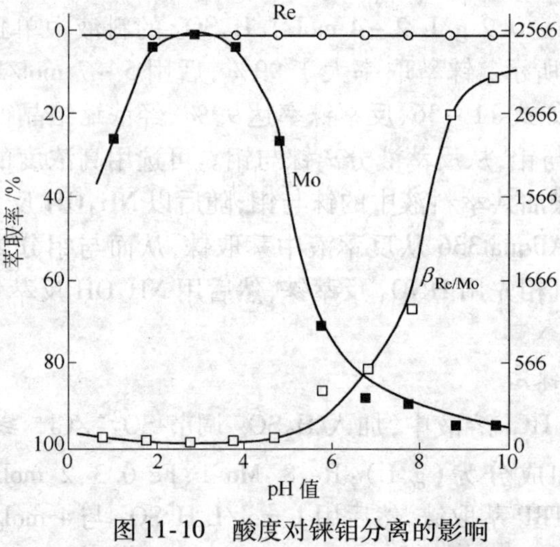

图 11-10　酸度对铼钼分离的影响

（Re 0.3g/L，Mo 8g/L，$(NH_4)_2SO_4$ 200 g/L；7407 1%～10% + TBP10%/煤油；o/a = 1/3，1 级）

据报道[28,244,280,333]，将成分为(%)：Re 0.48、Mo 35、Se 1、硫化物 17、硫酸盐 7 的辉钼矿焙烧产出所得的烟尘，在液固比为 5∶1、65℃、用水浸出 1 h，过滤除去不溶的氧化钼及硫化物，然后向滤液加入 $NaClO_4$ 使溶液中的铼与钼发生氧化，将铼氧化到 Re(Ⅶ)，接着加碱调 pH = 12，这是为了使铼与钼良好分离，因为 pH 值由 1 变化到 12 时，钼的分配比由 160 降到 0.03，而铼的分配比仅相应由 480 降到 140。过滤除去部分杂质，并得到成分为(g/L)：Re 1.0、Mo 16、Cu 0.03、Se 0.03 的料液，选用 5% 季胺 + 5% 癸醇/煤油，在相比 o/a = 1/2、6 级萃取铼，铼的萃取率大于98%。负载有机相含 Re 2 g/L、Mo 0.011 g/L，萃余液含Re 0.01 ~ 0.012 g/L、Mo 16 g/L(送钼车间回收钼)。然后用 1 mol/L $HClO_4$ +1 mol/L$(NH_4)_2SO_4$，在相比 o/a = 7/1、6 级反萃，得到含 Re 13 g/L、Mo 0.01 g/L 的铼水相。而贫有机相含 Re 0.014 g/L 及 Mo 0.009 g/L。

从铼水相中提取铼，可采用电解工艺。用铂作阳极、钢片作阴极、选电流密度 3875 A/m^2、槽压 3 V、电解液温度 45℃的条件下进行电解，获得纯铼，但电流效率仅 17%。电解废液还含 Re 1g/L、Mo 0.001 g/L，将其与贫有机相共返萃取工段。

后来美国 Sylvania 电器制造有限公司对此法作了改进。其关键是使用可溶性的金属螯合物的芳香烃作稀释剂，以 4 mol/L HNO_3 作反萃剂，获得含铼高达 30 g/L 的铼水相。铼水相或经蒸馏去 HNO_3 后，通过离子交换柱，得到 NH_4ReO_4；或直加 NH_4OH 后经重结晶得 NH_4ReO_4[280]。

11.2.5.5 酰胺萃取铼法

乙酰胺 A101 或 N503 萃铼的萃取选择性较异戊醇等好。A101 在硫酸或盐酸介质中萃取铼的分配比与酸度的关系曲线[1,189]如图 11-11 所示。

试验查明，用 30% A101/二乙苯在各种酸的不同酸度下萃取铼的能力从大到小的顺序为：H_2SO_4 > HCl >> HNO_3 > $HClO_4$。在含 1.5 ~3 mol/L H_2SO_4 介质中，铼的分配比 D_{Re} 为 100 ~ 500；如酸浓度分别大于 4 mol/L H_2SO_4 或 8 mol/L HCl 时，则部分 $HReO_4$ 会转为 Re_2O_7，导致铼萃取率下降；添加 1 ~2 mol/L Na_2SO_4，有利于 Mo(Ⅳ)与 Re(Ⅶ)的萃取分离。

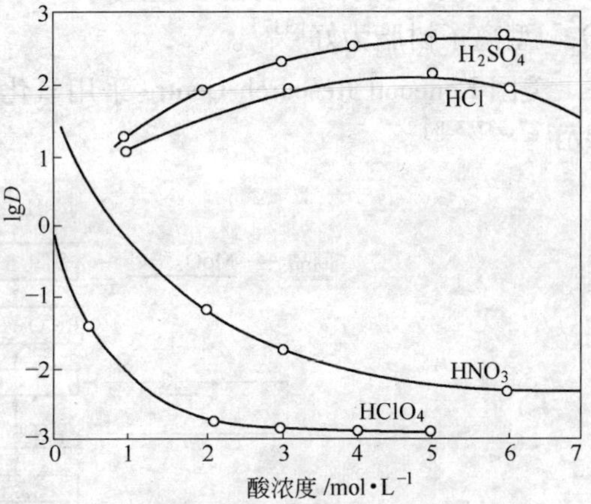

图 11-11 30% A101 在各种酸溶液中萃取铼的分配比 D 与酸浓度的关系
(H_2SO_4 的浓度为图示数的一半)

试验还查明，在硫酸介质中各种含氧萃取剂萃铼能力从大到小的顺序为：A101 > TBP > 异戊醇 > MiBK，例如用 30% A101 的萃铼率与硫酸浓度关系较大[1,189]，如图 11-12 所示。当酸浓度超过 2 mol/L H_2SO_4 时，能定量萃取铼，并使钼留在水相中；过程中，常见的杂质如 Cu、Pb、Zn、As、Sb、Fe(Ⅱ、Ⅲ)、碱金属及其他稀散金属等，均不被其萃取。用 A101 萃取铼时铼钼分离系数及铼萃取率与硫酸浓度的

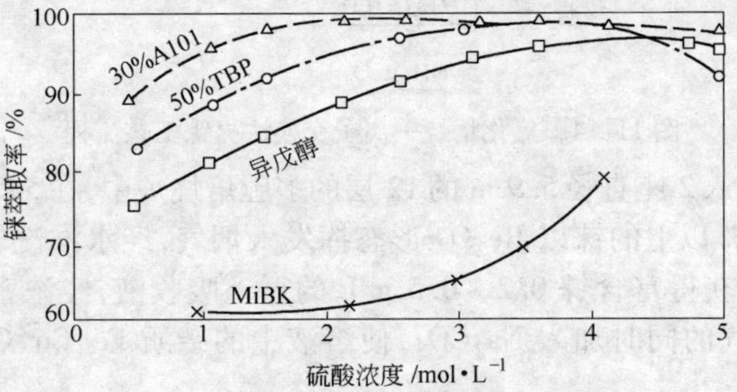

图 11-12 A101 等在硫酸介质中萃取铼率

关系曲线[189]如图 11-13 所示。

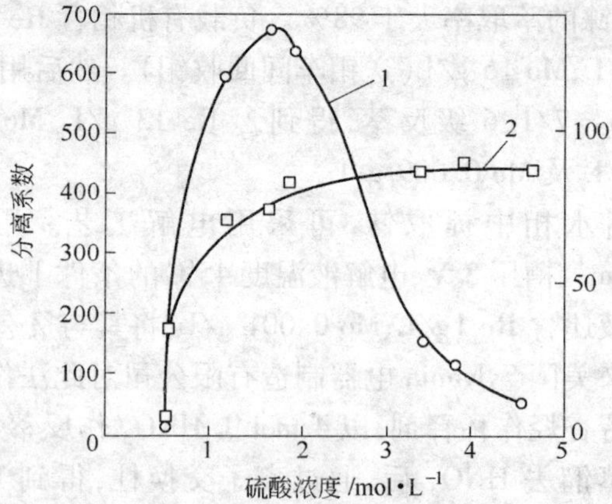

图 11-13 A101 萃取时铼钼分离系数及萃铼率与硫酸浓度的关系

1—铼钼分离系数;2—铼萃取率

11.2.6 离子交换铼法

1947 年有人使用强碱性阴离子树脂 Amberite IR - 4B 从含铼(Mo/Re >100)溶液中吸附铼后,在 pH =4.8 下用 HBr + NaOH 解析钼,随后调到 pH =8.35,用 5% NaOH 解析铼[283]。

又有人指出,铼在溶液中多以 ReO_4^- 形态存在,而在强酸,如 6 ~ 10 mol/L HCl 中铼会以 ReO_3^+ 形态存在,从此溶液中提铼以采用 Cl^- 型或 SO_4^{2-} 型离子树脂为好[337]。

美国 Kenecott Research Centre 采用氧化焙烧—离子交换法提铼,其工艺流程如图 11-14 所示[27,337,338]。

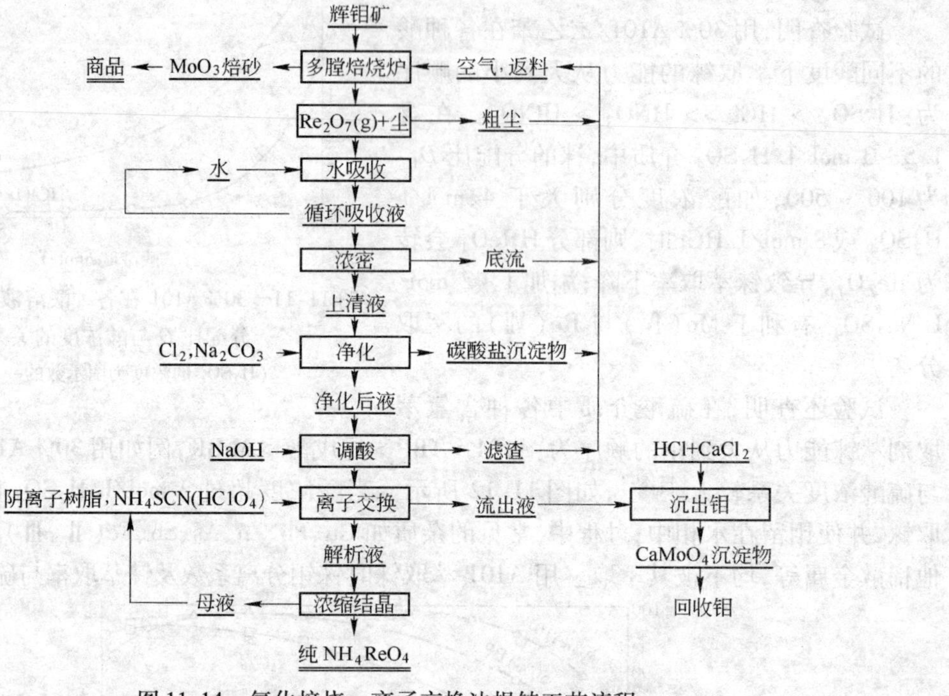

图 11-14 氧化焙烧—离子交换法提铼工艺流程

将含铼辉钼矿投入 2 座直径 5.9 m 的 12 层的多膛焙烧炉中,在 540 ~660℃间进行氧化焙烧,过程中料中 90% 以上的铼以 Re_2O_7 形态挥发入烟气,经水淋洗转为 $HReO_4$ 而入液,经几个循环淋洗后便获得富含铼 0.2 ~0.5 g/L 的循环吸收液,经浓密机得到含铼的上清液,向上清液通入氯气的同时加入 Na_2CO_3,使溶液中的杂质 Fe、Cu、Cd 等以碳酸盐(Me'CO_3)形态沉出:

$$Me'SO_4 + Na_2CO_3 = Me'CO_3 \downarrow + Na_2SO_4 \quad (11\text{-}39)$$

过滤后，得到含铼约0.5 g/L的净化液，向此液中加入NaOH调整酸度至pH值为8～10[189]后，送往阴离子树脂交换塔（ϕ0.46 m×3.05 m，装高2.13 m）进行离子树脂交换吸附铼，其交换机理可表述为：

$$R-N(CH_3)_3Cl+HReO_4 \xlongequal{} R-N(CH_3)_3\cdot ReO_4+HCl \quad (11\text{-}40)$$

待树脂饱和后，用NaOH洗涤除杂质，然后用含3% NH_4SCN的溶液（代替有危险性的$HClO_4$）从含铼64.3 kg/m³的饱和树脂解析出铼：

$$R-N(CH_3)_3\cdot ReO_4+NH_4SCN \xlongequal{} R-N(CH_3)_3\cdot SCN+NH_4ReO_4 \quad (11\text{-}41)$$

所得的解析液经浓缩、冷却、结晶得到纯NH_4ReO_4。

有人指出[339]，成分为（%）：Re 0.053，Mo 39.9、Au 0.00139及Ag 0.005的辉钼矿经过沸腾氧化焙烧，料中92%～96%的铼挥发入烟气，经淋洗塔中循环淋洗液淋洗，得到含Re 0.1～3.4 g/L、Mo 16 g/L及$H_2SO_4$300 g/L的溶液，让此溶液通过AB－17×8r强碱性阴离子树脂交换塔吸附铼，直到流出液含铼小于0.005 g/L。先用3% NaOH＋10% NaCl（或3%～10% NaOH，或5% NH_4OH＋6% NH_4Cl[189]）的溶液洗涤饱和树脂除钼，然后用1 mol/L NH_4OH＋3% NH_4SCN溶液解析铼，铼的解析率高达90%～99%，解析液含Re 20 g/L，铼的回收率大于96%。铼解析液经蒸发浓缩、冷却结晶得产品NH_4ReO_4。

在过程中发现：(1)溶液的硫酸浓度在50～300 g/L之间，对铼的交换容量没什么影响；(2)较多类型的阴离子树脂都可吸附铼，但以AH－17×10Π为好，它的交换容量更大；(3)料液中不能存在钼蓝，否则会使铼的交换容量下降[302]；(4)使用小孔变体阴离子树脂有利于从硫酸料液中分离铼与钼[340]。

钼蓝组成有$Mo_8O_{23}\cdot H_2O$（即$[Mo_8O_{22}(OH)_2]$），$Mo_4O_{11}\cdot H_2O$（即$[Mo_4O_{10}(OH)_2]$）与$Mo_2O_5\cdot H_2O$（即$[MoO_4(OH)]$）等[3～7,334,335]，钼蓝的存在影响钼与铼的分离，并使铼的交换容量下降，为此需用氧化剂在pH值为8.5～9.0下使它氧化分解，分解产物随$Fe(OH)_3$沉淀，经过滤而除去：

$$Mo_4O_{10}(OH)_2+4NH_4OH+H_2O_2+9O_2 \xlongequal{} 4NH_4MoO_8\downarrow+4H_2O \quad (11\text{-}42)$$

我国某厂用8层多膛焙烧炉于550～650℃间氧化焙烧含铼0.002%的辉钼矿，铼挥发入烟气，经湿式电收尘获得含铼循环吸收液，该液成分为（g/L）：Re 0.3～1.5、Mo 3.6～11.0及H_2SO_4 200～300，并含大量杂质Pb、Fe(Ⅱ)、SiO_2、Al_2O_3及CaO等，然后通过离子交换法从此液回收铼[3～7,341]：循环吸收液用NH_4OH调整酸度到pH值为8.5～9.0后，加入氧化剂双氧水氧化分解钼蓝，并把Fe(Ⅱ)氧化到Fe(Ⅲ)，此时液中钼随$Fe(OH)_3$共沉淀而被清除，余钼0.08 g/L。将除去钼与铁等的溶液在此pH值为8.5～9.0下直接泵入强碱性阴离子树脂交换塔（ϕ0.5 m×1.5 m），进行离子交换吸附铼，树脂的铼吸附率可达97%～99%，此时，铼的吸附率及铼的分离系数最大，pH值与铼的吸附率和分离系数的关系[1,104]如图11-15所示。

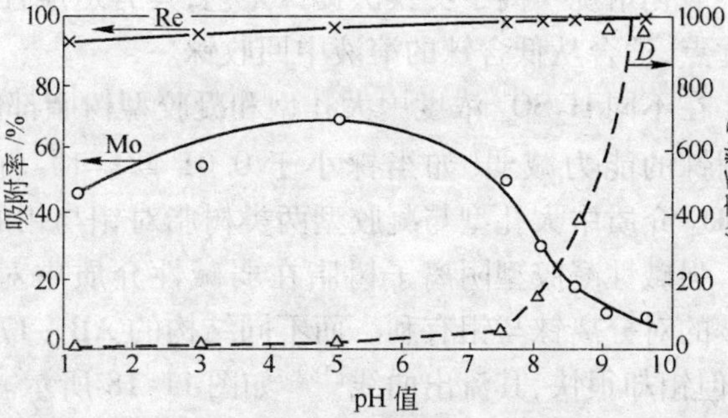

图11-15 溶液酸度对铼吸附率和分离系数的影响

流出液残含铼小于0.005 g/L,由于流出液还含有$(NH_4)_2SO_4$及$(NH_4)_2MoO_4$,是一种良好的农肥,可资利用。

当树脂饱和后,用pH = 9的去离子水洗涤除钼、胶体与悬浮物,为了不让NH_4ReO_4在交换塔内结晶,需加温到40~60℃、用含9% NH_4SCN的溶液进行解析,NH_4SCN浓度对解析铼率的影响情况如图11-16所示。

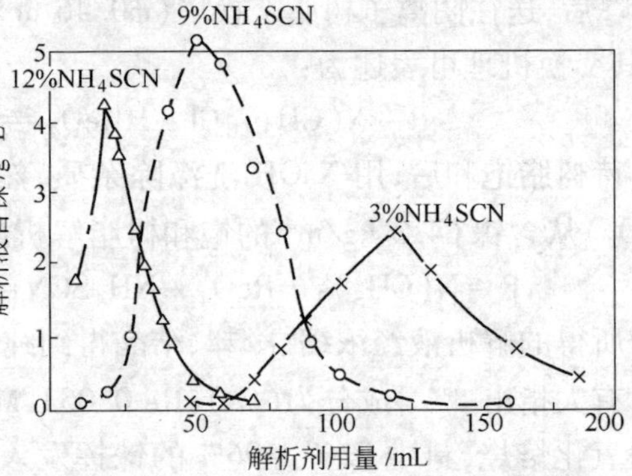

图11-16 NH_4SCN浓度对解析铼率的影响

(1 mol/L NH_4OH + n% NH_4SCN解析液)

从图11-16看出,含1 mol/L NH_4OH +9% NH_4SCN的解析液的效果最好,所获得的解析液含铼大于8 g/L,铼解析率97%以上。将解析液浓缩到原液的1/3~1/4后,冷却到0℃左右让其结晶3~4 h,得到褐色针状、粒状的NH_4ReO_4结晶,经重结晶得到纯NH_4ReO_4。

NH_4SCN有毒且贵,如改用大孔径D296强碱性阴离子树脂取代吸附铼的能力很强的Amberite IRA-400或AB-17×8r去交换铼,不仅可增大铼的饱和容量,而且可用无毒又价廉的NH_4NO_3 + NH_4OH去解析铼[104];也有人认为用高交联度的弱碱性阴离子树脂交换铼的效果较强碱性阴离子树脂好,且可用2~3 mol/L NH_4OH于40~60℃解析液去解析铼[102]。强碱性阴离子树脂可依次用5% NaOH、7% HCl、10% NaCl再生处理,转Cl^-型后返用。

据报道[239]:从焙烧辉钼矿产出的成分为(g/L):Re 0.5~0.7、Mo 7~12及H_2SO_4 120~150的循环吸收液中回收铼,可采用AM阴离子树脂吸附,用3%~10% NaOH或5% NH_4OH +6% NH_4Cl溶液洗涤除去钼后,再用1 mol/L NH_4OH解析,获得含铼达25 g/L的解析液,然后通过浓缩、结晶,或萃取,或电渗析等工艺处理便得到纯NH_4ReO_4。

氧化焙烧—离子交换法提铼工艺,具有适应性强,工艺简短,操作简便及回收铼率较高的优点,适合从低含铼的溶液中回收铼。

在不同H_2SO_4浓度中大孔型和凝胶型树脂都能吸附ReO_4^-,但随着ReO_4^-浓度下降,其吸附铼的能力减弱,如当铼小于0.01 g/L时,就不吸附铼了[189]。在pH值为1~7的H_2SO_4介质中大孔型与凝胶型两类树脂对钼与铼的分配比[189]如图11-17所示。

强碱性凝胶型阴离子树脂在弱碱性介质中对铼与钼有较高的分离系数,交联度大于14%的对分离铼与钼有利。而不同结构的AB-17×8树脂吸附Re与Mo时铼穿透树脂较慢,但钼却很快,其流出曲线[189]如图11-18所示。

11.2.7 萃淋树脂吸附铼法

在H_2SO_4介质中,用含TBP 60%的CL-TBP萃淋树脂从含Re 0.3 g/L、Mo 0.3 g/L、3~5 mol/L H_2SO_4溶液中提铼,选流速0.4 cm/min,饱和吸附铼容量达0.05 g/g,吸附铼率约80%。之后用饱和树脂体积5倍的水解析得约含Re 9 g/L的解析液[189],供进一步提铼,但饱和吸附铼容量过小。

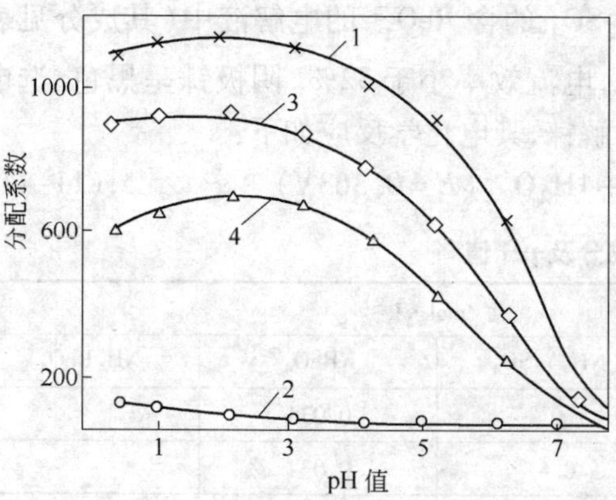

图 11-17 大孔型与凝胶型两类树脂对铼与钼的分配比

（pH 值为 1 ~7 的 H_2SO_4 介质中）

1,2—凝胶型；3,4—大孔型；1,3—Re；2,4—Mo

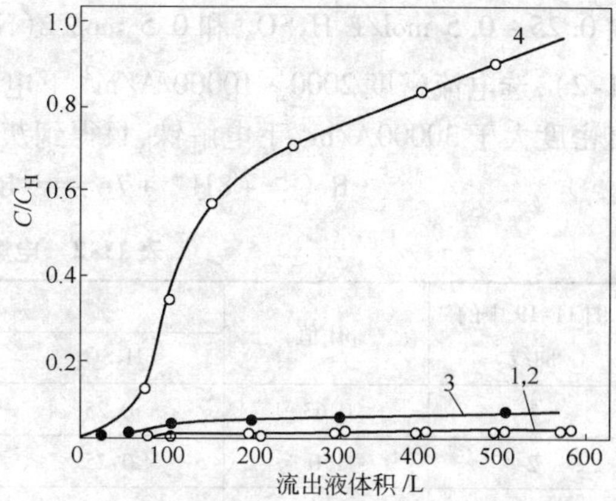

图 11-18 不同结构的 AB-17×8 树脂吸附 Re 与 Mo 的流出曲线

（料液含 Re 1.13 g/L、Mo 5.54 g/L、H_2SO_4 44.5g/L）

1,2—大孔型；3,4—凝胶型；1,3—Re；2,4—Mo

在 HCl 介质中，从含 Re 0.5 mol/L 的 HCl 溶液中，可用 F3 或 F1 型弱碱性阴离子树脂、在 25℃下定量吸附铼，吸附铼饱和容量可达 0.260 ~ 0.275 g/g，用 0.2 mol/LHCl 溶液洗涤除钼等杂质后，分别用 4 mol/L HCl 与 2 mol/L $HClO_4$ 解析：

$$R^+Cl^- + ReO_4^- \Longrightarrow R^+ReO_4^- + Cl^- \tag{11-43}$$

铼回收率可达 99.5% 以上。树脂用 2 mol/L HCl 再生而转为 Cl^- 型供返用[342,343]。

11.2.8 电渗析提铼法

电渗析是基于在直流电场作用下，在 H_2SO_4 13 ~ 196 g/L 的溶液中 ReO_4^- 易于迁移至阳极区，从而与钼分离。当料液含 Re 1.5 g/L、Mo 8.5 g/L、H_2SO_4 65 g/L，选用涂 Pt 的钛板作阳极，不锈钢作阴极，异相阳膜为 MA-41ИЛ（另有 MA-41Л、MA-100、MA-40 等牌号、以 MA-41Л 为佳），均相阴膜为 MK-100（另有 MK-40、MKЛ 等牌号、以 MK-100 为好），在电流密度为 170 ~ 200 A/m^2、55 ~ 66℃、电渗析 4 h 后，95% ~ 97% 的铼迁移至阳极室，仅 0.05% ~ 0.75% 的钼随之迁移至阳极室，在酸度 0.25 mol/L、电流密度为 200 A/m^2 时，铼的迁移速度达 4.5 ~ 5.2 g/(m^2 · h)，铼与钼的分离系数可达 2.5×10^4[189]。

前苏联有过这方面的半工业试验。用电渗析离子交换膜 30 m^2 从含 Re 3 g/L、NH_4OH 1.2 mol/L 的 NH_4ReO_4 料液中经两段电渗析：首段为电压 19 V、电流 6.5 A、21℃、4 h，电渗析得含 Re 21 g/L 的浓缩液；次段为 80 V、7.8 A、21℃、5 h，电渗析得含 Re 45 ~ 52 g/L 浓缩液，再经结晶得纯 NH_4ReO_4[102,189]。

11.2.9 电解铼法

1934 年芬克（C. G. Fink）等研究出从 pH 值为 0.9 ~ 1.0 的含 $KReO_4$ 11 g/L 的硫酸溶液中电解提铼的方法[190]，当时仅达到 7% ~ 15% 的电流效率。其后尼西尔顿（L. E. Neserton）等也探讨过电解铼工艺，所用的方法是使铼、铁和镍等共同电解析出，将铼的电流效率提高到 90%，电解得到含铼达 75% 的电解产物。1948 年前苏联哈萨克科学院冶金矿冶所报道，在0.25～0.5 mol/L H_2SO_4 和0.5 mol/L $(NH_4)_2SO_4$ 的含 ReO_4^- 的电解液中(其成分见表11-2),选电流密度2000～10000 A/m² 下电解铼,电流效率小于32%,阴极铼呈黑色;选电流密度大于30000A/m² 下电解铼,只得到灰色电解铼,其电化学反应如下:

$$ReO_4^- + 8H^+ + 7e \longrightarrow Re\downarrow + 4H_2O \quad (E = 0.363V) \qquad (11\text{-}44)$$

表 11-2 电解液成分及 pH 值

图11-19中的曲线	pH值	浓度/mol · L^{-1}			
		H_2SO_4	$(NH_4)_2SO_4$	$KReO_4$	NH_4ReO_4
1	0.63	0.25	0	0.034	
2	1.0	0.25	0.5	0.034	
3	1.0	0.25	0.5		0.17
4	0.63	0.25	0.5		0.17

电流密度与电流效率的关系如图11-19[1,26,144]所示。

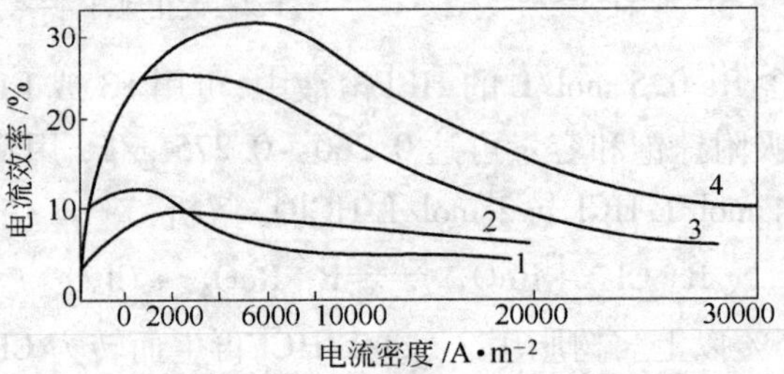

图11-19 铼酸盐电解时电流密度对电流效率的影响

含 H_2SO_4 75 g/L,$(NH_4)_2SO_4$ 60 g/L 的 NH_4ReO_4 电解液,在电流密度10000～30000 A/m²下电解时,溶液中含 NH_4ReO_4 量与电流效率关系的结果[1,26,144]见表11-3与图11-20。

表 11-3 在10000 A/m² 下 NH_4ReO_4 浓度与电流效率的关系

NH_4ReO_4 浓度/g · L^{-1}	40	59	68	90	100	170
溶液温度/℃	25	40	50	60	70	90
电流效率/%	16.5	30.5	39.5	45.6	48.8	51.8

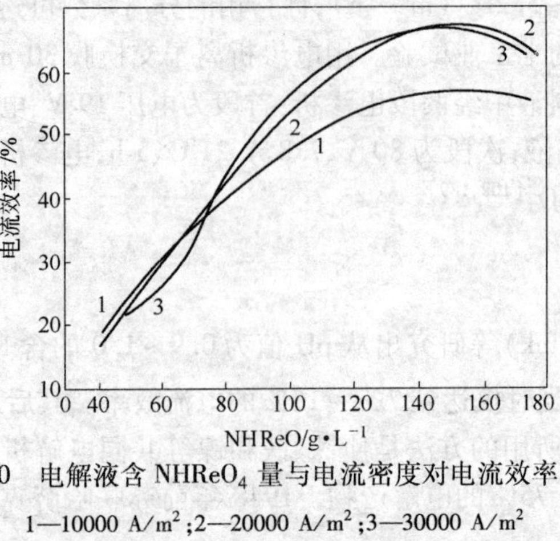

图11-20 电解液含 $NHReO_4$ 量与电流密度对电流效率的影响

1—10000 A/m²;2—20000 A/m²;3—30000 A/m²

由图 11-20 可见，电流效率随 NH_4ReO_4 含量（与液温）的增高而提高，在含 70 ~ 150 g/L NH_4ReO_4 的范围内，增大电流密度到 20000 ~ 30000 A/m^2，电流效率相应提高约 3% ~10%。

后来，前苏联进行扩大试验，使用的电解液成分为（g/L）：$KReO_4$ 50、$(NH_4)_2SO_4$ 40 及 H_2SO_4 75，在 25℃、10000 A/m^2 下电解铼，电流效率达 30%。产出的阴极铼易剥离，用水洗后，在 800℃下通氢还原 30 min，即得到纯度达 99.9% 铼粉，铼的回收率约 75%。每产 1 kg 铼的消耗为：2.1 kg $KReO_4$、0.7 kg H_2SO_4、0.4 kg $(NH_4)_2SO_4$，9 m^3 氢气，42.2 L 水及 40 kW · h电能[26,144]。

电解铼法简易，但回收率低，获得的铼粉的粒度比较粗。

11.2.10 碱浸—置换铼法

在铜精矿或铜铅精矿中的铼可用碱浸—置换法回收[96,144]，所用工艺流程如图 11-21 所示。

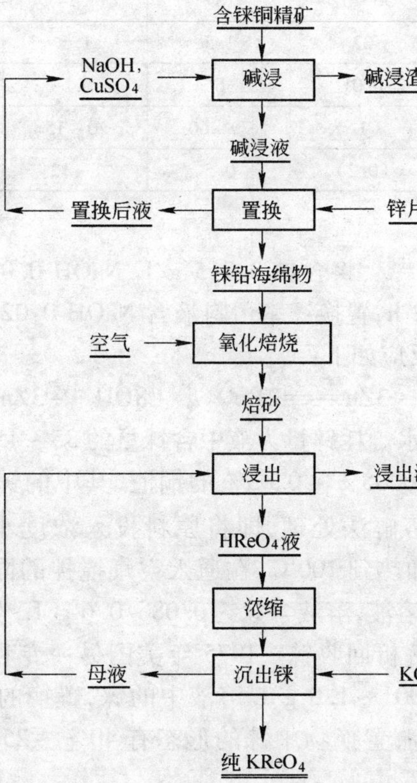

图 11-21 碱浸—置换法提铼工艺流程

含 Re 0.003%、Cu 30%、Pb 3% 与 Zn 2% 的铜精矿，用含 100 g/L NaOH 的溶液及含 50 g/L $CuSO_4$ 的返回液相混合后，控制液固比为 3:1、在 100℃、碱浸 1 h，铜精矿中的铼约有 50% ~70% 转入溶液，滤液在室温下加入锌板置换 1 h，获得含铼 0.1% 的铼铅海绵物。有关碱浓度与锌片置换铼率的相关资料见表 11-4。

表 11-4　碱浓度对锌片置换铼的影响

碱浓度/g · L^{-1}	5	20	50	100
置换铼率/%	5	85	95	约 100

从表 11-4 可见，欲要获得高的置换铼率，必须采用含碱大于 50 g/L 的溶液。置换后的母液残含铼约 0.002 g/L，它需返碱浸加以回收。实践表明，返回 20 次，也不影响铼的浸出率，只须抽出 1/20 的溶液进行净化就行。得到的铼铅海绵物，在 150℃ 左右通入空气氧化焙烧，氧化后的焙砂用以后的沉淀析出铼的母液浸出、过滤后，将所得的滤液浓缩到含铼至 15 ~ 20 g/L 时，加入 KCl 沉出 $KReO_4$，至此铼的回收率为 50% ~ 55%。每产 1 kg 铼的提铼单耗为(kg)：NaOH 3，CaO 0.1，$CuSO_4$ 2，Zn 1 及 KCl 0.01。过程中各组分的变化见表 11-5。

表 11-5　铼在碱浸—置换物料及产物中的含量

物料		Re	Cu	Pb	Zn	S	NaOH
进料	铜精矿/%	0.003	30 ~ 32	3	2		
产物	碱浸渣/%	0.001	32	1.5	1.5		
	碱浸液/g · L^{-1}	0.006	0.01	6	0.5	0.5	80
	置换物/%	0.1 ~ 0.2	1	70 ~ 60	20 ~ 15		
	置换后液/g · L^{-1}	0.5 ~ 0.002	(0.2)	0.5	1 ~ 12		80

注：(　) 内数字表示不确定。

有人介绍用转动锌筒置换铼[236]，将含铼 0.015 g/L、NaOH 0.02 ~ 0.1 g/L 的 $HReO_4$ 液，加热到 80℃，用转动锌筒置换 2 h，置换铼率由料液含 NaOH 0.02 g/L 的 90% 增加到含 NaOH 0.1 g/L 的 100%。其置换反应如下：

$$2ReO_4^- + 4H_2O + 3Zn \xlongequal{\quad} 2ReO_2 \downarrow + 8OH^- + 3Zn^{2+} \qquad (11\text{-}45)$$

置换物显暗棕或黑色，含两个结晶水。耗锌量为液中含铼量的 35 ~ 45 倍。

据美国专利[344]介绍：含铼 0.0005% ~ 0.03% 的铜渣，其中的铼以 ReO、$ReO_2 \cdot 2H_2O$ 及 Re^0 等形态存在，采用碱选择溶解法处理，即将原料投入浓度小于 1 mol/L NaOH 或 Na_2CO_3 液中，控制液固比为 3:1、加热到 100℃、在通入空气搅拌的同时加入氧化剂 NaClO 溶解 10 h，料中的铼几乎全部转入溶液，溶液含铼约 0.08 ~ 0.6 g/L，然后通过阴离子交换树脂吸附、盐酸洗涤后，用 $HClO_4$ 液解析回收铼。1975 年美国另一专利[345]介绍：可以用铜、铁这样一类贱金属置换含铼 0.00001 ~ 1.0 g/L 溶液中的铼，置换的技术条件及结果见表 11-6。获得置换物的含铼量并不高，置换物中铼的形态有 40% ~ 25% 为 $ReO_2 \cdot 2H_2O$，余 60% ~ 75% 为金属铼。

表 11-6　贱金属置换含铼的技术条件及结果

原液/g · L^{-1} 组分			添加物/g		技术条件			置换后液/g · L^{-1}		置换物含 Re/%	Re 回收率/%
Re	Cu	pH 值	Fe 粉	Cu 粉	温度/℃	时间/min	终点 pH 值	Re	Cu		
0.000150		1.15	1.5	20	40	60	1.8				83
0.000033	0.5	2.30	20.0		80	5		0.000002	0.03	0.002	91

如采用被氧气所饱和的、并含5% Na_2CO_3 的溶液浸出置换物中铼，可使95%的铼转入溶液，为富集铼可将 Na_2CO_3 浸出液多次返回浸出新的置换物，最终得到含铼达1 g/L的溶液，然后按通常的办法提铼。

此专利的铼回收率很低，但能从极贫铼的溶液中富集铼，不失为一种处理贫铼废液的简便方法。

11.2.11 高压浸煮提铼法

高压浸煮提铼法有高压氧浸、高压酸分解及高压碱浸之分[3~7,28,145,346~348]。

11.2.11.1 高压氧浸法

美国专利[346,347]等报道，高压氧浸法能有效回收辉钼矿中的铼、钼及硫，工序少，无 SO_2 污染，适于处理含铜和铁的矿料。但压煮要求设备能耐腐蚀，且需要一个氧气站，再者是产出含75%左右硫酸的溶液难以利用。

前苏联哈萨克科学院选矿冶金研究所曾研究过此法，其所用的高压氧浸提铼法工艺流程如图11-22所示。

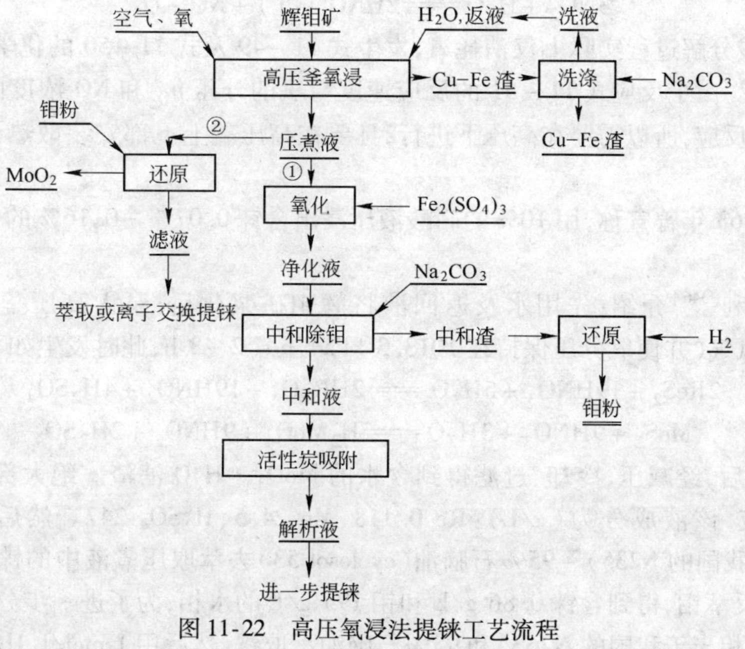

图11-22 高压氧浸法提铼工艺流程

将含铼辉钼矿投入高压釜内，在200~220℃下、送入氧气、浸出4~6 h、控制浸出终点pH值为8~9，过程中铼和钼发生如下反应[27,145]：

$$2Re_2S_2 + 13O_2 + 6H_2O = 4HReO_4 + 4H_2SO_4 \quad (11\text{-}46)$$

$$2MoS_2 + 9O_2 + 6H_2O = 2H_2MoO_4 + 4H_2SO_4 \quad (11\text{-}47)$$

料中约95%~99%的铼、钼和硫等转入溶液，而杂质铜及铁等仍保留在渣中，过滤后，向浸出液加入 $Fe_2(SO_4)_3$ 氧化，然后加入 Na_2CO_3 进行中和（使钼转入中和渣中，中和渣经干燥后通氢还原得钼粉），调整中和后液至pH = 3，然后让其通过活性炭吸附，饱和后，在80~90℃下用1%的 Na_2CO_3 溶液解析，接着从解析液中进一步提铼。

有人用类似上述的方法处理含Re 0.010%~0.014%及Mo 5.8%~6.9%的辉钼矿（见

图 11-22 中的②)[145]，在 130℃ 及氧分压 202.7 kPa 下，并加入理论量 103% ~105% 的 Na_2CO_3 进行氧压煮浸，过程中铼与钼转入溶液，铼与钼的浸出率均高达 98% ~99%。为了分离铼与钼而向含钼 15 ~60 g/L 的压煮液中加入钼粉，使 Mo^{6+} 还原到 Mo^{4+} 从而完全沉淀析出：

$$2H_2MoO_4 + Mo \longrightarrow 3MoO_2\downarrow + 2H_2O \tag{11-48}$$

除钼后液用萃取或离子交换法回收铼。

11.2.11.2　高压硝酸分解法

早就有人用硝酸分解辉钼矿以便提取钼和铼[94]，这种方法在 20 世纪 70 年代得到了发展[349]，认为此法适于处理含金属杂质多的辉钼矿，过程主要发生下述放热反应：

$$3ReS_2 + 19HNO_3 \longrightarrow 3HReO_4 + 6H_2SO_4 + 19NO + 2H_2O + Q_1 \tag{11-49}$$

$$MoS_2 + 6HNO_3 \longrightarrow H_2MoO_4 + 2H_2SO_4 + 6NO + Q_2 \tag{11-50}$$

所生成的 NO 在高压釜的上部被氧氧化成 NO_2：

$$2NO + O_2 \longrightarrow 2NO_2 + Q_3 \tag{11-51}$$

氧化产物 NO_2 与高压釜下部的水溶液作用而生成次生的 HNO_3(Ⅱ)：

$$3NO_2 + H_2O \longrightarrow 2HNO_3(\text{Ⅱ}) + NO + Q_4 \tag{11-52}$$

故此，硝酸分解过程实际上仅消耗氧，发生式 11 -49 及式 11 -50 的化学反应时硝酸只起催化剂作用。由于反应式 11 -51 的反应速度与氧的分压 p_{O_2} 和 NO 浓度的平方成正比，加上又是放热反应，所以需要在高压下进行，且要在高压釜上下部安装散热设备，以利于此法实施。

日本于 1963 年曾宣称，用 10% 的硝酸液压浸出含铼 0.07% ~0.16% 的烟尘，铼浸出率大于 95%[2~7]。

美国一专利[346]介绍：先用水及返回液将辉钼矿浆化后，泵入高压釜，加入硝酸，在 125℃下通入氧气(并使氧分压保持在 1013.3 kPa)压煮 2 ~3 h，此时发生如下反应：

$$2ReS_2 + 19HNO_3 + 5H_2O \longrightarrow 2HReO_4 + 19HNO_2 + 4H_2SO_4 \tag{11-53}$$

$$MoS_2 + 9HNO_3 + 3H_2O \longrightarrow H_2MoO_4 + 9HNO_2 + 2H_2SO_4 \tag{11-54}$$

压煮结束后，经减压、冷却、过滤得到含水的 $MoO_3 \cdot H_2O$ 滤渣。绝大部分的铼与部分钼转入压煮液，该液成分为(g/L)：Re 0.118、Mo 24.5、H_2SO_4 247。然后用 5% 的叔胺(TCA，相当于我国的 N235) +95% 石脑油(cyclosol 53)去萃取压煮液中的铼与钼，随后用 5 mol/L NaOH 反萃钼，得到含铼 0.86 g/L 和钼 195 g/L 的水相，为了进一步分离钼，又用 5% 的季胺(MTC，相当于我国的 N263)和 95% 石脑油萃取铼，然后用 1 mol/L $HClO_4$ 反萃铼，向铼水相加入氨水后，经浓缩结晶得到 99.9% 的 NH_4ReO_4。萃铼的萃余液含钼 195 g/L 及铼约 0.008 g/L，送去喷雾干燥得 MoO_3。

我国某厂采用此法从辉钼矿中回收钼与铼，所用的工艺流程[1]如图 11-23 所示。

将含铼约 0.07% 的辉钼矿投入高压釜中，加入硝酸在 1471.5 ~1962.0 kPa 氧分压 p_{O_2} 及 180 ~220℃下压煮 2 ~3 h，过程中 84% ~97% 以上的铼与钼进入溶液，它们主要以 $HReO_4$、H_2MoO_4 形态，小部分以 $H_2[MoO_2(SO_4)_2]$形态存在于压煮溶液中，经聚醚脱硅，净化后溶液中含 Re 0.14 g/L，用 2.5% N235 +40% 仲辛醇/煤油萃取铼，容易达到定量萃取，萃余液残含 Re 小于 0.006 g/L，负载有机相用 NH_4OH 反萃，获得的铼水相经浓缩结晶产出

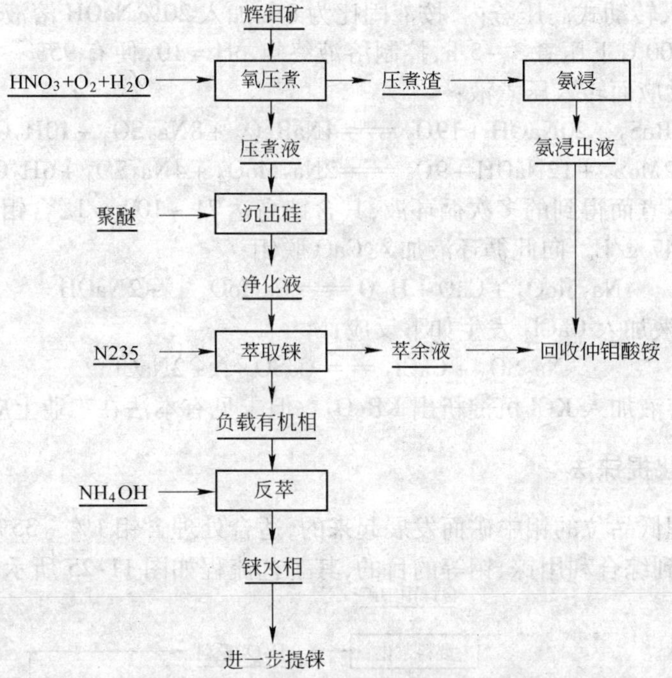

图 11-23 高压硝酸分解提铼工艺流程

纯度大于99%的 NH_4ReO_4，铼的总回收率为80%～92%。有2%～3%的铼及1%～2%的钼留在压煮渣中，此渣用氨水浸出，所得滤液与萃铼余液合并后送生产仲钼酸铵，钼的回收率约95%[80]。

11.2.11.3 高压碱煮法

1955年苏联曾进行过高压碱浸辉钼矿回收钼和铼的研究，其工艺流程如图11-24所示[1,85]。

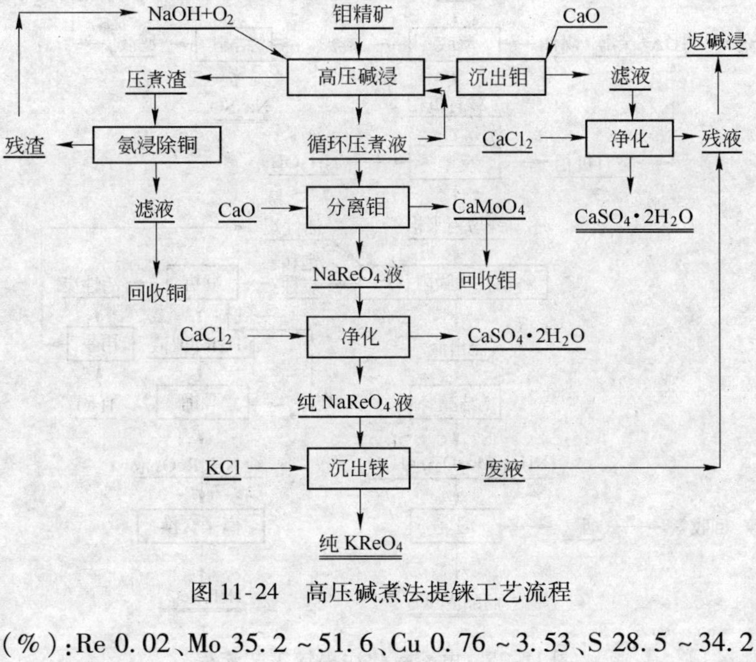

图 11-24 高压碱煮法提铼工艺流程

将成分为(%)：Re 0.02、Mo 35.2～51.6、Cu 0.76～3.53、S 28.5～34.2 及 SiO_2 4.4～

24.2 的钼精矿投入转动式高压釜内，按液固比为 8:1 加入 20% NaOH 溶液，通入 5066.3 kPa 的氧气，在 150～200℃下压煮 3～5 h，控制溶液终点 pH = 10，便有 95%～100% 的铼、钼及硫发生如下化学反应而转入压煮液：

$$4ReS_2 + 20NaOH + 19O_2 \xlongequal{} 4NaReO_4 + 8Na_2SO_4 + 10H_2O \quad (11\text{-}55)$$

$$2MoS_2 + 12NaOH + 9O_2 \xlongequal{} 2Na_2MoO_4 + 4Na_2SO_4 + 6H_2O \quad (11\text{-}56)$$

经多次循环压煮而得到的多次循环液，其含铼高达 71～109 g/L，含钼 0.024～0.51 g/L 及 Na_2SO_4 145～147 g/L。向此循环液加入 CaO 脱钼：

$$Na_2MoO_4 + CaO + H_2O \xlongequal{} CaMoO_4 \downarrow + 2NaOH \quad (11\text{-}57)$$

过滤后，向滤液加入 $CaCl_2$ 发生如下反应：

$$Na_2SO_4 + CaCl_2 \xlongequal{} CaSO_4 \downarrow + 2NaCl \quad (11\text{-}58)$$

向净化后的溶液加入 KCl 沉淀析出 $KReO_4$。但未见有本法在工业上应用的报道。

11.2.12　电溶氧化提铼法

此法是为处理低品位的钼中矿而发展起来的，适合处理含钼 1%～35% 及铜 6%～15% 的含铼原料，能达到综合利用铼、钼等的目的，其工艺流程如图 11-25 所示[33,190,350]。

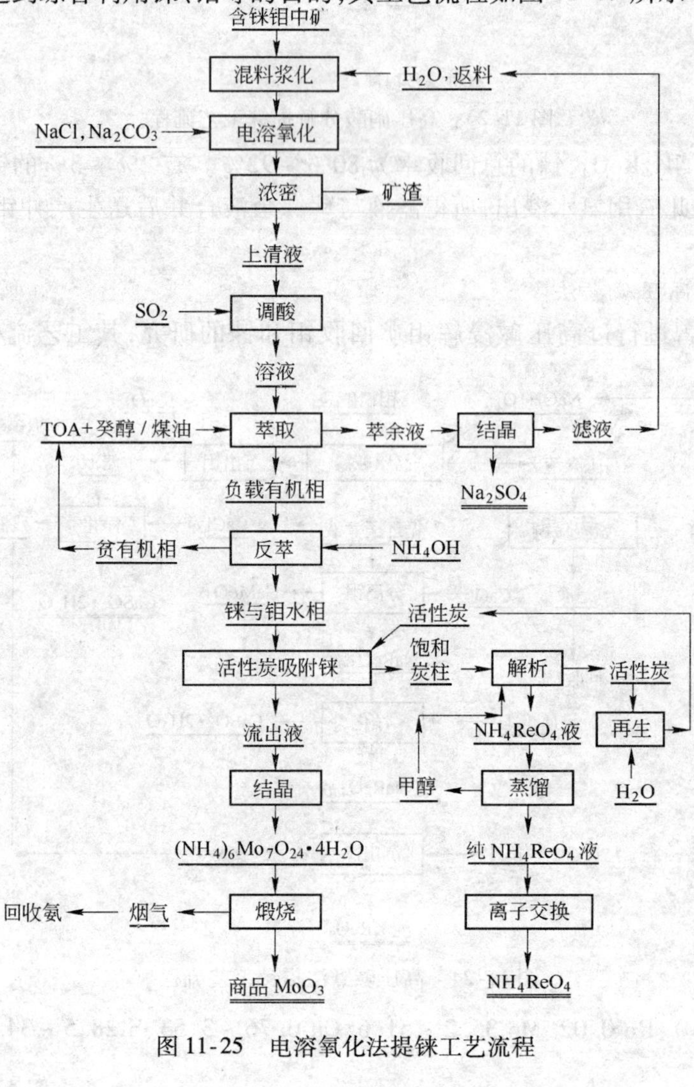

图 11-25　电溶氧化法提铼工艺流程

成分为(%):Re 0.018 ~0.100、Mo 4.76 ~28.60、Cu 14.70 ~4.28,Fe 16.3 ~5.6,S 20.5 ~25.6 及 C0 ~14 等的钼中矿[1,190],用本工艺产出的萃余液浆化到3% ~15%矿浆浓度后,泵入电溶氧化槽下部,保持矿浆温度在45 ~50℃,加入食盐至溶液含 NaCl 112 g/L 左右,并添加 Na_2CO_3 控制适当的 pH 值,每块有效面积 17.8 cm×101.6 cm 的石墨电极共 10 块,按间距 8 cm(原文为 mm,疑误)分成4 组,1 ~3 组的溶液控制 pH 值为6 ~7,第4 组控制在 pH 值为8.0 ~8.5,在电流密度 590 A/m^2、总槽电压 125 V 下电溶氧化钼中矿,料中铼与钼转入溶液。过程中的电化学反应可分为两步:其一是电解食盐获得 NaOCl:

阳极上 $$2Cl^- \xlongequal{} Cl_2\uparrow + 2e \tag{11-59}$$

阴极上 $$2H_2O + 2e \xlongequal{} 2OH^- + H_2\uparrow \tag{11-60}$$

$$2OH^- + Cl_2 \xlongequal{} OCl^- + Cl^- + H_2O \tag{11-61}$$

其二是 OCl^- 氧化钼中矿中的 MoS_2 及 Re_2S_7 等:

$$MoS_2 + 9OCl^- + 6OH^- \xlongequal{} MoO_4^{2-} + 9Cl^- + 2SO_4^{2-} + 3H_2O \tag{11-62}$$

$$Re_2S_7 + 28OCl^- + 16OH^- \xlongequal{} 2ReO_4^- + 28Cl^- + 7SO_4^{2-} + 8H_2O \tag{11-63}$$

电溶氧化 8 ~18 h 结束。生产钼的能力为 0.23 kg/h,电能耗达 21.5 ~19.8(26.4 ~55.1)kW·h/kg。

过程中铼与钼的溶解率取决原料的含铜量,如料含铜小于 7%,铼与钼的电溶率分别达 99.1%与 98.9%;如料含铜大于 15%,则铼与钼的电溶率都仅有 75%左右,且液含铜高,电溶氧化过程的电能耗也增大。

电溶氧化后的矿浆经浓密获得含铼0.025 ~0.040 g/L 及钼 10 ~18 g/L 的上清液,向此上清液通入 SO_2 约 6 ~8 h,以还原 OCl^-,并将料液的酸度调整到 pH =1,SO_2 的消耗量约为:1kg Mo 需 1.6 ~1.8 kg SO_2,酸化后液送萃取工段。萃取铼采用 7% TOA +7%癸醇的有机相,在相比o/a =1/5、经 3 ~4 级萃取,铼与钼的萃取率可分别达到 99.7%与 94.4%,负载有机相用1 mol/L HCl 溶液洗涤(盐酸消耗量为 1 kg Mo 0.018kg),然后用 1.7 mol/L NH_4OH、在相比 o/a =2/1、经 2 ~3 级反萃后,获得含铼 0.20 ~0.41 g/L 及钼 90 ~110 g/L 的水相。从水相提铼用活性炭吸附铼,即将此水相以 0.33 cm/min 的流速通过直径 ϕ100 mm的活性炭吸附塔,塔内装有 7.7 kg、粒度为 0.59 ~2.38 mm 的活性炭,流出液含 Re 小于 0.0001 g/L,而饱和的活性炭含铼可达 1%,用含 75%的甲醇的水溶液解析,活性炭中 97%的铼被解析出,便得到成分为(g/L):Re 40、Mo 0.24、Cl^- 3 ~5 的解析液,此液经蒸馏回收甲醇后得到 NH_4ReO_4 溶液,再经离子交换得纯的 NH_4ReO_4,铼的回收率大于 95%。活性炭塔的流出液基本上保留了所有的钼,可经浓缩结晶获得仲钼酸铵$(NH_4)_6MO_7O_{24}\cdot 4H_2O$,经干燥及煅烧便得到 MoO_3。

有人认为[351],用活性炭吸附铼属物理吸附,宜选吸附表面大的活性炭,在 20℃左右,pH 值为2.0 ~5.2 的条件下吸附,如料液主要矛盾是铼与钼的分离,则宜选在 pH 值为8.2 ~10.6,届时铼与钼分离系数大。

此法对处理低品位钼精矿有利,能达到选择浸出的效果,矿料中杂质钼、铁、铅及 Al_2O_3,等基本进入电溶氧化渣,并具有流程短,富集比高等优点,与用次氯酸钠直接浸出法相比,其经济效益约提高 1 倍,矿中硫转为 Na_2SO_4 而无需处理火法冶金产出的 SO_2 烟气。但从钢铁生产需要 MoO_3 来说,此法提钼的周期长,最后还要经过煅烧才能得到 MoO_3,消耗试剂多，此外，还要设置一套回收氨的设备，尤其是电耗大，1 t Mo 约耗电 1.98 ~ 2.35 MW · h。如欲利用 SO_2 制酸，就无需让矿中硫转为 Na_2SO_4 或其他硫酸盐，为此，则需权衡是否采用此法。

11.2.13　液膜提铼法

有人探索用9% TBP +1% 异戊醇 +3% L113B +3% 液体石蜡与 84% 磺化煤油制成油包水液膜，以 4% NH_4NO_3 为内相，外相料液为 2 mol/L H_2SO_4，含铼 0.205 mg/L，在油内比 R_{oi} = 1∶1、液膜料液比 R_{ew} = 3∶50、16 ~ 36℃ 下进行液膜提铼，铼富集率为 99.4% ~ 99.9%[342]。

11.3　火冶铼

11.3.1　石灰烧结提铼法

美国田纳西州大学曾用氧化焙烧—沉铼法回收多年累积的含铼烟尘中的铼，但后来却改用石灰烧结法提铼[26,352]，其工艺流程如图 11-26 所示。

将含铼 0.0022% 辉钼矿经过氧化焙烧，过程中铼挥发入旋风尘，富集铼到 0.3% ~ 1.6%，此尘配以料重 70% ~ 160% 的石灰，在 570 ~ 670℃ 下烧结 2 ~ 4 h，过程中发生如下的化学反应：

$$Re_2O_7 + CaO \equiv Ca(ReO_4)_2 \quad (11\text{-}64)$$

尤其是当配料中 $Re_2O_7/CaO = 10$ 的情况下，必定会形成 $Ca(ReO_4)_2$，这是石灰烧结法提铼工艺的理论基础（参见表 11-1 及图 11-4），同时料中钼转为钼酸盐：

$$MoO_3 + CaO \equiv CaMoO_4 \quad (11\text{-}65)$$

将烧结料投入盛水的、通入空气进行搅拌的浸出罐中，控制液固比为 3:1、加温到 60 ~ 80℃、浸出 2 h，料中 90% 以上的铼遂转入溶液，有时为了强化浸出而加入氧化剂（如 MnO_2），以加速烧结料中的 $Ca(ReO_4)_2$ 溶解入液：

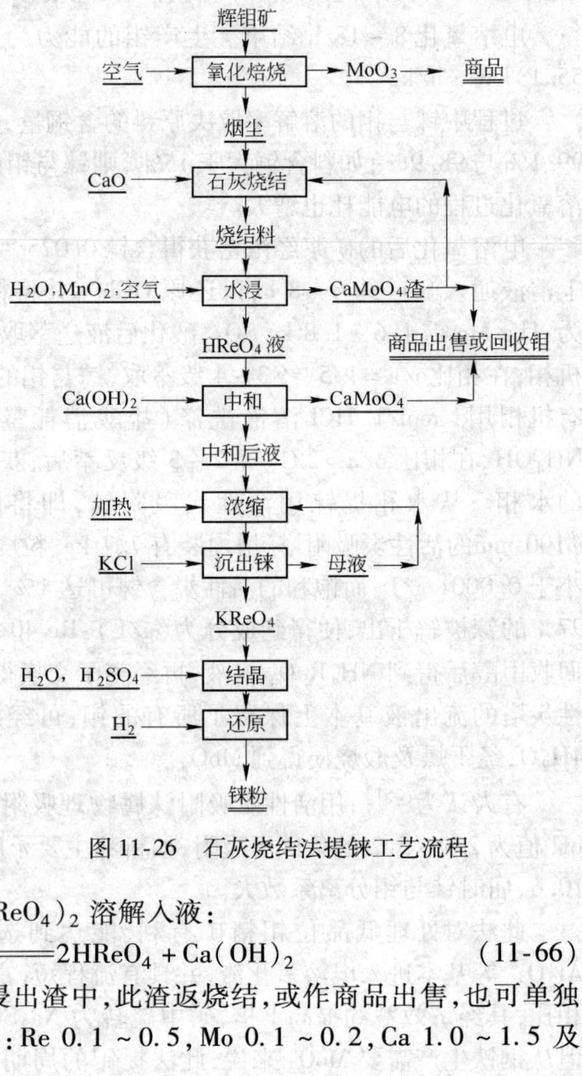

图 11-26　石灰烧结法提铼工艺流程

$$Ca(ReO_4)_2 + 2H_2O \equiv 2HReO_4 + Ca(OH)_2 \quad (11\text{-}66)$$

但烧结料中的 $CaMoO_4$ 却难溶而留在浸出渣中，此渣返烧结，或作商品出售，也可单独处理以回收其中的钼。滤液成分为（g/L）：Re 0.1 ~ 0.5，Mo 0.1 ~ 0.2，Ca 1.0 ~ 1.5 及

H_2SO_4 40~60，需进一步除钼，为此，在80℃下向滤液加入 $Ca(OH)_2$ 中和，使液中的钼生成 $CaMoO_4$ 沉淀析出而除去。中和后液经浓缩到含铼20~30 g/L时，按1 kg Re需2 kg KCl计加入KCl而获得粗 $KReO_4$，此粗 $KReO_4$ 按1kg$KReO_4$ 需加入10 L纯水和17~33 L H_2SO_4 配成的溶液，在100℃下再溶解，然后冷却到5~7℃或以下进行重结晶而获得白色纯的 $KReO_4$，继而通氢还原（前两小时在500℃下进行，后两小时升至1000℃）$KReO_4$ 便得到99.9%的铼粉。铼的总回收率约为80%~92%。

据美国专利[353,354]报道，有两种浸出石灰烧结法所产烧结料的办法：一是石灰烧结后，先用水浸出烧结料中的铼，然后用酸浸出钼，铼与钼的浸出率分别达到86.9%与96.9%，此后，通过萃取或离子交换法提取铼；而萃余液或流出液中的钼通过铁屑还原，继而中和沉淀析出 $Mo(OH)_3$，此 $Mo(OH)_3$ 经煅烧得商品 MoO_3；二是用料重0.9%的硫酸配成稀酸溶液浸出石灰烧结产出的烧结料，使料中的铼与钼同转入溶液，铼与钼的浸出率分别高达94%与98%，然后用萃取或离子交换法从浸出液中分别回收铼与钼。

我国某铜钼矿富含（%）：Re 0.03~0.08、Mo 42~48、Pb 1~3、Fe 2~3及S 28~34，采用石灰烧结法回收其中的铼[3~7,355]，作法是往铜钼精矿配入料重150%~160%的石灰石，投入650~750℃的炉内焙烧3~5 h，过程中铼与钼发生如下反应：

$$4ReS_2 + 10CaO + 19O_2 \longrightarrow 2Ca(ReO_4)_2 + 8CaSO_4 \quad (11\text{-}67)$$

$$2MoS_2 + 6CaO + 9O_2 \longrightarrow 2CaMoO_4 + 4CaSO_4 \quad (11\text{-}68)$$

用稀硫酸浸出烧结料，在浸出过程中加入少许 MnO_2 以助溶，在此条件下料中的铼与钼均基本转入溶液，过滤后，向滤液加入CaO，控制终点pH值为8~9，使钼以 $CaMoO_4$ 沉出而与铼分离，沉出钼后，调整滤液酸度，采用萃取法或采用离子交换法富集铼，富铼溶液经过重结晶后得到纯的 NH_4ReO_4。此法铼的回收率约87%[3~7]。如采用离子交换工艺提铼，则通过离子树脂的流出液含有一定量的钼，为了回收这部分钼，需采取冷却结晶工艺使溶液中的钼以 $(NH_4)_2(MoO_4)_3$ 形态析出。

前苏联某厂也采用类似的方法从含铼0.05%~0.14%的烟尘中提铼[85]向烟尘加入硫酸溶液，控制液固比为8:1，并在加入料重8%的 MnO_2 的条件下进行浸出，烟尘中的铼氧化物及杂质氧化物（Me'O）发生如下化学反应而转入溶液：

$$Re_2O_7 + H_2O \longrightarrow 2HReO_4 \quad (11\text{-}69)$$

$$MoO_3 + H_2SO_4 \longrightarrow (MoO_2)SO_4 + H_2O \quad (11\text{-}70)$$

$$Me'O + H_2SO_4 \longrightarrow Me'SO_4 + H_2O \quad (11\text{-}71)$$

过滤得到暗黄色的 $HReO_4$ 浸出液成分为（g/L）：Re 0.5~0.6、Mo 8~10及 H_2SO_4 20~30，为了从中提取铼，首先要除去钼，为此而加入石灰乳中和，中和的反应十分剧烈：

$$2HReO_4 + Ca(OH)_2 \longrightarrow Ca(ReO_4)_2 + 2H_2O \quad (11\text{-}72)$$

$$(MoO_2)SO_4 + 2Ca(OH)_2 \longrightarrow CaSO_4\downarrow + CaMoO\downarrow + 2H_2O \quad (11\text{-}73)$$

$$H_2SO_4 + Ca(OH)_2 \longrightarrow CaSO_4\downarrow + 2H_2O \quad (11\text{-}74)$$

$$Me'SO_4 + Ca(OH)_2 \longrightarrow CaSO_4\downarrow + Me'(OH)_2 \quad (11\text{-}75)$$

过滤得到的中和后液呈无色或微黄色，经浓缩到密度为1.08~1.10 g/cm^3（即含铼达10~15 g/L），按30 kg/m^3 液计加入KCl，搅拌10 min后，冷却到10~12℃或以下，并陈化3~4 h，便获得白色的 $KReO_4$ 沉淀，沉淀物再经溶解和重结晶，最后用氢还原得到灰色铼粉。铼的回收率大于85%，余15%损失于（%）：残渣4.6、钙渣4.2，母液4.0，重结晶0.2及无名损失 2.0。而酸浸后得到含钼 40% ~48% 与铼小于 0.1% 的浸出渣，渣率约为 60% ~65%，用盐酸分解此渣，得到的分解滤液用氨水中和到 pH 值为 2.5 ~ 3.0，便得到 $(NH_4)_2(MoO_4)_3$ 沉淀，从这可综合回收钼。

石灰烧结法简单易行，对制取 $CaMoO_4$ 或仲钼酸铵有利。但是由于添加石灰量为料重的 70% ~150% 以上，致使料中铼与钼含量更趋贫化，这使工艺设备及厂房占地增多，延长富集周期，导致铼的回收率不高。至于此法使料中硫转为硫酸钙，少去了 SO_2 的危害，是此法的一个优点。

11.3.2　高温氧化挥铼法

据报道[174]，将含铼冰铜投入炉内，在高于 1200℃ 下通入空气氧化挥发 60 ~80 min，即可使冰铜中铼几乎全部挥发，从吸收液中可仿前述方法回收铼。

12 稀散金属再生资源回收技术

稀散金属价格昂贵,回收再生资源一直受到重视,每年稀散金属的再生回收量约占总消费量的25% ~50%,其中再生镓40% ~50%、再生铟60%、再生锗35%。稀散金属的再生资源种类繁多,回收技术各异,本章主要对几个典型的稀散金属再生资源回收技术加以叙述。

12.1 再生镓

再生镓最大宗的资源是砷化镓废料,包括有砷化镓的废晶片、拉单晶棒产出的头尾料、坩埚底料、切屑、抛光废液等。其次是镓系的半导体废元器件及生产中产出的废料,除 GaAs 外还有如 InGaAs、InGaAlP、GaN 等废料。此外含镓的低熔点合金、焊料等废弃物也是镓的再生资源。

分离镓是再生回收技术的关键,得到镓富集物后再按通常的冶金方法制取产品镓,对砷化镓的再生回收还需防范砷的污染和危害。

12.1.1 GaAs 废料硝酸分解—中和沉淀分离

这是我国某厂处理砷化镓废料回收再生镓的工业方法。处理的原料是砷化镓废晶片、废晶棒、切屑等,生产镓的规模达 15 ~20 t/a。工艺方法是用硝酸溶解 GaAs 废料,再中和沉淀分离砷,制得 $Ga(OH)_3$ 后精制、造液、电解得到金属镓,再提纯生产出纯度为99.9999% ~99.99999% 高纯镓,原则工艺流程如图 12-1 所示。

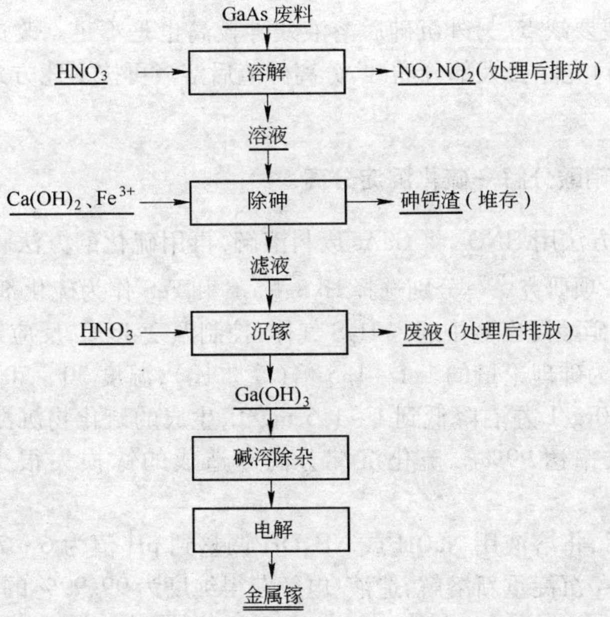

图 12-1　砷化镓废料硝酸分解—中和除砷的工艺流程

将 GaAs 废料破碎磨细到 0.147 ~ 0.074 mm(100 ~ 200 目),用浓度 2 ~ 3 mol/L 的 HNO_3 浸出,HNO_3 用量为理论量的 1.1 ~1.2 倍。视溶液砷的氧化程度可另加入 H_2O_2 将砷完全氧化成 As^{5+},浸出温度为 60℃。GaAs 的 Ga 和 As 分别以 $Ga(NO_3)_3$ 和 H_3AsO_4 的形式进入溶液,GaAs 废料的浸出率达 98%。浸出中生成的 NO_2、NO 气体经催化反应器分解成 N_2 和 O_2 排放:

$$Ga + 6HNO_3 = Ga(NO_3)_3 + 3NO_2\uparrow + 3H_2O \quad (12\text{-}1)$$

$$3As + 5HNO_3 + 2H_2O = 3H_3AsO_4 + 5NO\uparrow \quad (12\text{-}2)$$

浸出液过滤后加入 $Ca(OH)_2$,将溶液调整到 pH 值为 10 ~ 11,砷将生成砷酸钙沉淀:

$$3Ca(OH)_2 + 2H_3AsO_4 = Ca_3(AsO_4)_2\downarrow + 6H_2O \quad (12\text{-}3)$$

加入 Fe^{3+} 能提高除砷的效果。不同 pH 值下的除砷效果[356]见表 12-1。

表 12-1 不同 pH 值除砷后溶液残余砷含量

pH 值	9	10	11	12
砷含量/mg · L^{-1}	89	25	22	19

在中和时镓生成 $Ga(OH)_3$,由于 $Ga(OH)_3$ 是两性化合物,在高浓度碱溶液中溶解形成 $Ga(OH)_4^-$ 离子。但也有 10% ~15% 的镓在沉淀砷时进入砷钙渣,其后用 NaOH 溶液对砷钙渣洗涤可回收渣中部分的镓。除砷后液含砷约为 20 mg/L。

将砷钙渣分离后,溶液用浓度 10% 的 HNO_3 中和,调整 pH 值到 6 ~7,Ga 形成 $Ga(OH)_3$ 被沉淀出来,镓沉淀率为 95% ~98%,不同 pH 值下镓的沉淀率[356]见表 12-2。

表 12-2 不同 pH 值时镓的沉淀率

pH 值	4	5	6	7	8	9
镓沉淀率/%	23.7	79.3	98.7	95.4	46.3	19.5

所获得的 $Ga(OH)_3$ 沉淀物用 NaOH 溶解、除杂、再造液、电解可制得粗金属镓。镓总回收率为 75% ~85%,主要损失是生成 $CaGa_2O_4$ 进入砷钙渣而带走。中和沉淀砷时造成镓入渣损失大是此法的主要缺点,另外沉砷后溶液残砷较高也是不足。改进的方法为:在低 pH 值时(pH 值约为 2.5)先除去大部分的砷,分离砷渣后溶液再按上述方式进一步除砷和沉淀镓。

12.1.2 GaAs 废料硝酸分解—硫化沉淀分离

按 12.1.1 节的方法用 HNO_3 将 GaAs 废料溶解,再用硫化的方法将溶液的砷生成硫化砷沉淀与镓分离。一项研究[357]分别选择 H_2S、Na_2S 和 FeS 作为硫化剂进行分离砷的试验。

在 GaAs 废料的硝酸浸出液中通入 H_2S 气体,控制温度 40℃,反应 1.5 h;或者分别加入 Na_2S 和 FeS,加入量为砷理论量的 1.1 ~1.5 倍(摩尔比),温度 30 ~70℃,反应 1 ~3 h。反应后浸出液含砷从 10 g/L 左右降低到 1 ~1.5 mg/L,生成的硫化物沉淀渣为 As_2S_3,品位为 80% ~90%,砷回收率达 99%。硫化沉淀分离砷造成的镓损失很少,镓入渣的损失仅 0.3% ~1.5%。

溶液分离砷渣后,将溶液用 NaOH 或 NH_4OH 调整到 pH 值为 6 ~7,沉淀出 $Ga(OH)_3$。用 NaOH 将 $Ga(OH)_3$ 沉淀重新溶解、造液、电解获得纯度为 99.99% 的金属镓。

用硫化沉淀法分离砷较为彻底,镓损失少,产生的硫化砷渣较砷钙渣容易回收砷。

12.1.3 GaAs 废料氯化分解—蒸馏分离

将 GaAs 废料破碎成 1 ~ 3 mm 的粒度，在 220 ~ 250℃的温度下，通入氯气（可用 N_2 气稀释），GaAs 被氯化生成 $GaCl_3$ 和 $AsCl_3$。$GaCl_3$ 和 $AsCl_3$ 的沸点分别为 201.7℃和 113℃，利用两者蒸气压的差异对氯化的冷凝物进行蒸馏分离砷。蒸馏出的 $AsCl_3$ 经精馏提纯再用氢气还原得到高纯砷，分离砷后 $GaCl_3$ 经分步结晶或区域熔炼可制得高纯的 $GaCl_3$，水溶后电解或用熔盐电解得到高纯镓，也可将 $GaCl_3$ 转为镓酸盐在碱性体系电解得到高纯镓。

氯化法较好地实现了 GaAs 废料的分解与镓和 As 的分离，对 GaAs 中的磷、铝也能较好地脱除。在工艺上容易与制取高纯砷、高纯镓的工艺接轨，特别是能为砷提供一个产品出路。但过程产出大量的 $AsCl_3$ 具有相当大的危险性。

12.1.4 GaAs 真空热分解回收镓和砷

单质的镓与砷在高温下的蒸气压的差异达到 10^7 数量级，虽然对 GaAs 化合物这一差异有所降低，但利用在高温下 GaAs 的热分解把镓、砷分离仍具有实用意义。砷、镓纯物质的蒸气压与实际的分离系数 β 值见表 12-3，Ga - As 二元相图如图 12-2 所示。

表 12-3 不同温度下砷、镓纯物质的蒸气压及分离系数[357]

温度/K	973	1073	1173	1273	1373
砷蒸气压/Pa	4.11×10^5	1.60×10^6	4.90×10^6	1.28×10^7	2.87×10^7
镓蒸气压/Pa	1.93×10^{-4}	4.29×10^{-3}	5.47×10^{-2}	0.46	2.884
分离系数 β	2.13×10^9	3.73×10^8	8.96×10^7	2.78×10^7	9.95×10^6

采用真空热分解的方法[358]来处理 GaAs 废料，是在真空、高温下将 GaAs 废料的砷蒸馏出来，而镓基本不挥发，留在蒸馏底料聚集金属镓。研究表明，在 810℃以下固体的 GaAs 很稳定，真空蒸馏分离砷不能进行，而温度高于 1100℃，镓的挥发也会影响回收率，因此蒸馏温度以 900 ~ 1000℃为宜。将 GaAs 废料（含镓约 47%；含砷约 52%）破碎成小于 1 mm 的颗粒再压成 5 ~ 20 mm 的团块，在石墨真空炉中，温度 900 ~ 1000℃，真空度 0.1 ~ 10 Pa，砷升华挥发到冷凝器凝集，镓大部分以金属镓形式保留在坩埚中。获得的挥发冷凝物成分为：As 86.10%；Ga 5.44%，获得的金属镓成分为：Ga 99.95%；As 0.0025%。镓的回收率为 70% ~ 80%。

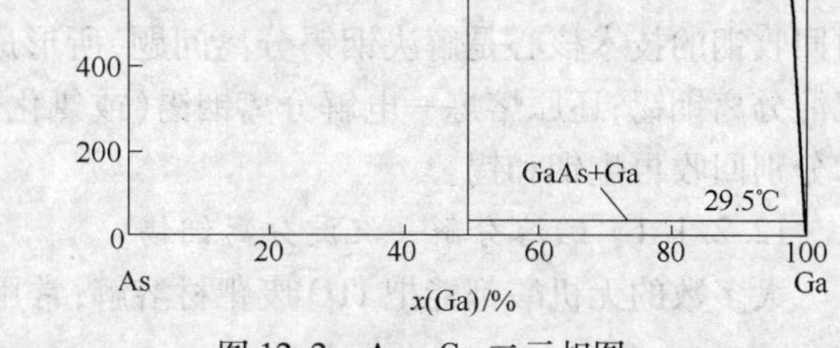

图 12-2 As - Ga 二元相图

真空热分解法流程简短，可获得含砷量较低的粗金属镓，进一步电解精炼可制得产品级金属镓，砷以金属砷状态回收危害性较小，是一项 GaAs 废料再生回收较有价值的工艺，只是砷挥发物中含镓仍较高,需进一步处理回收。

12.1.5　从其他废半导体元器件再生回收镓

此类物料主要是半导体光电器件的废弃物,除 GaAs 外,还有如 InGaAs、InGaP、GaN 等,主要是回收其中的 Ga 和 In。对这类物料的处理,原则分离工艺之一是用氯化焙烧将物料转变成氯化物,并将其中的砷、磷以 $AsCl_3$、PCl_3 形式蒸馏脱除,蒸馏后残渣用水溶解调整酸度后加入硫化剂将 Sn、Pb、Cu 等重金属以硫化物形式除去,然后分步中和可分别获得 $In(OH)_3$ 和 $Ga(OH)_3$ 的沉淀物,另行提纯得到 Ga 和 In。

12.1.6　从半导体晶片生产中的切屑、磨料中回收镓、铟、锗

此类物料种类较多,一般各种废料混杂一起,主要是半导体晶片的切屑与金刚砂抛光磨料,其中含有 Ga、In、Ge 及 Si 等物料。

一种处理方法是:先进行氧化焙烧去除油污等有机物质,并磁选除铁;用加有 NaOCl 的 NaOH 水溶液进行浸出,将镓、锗溶出得到含 $NaGaO_2$ 与 $NaGeO_3$ 的溶液,铟不溶解留在渣中。从浸出液中或用萃取或用离子交换,分别富集提取镓和锗,或者直接中和得到镓和锗的沉淀物,再氯化蒸馏分离出锗,在蒸馏残渣中再回收镓。含铟的碱浸出渣,经酸溶再萃取与置换得到再生铟。

12.2　再生铟

铟 80% 的消费量用于铟锡氧化物(ITO)靶材,ITO(Indium Tin Oxide)是 In_2O_3 与 SnO_2 烧结成的复合氧化物陶瓷材料。ITO 靶材用于磁控溅射镀膜生产镀膜玻璃,其利用率一般为 30%,因此废靶材、靶材的边角料、切屑、镀膜室的沉积物以及镀膜废品等成为当今再生铟最主要的资源。此外,碱性锌锰无汞电池、含铟的锡基焊料、废半导体元器件也是再生铟的原料。

12.2.1　从 ITO 废靶材中再生铟

ITO 靶材是由 In_2O_3 90%、SnO_2 10% 的粉末烧结而成,粉末熔点为 1900℃。从 ITO 废靶材回收铟的技术核心是解决铟锡分离问题,所形成的技术路线包括:酸溶(或碱溶)分解—沉淀分离铟锡;还原熔炼—电解分离铟锡(或氯化分离)。铟锡分离后再沿用现有的提取技术分别回收再生铟和锡。

12.2.1.1　*酸溶分解—沉淀分离铟锡*

大多数的无机酸都能把 ITO 废靶材溶解,常用的是 H_2SO_4 和 HCl。将废靶材破碎磨细到 0.074 mm(200 目),用 H^+ 浓度为 2 ~ 3 mol/L 的 HCl 或 H_2SO_4 浸出,液固比(5 ~ 10):1、温度 70 ~ 90℃、浸出 1 ~ 3 h,废靶材的溶解率为 93% ~ 97%,残渣主要成分是未浸出的 SnO_2。适当控制浸出条件可减少 SnO_2 的溶出,有利于下一步的铟锡分离。一项研究[359]用 H_2SO_4 浸出 ITO 废靶材,浸出始酸 1.5 mol/L,液固比(8 ~ 12):1,温度 90℃, 浸出 2 h,铟浸出率为 99.5%,而锡浸出率只为 8%。该研究还分别用 HCl 和 H_2SO_4 做了对比试验,表明两种酸对浸出的最终结果无大的差别,如图 12-3 所示。

ITO 废靶材的酸浸出液一般含铟 70~100 g/L,锡 5~10 g/L,若直接中和水解沉淀锡,很可能会形成胶体的 $Sn(OH)_4$ 沉淀使过滤分离难以进行。因此有采用铟置换、加共沉淀剂中和、硫化沉淀等不同的方法来分离浸出液的锡。

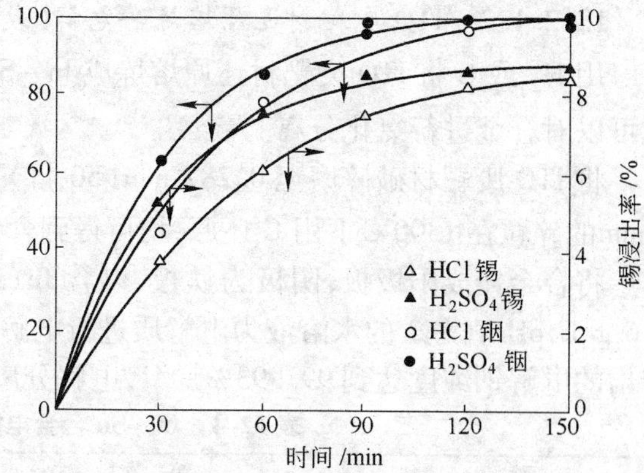

图 12-3 HCl、H_2SO_4 分别浸出 ITO 废靶材的对比

A 铟置换分离锡

将酸浸出后液的酸度调整到 pH 值为 1.0~1.5,加入铟片把溶液中的锡离子置换成海绵锡。置换时间为 24 h,得到的海绵锡压团熔炼得到品位 99% 左右的金属锡,置换后溶液含锡从 10 g/L 降低到 0.1 g/L 以下,再次用铟粉置换除锡则可降低到 0.001 g/L。此法需耗用大量价格高的金属铟且效率不高。

B 加共沉淀剂中和沉淀分离锡[360]

酸浸出液加入 H_2O_2 将 Sn^{2+}、Fe^{2+} 氧化成高价离子,然后将氧化后液和浓度 10 g/L 的 $MgSO_4$ 溶液按一定流速同时加入到一个反应器中,与此同时再以一定流速加入浓度 15% 的 NaOH 溶液,控制反应溶液 pH 值为 1.5,并通过控制 NaOH 的流量来保持 pH 值恒定。反应温度 80℃,溶液从反应器溢流出来的时间为 20~30 min。在这个反应过程中,溶液的 Sn^{4+} 与加入的 Mg^{2+} 被中和水解生成氢氧化物共沉淀,并且这一沉淀物过滤性能良好。加入 $MgSO_4$ 共沉淀剂使 $Sn(OH)_4$ 沉淀物的过滤性能明显改善,其机理有可能有两方面:一是 Mg^{2+} 的水解物结晶较好,有利于 Sn^{4+} 的水解物在上面结晶;二是 Sn^{4+} 与 Mg^{2+} 形成复合的水解沉淀物(Sn^4、Mg^{2+})$(OH)_x$,共沉淀剂的加入改变了单纯 Sn^{4+} 水解的状态,从而减少了 $Sn(OH)_4$ 胶体产生的数量。上述中和除锡后,溶液含锡降到 0.1 g/L 以下,再用铟粉置换可达到电解原液的要求。

此法较好地解决了中和沉淀分离锡的过滤问题,使中和沉淀工艺得以实用化。但引入了沉淀剂增加了渣量且对回收渣中锡也有不利之处,同时过程控制要求也较严格。

C 硫化沉淀分离锡

在废靶材的酸溶出液中,通入 H_2S 或加入 Na_2S(酸度低时)使 Sn 生成硫化物沉淀分离除去。文献[361]给出了当[Sn^{2+}]和[In^{3+}]的起始浓度分别为 0.0420 mol/L 和 0.3043 mol/L(相当于 5 g/L 和 35 g/L)时,生成 SnS 和生成 In_2S_3 起始的[H^+]平衡浓度值(mol/L)分别是 $10^{2.117}$ 和 $10^{1.075}$,并计算出:当[H^+]升高到 $10^{1.1}$ mol/L,In_2S_2 开始生成时,溶液中[Sn^{2+}]已降低到 3.89×10^{-4} mol/L,因此用硫化沉淀法进行铟锡分离是可行的。该研究对含 In^{3+} 50 g/L;Sn^{4+} 5 g/L;H_2SO_4 100g/L 的溶液进行硫化沉淀锡,通入 H_2S,反应 20 min,硫化后溶液含锡为 1.5 mg/L,渣含锡 66.17%;含铟 3.11%,除锡率近 100%,铟损失仅 0.47%[361]。

硫化法比中和法容许在较高的酸度下进行,对锡分离效果好,只要把握好硫化的终点,铟的损失不大。

选择用以上方法对酸溶出液对锡分离后,溶液用铝板或锌板置换出海绵铟再压团熔铸、电解得到精铟;或对溶液深度净化除杂后直接电解出精铟。

12.2.1.2 ITO 废靶材还原熔炼—电解(或氯化)分离铟、锡

用 H_2 或 C 将 ITO 废靶材还原熔炼成 In – Sn 合金,然后对合金进行电解分离铟锡[362],也可以对合金进行氯化分离。

将 ITO 废靶材破碎磨至 0.287 mm(50 目),在 900℃ 温度下用 H_2 还原;或破碎成 2 ~ 5 mm的碎粒在 1300℃ 下用 C 还原,均可得到含铟 90%,锡 10% 的合金,收率为 97%[362]。

将合金铸成阳极板,阴极为钛板,以含 In(以硫酸盐形式)55 g/L、NaCl 100 g/L、骨胶 0.6 g/L,pH 值为 2 的水溶液为电解质进行电解。获得的电解铟再进行第二次电解,第二次产出的电解铟纯度达到 99.993%[362],电解分离的工艺条件与结果见表 12-4。

表 12-4 In – Sn 合金电解的工艺条件及结果

项 目	第一次电解	第二次电解
电解液组成	In(以硫酸盐形式)55 g/L, NaCl 100 g/L,骨胶 0.6 g/L, pH 值为 2.0	In(以硫酸盐形式)55 g/L, NaCl 100 g/L,骨胶 0.6 g/L, pH 值为 2.0
槽电压/V	0.35	0.33
同极距/mm	60 ~ 65	50
电流密度/$A \cdot m^{-2}$	75	107
电解时间/h	96	72
产物质量/g	440	150
电解液体积/L	5	1
电解母液组成	In^{3+} 51.2 g/L,Sn 225 mg/L, Cu 0.11 mg/L,Fe 2.35 mg/L	In^{3+} 51.8g/L,Sn 39.5 mg/L Cu 0.11 mg/L,Fe 1.85 mg/L
阳极成分/%	In 90.08,Sn 9.87, Fe 0.0093,Cu 0.0035	In 99.90,Sn 0.035, Fe 0.001,Cu 0.0001
产物杂质含量(质量分数)/%	Sn 0.035,Cu 0.0001,Fe 0.001	Sn 0.0022,Cu 0.0001,Fe 0.0004

电解中,阳极的铟溶解进入溶液,而锡的情形稍复杂些。锡以 Sn^{2+} 进入溶液后与溶液中的 SO_4^{2-} 反应生成不溶的 $SnSO_4$,也有部分 Sn^{2-} 离子生成 $Sn(OH)_2$ 沉淀。这些沉淀物将覆盖阳极表面,阻止铟进一步溶出,最终导致阳极导电恶化终止电解的进程,因此造成铟锡合金的一次电解残极率高达 65%。残阳极的成分大致为:In 10.5%,Sn 60%。另一方面 Sn^{2+} 不断在溶液中富集,电解终了时电解液的 Sn^{2+} 含量富集到 225 mg/L 的水平。虽然还原熔炼得到的 In – Sn 合金经二次电解得到产品级的金属铟,但残极量过大,铟的直收率较低,而且残极的 In、Sn 仍然存在如何分离的问题,电解时 Sn^{2+} 在电解液中的累积也令电解液的净化复杂化,因此还原熔炼—合金电解的分离工艺还需改进,如能在熔炼制取 In – Sn 合金时把锡先行除去大部分后再电解分离,可能会有更好的工艺结果。

一种用氯化的方法对 In – Sn 合金进行铟、锡分离,过程是:在 40℃ 下,通入 Cl_2 对 In – Sn 合金进行氯化处理,反应的放热使温度继续升高,锡生成 $SnCl_4$(沸点 114℃)挥发,然后冷凝收集,再蒸馏提纯、电解可得到粗锡;铟生成 $InCl_3$ 由于沸点较高基本不挥发留在氯化渣中,氯化渣用水溶解,$InCl_3$ 进入溶液经除杂再用电解或置换的方法提取铟。为加快氯化反应过程,氯化前先将 In – Sn 合金水淬成粒状。

12.2.1.3 ITO 废料的碱法分离

将 ITO 废靶材磨细至 0.147 mm(100 目),与 NaOH 或 KOH 混合均匀在高温下焙烧,锡和铟分别生成锡酸盐和偏铟酸盐。加水进行浸出,锡酸盐溶于水而偏铟酸盐则水解成 $In(OH)_3$。由图 4 – 20 可见,当溶液的 NaOH 为 11 mol/L 时 $In(OH)_3$ 的溶解度达到最大值约为 7.8 g/L,因此控制水溶液的碱度使 $In(OH)_3$ 尽量少溶出,从而把焙烧后的 ITO 废靶材

中的铟锡予以分离。就目前研究看,此法只有60%的锡能得到分离[362],若改善加碱焙烧条件或将ITO废料进一步磨细都可能提高分离效果。

另一项类似的研究是用盐酸加硫酸的混合酸溶液将In-Sn合金溶解后再用氨水中和到pH=5,把溶液中的铟、锡全部以氢氧化物沉淀下来,然后用NaOH溶液浸出沉淀物,初始碱浓度为2 mol/L,温度为60~65℃,锡基本上被浸出,而铟留在渣中。继而再从渣回收铟,铟直收率可达95%[363]。

12.2.2 从其他含铟废料中再生铟

废碱性锌锰无汞电池、含铟的合金废料、各种废旧半导体元器件等也是再生回收铟的资源,与ITO废靶材相比,这些资源种类繁多,铟含量高低悬殊,成分更为复杂。对这些资源回收铟的方法大致归纳如下:

(1)从废碱性锌锰无汞电池中回收铟。废碱性锌锰无汞电池的负极材料中含有0.02%~0.05%的铟,废电池的资源化回收技术日渐成熟,结合废电池的整体回收工艺,可以从中提取铟。一种从废碱性锌锰电池中回收铟的工艺是[364]:用碱液将废电池的锌、锰物料浸出,铟富集在余下的残渣中。用浓度为10%的硫酸、或15%的硝酸、或20%的盐酸,液固比(8~9):1,在室温下搅拌浸出该残渣,得到的滤液用于浸出下批料,直至铟离子浓度富集到0.2~2 g/L,然后用电解或置换方法获得粗铟。

(2)从含铟废合金材料中回收铟。常见的含铟合金材料有In-Sn-Pb焊料和In-Cu-Ag合金。废合金回收方法有:

1)用硝酸溶解合金,中和水解得到$In(OH)_3$沉淀,再酸溶,置换得海绵铟[365]。

2)对于In-Sn-Pb焊料可以用熔盐电解的方法,以废焊料为阳极,电解把铟转移到熔盐中富集,然后再从熔盐中回收铟[87]。

(3)从铟生产的渣料、边角废料、切屑中回收铟。此类物料含铟一般较高,可用盐酸溶解,为提高溶解速度添加H_2O_2和$ZnCl_2$助溶,溶出后再用置换、电解等方法回收铟。

(4)从废半导体元器件中回收铟。这类废料中主要涉及InP、InGaP、InAs等系列的半导体材料。处理方法是用浓盐酸溶解物料,再用硫化法将重金属锡、锑、铅等沉淀下来,然后再置换或中和得到铟的富集物。

对于较纯的InP、InAs系的废料,可用类似GaAs废料真空蒸馏的方法将磷、砷分离出来,而铟则留在蒸馏底料再予以回收。也可用氯气进行氯化,再进行蒸馏分离出PCl_3、$AsCl_3$而将$InCl_3$留在底料。对于InP废料也有用NaOH或KOH进行高温熔炼,磷将进入碱渣并分离出粗金属铟[87]。

(5)从铟锡物料萃取回收铟。这类物料主要包括铟-锡合金和焊料生产、回收过程中产出的浮渣、烟尘以及处理含铟、锡的镀液产出的废渣、真空蒸镀产出的沉积物等。有关此类含铟和锡的物料的再生铟工艺已有不少报道[1~7,85]。归纳起来,这些工艺主要是用酸溶解含铟锡物料后,用D_2EHPA/N503等萃取铟,然后经进一步再生铟,提铟的工艺流程如图12-4所示。

如物料含铟量较少时,宜先经水洗脱氯,然后用400~500 g/L H_2SO_4及含铟小于0.01 g/L的前萃铟余液溶解,得到含铟0.2~0.5 g/L及H_2SO_4 80~100 g/L的溶液。此溶液经电解脱锡后,加入硫酸酸化到4~5 mol/L H_2SO_4,然后在室温下用D_2EHPA萃取铟。如物料含铟量较高,则可直接用盐酸溶解,得到含铟1~4 g/L和锡大于13~18 g/L的溶液,

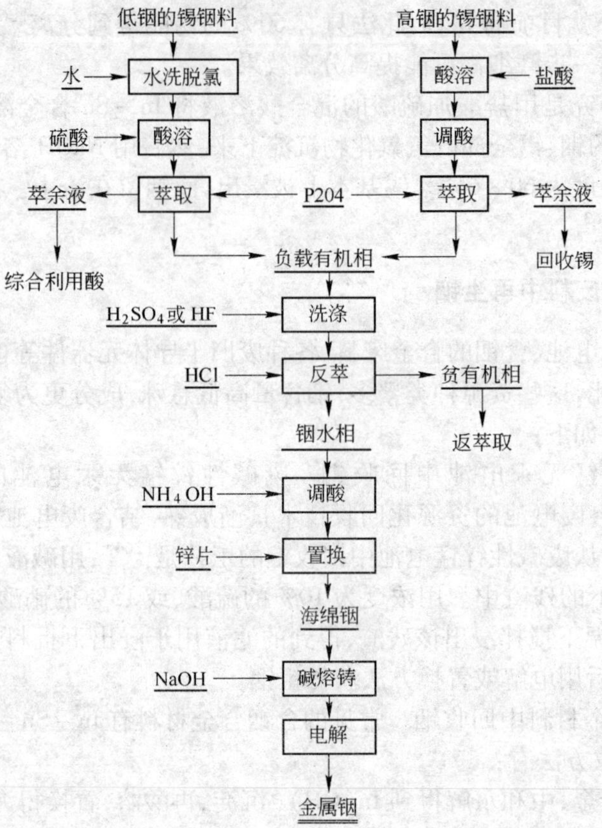

图 12-4　从铟锡物料提铟的工艺流程

该液经调酸到 pH 值为 1 左右，用 D_2EHPA 萃取铟。从这两种萃取铟物料中进一步提铟的方法几乎一样，即将负载有机相用 1∶1 H_2SO_4 硫酸或 1∶2 ~ 3 氢氟酸相应洗涤后，用 6 ~ 9 mol/L HCl 溶液反萃。反萃得到的铟水相，在用 NH_4OH 调酸到含 2.7 ~ 3.3 mol/L HCl 时，用锌片置换获得含铟达 97% ~ 99.7% 的海绵铟，至此，铟的回收率可达 89% ~ 95%。此法存有如下的一些缺点：所用的硫酸量过大，浓酸废液必须加以利用；其次是锡的干扰较大，在萃取时需要将液中的 Sn(Ⅳ) 还原为 Sn(Ⅱ)，而在反萃时却又要消耗氧化剂（如双氧水）将Sn(Ⅱ) 再氧化成 Sn(Ⅳ)；再者要使用氢氟酸。

如物料经电解锡后，溶液可用 20% ~ 40% N503 萃取铟。例如含 In 1g/L、Sn 2 ~ 4 g/L、HCl 2.6 ~ 6.0 mol/L 的溶液，采用 20% ~ 40% N503 于 o/a = 1/(3 ~ 4) 经 3 级萃取即可定量萃取铟，萃铟率达 98% ~ 99.5%，继用 1 mol/L HCl，在 o/a = 10/1，经 4 ~ 6 级反萃，反萃铟率达 96% ~ 99%，获得含铟 20 ~ 40 g/L 的铟水相，经 Zn 或 Al 置换后电解得 99.99% 铟。贫有机相用 0.1 mol/L HCl 再生返用[3~7,149]。

再如某厂[3~7]电解焊锡的废电解液成分为(g/L)：In 6.9 ~ 7.4、Sn^{2+} 124.9 ~ 108.8、Sn^{4+} 416.9、Pb 59.8 ~ 51.9、游离 H_2SiF_6 143.8 ~ 93.4，采用 30% D_2EHPA/煤油萃取铟，利用铟与锡在萃取动力学的差异进行萃取：萃取铟仅 4 ~ 5 min 已达平衡，而锡需 55 min 以上，故锡仅有小于 6% 被萃取，负载有机相经 6 mol/L HCl 反萃得铟水相，铟水相经中和到 pH 值为 1 ~ 1.5 后，用前得粗海绵铟置换除锡，然后用锌板于 pH = 1 的酸度下置换得较纯的海绵铟，熔铸得 98% ~ 99% 铟。萃余液可返焊锡电解正常使用，此工艺如能闭路循环，其铟回收率会更高[3~7]。

12.3 再生铊

由于铊的用途非常有限,因此可供再生铊的物料很少。对含铊的物料,视原料的情况,选用现有的各种提取铊的方法,如从 TlCl 溶液中用锌粉置换得到海绵铊,或用 H_2、CO 还原 Tl_2O_3 得到金属铊,或用电解法从含 Tl 15g/L 的 $Tl_2(SO_4)_3$ 溶液中电解出海绵铊。得到粗铊后,加碱熔炼得到纯度为 99.98% 的金属铊。

12.4 再生锗

锗在光导纤维的应用量目前约占锗总消费量的45%,光纤生产过程产出的各种废料富含锗是再生锗的主要资源;锗半导体材料及元器件生产领域所产出的各种废料也是传统的锗再生资源。

12.4.1 光纤废料中锗的再生回收

此类光纤物料,如光纤预制光棒,是 SiO_2 与 GeO_2 的共晶化合物,特点是玻璃态、高含硅,锗被大量的 SiO_2 包裹而结构十分稳定。如何破坏 SiO_2 的结构,是锗分离回收技术的难点。几种典型的光纤废料含锗的品位见表 12-5[366]。

表 12-5 几种典型光纤废料中锗的品位 (%)

样 品	1	2	3	4	5
酸溶锗	0.83	1.26	2.01	2.57	4.32
全溶锗	2.19	2.84	3.32	4.63	5.97

用直接氯化蒸馏或碱液浸出的方法对这类光纤废料进行处理,锗的回收率均不高,前者锗回收率为 30% ~50%;后者为 75% ~84%,效果比较好的处理方法主要有:

(1)氢氟酸浸出——丹宁沉锗法[366]。将光纤废料破碎到 0.074 mm(200 目),用氢氟酸(或氢氟酸加 KF + H_2SO_4 的混合溶液)进行溶解,光纤废料的主体物质 SiO_2 溶解生成 H_2SiF_6,而其中的 GeO_2 也随 SiO_2 的溶解破坏几乎全部进入溶液:

$$SiO_2 + 6HF = H_2SiF_6 + 2H_2O \tag{12-4}$$

$$GeO_2 + 6HF = H_2GeF_6 + 2H_2O \tag{12-5}$$

浸出液加入丹宁酸将锗沉淀出来,丹宁锗沉淀物经烘干焙烧,再氯化蒸馏制得粗 $GeCl_4$。工艺全过程锗浸出率达 98% 以上,回收率为 93% ~95%,较好地解决了高 SiO_2 物料中锗的回收问题。

(2)加碱焙烧法。有研究将光纤废料破碎后加入纯碱拌匀,加碱量为废料量的 3 ~4 倍,在 820℃下焙烧 2.5 h,废料中的锗 90% ~95% 可转变成酸溶锗。加碱焙烧实际上是通过将 SiO_2 转变成 Na_2SiO_4 从而破坏 SiO_2 对 GeO_2 的包裹,同时也使 GeO_2 转变成锗酸盐能被后续的酸溶浸出。焙烧后物料用 H_2SO_4 酸化,再加入 HCl 按氯化蒸馏的方法进行蒸馏得到粗 $GeCl_4$。蒸馏锗直收率为 99% 以上,全过程锗回收率为 88% ~90%,加碱量不足则锗收率明显降低。但此法碱耗量大,再加上后续的酸化中和,成本较高是其不足。

(3)高温还原焙烧挥发法。上述(1)、(2)两种方法再生回收锗的代价都是需要用酸或碱将主体物质 SiO_2 全部溶解破坏其结构,才能换取其中少数物质锗溶解,这不太合理。利用 GeO 易挥发的特性，将光纤废料中的 GeO_2 在弱还原气氛下还原成低价 GeO 从主体 SiO_2 中挥发分离可能是一个较好的方法，值得进一步研究。

有研究在破碎后的光纤废料中加入炭粉，加热到 500℃ 并通入惰性气体来控制还原的气氛，使锗以 GeO 的形式挥发出来；也可在高温下通入氢气（加惰性气体稀释）在一个弱还原气氛下将 GeO_2 还原成 GeO 挥发分离。[367]

在高温还原气氛下，SiO_2、B_2O_3 等氧化物也有部分还原成低价氧化物挥发，但与 GeO 相比，其挥发量很小。

（4）高温还原—氯化蒸馏法。与上述（3）的方法相似，不同的是采用高温还原将废料中 GeO_2 还原成金属锗，然后在 HCl 中加入氧化剂再进行氯化蒸馏，得到粗 $GeCl_4$。上述（3）的方法实际上由于还原条件控制的难度，有相当部分的锗有可能还原成金属锗，以致锗挥发不完全。因此，用制备还原锗粉的方法，将光纤废料破碎成 0.0575 mm（250 目），在 800 ~ 900℃下，通入 H_2 还原，使大部分的 GeO_2 还原成 Ge，并从尾气中回收少量挥发出来的 GeO。经过高温还原，原来被 SiO_2 晶格包裹的 GeO_2 因被还原使原有的结构破坏，而大大改善溶解性能。还原后的物料，加入氧化剂 Cl_2 或 $FeCl_3$ 进行氯化蒸馏使锗氧化成 Ge^{4+} 进入溶液生成 $GeCl_4$ 而后被蒸馏出来：

$$Ge + 2Cl_2 = GeCl_4 \tag{12-6}$$

$$Ge + 4FeCl_3 = GeCl_4 + 4FeCl_2 \tag{12-7}$$

在上述高温还原的条件下，SiO_2 的还原量很小，因此，有可能实现硅锗之间的分离。

12.4.2 从半导体生产及废元器件的废料中再生回收锗

在锗半导体材料和元器件生产中，产出的废料、废元件一直是再生锗的重要资源，主要包括：（1）区域熔炼产出的棒头尾料，坩埚底料，其锗纯度均在 99.9% ~ 99.99%（或以上）；（2）单晶切片的切屑、磨屑和抛光废磨料、抛光废液等，其含锗品位在百分之几到百分之几十之间；（3）锗基的半导体废弃元器件等。

再生这些废料的锗，视含锗的品位与污损程度予以分类，原则上含锗高、较纯的废料去除油污后直接送氯化蒸馏再生锗[3~7]；含锗较低且难分类的废料，主要用 Cl_2 或 HCl 气在 300 ~ 650℃ 对废料进行高温氯化焙烧，利用生成 $GeCl_4$ 易挥发的特点实现与其他物料的初分离，得到的锗富集物再作蒸馏提纯。

12.4.2.1 锗单晶废料、锗区域熔炼废料的处理

将锗块稍加粉碎，直接通氯气（0.5 L/min）于 260 ~ 310℃ 下氯化焙烧得到 $GeCl_4$，或用 $FeCl_3$ 进行水溶液氯化得 $GeCl_4$，然后再提取锗[368]。对一些含锗的切屑废磨料可用碱液加氧化剂浸出，如在日本半导体生产中产出一种含锗 8.14% 的废料，采用 NaOH 溶解，并在溶解过程中边搅拌边加入 HClO 溶液进行氧化，控制最终碱度 160 g/L，过滤后滤液用 5 mol/L 的 HCl 中和，得到 $NaH_3Ge_2O_6$ 的沉淀物，此沉淀物经氯化蒸馏而回收锗，锗回收率大于 95%。

12.4.2.2 废半导体元器件的处理

这类物料成分复杂，处理方法各异，归纳起来主要有：（1）先氧化焙烧，再用浓盐酸溶解大部分的重金属，锗不溶解而留在渣中，对浸出渣用 Cl_2 或 $FeCl_3$ 进行氯化蒸馏，得到粗 $GeCl_4$；（2）用高温氯化的方式，在 300℃ 下通入 Cl_2，或在 600 ~ 650℃ 通入 HCl 气，直接将物

料的锗氯化蒸馏出来得到粗 $GeCl_4$;(3)氧化焙烧后,用 NaOH 并加入氧化剂如 NaClO 进行碱性浸出,锗浸出后,用 HCl 中和沉淀出 $NaH_3Ge_2O_6$,对沉淀物再进行氯化蒸馏得到粗 $GeCl_4$。

12.4.2.3 锗单晶片的腐蚀废液的处理

此类废液的处理,一般采用中和沉淀锗,沉淀物再氯化蒸馏的方法;也有用萃取或离子交换的方法回收锗。对于碱性的锗腐蚀废液,可调整 pH 值为 8~9 再加入 MgO 可得到 $MgO \cdot GeO_2$ 沉淀物;或者调整 pH 值到 9~9.5,加入 MgCl 与 NH_4Cl 将锗沉出,锗沉淀物再用氯化蒸馏进一步处理[3~7]。或调整溶液到 pH=9,用 AH-31 离子交换树脂吸附废液的锗,饱和后用 8 mol/L 的 HCl 解吸后再水解得到 GeO_2 或氯化蒸馏得到 $GeCl_4$。对于酸性的锗腐蚀液,因其一般都含 HF,可中和沉出锗后再如上工艺回收锗;或者加入 H_3BO_3(或 $AlCl_3$)固 F^- 后直接氯化蒸馏得 $GeCl_4$;或用萃取法回收酸性废液的锗:加入 $AlBO_3$ 配合 F^- 后用 CCl_4 萃取锗,以水反萃而回收锗[368]。也可调到 pH 值为 8~9 沉锗后,接氯化蒸馏产出 $GeCl_4$。对于不含 HF 的腐蚀废液则可采用氯化或加入碱土金属氯化物氯化蒸馏得到 $GeCl_4$[77,78]。

12.5 再生硒与碲

硒的消费量虽很大,但再生资源却不多。原因是用于电解锰、马赛克陶瓷釉料、玻璃的硒基本没法再回收利用,早期还有含硒的复印机感光材料每年有 10~30 t 再生回收,但由于有机光导体的取代,这一行业也基本消失。

碲近年在 Te-Bi 系半导体制冷器件中大量应用,每年耗碲量为 100~120 t。而碲的利用率约 60%~70%,加上废品,这一行业产出的含碲废料数量很大,成为当今最主要的碲再生资源。碲在合金、化工等领域的应用过于分散基本没有再回收的条件。

Te-Bi 系半导体制冷器件生产中产出的含碲废料有:(1)Te-Bi 晶棒拉制时产出的头、尾棒料;(2)切制晶片、晶粒产出的切屑;(3)抛光时产出的磨屑;(4)废器件。这些含 Te-Bi 的混合废料主要成分是 Te 30%~40%、Bi 30%~40%、Se 1%~2%、Sb 2%~3%,此外还混杂有少量含 Cu、Sn、Pb、Ni 等物料。从碲半导体制冷材料的废料中回收 Te、Se 的主要方法有以下两种。

12.5.1 加碱氧化熔炼分离碲、铋

主要用来处理纯度较高的 Te-Bi 晶棒的头、尾废料及块状废料。用 NaOH 覆盖废料,加热到 500~650℃,通入空气搅拌熔体,碲、锡、硒氧化进入碱渣,而铋以金属的形式产出,工艺流程如图 12-5 所示。

从 Te-Bi 二元合金状态图(图 12-6)可见,Te-Bi 合金最高熔点为 585℃,因此加碱熔炼的温度宜选为 600~650℃,过高则碲挥发损失大,操作中随着碲不断氧化入渣,在熔炼的中后期可将温度降低到 500~520℃。加入的 NaOH 量为碲、锑、硒形成相应碲(锑、硒)酸钠理论耗量的 1.2~1.3 倍,为降低熔炼渣的黏度可加入适量的 NaCl。在熔炼中碲的主要反应如下:

$$Te + 2NaOH + O_2 \longrightarrow Na_2TeO_3 + H_2O\uparrow \qquad (12\text{-}8)$$

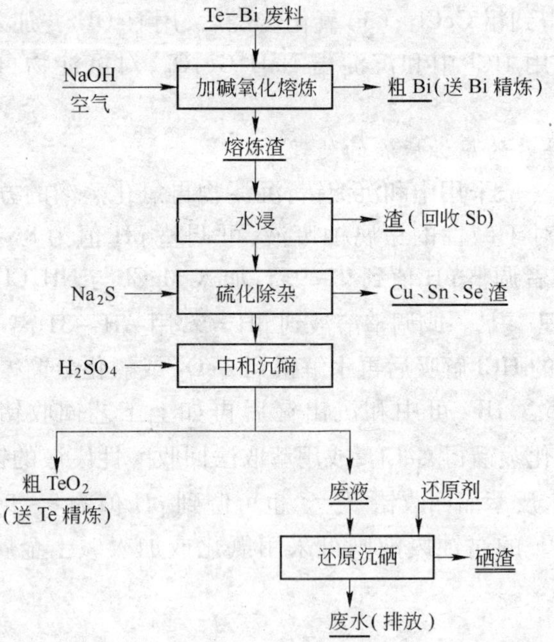

图 12-5 加碱氧化熔炼分离 Te、Bi 工艺流程

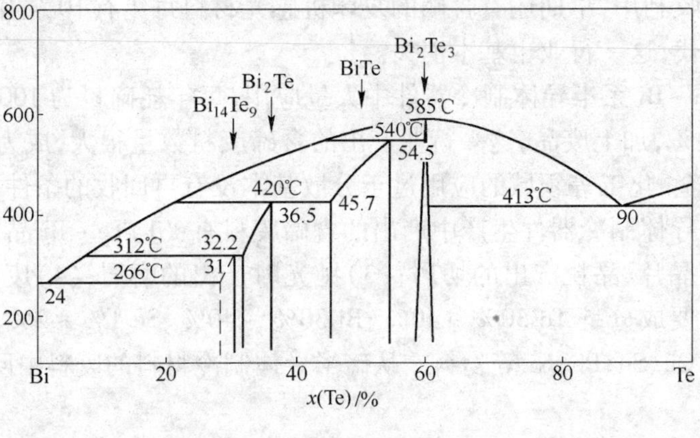

图 12-6 Te-Bi 二元系状态图

氧量不足时：

$$5Te + 6NaOH = 4NaTe + Na_2TeO_3 + 3H_2O\uparrow \tag{12-9}$$

锑、硒以及杂质锡也有类似的反应进入碱熔炼渣，在碱性氧化熔炼的后期，熔体金属铋中含碲、锡、锑的变化[369]如图 12-7 和图 12-8 所示。熔炼结束后，排出碱渣，继续对粗铋进行精炼得到产品金属铋。

将熔炼渣用水浸出，并调整 pH 值到 10～11，碲与硒将进入溶液，锑则残留在浸出渣中。溶液用 Na_2S 除杂，将铜、铁、锡、铅等杂质以硫化沉淀方式脱除，而硒也在硫离子作用下部分被还原成金属硒入渣。净化后的溶液用 H_2SO_4 调整 pH 值到 5～6，沉淀出 TeO_2。TeO_2 精制后造液电解制得电解碲，或用 C 直接还原 TeO_2 得到金属碲。沉碲后液还含有少量的硒，加入还原能力强的还原剂将硒酸离子还原成硒粉沉淀后再排放。

工艺的碲、铋回收率可达到 90%～93%。

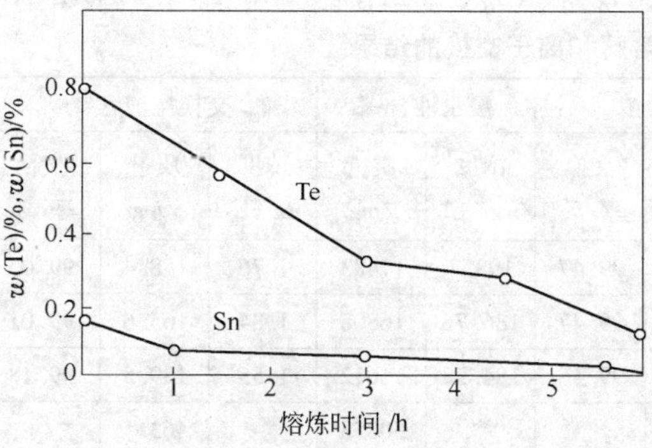

图 12-7　熔炼后期铋含碲、锡与时间的关系

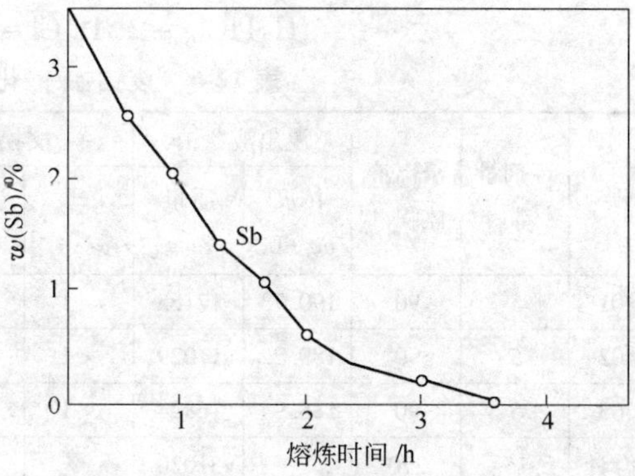

图 12-8　熔炼后期铋含锑与时间的关系

12.5.2　氯盐氧化浸出分离碲、铋

这一方法主要用来处理半导体制冷器件生产中产出的含碲、铋的各种切屑、粉状物料。用 2 mol/L 的盐酸，加入氧化剂，在 75℃下浸出，铋、碲、硒基本被浸出入溶液，而碲则保留在残渣中，渣率近 50%，渣含碲的 90% ~95%，进一步处理渣以提取金属碲。

或用 HNO_3 将废料全部溶解，分步中和分离出铋、锑和碲、硒两组沉淀物，再从 TeO_2 的沉淀物中提取碲。产出的废液加 Na_2SO_3 还原出硒粉。

12.6　再生铼

废铂铼催化剂是主要的再生铼的资源，其次是含铼的各种合金、镀层、涂层的材料，而含铼的镍基，钨基和钼基废合金一般多返回作合金的配料用。

12.6.1　从废铂铼催化剂再生铼

1967 年美国切夫隆（Chevron）公司首次将铂铼催化剂用于石油重整，该催化剂含铼 0.3% ~0.6%、铂 0.2% ~0.5%，其余为骨架的 Al_2O_3[16~18]。当今贵金属价格高涨，以铼代铂的应用趋势日益扩大，因此废铂铼催化剂的回收再生意义重大。从废催化剂中再生回收铼和铂主要技术方法是将铼、铂溶解后用离子交换法加以富集与分离。

我国研究的一项方法[370]是：将废铂铼催化剂用磁选除铁和盐酸（浓度 1 ~3 mol/L）浸泡（加空气搅拌）除铁后，用浓硫酸加浓盐酸的水溶液溶解物料，并在溶解的后期加入氯酸钾氯化，将铂、铼、铝完全溶解，经过离子交换使铂、铼金属离子吸附到阴离子交换树脂，再用 NaOH 洗液将铂、铼解吸，然后铵化分铂、钾盐沉铼。废催化剂含有一定量的炭，酸溶解前需在 600 ~900℃ 下先进行焙烧脱炭。处理的废催化剂成分为：Pt 0.34%、Re 0.34%、Al_2O_3 94.52%。溶解液按浓硫酸∶浓盐酸∶水 =（30 ~50）∶（5 ~10）∶（65 ~40）的比例配制；溶解的液固比5∶1；溶解温度大于 100℃；溶解的后期加入浓度 5% ~10% 的 $KClO_3$ 溶液，加入量为 1 kg 废催化剂 10 ~20 g，溶解完全后，加入 Al_2O_3 将过量的酸中和以调整酸度。溶解液用水稀释一倍，用 R430 交换树脂（原核工业部化工冶金研究院生产）进行离子交换，交换柱为 ϕ100 mm ×1000 mm，3 根，交换速度为 100 mL/min。废催化剂溶解和离子交换的结果见表 12-6。将吸附有铂、铼的负载树脂，用 4 mol/L 浓度的 NaOH 溶液淋洗解吸，然后把解吸液浓缩到含铂 40 g/L 左右，加入 NH_4Cl 将铂沉淀出来得到氯铂酸铵沉淀物：

$$H_2PtCl_6 + 2NH_4Cl \xlongequal{} (NH_4)_2PtCl_6\downarrow + 2HCl \qquad (12\text{-}10)$$

表 12-6　废铂-铼催化剂酸溶解和离子交换的结果

试验号	废剂量/kg	浸出液体积/L	浸出液含铂		交换尾液含铂			浸出液含铼		交换尾液含铼		
			浓度/mg·L^{-1}	质量/mg	浓度/mg·L^{-1}	质量/mg	交换率/%	浓度/mg·L^{-1}	质量/mg	浓度/mg·L^{-1}	质量/mg	交换率/%
01	5	90	190.73	17165	<1	<90	99.47	193.7	17433	1.76	158.4	99.05
02	5	90	189.22	17029	<1	<90	99.47	186.76	16808	1.84	165.6	99.01
03	5	90	186.94	16824	<1	<90	99.46	184.58	16612	1.55	139.5	99.18
合计	15	270		51020		270			50853		463.5	
平均	5	90		17006		90	99.47		16951		154.5	99.08

沉淀铂后的含铼溶液加入 KCl 将铼以 $KReO_4$ 的形式沉淀出来，KCl 加量一般为 Re 量的 2 倍[189]。铂、铼淋洗解吸和沉淀铂、铼的结果见表 12-7。废催化剂中的 Al_2O_3 溶解形成 $Al_2(SO_4)_3$，不被树脂吸附留在吸附尾液中，另行处理回收其中的铝盐。

表 12-7　铂、铼淋洗解吸和沉淀铂、铼的结果

淋洗液体积/L	淋洗液含铂			淋洗液含铼			产品铂		铼酸钾		
	浓度/g·L^{-1}	质量/g	淋洗率/%	浓度/g·L^{-1}	质量/g	淋洗率/%	质量/g	收率/%	质量/g	折合铼/g	收率/%
4.8	10.56	50.68	99.87	10.45	50.16	99.55	50.58	99.13	77.69	49.89	98.10

此方法分离富集过程较为简洁、高效，铂、铼的回收率分别达到 99% 和 98% 以上，但回收过程需将 Al_2O_3 骨架全部溶出，造成后续的处理量增加不少。

在铂铼废催化剂再生回收中，离子交换树脂起着关键作用，一项研究[371]对牌号为 D999 系列的树脂分离铂、铼做了试验：把酸度为 0.01～0.2 mol/L 的含铂铼的浸出液，通过 D999 树脂柱，然后分别用不同的淋洗剂分步淋洗解吸回收铂和铼，实现铂铼两者的富集与分离，结果见表 12-8。

表 12-8　用 D999 树脂从废催化剂浸出液回收铂、铼的结果

组　分	树脂负载量/mg	淋洗金属量/mg	淋洗回收率/%	备注
Pt	196	194.8	99.39	淋洗剂为 A
Re	85	85.2	100.23	淋洗剂为 B

铂铼废催化剂其他的再生回收工艺，归纳起来主要有：

(1) 用硫酸浸出废铂铼催化剂，浸出液通过阴离子树脂吸附饱和后，用 5～8 mol/L 的 HCl 解吸铼，并从解吸铼的解吸液中分别沉淀出铼和铂[372]。

(2) 我国试验从含铼 0.13%、铂 0.23% 的废催化剂再生铼，采用先在 500～600℃ 煅烧 6 h将废催化剂的积炭焚烧脱除，磨细至 0.246 mm(60 目)，加入 4% 的氨(以 NH_4OH 形式)于 120℃ 在高压釜中加压浸出 5 h，铼转入溶液达 77%～92%，铂基本不溶而分离，溶液浓缩赶氨至铼浓度为 1 g/L 后，用氢型阳离子交换树脂除杂，得到纯净的铼酸溶液，可进一步提取铼；或者采用强碱性阴离子树脂从浸出液中吸附铼，饱和后用 NH_4SCN 溶液解吸得到纯的 NH_4ReO_4，而后提取铼[104,373]。

(3)废铂铼催化剂经500℃左右煅烧后，用15% NaCl溶液于80℃，电溶氧化2.5 h，使铼氧化进入溶液，铼浓度0.14 g/L，pH值为4；溶液用Cl^-型的AH-251树脂(事先用2%～5%的H_2O_2于60～80℃活化6 h)吸附铼，饱和后用5% NH_4OH解吸得纯NH_4ReO_4，流出的残液含铼小于0.0003 g/L[189]。

(4)用15%的H_2SO_4在液固比为13:1、104℃下浸出废铂铼催化剂10 h，冷至45℃，加入浓度30%的H_2O_2，加入量为1 kg废料0.3～0.7 L，再浸出3 h，铼浸出率达94%～96%，再用萃取法回收浸出液的铼；铂残留渣中，另行回收处理。或者用H_2SO_4浸出后，浸出液用强碱性阴离子交换树脂吸附铼，饱和后用1～8 mol/L $HClO_4$ +1%～25% EtOH混合液解吸，经蒸发浓缩(EtOH从挥发物回收)再回收铼[189]。

12.6.2 从钨铼废料中回收铼

钨铼废料主要是钨铼合金，也包含钼铼合金在内。

12.6.2.1 氧化升华法

前苏联曾试验过用氧化升华法从W－Re废料中再生铼[1]。在950℃下通入氧气，氧化废料7～8 h，过程中铼以Re_2O_7形态挥发，经水吸收后，用25%浓度的NH_4OH溶液将铼沉淀析出，铼的回收率可达92%～95%。该法成败的关键在于控制合适的气氛与温度，适当增加通氧量有利于挥发铼，气氛对铼挥发率的影响见表12-9。

表12-9 氧化气氛对铼挥发率的影响

气 氛	气流速/m·s^{-1}	废料含铼量/%	残渣含铼量/%	铼挥发率/%
纯 氧	0.5	14.71	0.74	95.0
40% O_2 +空气	1.5	11.59	4.62	60.0
空 气	2.15	7.19	4.59	36.0

另一项研究是从含铼5%～25%的W－Re合金废料，或从含铼10%的Mo－Re合金废料中再生回收铼。采取两次氧化升华：先在1000℃，氧化升华2～5 h，废料中铼以Re_2O_7形态升华挥发，然后将冷凝物在400℃再次升华得到纯Re_2O_7。经水溶解后，用KCl或NH_4OH溶液将铼沉淀析出。铼酸铵经氢还原得99.98%纯度的铼粉，铼回收率达86%～93%[189]。该研究的工艺流程如图12-9所示，铼、钨及钼的回收率及产物成分见表12-10。

表12-10 氧化升华法从钨铼、钼铼废料中回收铼的金属回收率及产物

废 料	钨(钼)实收率/%	铼实收率/%	铼总收率/%	产物纯度/%
W-26% Re	99.2	93.1	约99.5	钨粉：99.2W，0.28Re
W-5% Re	99.2	88		铼粉：99.98Re(Cu、Ca、Mg小于2×10^{-4}；Si小于80×10^{-4})
Mo-10% Re	98	86		钼粉：99.8Mo

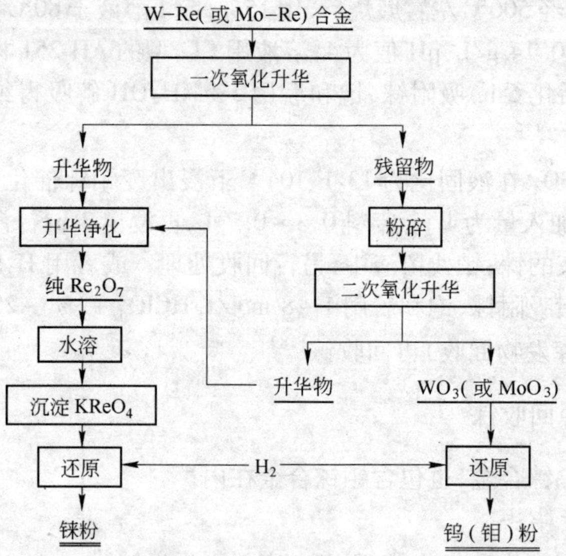

图 12-9　氧化升华法从钨铼、钼铼废料中回收铼及钨(钼)的工艺流程

12.6.2.2　*硝石熔融分解—离子交换法*

用硝石在高温下熔融分解废钨铼合金废料，把钨、铼分别氧化成 Na_2WO_4 和 $NaReO_4$，分解后物料用水浸出，pH 值为 8.8～8.9，得到含 Re 4.3 g/L、W 12 g/L、$NaNO_3$ 170 g/L 的溶液。该溶液用强碱性交换树脂吸附铼，铼吸附率达 99.99%，铼吸附后液再用大孔径的树脂吸附钨；或者用弱碱性的交换树脂先吸附铼，用 NH_4OH 解吸出 NH_4ReO_4，再从铼吸附后液中吸附钼[189]。

13 高纯稀散金属的制备

高纯稀散金属广泛用于半导体材料、光电材料、光学材料、热电材料等领域，其纯度均在99.999%以上，要求杂质（Cu、Pb、Zn、Fe、Co、Ni、Mn、Cr、Sn、Cd、Hg、As、Ag、S、Mg、Al 与 Si 等中的一部分，以及 Tl 中的 In 与 In 中的 Tl）的总和不大于0.001%。

通常以99.9%~99.99%的工业产品作为提纯的原料，提纯的途径一是对原料金属继续精炼；二是转化成某种化合物作为提纯对象，提纯后再还原成金属。主要的分离提纯技术包括有电解、精馏、结晶、区域熔炼、离子交换、萃取等方法，单一的方法都不能完全满足提纯的要求，实用中都是多种方法的交替组合运用。

13.1 高纯镓的制备

以纯度为99.99%的工业镓为原料，提纯到99.9999%~99.99999%电子材料用的高纯镓，基本工艺途径是先进行化学处理，然后用电解、真空精炼、结晶等提纯方法中的一个或多个组合进行提纯。对于从电子废料回收的镓原料，则可采用对 $GaCl_3$ 蒸馏提纯的方法，以深度分离脱除 As、P、B、Si 等杂质，还原成金属镓后再进一步提纯。一种高纯镓制备工艺的流程[374]如图13-1所示。

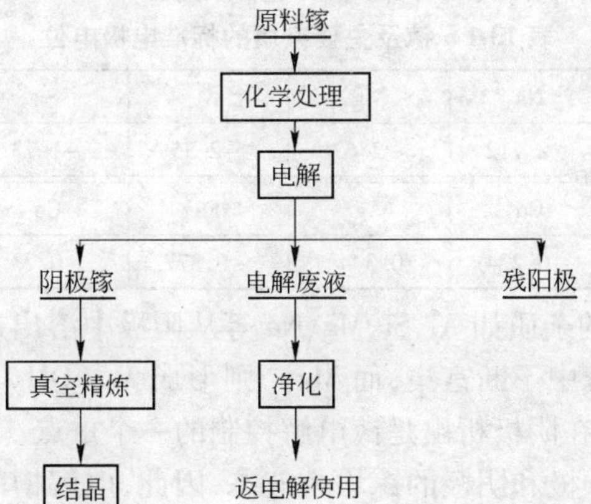

图13-1 一种高纯镓制备工艺的流程

13.1.1 化学处理

用酸或碱对金属镓进行浸出除杂，常温下镓是液态能被搅拌分散与液态酸、碱充分接触，金属镓的杂质被溶解进入酸或碱液这类似于萃取过程，故也有称为萃取之说。欲脱除杂质都是那些优先于镓被酸或碱浸出的杂质，且溶解在金属镓的杂质其活度一般都比单质存在时大，较容易与酸或碱反应，这是液态金属能用此法除杂所特有的优点。当用酸浸出除杂时，金属镓也会有少量的溶解损失，因此，除非不得已，不宜用此法对镓深度提纯。对于一些杂质用化学处理是必要的，例如锌，由于锌的电极电位与镓的接近，而分凝系数又接近1，实际中对锌的脱除无论是电解法或是结晶法，效果均不好，所以必须采用酸浸出的方法来除锌。化学处理另一作用是将金属镓中的氯化物、夹杂物通过洗涤、过滤去除。因此，化学处理是镓精炼前必备的工序[375]，也是后续处理镓电解的残阳极和镓结晶残液的主要手段。

根据要除去的杂质，来决定酸或碱的种类、浓度及浸出条件。一般分别选用2 mol/L的盐酸或10 ~ 20 g/L的NaOH溶液，在60 ~ 90℃下对金属镓进行浸出处理，然后用热水反复洗涤多次。一个实例是：用多孔过滤膜在50 ~ 100℃把粗镓过滤，然后用70℃的硝酸溶液搅拌浸出金属镓15 ~ 30 min，排出硝酸溶液后再用50 ~ 90℃热水洗涤数次，最后用部分结晶法提纯，得到99.9999%纯度的金属镓[376]。由于金属镓的密度与酸、碱相差很大，因此如何把金属镓分散与酸、碱充分接触是提高浸出除杂效果的重要环节，设计专门的反应器是重要的。

13.1.2 电解精炼

采用可溶阳极的电解方式，原料镓为阳极，高纯镓为阴极，通常在碱性体系电解，电解液为$NaGaO_2$和NaOH的水溶液，温度在镓的熔点以上。

电解时阳极镓以GaO_2^-离子进入电解液；在阴极GaO_2^-放电析出金属镓，电极反应为：

阳极：
$$Ga + 4OH^- - 3e = GaO_2^- + 2H_2O \tag{13-1}$$

阴极：
$$GaO_2^- + 2H_2O + 3e = Ga + 4OH^- \tag{13-2}$$

在碱性介质中，镓及主要杂质的标准电极电位见表13-1。

表13-1 镓及主要杂质的标准电极电位 (V)

元 素	Ca	Na	Mg	Al	Si	Ga	Zn
电 位	-3.02	-2.712	-2.67	-2.35	-1.73	-1.22	-1.216
元 素	Pb	Cu	Ag	Fe	Co	Ni	
电 位	-0.54	-0.224	0.344	-0.877	-0.73	-0.66	

电解中比Ga电位负的杂质如Al、Si、Mg、Na等从阳极中溶出进入电解液，比Ga电位要正的杂质，则残留在阳极镓中不断富集，而Mg^{2+}则形成$Mg(OH)_2$沉淀。由于Zn和Ga的析出电位接近，控制Zn不在阴极析出是镓电解控制的一个重点。

由于在电解条件下，阳极和阴极的镓均为液态，因此，电解槽的构造有别于固态金属的电解。镓电解槽的样式很多，一种镓的电解槽[377]如图13-2所示。

电解槽为一圆筒状，中间设置一小圆环体，将电解槽分隔出阳极区和阴极区，槽体用聚四氟乙烯制成，整体浸入水浴中加热。原料镓加入阳极区，阴极区收集析出的镓，分别用铂丝作导电极插入镓中。镓的上面用电解液浸没。电解中定期补充原料镓和抽出阴极镓并及时排出阳极的浮渣。

电解条件为：电解液Ga 50 ~ 60 g/L，NaOH 100 ~ 200 g/L；电解温度35 ~ 70℃；电流密度0.02 ~ 0.2 A/cm²。

$NaGaO_2$的电离度较低，需加入NaOH来提高电解液的导电性。为保证电解镓的纯度，所配入的NaOH为电子级，但不能直接使用，必须首先对NaOH溶液进行电解处理，以除去

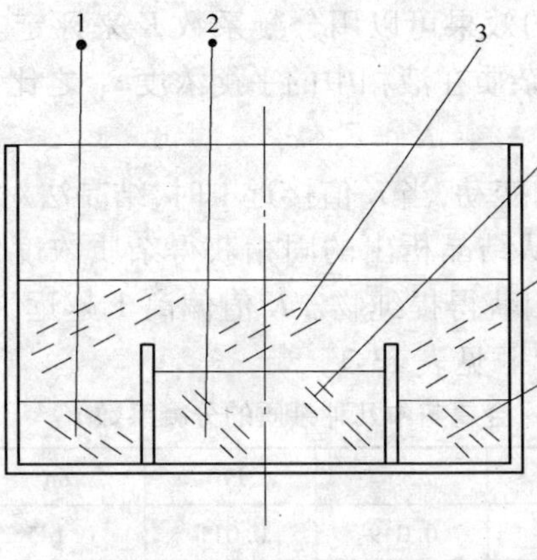

图 13-2 镓电解槽结构示意图

1,2—铂电极;3—电解液;4—阳极镓;5—电解槽体;6—阴极镓

带进的杂质。镓电解过程中定期更换新液和过滤清除阳极镓的不溶杂质,如阳极泥、浮渣等物。在电解过程中由于镓表面氧化膜的生成使电阻增加、槽电压提高,因此需不时添加 NaOH 加以溶解以保持槽电压的稳定。采取较低的电流密度电解,并对电解液搅拌等措施,都可减少杂质析出的可能。对于 99.99% 纯度的原料镓,经电解两次可制得 99.9999% 纯度的高纯镓。

13.1.3 真空精炼

用真空精炼的方法将蒸气压比金属镓大的杂质挥发除去。在温度为 800 ~ 1000℃、真空度为 13.3 Pa、精炼时间为 150 ~ 170 h 的条件下,对 99.9999% 的电解镓进行真空挥发除杂,可使镓的纯度提高一个等级,到 99.99999%[374]。提高真空度和增大蒸发表面积对除杂的效果及效率都有明显的作用。另外真空精炼也能有效消除镓表面的油膜。电解与真空精炼后制取的高纯镓所含的杂质见表 13-2。

表 13-2 电解及真空挥发除杂制取的高纯镓的杂质含量 (%)

元素	Zn	Ag	Cu	Ca	Al	Mg	Ni	Pb	Sn	Fe	Mn	Cr	Si
电解后	5×10^{-6}	6.4×10^{-6}	6.4×10^{-6}	10×10^{-6}	5×10^{-6}	2×10^{-6}	5×10^{-6}	16×10^{-6}	16×10^{-6}	10×10^{-6}	2×10^{-6}	5×10^{-6}	40×10^{-6}
挥发后	2×10^{-6}		3.2×10^{-6}		5×10^{-6}	0.5×10^{-6}		16×10^{-6}	2.3×10^{-6}	1.2×10^{-6}	0.3×10^{-6}		

在真空度为 1.33 ~ 0.133 Pa,温度为 1150℃ 下,用真空精炼法直接处理镓半导体材料的废料得到含 As 小于 0.3×10^{-4}%;Si、Al、Fe、Mg、Ca、Na 各小于 0.1×10^{-4}% 的高纯镓[376]。镓的真空精炼过程简短,镓的高沸点低挥发特性使得镓与许多杂质的分离程度大且镓直收率高,是值得重视的提纯方法。

13.1.4 结晶提纯

主体物质在液态转变成固态的过程中,杂质在不同的相态中分布不同。利用这一特性,对镓反复多次地重熔—结晶(凝固),使杂质重新分布,令镓得到提纯。镓的熔点只有 29.7℃,用结晶法提纯容易实施而被广泛采用。具体的方式有部分结晶(凝固)法、定向结晶法、拉单晶法、区域熔炼法等,其除杂原理是一样的。

用熔体结晶法分离某一杂质的效果可以用分凝系数 K 来评定。分凝系数 K 表示溶解在固相中该杂质的平衡浓度 c_S 与杂质在液相中的平衡浓度 c_L 之比。即：

$$K = c_S / c_L \tag{13-3}$$

K 值大致在 0.001 ~ 10 范围内变动，当 K 值接近 1 时，结晶法对该杂质不会有明显的脱除效果；当 K 值远小于 1 时，可以从结晶析出的固相获得杂质浓度低的提纯物；反之，则表明杂质在析出的固相富集可从液相获得提纯物。K 值偏离 1 越远，分离的效果就越好。金属镓中几种主要杂质的分凝系数[375]见表 13-3。

表 13-3　金属镓中几种杂质的分凝系数 K

杂质	Cu	Hg	Sn	Pb	Zn	In	Ag
K	0.025	0.014	0.049	0.011	0.145	0.075	0.044

可见，除 Zn 外，结晶法对镓中其他杂质都将有较好的分离效果。

结晶过程中，固相结晶物不断从液相析出，结晶物含杂质浓度随析出的数量按下式变化：

$$c = Kc_0(1-g)^{(K-1)} \tag{13-4}$$

式中　c ——某一时刻固相析出物的杂质浓度；

K——分凝系数；

c_0 ——杂质的原始浓度；

g——析出的固相质量与总质量之比。

大多数金属杂质 K 值均小于 1，可知要获得杂质浓度较低的固相析出物，必须控制结晶析出的固相物比例不能过大。因此，用部分结晶(凝固)法提纯镓每次只能冷凝析出一部分的数量以保证提纯的效果。重复多次的重熔—部分结晶过程可制取到高纯的金属镓。显然，此法的缺点是高纯镓的产率不高，只能用于产品的最后提纯精制。

一种用部分结晶(凝固)法提纯镓的装置[378]如图 13-3 所示。

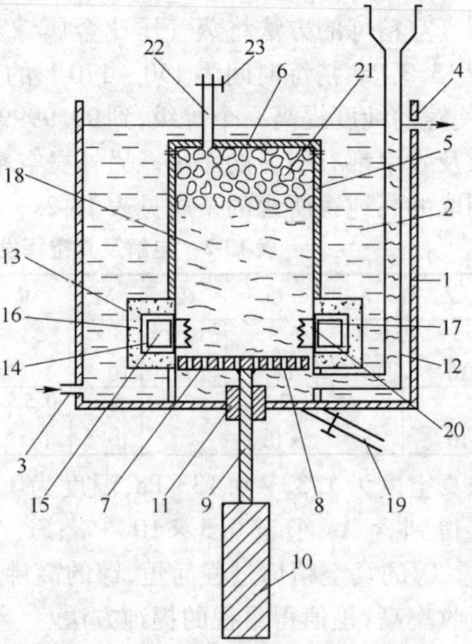

图 13-3　一种用部分结晶(凝固)法提纯镓的结晶装置

1—水浴槽；2—热水；3，4—水浴进出口；5—结晶储料器；6—盖板；7—刮板；8—筛孔；9—推杆；10—千斤顶；11—密封套；12—加料管；13，16—隔热套；14，15—铜换热器；17—结晶面；18—液态镓；19—镓排出口；20—结晶镓；21—固态镓；22—排气管；23—开关

其结构与工作过程是[378]：一个用聚四氟乙烯制成的结晶储料圆筒，下部装有铜制的热交换器，热交换器表面用有机膜覆盖，避免与镓接触。储料器内装有一个带筛孔的圆形刮板，刮板由外部传动机构带动可上下往复移动。结晶储料器整体浸没在水浴槽中，热交换器与水浴之间做隔热处理。将 35℃的金属镓从导管加入结晶储料器中，用 3 mol/L 的盐酸覆盖保护。通入 15℃的水到热交换器 1 min，金属镓此时在热交换器

的内壁表面冷凝结晶析出。析出一定量后，再将 40℃ 的热水通入热交换器 20 s，当器壁表面的镓熔化少许时，启动刮板向上运动，将析出的固态镓刮下并推向储料器上部压实。重复这样的冷凝—熔化过程，使析出的固体镓达到总量的 40% ~50% 为止。排出残余的液态镓后，将水浴加热熔化析出的固体镓，用 3 mol/L 的盐酸洗涤数次，可获得 99.99998% 的高纯镓。结晶前后，杂质含量的变化见表 13-4。

表 13-4 部分结晶法制取高纯镓结晶前后杂质变化 (%)

杂质	Cr	Ni	Fe	Zn	Co	Mg	In
结晶前	70×10^{-6}	70×10^{-6}	140×10^{-6}	20×10^{-6}	170×10^{-6}	12×10^{-6}	1.6×10^{-6}
结晶后	$<0.7\times10^{-6}$	$<5\times10^{-6}$	$<6\times10^{-6}$	$<5\times10^{-6}$	$<5\times10^{-6}$	$<2\times10^{-6}$	$<0.4\times10^{-6}$

重复 1 ~2 次的部分结晶法操作可获得更高纯度的金属镓。另一个用部分结晶法提纯镓的实例是：将 99.9997% ~99.9999% 的电解镓置于结晶槽中，用 HCl 或 NaOH 溶液覆盖镓表面，控制结晶温度为 15 ~25℃，搅拌速度为 5 ~15 r/min，结晶速度为 8 ~10 kg/h，结晶 8 ~10 h 后分离出晶体镓并洗涤干净；得到纯度为 99.9999% ~99.99999% 的高纯镓，直收率为 68% ~75%[377]。

用结晶法制取高纯镓的方式还有定向结晶法、拉单晶法及区域熔炼法，如：

(1) 定向结晶法。熔镓保持在 30℃，熔融界面保持在 10 ~25℃，一端用液氮冷却到 0 ~5℃，结晶速度为 5 ~30 mm/h，3 次[102]。

(2) 拉单晶法。将镓熔融，选晶种温度为 7 ~10℃，拉单晶速度为 10 ~25 mm/h[252]。

(3) 区域熔炼法。将镓置于一垂直放置的管中并冷凝成固体，加热线圈，加热使镓局部熔化，并以 7.3 mm/h 的速度从下往上移动，杂质最终富集到上部的镓中，得到 99.99999% 纯度的高纯镓[376]。

拉单晶法及区域熔炼法的提纯效果要比部分结晶法及定向结晶法(又称分步结晶法)好，但由于镓的熔点太低，要创造一个在镓熔点以下且温度梯度较大的热场让镓的结晶热尽快排除而冷凝结晶，实际的操作难度较大且效率也不高，因此在规模化生产中应用不多。工业使用的结晶提纯方式主要是采用部分凝固(结晶)和定向结晶这两种方法，前者操作中冷凝析出的比例难以精确控制存在产品一致性差的问题，但操作和设备都较简单而应用最广；后者结晶速度容易控制，可以在结晶时投入籽晶以生长出单晶或晶粒较大的多晶体，因而产品纯度较高且设备也不复杂。综合来看，采用定向结晶法比较适宜，并能将镓提纯到 99.99999% 以上。

国内外 99.9999% 镓的质量水平[379] 见表 13-5。

南京金美镓业公司生产的"超纯镓"(99.99999% 以上)的主要杂质含量[375] 见表 13-6。

表 13-5 国内外 99.9999% 镓标准及质量水平 (%)

元 素	美国(实例)	俄罗斯(实例)	日本(同和株式会社)		中 国	
			标 准	实 例	标 准	实 例
Cu	$<0.02\times10^{-6}$	$<2\times10^{-6}$	$<1\times10^{-6}$	$<1\times10^{-6}$	$<5\times10^{-6}$	0.6×10^{-6}
Pb	$<0.01\times10^{-6}$	$<2\times10^{-6}$	$<1\times10^{-6}$	$<1\times10^{-6}$	$<6\times10^{-6}$	0.9×10^{-6}
Zn	$<0.04\times10^{-6}$	$<3\times10^{-6}$	$<1\times10^{-6}$	$<1\times10^{-6}$	$<10\times10^{-6}$	$<2\times10^{-6}$
Al	0.1×10^{-6}	$<10\times10^{-6}$	$<10\times10^{-6}$	3×10^{-6}	2×10^{-6}	

续表 13-5

元　素	美国(实例)	俄罗斯(实例)	日本(同和株式会社)		中　国	
			标　准	实　例	标　准	实　例
In	$<0.3\times10^{-6}$	$<3\times10^{-6}$	$<10\times10^{-6}$	$<1\times10^{-6}$		$<0.3\times10^{-6}$
Ca	$<0.1\times10^{-6}$			$<20\times10^{-6}$		
Fe	0.1×10^{-6}	$<20\times10^{-6}$	$<20\times10^{-6}$	$<1\times10^{-6}$	$<10\times10^{-6}$	5×10^{-6}
Sn	$<0.1\times10^{-6}$	$<3\times10^{-6}$	$<1\times10^{-6}$	$<1\times10^{-6}$	$<10\times10^{-6}$	3×10^{-6}
Ni	$<0.004\times10^{-6}$	$<2\times10^{-6}$	$<1\times10^{-6}$	$<1\times10^{-6}$	$<5\times10^{-6}$	1×10^{-6}
Si	0.6×10^{-6}	$<30\times10^{-6}$	$<10\times10^{-6}$	8×10^{-6}	$<20\times10^{-6}$	
Hg	$<0.1\times10^{-6}$		$<1\times10^{-6}$	$<1\times10^{-6}$		
Mg	$<0.01\times10^{-6}$	$<6\times10^{-6}$	$<10\times10^{-6}$	$<1\times10^{-6}$	$<10\times10^{-6}$	5×10^{-6}
Mn	$<0.004\times10^{-6}$				$<5\times10^{-6}$	$<0.2\times10^{-6}$
Cr	$<0.01\times10^{-6}$				$<5\times10^{-6}$	2×10^{-6}

表 13-6　南京金美镓业公司生产的“超纯镓”(99.99999%以上)的主要杂质含量　(%)

元素	含量	元素	含量	元素	含量	元素	含量	元素	含量
C	55×10^{-7}	N	150×10^{-7}	O	60×10^{-7}	F	$<1\times10^{-7}$	Na	$<0.2\times10^{-7}$
Mg	$<0.2\times10^{-7}$	Al	$<0.2\times10^{-7}$	Si	0.7×10^{-7}	P	$<0.2\times10^{-7}$	S	$<0.5\times10^{-7}$
Cl	2×10^{-7}	K	$<5\times10^{-7}$	Ca	$<5\times10^{-7}$	Ti	$<0.05\times10^{-7}$	V	$<0.1\times10^{-7}$
Cr	$<0.2\times10^{-7}$	Mn	$<0.1\times10^{-7}$	Fe	$<0.1\times10^{-7}$	Co	$<0.1\times10^{-7}$	Ni	$<0.1\times10^{-7}$
Cu	$<0.5\times10^{-7}$	Zn	$<1\times10^{-7}$	Ge	$<30\times10^{-7}$	As	$<0.5\times10^{-7}$	Ag	$<50\times10^{-7}$
Cd	$<0.5\times10^{-7}$	In	$<0.5\times10^{-7}$	Sn	$<1\times10^{-7}$	Sb	$<0.5\times10^{-7}$	Ce	$<10\times10^{-7}$
B	$<0.1\times10^{-7}$	Au	$<10\times10^{-7}$	Hg	$<5\times10^{-7}$	Pb	$<0.5\times10^{-7}$	Bi	$<0.1\times10^{-7}$

13.1.5　其他提纯方法

13.1.5.1　$GaCl_3$ 提纯法

采用对 $GaCl_3$ 提纯来制取高纯镓最大的优势是 $GaCl_3$ 与氯化物杂质之间的分离程度大，特别是可通过精馏将 As、P、B、Si 等杂质脱除到极低的含量。As、P、B 等这些杂质均是半导体材料所严格要求的，而用结晶法分离这些杂质效果有些并不太好。$GaCl_3$ 提纯法的做法是：将粗金属镓制成 $GaCl_3$ 或把半导体废料回收成 $GaCl_3$，精馏分离低沸点的 As、Si、P、B 的氯化物，然后用定向结晶或区域熔炼对 $GaCl_3$ 提纯到 99.999% 以上纯度。精制后的 $GaCl_3$ 用水溶液电解或熔盐电解的方法得到高纯镓。熔盐电解的可取之处是可以较大范围改变电解温度来扩大杂质与镓析出的电位差以提高分离效果，这对某些杂质是必要的，但要避免熔盐及电解槽体材料对镓的污染也非易事。一个 $GaCl_3$ 熔盐电解的实例是：铂作阴极和阳极，电流密度为 5 ~ 10 A/dm^2，可制得镓纯度 99.99999%，杂质 Pb、Cu 含量小于 1×10^{-5}%，Zn 含量小于 1×10^{-7}% 的高纯镓[376]。

13.1.5.2　有机化合物热分解法

镓可以生成一系列的有机化合物，而许多金属则难以生成，因此通过将镓转化成某种有机化合物可以把镓含的大部分金属杂质分离。镓的有机化合物用低温蒸馏、分子筛吸附等手段进一步提纯，最后热分解产出纯度极高的金属镓，这是金属有机化合物热分解气相沉积法（MOCVD）制备镓化合物半导体薄膜的主要手段，也是制备超高纯镓的有效途径。

制取高纯镓重要的镓有机化合物是三甲基镓 $Ga(CH_3)_3$ 和三乙基镓 $Ga(C_2H_5)_3$。三甲基镓可用二甲基汞与镓反应制得：

$$2Ga + 3Hg(CH_3)_2 = 2Ga(CH_3)_3 + 3Hg \quad (13\text{-}5)$$

也可用三甲基铝与三氯化镓反应制得：

$$3Al(CH_3)_3 + GaCl_3 = Ga(CH_3)_3 + 3Al(CH_3)_2Cl \quad (13\text{-}6)$$

$Ga(CH_3)_3$ 熔点为 -15.8℃，沸点为 55.7℃，通过精馏和冷冻结晶等方法可将 $Ga(CH_3)_3$ 分离和提纯。

另有报道：将工业纯的粗镓制三乙基镓后，用蒸馏法提纯，然后在惰性气体保护下并用紫外光照射使三乙基镓热分解制得纯度为 99.999% 的金属镓[376]。

13.2 高纯铟的制备

高纯铟的制备通常以粗铟为原料，先电解精炼获得 99.99% ~99.999% 的铟，然后再经真空精炼、分步结晶或区域熔炼制取 99.999% 以上的高纯铟。也有先提纯铟化合物再制取高纯铟的工艺研究。要分离的主要杂质有 Zn、Sn、Pb、Tl、Cd、As、Sb 等，其中较难分离的是 Sn、Tl、Cd。

13.2.1 粗铟电解前预除杂精炼

杂质镉、铊的析出电位与铟相近，电解分离的效果不好，一般需要在铟电解前先将镉、铊脱除。甘油—碘化钾法除镉、铊在工业中较为常用，其过程是加入了碘化钾（添加少量的碘）的甘油溶液与铟一起熔炼，与碘亲和力较强的杂质形成碘化物进入甘油溶液而被脱除。除镉、铊的反应如下：

$$Cd + I_2 = CdI_2 \quad (13\text{-}7)$$

$$CdI_2 + 2KI = K_2CdI_4 \quad (13\text{-}8)$$

$$Tl^+ + I^- = TlI \quad (13\text{-}9)$$

$$TlI + I_2 = TlI_3 \quad (13\text{-}10)$$

将铟置于甘油—碘化钾溶液加热到 160 ~180℃，在铟熔化后搅拌加入 I_2，直至溶液变成棕色为止。反应 30 min，待铟冷却后取出，用稀盐酸、清水洗涤干净。甘油、碘化钾用量为铟∶甘油∶碘化钾 = 1∶0.3∶0.06。精炼后，镉含量从 0.01% ~0.2% 脱除至 0.0015% ~0.003%；铊含量从 0.0002% ~0.003%，脱除至 0.0001% ~0.001%，除镉、铊过程铟损失率小于 1%[380]。

在甘油配入碘化钾、氯化铵（或其他氯化物）对铟进行熔炼也可将 Pb、Sn、Zn 等杂质部分除去。用 $ZnCl_2$ 与 NH_4Cl 组成的混合熔盐在 250℃下，与铟熔炼 1 ~3 h，也可用于铊的脱除：

$$2Tl + 2NH_4Cl + 4ZnCl_2 = 2TlZn_2Cl_5 + 2NH_3 + H_2 \quad (13\text{-}11)$$

对铊的脱除，另一方法是在 200 ~300℃下，往铟熔体中通入氯气 1 ~3 h，可使铊降低到 $0.4 \times 10^{-4}\%$[87]。

13.2.2 电解精炼

电解采用可溶阳极的电解方式，先将铟铸造成阳极板，阴极可用钛、铝、镍、不锈钢的板材，采用钛板作阴极可使沉积的铟容易剥离。对于高纯铟的制取宜采用纯铟片作始极片。电解质为硫酸铟、硫酸、氯化钠的混合溶液，加入氯化钠是为提高溶液的导电性。

电解的工艺参数：

电解液 In^{3+} 40 ~ 100 g/L，NaCl 70 ~ 100 g/L，明胶 0.1 ~ 0.7 g/L，pH 值为 2 ~ 3

电流密度 40 ~ 100 A/m^2

电解温度 20 ~ 30℃

槽电压 0.15 ~ 0.3 V

同极距 60 ~ 80 mm

电解周期 100 ~ 120 h

只要严格控制电解的工艺条件，大多数的杂质都能降低到 $1\times10^{-4}\%$[1~7,106~108,185]，但对于镉、铊等几个杂质，即使再次电解，也不会显著降低，须用另外的方法除去。

为获得高纯度的电解铟，对电解液的净化十分重要。如果电解液相当纯净，电解铟产物中许多金属杂质的含量可以下降两个数量级之多[87]。对电解液的净化主要有三种办法[87]，一是用海绵铟粉来置换电位比铟正的金属杂质；二是用活性炭吸附；三是用一氯化铟来处理电解液。前两种方法在实际中是结合起来应用，在一个净化柱内分别装入活性炭层和海绵铟层，电解液流经净化柱被净化。从净化效果看，以一氯化铟的净化效果较好。

一氯化铟净化电解液的机理可能有三个方面：一是 In^+ 离子对杂质离子还原反应的程度比单纯的铟置换反应要更大；二是通过歧化反应：

$$3InCl(s) \xlongequal{} InCl_3(l) + 2In(\text{海绵}) \tag{13-12}$$

生成的铟的活性比金属铟粉高，所产生置换杂质的效果更好；三是反应过程产生胶体，凝胶有吸附杂质离子的作用。一氯化铟溶液的制备方法是：先配制如下溶液（mol/L）：$CaCl_2$ 2，$ZnCl_2$ 5，HCl 1，$InCl_3$ 1；然后在 110 ~ 140℃用金属铟对配制后的溶液进行还原[170]。也可采用金属铟与氯化铵作用制备：

$$In + NH_4Cl \xlongequal{} InCl + NH_3\uparrow + 1/2H_2\uparrow \tag{13-13}$$

经过用一氯化铟的净化处理，电解液中的铜、铅和锡含量可降低到 1×10^{-4} g/L，汞可降到 1×10^{-5} g/L[87]。

为了获得更高品质的电解铟，通常在氯盐体系电解要比硫酸盐体系的效果好。配方实例[170]是（g/L）：In 60，NH_4Cl 50（或 NaCl 50），pH 值为 1.5 ~ 3。

粗铟经过 1 ~ 2 次电解精炼，可获得 99.99% ~ 99.999% 的金属铟，电解铟的杂质含量见表 13-7。

表 13-7 电解铟的杂质含量 （%）

元素	Ag	Pb	Cu	Cd	Al	Fe	Zn	Sn	Tl	Mg	Si	S	Ni	As
含量	0.3×10^{-4}	1.5×10^{-4}	0.3×10^{-4}	0.3×10^{-4}	0.5×10^{-4}	0.7×10^{-4}	0.5×10^{-4}	1.4×10^{-4}	1.5×10^{-4}	0.5×10^{-4}	1.5×10^{-4}	1.2×10^{-4}	0.5×10^{-4}	0.5×10^{-4}

13.2.3 真空精炼

铟的沸点较高，约为 2075～2100℃。真空精炼的作用是将铟中一些蒸气压较大的杂质在真空高温下挥发脱除。杂质挥发的趋势可用分离系数的大小来衡量。一些杂质的分离系数 K 值，见表 13-8[87]：

表 13-8 铟在真空精炼过程中杂质的分离系数 K 值（950℃、0.01 Pa 条件下）

杂 质	分离系数		杂 质	分离系数
	K 实验值	K 理论值		K 理论值
Zn	1600	8.6×10^4	Al	1.5×10^{-2}
Cd	1800	1.7×10	Ga	9.7×10^{-2}
Pb	26.0	28.0	Ag	9×10^{-2}
Tl	130	250	Cu	8.1×10^{-3}
Mg	120	2.4×10^{-4}	Sn	1.4×10^{-3}
S	80	550	Ni	7.9×10^{-3}
Se	150	1.2×10^8	Fe	1.2×10^{-5}
Te	20	70		

真空精炼后铟中杂质的相对残余量计算值[381]，见表 13-9。可见在真空精炼下，锌、镉、砷等一些挥发性大的杂质能较好脱除，而铅、铊也将脱除大部分。铟在 900℃、1.33～0.133 Pa 下真空精炼的实验结果[381]见表 13-10。

表 13-9 真空精炼后铟中各杂质的相对残余量（质量分数）计算值 （%）

元 素	700℃精炼	900℃精炼
Fe	99.998	99.999
Cu	99.998	99.950
Sn	99.999	99.990
Ni	99.993	99.750
Pb	96.34	36.10
Sb	18.70	2.85
Tl	59.20	5.23
Bi	27.10	2.95
Mg	1.99	1.40
Zn	0.26	0.026
Cd	0.047	0.011
As	0.004	0.0002

表 13-10　铟在 900℃下真空精炼前后杂质含量(质量分数)的变化　(%)

时间/h	Cd	Pb	Cu	Sn	Tl	Mg	Fe	Al	As
0	10.0×10^{-4}	1.0×10^{-4}	1.5×10^{-4}	0.5×10^{-4}	7×10^{-4}	0.5×10^{-4}	0.2×10^{-4}	0.1×10^{-4}	3.0×10^{-4}
6	0.03×10^{-4}	0.1×10^{-4}	0.1×10^{-4}	0.4×10^{-4}	2×10^{-4}	0.3×10^{-4}	0.2×10^{-4}	0.1×10^{-4}	0.5×10^{-4}
10	0.03×10^{-4}	0.1×10^{-4}	0.08×10^{-4}	0.3×10^{-4}	1×10^{-4}	0.2×10^{-4}	0.2×10^{-4}	0.1×10^{-4}	0.3×10^{-4}

真空精炼可以用于电解前粗铟精炼,也可用于电解后精铟的深度除杂,实用中视杂质的情况而定。

真空精炼的工艺条件一般为:温度 700 ~ 1000℃、真空度 100 Pa 以下,根据要脱除的杂质种类确定合适的温度条件,真空度过小,漏入的空气将造成铟氧化挥发损失,同时一些杂质如镉等形成氧化物也降低挥发脱除的程度。对电解铟进行真空精炼后可制得 99.999% 的高纯铟。一个真空精炼的实例是[87]:用乙醇将电解铟表面洗净,装入石墨坩埚中,在5 Pa的真空下,把铟加热到 600 ~ 650℃维持 30 ~ 40 min,然后在 950 ~ 970℃维持 30 ~ 40 min,如为除铊还需在 1050 ~ 1100℃维持 30 min,均保持真空度在 8 Pa 下。精炼后铟含镉、汞含量降为 1×10^{-7},铊含量降为$(1\sim3)\times10^{-6}$,最后冷却至 170℃铸型得纯度大于 99.999% 高纯铟。

另美国专利报道真空精炼铟在真空度为 0.002 Pa 下,控制两段温度为 850 ~ 950℃与 950 ~ 1100℃,分别真空精炼 1 ~ 5 h 与 0.5 ~ 2 h,先后可除去 S、Se、Te、Zn、Cd 与 Pb、Tl 等,紧接在 HCl 介质中电解得 99.99999% ~ 99.999999% 高纯铟[79];或在真空度为 20 ~ 50 Pa 下,采用两段温度为 700℃与 1000℃,分别真空精炼各 2 h,可与 Zn、Cd、Bi、Tl 等完全分离,只有 Pb 难脱除[79]。

13.2.4　结晶法精炼

这是提纯铟的最后工序,方法包括拉单晶法、分步结晶法、区域熔炼法。结晶法分离杂质的效果可用该杂质在主体金属中固相与液相中的平衡浓度的比值,称之为分配系数 K 来判断。杂质在铟中的分配系数[87]见表 13-11。K 值越接近 1,该杂质分离效果就越差,从表 13-11 看出铅、锡、铊、镉等用结晶法分离的效果不会理想。尽管如此,对铟中大多数的其他杂质都能用结晶法深度脱除。

表 13-11　各种杂质在金属铟中的分配系数 K

杂质	Li	Na	Cu	Ag	Au	Mg	Zn	Cd	Hg
K 值	约 0.06	约 0.06	0.06 ~ 0.08	0.06 ~ 0.09	0.6	1.33 ~ 1.7	0.36 ~ 0.43	0.67 ~ 0.72	0.45 ~ 0.7
杂质	Al	Ga	Tl	Si	Ge	Sn	Pb	P	As
K 值	<1	0.15 ~ 0.7	约 1	<0.1	<0.1	0.73 ~ 0.8	1 ~ 1.07	<0.1	<0.1
杂质	Sb	Bi	S	Se	Te	Mn	Fe	Co	Ni	Pt
K 值	0.6	0.29 ~ 0.6	<0.1	0.4	0.15	~0.1	<0.1	<0.1	0.01 ~ 0.06	0.43

区域熔炼提纯铟的一个实例[382]是:以 99.999% 的铟为原料,在氢气保护下以 0.5 mm/min 的移速,电磁搅拌,经 5 次行程后,去掉锭首、锭尾再进行 5 次行程的熔炼,产品铟可达

到99.9999%的品级,杂质含量见表13-12。

表13-12 区域熔炼后铟中杂质的含量 (%)

杂质	Pb	Cu	Cd	Al	Fe	Zn	Se	Tl
含量	1×10^{-5}	0.5×10^{-5}			1×10^{-5}		2×10^{-5}	
杂质	Mg	Si	S	Ni	As			
含量	1×10^{-5}	1×10^{-5}	1×10^{-5}					

区域熔炼另一个实例[87]是:控制真空度0.1 Pa,移动速度0.5 mm/h,过熔区4次。如采用电解—区域熔炼结合,可将粗铟提纯得99.999%高纯铟。

13.2.5 InCl提纯法

通过对氯化物的提纯是制取高纯金属常用手段。对铟而言,较难脱除的杂质是Tl、Cd、Sn、Pb,为获得更高纯度的金属铟有不少新提纯方法在研究,较有价值的研究是一氯化铟提纯法,先对一氯化铟提纯,然后再还原成高纯铟。过程包括InCl的合成、InCl的精馏或区熔、InCl的熔盐电解或歧化反应来制取高纯铟。

13.2.5.1 InCl的合成

金属铟在HCl气中加热到260~280℃,或者铟与NH_4Cl一起加热,生成InCl[87]:

$$In + HCl = InCl + \frac{1}{2}H_2\uparrow \tag{13-14}$$

$$In + NH_4Cl = InCl + NH_3\uparrow + \frac{1}{2}H_2\uparrow \tag{13-15}$$

对于反应式(13-15)可让NH_4Cl过量5%~10%。除少数几个金属杂质如Cu、Ni外,大部分的金属杂质都可能生成氯化物,可通过InCl的蒸馏和精馏加以分离。InCl的熔点为210~225℃,沸点为608~653℃,合成反应在一立式的反应器中进行。合理的工艺是:在InCl生成完成后,用氩气保护再加热到600℃左右,令InCl升华挥发再冷凝收集。这样铟的杂质可得到初步分离。

13.2.5.2 InCl的精馏

精馏提纯在石英精馏塔中进行,塔内充氩气保护。InCl在450℃左右已明显挥发,在InCl的沸点温度附近对InCl精馏,高沸点的杂质大部分残留在渣中。精馏后的InCl用同样方式以较低温度再次加热,使低沸点的杂质挥发。二次精馏后的InCl的大部分杂质含量可降低到1×10^{-5}%,而锡含量低至1×10^{-4}%。

13.2.5.3 InCl的区域熔炼

合成制得的InCl也可用区域熔炼来提纯,在氩气保护下,熔区长度为40 mm,移速为15 m/h,往复25次。提纯后InCl的杂质含量为1×10^{-5}%~1×10^{-6}%,InCl提纯物产率为60%~75%[87]。

13.2.5.4 InCl的熔盐电解

InCl熔盐的组成可借鉴铟作为阳极的可熔阳极熔盐电解采用的熔盐成分。三种InCl的熔盐组成为[381]:60% $ZnCl_2$ + 40% InCl;40% $ZnCl_2$ + 35% InCl + 25% KCl;40% $ZnCl_2$ + 35% InCl + 25% LiCl,铟与杂质金属在熔盐的电极电位差见表13-13。

表 13-13　铟与杂质金属在三种熔盐的电极电位差　(V)

温度/℃	Zn	Tl	Cd	In/In^+	Pb	Fe	Sn	Co	Ag	Cu/Cu^+	Ni	Sb	Bi	Cu/Cu^{2+}
$ZnCl_2$ – InCl 熔盐														
200	−0.214	−0.113	−0.110	0	+0.169	+0.104	+0.265	+0.300	+0.331	+0.375	+0.421	+0.455	+0.465	+0.648
250	−0.214	−0.110	−0.105	0	+0.175	+0.108	+0.260	+0.310	+0.335	+0.340	+0.436	+0.455	+0.473	+0.653
300	−0.214	−0.106	−0.100	0	+0.178	+0.116	+0.270	+0.320	+0.335	+0.410	+0.450	+0.455	+0.487	+0.654
$ZnCl_2$ – InCl – KCl 熔盐														
200	−0.235	−0.104	−0.074	0	+0.195	+0.118	+0.278	+0.336	+0.378	+0.384	+0.440	+0.463	+0.470	+0.610
250	−0.235	−0.100	−0.060	0	+0.205	+0.125	+0.286	+0.358	+0.395	+0.401	+0.421	+0.465	+0.490	+0.612
300	−0.235	−0.096	−0.005	0	+0.210	+0.131	+0.295	+0.370	+0.421	+0.416	+0.440	+0.467	+0.508	+0.614
$ZnCl_2$ – InCl – LiCl 熔盐														
200	−0.238	−0.106	−0.085	0	+0.204	+0.120	+0.301	+0.371	+0.380	+0.392	+0.414	+0.470	+0.483	+0.598
250	−0.240	−0.100	−0.080	0	+0.212	+0.130	+0.310	+0.391	+0.390	+0.405	+0.425	+0.471	+0.500	+0.602
300	−0.240	−0.096	−0.076	0	+0.220	+0.144	+0.320	+0.416	+0.419	+0.424	+0.436	+0.474	+0.516	+0.604

铟与金属杂质的电极电位差是该杂质金属电解分离效果的判据。可见提高电解温度，铟与杂质金属电位差增大，对大多数杂质金属都能提高分离的效果，但对于镉和铊的分离则不利。三种熔盐的电导率[381]见表 13-14。可以预料采用 $ZnCl_2$ – InCl – LiCl 的熔盐体系精炼效果会较好。从粗铟用熔盐精炼的效果看[381]（见表 13-15）铟的熔盐电解精炼对杂质金属镉和铊的脱除均不理想，因此有必要在电解前制备 InCl 时深度脱除。

表 13-14　三种熔盐体系的电导率　(S/m)

熔　盐	200℃	250℃	300℃
60% $ZnCl_2$ +40% InCl	17	22	27
40% $ZnCl_2$ +35% InCl +25% KCl	22	31	35
40% $ZnCl_2$ +35% InCl +25% LiCl	26	37	49

表 13-15　不同电解条件下用 40% $ZnCl_2$ +35% InCl 熔体进行薄层电解精炼的效果

温度/℃	电流密度/A·cm^{-2}	杂质含量/%											
		Zn	Al	Fe	Mn	As	Sb	Ni	Cu	Cd	Tl	Sn	Pb
200	0.1	1.0×10^{-4}	0.4×10^{-4}	1.0×10^{-4}	1.0×10^{-4}	1.0×10^{-4}	1.0×10^{-4}	2.0×10^{-4}	0.5×10^{-4}	10.0×10^{-4}	3×10^{-4}	4×10^{-4}	20×10^{-4}
		(60)	(50)	(30)	(20)	(20)	(100)	(200)	(2000)	(1.40)	(1.3)	(50)	(10)
	0.2	0.6×10^{-4}	0.4×10^{-4}	0.5×10^{-4}	0.5×10^{-4}	0.6×10^{-4}	0.5×10^{-4}	1.0×10^{-4}	0.1×10^{-4}	8.0×10^{-4}	2×10^{-4}	3×10^{-4}	10×10^{-4}
		(100)	(50)	(60)	(40)	(33)	(200)	(400)	(10000)	(1.75)	(2.0)	(67)	(20)
	0.4	0.1×10^{-4}	0.2×10^{-4}	0.4×10^{-4}	0.3×10^{-4}	0.4×10^{-4}	0.3×10^{-4}	0.5×10^{-4}	0.1×10^{-4}	4.0×10^{-4}	2×10^{-4}	2×10^{-4}	5×10^{-4}
		(200)	(100)	(75)	(67)	(50)	(333)	(800)	(10000)	(3.50)	(2.0)	(100)	(40)
	0.8	0.1×10^{-4}	0.2×10^{-4}	0.4×10^{-4}	0.1×10^{-4}	0.3×10^{-4}	0.2×10^{-4}	0.4×10^{-4}	0.1×10^{-4}	0.5×10^{-4}	2×10^{-4}	2×10^{-4}	4×10^{-4}
		(200)	(100)	(75)	(200)	(67)	(500)	(1000)	(10000)	(2.80)	(2.0)	(100)	(50)

续表 13-15

温度/℃	电流密度/A·cm^{-2}	杂质含量/%											
		Zn	Al	Fe	Mn	As	Sb	Ni	Cu	Cd	Tl	Sn	Pb
250	0.1	1.0×10^{-4} (60)	0.4×10^{-4} (50)	1.0×10^{-4} (30)	1.0×10^{-4} (20)	2.0×10^{-4} (10)	1.0×10^{-4} (100)	2.0×10^{-4} (200)	0.5×10^{-4} (2500)	5.0×10^{-4} (2.80)	3×10^{-4} (1.3)	4×10^{-4} (67)	20×10^{-4} (10)
	0.2	0.6×10^{-4} (100)	0.3×10^{-4} (67)	0.5×10^{-4} (60)	0.6×10^{-4} (33)	0.5×10^{-4} (40)	0.5×10^{-4} (200)	1.0×10^{-4} (400)	0.1×10^{-4} (10000)	3.0×10^{-4} (4.80)	2×10^{-4} (2.0)	2×10^{-4} (100)	10×10^{-4} (20)
	0.4	0.3×10^{-4} (200)	0.3×10^{-4} (67)	0.4×10^{-4} (75)	0.4×10^{-4} (50)	0.4×10^{-4} (50)	0.3×10^{-4} (333)	0.5×10^{-4} (800)	0.1×10^{-4} (10000)	3.0×10^{-4} (4.80)	2×10^{-4} (2.0)	2×10^{-4} (100)	5×10^{-4} (40)
	0.8	0.3×10^{-4} (200)	0.3×10^{-4} (67)	0.4×10^{-4} (75)	0.2×10^{-4} (100)	0.3×10^{-4} (67)	0.2×10^{-4} (500)	0.4×10^{-4} (1000)	0.1×10^{-4} (10000)	5.0×10^{-4} (2.80)	2×10^{-4} (2.0)	2×10^{-4} (100)	4×10^{-4} (50)
300	0.1	2.0×10^{-4} (30)	0.4×10^{-4} (50)	1.0×10^{-4} (30)	3.0×10^{-4} (7)	3.0×10^{-4} (67)	2.0×10^{-4} (50)	3.0×10^{-4} (133)	0.7×10^{-4} (1428)	13.0×10^{-4} (1.07)	3×10^{-4} (1.3)	5×10^{-4} (40)	30×10^{-4} (7)
	0.2	2.0×10^{-4} (30)	0.4×10^{-4} (50)	1.0×10^{-4} (30)	1.0×10^{-4} (20)	0.6×10^{-4} (33)	1.0×10^{-4} (100)	2.0×10^{-4} (200)	0.4×10^{-4} (2500)	12.0×10^{-4} (1.81)	3×10^{-4} (1.3)	4×10^{-4} (50)	20×10^{-4} (10)
	0.4	0.4×10^{-4} (150)	0.3×10^{-4} (67)	0.7×10^{-4} (43)	0.8×10^{-4} (33)	0.5×10^{-4} (33)	1.0×10^{-4} (100)	1.0×10^{-4} (400)	0.3×10^{-4} (3330)	12.0×10^{-4} (1.06)	3×10^{-4} (1.3)	3×10^{-4} (87)	10×10^{-4} (20)
	0.8	0.4×10^{-4} (150)	0.3×10^{-4} (67)	0.7×10^{-4} (43)	0.5×10^{-4} (40)	0.5×10^{-4} (40)	0.8×10^{-4} (125)	1.0×10^{-4} (400)	0.3×10^{-4} (3330)	12.0×10^{-4} (1.16)	3×10^{-4} (1.3)	3×10^{-4} (67)	10×10^{-4} (20)

注：1. (　)数据表示阳极和阴极中杂质含量比；

2. 阳极电流密度 0.25 A/cm^2、电解时间 1～2 h；阳极的粗铟成分(%)：Zn 0.006，Al0.002，Fe 0.003，Mn 0.002，As 0.002，Si 0.01，Ni 0.04，Cu 0.1，Cd 0.0014，Sn 0.02，Tl 0.0004，Pb 0.02。

熔盐电解制备高纯铟，除要制备出高纯度的熔盐外，还对电解槽体材料，电极材料有苛刻的要求，有些并不好解决。

13.2.5.5 InCl 的歧化反应

利用 InCl 在水中歧化反应可制取纯度很高的铟：

$$3InCl(s) = InCl_3(l) + 2In(s) \tag{13-16}$$

影响铟的纯度主要有两个方面：一是 InCl 带入的电位比铟正的杂质金属离子有可能被歧化反应产出的铟所置换而进入固体产物；二是 TlCl 也同样产生歧化反应产出金属铊，此法对铊的脱除是不利的。因此对这两类杂质都需在制备 InCl 时脱除彻底。

将精制后的 InCl 磨细加入水中，为能产出晶粒较大、易于过滤的海绵铟，应控制歧化反应的速度不能过快，温度不宜过高，温度高则加快歧化反应进行。另外，加入适当的试剂可保持 In^+ 一定的稳定性，也能起到减缓歧化反应速度的作用。有研究表明[87]在有硝酸根离子存在下，由于将析出的 In 的晶核表面氧化，从而抑制了歧化反应的进行，而在光照特别是紫外线照射下则会加速歧化反应过程。为避免 $InCl_3$ 的水解，应配入适当的酸，用 HNO_3 来调节酸度可能会较好。

反应完全后，将析出的海绵铟过滤、洗涤干净，再用甘油覆盖熔铸。溶液中的 $InCl_3$ 可用铝或锌置换出金属铟再另做提纯处理。

13.2.6　其他提纯方法

其他的提纯方法有：

(1)金属有机物法[383]。用吡啶配合物对 $InCl_3$ 溶液进行净化，除去 Fe、Sn、Pb 等杂质，再用 $Al(C_2H_5)_3$、$In(C_2H_5)_3$ 和 $C_6H_5CH_2N(CH_3)F$ 为电解质电解得高纯铟。

(2)离子交换法[383]。用强碱性的阴离子交换树脂吸附 $InCl_3$ 溶液的 Cu、Tl、Cd 杂质，再置换得海绵铟，精炼得到 99.9998% 的产品铟。

(3) 萃取法[383]。用乙醚或烷基磷酸对 $InCl_3$ 再次萃取，再精炼获得 99.999% ~ 99.9995% 的高纯铟。

此类方法均因要引入其他试剂而带来新的杂质的污染，应用有所局限。可用于一些难以分离彻底且有特定含量要求的杂质，如对 Tl、Cd、Pb 等分离除杂。

13.3　高纯铊的制备

制备 99.999% 以上纯度的金属铊主要有以下方法：

(1)电解法。将 99.99% 的金属铊用高纯稀 H_2SO_4 溶解，H_2SO_4 溶液按硫酸∶去离子水 =1∶3 配制，铊溶解生成 Tl_2SO_4。利用 Tl_2SO_4 在水中溶解度不大的特性，重结晶 1 ~ 3 次，除去水溶性的金属杂质，获得 Tl_2SO_4 纯度在 99.5% 以上[384]。

将 Tl_2SO_4 造电解液：Tl 30 ~ 125 g/L、H_2SO_4 70 ~ 80 g/L，控制电解温度为 55 ~ 60℃，电流密度为 20 ~ 50 A/m^2，电解 1 ~ 2 次，制得 99.999% 纯度的金属铊[2]。

另一电解法是在 NH_4OH 60 g/L、NH_4Cl 90 g/L 的碱性电解液中将金属铊电解，可制得 99.999% 的铊。然后用该金属铊制成高氯酸铊溶液，配制电解液成分 $TlClO_4$ 40 ~ 70 g/L、$NaClO_4$ 60 ~ 120 g/L，在 30 ~ 60 A/m^2 的电流密度下电解制得 99.9999% 纯度的高纯铊[26,150,185]。

(2)区域熔炼及拉晶法。将电解铊铸锭，在 N_2 保护下，控制熔区温度为 300 ~ 305℃，移速为 20 ~ 60 mm/h，往复 5 ~ 20 次。或用拉晶法提纯：温度 305℃，拉速 60 mm/h[252]。

采用电解—区熔(或拉晶)的工艺组合，可稳定获得 99.9999% 纯度的高纯铊。

13.4　高纯锗的制备

提纯锗的主要方式是对 $GeCl_4$ 进行提纯，至今仍是工业提纯锗的基本途径。$GeCl_4$ 沸点低(84℃)，通过对 $GeCl_4$ 的精馏易实现锗与大部分杂质的分离。高纯锗的制备过程包括：$GeCl_4$ 精馏、水解制得 GeO_2，GeO_2 氢还原制得 Ge 粉(或锭)，再区熔或拉单晶得到电阻率为 40 ~ 55 Ω · cm 的高纯锗。用此工艺也可制取高纯 $GeCl_4$ 和 GeO_2 产品，其纯度可达 99.999% ~ 99.999999%。

13.4.1　$GeCl_4$ 的制取及初步提纯

粗 GeO_2 为原料，盐酸浸出、$GeCl_4$ 蒸馏制得 $GeCl_4$：

$$GeO_2 + 4HCl = GeCl_4 + 2H_2O \tag{13-17}$$

为保证 GeO_2 的溶出,需维持较高的 HCl 浓度,$GeCl_4$ 在 HCl 中的溶解度在 HCl 为 7 ~ 8 mol/L时达到最大值,并考虑到蒸馏时 HCl 的挥发减少,浸出的 HCl 浓度应在 9 mol/L 为宜。原料 GeO_2 在浸出前也应适当处理,如在 1000℃煅烧将 GeO_2 转化成可溶性结构的 GeO_2,可提高锗的浸出率。浸出中,大部分杂质主要形成氯化物进入溶液,经蒸馏予以分离。

蒸馏与浸出是同步进行的,利用 $GeCl_4$ 与杂质蒸气压的差异使杂质分离。$GeCl_4$ 与主要杂质的沸点见表 13-16。

表 13-16 $GeCl_4$ 与主要杂质的沸点 (℃)

氯化物	BCl_3	$SiCl_4$	PCl_3	$GeCl_4$	$SnCl_4$	$AsCl_3$
沸点	12.5	57.3	74.2	84	112	130
氯化物	$SbCl_3$	$AlCl_3$	$GaCl_3$	PCl_5	$FeCl_3$	
沸点	219	>178	200	162	319	

从表 13-16 可见杂质的挥发趋势,杂质在 $GeCl_4$ 蒸馏温度下的相对挥发量可以从杂质与 $GeCl_4$ 纯物质的蒸气压的比值来估计,但由于实际溶液组成复杂、离子间的相互作用,且杂质与 $GeCl_4$ 形成的恒沸化合物等因素,会对估计产生大的偏差。从实际操作看,难以分离的杂质是砷,分离砷是 $GeCl_4$ 蒸馏的主要控制因素。

$AsCl_3$ 的沸点与 $GeCl_4$ 沸点接近,是 Ge、As 难用蒸馏彻底分离的原因。将 As^{3+} 氧化成 As^{5+} 可大大减少砷蒸出挥发的数量。一项研究做了比较,不加氧化剂蒸馏出的 $GeCl_4$ 含砷为 100 mg/L,加入 Cl_2 氧化时,蒸馏得到的 $GeCl_4$ 含砷降到 30 mg/L[385]。因此,通常在 GeO_2 浸出—蒸馏中加入氧化剂将 As^{3+} 氧化成 As^{5+},氧化剂可以是 Cl_2、$FeCl_3$、MnO_2、H_2O_2 等,加入 H_2O_2 分离砷的效果较好[385]。

$$AsCl_3 + Cl_2 + 4H_2O \xlongequal{} H_3AsO_4 + 5HCl \tag{13-18}$$

磷也将氧化成高沸点的磷化合物,减少了磷的蒸馏挥发。

$$PCl_3 + Cl_2 + H_2O \xlongequal{} POCl_3 + 2HCl \tag{13-19}$$

浸出—蒸馏在搪瓷反应釜进行。配入 9 ~ 10 mol/L 的盐酸,液固比为(8 ~ 10):1,氯气氧化,蒸馏终点温度为 110℃(110℃是浓度为 6 mol/L HCl 的恒沸点)。排出低温蒸馏的低沸点馏出物后,将蒸馏出 $GeCl_4$ 冷凝收集成液体,尾气用碱液吸收。$GeCl_4$ 冷凝时放出大量的热需在冷凝器外壁通入冰盐水加以冷却。高沸点的杂质残留在蒸馏残液中,另做处理。视馏出的 $GeCl_4$ 的含砷量高低,将 $GeCl_4$ 复蒸一次,将砷含量控制在 10 mg/L 以下。

13.4.2 $GeCl_4$ 的提纯

$GeCl_4$ 的提纯是制备高纯锗和高纯锗化合物最重要的环节,同时 $GeCl_4$ 也是终端的产品,尤其是光纤级 $GeCl_4$ 需将 $GeCl_4$ 提纯到 99.99999% ~99.999999% 的纯度。工业生产的提纯方法主要是精馏法,此外针对某些杂质的脱除还有萃取等方法。

13.4.2.1 $GeCl_4$ 的精馏

$GeCl_4$ 精馏与蒸馏原理一样,仅设备不同。精馏的设备是石英精馏塔,早期的塔体材料为玻璃,现多改用石英可减少塔体材质对 $GeCl_4$ 的污染。塔体直径为 250 ~ 300 mm,高为 2.5 ~3 m,内置多层蒸馏塔盘。汽化后的 $GeCl_4$ 在多层塔盘中反复汽化、冷凝,使 $GeCl_4$ 与杂质分离而得到提纯。精馏在低温时段将低沸点物,如 BCl_3、$SiCl_4$ 蒸出排除,然后在 85℃

左右保持恒温精馏，在塔顶馏出的气体物导入冷凝器，冷凝得到产物 $GeCl_4$。馏出物的数量由塔顶温度来控制，先行在塔内被冷凝的液体（称为回流物）将沿塔盘自上而下回流继续进行精馏。杂质的分离程度与精馏温度、回流的数量（回流比）、塔盘数目等有关。回流比越大，表明反复精馏的次数就越多，提纯效果就越好，显然生产效率就越低。实际工作中精馏主要分离的杂质是砷，有研究给出回流比大小与 $GeCl_4$ 精馏脱砷的关系[367]，见表 13-17。

表 13-17　$GeCl_4$ 精馏脱砷与回流比的关系　（%）

回流比	3 : 1	7 : 1	7 : 1	25 : 1
$GeCl_4$ 原液	0.0015	0.005	0.0004	0.0003
$GeCl_4$ 馏出液	0.0004	0.0004	0.0002	0.0001

从表 13-17 可见，当砷的浓度降低到一定程度时，即使回流比很大，但它在气相和液相的浓度将趋近于相同（其他杂质也类似），对于一个特定的精馏塔而言，这意味到了精馏分离能力的极限。因此，需要对精馏前的 $GeCl_4$ 料液做适当的处理以改变溶液的性质来提高除砷及除其他杂质的效果。这些处理措施包括以下几种：

（1）在精馏的料液中加入氧化剂，如氯气等，将 $AsCl_3$ 氧化成 H_3AsO_4 以减少砷的蒸出；还可在精馏塔中通入氯气把蒸气中的 $AsCl_3$ 氧化成 $AsCl_5$，也能减少砷的蒸发馏出。

（2）在精馏塔中设置充填了铜丝的填料段，利用砷与铜的反应来除砷：

$$4AsCl_3 + 15Cu = Cu_3As_4 + 12CuCl \tag{13-20}$$

如果在 $GeCl_4$ 料液中加入新鲜的铜丝，砷将生成 $Cu_7As_2Cl_6$ 沉淀，也能降低精馏产物的含砷量。

（3）在精馏的料液中加入配合剂，使一些杂质生成挥发性较差的配合物可得到更好的精馏提纯效果。加入三苯甲醇可将 $GeCl_4$ 料液的硼、铝、镓、铟、钛等沉淀；加入双硫腙（二苯基硫卡巴腙）可配合铁、镁、钛等；加入 α-硝基-β-奈酚能配合钙、镁；加入甘氨酸（氨基乙酸、乙氨酸）配合铁、硼、镁、铜、钙；加入 1,2,5,8-四氢化蒽醌能配合硼、铁；加入邻苯二酚配合铁、镁；加入 $AlCl_3$ 能与 PCl_5 生成不挥发的配合物 $AlCl_3 \cdot PCl_5$。这些配合物的形成都可减少相应杂质的挥发量，在精馏中更好地与 $GeCl_4$ 分离[367]。

（4）用 NH_4OH 净化 $GeCl_4$ 料液，使杂质砷、铝、钾、钙中和沉淀，然后再进行精馏[386]。如搅拌加入 $GeCl_4$ 体积量1%、浓度为 14% 的 NH_4OH 到 $GeCl_4$ 料液中，再精馏得到的馏出液含 Al 量从 $1 \times 10^{-4}\%$ 降到 $2 \times 10^{-7}\%$[367]。

精馏最终可将 $GeCl_4$ 的砷含量降低到 $1 \times 10^{-4}\%$ 以下的水平。高效的精馏也是制取光纤级 $GeCl_4$ 的主要提纯手段，其金属杂质含量可降低到表 13-18 的水平[386,387]。

表 13-18　光纤级 $GeCl_4$-08 中金属杂质的含量　（%）

元素	Cr	Co	Cu	Fe	Mn	Ni	V
含量	$\leqslant 1.0 \times 10^{-7}$	$\leqslant 1.0 \times 10^{-7}$	$\leqslant 0.5 \times 10^{-7}$	$\leqslant 2.0 \times 10^{-7}$	$\leqslant 0.5 \times 10^{-7}$	$\leqslant 1.0 \times 10^{-7}$	$\leqslant 1.0 \times 10^{-7}$

13.4.2.2　萃取除砷

用 HCl、苯、氯仿等作萃取剂可将 $GeCl_4$ 中的砷萃取分离，用 HCl 萃取较为常用。$AsCl_3$ 与 $GeCl_4$ 在 25℃、10～12 mol/L 的 HCl 中的溶解度比值约在 20～150 之间，利用这一差异可将 $AsCl_3$ 萃取进入 HCl。一个用 HCl 萃取的实例是[385]：HCl 浓度 12 mol/L，HCl/ $GeCl_4$ = 1∶1（体积比），温度 20℃，萃取两次，砷含量从 100 mg/L 降低到 50 mg/L。工业中采用多级的逆流萃取方式来提高萃砷的效果和生产效率。$GeCl_4$ 用 Cl_2 饱和，把 $AsCl_3$ 氧化成 H_3AsO_4，再用 HCl 萃取除砷，效果会更好。与 $AsCl_3$ 类似，一些金属杂质如铜、锌、锑、锡的氯化物也能被盐酸萃取而部分脱除。美国一项专利[386]用盐酸净化 $GeCl_4$ 的过程是：$GeCl_4$ 料液用 Cl_2 饱和，并加热让 $GeCl_4$ 汽化进入洗涤塔中，饱和的盐酸溶液从上往下淋洗 $GeCl_4$ 蒸气，砷和部分杂质被盐酸吸收而脱除，得到纯度较高的 $GeCl_4$。

HCl 萃取除砷的效果不及精馏除砷，但设备简单、操作也不复杂可用于砷含量要求不高的场合，也可用于 $GeCl_4$ 精馏前先行脱除一部分砷及其他杂质的预处理。萃取后产出的 $GeCl_4$ 纯度可达 99.99%。

13.4.3 $GeCl_4$ 水解制取 GeO_2

$GeCl_4$ 加入纯水中，水解获得 GeO_2，反应为：

$$GeCl_4 + (2+n)H_2O = GeO_2 \cdot nH_2O + 4HCl + Q \qquad (13\text{-}21)$$

由于水解反应放出大量的热，故水解液需用冰盐水加以冷却，研究表明 $GeCl_4$ 在 0℃左右水解时，水解完全率可达 98% ~99%[367]。另一方面水解过程产出大量的 HCl，使水解液的 HCl 浓度不断升高。在 HCl 浓度 8 mol/L 时 GeO_2 在 HCl 溶液的溶解度达到最大值，约为 0.8 mol/L。所以水解过程应控制 HCl 浓度在 5 mol/L 以下，按此折算成水解时 $GeCl_4$ 与 H_2O 的比值约为 1:7（体积比）。实际操作中控制适当的水解温度、$GeCl_4$ 与 H_2O 的比例、$GeCl_4$ 的加入速度可获得高的水解率和结晶良好的 GeO_2 产物。

$GeCl_4$ 水解的生产设备以前是石英或有机玻璃制成的水解槽，某厂经过试验改进，采用带夹套的搪瓷反应釜作水解槽在生产应用取得成效[388]。水解时在搪瓷反应釜的夹套通入 -15℃的冰盐水，以带出水解的反应热。

水解用反应水为 16 ~18MΩ 电子级去离子水。水解条件为 $GeCl_4/H_2O = 1:6.5$，温度为 0 ~15℃，水解终点 HCl 酸度为 4.5 ~5.5 mol/L。水解获得产物经 820℃煅烧可制得纯度为 99.999% ~ 99.9999% 的 GeO_2。99.999% 纯度的 GeO_2 产物可用作 PET 的催化剂，99.9999%纯度的产物则用于生产半导体锗材的原料。前苏联 99.999% GeO_2 的质量标准见表 13-19；我国南京锗厂生产的 99.9999% GeO_2 则按分析 12 个杂质元素，杂质总量不超过 1×10^{-4}% 的标准来控制。

表 13-19 前苏联 99.999% GeO_2 的杂质含量标准 （%）

元素	Al	Ga	Fe	Si	Mg	Cu	As	Sb	P
含量	$\le2\times10^{-5}$	$\le0.2\times10^{-5}$	$\le3\times10^{-5}$	$\le60\times10^{-5}$	$\le3\times10^{-5}$	$\le0.5\times10^{-5}$	$\le5\times10^{-5}$	$\le2\times10^{-5}$	$\le0.5\times10^{-5}$

13.4.4 GeO_2 氢还原制取金属锗

用 H_2 还原 GeO_2 在 600℃已显著进行，Ge - O - H 的热力学平衡状态图[367]如图 13-4 所示。

当温度在 927℃以下，GeO_2 直接还原成 Ge：

$$GeO_2 + 2H_2 = Ge + 2H_2O \qquad (13\text{-}22)$$

当温度在 927℃以上，且 H_2 不足时，将还原成 GeO：

$$GeO_2 + H_2 = GeO + H_2O \qquad (13\text{-}23)$$

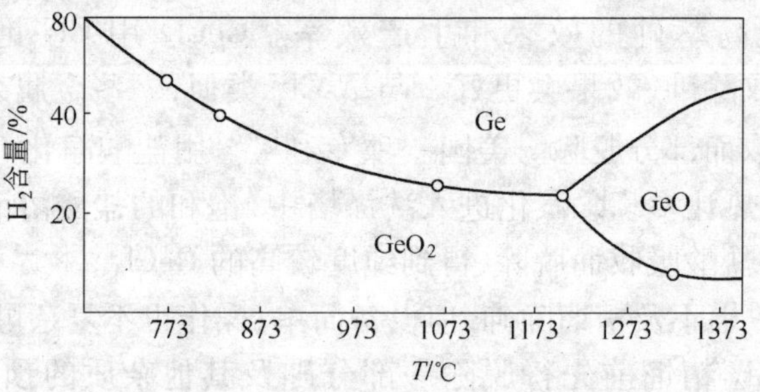

图 13-4　Ge－O－H 热力学平衡状态图
（图中的温度单位应为 K，但原文如此）

在实际还原过程中，局部区域的 H_2 量不足的情形必定存在，因此高温下 H_2 还原 GeO_2 将会产出部分 GeO。GeO 的挥发性较大，其蒸气压见图 4-31。GeO 的挥发不仅降低锗的直收率，而且在还原设备低温的部位上冷凝结块堵塞气流。因此 H_2 还原 GeO_2 的过程通常分低温和高温两段进行。

H_2 还原 GeO_2 的实际操作过程：还原炉是一个设有低温加热段、高温加热段和冷却段的推舟炉。将盛有干燥后的 GeO_2 的石英舟（或石墨舟）置于低温段，通入净化过的 H_2 到炉内，低温段温度 650～680℃、还原 2～4 h，大部分的 GeO_2 将还原成金属锗粉，然后再将料舟推往温度为 900～1100℃的高温加热段，让还原反应进行至完全。视产品要求是粉状或是锭状来决定高温段的温度条件。若要制成锗锭，则还原后将熔化的锗缓缓推离高温段进入冷却段冷凝，锗的缓慢冷凝和分步结晶过程对锗有一定的提纯作用。

还原过程锗还原率大于 99.5%，锗的纯度取决于 GeO_2 的纯度，通常可制得电阻率为 10～20 Ω · cm的锗锭或制得纯度 99.999%～99.9999%的锗粉。

13.4.5　锗的区域熔炼与定向结晶

两种都是传统的物理提纯方法，常采用区熔或结晶的方法对金属锗作最后的提纯。对杂质的分离效果可按分凝系数 K 来估计，主要杂质金属在锗中的分凝系数 K 值[367] 见表 13-20。

表 13-20　某些杂质在锗中的分凝系数 K

元　素	K 值	元　素	K 值
Ag	10^{-4}	In	0.001
Al	0.07～0.1	Li	2×10^{-3}
As	0.02～0.04	Ni	3×10^{-6}～5×10^{-3}
Au	3×10^{-3}	P	0.08～0.12
B	17.7～20.0	Si	5.5
Bi	$(4～4.5)\times10^{-5}$	Sb	0.03
Cd	10^{-5}	Sn	0.02
Cu	1.5×10^{-5}	Tl	4×10^{-5}
Co	10^{-6}	Te	10^{-6}
Fe	$(1～3)\times10^{-3}$	Zn	4×10^{-4}～0.01
Ga	0.087～0.1		

大多数杂质的 K 值均远偏离 1，由此判断，经区域熔炼或定向结晶提纯后，锗含的杂质

大多数将降低 1 ~ 3 个数量级。

区域熔炼大致工艺条件：移动速度 80 ~ 240 mm/h，熔区温度 950 ~ 970℃，区熔次数 5 ~ 20 次，氢气保护。

定向结晶大致工艺条件：真空度 0.01 Pa，熔体温度 1100℃，位移速度 12 ~ 90 mm/h，晶棒转速 25 ~ 30 r/min。

区域熔炼或定向结晶提纯制取的高纯锗的电阻率可达到 45 ~ 55 Ω · cm。

区熔或定向结晶前均严格将原料锗锭清洗干净，用 HNO_3: HF 为 3:1 的溶液腐蚀锗材表面；用电子级去离子水冲洗后再用 H_2O: HCl: H_2O_2 为 4:1:1 的溶液腐蚀锗材表面；用电子级去离子水冲洗干净后用甲醇冲洗、脱水、风干[367]。

所用的盛锗器具、舟皿等也按以上方法清洗干净。

13.4.6 制取高纯锗的其他方法及研究方向

锗与硅在元素周期表中同属一族，锗的许多化合物无论在形式上或是性质上与硅相应的化合物都有十分相似之处。$SiCl_4$、$SiHCl_3$ 和 SiH_4 是现在用以制备高纯硅的重要化合物，借鉴高纯硅的制备方法来制备更高纯度的高纯锗，或者更高效率地制备高纯锗有研究的价值。

可以用来制取高纯锗的化合物除 $GeCl_4$ 外，还有 $GeCl_2$、$GeHCl_3$ 和锗烷如 GeH_4（甲锗烷）、Ge_2H_6（乙锗烷）等。作为提纯对象的化合物，除要求具有与杂质良好的分离特性外，还要求有一定的稳定性，易储存。从经济上考虑，Ge 的资源少，价格昂贵也希望分离提纯制取金属过程中副产物尽量少且容易回收。值得研究的锗化合物及制取高纯锗的方法有以下几种。

13.4.6.1 $GeCl_4$ 氢还原制取高纯锗

$GeCl_4$ 稳定性好，常温下是液态，950℃以下不分解，在高温下能被 H_2 还原成金属：

$$GeCl_4 + 2H_2 = Ge + 4HCl \quad (13\text{-}24)$$

反应在 600℃时可以发生，提高温度可使还原反应加速。用这一反应来制备锗单晶膜的化学气相沉积工艺（CVD）为：900℃下通入 $GeCl_4$ 和 H_2，反应 15 ~ 60 min 可沉积出厚度可观的锗沉积层[367]。按照这样的过程，一种用 $GeCl_4$ 氢还原制取高纯锗的研究方案是：$GeCl_4$ 与 H_2 在高温下反应，还原成 Ge，让产物 Ge 在其熔点以上的高温的器壁上沉积成液态金属再流淌到底部收集；或者用一个（或多个）高温（Ge 熔点以下）的锗棒表面为沉积中心，让还原的锗在表面沉积使锗棒逐渐长大，后者可以在较低工作温度下操作，方式上也与高纯硅的制取过程一致。对于高纯锗的生产，反应式 13-24 向右反应的完全程度是重要的，如果 Ge 的还原率低，则工业意义不大。为了提高 $GeCl_4$ 的还原程度，把价格高的 $GeCl_4$ 尽可能多地还原成 Ge，H_2 可以是理论量的十倍至数十倍。另外把反应物 HCl 尽快排除也是提高 Ge 产率的措施。尽管如此，受反应平衡的限制总有一部分的 $GeCl_4$ 未能反应完便随炉气排出。反应产出的尾气组成可能是复杂的，包含有过剩的 H_2 和未反应完的 $GeCl_4$ 及还原过程副反应可能产出的 $GeHCl_3$、GeH_2Cl_2、GeH_3Cl 等。因此设置尾气的回收装置，通过冷凝尾气将其中的 $GeCl_4$ 等锗的氯化物冷凝成液体回收再送回还原过程，剩余的尾气用干法吸收 HCl 后将 H_2 回收再用。

这一方法可从 $GeCl_4$ 直接制得供拉单晶用的高纯锗，与传统的方法比较，省去了水解和区熔等过程。

13.4.6.2 锗烷热分解法

锗烷是用于制取锗薄膜、Ge－Si 薄膜的锗源。利用锗烷的热分解沉积可制取纯度极高的金属锗，这一点与硅烷类似。在常温常压下锗中能形成气态烷类的杂质不多，可以将锗烷气体分离提纯到很高的纯度，另外还原时不需加任何还原剂避免了来自原料杂质的污染，因此锗烷作为提纯的中间载体要优于四氯化锗，常用的是甲锗烷 GeH_4 和乙锗烷 GeH_6。在350℃以上所有高级的锗烷（Ge_nH_{2n+2}）均可分解成 Ge 和 H_2，这是锗烷热分解制取金属锗的依据：

$$Ge_nH_{2n+2} = nGe + (n+1)H_2 \tag{13-25}$$

但锗烷有毒、易燃、易爆，用于大量生产高纯锗并不可取，只能用于一些特殊场合。

锗烷的制备方法一种是用金属氢化物，如 $LiAlH_4$、$NaBH_4$、KBH_4、LiH、二异丁基氢化铝 $(j\text{-}C_4H_9)_2AlH$ 等作还原剂将 $GeCl_4$ 还原成锗烷，如

$$GeCl_4 + LiAlH_4 = GeH_4 + LiCl + AlCl_3 \tag{13-26}$$

另一种方法是 Mg_2Ge 与 NH_4Br、HCl 等作用来制取锗烷。

用电解含锗的酸性或碱性水溶液也是制取锗烷的方法，一种在碱性体系电解的方法是[389]：在65℃、电流密度1.5 A/cm^2、金属镍为阴极的条件下，先对2.5 mol/L 浓度的 KOH 溶液电解，将电解液 SiH_4、AsH_3、PH_3、H_2S、CH_4 等脱除；然后加入 GeO_2 并溶解，浓度为50 g/L，按同样的条件电解；在电解槽的阴极区收集气体产物 H_2 和 GeH_4，GeH_4 的质量分数为6%；生成能力为40～50 g/h，GeH_4 的产出速率与 GeO_2 的质量浓度有关，当 GeO_2 质量浓度降为40 g/L 时，GeH_4 的产出速率下降2/3；气体产物 H_2 和 GeH_4 混合气体用分子筛初步分离，再用超滤膜过滤，将0.05 μm 大小的固体微粒脱除到 5.5×10^3 个/mol 的程度，最后进行冷凝分离。制得的锗烷含 SiH_4、AsH_3、PH_3、H_2S、CH_4、Fe、Ni、Al、Ca、Mg 等总含量不超过 $1\times10^{-7}\%$ 制取的锗烷高纯气体最后液化成液体来储存。

13.4.7 光纤级高纯 $GeCl_4$ 的制备

光纤级 $GeCl_4$ 的纯度要求达到99.999999%（即8N 级，金属杂质总量小于 $7\times10^{-7}\%$）。除此之外，还对 $GeCl_4$ 中含氢杂质（主要是含有—OH、—CH、—HCl 基团的有机物）的含量提出严格要求：$Ge(OH)Cl_3$ 小于 $1.0\times10^{-4}\%$；(CH) 小于 $2.5\times10^{-4}\%$；HCl 小于 $8.5\times10^{-4}\%$，含氢杂质（OH、CH、HCl）总量不大于 $12\times10^{-4}\%$。对于光纤级 $GeCl_4$ 的制备，金属杂质可按上述的精馏方法加以精细操作予以脱除，而含氢有机化合物杂质的深度脱除则是整个制备工艺的难点和重点。

在 $GeCl_4$ 制备中，这些含氢有机化合物如何形成的机制目前尚未完全研究清楚。但有一点是肯定的，空气中的水分对含氢有机化合物形成的作用十分显著。这是因为 $GeCl_4$ 遇水即水解生成含—OH 的化合物：

$$GeCl_4 + H_2O = Ge(OH)Cl_3 + HCl \tag{13-27}$$

当水分高于0.01 mol/L 时则：

$$GeCl_4 + nH_2O = Ge(OH)_nCl_{4-n} + nHCl \quad (n=2,3) \tag{13-28}$$

因此与 $GeCl_4$ 接触的整个系统必须保持高度干燥，所用的原料如 HCl、Cl_2 等使用前也

必须严格脱水。

此外,在 Ge－H－Cl 体系中形成氯代锗烷化合物 GeH_nCl_{4-n}($n=1,2,3$)可能也是 $GeCl_4$ 中含有氢化合物的原因之一。

目前研究脱除 $GeCl_4$ 中的含氢杂质各种方法中,一个共同点是将这些含氢有机物转变成挥发性差的高沸点化合物,而后在 $GeCl_4$ 精馏中予以分离脱除。具体的方法主要有:

(1) 在 $GeCl_4$ 中加入 PCl_3(或 PBr_3),并通入无水的氯气(或 Br_2),将带有—OH 基的杂质氧化成高沸点的 $POCl_3$(或 $POBr_3$)和 HCl(或 HBr)[386],$GeCl_4$ 经过精馏把 $POCl_3$(或 $POBr_3$)留在底液,馏出的 $GeCl_4$ 冷冻到 －20℃,在真空下将 HCl(或 HBr)气体抽出脱除。

(2) 在1000℃以上的高温下,将 $GeCl_4$ 和无水的氯气通入一反应器中,把含氢的有机物进行高温氯化。将其中的氢转化成 HCl;将 $Ge(OH)_nCl_{4-n}$($n=1,2,3$)转化成高沸点的高氯酸化合物[386],而后按上述精馏方法将它们与 $GeCl_4$ 分离。

我国研究的一项技术是[390]:加料前先把整个制备装置加热、抽真空、冲入氮气(或氩气)惰性气体以保证制备装置处于无水、无氧状态,在 $GeCl_4$ 料液中加入无水氯化钙或五氧化磷(加入 $MgCl_2$ 或 $AlCl_3$ 也是可能的)。将料液接入精馏系统并通入干燥脱水后的 HCl 和 Cl_2,在紫外光照射下进行精馏,紫外光照 Cl_2 可产生氯化的自由基,使氢离子氯化。精馏第一阶段温度为 50～90℃,精馏液回流 2～8 h,第二阶段温度为 80～100℃,将 $GeCl_4$ 馏出,然后将 $GeCl_4$ 和 HCl、Cl_2 混合蒸气导入温度为 300～600℃的石英管中加热处理,蒸气在石英管中停留时间约 5s 到数十秒;高温处理后的蒸气接入分馏柱再进行精馏,经分离不同的馏分后,得到 $GeCl_4$ 液体;将得到的 $GeCl_4$ 冷冻到 －20℃并在真空下将所含的 HCl、Cl_2 抽干净。经过以上的处理,$GeCl_4$ 中带 Ge—OH 键和 C—H 键的含氢化合物及 HCl 能被脱除,得到 99.9999% 以上纯度的 $GeCl_4$ 合格产品。

这一方法将上述(1)和(2)有机结合起来,并将(2)中的反应温度从 1000℃以上最低降到 300℃,是一项脱除 $GeCl_4$ 中含氢化合物有价值的方法。

13.5 高纯硒的制备

制备高纯硒的原料为 99.5% 粗硒。硒的提纯方法主要有粗硒氧化挥发法、真空蒸馏法、熔盐精炼法等几种方法。依据所含的杂质不同选择其中 1～2 种工艺组合可制取 99.992%～99.9999% 的高纯硒,更高纯度的硒可用区域熔炼法或 SeH_2 热分解法制取。

13.5.1 粗硒氧化挥发法

将粗硒在 520～560℃下,通入氧气燃烧,生成 SeO_2 升华挥发与大多数的高沸点的金属杂质分离,蒸气压与 SeO_2 相近的杂质如 As_2O_3、HgO、TeO_2,将部分进入 SeO_2。反应生成的 SeO_2 升华挥发进入冷凝器收集,取出 SeO_2 用纯水溶解得亚硒酸溶液,先净化除汞,加 30 g/L $NH_4[Cr(SCN)_4(NH_3)_2]_2 \cdot H_2O$(伊氏盐),其量为汞量的 20 倍去配合汞:

$$Hg^{2+} + 2NH_4[Cr(SCN)_4(NH_3)_2]_2 \cdot H_2O = Hg[Cr(SCN)_4(NH_3)_2]_2 \cdot H_2O\downarrow + 2NH_4^+ + H_2O \tag{13-29}$$

静置 16 h 以上,除汞率大于 97%;除汞后,通 SO_2 还原得 99.99%～99.999% 硒[3～7,104]。

粗硒氧化挥发法工艺流程较长,收率偏低,应用有所局限。

13.5.2　真空蒸馏法

粗硒经过一、二次的真空蒸馏可提纯到 99.999% 的品位。硒的沸点为 680 ~ 688℃，在常压下蒸馏，可控制蒸馏温度为 710 ~ 750℃。采用真空蒸馏则温度可降低到 300 ~ 400℃下进行，文献[391]表明在温度 330℃、13.33Pa 的条件下，硒的蒸发速率可达 2×10^{-4} g/(cm^2 · s)。蒸发的硒经冷凝器被收集。

一种在工业生产中使用的硒真空蒸馏—冷凝一体化的设备较好地解决硒的真空蒸馏提纯的生产问题[392]，如图 13-5 所示。

该设备在一个密闭的容器内，分两个区段，将蒸馏和冷凝两个过程组合成一体。原料硒在坩埚中熔化，硒蒸气在伞状冷凝器表面冷凝成液体被收集器收集导入产品坩埚。控制操作条件：真空度 9×10^{-3} ~ 1×10^{-3} Pa，蒸馏温度 250 ~ 400℃，产品温度 150 ~ 300℃，用99.9% ~ 99.99% 的粗硒蒸馏 1 ~ 2 次，可获得 99.999% ~ 99.9999% 的高纯硒[392]。

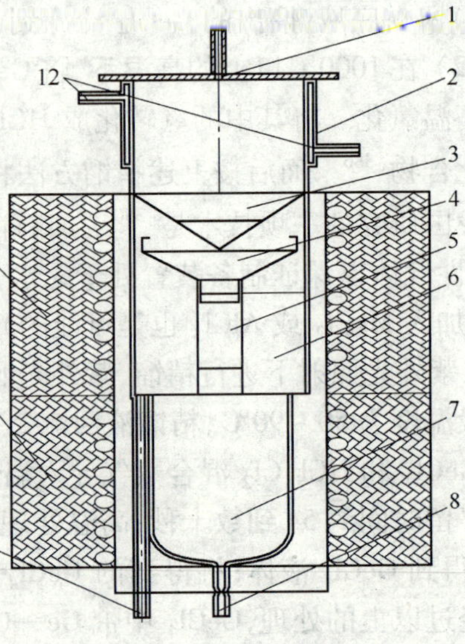

图 13-5　高纯硒蒸馏炉

1—炉盖；2—冷却水套；3—冷凝器；4—接料器；
5—导管；6—原料坩埚；7—产品坩埚；8—产品导出口；
9—残料导出口；10—下加热段；11—上加热段；
12—冷却水进出口

蒸馏中，蒸气压较大的杂质，将随硒的挥发，进入产品影响硒的纯度，硒及主要杂质的蒸气压[391]如图 13-6 所示。因此在硒的蒸馏前对此类杂质，如 S、As、Hg、Te、Sb 等先进行脱除。对于粉状的粗硒可用溶浸的方式除去部分杂质[391]：先用 1% 的 HCl 溶液配入适量的 NaCl 浸出，洗净后再用 2 mol/L 的 NaOH 溶液浸出。对于锭状的硒可采用熔盐除杂的方式精炼[393]：将硒与在低温下易发生热分解而又具有氧化性的熔盐共熔，与氧亲和力较硒强的杂质如 As、Sb、Te 等将氧化造渣进入熔盐而脱除。加入硒量 10% 的熔盐，熔化后，在 350 ~ 450℃ 温度下搅拌一段时间，然后扒去浮渣。熔盐一般选 $NaNO_3$ 与氧化钠的混合物。溶浸后的硒粉也可用熔盐精炼法再次处理。经过溶浸—熔盐除杂的硒其杂质含量[391]见表13-21。

表 13-21　粗硒预处理除杂前后的杂质含量　（%）

元　素	Cu	Fe	Pb	As	Sb	Te
处理前	0.013	0.072	0.08	0.056	0.021	0.027
溶浸后	0.0074	0.0072	0.006	0.006	0.005	0.007
熔炼后	0.0043	0.0056	0.005	0.001	0.002	0.001

真空蒸馏后硒的杂质含量[391]见表 13-22。

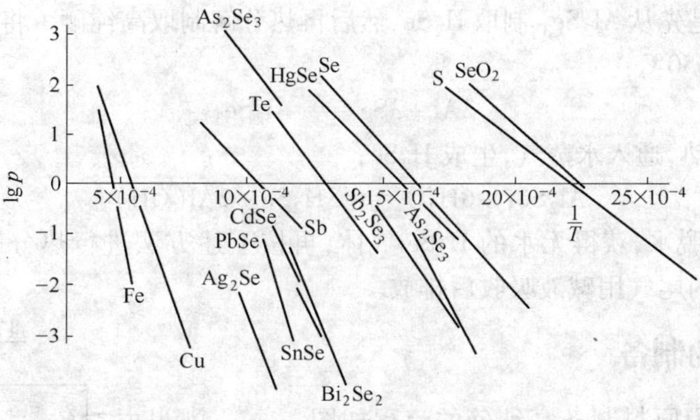

图 13-6 硒及主要杂质的蒸气压

（图中 p 为 mmHg，1mmHg = 133.3Pa）

表 13-22 硒蒸馏后杂质的含量 （%）

元 素	Cu	Hg	Pb	Mg	As	Sb	Te	S
未预除杂蒸馏	0.5×10^{-4}	20×10^{-4}	1×10^{-4}	3×10^{-4}	60×10^{-4}	10×10^{-4}	100×10^{-4}	50×10^{-4}
预除杂蒸馏	0.5×10^{-4}	3×10^{-4}	1×10^{-4}	3×10^{-4}	5×10^{-4}	5×10^{-4}	5×10^{-4}	10×10^{-4}

由表可见蒸馏前的预除杂十分必要。

13.5.3 区域熔炼法

用区熔法可将99.99%的硒精炼提纯到99.999%或99.9999%的纯度。由于硒的软化点很低，区熔应采用水平放置的方式进行，熔区温度200～220℃，移动速度40 mm/h，行程5～10次。难除杂质为Te、Cu、Pb、B、Ag与Si等。

我国某企业的99.999%和99.9999%硒产品质量标准[392]详见附录。

13.5.4 H_2Se 热分解法

H_2Se 常温下是气态，凝点为 −60～−66℃，沸点为 −41.1～−45℃，性质与 H_2S 类似，稳定性比 H_2S 差。将 H_2Se 提纯后再进行热分解是制备高纯硒方法之一，制取高纯硒的纯度达99.99999%，但由于 H_2Se 是剧毒气体，此法只用于少量制取超高纯硒或硒化物。

H_2Se 的分解反应为：

$$H_2Se \Longleftrightarrow H_2 + Se \tag{13-30}$$

$$\Delta G_T^{\ominus} = 22400 - 19.24T \ (298 \sim 2000\ \text{K}) \tag{13-31}$$

$T \leqslant 1164$ K 时 $\Delta G_T^{\ominus} \leqslant 0$，即 H_2Se 的最低分解温度为1164 K。因此可在1164 K以下温度让Se与 H_2 反应生成 H_2Se，然后在此以上温度将 H_2Se 分解制得金属硒。

将Se加热到550～650℃，通入 H_2，反应生成 H_2Se。这个过程中可能生成氢化物的杂质是砷，但 H_3As 在230℃左右即分解。只要硒的纯度较高，生成氢化物的杂质是十分少的。将 H_2Se 气体净化后，通入温度为1000℃的石英管内，H_2Se 将离解成Se与 H_2，加以冷凝沉积获得高纯硒产物。

另一种方法是先从 Al_2Se_3 制取 H_2Se,然后再热分解制取高纯硒。将铝粉与硒粉充分混合,加热到 600 ~650℃:

$$2Al + 3Se = Al_2Se_3 \tag{13-32}$$

将 Al_2Se_3 加热,通入水蒸气,生成 H_2Se:

$$Al_2Se_3 + 6H_2O = 3H_2Se + 2Al(OH)_3 \tag{13-33}$$

H_2Se 用干法脱水,获得无水的 H_2Se 气体,再按上述方法进行热分解,得到高纯 Se 产物。热分解产出的尾气用碱液吸收后排放。

13.6 高纯碲的制备

以粗 TeO_2 为原料制备高纯碲的流程如图 13-7 所示。电解出纯度为 99.99% 的金属碲后,进一步蒸馏或区域熔炼可制得 99.999% 和 99.9999% 纯度的高纯碲。主要杂质 Se、S、Pb、As 要在 TeO_2 精制中大部分脱除,而 Se、S 的脱除是制取高纯碲的难点。制取高纯碲通常的工艺组合是:电解—真空蒸馏得 99.999% 纯度的 Te[394],或 99.99% 纯度的 Te 经真空蒸馏—区域熔炼得纯度 99.9999% 的 Te[104]。

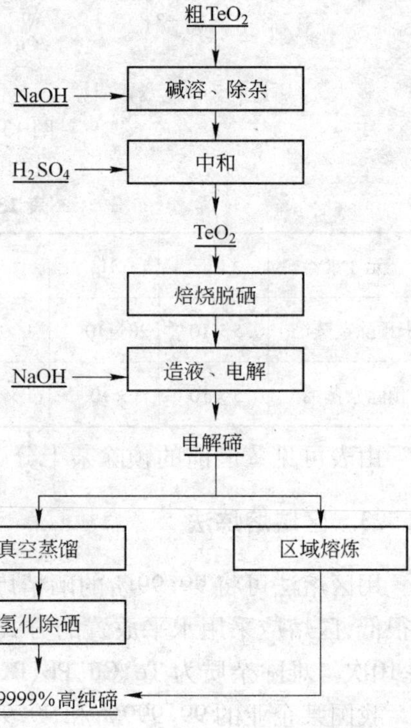

图 13-7 从粗 TeO_2 制取高纯碲的流程

13.6.1 TeO_2 的除杂

用 NaOH 溶解 TeO_2 原料,温度为 80℃、控制溶出终点碱度 pH 值为 10.5 ~11、碲的质量浓度为 50 ~70 g/L:

$$TeO_2 + 2NaOH = Na_2TeO_3 + H_2O \tag{13-34}$$

加入 Na_2S、$CaCl_2$ 除 Pb、As:

$$Na_2S + Na_2PbO_2 + 2H_2O = PbS\downarrow + 4NaOH \tag{13-35}$$

$$3CaCl_2 + 2Na_3AsO_3 = Ca_3(AsO_3)_2\downarrow + 6NaCl \tag{13-36}$$

$$3CaCl_2 + 2Na_3AsO_4 = Ca_3(AsO_4)_2\downarrow + 6NaCl \tag{13-37}$$

用 Na_2S 除 Pb 带来的问题是:要深度除 Pb 就要过量加入 Na_2S,残留在净化后液的 Na_2S 将使后续的中和沉碲时发生如下反应,导致沉出的 TeO_2 含 Se、S、As 杂质偏高[395]:

$$TeO_3^{2-} + 2S^{2-} + 6H^+ = Te\downarrow + 2S\downarrow + 3H_2O \tag{13-38}$$

$$SeO_3^{2-} + 2S^{2-} + 6H^+ = Se\downarrow + 2S\downarrow + 3H_2O \tag{13-39}$$

$$2AsS_4^{3-} + 6H^+ = As_2S_5\downarrow + 3S\downarrow + 3H_2O \tag{13-40}$$

采用金属碲粉置换除去碲酸钠溶液中的 Pb 的方法,较好地克服了上述问题[396]:

$$Te + 2PbO_2^{2-} + H_2O = 2Pb\downarrow + TeO_3^{2-} + 2OH^- \tag{13-41}$$

将碲酸钠溶液加热到 50 ~70℃,加入金属碲粉,搅拌 1 h,视铅量的高低取碲粉加量为铅量的 5 ~30 倍。碲置换除铅后,溶液含铅量可从 0.025 g/L 降低到 0.001 g/L。

除铅可分两步进行，先用 Na_2S 将铅除去大部分而不使 Na_2S 过量，然后再加入碲粉将铅除至微量[394]。

净化除杂后的碲酸钠溶液，用 H_2SO_4 中和到 pH 值为 5 ~ 6，沉淀出 TeO_2：

$$Na_2TeO_3 + H_2SO_4 = TeO_2\downarrow + Na_2SO_4 + H_2O \quad (13\text{-}42)$$

洗涤、烘干后精制的 TeO_2 大致成分[394,395]见表 13-23。

表 13-23 精制 TeO_2 的成分 (%)

元 素	Te	Se	Cu	Pb	Fe	Sb	As
样品 1	78.5	0.004	0.0008	0.0005	0.0001	0.001	0.001
样品 2	79.16	0.05	0.001	0.001		0.001	0.02

若精制后的 TeO_2 含硒较高，则采用煅烧挥发脱硒。控制温度 400℃，料层厚 10 mm，煅烧 4 h，可将硒含量降低到 0.001% ~ 0.005%[394,395]。

13.6.2 碲的电解

用 NaOH 将精制后的 TeO_2 溶解，配制成电解液，成分为(g/L)：Te 200，NaOH 100，Se < 0.3，S < 0.3，Pb < 0.003。电解温度为 20 ~ 30℃，电流密度为 50 A/m^2。阳极用普通钢板，阴极用不锈钢板制成。电解采用不添加新液的电解方式，将溶液的 Te 电解到 50 ~ 70 g/L 后，将阴极沉积的碲取出剥离，用草酸溶液煮洗，清水洗涤烘干后熔铸。电解后液添加 TeO_2 再造液，返回下一轮电解[395,397]。

电解时电极反应为：

阴 极：$TeO_3^{2-} + 3H_2O + 4e = Te + 6OH^-$ $\quad E^\ominus = -0.57$ V $\quad$ (13-43)

阳 极：$4OH^- - 4e = 2H_2O + O_2$ $\quad E^\ominus = 0.40$ V $\quad$ (13-44)

总反应：$Na_2TeO_3 + H_2O = Te + 2NaOH + O_2\uparrow$ $\quad$ (13-45)

电解中主要控制杂质 Pb、Se 在阴极碲上的析出，当碲浓度较低、电流密度较高时，由于 Pb、Se 的析出电位与 Te 十分接近，Pb 和 Se 的析出是显著的：

$$PbO_2^{2-} + 2H_2O + 2e = Pb + 4OH^- \quad E^\ominus = -0.54\ V \quad (13\text{-}46)$$

$$SeO_3^{2-} + 3H_2O + 4e = Se + 6OH^- \quad E^\ominus = -0.366\ V \quad (13\text{-}47)$$

可见电解前预先将 Pb、Se 深度脱除，对保证电解碲的品位是非常必要的。此外，由于 Te 不断在阴极析出的同时也将生成相应量的 NaOH 使电解液碱浓度持续升高，当 NaOH 浓度过高时会在电极表面局部过饱和析出，将电极表面覆盖使电极导电变差、槽电压升高，导致杂质析出增加，因此电解终了的 Te 浓度不能过低。

一次电解获得的电解碲品位可达到 99.998%，主要的杂质含量见表 13-24。

表 13-24 电解碲的主要杂质含量 (%)

元 素	Pb	Al	Bi	Fe	Na	Si
含 量	0.06×10^{-4}	0.09×10^{-4}	0.01×10^{-4}	0.08×10^{-4}	1.9×10^{-4}	8.2×10^{-4}
元 素	S	Se	As	Mg	杂质总量	
含 量	$<10\times10^{-4}$	0.01×10^{-4}	0.003×10^{-4}	0.07×10^{-4}	$<20\times10^{-4}$	

13.6.3　碲的真空蒸馏

碲的蒸气压较高，利用其与其他杂质的蒸气压差异，采用真空蒸馏—分段冷凝的工艺可制取高纯碲，所用的原料可以是电解碲也可以是碳还原的金属碲。碲与杂质的分离效果取决于它们之间的蒸气压的比值，碲与杂质元素纯态时蒸气压比值[394]见表13-25。

表13-25　碲与杂质元素纯态时蒸气压比值（600℃）

元　素	As	Bi	Na	Pb	S_2	Se
$p_{Te}^{\ominus}/p_{Me}^{\ominus}$	68	10764	11428	13000	0.01	0.02

可见在蒸馏温度下，Se、S_2 将随 Te 挥发。工业实践中，通过设置不同温度的冷凝段让 Te 在高温段冷凝沉积而让 Se、S_2 在低温段冷凝沉积，可大大减少 Se、S_2 对产品碲的污染。

真空蒸馏的工艺条件：蒸馏温度 530～600℃，碲冷凝段温度 300～400℃；真空度 4～100 Pa。一次蒸馏前后碲含杂质的变化[395]见表13-26。

表13-26　一次蒸馏前后碲含杂质变化　（%）

元　素	As	Bi	Na	Pb	S_2	Se
蒸馏前	1.2×10^{-4}	20×10^{-4}	130×10^{-4}	8×10^{-4}	20×10^{-4}	7×10^{-4}
蒸馏后	0.09×10^{-4}	1×10^{-4}	2×10^{-4}	0.07×10^{-4}	$<10\times10^{-4}$	3×10^{-4}

蒸馏提纯的方法，对 Se、S_2 的分离效果不太好，因此对含硒、硫高的碲宜用其他方法先行分离，再进行蒸馏提纯。

13.6.4　碲的氢化脱硒

在金属碲中通入氢气，杂质 Se 生成 H_2Se 挥发，使碲中硒脱除至微量，尾气用碱液吸收排放。此法虽有效但效率较低。

将金属碲熔化，控制温度 480～520℃，通入氢气，维持时间 4～8 h。氢化处理后，碲含硒可降低到 $1\times10^{-6}\%$。加氢反应对脱硫也有类似效果，硫可降低到 $1\times10^{-5}\%$ 的水平。温度高 H_2Se 将分解，不利于深度脱硒。

采用蒸馏—氢化脱硒工艺，可将 99.99% 级的碲提纯到 99.9999% 级的产品，提纯后碲的成分见表13-27。

表13-27　碲蒸馏—氢化提纯后杂质含量　（%）

元　素	Mg	Al	Si	Fe	Ni	Cu
含　量	0.7×10^{-6}	0.3×10^{-6}	3×10^{-6}	0.5×10^{-6}	2×10^{-6}	0.4×10^{-6}
元　素	Zn	Se	Ag	Cd	Sn	Pb
含　量	0.6×10^{-6}	6×10^{-6}	0.3×10^{-6}	0.7×10^{-6}	0.8×10^{-6}	2×10^{-6}

13.6.5 磷酸盐熔炼脱除碲中的铅

从一些含铅高的物料回收的碲，或用 C 直接还原 TeO_2 制取的金属碲，铅含量会高达 0.001% ~1%。宜采用磷酸盐对金属碲除铅制得 99.9% 纯度的碲，再蒸馏制取高纯碲。

在碲熔体中加入偏磷酸钠，加量为铅量的 20 ~30 倍（质量比），控制温度 460 ~500℃，熔融状态下搅拌 2 ~3 次，铅将进入浮渣而脱除。铅含量从 0.005% ~0.02% 分别降低到 0.0006% ~0.002%，碲损失小于 0.5%[398]。

磷酸盐除铅法效率高、过程简单、碲损失少。

13.6.6 区域熔炼

主要杂质在碲中的分凝系数大多远小于 1，因此用区域熔炼法提纯碲效果较好。一项研究[399]表明：在氢气保护下，熔区温度 480 ~550℃、熔区长度 3 ~7 mm、区熔移动速度 30 mm/h、往复 15 次，可将 99.99% 纯度的碲提纯到 99.9995%，杂质 Se 和 S 在区熔的期间，与 H_2 反应生成 H_2Se 和 H_2S 被深度脱除。区熔的碲直收率为 72%，区熔前后碲含杂质的变化见表 13-28。该研究还给出了熔区次数、熔区长度与杂质脱除程度的关系，如图 13-8 所示。

由图可见，当熔区长度为锭长的 20% 时，区熔几次后由于熔区过大造成杂质回流将失去分离效果。因此，熔区长度应随杂质不断降低而予以调整缩小。合适的工艺是：熔区长度 20%（熔区长度/锭长）时，区熔 3 ~5 次；熔区长度 10% 时，区熔 3 ~6 次；余下的区熔次数，熔区长度均取 5%。

实际中把区域熔炼与蒸馏工艺组合，将蒸馏不同冷凝段的产物分别进行区域熔炼，以进一步增加高纯品的产率，将 99.99% 纯度的碲提纯到 99.999% ~99.9999%。

表 13-28 碲区域熔炼前后杂质含量的变化与分布 (%)

杂质元素	区熔前碲锭	碲锭首端	碲锭中端	碲锭尾端
Cu	7.6×10^{-4}	1.2×10^{-4}	0.8×10^{-4}	45.2×10^{-4}
Pb	10.4×10^{-4}	2.5×10^{-4}	0.5×10^{-4}	54.5×10^{-4}
Al	2.6×10^{-4}	0.7×10^{-4}	0.3×10^{-4}	14.4×10^{-4}
Bi	5.2×10^{-4}	0.5×10^{-4}	0.4×10^{-4}	24.8×10^{-4}
Fe	3.7×10^{-4}	0.5×10^{-4}	0.5×10^{-4}	18.5×10^{-4}
Na	12×10^{-4}	1.3×10^{-4}	0.7×10^{-4}	60.2×10^{-4}
Si	5.2×10^{-4}	0.8×10^{-4}	1.1×10^{-4}	6.5×10^{-4}
S	5.4×10^{-4}	0.1×10^{-4}	检测限以下	0.1×10^{-4}
Se	15.2×10^{-4}	0.2×10^{-4}	检测限以下	0.8×10^{-4}
As	12.2×10^{-4}	0.02×10^{-4}	0.01×10^{-4}	2.1×10^{-4}
Mg	4.5×10^{-4}	1×10^{-4}	0.06×10^{-4}	34.5×10^{-4}
杂质总和	84.0×10^{-4}	8.82×10^{-4}	4.37×10^{-4}	261.1×10^{-4}

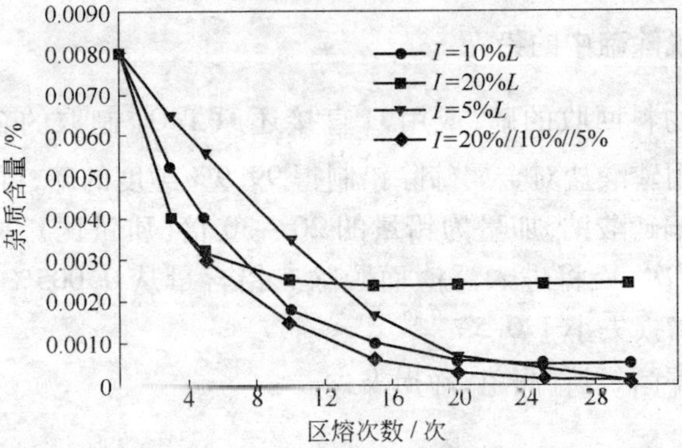

图 13-8　区熔次数、熔区长度与碲含杂质的关系（500℃）

I—熔区长度；*L*—锭长

（曲线—◆—的试验条件为 $I=20\%$（熔区长度/锭长）时，区熔 3 ~ 5 次；

$I=10\%$ 时，区熔 3 ~ 6 次；余下的区熔次数，*I* 均取 5%）

13.7　高纯铼的制备

制取金属铼的途径通常是氢还原铼酸盐或还原氯化物制取金属铼粉，再用电子束熔炼脱气与高温气化除杂。高纯铼的纯度取决于还原前的铼化合物的提纯程度。高纯铼制备方法主要有以下几种。

13.7.1　高铼酸铵氢还原法

用阳离子交换树脂脱除 NH_4ReO_4 溶液中的杂质，然后对溶液浓缩，并在 0℃ 以下进行冷却结晶，重结晶数次，制得 99.99% 纯度的 NH_4ReO_4。将提纯后的 NH_4ReO_4 干燥、破碎，装于钼舟在马弗炉中通氢气还原，过程是：300℃，保持 1 h；后在 800℃，保持 1 h。冷却取出后磨细，再在 800℃ 下还原 1 h。制得铼粉的纯度取决于 NH_4ReO_4 的纯度[150]。

一种用铼酸铵溶液重结晶然后制取高纯铼粉的方法[400]是：将精制除杂后的高纯铼酸铵溶液（含 Re 63 ~ 68 g/L；杂质总量小于 0.002%）加热浓缩到过饱和状态，浓缩比 10 : (1.2 ~ 2.6)（浓缩前液体积/浓缩后液体积）；冷却至室温，析出的铼酸铵用纯水洗涤数次，在 100℃ 下烘 4 h；铼酸铵粉末装于钼镍合金舟中，在 400 ~ 600℃ 通氢气还原，制得纯度 99.995% ~ 99.998% 的铼粉，铼回收率大于 99.5%，杂质含量[400]见表 13-29。

表 13-29　高纯铼粉的杂质含量　　（%）

元素	K	Fe	Mo	W	Ni	Al	Ba	Mn	Mg	Ti	Pb
样品 1	$<5\times10^{-4}$	$<6\times10^{-4}$	4×10^{-4}	8×10^{-4}	5×10^{-4}	2×10^{-4}	$<0.5\times10^{-4}$	$>1\times10^{-4}$	$<1\times10^{-4}$	$<1\times10^{-4}$	1×10^{-4}
样品 2	$<5\times10^{-4}$	2×10^{-4}	1×10^{-4}	5×10^{-4}	$<0.4\times10^{-4}$	0.2×10^{-4}	$<0.4\times10^{-4}$	$<0.2\times10^{-4}$	$<0.5\times10^{-4}$	$<0.5\times10^{-4}$	$<0.4\times10^{-4}$

元素	Zn	Sn	Cd	Sb	Cu	Ca	Cr	Be	Co	Pt	Na
样品 1	1×10^{-4}	$<0.5\times10^{-4}$	$<0.5\times10^{-4}$	$<1\times10^{-4}$	$<0.2\times10^{-4}$	1×10^{-4}	$<1\times10^{-4}$	$<0.5\times10^{-4}$	$<1\times10^{-4}$	$<0.5\times10^{-4}$	$<5\times10^{-4}$
样品 2	$<1\times10^{-4}$	$<0.4\times10^{-4}$	$<0.2\times10^{-4}$	$<1\times10^{-4}$	$<0.2\times10^{-4}$	$<1\times10^{-4}$	$<0.4\times10^{-4}$	$<0.2\times10^{-4}$	0.2×10^{-4}	$<0.4\times10^{-4}$	$<5\times10^{-4}$

13.7.2 高纯二氧化铼氢还原法

用纯度较低的铼粉、铼加工的碎料为原料，用氢气在1000℃还原1 h，以除去氧化物，然后用氯气进行氯化：

$$2Re + 5Cl_2 \longrightarrow 2ReCl_5 \tag{13-48}$$

$ReCl_5$ 沸点为330～360℃，熔点为220～263℃，挥发的 $ReCl_5$ 气体冷凝收集，再将其水解：

$$3ReCl_5 + (8+x)H_2O \longrightarrow 2ReO_2 \cdot xH_2O + HReO_4 + 15HCl \tag{13-49}$$

将水解物分离，并真空干燥，制得 ReO_2。将 ReO_2 置于钼舟中用氢气还原，制得高纯度的金属铼粉[150]。

13.7.3 氧化铼升华提纯氢还原法

高价铼氧化物易挥发，将氧化铼升华提纯，再用氢还原制得高纯铼粉，对于提纯含钾小于0.2%的金属铼，工艺效果显著。连续升华处理500 g物料，升华过程防止水汽浸入，升华温度控制在小于460℃[150]。

13.7.4 铼的卤化物热离解法和化学气相沉积法

铼的卤化物在高温下将产生热离解，这一性质用于钨丝的高温镀铼工艺。使用的卤化物有 $ReCl_5$、$ReCl_3$、$ReBr_3$ 等，对卤化物采用真空升华（500～600℃）将其提纯，再让其在高温的铼丝（片）上热离解，沉积出高纯铼[150]。

铼的卤化物在200～300℃左右可被 H_2 还原成金属铼，已用于化学气相沉积法（CVD）制备钨铼合金[401]：

$$ReF_6 + 3H_2 \longrightarrow Re + 6HF - Q \quad (Q = 288\ kJ/mol) \tag{13-50}$$

控制沉积温度为550℃，可获得含Re 25.9%的Re－W合金。由此可考虑用CVD法，氢还原 $ReCl_3$、$ReCl_5$，让Re在高温的铼丝（片）上还原沉积，可以制得致密的高纯铼，特别是在制取低氧量的金属铼方面有其优势。

13.7.5 电子束熔炼和区域熔炼法

用电子束熔炼炉将铼粉熔炼成锭，电子束熔炼的高温及高真空使铼粉含的气体和金属杂质挥发而使铼获得提纯。对铼锭（直径7～8 mm，长度120 mm）再进行区域熔炼，用电子束加热、15个行程可制得高纯铼[150]，所用的原料和产品的成分见表13-30。

表13-30 电子束熔炼及区域熔炼提纯铼的原料及产品的杂质含量 （%）

杂 质	K	Al	Fe	C	Si	O_2	N_2	H_2
原 料	0.001	0.0003	0.002	0.1	0.002	0.1	0.04	0.05
电子束熔炼后	0.0004		0.0003	0.1～0.01	0.002	0.015	0.005	0.004
区域熔炼后	0.0001	0.000005	0.00007	0.001	0.0002	0.0001	0.0001	0.0001

14 环境中的稀散金属

14.1 环境中的SM

14.1.1 SM在环境中的分布

SM对环境、人类及动植物的作用与影响,日益受到人们的关注。SM在环境中的分布[1~7,20,402~404]见表14-1。

表14-1 SM在环境中的分布

项目	Ga	In	Tl	Ge	Se	Te	Re
克拉克值/%	1.7×10^{-3}	2.3×10^{-5}	7×10^{-5}	1.3×10^{-4}	5×10^{-6}	3×10^{-7}	7×10^{-8}
大气中含量/$\mu g\cdot m^{-3}$		$2.7\times10^{-4}\sim72$		10	0.0037~0.05		
海水中含量/$\mu g\cdot L^{-1}$	0.03~0.07	0.004~0.02	0.01	0.06~0.07	0.09~6.0	0.01	0.008
大洋中含量/$\mu g\cdot L^{-1}$	0.03	0.01	0.01	0.06	0.1		
温泉水中含量/$\mu g\cdot L^{-1}$	0.072	40		0.15	0.056		
岩石圈中含量/%	150×10^{-5}	1×10^{-5}	30×10^{-5}	70×10^{-5}	$(0.5\sim6)\times10^{-5}$	0.1×10^{-5}	0.01×10^{-5}
土壤中含量/%	$(2.6\sim100)\times10^{-6}$			$(3\sim17)\times10^{-6}$	1×10^{-6}		
石陨石中含量/%	3×10^{-4}	1×10^{-7}	1×10^{-7}	1×10^{-3}	1×10^{-3}	5×10^{-5}	8×10^{-8}
每70 kg人体体重中含量[404]/g	1×10^{-5}		6×10^{-3}				
锰结核中含量/%	$(2\sim30)\times10^{-6}$		$(2\sim150)\times10^{-6}$	$(1\sim6)\times10^{-6}$		$0\sim2\times10^{-6}$	
石油中含量/%	4×10^{-6}			0.7×10^{-6}			

表14-1数据只是一些例子,随着地质、岩层及地域的不同,SM在环境中的分布会有较大的变动。如日本由冲积物发育的土壤中含硒在$(0.004\sim0.9)\times10^{-4}\%$之间,而深层含硒却在$(0.8\sim1.2)\times10^{-4}\%$之间。我国富硒地带也有如此状况。

14.1.2 SM在人体中的分布

SM在人体中的生理数据[405]见表14-2。

表14-2 SM在人体中的生理数据

元素	摄取量/$mg\cdot d^{-1}$	半衰期/d	经呼吸道的吸收率/%	经口摄入的吸收率/%
Ga	0.02	6	25	0.1
In	0.01	48	25	0.2
Tl	0.1	5	48	45
Ge	1.5	2	26	1
Se	0.2	11	70	90
Te	0.02	15	38	25

人体中 SM 的每天平衡数据[405]见表 14-3。

表 14-3 人体中 SM 的每天平衡量 (μg/d)

项目		Tl	Ge	Se	Te
摄入	食物	2	1500	150	110
	空气	0.05	+	–	0
	吸收率/%	95	–	60	20 ~ 50
排出	尿	0.3	1400	50	53
	粪便	1.2	100	20	57
	汗	+	+	80.03	–
	排出总量	1.5⁺	1500⁺	150⁺	110
体内保留		+	–	–	0.4
储存的器官		–	脾	全部	骨
体内总含量		4300	20000	21000	7000

注："+"表示有，但无数据；"–"表示缺数据。

14.1.2.1 镓在人体中的分布

镓不易由胃、肠道吸收，肠道的碱性足以使氯化镓转换为氢氧化镓或其他不溶性的配合物。皮下或静脉注射时，镓迅速储存于组织中，特别是骨骼中，它成为镓的主要储存库，一经储存就不易转移，它主要经肾由体内排出，24 h 内约可排出 50%[406,407]。

14.1.2.2 铟在人体中的分布

人体对铟的吸收、分布和排泄随着进入途径的不同而有差异，口服时铟可由胃、肠道吸收，因为在食入铟盐的动物尿中发现有铟排出，但吸收很少，可溶性化合物经胃、肠吸收后，主要分布于骨骼（约占 30%），其次为肝、肾、脾和唾液腺[407]。皮肤、肌肉与骨骼成为人体内铟的主储存库。铟进入血液后分布均匀，在皮肤、肌肉及骨骼所含百分比值均较高，经 30 d后在肾上腺、颌下腺储存有轻度增长，而在脾、肾与肝脏内减少，主要从粪便排除了。

14.1.2.3 铊在人体中的分布

铊可迅速由胃、肠道吸收，也能由皮肤和呼吸道吸收，吸收后的铊，一部分由尿、粪便排出，但铊的排出缓慢。进入体内的铊，可均匀分布于各脏器，大量铊蓄积于肾脏与骨骼，少量储于小肠、肝、睾丸与肌肉[406]。

14.1.2.4 锗在人体中的分布

早在 20 世纪 20 年代就有人预言锗的某些化合物可能有生理活性，并对二氧化锗进行过生理活性研究，如法国芦尔德村居民的癌症发病率属世界最低，原因是在饮用水中含有锗、铜、铁等矿物质[406]。锗由胃、肠道吸收很快，在 4 h 内吸收给予剂量的 76.3%、8 h 后吸收 96.4%。锗进入血液后，在血浆中不与血浆蛋白结合，而是广泛分布在各个脏器中。有人说锗可由尿和粪便中排出，锗在体内无明显的蓄积作用，但事实证明并非如此，如柳原进等人对未服用过锗剂的死者的 12 个器官测定含锗量，平均为 0.83 μg/g（含量波动0.019 ~ 8.82 μg/g），人每天摄入量为 10 μg，但是服用过锗剂的死者有明显锗的蓄积，据 28 名患者的统计，服用时间 5 个月至 6 年不等、服用量从 35 ~ 2000 mg/d（文献[408]说，成人容许摄入 Ge 0.4 ~ 3.5 mg/d，主要从尿中排出），其中某死者比正常人高出的倍数：脾 183 倍、甲状腺 175 倍、肌肉 93 倍、盲肠 76 倍、肾皮质 69 倍，而且难于排出体外；再如某死者的头发含 Ge

量:服用锗剂期为0.0176%,停服后7个月为0.0005%;对3个停服锗剂的患者在9、10与15个月后检查尿中含锗分别为60 μg/mL、15 μg/mL与9 μg/mL,与此对比的12名健康人平均其尿中含锗却小于5 μg/mL[406]。说明服用含Ge保健剂,导致锗的累积—锗中毒。

14.1.2.5 硒在人体中的分布

按每千克人体体重计,人日需摄硒0.44 ~0.1 mg/d,体内硒约50% ~80%由尿排出,部分呼气呼出,尿中Se大于0.2 mg/L就濒临中毒,尿中硒大于0.5 mg/L就中毒了[408]。如果人长期处于比正常需要量高或低硒的环境中,会引起硒过量或缺乏,均导致人体中毒或缺硒症。湖北恩施地区为我国最早发现,有确证的高硒地区,这是由于该地区的煤中硒含量高,最高值超过0.8%[1~7]。湖北、陕西与黑龙江等省区流行克山病与大骨节病,现已证实这是一种缺硒症。正常人体内含少量硒,而人所摄入的硒几乎全部来自食物,大米和谷物含硒较高,往往含Se大于0.2 mg/kg(湿重);蔬菜、水果通常含硒较少,大多数含Se小于0.01 mg/kg(湿重)。我国多年研究出添加Na_2SeO_3于农作物中作为"硒粮",可容易让人添硒,为预防与治疗克山病与大骨节地方病做出极富成效的巨大贡献,我国经过多年研究与实测而得到了环境中人与硒的相关数据[3~7],见表14-4。

表14-4 环境中人与硒的相关数据

项　目	土壤中含硒 /μg·g⁻¹	粮食中含硒 /μg·g⁻¹	人发中含硒 /μg·g⁻¹	人尿中含硒 /μg·mL⁻¹	人血中含硒 /μg·mL⁻¹
高硒中毒区	11.113 ~8.802	6.537 ~3.725	16.248 ~9.708	0.88 ~6.63	1.8 ~7.5
低硒中毒区	0.086	0.012 ~0.009	0.050 ~0.080	0.007 ±0.001	0.021 ~0.010
正常区	0.152	0.014 ~0.059	0.125 ~0.381	0.02 ±0.012	0.695 ~0.091

14.1.2.6 碲在人体中的分布

碲是来自外界,经消化道吸收很少,仅为摄入量的25%左右。进入人体内的碲化物与组织接触可释放出元素碲,进而生成具有强烈蒜臭的二甲基碲($Te(CH_3)_2$)。尿中碲大于0.06 mg/L就中毒了[408]。碲主要运行于血浆中,然后分布到体内各器官。正常人体每100 g血中碲含量为0.05 ~0.16 mg,碲在肾脏储存最多,其次是心脏、肝、脾和胆管,而骨骼、牙齿和肌肉中仅有少量储存[406,407]。

14.1.2.7 铼在人体中的分布

铼可由肾脏排出,24 h可被排出90%以上,皮下注射^{188}Re(铼的放射性同位素),1 h后进行示踪测量,除甲状腺和胃肠道外,其他各器官组织中均未发现有明显的铼量存在。

14.1.3 SM在动植物中的分布

14.1.3.1 镓在动物中的分布

试验查明注入小鼠的镓,在2 h内大部分排出体外,残留体内的镓,绝大部分积聚于骨骼与肌肉和皮毛等中,在肾、肝中有少量,在脑及心脏中就更少。

14.1.3.2 铟在动物中的分布

用小鼠实验发现,给予铟后的第二天,在肌肉、皮肤和骨骼中的铟含量达到给予量的35%[406]。

14.1.3.3 铊在动物中的分布

动物试验证明,大量的铊蓄积于肾脏、骨骼。如大鼠按10 mg/kg由腹腔内注射硫酸铊,每1 g湿组织中的含铊量:肾为总剂量的2.15%、肝达0.33%、骨骼达0.42%、在脂肪中未发现有铊。动物试验和病理检查都证明铊可储存于皮肤和毛囊中,而且含量较高[406]。

14.1.3.4 锗在动植物中的分布

动物吸入锗后,从肺中清除很快,一天之内清除52%,第七天动物的肾脏和肝脏中仅含微量的锗。由静脉注射的锗,在3 d内有90%由尿排出,其余由大便排出[406]。

锗在植物中的一些信息[2~7]见表14-5。

表14-5 几种植物和草药含锗量 (%)

植物	蒜	朝鲜参	山豆根	菱角仁	枸杞子	小球藻	栽培草药
含锗量	0.0750	0.0300	0.0250	0.0230	0.0125	0.0076	<0.0020

14.1.3.5 硒在动植物中的分布

植物含硒量很低,约为0.05~2 μg/g,在高硒土壤上一些黄芪属植物的含硒量很高,如星状黄芪含硒可高达0.556%,可以作为硒的指示作物[409]。高硒区植物含Se量[403,410]参见表14-6。

表14-6 高硒区的蔬菜等中含硒量 (μg/g)

种类	大白菜	葱	青菜	白萝卜	胡萝卜叶	四季豆	刺儿菜
含硒量	36.42	22.85	3.65	12.02	7.77	28.17	86.55

种类	肉类	蕨菜	青苔	茄子	辣椒	韭菜	红薯	苕菜
含硒量	>1.07	74.4	738	28.3	22.78	62.98	9.2	108

种类	海鲜	白萝卜叶	南瓜	肥猪苗	鹅儿肠	豆荚
含硒量	>0.57	457	33.2	3.81	74.4	0.02

种类	奶制品	青蒜	牛皮菜	红薯叶	胡萝卜	扁豆	青蒿	水果
含硒量	>0.02	44.8	17.49	23.3	11.84	37.23	19.9	>0.02

在克山病地区,对21种野菜及蔬菜采样分析,结果平均硒含量仅为0.01 μg/g。

某些植物含硒量与地域相关[1,406],参见表14-7。

表14-7 100 g土壤中可溶性硒与土壤上植物的含硒量 (μg)

采样点	总硒	水溶硒	玉米	小麦	稻米	黄豆
恩施	787	35.4	633		148	
成都	31.8	1.1	1.36	6.06±1.01	2.99±0.24	3.48
北京	28.1	3.9	2.26±0.21	3.82±0.66	4.12±0.31	7.58±1.37
黑龙江	18.2	0.33	0.36±0.02	0.61±0.06	2.26±0.19	0.77±0.66
四川	8.4	0.28	0.32±0.04	0.59±0.07	0.57±0.05	0.61±0.04
山东	5.9	0.44	0.98±0.03	1.30±0.09		2.60±0.15

动物血清中硒的正常值为每100 g中含15~25 μg,血浆白蛋白是硒的受纳器,并将硒转运到全身其他部位,硒可分布到所有的软组织,但以肝、肾、脾和胰腺中浓度最高,硒中毒的动物的毛发和蹄内也蓄积较多量硒。

14.1.3.6 碲在动物中的分布

给豚鼠肌肉注射氧化碲75 mg,48 h后死亡,病理检查发现肾脏有出血和坏死,其他脏器无明显异常。大鼠经口摄入元素碲 6～9 mg/d，24～32 h 后，其呼气中有强烈的蒜臭味，解剖发现内脏无任何病理损害，但各脏器都有蒜臭味。

14.1.3.7 铼在动物中的分布

给动物一次注射 ^{188}Re 剂量为 1.5 μg/次或 2.5 μg/次后，其甲状腺中铼的含量高于身体其他组织。但铼不会结合成为有机化合物[407]。

14.2 SM 毒性与中毒事件

一般地说 SM 除铊（有时有 Se^{4+} 和 Te^{4+} 化合物、盐类）外均无毒或微毒性，虽经口或呼吸道摄入，除极少部分会在骨骼与内脏中储存外，绝大部分会随大小便而排出。有文献指出急性 SM 中毒时其 SM 毒性分类[405,411]大致见表 14-8。

表 14-8 急性 SM 中毒时其 SM 毒性分类

毒性种类	每千克人体体重的半致死剂量 LD_{50}/mg	摄入方式	
		经口	静脉注射
高毒性	1～10	Se^{4+}，Te^{4+}，Tl^{+}	Te
中毒性	10～100		Ga
微毒性	100～1000	In	Ge，Re^{7+}
基本无害	>1000	Re^{7+}	

这种分类只给出了一个大致的范围，因为 SM 有不同的有毒阈值，超过此阈值，则表现出不同的中毒效应，所以有时 SM 的毒性不能忽视。但是迄今为止世界发生 SM 中毒事件较少[1～7]。

14.2.1 镓中毒

镓对人基本无害，镓的每千克人体体重的半致死剂量 LD_{50} 为 10～100 mg。曾有一女化学家接触 GaF_3 烟雾后中毒，患部发现小出血点，神经疼痛，肌肉乏力，但在不再接触 GaF_3 约 3 个月后，中毒症状自然消失。人在接受放射性镓治疗时，会产生嗜睡、食欲不振、恶心与呕吐的症状。

镓中毒无解药。有人在生产 GaAs 时发生腹泻，一般认为是砷中毒，以服二巯基丙醇等解毒，同时需在生产区加强通风与个人防护。

14.2.2 铟中毒

动物试验表明铟能引起肝、肾和心脏的软组织变质，其损害机理可能与抑制含铟基的酶有关，注射时毒性大，口服毒性小。一般可溶性铟化物的毒性稍大，不溶性的毒性微小，如三氧化二铟的 LD_{50} 为 100 mg/kg，仅属微毒性。

皮肤涂抹 5% 氯化铟或硫酸铟时，未引起局部或全身性的障碍，然而氰化铟电镀液涂于皮肤时却有高度毒性。皮下或静脉注射铟及其化合物，也已证明毒性较强。

迄今为止，尚无在工业上因使用铟而发生急性或慢性中毒的报告。有人曾对一组从事铟有关工作的、工龄达 3 年的工人进行全面体检，未发现任何异常。铟对皮肤也无刺激作用[407]。有人认为，吸入铟能诱发肺病。

14.2.3 铊中毒

铊及其化合物有毒,特别是醋酸铊。每千克人体体重的半致死剂量 LD_{50} 为 1 ~ 12 mg[2](有说 LD_{50} 为 10 ~ 15 mg/kg[185])。慢性铊中毒,出现食欲不振、恶心、呕吐、体重减轻、多发性神经炎、血压升高等症状,长久后会发生脱毛脱发、肌肉麻木与疼痛、视力障碍直至失明。

国外发生过铊中毒事件:如 1933 年美国加州有 31 人吃了经铊盐处理过的小麦磨成的面粉而中毒,到 1934 年共有 778 例铊中毒,其中 46 例死亡;另有美国人误食含有 Tl_2SO_4 杀鼠剂的米而中毒,发生精神及动作异常、运动失调、抽搐、麻痹及视力障碍,其中有 6 人与 1 人分别于中毒后 16 d 及 60 d 后死亡;1972 年又发现小孩误玩铊盐农药而中毒;2001 年北美铅厂工人在清理工厂锅炉污垢时铊中毒[51 ~60]。

我国于 1995 年发生清华大学化学系朱玲同学铊中毒事件,朱玲同学脑神经中枢受损,救治后已成植物人(1996 年 11 月 29 日羊城晚报报道);1999 年在贵州滥木厂汞铊矿开采中发生过铊中毒[20];2007 年 6 月 20 日广州日报等媒体均报道江苏中国矿业大学材料工程专业 3 位学生铊中毒事件:5 月 31 日晚餐中毒,发生胃痛、双下肢痛、胸闷、恶心呕吐等症状,医院诊断为铊中毒(物证及投毒者供认),旋即进行血液灌流和血液透析,6 月 16 日送北京朝阳医院继续治疗,过了 4 d,患者可下地活动了。

解铊中毒可口服普鲁士蓝 250 mg/kg,每天分 4 次,每次溶于 50 mL 浓度为 15% 甘露醇药液(配以泻剂与 1% 碘化钠[11]更有效)中服用,其解毒机理为以普鲁士蓝上的钾去交换铊;用双硫腙 20 mg/kg,每天分 2 次口服以配合 Tl^+ 而解毒,5 d 一疗程,但此疗法有较大的副作用——会引发糖尿病、甲状腺增大及损害眼睛等弊病;也有用 2,3 - 二巯基丙醇($CH_2SHCHSHCH_2OH$)作肌肉或静脉注射解毒[106 ~108];或二巯基丙磺酸钠加普鲁士蓝解毒(1996 年 11 月 29 日羊城晚报报道)。

14.2.4 锗中毒

锗的每千克人体体重的半致死剂量 LD_{50} 为 586 ~ 1000 mg[2,11]。近年有日本人长期服用含无机锗的锗保健药物与食品而中毒,中毒者出现呕吐、四肢乏力与萎缩、贫血与肾功能不全等症状,发现 30 例,其中 8 例死亡。有人称这不是有机锗药而是无机锗假冒有机锗成药造成的,但是英国卫生部曾明令禁用锗保健药物[3 ~7]。

锗中毒无特殊解药,有时当作重金属砷中毒救治,可使中毒者脱离病源。

14.2.5 硒中毒

硒的卤素化合物、硒化氢、亚硒酸(盐)及硒酸等都有毒,亚硒酸(盐)的毒性比硒酸(盐)大,其毒作用性质与砷有些相似,元素硒由于不易溶解,毒性明显小于硒的化合物。

长期接触小量硒蒸气、粉尘和硒化氢的会导致慢性中毒,一般在两三年后可产生头晕头痛、倦怠无力、口内金属味、恶心呕吐、腹泻及食欲不振、呼吸和汗液有蒜臭味、肝大且肝功能异常、植物神经功能紊乱等症状,并且尿含硒高于正常人(0.005 mg/L)达 0.1 mg/L 为中毒,若达 0.5 mg/L 便需调换工作治疗。

硒中毒事件:1295 年意大利旅行家马可 · 波罗在我国西部边境,发现牲畜吃了某种有毒植物后脱蹄,现已查明这就是高硒中毒事件[2~7]。1959~1980 年我国鄂西恩施地区发生硒中毒,中毒者食欲不振、四肢乏力发麻、头皮痛、头发和指甲脱落,而牲畜则出现脱蹄脱毛。1986 年美国加州的国立 Kesterson 野生物保护区农田排灌总渠的水(含 Se 0.03 mg/L[412])由于蒸发而使硒在农田富集,导致硒中毒,后不再继续引进含硒水而受到遏制,但至今仍在追踪治理中[51~63]。因此饮用水含 Se 大于 0.05~0.1 mg/L,人就可能会硒中毒。

工业上在生产硒车间需加强通风除尘,车间内不许吸烟与进食,工作后立即淋浴,有工厂给工人以 10% $Na_2S_2O_3$ 冲洗皮肤[11]。在发生中毒性肺水肿时,应立即加压吸氧,保持呼吸道通畅,雾化吸入酒精或 10% 硅酮治疗,静脉注射高渗葡萄糖和氨茶碱,静脉滴注氢化可的松 200~300 mg,或氟美松 5~10 mg,或静脉注射快速脱水利尿药,并用抗生素防止继发性感染。

14.2.6 碲中毒

碲在化学性质上与硒相似,其毒性也基本相似。碲的中毒机理还不太清楚,可能是通过与碲基的结合,而对酶系统产生相应的抑制。

曾发生误把亚碲酸钠当作碘化钠,作下行肾盂造影而造成严重的碲中毒事件,结果 3 例严重中毒,其中两例在误服剂量约为 2 g 后,临床表现为青紫、呼气有强烈的蒜臭味、腰痛、恶心、呕吐直至最后昏迷,6 h 后死亡。

遭受含碲(TeO_2)烟雾,人会头疼、晕眩、口渴、呼吸急速、心悸、嗜睡、皮肤瘙痒、呼气及汗均有大蒜臭味,这正是慢性碲中毒特征。当空气中含碲达 0.001~0.01 mg/m³,呼气会有蒜臭味。皮肤接触含碲物后会发生排汗受阻,甚至并发皮疹。当尿中含碲达 0.01 mg/L 时,人会发生嗜睡,同时也出现呼气及汗均有大蒜臭味,故有以尿中含碲超出了容许值 0.26~1.09 mg/L的患者为碲中毒的诊断指标[167,406]。

制造碲合金时,设备密闭,工作场地需通风良好,有口臭者、患有支气管扩张者,不宜从事碲作业。解毒治疗以对症治疗为主,大剂量服用维生素 C,0.5~1.6 g/d,分 3 次。

14.2.7 铼中毒

在生物的器官中虽然未发现铼,但在给家兔注射高铼酸钾($KReO_4$)后发现铼在肝、肾、脾中积累,而甲状腺内较其他部分要高出 25~100 倍。铼易从尿中排出,一天内可排出摄入量的 92%,16 d 后排出 99%。铼对动物腹部的危害要比铼酸钾高出 16 倍之多。

迄今为止,还没有人铼中毒的报道。

14.3 环境中 SM 的允许量

SM 的工业开发与应用史较短,较有毒害的 SM(如 Tl)生产与消耗量又不大,虽已发现一些中毒事件,但是它们对环境生态及人类的毒害的机理、有效的针对性防治措施、调查与研究以及有成效的解毒手段还远不完善。一般确定 SM 基本无毒,仅铊及硒、碲的某些化合物属于毒性物质,镓虽基本无毒,但因其腐蚀铝,故是飞机运输的危险物质。

有关国家提出了环境中稀散元素的允许规定(表 14-9~表 14-11)。我国按"建议标准"运作。但实际控制仍有一定弹性。

14.3.1 空气中允许 SM 的质量浓度

工作场所空气中允许 SM 的质量浓度见表 14-9[2~7,9,11,126,127,167,174,183,408,413~415]。

表 14-9 工作场所空气中允许 SM 的质量浓度 （mg/m^3）

元 素	美国①	美国②	前苏联	建 议
Ga			2	2
In	0.1	0.3		0.01
Tl		0.1	0.01	0.001
Ge	0.6	1.8	2~5	0.04
Se		0.2	2	0.1
Te		0.1		0.01
Re				
TlBr			0.01	0.01
TlI			0.01	0.01
GeO_2			2	
$GeCl_4$			1	
GeH_4	0.6	0.6		
MeSe			2~4	0.005
H_2Se		0.2	0.1	0.1
SeF_6		0.4		
SeO_2		0.1~0.2		0.3
TeF_6		0.2		

①美国工业卫生工作者会议推荐标准，8 h 工作日，40 h 工作周的平均加权平均值。

②美国政府推荐标准，8 h 工作日，40 h 工作周的平均加权平均值；只有 Ge 与 In 为人连续工作 15 min，每日 4 次且间隔不少于 60 min 的最高允许浓度。

14.3.2 水中 SM 允许量

各种水中 SM 允许量[2,126,167,413~416]归纳入表 14-10 与表 14-11。

表 14-10 各种水中 SM 允许量 （mg/L）

水 类	饮用水			废 水		
SM 允许量	Se	SeO_2	Te	Tl	Se	Na_2TeO_4
美 国	0.01			10	0.01~0.02	
前苏联	0.001	0.01	0.01		10	25

中外各国对饮用水与废水中的 SM 允许量标准的报道并不多见，除美国对废水含 Tl 要

求小于 10 mg/m^3 外，还有一些国家和组织制定的有关硒在各种水中的最高允许量标准[2,413~415]列于表 14-11。

表 14-11　硒在各种水中的最高允许量标准　(mg/L)

项　目	世界卫生组织	美　国	前苏联	欧　洲	其他国家及地区
工业排放废水	0.01	0.01	0.001	0.01	0.01
地面水	0.01	0.01		0.01	0.01 ~ 0.05
生活饮用水	0.01	0.01	0.001	0.01	0.05
城市水水源	0.01	0.01		0.01	0.01
农田灌溉用水	<0.01	<0.01	<0.001	<0.01	<0.01
海水一级	0.01				0.05
海水二级	0.02				
海水三级	0.03				

14.3.3　中国需注视铊

特别需要指出，我国宜追踪铊储量特大的云浮硫铁矿与兰坪铅锌矿中铊的开采后的走向与分布，妥善预防与综合利用该资源中的大量的铊[3~7]，这是关乎我国未来环境质量的大问题。

附录 SM 产品标准

除前苏联及我国的 SM 标准为国家标准外，其他国家的 SM 标准多属企业标准，今将各国 99.9% ~99.9999% 产品标准[1~7,87,102]列入附表 1 ~ 附表 10。

附表 1　镓的化学成分标准

国别		中国					英国	前苏联
纯度/%		≥99.9	≥99.99	≥99.999	≥99.9999	≥99.99999	≥99.99	≥99.9
杂质含量（质量分数）/%	Cu	≤0.015	≤0.0015	Cu + Pb + Zn + Al + In + Ca + Fe + Sn + Ni + 其他	≤0.000015	≤0.0000002		≤0.03
	Pb	≤0.02	≤0.0015		≤0.000005	≤0.0000005		≤0.06
	Zn	≤0.01	≤0.001		≤0.000010	≤0.0000020		≤0.01
	Al	≤0.005	≤0.001					≤0.001
	Ca	≤0.01	≤0.0005					
	Fe	≤0.005	≤0.001		≤0.000012	≤0.0000010		≤0.001
	Sn		≤0.0015			≤0.0000005		
	Ni				≤0.000005			≤0.001
	Cd							≤0.001
	In	≤0.01	≤0.001					
	Ge	≤0.01	≤0.001					
	Si				≤0.000020	≤0.0000050		
	Mg				≤0.000010	≤0.0000005		
	Cr				≤0.000005			
	Co				≤0.000005			
	Mn				≤0.000005	≤0.0000003		
	其他							
	总和	≤0.1	≤0.01	≤0.001	≤0.0001	≤0.00001	≤0.01	≤0.1

附表 2　铟的化学成分标准

国别		中国			英国		俄罗斯			美国	
纯度/%		≥99.9	≥99.99	≥99.999	≥99.95	≥99.99	≥99.99	≥99.999	≥99.9995	≥99.9	≥99.99
杂质含量（质量分数）/%	Fe	≤0.01	≤0.001	≤0.0005			≤0.005	≤0.00005	≤0.00002	≤0.002	≤0.0002
	Cd	≤0.02	≤0.001	≤0.0003	≤0.004	≤0.0003	≤0.005	≤0.00001	≤0.000001	≤0.01	≤0.001
	Cu	≤0.001	≤0.0005	≤0.0002	≤0.0005	≤0.0001	≤0.001	≤0.00001	≤0.000001	≤0.001	≤0.0002
	As		≤0.0005	≤0.0005			≤0.004	≤0.00005	≤0.00005		
	Ni						≤0.0005	≤0.00002	≤0.00002	≤0.0005	≤0.0002
	Sn	≤0.02	≤0.0015	≤0.001	≤0.005	≤0.005	≤0.005	≤0.00010	≤0.00005	≤0.01	≤0.002

续附表 2

国别		中国			英国		俄罗斯			美国	
纯度/%		≥99.9	≥99.99	≥99.999	≥99.95	≥99.99	≥99.99	≥99.999	≥99.9995	≥99.9	≥99.99
杂质含量（质量分数）/%	Hg						≤0.005	≤0.00002	≤0.00002		
	Pb	≤0.020	≤0.001	≤0.0005	≤0.008	≤0.002	≤0.005	≤0.00010	≤0.00002	≤0.03	≤0.003
	Tl	≤0.01	≤0.001	≤0.0015	≤0.002	≤0.0001	≤0.002	≤0.00050	≤0.00001		
	Zn		≤0.002	≤0.0002			≤0.003	≤0.00010	≤0.000005		
	Al		≤0.0005	≤0.0003				≤0.00010	≤0.00001		
	Mg							≤0.00003	≤0.00003		
	Ag		≤0.0005			≤0.0001		≤0.00010	≤0.000001		
	Ti									≤0.03	≤0.002
	Si			≤0.0005							
	S			≤0.001							
	总和	≤0.1	≤0.01	≤0.001		≤0.01					

附表 3　铊的化学成分标准

国别		中国			德国	
纯度/%		≥99.9	≥99.99	≥99.999	≥99.99	≥99.999
杂质含量（质量分数）/%	Fe	≤0.01	≤0.001	≤0.00015		
	Cd	≤0.03	≤0.001	≤0.0001	≤0.001	≤0.0002
	Cu	≤0.01	≤0.001	≤0.0001	≤0.001	≤0.0002
	Ag			≤0.00005	≤0.0001	
	Ni			≤0.0001		
	Sn				≤0.0005	≤0.0002
	Hg	≤0.02	≤0.002	≤0.00005	≤0.001	
	Pb	≤0.03	≤0.003	≤0.00015	≤0.008	≤0.005
	Si		≤0.001			
	Zn	≤0.01	≤0.001	≤0.00005	≤0.001	
	Al		≤0.001	≤0.00005		
	In		≤0.005	≤0.00003		
	Bi			≤0.00002	≤0.0002	
	Mg			≤0.00005		
	Te				≤0.00015	
	总和	≤0.1	≤0.001		≤0.01	

附表 4　锗及 GeO_2 的化学成分标准

国　别		中　国		前苏联	中　国		日　本	比利时	
产　品		GeO_2		GeO_2	还原锗	高纯锗	多晶锗	多晶锗	本征锗
纯度/%		$\geqslant 99.999$	$\geqslant 99.9999$	$\geqslant 99.9999$					
杂质含量（质量分数）/%	Mn			$\leqslant 2.5\times10^{-7}$					
	Fe	$\leqslant 1.0\times10^{-4}$	$\leqslant 1.0\times10^{-5}$	$\leqslant 1.7\times10^{-5}$					
	Mg		$\leqslant 1.0\times10^{-5}$	$\leqslant 3.8\times10^{-6}$					
	Al	$\leqslant 1.0\times10^{-4}$	$\leqslant 1.0\times10^{-5}$	$\leqslant 2.6\times10^{-6}$					
	Ca		$\leqslant 1.5\times10^{-5}$	$\leqslant 1.5\times10^{-5}$					
	Cu	$\leqslant 2.0\times10^{-5}$	$\leqslant 1.0\times10^{-6}$	$\leqslant 6\times10^{-7}$					
	As	$\leqslant 5.0\times10^{-5}$	$\leqslant 1.0\times10^{-5}$						
	Ni	$\leqslant 2.0\times10^{-5}$	$\leqslant 2.0\times10^{-6}$						
	Pb	$\leqslant 1.0\times10^{-5}$	$\leqslant 2.0\times10^{-6}$						
	Si		$\leqslant 2.0\times10^{-5}$						
	Co	$\leqslant 2.0\times10^{-5}$	$\leqslant 2.0\times10^{-6}$						
	In		$\leqslant 1.0\times10^{-6}$						
	Zn		$\leqslant 1.5\times10^{-5}$						
	总和	$\leqslant 0.001$	$\leqslant 0.0001$	$\leqslant 0.0001$					
电阻率/Ω·cm					10～30	$\geqslant 47$	>40	30～50	47

附表 5　高纯 $GeCl_4$ 产品化学成分标准（金属杂质）YJ/13-1991（2005 年修订讨论稿）

化学成分	$GeGl_4$ -08	$GeCl_4$ -07	$GeCl_4$ -05
$GeCl_4$	$\geqslant 99.999999\%$	$\geqslant 99.99999\%$	$\geqslant 99.999\%$
Cu	$\leqslant 0.5\times10^{-9}$	$\leqslant 0.5\times10^{-9}$	$\leqslant 1.0\times10^{-9}$
Mn	$\leqslant 0.5\times10^{-9}$	$\leqslant 0.5\times10^{-9}$	$\leqslant 1.0\times10^{-9}$
Cr	$\leqslant 1.0\times10^{-9}$	$\leqslant 1.0\times10^{-9}$	$\leqslant 2.0\times10^{-9}$
Fe	$\leqslant 2.0\times10^{-9}$	$\leqslant 2.0\times10^{-9}$	$\leqslant 2.0\times10^{-9}$
Co	$\leqslant 1.0\times10^{-9}$	$\leqslant 2.0\times10^{-9}$	$\leqslant 2.0\times10^{-7}$
Ni	$\leqslant 1.0\times10^{-9}$	$\leqslant 1.0\times10^{-9}$	$\leqslant 2.0\times10^{-7}$
V	$\leqslant 1.0\times10^{-9}$	$\leqslant 2.0\times10^{-9}$	
Zn		$\leqslant 2.5\times10^{-9}$	
Pb		$\leqslant 1.0\times10^{-9}$	$\leqslant 2.0\times10^{-7}$
As		$\leqslant 1.0\times10^{-9}$	$\leqslant 5.0\times10^{-7}$
Mg		$\leqslant 2.0\times10^{-9}$	
In		$\leqslant 1.0\times10^{-9}$	

附表 6　高纯 $GeCl_4$ 产品化学成分标准（含氢物质）YJ/13-1991（2005 年修订讨论稿）

红外吸收峰位置	透过率/%	含量（质量分数）/%
$3610\pm2cm^{-1}$（$GeCl_3OH$）	≥70	1.0×10^{-4}
$2970\sim2925cm^{-1}$（CH）	≥80	2.5×10^{-4}
$2860\sim2830cm^{-1}$（HCl）	≥80	8.5×10^{-4}

注：产品 $GeCl_4$ –08 牌号按 4000 ~ 1000 cm^{-1} 范围内外吸收峰透过率的不同分为 2 个等级。吸收池长度为 10 cm 时应满足表中规定。

附表 7　硒的金属化学成分标准

国　别		中　国			前苏联				日　本	
纯度/%		≥99	≥99.9	≥99.992	≥99	≥99.9	≥99.992	≥99.998	≥99.99	≥99.992
杂质含量（质量分数）/%	Cu		≤0.001	≤0.0003	≤0.005		≤0.0001	≤0.00001	≤0.001	≤0.0002
	Ag			≤(0.0005)			≤0.0001	≤0.00001		
	As		≤0.003	≤0.0005	≤0.01		≤0.001	≤0.0001	≤0.003	≤0.0005
	Sb		≤0.001	≤0.0005			≤0.0003	≤0.0001	≤0.001	≤0.0005
	Te		≤0.007	≤0.0009	≤0.1	≤0.03	≤0.001	≤0.0001	≤0.007	≤0.0005
	Fe		≤0.001	≤0.0009	≤0.02	≤0.005	≤0.0005	≤0.0001	≤0.001	≤0.0005
	Pb		≤0.002	≤0.0005	≤0.005		≤0.0005	≤0.0001	≤0.002	≤0.0005
	Sn			≤0.0005			≤0.0005	≤0.0001		≤0.0001
	Ni		≤0.002	≤0.0005			≤0.0008	≤0.0001	≤0.002	≤0.0005
	Hg		≤0.001	≤0.0005	≤0.01		≤0.001	≤0.0001		≤0.0005
	Bi			≤0.0009			≤0.0003	≤0.0001		≤0.0009
	Al			≤0.0009			≤0.0005	≤0.0001		≤0.0001
	Si			≤0.0009		≤0.05	≤0.0003	≤0.0001		≤0.0007
	S		≤0.005	≤0.0010	≤0.05	≤0.01	≤0.0005	≤0.0001	≤0.005	≤0.001
	Mg			≤0.0009			≤0.0001	≤0.00005		≤0.0009
	Cd						≤0.0005	≤0.0001		
	C		≤0.002							
	Cl			≤0.0010						
	B			≤0.0005						
	总和	≤1.0	≤0.1	≤0.0080						

注：（　）表示不确定值 。

附表 8　中国 99.999%和 99.9999%硒产品的某企业质量化学成分标准　　（%）

杂　质	Cu	Ag	Mg	Sb	Si	Bi	Hg	In
99.999%Se	0.00002	0.00002	0.00005	0.00005	0.00002	0.00005	0.0001	0.00005
99.9999%Se	0.000005	0.000005	0.00001		0.000005	0.000005		0.000005
杂　质	Fe	Cd	Te	Ga	Al	Ti	Pb	
99.999%Se	0.00002	0.00002	0.00005	0.00005	0.00005	0.00005	0.00005	
99.9999%Se	0.00001	0.000005	0.00001		0.000005	0.000005	0.000005	

附表 9　碲的金属化学成分标准

国别		中国				德国	美国		前苏联		
纯度/%		≥99	≥99.9	≥99.99	≥99.999	≥99.997	≥99	≥99.95	≥99	≥99.9	≥99.996
杂质含量（质量分数）/%	Cu		≤0.003	≤0.001	≤0.00005		≤0.02		≤0.05	≤0.004	≤0.0001
	Pb		≤0.004	≤0.002	≤0.0001		≤0.3	≤0.0025	≤0.20	≤0.006	≤0.0001
	Al		≤0.003	≤0.0009					≤0.04	≤0.003	≤0.0001
	Bi		≤0.002	≤0.0009	≤0.0001						
	Fe		≤0.004	≤0.0009	≤0.0001	≤0.0005	≤0.1		≤0.10	≤0.006	≤0.0001
	Na		≤0.006	≤0.003					≤0.05	≤0.006	≤0.001
	Si		≤0.002	≤0.001	≤0.0001				≤0.05	≤0.001	≤0.0001
	S		≤0.005	≤0.001		≤0.0005			≤0.04	≤0.02	
	Se		≤0.020	≤0.002	≤0.0001	≤0.0010	≤0.5	≤0.05	≤0.10	≤0.05	≤0.001
	As		≤0.001	≤0.0005				≤0.0015			
	Mg		≤0.002	≤0.0009	≤0.00005						
	Cl					≤0.0005					
	Sb				≤0.0001						
	Ni				≤0.00005						
	其他					≤0.0015		≤0.0025			
	总和	≤1.0	≤0.1	≤0.010	≤0.0010						

附表 10　铼金属及铼酸铵产品化学成分标准

国别	英国				中国			
纯度/%	≥99.97	≥99.999	Mo-Re	W-Re	≥99.99（株洲凯特公司）	≥99.999（株洲凯特公司）	NH_4ReO_4（≥99.99）	NH_4ReO_4（≥99.998）
Al	0.0005		0.0005	0.0005	0.0003	0.00001	0.0005	0.00005
B	0.0001		0.0001	0.0001				
Ca	0.0001	0.0003	0.0001	0.0001	0.0005	0.00005	0.0005	0.0001
Co	0.0003		0.0003	0.0005	0.0001	0.00002	0.0005	0.00005
Cr	0.0003		0.0003	0.0005	0.0002	0.00002		
Cu	0.0002		0.0002	0.0002	0.0001	0.00001	0.0005	0.00005
Fe	0.007		0.007	0.007	0.0005	0.00005	0.0005	0.00005
Mg	0.0001	0.0005	0.0001	0.0001	0.0002	0.00001	0.0005	0.00005
Mn	0.0002		0.0004	0.0004	0.0002	0.00001	0.0005	0.00005
Ni	0.0001		0.0004	0.0006	0.0002	0.00002	0.0005	0.00005
Sn	0.0002		0.0002	0.0004	0.0001	0.00001	0.0005	0.00005
Ti	0.0002		0.0002	0.0002	0.0002	0.00001	0.0005	0.00005
Zr	0.0001		0.0002	0.0002				
K	0.0001		0.0002	0.0002	0.0005	0.00005	0.0005	0.0005

续附表 10

国别	英国				中国			
纯度/%	≥99.97	≥99.999	Mo-Re	W-Re	≥99.99（株洲凯特公司）	≥99.999（株洲凯特公司）	NH_4ReO_4（≥99.99）	NH_4ReO_4（≥99.998）
Si	0.0003		0.0006	0.001				
C	0.002		0.0003	0.003				
W				75.0±0.5	0.0005	0.00005		
Mo	0.0025		53.0±0.5	0.0004	0.0005	0.00005	0.0005	0.00005
Na					0.0005	0.00005	0.0005	0.0005
Pb					0.0001	0.00001	0.0005	0.00005
Zn					0.0002	0.00001		
Cd					0.0002	0.00002	0.0005	0.00005
Be					0.0001	0.00001	0.0005	0.00005
Ba					0.0001	0.00001	0.0005	0.00005
Sb					0.0002	0.00001		
Pt					0.0001	0.00001	0.0005	0.00005

参考文献

1 周令治.稀散金属冶金.北京:冶金工业出版社,1988

2 周令治,邹家炎.稀散金属手册.长沙:中南工业大学出版社,1993

3 中国有色金属学会稀冶学委会稀散金属分会,中国有色金属工业总公司稀散金属科技协作组,中国有色金属工业总公司稀有金属信息网.全国首届稀散金属学术会议论文集.广州有色金属研究院,1980.1~123

4 中国有色金属学会稀冶学委会稀散金属分会,中国有色金属工业总公司稀散金属科技协作组,中国有色金属工业总公司稀有金属信息网.全国第二届稀散金属学术会议论文集.广州有色金属研究院,1984.1~37

5 中国有色金属学会稀冶学委会稀散金属分会,中国有色金属工业总公司稀散金属科技协作组,中国有色金属工业总公司稀有金属信息网.全国第三届稀散金属学术会议论文集.广州有色金属研究院,1987.1~224

6 中国有色金属学会稀冶学委会稀散金属分会,中国有色金属工业总公司稀散金属科技协作组,中国有色金属工业总公司稀有金属信息网.全国第四届稀散金属学术会议论文集.广州有色金属研究院,1990.1~168(另论文单行本,1~15)

7 中国有色金属学会稀冶学委会稀散金属分会,中国有色金属工业总公司稀散金属科技协作组,中国有色金属工业总公司稀有金属信息网.全国第五届稀散金属学术会议论文集.广州有色金属研究院,1993.1~176(另论文单行本,1~38)

8 Зырянов М Н. Рассеянные Редкие Элементы Иркутск: Иркутское Книжное Издательство,1960

9 Кнунянц И Л. и др. Краткая Химическая Энциклопедия Москва: Совтская Энциклопеция Том Ⅰ ~ Ⅴ,1961~1967

10 Schreiter W. Seltene Metalle. B. Ⅰ ~ Ⅲ. Leipzig: VGS 1961~1963

11 Kirk R E, Othmer D F. Encyclopedia of Chemical Technology, 3ed. New York: John Wiley & Son, 1983, 11: 604~620, 791~802; 13: 207~212; 20: 250~258, 575~601; 22: 658~679, 835~845

12 Ensley J. The Elements. Oxford: Pergamon, 1989. 74~191

13 中国有色金属工业总公司.有色金属进展·第28篇 稀散金属.广州有色金属研究院,1984.1~93

14 中国有色金属工业总公司.有色金属进展·稀有金属与贵金属·第八册 稀散金属.长沙:中南工业大学出版社,1995.325~367

15 《当代中国有色金属工业》编委会.新中国有色金属·稀有金属工业·第九章 稀散金属冶炼工业.《当代中国有色金属工业》编辑部,1987.221~236

16 U. S. Bumines. Mineral Facts and Problems. Washington, DC: U. S Gov., 1975. 401~1114

17 U. S. Bumines. Mineral Facts and Problems. Washington, DC: U. S Gov., 1980. 323~936

18 U. S. Bumines. Mineral Facts and Problems. Washington, DC: U. S Gov., 1984. 291~834

19 涂光炽等.分散元素地球化学及成矿机制.北京:地质出版社,2004

20 Степанов И С. Редкие металлы и технический прогресс. Москва: Металлургиздат, 1963

21 Большаков К А. Химия Редких и Рассеянных Элементов Том1~2. Москва: Высшая школа, 1965

22 Федоров П И, и др. Химия Галия, Индия и Таллия. Новосибирск: Наука, 1977

23 Bailar J C Jr, et al. Comprehensive Inorganic Chemstry (1~3) New York-Oxford: Pergamon, 1973

24 Кудрявцев А А. Химия и технология селена и теллура. Москва: Высша я школа, 1961

25 Шека И А., и др. Гаилий. Киев: ГостехУССР, 1963

26 Лебедев К Б. Рений. Москва: Металлургиздат, 1960

27 Genser B W. Rhenium. New York: Elsevier, 1962

28 Churchward P E, et al. Гидрометаллургия (перев. с Анг.). Москва: Металлургиздат, 1961
29 John A Dean. Lange's Handbook of Chemistry, 12ed. New York :MeGraw – Hill, 1979
30 中国科学院贵阳地球化学所. 简明地球化学手册. 北京：科学出版社,1977
31 Uytenbogardt W. 金属矿物显微鉴定表. 桂林地质所, 1973
32 Bailar I, et al. Thermochemical Properties of Inorganic Substance. Berlin : Springer Verlag, 1973 , 1977
33 Alverson L J. Rhenium Mineral Commodity Profield. 1979
34 Allen C K . Tellurium. Engineering and Mining Journal. 1972,173 (3) : 98 ~ 99
35 刘英俊，曹励明等. 元素地球化学 . 北京：科学出版社，1984
36 Roland M Pierrot. Chemical and Determinative Tables of Mineralogy. New York : Masson ,1979
37 蔡长金. 分散元素矿物鉴定表. 北京:地质出版社,1977
38 Иванов В В, и др. Новые Минералы 1954 ~ 1972. Москва: Наука, 1973
39 Бонштедт-Куплетская Э М, и др. Новые Минералы 1954 ~ 1972 . Москва: Наука ,1974
40 Острумова Г В. Определение редкихи рассеянных металлов в минеральнем сырье. Москва: Наука, 1982
41 Перельман А И. Геохимия. Москва: Высшая школа ,1979
42 Спрвочник для геолов Выуск 27 Молибден и Рений. Москва: госгеолтехиздат, 1960
43 Спрвочник для геолов Выуск 53 Таллий, Индий, Галлий. Москва: Госгеолтехиздат, 1961
44 Fairbridge Rhodes W. The Encyclopedia of Geochemistry and Environmental Sciences. New York: VN-R, 1972
45 Rüslep H J, et al. Geochemical Table. Amsterdam: Elsevier, 1972
46 Чванов В В. Геохимия рассеянных элементов Ga, Ge, Cd, In, Tl и Tl в гидротермальных месторождения. Москва: Недра, 1966
47 Лосев Н А. 稀有元素地球化学. 南京大学地质系译. 北京:科学出版社,1960
48 Goldschmidt V M. 地球化学. 北京:科学出版社,1959
49 岸本文男 . 苏联的新金属资源(Ⅲ). 新金属工业(日)，1981,2(301):1 ~ 7
50 Тинзбург А И, и др. Минералы германия и их месторождения. Москва: Госгеолтехиздат ,1959
51 U. S. Bumines. Mineral Commodity Summaries (Gallium、Germanium、Indium、Rhenium、Selenium、Tellurium and Thallium),1986 . 52 ~ 161
52 U. S. Geological Survey. Mineral Commodity Summaries (Gallium、Germanium、Indium、Rhenium、Selenium、Tellurium and Thallium),1996. 60 ~ 173
53 U. S. Geological Survey. Mineral Commodity Summaries (Gallium、Germanium、Indium、Rhenium、Selenium、Tellurium and Thallium),2000 . 66 ~ 173
54 U. S. Geological Survey. Mineral Commodity Summaries (Gallium、Germanium、Indium、Rhenium、Selenium、Tellurium and Thallium),2001 . 62 ~ 169
55 U. S. Geological Survey. Mineral Commodity Summaries (Gallium、Germanium、Indium、Rhenium、Selenium、Tellurium and Thallium),2002 . 64 ~ 171
56 U. S. Geological Survey. Mineral Commodity Summaries (Gallium、Germanium、Indium、Rhenium、Selenium、Tellurium and Thallium),2003 . 66 ~ 173
57 U. S. Geological Survey. Mineral Commodity Summaries (Gallium、Germanium、Indium、Rhenium、Selenium、Tellurium and Thallium),2004. 64 ~ 171
58 U. S. Geological Survey. Mineral Commodity Summaries (Gallium、Germanium、Indium、Rhenium、Selenium、Tellurium and Thallium),2005. 64 ~ 171
59 U. S. Geological Survey. Mineral Commodity Summaries (Gallium、Germanium、Indium、Rhenium、Selenium、

Tellurium and Thallium),2006 . 66 ~ 171
60 U. S. Geological Survey. Mineral Commodity Summaries(Gallium、Germanium、Indium、Rhenium、Selenium、Tellurium and Thallium),2007 . 62 ~ 169
61 Metals & Minerals Annual Review(Gallium、Germanium、Indium、Rhenium、Selenium and Tellurium),1984
62 Metals & Minerals Annual Review(Gallium、Germanium、Indium、Rhenium、Selenium and Tellurium),1990
63 Metals & Minerals Annual Review(Gallium、Germanium、Indium、Rhenium、Selenium and Tellurium),1994
64 U. S. Geological Survey. Minerals Yearbook (Gallium、Germanium、Indium、Rhenium、Selenium and Tellurium) ,2001 . 29. 1 ~ 66. 4
65 U. S. Geological Survey. Minerals Yearbook (Gallium、Germanium、Indium、Rhenium、Selenium and Tellurium) ,2003. 28. 1 ~ 65. 5
66 U. S. Geological Survey. Minerals Yearbook (Gallium、Germanium、Indium、Rhenium、Selenium and Tellurium) , 2004 . 28. 1 ~ 65. 5
67 U. S. Geological Survey. Minerals Yearbook(Gallium、Germanium、Indium、Rhenium、Selenium and Tellurium), 2005 . 28. 1 ~ 65. 10
68 工业しアメタル(ガリウム、ゲルマニウム、イソツウム、セレソ、テルル) ,1996,(112): 20 ~ 123
69 工业しアメタル(ガリウム、ゲルマニウム、イソツウム、セレソ、テルル), 2000,(116):24 ~ 121
70 工业しアメタル(ガリウム、ゲルマニウム、イソツウム、セレソ、テルル), 2001,(117):23 ~ 121
71 工业しアメタル(ガリウム、ゲルマニウム、イソツウム、セレソ、テルル), 2002,(118):20 ~ 121
72 工业しアメタル(ガリウム、ゲルマニウム、イソツウム、セレソ、テルル), 2003,(119):24 ~ 115
73 工业しアメタル(ガリウム、ゲルマニウム、イソツウム、セレソ、テルル), 2004,(120):22 ~ 113
74 工业しアメタル(ガリウム、ゲルマニウム、イソツウム、セレソ、テルル),2005,(121):13 ~ 113
75 工业しアメタル(ガリウム、ゲルマニウム、イソツウム、セレソ、テルル),2006,(122):27 ~ 123
76 全国第六届稀散金属学术会议论文集. 辽宁大学学报. 1999,26(增刊):1 ~ 112
77 广东有色金属学报, 稀散金属专辑, 2002, 12 (增刊):1 ~ 69
78 广东有色金属学报, 稀散金属专辑, 2005, 15 (1): 1 ~ 14
79 周令治, 陈少纯. 稀散金属当前态势. 材料研究与应用,2007,1(2):81 ~ 85
80 有色金属进展编委会. 有色金属进展·第五卷 稀有金属·第八册 稀散金属. 长沙: 中南大学出版社, 2007
81 Metal Traders of the World,1ed. Metal bulletin books,1981
82 Roskill information services Ltd. The Economic of Gallium. London:UKRISL,1979
83 周令治 ,邹家炎 . 稀散金属近况. 稀有金属与硬质合金 , 1994, (1):35 ~ 41;(2):34 ~ 45;(3):58 ~ 62
84 Carl H Cottill, et al. AIME World Symposium on Mining & Metallurgy of Lead and Zinc (1,2). New York: AIME,1970
85 周令治. 稀散金属. 国外稀有金属,1974, (1):1 ~ 48;(4):1 ~ 67;(5):1 ~ 55;(6):1 ~ 54
86 铁合金编委会. 铁合金设计参考资料. 北京:冶金工业出版社,1980
87 Федоров П И ,Акчурин Р Х. 铟化学手册. 张启运,许克敏译. 北京:北京大学出版社,2005
88 Katrak F E, et al. Extraction of Gallium by Fractional Carbonation. Journal of Metals, 1981, 33(9):33
89 Ломашов И П, и др. Германий в ископаемых углях. Москва: АкнССР ,1962
90 Jon N Weber. Geochemistry of Germanium. Strondsburg:Dowden Hutchinson & Ross,1973
91 成都地质学院. 矿床学. 成都地质学院, 1973
92 Leonard Engel. 海洋篇(生活自然文库). 纽约: 纽约时代出版社,1978
93 Окунев А И. Поведение некоторых Редких и Рассеянных Элементов в процессах металлутической

переработки медных руд и концентратов. Москва: ЦИИН, 1960
94 Друце И. Рений. Москва: Ил , 1951
95 Hawley G G. The Condensed Chemical Dictionary , 9ed. New York: VN－R,1977
96 Байкова А Л. Металлугия Рений Ⅲ вессоюзного совещения по проблему Рения. Москва: Наука, 1970
97 Jacobson D M, et al. The Metallurgist and Material Technologist,1983. 132
98 全国矿产储量委员会办公室主编. 矿产工业要求参考手册. 北京:地质出版社,1987
99 Еремин Н И. Галлий. Москва: Металлургиздат,1964
100 Железнова Н Г, и др. Запасы углей стран мира. Москва: Недра, 1983
101 国土资源部信息中心. 世界矿产资源年评 2001～2002. 北京: 地质出版社,2003
102 陈家镛主编. 湿法冶金手册. 北京: 冶金工业出版社, 2005. 1442～1485
103 周令治. 稀散金属 1984 年年评. 有色金属(冶炼) ,1985,(2):43～49
104 《中国冶金百科全书》编辑部. 中国冶金百科全书·有色金属冶金. 北京:冶金工业出版社,1999
105 末永进志等. 佐贺关冶炼厂金属铊的生产. 资源と素材, 1990,(5):285～289
106 《化工百科全书》编辑委员会. 化工百科全书(第 8 卷). 北京: 化学工业出版社,1994. 121～133
107 《化工百科全书》编辑委员会. 化工百科全书(第 15 卷). 北京: 化学工业出版社,1997 .401～412
108 《化工百科全书》编辑委员会. 化工百科全书(第 18 卷). 北京: 化学工业出版社,1998. 951～958
109 李贺成. 有机锗 SK－818 治疗慢性乙肝的安全有效性. 广东微量元素科学,2001,8(4):9～15
110 赵梓森等. 光纤通信工程. 北京: 人民邮电出版社,1994
111 陈益新等. 集成光学——理论与技术. 上海: 上海交通大学出版社,1985
112 王家骅等. 半导体器件物理. 北京: 科学出版社,1983
113 万群,钟俊辉. 电子信息材料. 北京: 冶金工业出版社,1990
114 秦大甲. 光纤技术及其军事应用. 光纤与电缆及其应用,1999,(5):7～15
115 后藤和弘. 新材料开发的背景及今后的发展. 电子材料,1985,24(11):22～26
116 林钧挺. 光电子技术及其应用. 北京: 国防工业出版社,1983
117 曾崇泗. 镓的某些电化学性质的研究(上,下). 稀有金属,1980,(4):13～18;(5):47～52
118 广州有色金属研究院稀散金属研究组. 当代高新技术的支撑材料——稀散金属(稀散金属应用专辑). 广州有色金属研究院,1987. 1～154
119 广州有色金属研究院稀散金属研究组. 当代高新技术的支撑材料——稀散金属(稀散金属应用专辑). 广州有色金属研究院,1990. 1～35
120 刘新锦,朱亚先等. 无机元素化学. 北京: 科学出版社,2005
121 盛篪,蒋最敏等. 硅锗超晶格及低维量子结构. 上海:上海科技出版社,2004
122 山崎与志彦. 低熔点合金——用途、制造、成分、生产及消费. 金属,1982,52(9):26～30
123 Бакуенко Т Т. Каталичекие свойстваредких и редкоземельных Элементов. Киев: АкНССР, 1963
124 Лукашев К И. Редкие металлы и их использования в промышенности. Минск: АкНССР , 1956
125 刘光伟. 稀散金属铟对 Cu－Al 合金的组织和抗失泽能力的影响研究:[硕士学位论文]. 长沙: 中南工业大学 ,1991
126 Грушко Я М. Ядовитые металлы и их неорганических соединений в промышенных сточных водах. Москва: Медицина ,1972
127 Изральсов З И, и др. Вопросы гигиены труда и профессиональной патологии при работке с редкими металлами. Москва: Медицина, 1973
128 《高技术新材料要览》编委会. 高技术新材料要览. 北京: 中国科学技术出版社,1999
129 Daniel N Lapedes. 科学技术百科全书. 北京: 科学出版社,1979
130 Ivan C Smith, et al. Trace Metals in the Environment——Thallium. Missouri: Midwest RIR,1977